U0909371

高等学校"十一五"规划教材
市政与环境工程系列丛书

基础水污染控制工程

主编　林永波　李慧婷　李永峰

主审　任南琪　周　琪　黄民生

哈爾濱工業大學出版社

内 容 提 要

《基础水污染控制工程》共分12章，清晰易懂、简明扼要地介绍了各类城市污水污染控制工程技术。前三章主要阐述水体污染的含义、形成，水体污染物的特征与污染指标；污染物对以河流为代表的各类地面水体造成的危害以及水体的自净规律；水环境防治方面的标准、法规等。从第4～11章，对主要的城市污水、污泥处理技术所涉及的基本理论、试验研究的方法、设计与计算步骤、生产设备的选择与规格、运行管理方法等，都作了较为系统、具体的论述。第12章介绍了城市污水处理厂的总体布置、污水处理厂的验收和运行等方面的内容。

本书适用于高等院校的环境科学、环境工程专业和给排水专业的80左右学时的本科教学，亦可供相关专业本科教学参考。

图书在版编目(CIP)数据

基础水污染控制工程/林永波，李慧婷，李永峰主编.
—哈尔滨：哈尔滨工业大学出版社，2010.5
(市政与环境工程系列丛书)
ISBN 978-7-5603-3019-8

Ⅰ.①基… Ⅱ.①林…②李…③李… Ⅲ.①水污染—污染控制—教材 Ⅳ.①X52

中国版本图书馆CIP数据核字(2010)第078571号

策划编辑 贾学斌
责任编辑 张 瑞
封面设计 卞秉利
出版发行 哈尔滨工业大学出版社
社 址 哈尔滨市南岗区复华四道街10号 邮编150006
传 真 0451-86414749
网 址 http://hitpress.hit.edu.cn
印 刷 哈尔滨市石桥印务有限公司
开 本 787mm×1092mm 1/16 印张23.5 字数608千字
版 次 2010年11月第1版 2010年11月第1次印刷
书 号 ISBN 978-7-5603-3019-8
定 价 45.00元

前 言

水污染是造成环境污染的重要因素，也是造成全球水资源短缺的主要原因。为了解决愈益加剧的水污染问题，世界各国都在采取多种多样的措施，包括法制、行政、经济、工程技术、宣传教育等方面，来控制水污染，进而减轻甚至在部分地区消除水污染。

水污染控制工程是以工程技术措施防治、减轻乃至消除水环境的污染，改善和保持水环境质量，保障人民健康，以及有效地保护和合理地综合利用水资源，并使污水资源化。水污染控制工程是解决水体污染的重要途径，是环境保护工作的重要举措，也是解决水资源短缺的重要方法，所以全面掌握水污染控制工程技术具有十分重要的意义。

《基础水污染控制工程》从水体污染的危害和可持续发展战略出发，以“把精炼的城市污水处理技术的基本理论与典型污水处理实践结合起来，注重应用性和可操作性”为指导思想，着重论述了城市污水处理的工艺、设备、设计和运行等内容；讨论了不同废水处理技术的作用机理、影响途径及降低不利影响的措施。既总结了大量国内外污水生物处理应用技术，又有充分成功的应用实例，工艺流程清晰，运行数据可靠，设计计算简明，便于读者借鉴和参考。

编者充分考虑了水污染控制工程注重理论与实践相结合的特点，在编写中力求叙述简洁，在内容上由浅入深，并尽可能删减或分散难点、突出重点，以期让初学者获得较为系统的理论知识和实用技能，增强他们分析问题、解决问题、独立工作以及创新的能力。

本书根据全国高等学校环境工程专业指导委员会关于教材编写要求和“水污染控制工程课程教学”基本要求，以及水污染控制工程技术的新发展和积累的教学经验，在总结分析大量国内外文献资料、研究报告和出国考察的基础上，结合实际工程和科研工作中所积累的经验，经过不断修改和完善编写而成。本书在编写过程中参考了张自杰教授的《排水工程(下)》，在公式、符号方面力求与其一致，以适应我国一直以来水污染控制技术的教学、研究和应用。

本书的出版得到了上海工程技术大学主持的上海市重点科技攻关项目(071605122)和东北林业大学主持的“溪水森林生态公园的生态规划和建设项目”的技术和成果的支持，特表谢意。

本书由林永波、李慧婷、李永峰任主编并统稿，饶品华、孙兴斌、李雨霏任副主编。编写分工如下：第 1 章由李永峰、李慧婷、孙兴斌编写；第 2 章由李永峰、李慧婷、饶品华编写；第 3 章由林永波编写；第 4 章由李慧婷编写；第 5 章由刘元、回永铭、王占青编写；第 6

章由宋悦、李薇、李慧婷编写；第 7 章由赵丽红、王帅、回永铭编写；第 8 章由李永峰、王帅、李雨霏编写；第 9 章由林永波编写；第 10 章由林永波编写；第 11 章由李慧婷编写；第 12 章由高艳娇、王占青编写；附录由李慧婷编写。

本书因编写仓促，加之编写人员的水平所限，参加编写的人员较多，难免有疏漏及不妥之处，热忱希望读者批评指正。

编　者

2010 年 4 月

目 录

第1章 水体污染概述

1.1 水体污染

1.1.1 水体污染的含义

人们对于水体污染的含义尚无统一的认识，尽管如此，人们在污染造成水体质量恶化这一方面是有共识的。关于水污染的确切含义，《中华人民共和国水污染防治法》中描述为“水污染是指水体因某种物质的介入，而导致其化学、物理、生物或者放射性等方面特性的改变，从而影响水的有效利用，危害人体健康或者破坏生态环境，造成水质恶化的现象”。因此，一般认为水体污染(包括地表水体污染和地下水体污染)较为合理的定义应该是：凡是在人类活动影响下，水质变化朝着水质恶化方向发展的现象，统称为“水污染”。需要注意的是，不管此种现象是否使水质恶化达到影响使用的程度，只要这种现象发生，就应视为污染。所以，判定水体是否污染必须具备两个条件：①水质朝着恶化的方向发展；②这种变化是人类活动引起的。

1.1.2 我国水污染概况

1.我国地表水污染现状

2005年，全国废水排放总量为524.5亿t(其中，工业废水排放量为243.1亿t，生活污水排放量为281.4亿t)；化学需氧量排放量为1 414.2万t(其中，工业排放量为554.8万t，生活排放量为859.4万t)；氨氮排放量为149.8万t(其中，工业排放量为52.5万t，生活排放量为97.3万t)。2005年，全国工业废水排放达标率为91.2%，比上年提高0.5个百分点。其中，重点企业工业废水排放达标率为92.8%，比上年提高0.9个百分点；非重点企业工业废水排放达标率为80.6%，与上年持平。

2005年，长江、黄河、珠江、松花江、淮河、海河和辽河等七大水系总体水质与上年基本持平。其中，珠江、长江水质较好，辽河、淮河、黄河、松花江水质较差，海河污染严重。主要污染指标为氨氮、五日生化需氧量、高锰酸盐指数和石油类。七大水系的100个国控省界断面中，Ⅰ～Ⅲ类、Ⅳ～Ⅴ类和劣Ⅴ类水质的断面比例分别为36%、40%和24%。海河和淮河水系的省界断面污染较重。

2005年，28个国控重点湖(库)中，满足Ⅱ类水质的湖(库)2个，占7%；Ⅲ类水质的湖(库)6个，占21%；Ⅳ类水质的湖(库)3个，占11%；Ⅴ类水质的湖(库)5个，占18%；劣Ⅴ类水质的湖(库)12个，占43%。其中，太湖、滇池和巢湖水质均为劣Ⅴ类，主要污染指标为总氮和总磷。

全国113个环保重点城市月均监测取水总量为16.1亿t，其中不达标水量为3.2亿t，占20%。河流型主要污染指标为粪大肠菌群，湖库型主要污染指标为总氮。

2.我国地下水污染现状

我国城市供水紧缺状况日趋严重，特别是北方干旱及半干旱地区地下水更成为城市的主要供水水源。随着工农业生产的发展，城市人口的不断增加，用水量也随之迅猛增长，而集中过量的开采和不合理的利用以及城市排放的工业生产废水和生活污水，引起地下水显著减少和水质严重恶化。随着地下水水位下降和地面沉降，改变了地下水动力条件，扩大了地下水位降落漏斗，增加了污染范围。

我国沿海开放的港口城市近年来由于生产和生活用水急剧增长，大量开采地下水，造成大面积的地下水位下降漏斗难以恢复，而且位于滨海地区的开采水井形成海水倒灌或越流补给，含水层水质严重恶化。根据有关资料来看，地下水中的 Cl^- 和氯化物的含量近年来迅速增长。

2005 年的监测表明，全国地下水降落漏斗 188 个。在具备系统统计数据的 171 个地下水降落漏斗中，漏斗面积与上年相比扩大的有 65 个(扩大了 6 736 km^2)。华北平原区域受长期过量开采地下水的影响，地下水降落漏斗仍在继续发展，尤其是沧州－德州－衡水地区，深层地下水降落漏斗面积继续扩大，深度继续加深。河北沧州第Ⅲ承压含水层降落漏斗扩大了 2 089 km^2，最大水位埋深达到 101 m。

根据对我国 44 个城市的调查统计，目前已有 41 个城市的地下水受到不同程度的污染，我国以地下水为主要供水水源的有 27 个城市，因受工业废水和生活污水污染，地下水水质正在恶化的占 77.8%。北方城市地下水普遍受到有机物和三氮的污染，随着地下水水位的不断下降，硬度超标面积也在逐渐扩大。已有 50%的城市、1/5 的地下水污染超过国家饮用水卫生标准，污染物质主要是酚、氰、As、Hg、Cr 等。

1.1.3 水体污染的原因

造成水体污染的原因主要有：人为污染和天然污染两类。其中人为污染又可分为点源污染、面源污染和内源污染 3 类。

1.1.3.1 人为污染源

人为污染源是由于人类在一系列的工农业生产和生活活动过程中，所产生的能够造成水体污染的液态或固态物质的源。根据污染源的产生与分布特征，人为污染源又可分为点源、面源和内源，构成了人为污染源的主体。

1. 点源

长期连续性集中排放污染物质，并对水体环境构成严重危害的污染源称之为点源。生活污水和工业废水排放以及集中堆放的固体废物构成点源的主体。

(1)生活污水

作为点源主体之一的生活污水，在城市地区问题比较突出。关键在于城市人口集中、污水排放集中。尤其是随着城市现代化进程的不断发展，生活污水的排放量将不断增加。由于污水的处理设施不完善，污水处理率低下，使得大量未经任何处理的生活污水排入水体环境，造成水体污染，由此构成水体污染的主要污染物质来源。

(2)工业废水

工业废水主要来自工业冷却水、工艺废水、清洁用水等。具有量大、面广、成分复杂、毒性大等特点，其物质构成与生活污水具有显著的差别。不同的工业行业废水中的污染物质构成具有很大的差异。

(3)固体废物

固体废物包括生活垃圾、工业垃圾及污水河渠和污水处理厂的污泥等。其中,新鲜的生活垃圾含有较多的硫酸盐、氯化物、氨、BOD、细菌混杂物和腐败的有机质。这些废物经生物降解和雨水淋滤后,可产生 Cl^-、S、NH_4^+、BOD、SS 含量高的淋滤液,还可生产 CO_2 和 CH_4 气。工业垃圾来源复杂,种类繁多:冶金工业产生含氰化物的垃圾;造纸工业产生含亚硫酸盐的垃圾;电子工业产生含汞的垃圾;石油化学工业产生含多氯联苯、农药废物和含酚焦油的垃圾等。而污泥中除富集有各种金属外,还有大量的植物养分,如氮、磷、钾等。

在矿床开采过程中,大量的劣质地下水排入河道,造成严重的河道污染。矿床开采过程中,还有可能成为地下水污染源的是尾矿淋滤液及矿石加工厂的污水。此外,矿坑疏干,氧进入原来的地下水环境里,使某些矿物氧化而成为地下水污染的来源。

2.面源(非点源)

面源为受外界气象、水文条件控制的不连续性、分散排放的污染物质。面源多为人类在土地上活动所产生的水体污染源,包括农业、农村生活、矿业、石油生产、建筑施工等。面源分布广泛,物质构成与污染途径十分复杂,如地面雨水径流、农村生活污水与分散畜牧业废物、农村种植业固废、农药化肥流失、水土流失等。目前,非点源对水体的污染随着点源控制力度的加大,已逐渐成为水体水质恶化的主要原因。

(1)地面径流

地面径流污染是降水淋洗和冲刷地表各种污染物而形成的一种面状污染,是地表水体或地下水体的主要污染源。由于污染负荷变化极大,而且难以控制,是目前重要的环境问题之一。城市地区车辆排放的废气、垃圾、动植物的有机残余物及大气沉降物质等,使得地面径流中往往含有较多的悬浮固体及有毒有害金属和非金属,病毒和细菌的含量也较高。另外,城市地区由于地面结构的改变而造成水文变化,使河流在暴雨期后流量加大,缓冲能力降低,基流减少,地下水补给量降低,不透水地区的广泛扩大加剧了水量与水质关系的不协调,合流制的排水系统为城市暴雨径流的污染创造了十分有利的条件。在农村地区,地面径流中来自化肥、人粪尿、化粪池、水土流失等的有机物质、悬浮物、营养物含量非常高,是当今国际上湖泊富营养化发生的主要原因。

(2)农业生产

工厂生产了大量的杀虫剂、杀菌剂、除莠剂和化肥以及农家肥等,专供农田、森林使用。这些物质被施用后,除被生物吸收、挥发、分解之外,大部分残留在农田的土壤和水中,然后随农田排水和地表径流进入水体,造成污染;挥发进入大气中的部分仍有可能随降水过程进入水体,仍可造成污染。农田排水实际上是非点源污染,天然水体中的有机物质、植物营养物(氮、磷)、农药等主要来源于农田排水。从长江水质监测中得知,在雨季和农田耕作繁忙季节,长江水中的有机氯农药含量往往上升,约为枯水期和农闲时节的2倍之多,因此,对农田排水造成的水污染不可等闲视之。

农业活动对地下水环境的污染已成为人们关注的热点问题,如土壤中残留的DDT、六六六和未被植物全部吸收的化肥,随水一起下渗而污染地下水。此外,我国部分地区利用污水灌溉,也会对地下水造成大面积的污染。

3.内源

内源是指地面水体内部存在的污染源。内源的含义主要是:长期的污水排放或地面径流所携带的泥沙、种植业和养殖业固体废物、悬浮的胶体物质，以及其他有机的、无机的、固态或可溶态的物质进入目标水体后，由于重力沉积或化学的沉淀作用，在较短的时间内沉积在地面水体底部。

在较为适宜的物理、化学、水文、生物条件作用下，受浓度梯度的控制，长期缓慢地向目标水体释放污染物，造成水体物理性状的改变或化学组分的变化，降低水体的使用功能。内源的存在不仅导致水体混浊、恶臭，而且是传递营养物质、有毒有害化学物质、病源菌的重要媒介。

1.1.3.2 天然污染源

天然污染源是天然存在的，主要是海水及含盐量高的水质差的地下水。地下水开采活动可能导致天然污染源进入开采含水层。在沿海地区的含水层，如果过量开采地下水，则可能导致海水（地下咸水）与地下淡水界面向内陆方向的推移，从而引起地下淡水的水质恶化。地下卤水也可能产生类似的后果。我国沿海的一些城市和地区都已先后出现了上述地下咸水入侵的问题。

1.1.4 水体污染的途径

1. 地表水体的污染途径

地表水体的污染途径相对比较简单，主要为连续注入式或间歇注入式。工矿企业、城镇生活的污废水、固体废弃物直接倾注于地面水体，造成地表水体的污染属于连续注入式污染；农田排水、固体废弃物存放地降水淋滤液对地表水体的污染，一般属于间歇注入式污染。

2. 地下水体的污染途径

(1)地下水的污染方式

地下水直接污染的特点是：地下水中污染组分直接来源于污染源。污染组分在迁移过程中，其化学性质没有任何改变。由于地下水污染组分与污染源组分的一致性，因此较易查明其污染来源及污染途径，这是地下水污染的主要方式。在地表或地下以任何方式排放污染物时，均可发生此种方式的污染。

地下水间接污染的特点是：地下水的污染组分在污染源中的含量并不高，或该污染组分在污染源里根本不存在，它是污水或固体废物淋滤液在地下迁移过程中经复杂的物理、化学及生物反应后的产物。

(2)地下水的污染途径

地下水的污染途径是复杂多样的。有人以污染源的种类划分，诸如污水渠道和污水坑的渗漏、固体废物堆的淋滤、化学液体的溢出、农业活动的污染、采矿活动的污染等。

实质上，按照水力学上的特点分类，显得更简单明了。按此方法，地下水污染途径的分类见表 1.1。

表 1.1　地下水污染途径的分类

类型	污染途径	污染来源	被污染的含水层
间歇入渗型	降水对固体废弃物淋滤	工业、生活固体废物	潜水
	矿区疏干地带的淋滤和溶解	疏干地带的易溶矿物	潜水
	灌溉水及降水对农田的淋滤	农田表层土壤残留的农药化肥及易溶盐类	潜水
连续入渗型	渠、坑等污水的渗漏	各种污水	潜水
	受污染地表水的渗漏	受污染的地表水	潜水
	地下排污管道的渗漏	各种污水	潜水
越流型	地下水开采引起的层间越流	受污染的含水层或天然咸水等	潜水或承压水
	天窗越流	受污染的含水层或天然咸水等	潜水或承压水
	经井管的越流	受污染的含水层或天然咸水等	潜水或承压水
注入径流型	通过岩溶发育通道的注入	各种污水或被污染的地表水	主要是潜水
	通过废水处理井的注入	各种污水	潜水或承压水
	盐水入侵	海水或地下咸水	潜水或承压水

1.2　污水水质指标和水质标准

各类污水所含的污染物质有较大差异，这与人们的生活习惯、气候条件、污水来源和所占比例（生活污水或生产废水）以及排水体制（分流制、合流制）等因素有关。污水的水质指标是用来衡量水在使用过程中被污染的程度，也称污水的污染指标。污水的水质指标可分为物理指标、化学指标、生物指标 3 大类。

1.2.1　污水的理化性质及指标

表示污水理化性质的主要指标是水温、色度、臭味、固体含量等。

1. 水温

污水的水温，对污水的物理性质、化学性质及生物性质有直接的影响，所以水温是污水水质的重要物理性质指标之一。

我国幅员广大，但根据统计资料表明，各地的生活污水的年平均温度差别不大，均约在 15 ℃左右。生产污水的水温与生产工艺有关，变化很大。污水的水温过低（如低于 5 ℃）会使微生物生长缓慢，而过高（如高于 40 ℃）则会导致水中溶解氧降低并加速耗氧反应，因此都会影响污水的生物处理效果。

2. 色度

由污水的色度可以知道污染物质的情况，新鲜的生活污水外观浑浊，常呈灰色，但当污水中的溶解氧降低至零，污水所含有机物腐烂，则水色转呈黑褐色并有臭味。生产废水视工矿企业的性质而异，差别极大，常常有各种特殊的颜色。水的颜色往往给人以感观不悦，因此以色度作为一种感官性状指标来衡量。色度可由悬浮固体、胶体或溶解物质形成，悬浮固体形成的色度称为表色,而胶体或溶解物质形成的色度称为真色。

3. 臭味

生活污水的臭味主要是由有机物腐败产生的气体造成的。工业废水的臭味主要是由挥发性化合物造成的。污水的臭味可以协助我们辨别出污水中某些物质存在的情形,有时还能帮助人们知道污水是否新鲜,例如已经分解的生活污水往往生成硫化氢的特殊臭味。臭味给人以感观不悦,甚至会危及人体生理健康,造成呼吸困难、倒胃、胸闷、呕吐等。故臭味也是物理性质的主要指标。

4. 固体含量

固体含量以总固体量(又称干物质重,Total Solid,简称 TS)作为指标。TS 常用质量法测定,即将定量水样放在 105 ℃的恒温箱中烘干至恒重后,再称其质量,就是总固体量。

固体物质可有如下分类:

①固体物质按存在形态的不同可分为:悬浮固体物质(Suspended Solids,简称 SS)、溶解性固体物质(又称溶解物,Dissolved Solids,简称 DS)和胶体(Colloid)。

②按性质不同可分为:有机物、无机物和生物体。

(1)悬浮固体物质

①概述:悬浮固体又称悬浮物。颗粒粒径在 0.1~1.0 μm 之间者称为细分散悬浮固体;颗粒粒径大于 1.0 μm 者称为粗分散悬浮固体。把水样用滤纸过滤,被滤纸截留的滤渣,在 105~110 ℃ 烘箱中烘干至恒重,所得质量称为悬浮固体。滤液中存在的固体物即为胶体和溶解固体。

②组成:悬浮固体也由有机物和无机物组成。故又可分为挥发性悬浮固体(又称灼烧减重,Volatile Suspended Solids,简称 VSS)和非挥发性悬浮固体(又称灰分,Nonvolatile Suspended Solids,简称 NVSS)。

把悬浮固体在马福炉中灼烧(温度为 600 ℃),所失去的质量称为挥发性悬浮固体,以此来代表有机物;灼烧后残留的质量即为非挥发性悬浮固体,用以代表无机物。生活污水中,VSS 约占 70%,NVSS 约占 30%。

(2)溶解性固体物质和胶体

颗粒粒径在 0.001~0.1 μm 之间者称为胶体。胶体和溶解固体也是由有机物与无机物组成的。把水样用滤纸过滤后,滤液蒸干所得的固体即为溶解性固体物质和胶体。生活污水中的溶解性有机物包括尿素、淀粉、糖类、脂肪、蛋白质及洗涤剂等;溶解性无机物包括无机盐(如碳酸盐、硫酸盐、铵盐、磷酸盐)和氯化物等。工业废水的溶解性固体成分极为复杂,视工矿企业的性质而异,主要包括种类繁多的合成高分子有机物及重金属离子等。

1.2.2 污水的化学性质及指标

污水的化学指标可分为无机物指标和有机物指标。

1.2.2.1 无机物指标

1. 酸碱度

污水的酸碱度一般用 pH 值表示。生活污水一般呈弱酸性,pH 值在 5.2~5.6 之间,工业废水的 pH 值则变化很大。污水的酸碱度对污水处理及其综合利用、水中生物的生长繁殖、排水管道等都有很大影响，所以 pH 值被列为检验污水水质的重要指标之一。

污水中能与强酸起中和反应的所有物质的含量称为污水的碱度。水中的碱度主要是由于重碳酸盐、碳酸盐和氢氧化物的存在。碱度的测定，一般均用指示剂法，当水样严重被颜色、浑浊等干扰时，则可改用电位滴定法。

污水中的碱度在酸碱冲击的缓解中起重要的作用。碱度越大，系统的缓冲能力越强。可导致碱度改变的污水处理工艺有多种，比如硝化、反硝化和化学沉淀。碱度较低的城市污水在硝化、反硝化与同时沉淀过程中，会导致 pH 值的下降、抑制微生物的正常生长和繁殖，从而降低处理效率。但从另一方面讲，在预沉淀和后沉淀中，较低的碱度又成为优点，这种情况下仅需少量化学药剂就能获得满意的 pH 值。

2. 氮、磷

氮、磷是生物生长所必需的营养物质，因此也是污水生物处理时微生物增长的控制因子。氮、磷也是导致湖泊、海湾富营养化的助长因素。污水中的氮、磷含量，因污水的种类、城市生活方式等不同，而有大幅度的变化。

(1)氮及其化合物

常用的代表氮素化合物的水质指标有：氨氮、凯氏氮、亚硝酸盐与硝酸盐、总氮等。

①氨氮。氨氮是水中以 NH_3 和 NH_4^+ 形式存在的氮。它是有机氮化物分解的第一步产物，也是水体受污染的一种标志。污水进行生物处理时，氨氮不仅向微生物提供营养，而且对污水的 pH 值起缓冲作用。但氨氮过高时，对微生物的生长繁殖会产生抑制作用。

②凯氏氮。凯氏氮(Kjeldahl Nitrogen，简称 KN)是氨氮和有机氮化物之和。有机氮经微生物作用，可分解为氨氮或硝酸盐，这一过程常出现于水体自净过程中。但如果这一过程太强，则促使大量氨氮和硝酸盐氮在水中积累过多，不仅导致水中溶解氧下降，有毒物质增多，还可能为藻类等提供过多的营养物，从而为水体发生富营养化提供条件。因此，凯氏氮不仅是控制有机氮污染物的指标，而且可作为控制水体富营养化的参考指标。生活污水中凯氏氮质量浓度约 40 mg/L，其中有机氮约为 15 mg/L，氨氮约为 25 mg/L。

③亚硝酸盐氮与硝酸盐氮。水中所有含氮物质都有转化为硝酸盐的可能。氨在亚硝酸盐菌的作用下氧化成亚硝酸盐，而亚硝酸盐在硝酸菌作用下氧化为硝酸盐。当水中出现硝酸盐时，表明水已达到一定的净化程度，因此污水中氮的存在形式可作为了解有机物在水中净化程度的指标。

④总氮。总氮(Total Nitrogen，简称 TN)为污水中有机氮、氨氮、亚硝酸盐氮和硝酸盐氮这 4 种含氮化合物的总和，也可描述为凯氏氮与总氧化氮之和。它不仅是水体污染控制的一个重要指标，也是污水处理过程中一个重要的控制参数。

(2)磷及其化合物

污水中的磷大多数以各种形式的磷酸盐存在，包括正磷酸盐(PO_4^{3-})、磷酸氢盐(HPO_4^{2-})、磷酸二氢盐($H_2PO_4^-$)、偏磷酸盐(PO_3^-)、焦磷酸盐($P_2O_7^{4-}$)、聚合磷酸盐($P_3O_{10}^{5-}$)等；还有一些以有机磷化物存在，例如葡萄糖－6－磷酸、2－磷酸－甘油酸及磷肌酸等。污水中上述含磷化合物的总和称为总磷(Total Phosphorus，简称 TP)，是一项重要的污水指标。生活污水中有机磷质量浓度约为 3 mg/L，无机磷质量浓度约为 7 mg/L。

3. 含硫化合物

污水中的硫主要以硫酸盐(SO_4^{2-})、硫化物(H_2S、HS^-、S^{2-})和有机硫化物的方式存在。

生活污水中的硫酸盐主要来源于人类排泄物；工业上如洗矿、化工、制药、造纸和发酵等工业废水均含有较高浓度的硫酸盐。污水中的 SO_4^{2-} 在缺氧条件下，在硫酸盐还原菌和反硫化菌的作用下，发生脱硫、还原反应，生成 H_2S。由于 H_2S 对产甲烷菌有很强的抑制作用和毒性，所以污水中如含有较高浓度的 SO_4^{2-}，可对污水的缺氧或厌氧处理带来极为不利的影响。因此，污水的生物处理的 SO_4^{2-} 允许质量浓度一般不超过 1 500 mg/L。

污水中的硫化物主要来源于生活污水和工业废水。当污水 pH 值较低时，水中硫化物以 H_2S 为主；pH 值较高时，则以 S^{2-} 为主。硫化物属还原性物质，能消耗水中溶解氧，并能与重金属离子结合形成黑色沉淀。

4. 氯化物

生活污水中的氯化物主要来自人类排泄物，而工业废水（如漂染工业、制革工业等）以及沿海城市采用海水作为冷却水时，都含有很高浓度的氯化物。一般认为，污水中氯化物质量浓度超过 4 000 mg/L 时即会对生物处理过程产生抑制作用。

5. 无机有毒物质

(1)氰化物

由于氰化物是一种含碳的化合物，在一些文献中也通常将它归入有机化合物中加以介绍。氰化物是剧毒物质，在污水中其主要代表为氢氰酸及其盐类（如氰化钾、氰化钠等），以及有机氰化物（即腈，如丙烯腈）。

氰化物多数是由人工制造，但也有少量存在于天然物质中，如苦杏仁、木薯等。污水中氰化物主要来自电镀工业、矿石浮选、贵重金属的抽提、多种化工制品的重要原料（如树脂、炸药、肥料、有机玻璃及氰的络合物、显影剂及农业上所用的杀虫剂等），其中含氰化合物浓度高的工业废水主要有电镀废水、煤气废水、选矿废水、提炼贵重金属（如金、银等）废水等，其氰化物质量浓度从数十至数千 mg/L 不等。

污水中氰化物超过 0.5 mg/L 时，氨化和硝化过程就会受到一定程度的抑制，当质量浓度提高到 1 mg/L 时，好氧分解过程就会受到较强的抑制。

(2)砷化物

污水中的砷化物主要来自工业，如含砷矿石的开采和熔炼、制革工业和玻璃工业等。含砷农药和煤炭的燃烧等均有不同程度的砷及砷化合物排出。例如，煤灰中含砷质量分数高达 0.05%～0.1%，在煤炭的燃烧过程中，大部分砷随烟尘进入大气，又随雨水降落到地面和水体。而由于含砷农药的大量使用，使得农田排水中含有相当数量的砷。

砷中毒多数是蓄积性的。在慢性砷中毒的人群中，常常伴随有皮肤癌、肝癌、肾癌和肺癌的发病率显著升高。

砷化物在污水中的存在形式主要是无机砷（如亚砷酸盐，砷酸盐）以及有机砷（如三甲基砷）。

(3)重金属

重金属指原子序数在 21～83 之间的金属或相对密度大于 4 的金属。重金属是构成地壳的元素，在自然界和水体中分布非常广泛。因此，与人工合成的各种有机物不同，重金属在水体中通常存在着背景含量，亦称本底值。

重金属作为有色金属，在人类生产和生活的各方面有着广泛的应用，这使得在环境中存在着各种各样的重金属污染源。污水中重金属主要有汞、镉、铅、铬、锌、铜、镍、锡、铁、锰等。生活污水中的重金属离子主要来源于人类排泄物;冶金、电镀、陶瓷、玻璃、氯碱、电池、制革、照相器材、造纸、塑料及颜料等工业废水,都含有不同的重金属离子。重金属可在人体某些器官积蓄,导致慢性中毒,危害较大。其中,因其毒害作用特别严重,汞、镉、铅、铬、砷以及它们的化合物被称为“五毒”。

从化学性质上看,重金属大多属于周期表中的过渡性元素,因此元素的价态变化广泛,能在较宽的幅度内发生电子得失的氧化还原反应。大量污水中可能会存在于有富氧的氧化性区域和缺氧的还原性区域,这样便使得重金属可能以不同的价态存在,其活性和毒性效应也不同。而生物处理过程不仅不能使重金属分解,相反某些重金属可在微生物作用下转化为金属有机化合物,产生更大的毒性。

1.2.2.2　有机物指标

1.污水中的有机物

生活污水所含有机物主要来源于人类排泄物及生活活动产生的废弃物、动植物残片等,主要成分是碳水化合物、蛋白质与尿素(尿素分解很快,故在城市污水中很少发现)及脂肪。食品加工、饮料等工业废水中有机物成分与生活污水基本相同,其他工业废水所含有机物种类繁多。

污水中的有机物按照其形态大小差异可分为颗粒态有机物、胶体态有机物和溶解态有机物。其中,溶解性有机物依据微生物的可降解性,又可以划分为可生物降解有机物和难生物降解有机物。而从污染的角度可将污水中的有机物大致分为耗氧有机物和有毒有机物两大类。

(1)耗氧有机物

生活污水和某些工业废水中含有的碳水化合物、蛋白质、脂肪、纤维素等有机物,在微生物的作用下最终分解为无机物质(如 CO_2 和 H_2O 等)。这些有机物在分解过程中,需要消耗大量的氧,故称为耗氧有机物。它们的危害性主要是通过消耗水体中的氧而引起的,对微生物一般无毒害或抑制作用。

(2)有毒有机物

一般情况下,污水中有毒有机物的含量并不高,但种类很多,例如,酚类、有机酸、吡啶及其同系物、有机农药、取代苯类、稠环芳烃等。这些物质有一些虽属于可生物降解有机物,但能在短期内影响生物或代谢系统,对微生物有毒害或抑制作用;还有一些则很难降解,在生物体内残留时间长,有蓄积性,可促成慢性中毒、致癌、致畸、致突变等生理毒害。

2.有机物污染指标

水中的有机物种类繁多、组成复杂,而且往往含量较低,因此要对各种有机物分别或逐一测定是很困难的。在实践中,除了对必要的、指定的有机化合物作单项直接测定外,一般采用间接方法,即采用一些综合性指标来反映水中有机物质的相对含量。目前常用的有机物质综合性指标有生物化学需氧量、化学需氧量、总需氧量、理论需氧量和总有机碳等。

(1)生物化学需氧量

生物化学需氧量(又称生化需氧量,Biochemical Oxygen Demand,简称 BOD)表示在有氧的情况下,由于微生物(主要是好氧细菌)的作用而使可降解的有机物被氧化分解进而无机化的过程中所需要的氧量,是单位体积污水消耗的溶解氧量(mg/L)。

从生化需氧量的定义可以看出，生化需氧量只是水中有机物可以被生物降解的那部分，但它代表了水样进入自然界后的真实情况，所以仍然是水污染控制工程中最广泛采用的有机物测定方法之一。

可生物降解有机物被微生物氧化分解的过程可以用图 1.1 表示。由图 1.1 可知，微生物通过自身的生命活动(呼吸、合成等)过程，把一部分被吸收的有机物氧化成简单的无机物(如 CO_2、H_2O 等)，并释放出其生长活动所需要的能量，而把另一部分有机物转化为生物体所需营养物，组成新的细胞物质。O_a就是微生物氧化被吸收的那部分有机物所消耗的氧量。在微生物的生长过程中，除吸收进入细菌体内的一部分有机物被氧化、放出能量外，组成微生物的细胞物质也在进行氧化，同时放出能量。这种细胞物质的氧化称为内源呼吸。O_b表示这部分内源呼吸所消耗的氧量。耗氧量 O_a+O_b 称为第一阶段生化需氧量(或称为总碳氧化需氧量、总生化需氧量、完全生化需氧量)，用 Sa 或 BoD_u 表示。耗氧量 O_c+O_d 称为第二阶段生化需氧量(或称氮氧化需氧量、消化需氧量)，用 BOD 或 NOD_u 表示。

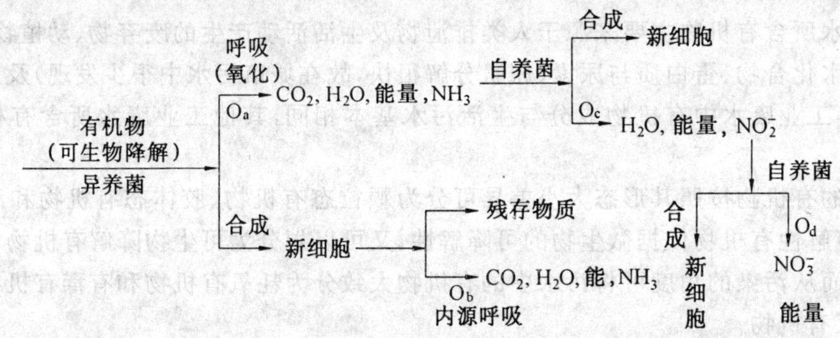

图 1.1 可生物降解有机物降解过程示意图

由于有机物生物氧化过程是一个缓慢的过程，且其速率与温度密切相关，因此一般条件下，各国都统一规定采用 5 d、20±1 ℃作为生化需氧量测定的标准条件，在此条件下，将水样(或经稀释的水样)注入并充满若干个有水封的玻璃瓶中，视水样不同，确定是否需要接种培养驯化的微生物，对于某些工业废水微生物的接种是必要的。先测出其中一瓶水样当天的溶解氧量，并将其余各瓶放在 20±1 ℃的培养箱内培养 5 d 后再测其溶解氧量。培养前后的溶解氧量之差即为此水样的 BOD_5。

需要注意的是，BOD 测定会受水中还原性物质、接种微生物种类以及有毒物质的影响。实际上有机污染物经微生物氧化分解过程可以分为两个阶段：碳化阶段和硝化阶段。有机物质的生物氧化是一个缓慢的过程，一般认为需要 100 d 左右才能基本完成上述两个阶段。对于多数有机物质而言，经过 20 d 大约能完成 95%～99%，5 d 的生物氧化约完成 70%。但由于硝化菌的世代(即繁殖周期)较长，一般在碳化阶段开始后的 5～7 d，甚至要 10 d 才能繁殖出一定数量的硝化菌，并开始氮氧化阶段，因此，硝化需氧量不对 BOD_5 的测定结果产生干扰。

(2)化学需氧量

生化需氧量是表示污水被有机物污染程度的综合指标，它表示的是污水中有机污染物进行生化分解过程所需要的氧量，能够直接从卫生意义上说明问题，使用广泛。但是，在使用上受到一定的限制。首先是测定需时较长(5 d)；其次，有一些工业废水不具备微生物繁殖的条件，无法测定。这时可以采用另一指标——化学需氧量。

化学需氧量(Chemical Oxygen Demand,简称 COD)是指在一定条件下,水中各种有机物质与外加的强氧化剂作用时所消耗的氧化剂量。结果用氧的“mg/L”数来表示,即单位体积污水所消耗溶解氧量。

常用的氧化剂有重铬酸钾(称为铬法,以 COD_{Cr} 表示,一般简写为 COD)和高锰酸钾(称为高锰酸盐指数,以 COD_{Mn} 或 OC 表示)。

重铬酸钾的氧化能力强,与水中有机物作用充分,因此可将水中的绝大部分有机物质氧化,故测得的化学需氧量几乎是废水中有机物的全部。但若废水中含有苯、甲苯等芳香烃类化合物时,则较难氧化。严格说来,化学需氧量也包括了水中存在的无机性还原物质。通常因废水中有机物的数量大大多于无机性还原物质的量,因此在一般情况下,化学需氧量可以用来代表废水中有机物质的总量。我国已把重铬酸钾法规定为标准测定方法。

采用高锰酸钾法时,测定比较快速,但只能氧化有机污染物的一部分,不能代表水中有机物质的全部含量。因此,该法适用于测定主要含易生物降解有机物的废水,测得的结果被称为耗氧量。

化学需氧量一般高于生化需氧量,其间的差值能够粗略地表示难被微生物所降解的有机物。因此 BOD_5/COD 的比值可作为一种污水是否适宜于采用生物处理的判别标准,如果某一废水的 $BOD_5/COD>0.3$,一般认为此种废水是适宜于生物化学处理方法的。比值越大,可生物处理性越强。生活污水的 BOD_5/COD 大致为 0.4～0.8 之间。

表 1.2 列出了 BOD 和 COD 各自的特点。

表 1.2　BOD 和 COD 各自的特点

	优　点	缺　点
BOD	能反映微生物氧化的有机物量,符合实际,直接地从卫生学角度阐明被污染的程度	需时长,易受干扰
COD	能表示污水中有机物的含量,需时短,不受水质的限制	不能说明微生物氧化的有机物量;污水中存在的还原性无机物耗氧将导致一定误差

(3)总需氧量

由于有机物的主要组成元素是 C、H、O、N、S 等,被氧化后,分别产生 CO_2、H_2O、NO_2、SO_2,该过程所消耗的氧量称为总需氧量(Total Oxygen Demand,简称 TOD)。将一定数量的污水注入以铂为触媒的燃烧室内,以 900 ℃的高温加以燃烧,有机物完全氧化后记录其耗氧量即为 TOC。该方法优点是:测定需时短,出结果快(仅需几分钟);缺点是:需要价格高昂的仪器和设备。

(4)理论需氧量

根据有机物的化学式,可以根据化学氧化方程式计算出其需氧量的理论值,即所谓理论需氧量(Theory Oxygen Demand,简称 ThOD)。例如,葡萄糖的氧化式为

$$C_6H_{12}O_6+6O_2\longrightarrow 6CO_2+6H_2O$$

可算得葡萄糖的理论需氧量 ThOD 为

$$\text{ThOD}=\frac{6\ \text{mol}(O_2)}{1\ \text{mol}(\text{葡萄糖})}=\frac{(6\times 32)\text{g}(O_2)}{(1\times 180)\text{g}(\text{葡萄糖})}=1.07\text{g}(O_2)/\text{g}(\text{葡萄糖})$$

(5)总有机碳

将水样在 900～950 ℃高温下燃烧,有机碳即氧化成 CO_2,测量此时产生的 CO_2 量,仅需几分钟就可以得出水样的总有机碳(Total Organic Carbon,简称 TOC),单位常以碳(C)的"mg/L"计。水样中的无机碳在此高温下也会转化为 CO_2,故测定时须采取措施去除无机碳的干扰。

生活污水的 BOD_5/TOD 大致为 1.0～1.6。

1.2.2.3　污水的生物性质及指标

1. 大肠菌群指数及大肠菌群值

粪便中肠道病原菌对水体的污染是引起霍乱、伤寒等流行病的主要原因。大肠菌群是最基本的粪便污染指示菌,也是最常用的水质指标之一。若水样中检出这类指示菌,即认为水体曾受粪便污染,有可能存在致病菌。检测到的指示菌越多,污染越严重。

测定大肠菌群的常用方法有发酵法和滤膜法两种。大肠菌群数量的表示方法有两种:①大肠菌群数,亦称大肠菌群值,即 1 L 水中含有大肠菌群数量,以"个/L"计;②大肠菌群指数,是指水样中可检出 1 个大肠菌群的最小水样体积(mL),该值越大,表示水中大肠菌群数越小。两者的关系如下

$$\text{大肠菌群指数}=\frac{1\,000}{\text{大肠菌群值}}$$

2. 病毒

由于已发现的多种病毒性疾病,如肝炎、小儿麻痹症等均可通过水传染,因而关于水中的病毒问题已引起人们的重视。这些疾病的病毒也存在于人的肠道内,通过病人粪便污染水体。病毒的检验方法目前主要有数量测定法与蚀斑测定法两种。

3. 细菌总数

细菌总数是大肠菌群数、病原菌、病毒及其他细菌数的总和,以每毫升水样中的细菌菌落总数表示。细菌总数越多,表示病原菌与病毒存在的可能性越大。因此,必须结合大肠菌群数和病毒来综合评价污水受生物污染的严重程度。

1.2.3　污水综合排放标准

《污水综合排放标准》(GB 8978—1996)按照污水排放去向,分年限规定了 69 种水污染物最高允许排放浓度及部分行业最高允许排水量。适用于现有单位水污染物的排放管理,以及建设项目的环境影响评价、建设项目环境保护设施设计、竣工验收及其投产后的排放管理。

按照国家综合排放标准与国家行业排放标准不交叉执行的原则,除了国家重新颁布的国家行业工业废水排放标准以外,其他行业水污染物排放均执行《污水综合排放标准》(GB 8978—1996)。

《污水综合排放标准》(GB 8978—1996)根据受纳水体的不同,将污水排放标准分为 3 个等级:

①排入Ⅲ类水域(划定的保护区和游泳区除外)和排入Ⅱ类海域的污水,执行一级标准;

②排入Ⅳ、Ⅴ类水域和排入Ⅲ类海域的污水,执行二级标准;

③排入设置二级污水处理厂的城镇排水系统的污水,执行三级标准;

④排入未设置二级污水处理厂的城镇排水系统的污水，必须根据排水系统出水受纳水域的功能要求，分别执行①和②的规定；

⑤Ⅰ、Ⅱ、Ⅲ类水域中划定的保护区以及Ⅰ类海域，禁止新建排污口，现有排污口应按水体功能要求，实行污染物总量控制，以保证受纳水体水质符合规定用途的水质标准。

《污水综合排放标准》(GB 8978—1996)将排放的污染物按其性质及控制方式分为两类。

(1)第一类污染物是指能在环境中或动物体内蓄积，对人体健康产生长远不良影响的污染物质。第一类污染物共有 13 项，不分建设年限，不分行业和污水排放方式，也不分受纳水体的功能类别，一律在车间或车间处理设施排放口采样(采矿行业的尾矿坝出水口不得视为车间排放口)，其最高允许排放浓度必须低于标准规定最高允许排放浓度。

(2)第二类污染物是指长远影响小于第一类污染物质的污染物，《污水综合排放标准》(GB 8978—1996)根据建设年限，对第二类污染物的最高允许排放浓度作出了规定。对 1997 年 12 月 31 日之前建设(包括改、扩建)的单位，规定了第二类水污染物(共 26 项)的最高允许排放浓度；对 1998 年 1 月 1 日起建设(包括改、扩建)的单位，规定了第二类水污染物(共 56 项)的最高允许排放浓度。

第2章 水体污染与自净

2.1 水体污染机制

水体污染物进入水体后，立即发生相互关联的水体污染与水体自净两个过程。水体污染的发生与发展，取决于这两个过程各自的强度，而过程的强度又随污染物的性质、污染源大小及受纳水体3个方面的对比而定。

水体污染的机制在物理、物理化学、化学、生物及生物化学等作用及其综合作用下十分复杂。

2.1.1 物理作用

污染物进入水体后，在水及污染物自身的力的作用下迅速扩大，在水中改变分布范围，并随着分布范围的扩大，污染物在水中的浓度相应降低，其化学组成和化学性质不变。主要的物理作用有以下几方面。

1. 水流的紊动作用

具有一定初始动能的废水一旦进入流动水体后，在两种水流剪力的作用下，会使流动的水流自身呈紊流状态，废水将迅速地沿水流运动的方向(空间流)扩散。污染物也往下游推移，从而导致污染物的浓度发生变化。

2. 分子扩散作用

污染物溶于水中之后，即使在静水中也可在分子扩散作用下扩大污染范围。分子扩散作用即在分子力和静电引力的作用下，污染物由污染物浓度大的地方向污染物浓度小的地方移动。如废水向静水中排放时具有一定的始动能，则在邻近排污口附近形成紊动扩散。

3. 水流的冲刷作用

流动的水具有一定的能量，它不仅可以携带物质移动，也能冲刷沿岸和河底，冲刷物将随水流移动。也就是说，沉积在沿岸和河岸的污染物有再次进入水体的可能。

2.1.2 物理化学作用

水体中含有各种各样的胶体与悬浮物，进入水体的污染物随水流迁移时，必然与水中的胶体和悬浮物接触，通过吸附一解吸、胶溶一凝聚等作用进行物质交换，形成水体污染与自净过程。

2.1.3 化学作用

进入水体的污染物，除随水流一起运动，还因介质条件的变化，各种成分之间以及水体的各种成分之间发生化学作用。化学作用主要有：酸化、碱化一中和、氧化一还原、分解一化合、沉淀一溶解等化学作用，不仅使污染空间可能扩大，而且也可能使水体污染加重。

2.1.4　生物作用

进入水体的污染物通过生物的作用扩大污染范围，在某些条件作用下可能会使污染物毒性增大，或使污染物在水中富集。

1. 生物分解作用

进入水体的有机物或某矿物成分在生物作用下进行的分解作用，称为生物分解作用，分为好氧分解和厌氧分解两种。

2. 生物转化作用

某些元素在生物作用下，可发生形态或价态的变化，生成有毒物质或转化为毒性更强的物质，这种作用称为生物转化作用。例如，日本的水俣病即是水体受汞污染后，汞的甲基化造成的。

3. 生物富集作用

生物富集作用是指生物或处在同一营养级的生物群落，从周围环境中浓缩某种元素或难分解有机物的现象，经过生物富集作用，使生物体内的某种元素或难分解有机物的含量大大超过水体中的浓度。富集作用可通过生物累积与生物放大两个过程实现。

2.2　水体自净的基本规律

2.2.1　水体自净机制

污染物随污水排入水体后，经过物理的、化学的与生物化学的作用，使污染的浓度降低或总量减少，受污染的水体部分地或完全地恢复原状，这种现象称为水体自净或水体净化。水体所具备的这种能力称为水体自净能力或自净容量。若污染物的数量超过水体的自净能力，就会导致水体污染。

水体自净的机制可分为如下 3 类：

①物理过程。物理净化作用指污染物质由于稀释、混合、沉淀等作用而使水体污染物质浓度降低的过程，从而使其浓度降低，但总量不减。稀释、混合在概念上很简单，而在机理上却是复杂的。稀释除与分子扩散有关外，还受湍流扩散作用的影响。混合作用与温度、水团流量和搅动情况有关。通过沉降过程可降低水中不溶性悬浮物的浓度，由于同时发生的吸附作用，还能消除一部分可溶性污染物。

②化学及物理化学过程。污染物质通过氧化、还原、吸附、凝聚、中和等反应使其浓度降低的过程，但污染物的总量不减。

③生物化学过程。由于水中微生物的代谢活动，污染物中的有机物质被分解氧化并转化为无害、稳定的无机物，从而使其浓度降低、总量减少的过程。生物化学净化作用是水体自净的主要原因。

1. 物理净化作用

(1)稀释与扩散

当可溶性污染物进入水体后，在一定范围内相互混掺，使污染物浓度降低，称为稀释。产生稀释作用主要有以下两种运动形式。

①污染物质随同水流质点沿流速方向运动，称为干流或对流。

②污染物质在水体中产生浓度梯度场，污染物质由高浓度区向低浓度区散开，这种运动方式称为扩散，它包括分子扩散和紊动扩散。

在流动水体中，平流与扩散是同时存在又相互影响的运动形式。

图 2.1 为河流稀释示意图，污水排入水体后，在流动的过程中，逐渐和水体水相混合，使污染物的浓度不断降低。在下游某个断面处污水与河水完全混合，该断面称为完全混合断面（$B-B$ 断面）。$B-B$ 断面的污染物浓度分布均匀且远小于排污口。

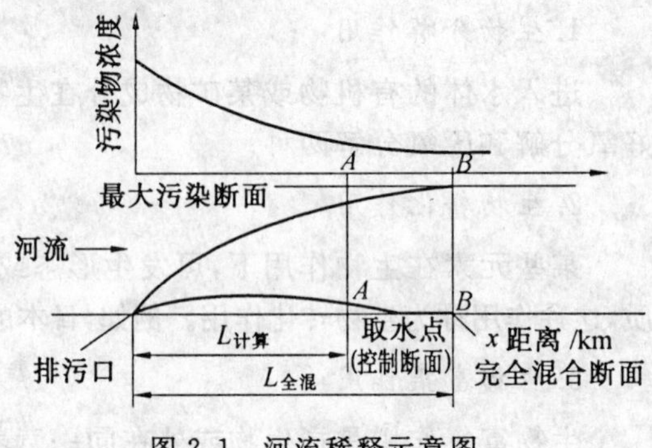

图 2.1　河流稀释示意图

污水与天然水体水混合稀释的效果，决定于混合系数 α，其计算式为

$$\alpha=\frac{Q_{混}}{Q_{总}} \tag{2.1}$$

式中　α—— 混合系数；

$Q_{混}$ —— 能与污水混合的天然水体流量；

$Q_{总}$ —— 污水量与参与混合的天然水体流量之和。大型水体 $Q_{总}=q+Q_{混}$，而对于中小型水体，因其全部水量都能与污水混合，则 $Q_{总}=Q_{混}=Q$，Q 为天然水体的流量，q 为污水流量。

混合系数受河流形状、污水排污口形式（包括排污口构造、排污方式、排污量等）等因素的影响。

若要计算出排污口下游某特定断面处的混合系数，可采用式(2.2)。该特定断面称为计算断面或控制断面（$A-A$ 断面）。

$$\alpha=\frac{L_{计算}}{L_{全混}}\ (L_{计算}\leqslant L_{全混}) \tag{2.2}$$

式中　$L_{计算}$—— 排污口至计算断面（控制断面）的距离；

$L_{全混}$—— 排污口至完全混合断面的距离；

α—— 混合系数，当 $L_{计算}\geqslant L_{全混}$，$\alpha=1$。

(2)挥发与沉降

像油类物质进入水体后，较轻的组分经挥发进入大气并转化为非烃类物质，使水体得到净化。而污染物中的可沉物质进入水体后经一定途径可向底泥中沉降和累积，从而降低水中该类污染物的浓度。主要途径有：①悬浮的固相物质在水流变缓时，因重力作用而沉降；②水中胶体微粒和其他微粒，可吸附某些污染物质，使其粒径或比重改变而产生沉降；③各种污染物质间由于化学作用，通过结晶、吸附、凝聚等产生沉降；④水中各类污染物质被水生动、植物吸收利用后，通过排泄物、动植物残体及食物链的转移，随水生生物的生命活动而产生沉降。

沉降作用的大小可由下式表示

$$\frac{\mathrm{d}C}{\mathrm{d}t}=-k_3C \tag{2.3}$$

式中　C—— 水中可沉降的污染物质质量浓度，mg/L；

k_3—— 沉降速率常数（沉降系数），1/d；

t—— 时间，d；

"—"—— 沉降作用是使该物质浓度降低。

通过挥发与沉降均可使天然水体得到净化，但挥发的物质进入大气或沉降的污染物质进入底泥并可随水流迁移至下游，甚至被水流再悬浮起来，而成为次生污染源，继续危害水环境，应引起足够的重视。

2. 化学及物理化学净化作用

污染物质进入天然水体后，不仅随水流发生空间位置上的改变，而且还发生化学性质或形态、价态上的转化，使污染物的毒性或浓度降低，水体得到净化，具体可分为以下几种。

(1)氧化还原作用

氧化还原反应在水体污染的自净过程中起重要作用，具体分为 3 种类型：

①氧化环境。水体中含有丰富的溶解氧，因而具有高度的氧化能力。有利于微生物对有机质的氧化作用，最终分解为 H_2O 和 CO_2，水体得到净化。还可使水体中的重金属离子被氧化成难溶的沉淀物，进入底泥，如铁、锰形成难溶的化合物沉淀。

②不含 H_2S 的还原环境。多在溶解氧含量低而有机质含量高的弱矿化水中，由于兼氧微生物的分解作用使水中出现 CH_4、H_2 及其他化合物离子，亦可使某些重金属还原成难溶化合物，沉积在底泥中，从而使水体净化。

③含 H_2S 的还原环境。多在水体底泥中，微生物利用水体中 SO_4^{2-} 来氧化有机质，生成大量 H_2S，因此与水体中各种重金属生成难溶的硫化物而沉淀进入底泥。这种还原环境水体也可得到一定净化，但因 H_2S 使水体散发臭味，对周围环境十分不利。

氧化还原作用还可改变某些污染物的毒性。例如，含铬废水，Cr^{3+} 存在于还原环境，毒性小；而 Cr^{6+} 存在于氧化环境，毒性较强。汞的甲基化过程在还原环境中会受到抑制等。

(2)酸碱作用

天然水体中因含各种杂质，pH 值常在 6～8 之间。当含酸或碱性工业废水排入后，因水体本身具有一定的酸或碱的缓冲范围，使水体 pH 值不致有明显变化。例如，进入水体中的无机酸可与水体中的黏土类物质、硫酸盐或其他硅酸盐起中和反应；进入水体的碱性物质可与水体中的硅石或碳酸氢盐或游离 CO_2 起中和反应，亦可形成难溶的沉淀物。因而天然水体对酸、碱污染物有着一定的自净能力，并控制着水体受酸、碱污染的程度和范围。

(3)吸附与凝聚

吸附与凝聚属于物理化学作用。天然水体中存在着大量硅、铝氧化物胶体或蒙脱土、高岭土及腐殖质胶体物质。这些物质有巨大的比表面积，并带有电荷，能吸附各种阴离子或阳离子，使污染物凝聚成较大的颗粒并沉淀下来，达到净化水质的效果。例如，许多微量重金属的天然水溶液被胶体吸附转为固相沉入底泥，或吸附在悬浮物上随水流移动。这在很大程度上控制着重金属的分布和富集，一般重金属污染物主要富集在排污口附近的底泥中，从而使水质得到净化。当然随水环境的改变这些污染物还可能会解吸出来，成为二次污染源，需要采取进一步措施。

3. 生物化学净化作用

天然水体中存在着各种各样的细菌、真菌、藻类、水草、原生动物、贝类、昆虫幼虫、鱼类等水生生物，通过生物的代谢作用，使水中污染物数量减少、浓度下降、毒性减轻甚至消失，这就是生物净化过程。淡水生态系统中的生物净化以细菌为主，有机污染物在溶解氧充足的条件下可最终分解为简单的稳定的无机物（如CO_2、水、硝酸盐和磷酸盐等），使水体得到自净。水中一些特殊的微生物种群和高级水生植物，如浮萍、凤眼莲、水花生等，能吸收并浓缩水中的汞、镉等重金属元素或难生物降解的、人工合成的有机物，经过生物固定，沉积在水体底部的沉积物中，使水逐渐得到净化。生物化学净化作用不仅使污染物的浓度在一定范围内降低，而且还可以使污染物质总量减少。从某种意义上讲，只有生物化学净化作用才能使受到污染的水体得到真正的自净。

目前，某种污染物质进入天然水体后，通过一定的时间或流经一定的距离，被生物化学净化的数量可用下式表示

$$S = KC \tag{2.4}$$

式中 S—— 每日生物化学净化量，mg/(L·d)；

C—— 可被生物化学作用降解的污染物质的初始质量浓度，mg/L；

K—— 该污染物质的生物化学降解速率常数，1/d。

2.2.2 影响水体自净作用的因素

影响水体自净作用的因素很多，而且这些因素是相互交织在一起综合起作用的。

1. 污染物本身的性质与浓度

因各类污染物本身所具有的物理、化学特性和进入水体中含量不同，它对水体自净作用产生的影响也是不同的。因此，可把污染物分为：①易降解或难降解的污染物；②易被生物化学作用分解或易被化学作用分解的污染物；③在好氧或厌氧条件下降解的污染物；④高浓度或低浓度的污染物等。

有机农药（DDT、六六六）、多氯联苯等合成有机化合物，它们的化学稳定性极高，在自然界中需要数十年以上的时间才能完全分解，且难溶于水，又难以被生物分解，成为环境中长期存在并通过水循环遍及地球各个角落的污染物。

酚和氰类化合物是工业生产中主要排放的污染物，一般化学性质很不稳定，虽然毒性强，但易挥发、易氧化降解，并能被水体中的泥沙和胶体颗粒吸附，也易被水生生物吸收利用，因此是水体中易净化的污染物。

重金属污染物，可能对微生物产生危害，降低其降解能力。也有的污染物如油类物质、合成洗涤剂，浮在水面影响与气体交换速度，使水体中溶解氧缺乏，因而降低水体的自净作用。

此外，污染物质的浓度对水体的自净作用有着特殊影响。当污染物浓度超过一定限度后，可抑制微生物的活性，水体自净能力会大大降低。如水中有机污染物浓度很大，在分解过程中可造成水体严重缺氧，好氧分解受到抑制，而有机污染物质的降解会变为由厌氧菌进行不彻底的分解，不仅不能彻底降解污染物，还会生成H_2S等有毒的臭气，危害环境。

2. 水体的水情要素

影响水体自净作用的主要水情要素有：水温、水文水力学条件和含沙量等。

(1)水温

水温可直接影响水中污染物的化学反应速度，还影响水中饱和溶解氧浓度和水中微生物的活性，从而直接或间接地影响着水体的自净作用。水温与太阳辐射条件及水体特性（水深、

水温分层等)有关。

污染物的分解受温度高低的影响很大,自净作用的强度随着冬、夏的季节而不同。在我国南方高温多雨地区,酚、氰和耗氧废弃物的氧化还原过程和生物化学分解过程强度较大,速度也快;而在北方干旱、半干旱、半湿润地区,强度就弱,速度就慢。

(2)水文水力学条件

水体的流量、流速等水文水力学条件,直接影响水体的稀释、扩散能力和水体复氧能力。特别是紊动强度的流动方式,稀释、扩散能力随之加强,并使与水体表面状态有关的气体交换(如复氧)速度增大。

因为水温和水文条件具有季节变化的特点,所以水体自净作用也随季节而有差异。

(3)含沙量

目前,很多研究都很明显地表示了泥沙能加速有机物的降解。这种效应产生的原因可以从以下两方面来解释:

①因泥沙颗粒能吸附水中某些污染物,故含沙量的大小也影响污染物的迁移和转化。当污染物被泥沙吸附并沉降时,水体就得到净化。

②还有些学者认为,泥沙促进了水中微生物活动。因为泥沙本身携带大量微生物,同时在泥沙周围由矿物质和有机质形成一层活性薄膜,浓集了许多物质,促进了微生物的活力。

但对于含沙量的大小和水体自净作用之间的定量关系目前尚不清楚,需要对泥沙来源、泥沙成分、粒径大小及其与水体自净的关系做更多深入的研究。

3.溶解氧含量

水中溶解氧是维持水生生物和净化能力的基本条件,往往也是衡量水体自净能力的主要指标。水中溶解氧主要来自水体和大气之间界面的气体交换和水生植物光合作用的增氧。

4.水生生物

生活在水体中的生物种类和数量与水体自净关系密切,尤其是微生物的种类、数量及活跃程度。同时,水体中生物种群、数量及其变化也可以反映水体污染自净的程度和变化趋势。如果能分解污染物质的微生物很多,则水体的自净作用较快,如果水体受污染严重,微生物受抑制或引起大量死亡,则自净作用便降低下来。

5.其他环境因素

水体自净作用的强弱还与大气污染降尘、太阳辐射、水体本身营养物含量和比例以及河床特征、周围地质地貌等条件有关。

(1)大气

水中溶解氧主要由大气补给,补给的速度受制于水面和大气之间的边界条件,包括水面形态、水的流动方式、大气与水中的氧的分压、大气与水体的温度差等。冬季水面由于降温冻结,冰面阻碍了水体与空气之间的物质交换,水中溶解氧得不到补充,这种情况不利于水体自净。

(2)太阳辐射

太阳辐射(光照条件)对水体自净作用的影响有直接和间接两方面。直接影响是指太阳辐射(特别是紫外线)能使水中污染物质迅速分解。例如,在太阳光辐射下水体中硝基苯能够有效降解。间接的影响是指太阳辐射可以引起水温等水体性质发生变化,并促使浮游植物与水生植物进行光合作用,改变溶解氧条件等。太阳辐射对浅层水体的影响较深层水体大。

(3)河床性质

底部河床颗粒能够富集污染物质。水体与河床基岩和沉积物之间还存在着不断的物质交换过程,从而影响水体的自净作用。例如,如果河床有铬铁矿露头,则底层水体中含铬较高。

(4)地质地貌条件

河流的河床形态不同,水流的运动方式也不一样,从而影响各河段的自净作用。地面水体遭到废水污染后,不仅影响下游地面水的自净作用,而且由于地面水和地下水之间的水力联系,会将污染物质迁移至地下水,从而影响到该部位地下水源的自净作用。

2.2.3 水体的自净模型

不同的水体类型其水体的自净模型有所区别,例如河流水体模型、湖泊水库水体模型、河口水体模型、海湾水体模型及地下水水体模型等,这里仅以河流水体自净模型为例进行阐述。

2.2.3.1 混合稀释模型

如前所述,废水排入河流,与河水进行混合。参与混合的河水流量同河水及污水流量之和的比值Q,定义为混合系数α。假设受污河段上无支流、无地表径流和无地下水吐纳,河水流量Q与点污染源废水流量q均保持不变,则混合系数α最简的计算式为$\alpha=\dfrac{L_{计算}}{L_{全混}}$。

完全混合断面污染物平均质量浓度为

$$C=\frac{C_W q+C_R\alpha Q}{\alpha Q+q} \tag{2.5}$$

式中 C_W—— 原污水中某污染物的质量浓度,mg/L;

q—— 污水流量,m^3/s;

C_R—— 河水中该污染物的原有质量浓度,mg/L;

Q—— 河水流量,m^3/s。

若$C_R=0$,且河水流量远大于污水流量,式(2.5)可简化为

$$C=\frac{C_W q}{\alpha Q}=\frac{C_W}{n} \tag{2.6}$$

式中 n—— 河水与污水的稀释比,$n=\dfrac{\alpha Q}{q}$。

不难看出,混合越完全($\alpha\to 1$),稀释比越大,则污染物的浓度越低。

2.2.3.2 氧垂曲线方程

有机物质排入河流后,可被水中微生物氧化分解,同时消耗水中的溶解氧,造成水体中溶解氧水平的下降,而从水体表面复氧以及水体中水生植物的光合作用而得到补充与恢复。此时,水体中溶解氧在消耗和复氧的双重作用下发生变化。若复氧不能补偿水体中溶解氧的消耗,即耗氧量大于复氧量,则水体呈缺氧或厌氧状态。所以,受有机物污染的河流,水中溶解氧的含量受有机物的降解过程控制。因而可把水体中的溶解氧作为水体自净的衡量标志。

1. 氧垂曲线

被污染的河流中耗氧与复氧是同时存在的,河水中的DO与COD浓度变化模式如图2.2所示。污水排入后,DO曲线呈悬索状下垂,故称为氧垂曲线;BOD曲线呈逐步下降状,直至恢复到污水排入前的基值浓度。

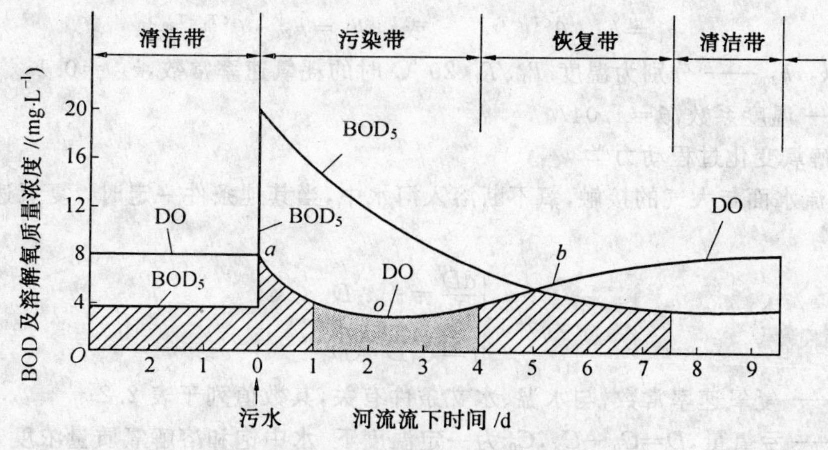

图 2.2　河流中 BOD_5 及 DO 的变化曲线

氧垂曲线可分为 3 段:第一段 ao 段,耗氧速率大于复氧速率,水中溶解氧含量大幅度下降,亏氧量增加,直至耗氧速率等于复氧速率。o 点处,溶解氧量最低,亏氧量最大,称 o 点为临界亏氧点或氧垂点;第二段 ob 段,复氧速率开始超过耗氧速率,水中溶解氧量开始回升,亏氧量逐渐减少,直至转折点 b;第三段 b 点以后,溶解氧含量继续回升,亏氧量继续减少,直至恢复到排污口前的状态。

2. 氧垂曲线方程

(1)有机物耗氧动力学

氧垂曲线方程又称菲里普斯方程,由美国学者斯蒂特—菲里普斯于 1925 年对耗氧过程动力学研究分析后得出,即:当河流受纳有机物后,沿水流方向产生的输移有机物量远大于扩散稀释量,当河水流量与污水流量稳定,河水温度不变时,则有机物生化降解的耗氧量与该时期河水中存在的有机物量成正比,即呈一级反应,表达式为

$$\begin{cases}\dfrac{dL}{dt}=-K_1L \\ t=0, L=L_0\end{cases} \tag{2.7}$$

$$L_t=L_0\cdot\exp(-K_1t)\quad 或\quad L_t=L_0\cdot 10^{-k_1t} \tag{2.8}$$

式中　L_0—— 有机物总量,即氧化全部有机物所需要的氧量,也即河水在允许亏氧量的条件下,可以氧化的最大有机物量;

L_t——t 时刻水中残存的有机物量;

t—— 时间,d;

K_1, k_1—— 耗氧速率常数,$k_1=0.434K_1$。

耗氧速率常数 K_1 或 k_1 因污水性质不同而异,需经实验确定。生活污水排入河流后,k_1 值见表 2.1。

表 2.1　生活污水耗氧速率常数 k_1

水温 /℃	0	5	10	15	20	25	30
k_1 值	0.039 99	0.050 2	0.063 2	0.079 5	0.1	0.126 0	0.158 3

表 2.1 中,不同水温时的耗氧速率常数 k_1 可用式(2.9)互相换算

$$k_1 = k_2 \cdot \theta^{(T_1 - T_2)} \quad 或 \quad k_1 = k_{20} \cdot \theta^{(T_1 - T_{20})} \tag{2.9}$$

式中　k_1, k_2, k_{20}—— 分别为温度 T_1、T_2、20 ℃ 时的耗氧速率常数，$k_{20} = 0.1$；

θ—— 温度系数，$\theta = 1.047$。

(2) 溶解氧变化过程动力学

通过河流水面与大气的接触，氧不断溶入河水中，当其他条件一定时，复氧速率与亏氧量成正比

$$\begin{cases} \dfrac{\mathrm{d}D}{\mathrm{d}t} = -k_2 D \\ t = 0, D = D_0 \end{cases} \tag{2.10}$$

式中　k_2—— 复氧速率常数，与水温、水文条件有关，其数值列于表 2.2；

D—— 亏氧量，$D = C_0 - C_X$，C_0 为一定温度下，水中饱和溶解氧质量浓度，mg/L，C_X 为河水中溶解氧质量浓度，mg/L。

表 2.2　复氧速率常数 k_2 值

河流水文条件	水温 /℃			
	10	15	20	25
缓流水体		0.11	0.15	
流速小于 1 m/s 水体	0.17	0.185	0.20	0.215
流速大于 1 m/s 水体	0.425	0.460	0.50	0.540
急流水体	0.684	0.740	0.80	0.865

菲里普斯对被有机物污染的河流中溶解氧变化过程动力学进行研究后得出结论，河水中亏氧量的变化速率是耗氧速率与复氧速率之和。在与耗氧动力学分析相同的前提条件下，亏氧方程也属一级反应，即

$$\begin{cases} \dfrac{\mathrm{d}D}{\mathrm{d}t} = k_1 L - k_2 D \\ t = 0, D = 0, L = L_0 \end{cases} \tag{2.11}$$

式中各项含义同前。

将(2.11) 积分后，得

$$D_t = D_0 \cdot 10^{-k_2 \cdot t} + \frac{k_1 \cdot L_0}{k_2 - k_1}(10^{-k_1 \cdot t} - 10^{-k_2 \cdot t}) \tag{2.12}$$

式中　D_t——t 时刻河流中亏氧量。

式(2.12) 称为河流中氧垂曲线方程式，即菲里普斯方程式。它的工程意义在于：

① 用于分析受有机物污染的河水中溶解氧的变化动态，推求河流的自净过程及其环境容量，进而确定可排入河流的有机物最大限量；

② 推算确定最大缺氧点即氧垂点的位置及到达时间，并依此制定河流水体防护措施。

氧垂曲线到达氧垂点的时间，可通过式(2.12) 求定，即当 $\dfrac{\mathrm{d}D}{\mathrm{d}t} = 0$ 时

$$t_c = \frac{\lg\left\{\dfrac{k_2}{k_1}\left[1 - \dfrac{D_0(k_2 - k_1)}{k_1 \cdot L_0}\right]\right\}}{k_2 - k_1} \tag{2.13}$$

式中　t_c—— 从排污点到氧垂点所需的时间，d。

式(2.12) 与式(2.13) 在使用时应注意如下几点：

① 公式只考虑了有机物生化耗氧和大气复氧两个因素，故仅适用于河流截面变化不大，藻类等水生植物和底泥影响可忽略不计的河段；

② 仅适用于河水与污水在排放点处完全混合的条件；

③ 所使用的 k_1、k_2 值必须与水温相适应；

④ 如沿河有几个排放点，则应根据具体情况合并成一个排放点计算或逐段计算。

按氧垂曲线方程计算，在氧垂点的溶解氧含量达不到地表水最低溶解要求时，则应对污水进行适当处理。故该方程可用于确定污水处理厂的处理程度。

第3章　水环境保护

3.1　水体水质监测

水体污染，水质恶化将造成难以估量的有形的或无形的、直接的或间接的巨大经济损失。显然，及时掌握水环境质量的现状和时空变化规律，必将为水资源的合理开发利用和有效保护奠定基础。

3.1.1　污染源调查

污染调查的目的是为了判明水体污染现状、污染危害程度、污染发生的过程、污染物进入水体的途径及污染环境条件，并揭示水污染发展的趋势，确定影响污染过程的可能的环境条件和影响因素。污染调查为控制和消除水污染、保护水资源提供治理依据。水污染调查的内容主要包括污染现状、污染源、污染途径以及污染环境条件等。

3.1.2　水环境质量监测

3.1.2.1　水环境质量监测的目的

水环境质量监测的目的是为了及时全面掌握水环境质量的动态变化特征，为水质质量的准确评价和水资源的合理开发利用提供准确可靠的资料。具体体现为：

①监测出表现水质现状的数据，供评价水体环境质量使用；

②确定水体中污染物的时、空分布状况，追溯污染物的来源、污染途径、迁移转化和消长规律，预测水体污染的变化趋势；

③判断水污染对环境生物和人体健康造成的影响，评价污染防治措施的实际效果，为制定有关法规、水环境质量标准、污染物排放标准等提供科学依据；

④探明各种污染物的污染原因以及污染机理。

3.1.2.2　监测项目的选择

监测项目的选择，应根据下列一般原则确定：

①选择对水体环境影响大的项目；

②选择已有可靠的监测技术，并能获得准确数据的项目；

③已有水质标准或其他规定的项目；

④在水中含量已接近或超过规定的标准浓度和总量指标，并且污染趋势还在上升的项目；

⑤被分析样品具有广泛代表性。

具体监测项目可针对不同水体环境，按水体（地表水、地下水）环境质量标准加以确定。

3.1.2.3　地面水水质监测

1. 水质监测站网

水质监测站网是在一定地区、按一定原则，以适当数量的水质监测站构成的水质资料收集系统。根据需要与可能，以最小的代价和最高的效率，使站网具有最佳的整体功能，是水质监测站网规划与建设的目标。

根据水质监测站网的建立与设置的目的及所要完成的任务，可分为基本站、辅助站、背景站。

2. 监测断面的设置

(1)断面设置原则

①设在大量污水排入河流的主要居民区、工业区的上游和下游；

②设在湖泊、水库、河口的主要出口和入口；

③设在河流主流、河口、湖泊和水库的代表性位置；

④主要用水地区，如公用给水的取水口、商业性捕鱼水域或娱乐水域等；

⑤在主要支流汇入干流、河口或入海水域的汇合口。

(2)河流水体的水质监测

对河流采样断面，通常设置背景断面和监测断面。

背景断面：所谓水环境背景值是指未受或少受人类活动影响的区域内的天然水体的物质组成与基本含量。在清洁河段中设置水环境背景采样断面或采样点，可得到整个水系或河流的水环境背景值。

监测断面：为了弄清排污对水体的影响，评价水质污染状况所设的采样断面(也称控制断面)。流经城市或工业区的河段，一般设置对照断面、监测断面和消减断面。

对照断面是为了弄清河流入境前的水质而设置的。应在流入城市或工业区以前，避开各类污水流入或回流设置，一般对照断面只设一个。

监测断面是为了弄清特定污染源对水体的影响，评价水质状况而设置的。监测断面的数目应根据城市的工业布局和排污口分布情况而定。重要排污口下游的监测断面一般设在距排污口 500～1 000 m 处，因为排污口的污染带下游 500 m 横断面上的 1/2 宽度处重金属浓度一般出现高峰。

消减断面是指污水汇入河流，经一段距离与河水充分混合后，水中污染物经稀释和自净而逐渐降低，其左、中、右三点浓度差异较小的断面。通常设在城市或工业区最后一个排污口下游 1 500 m 以外的河段上。

3. 采样时间和频率

采集的水样必须有代表性，要能反映出水质在时间和空间上的变化。

3.1.2.4　地下水水质监测

由于地下水参与了整个水文循环过程，大气降水、河流湖泊以及人为活动所产生的污水对地下水质的改变起着重要作用。由此，对大气降水、河水、污水的监测，原则上在有监测站的地区，可直接利用监测部门的资料，不必另行监测；在没有监测站的地区，应在地下水的主要补给区和排泄区适当设置少量的监测点，以取得进行评价所必需的监测资料。

布置地下水质监测网，应当充分考虑监测区(段)的环境水文地质条件、地下水资源的开发利用状况、污染源的分布和扩散形式以及区域地下水的化学特征。监测的主要对象应该是污染物危害性大和排放量大的污染源、重点污染区和重要的供水水源地。污染区监测点的布置方法应根据污染物在地下水中的存在形式来确定。

3.2 水体水质评价

3.2.1 水环境容量的含义

水环境容量的定义是：在满足水环境质量标准的条件下，水体所能接纳的最大允许污染物负荷量，又称水体纳污能力。

由于污染物进入水环境之后，受稀释、迁移和同化作用，因此水环境容量实际上由3部分组成，即

$$W_T = W_d + W_t + W_s \tag{3.1}$$

式中 W_T—— 水环境对污染物的总容量；

W_d—— 水环境对污染物的稀释容量；

W_t—— 水环境对污染物的迁移容量；

W_s—— 水环境对污染的净化容量。

3.2.2 水环境容量的计算方法

1.稀释容量

水环境对污染物的稀释容量是污染物进入水环境之后稀释作用引起的，它与水的体积和污径比有关。

设河水的流量为 Q，污染物在河水中的背景浓度为 C_B，污染物的水环境质量标准是 C_s，排入河水的污水流量为 q，则该水环境对该污染物的稀释容量可表达为

$$W_d = Q(C_s - C_B)\left(1 + \frac{q}{Q}\right) \tag{3.2}$$

令

$$V_d = Q, P_d = (C_s - C_B)\left(1 + \frac{q}{Q}\right)$$

则有

$$W_d = V_d \cdot P_d \tag{3.3}$$

式中 P_d—— 水环境对污染物稀释容量的比容。

2.迁移容量

水环境对污染物的迁移容量是由水体的流动引起的，它与流速、扩散等水力学特征有关。其数学表达式为

$$W_t = Q(C_s - C_B)\left(1 + \frac{q}{Q}\right)\left\{\frac{\sqrt{4\pi Dt}}{u} \cdot \exp\left[\frac{(x-ut)^2}{4Dt}\right]\right\} \tag{3.4}$$

式中 D—— 离散系数；

u—— 流速；

x—— 距离；

t—— 时间。

令 $V_t = Q, P_t = (C_s - C_B)\left(1+\frac{q}{Q}\right)\left\{\frac{\sqrt{4\pi Dt}}{u} \cdot \exp\left[\frac{(x-ut)^2}{4Dt}\right]\right\}$，则有

$$W_t = V_t \cdot P_t \tag{3.5}$$

式中　P_t—— 水环境对污染物迁移容量的比容。

3. 净化容量

水环境对污染物的净化容量，主要是由于水体对污染物的生物或化学作用使之降解而产生的，所以净化容量是针对可衰减污染物而言。假定这类污染物的衰减过程遵循一级反应，则其反应速率 R 可表示为

$$R = -kC \tag{3.6}$$

式中　k—— 反应速率常数，将它定义为污导，其大小反映污染物在水环境中被净化的能力。将 k 的倒数定义为污阻，用 τ 表示，则 $\tau = \frac{1}{k}$，它能反映污染物被降解难易的程度，τ 越大，污染物在水环境中停留的时间越长，水环境对它的容量越小；

C—— 污染物在水环境中的浓度，表示水环境的污染负荷，将它定义为污压；

R—— 反应速率，与 k 及 C 有关，它反映水环境对污染物自净的快慢程度，将其定义为污流。

则有

$$C = -R\tau \tag{3.7}$$

若污压 C 不变，污阻越大，污流越小。

根据上述若干物理量，则水环境对污染物净化容量的表达式为

$$W_s = Q(C_s - C_B)\left(1+\frac{q}{Q}\right)\left[-\exp\left(\frac{x}{\tau\mu}\right)+1\right] \tag{3.8}$$

令

$$V_s = Q, P_s = (C_s - C_B)\left(1+\frac{q}{Q}\right)\left[-\exp\left(\frac{x}{\tau\mu}\right)+1\right]$$

则有

$$W_s = V_s \cdot P_s \tag{3.9}$$

式中　P_s—— 水环境对污染物净化容量的环境比容。

4. 总水环境容量

如前所述，水环境对污染物稀释容量、迁移容量和净化容量之和称为总环境容量，则有

$$W_T = V_T \cdot P_T = Q(C_s - C_B)\left(1+\frac{q}{Q}\right)\left\{2+\frac{\sqrt{4\pi Dt}}{u} \cdot \exp\left[\frac{(x-ut)^2}{4Dt}\right] - \exp\left(\frac{x}{\tau u}\right)\right\} \tag{3.10}$$

讨论：

① 如果污染物是保守的，即水体对该类污染物没有净化能力，则污导 $k=0$，那么 $\exp\left(\frac{x}{\tau u}\right) \to 1$，这时

$$W_T = Q(C_s - C_B)\left(1+\frac{q}{Q}\right)\left\{1+\frac{\sqrt{4\pi Dt}}{u} \cdot \exp\left[\frac{(x-ut)^2}{4Dt}\right]\right\} \tag{3.11}$$

说明水体对难降解污染物只有稀释容量和迁移容量，而无净化容量。

② 如果无离散作用存在，则 $D=0$，那么 $\frac{\sqrt{4\pi Dt}}{u}\cdot\exp\left[\frac{(x-ut)^2}{4Dt}\right]\rightarrow 0$，$\exp\left(\frac{x}{\tau u}\right)\rightarrow 1$，这时

$$W_T=Q(C_s-C_B)\left(1+\frac{q}{Q}\right) \tag{3.12}$$

此式表明，对于难降解污染物，当不考虑水体的扩散作用时，不存在迁移容量和净化容量，水环境的总容量就等于稀释容量。

3.2.3 水环境质量评价

通过对水体的水质评价能够判明水体被污染的程度，为制定水体的综合防治方案提供科学依据。

单项污染指标的具体浓度值，仅能反映这项指标的瞬间水质状况，而不能反映由多种污染物共同排放所形成的复杂水质状况。故应采用综合指数对各种污染物的共同影响进行评价。目前常用的水质评价方法有：综合污染指数（K）法和水质质量系数（P）法。

1. 综合污染指数（K）法

综合污染指数（K）法是表示各种污染物对水体综合污染程度的一种数量指标，计算式为

$$K=\sum\frac{C_k}{C_{0i}}C_i \tag{3.13}$$

式中　C_k—— 地面水体各种污染物的统一最高允许指标，如对水库，此值为 0.1；

C_{0i}—— 各种污染物的地面水环境质量标准，mg/L；

C_i—— 各种污染物的实测质量浓度，mg/L。

根据计算结果，如果 $K<0.1$，说明各种污染物总含量之和未超过地面水环境质量标准，属未污染水体；当 $K\geqslant 0.1$ 时，表明河水中各种污染物的总含量已相当于一种有毒物质超过地面水环境质量标准，称为污染水体。污染水体又可分为轻度污染（$K=0.1\sim 0.2$）、中度污染（$K=0.2\sim 0.3$）和重度污染（$K>0.3$）。

2. 水质质量系数（P）法

水质质量系数（P）法的计算式为

$$P=\sum\frac{C_i}{C_{0i}} \tag{3.14}$$

各符号意义同前。

对于有机污染物的水质质量系数（P）法是式（3.14）的具体应用，即

$$P=\frac{[\mathrm{BOD}]_i}{[\mathrm{BOD}]_0}+\frac{[\mathrm{COD}]_i}{[\mathrm{COD}]_0}+\frac{[\mathrm{NH_3-N}]_i}{[\mathrm{NH_3-N}]_0}-\frac{[\mathrm{DO}]_i}{[\mathrm{DO}]_0} \tag{3.15}$$

式中　$[\mathrm{BOD}]_i$，$[\mathrm{COD}]_i$，$[\mathrm{NH_3-N}]_i$，$[\mathrm{DO}]_i$—— 水体各项指标的实测值，mg/L；

$[\mathrm{BOD}]_0$，$[\mathrm{COD}]_0$，$[\mathrm{NH_3-N}]_0$—— 地面水环境质量标准，mg/L；

$[\mathrm{DO}]_0$—— 水体溶解氧最低允许质量浓度，mg/L，因 DO 所起作用是正效应，所以为“–”。

对于河流水体，以 $P<2$ 作为未受有机污染物污染的指标；$P\geqslant 2$ 作为受有机污染物污染的指标，P 值越大，受污染的程度越严重。

3. 地下水水质综合评价法

根据国家《地下水质量评价指标》(GB/T 14848－93)，地下水质量综合评价采用加附注的评分法。具体步骤如下：

① 参加评分的项目，应不少于《地下水质量评价指标》中所列出的监测项目，但不包括细菌学指标；

② 首先进行各单项组分评价，划出组分所属质量类别；

③ 对各类别按《地下水质量评价指标》的规定分别确定单项组分评价分值 F_i，见表 3.1；

表 3.1　各类别分值表

类别	Ⅰ	Ⅱ	Ⅲ	Ⅳ	Ⅴ
F_i	0	1	3	5	10

④ 求综合评价分值 F

$$F=\sqrt{\frac{\overline{F}^2+F_{\max}^2}{2}} \tag{3.16}$$

$$\overline{F}=\frac{1}{n}\sum_{i=1}^{n}F_i \tag{3.17}$$

式中　$\overline{F}$—— 各单项组分评分值 F_i 的平均值；

$F_{\max}$—— 单项组分评分值 F_i 中的最大值；

n—— 项数。

⑤ 根据 F 值，按表 3.2 所规定的区间划分地下水质量级别，再将细菌学指标评价类别注在级别定名之后，如“优良(Ⅱ)类”、“较好(Ⅲ)类”。

表 3.2　地下水质量级别标准区间

类别	优良	良好	较好	较差	极差
F	<0.8	$0.8\sim2.5$	$2.5\sim4.25$	$4.25\sim7.2$	$\geqslant7.2$

3.3　我国水环境标准体系

水环境标准体系是对水环境标准工作的实践，全面规划、统筹协调相互关系，明确其作用功能、适用范围，逐步形成的一个完整的管理体系。

目前我国水环境标准体系，可概括为“五类三级”，即水环境质量标准、水污染物排放标准、水环境基础标准、水监测分析方法标准和水环境标准样品标准 5 类，以及国家级标准、行业标准和地方标准三级。水环境标准体系见表 3.3。

我国的水环境质量标准是根据不同的水域及其使用功能分别制定不同的水环境质量标准。水环境质量标准所控制的对象主要有：地表水环境质量标准、海水水质标准、渔业水质标准、农田灌溉水质标准、地下水质量标准等。我国的水环境质量是按水域功能分区管理，因此我国的水环境质量标准都是按照不同功能区的不同要求制定的，高功能区高要求，低功能区低要求。

表 3.3 我国水环境标准体系

<table>
<tr><th colspan="2">标准类别</th><th>标　准</th></tr>
<tr><td colspan="2">水环境质量标准</td><td>GB 11607—1989 渔业水质标准
GB 5084—1992 农田灌溉水质标准
GB/T 14848—1993 地下水质量标准
GB 3097—1997 海水水质标准
GB 3838—2002 地表水环境质量标准</td></tr>
<tr><td rowspan="3">水环境排放标准</td><td>综　合</td><td>GB 8978—1996 污水综合排放标准</td></tr>
<tr><td>国家行业水污染物排放标准</td><td>GB 3552—1983 船舶污染物排放标准
GB 4286—1984 船舶工业污染物排放标准
GB 4914—1985 海洋石油开发工业含油污水排放标准
GB 13456—1992 钢铁工业水污染物排放标准
GB 13457—1992 肉类加工工业水污染物排放标准
GB 4287—1992 纺织染整工业水污染物排放标准
GB 14374—1993 航天推进剂水污染物排放与分析方法标准
GB 15580—1995 磷肥工业水污染物排放标准
GB 15581—1995 烧碱、聚氯乙烯工业水污染排放标准
GB 13458—2001 合成氨工业水污染物排放标准
GB 18486—2001 污水海洋处置工程污染控制标准
GB 3544—2001 造纸工业水污染物排放标准
GB 18596—2001 畜禽养殖业污染物排放标准
GB 14470.1—2002 兵器工业水污染排放标准(火炸药)
GB 14470.2—2002 兵器工业水污染排放标准(火工药剂)
GB 14470.3—2002 兵器工业水污染排放标准(弹药装药)
GB 18918—2002 城镇污水处理厂污染物排放标准
GB 19430—2004 柠檬酸工业污染物排放标准
GB 19431—2004 味精工业污染物排放标准</td></tr>
<tr><td>地方水污染物排放标准</td><td>北京、广东、上海等地方水污染物排放标准</td></tr>
<tr><td colspan="2">水环境监测方法标准</td><td>HJ/T 164—2004 地下水环境监测技术规范等 138 个监测标准</td></tr>
<tr><td colspan="2">水环境基础标准</td><td>GB/T 3939—1983 制定地方水污染物排放标准的技术原则与方法
GB/T 6816—1986 水质 词汇 第一部分和第二部分
GB/T 11915—1989 水质 词汇 第三部分～第七部分
HJ/T 82—2001 近岸海域环境功能区划分技术规范</td></tr>
<tr><td colspan="2">水环境标准样品标准</td><td>暂无标准样品标准</td></tr>
</table>

水污染物排放标准是对污染源污水废水排放时的水质、排水量及污染物总量规定的最高允许限值，也包括为减少污染物的产生和排放对产品、原料、工艺设备及污染治理技术等所作的规定。此标准是直接用于控制污染源的，体现了源头污染控制理论，是执行和实施环境保护政策、法规的主要标准依据和手段。

3.4　污染控制技术概述

3.4.1　污水处理技术

污水处理的目的，就是用各种方法将污水中所含的污染物质分离出来，或将其转化为无害的物质，从而使污水得到净化。

针对不同污染物质的特性，发展了各种不同的污水处理方法，特别是对工业废水的处理。这些处理方法可按其作用原理划分为3大类：

(1)物理法

主要是利用物理作用分离废水中呈悬浮状态的污染物质，在处理过程中不改变污染物的化学性质。

(2)化学及物化法

利用化学反应的作用，去除污染物质(包括悬浮的、溶解的、胶体的等)或改变污染物的性质。

(3)生物法

生物法也称生物化学法，简称生化法。生化处理法是处理污水中应用最久、最广和比较有效的一种方法，它利用自然界存在的各种微生物将污水中的有机物分解并向无机物转化，转化为稳定的无害物质，达到净化的目的。主要方法可分为两大类，即利用好氧微生物作用的好氧法(好氧氧化法)和利用厌氧微生物作用的厌氧法(厌氧还原法)。前者广泛用于处理城市污水及有机性生产污水，其中有活性污泥法和生物膜法两种；后者多用于处理高浓度有机污水与污水处理过程中产生的污泥，现在也开始用于处理城市污水与低浓度有机污水。

各处理方法的分类及其作用见表3.4。对于某种污水、采用哪几种处理方法组成系统，要根据污水的水质、水量，回收其中有用物质的可能性、经济性、受纳水体的具体条件，并结合调查研究与经济技术比较后决定，必要时还需进行试验。

表3.4　污水处理技术分类及其作用

<table>
<tr><td rowspan="10">物理法</td><td rowspan="4">筛滤截留法</td><td>格栅：主要截留污水中大于栅条间隙的漂浮物。</td></tr>
<tr><td>筛网：主要用网孔较小的筛网截留污水中的纤维等细小悬浮物，以保证后续处理效果。</td></tr>
<tr><td>滤机：机械形式较多，其作用相当于转动的筛网。</td></tr>
<tr><td>砂滤：主要采用石英砂等为过滤介质，靠水力压差使污水通过滤层，滤除细小悬浮物、有机物。</td></tr>
<tr><td rowspan="2">重力分离法</td><td>沉淀：通过重力沉降分离废水中呈悬浮状态污染物质的方法。</td></tr>
<tr><td>气浮：又称上浮法。用于去除污水中比重小于1的污染物。或通过投加药剂等措施去除比重大于1的物质。</td></tr>
<tr><td rowspan="2">离心分离法</td><td>水旋分离器：设备固定，废水通过水泵打入或靠水头差沿切线方向进入分离器内，造成旋流产生离心力场，使悬浮颗粒分离出来。</td></tr>
<tr><td>离心机：设备本身高速旋转，以产生离心力，使悬浮物分离出来。</td></tr>
<tr><td>高梯度磁分离法</td><td>利用磁场中感应磁场和高磁梯度所产生的磁力从液体中分离颗粒污染物或提取有用物质。</td></tr>
</table>

续表 3.4

<table>
<tr><td rowspan="15">化学及物化法</td><td>化学沉淀法</td><td>向废水中投加可溶性化学药剂，使之与水中呈离子状态的无机污染物起化学反应，生成不溶于水或难溶于水的化合物，析出沉淀。使废水得到净化。</td></tr>
<tr><td>中和法</td><td>利用中和过程处理酸性或碱性废水。</td></tr>
<tr><td>化学氧化法</td><td>利用液氯、臭氧、高锰酸钾等强氧化剂氧化分解废水中污染物，以净化废水。</td></tr>
<tr><td>电解法</td><td>利用电解的基本原理，使废水中有害物质通过电解过程，在阴阳两极分别发生氧化和还原反应。以转化成无害物，达到净化水质的目的。</td></tr>
<tr><td>离子交换法</td><td>借助于离子交换剂中的交换离子和废水中的离子进行交换，以除去废水中的有害离子。离子交换剂分无机质（如海绿砂的天然物质或合成氟石）与有机质（如磺化煤和树脂）。此种处理方法成为电镀废水处理和回收贵重金属离子的有效手段之一。</td></tr>
<tr><td>萃取法</td><td>把适当的有机溶剂加入废水，从中分离出某些溶解性的污染物质。以达到废水净化。</td></tr>
<tr><td rowspan="4">膜分离技术</td><td>电渗析：电渗析是在离子交换法基础上发展起来的一项分离技术。溶液中的离子在直流电场的作用下，有选择地通过离子交换膜进行定向迁移。此法多用于海水和苦咸水除盐、制取去离子水等。</td></tr>
<tr><td>扩散渗析：即浓差渗析，利用半透膜（只透过溶剂或只透过溶质）使溶液中的溶质由高浓度一侧通过膜向低浓度一侧迁移。主要用于酸碱废液的处理、回收和有机、无机电解质的分离、纯化。</td></tr>
<tr><td>反渗透：以压力为推动力。把水溶液中的水分离出来，同时分离、浓缩溶液中的分子态或离子态物质的方法。反渗透在化学工程分离技术、硬水软化、制取高纯水和分离细菌、病毒等方面得到广泛应用。</td></tr>
<tr><td>超过滤法：以压力为推动力，使水溶液中大分子物质和水分离。其本质是机械筛滤，膜表面孔隙大小是主要控制因素。</td></tr>
<tr><td>吸附处理</td><td>利用吸附剂（多孔性固体。如活性炭、大孔吸附剂树脂、硅藻土、炉渣等）吸附废水中一种或几种污染物，以回收或去除某些污染物，使废水得到净化。</td></tr>
<tr><td rowspan="4">活性污泥法</td><td>鼓风曝气：即推流式曝气，将压缩空气不断地打入污水中，保证水中有一定溶解氧，以维持微生物生命活动，分解有机物。</td></tr>
<tr><td>机械曝气：即表面曝气，利用装在曝气池内的机械叶轮转动，剧烈搅动水面，使空气中的氧溶于水中，供微生物生命活动。</td></tr>
<tr><td>纯氧曝气：又称富氧曝气，是按鼓风曝气方法向水中吹入纯氧，以充分提高充氧效率。</td></tr>
<tr><td>深井曝气：一般用 0.5～6 m，深达 50～150 m 的曝气装置，利用水压来提高水中氧的转移速率，以高效去除污水中的 BOD 含量。</td></tr>
</table>

续表 3.4

生物法	生物膜法	生物滤池:需氧生物处理法的一种,是使废水流过生长在滤料表面上的生物膜。通过各相间的物质交换及生物氧化作用,使废水中有机物降解,达到净化目的。
		滤塔:即塔式生物滤池,塔高 8～24 m,直径 1～3.5 m,由于内部通风好,水力冲刷较强,污水同空气、生物膜充分接触,生物膜更新速度快,各层生长有适应于废水性质的不同生物群。
		生物转盘由固定在一横轴上的若干间距很近的圆盘组成,圆盘面上生长一层生物膜,以净化污水。
		生物接触氧化:供微生物栖附的填料全部浸在废水之中,并采用机械设备向废水中充氧,废水中的有机物由微生物氧化分解,达到净化。
	氧化塘法	利用水中的生物和藻类、水生植物等对污水进行好氧或厌氧生物处理的天然或人工池塘。
	土地处理系统	利用土壤及其中的微生物和植物根系对污染物的综合净化能力(过滤、吸附、微生物分解等)来处理城市污水,同时利用污水中的水、肥来促进农作物、牧草、树木增长。
	污水灌溉	以灌溉为主要目的土地处理系统。
	厌氧生物处理法	利用厌氧微生物(如甲烷微生物等)分解污水中有机物,达到净化的目的,同时产生甲烷、CO_2等气体。厌氧处理既用于处理废水(主要为高浓度有机废水),又用于污泥消化。

3.4.2 污水三级处理及城市污水处理厂

现代污水处理技术,按处理程度划分,可分为一级、二级和三级处理。

(1)一级处理

主要去除污水中呈悬浮状态的固体污染物质,物理处理法大部分只能完成一级处理的要求。经过一级处理后的污水,BOD 一般可去除 30%左右,达不到排放标准。一级处理属于二级处理的预处理。一级处理只是去除污水中小的漂浮物和部分悬浮状态的污染物质,调节污水 pH 值,减轻污水的腐化程度和减少后续处理工艺负荷。用这种处理流程建立的污水处理厂称为一级处理厂或低级处理厂。

(2)二级处理

主要去除污水中呈胶体和溶解状态的有机污染物质(即 BOD、COD 物质),去除率可达 90%以上,使有机污染物达到排放标准。

图 3.1 是典型的城市污水处理流程。污水进厂后,首先通过格栅,以除去较大悬浮固体,防止损坏水泵或阻塞管道;有时也可用破碎机将杂物打碎,然后送人沉砂池中停留约 1 min,使粗砂、硬渣等沉淀出来,可供作填方材料加以处置。初次沉淀池的作用是使污水流速减小,使绝大多数悬浮固体借重力沉积于池底,然后用连续刮泥机收集并排除出去。污水流经初沉池的时间约 90～150 min,可除去 50%～60%的悬浮固体和 25%～40%BOD。池上部浮集的油垢脂泥也利用刮板机同时清除出去,如果是一级处理厂,污水经上述处理后即可送去氯化消毒,最后排出。

曝气池是二级处理的主要设备。污水在这里利用活性污泥或生物膜，在充分搅拌和不断鼓入空气的条件下使部分可降解的有机废物被细菌氧化分解为硝酸盐、硫酸盐和二氧化碳等。曝气的时间约需 6 h，可除去绝大部分的 BOD，25%～55%的氮，10%～30%的磷。

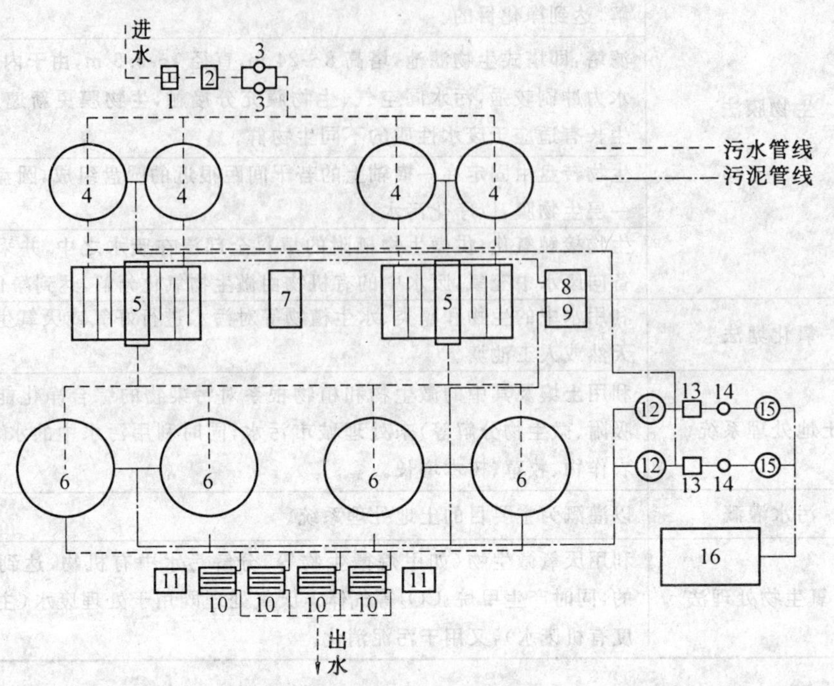

图 3.1 城市污水处理典型流程

1—格栅间；2—提升泵房；3—沉砂池；4—初沉池；5—生物处理设备；6—二沉池；7—鼓风机房；8—污泥回流贮泥池；9—污泥回流泵房；10—接触消毒池；11—加氯间；12—浓缩池；13—贮泥池；14——级消化池；15—二级消化池；16—脱水机房

(3)三级处理

三级处理是在一级、二级处理后，进一步处理难降解的有机物、磷和氮等能够导致水体富营养化的可溶性无机物等。主要方法有生物脱氮除磷法、混凝沉淀法、砂滤法、活性炭吸附法、离子交换法和电渗析法等。三级处理是深度处理的同义语，但两者又不完全相同，三级处理常用于二级处理之后。而深度处理则以“污水回收、再用”为目的，在一级或二级处理后增加的处理工艺。污水再用的范围很广，从工业上的重复利用、水体的补给水源到成为生活用水等。

污泥是污水处理过程中的产物。城市污水处理产生的污泥含有大量有机物，富有肥分，可以作为农肥使用，但又含有大量细菌、寄生虫卵以及从生产污水中带来的重金属离子等，需要作稳定与无害化处理。污泥处理的主要方法是减量处理（如浓缩法、脱水等），稳定处理（如厌氧消化法、好氧消化法等），综合利用（如消化气利用、污泥农业利用等），最终处置（如干燥焚烧、填地投海、建筑材料等）。

第 4 章　污水的物理处理

4.1　调 节 池

城市污水和工业废水的水量和水质都是随时间而变化的，工业废水的变化幅度一般比城市污水大。为了保证后续处理构筑物以及设备的正常运行，需对废水的水量和水质进行调节。调节池也称为调节均化池，是用以尽量减少污水进水水量和水质对整个污水处理系统影响的构筑物。

4.1.1　调节池的构造

1. 对角线出水调节池

对角线出水调节池是应用较多的一类调节池，其结构如图 4.1 所示。这种调节池的特点是出水槽沿对角线方向设置，废水由左右两侧进入池后，经过不同的时间才流到出水槽，使出水槽中的混合废水是在不同时间内流进来的，以达到自动调节均和的目的。

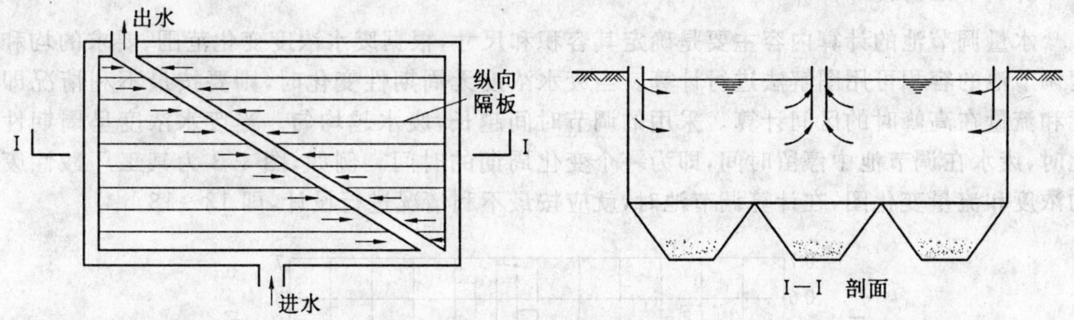

图 4.1　对角线出水调节池

为了防止废水短流，可以在池内设置若干纵向隔板；可在池内设沉渣斗以沉淀废水中的悬浮物，通过排渣管定期排出池外；如果调节池的容积较大，需要设置的沉渣斗过多，则可考虑将调节池做成平底，改用压缩空气搅拌废水。需注意的是：调节池必须设有放空管和溢流管，必要时还应考虑设置超越管。

如果调节池采用溢流堰出水，则其只能起调节水质的变化，不能调节水量的波动。调节池内的最低水位要求超过后续处理构筑物的最高水位，如不能满足，则应设置提升设备。这种布置方式可同时调节水量和水质的变化。

2. 折流式调节池

折流式调节池在池内设置了多个折流板，使废水在池内折流，其结构如图 4.2 所示。配水槽设在调节池的纵向中心线上，通过溢流孔口投配到调节池的前后各个位置上，从而使先后过来的、不同浓度的废水混合，使废水在池内得到混合和均化。

折流式调节池还可以由两三个池子组成，每池间歇独立运行，轮流倒换。第一池充满水后，水流入第二池。此时，第一池内的水用装设在池底的空气管道中的空气搅拌均匀后，用泵抽升到后续构筑物内；抽空后再循序抽第二池的水，这样虽然能调节水量及水质，且提高了系统运行可靠性，但基建及运行费用均较大。

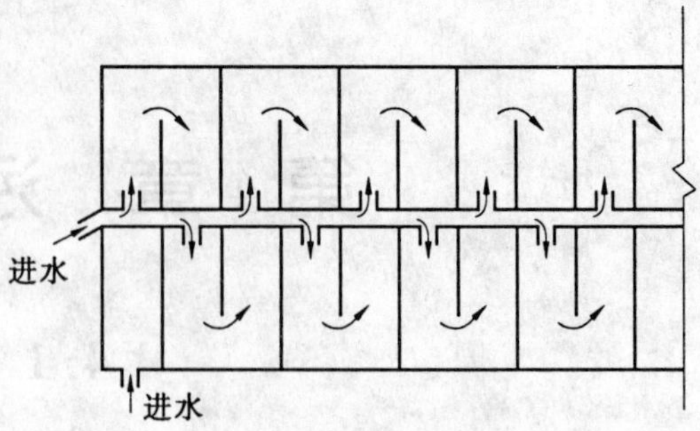

图 4.2 折流式调节池

4.1.2 调节池的设计与计算

1. 调节池设计的一般要求

①水量调节池实际是一座变水位的贮水池，进水一般为重力流，出水用泵提升。池中最高水位不高于进水管的设计高度，水深一般为 2 m 左右，或根据所选位置的水文地质特征来决定。

②调节他的形状宜为方形或圆形，以利形成完全混合状态。长形池宜设多个进口和出口，以便于进行维修和保养。

③调节池中应设冲洗装置、溢流装置、排除漂浮物和泡沫装置，以及洒水消泡装置。出口宜设测流装置，以监控所调节的流量。

④为使在线调节池运行良好，宜设混合和曝气装置。

2. 调节池的设计计算

水量调节池的计算内容主要是确定其容积和尺寸，根据废水浓度变化范围、要求的均和程度调节池的容积可用图解法进行计算。当废水浓度无周期性变化时，则要按最不利情况即浓度和流量在高峰时的区间计算。采用的调节时间越长，废水越均匀。当废水浓度呈周期性变化时，废水在调节池中停留时间，即为一个变化周期的时间。例如，图 4.3 为某工厂酸性废水的浓度和流量变化图，在计算调节池时，就应按最不利情况进行设计，即 12～18 h。

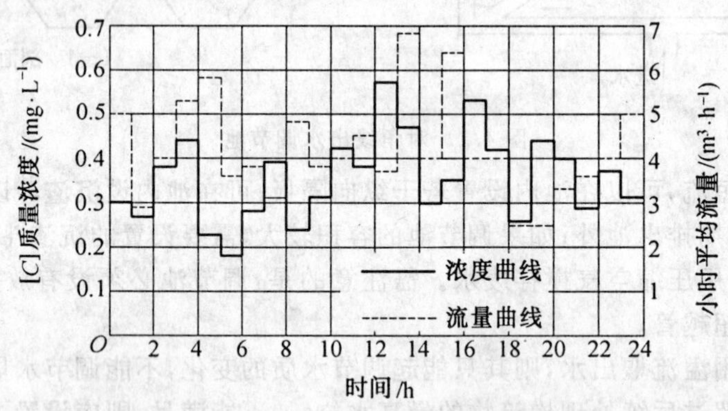

图 4.3 某工厂废水浓度和流量变化曲线

废水经过一定时间的调节后，其平均浓度可按式(4.1)计算，即

$$C=\sum_{i=1}^{n}\frac{C_i q_i t_i}{qT} \quad 或 \quad C=\sum_{i=1}^{n}\frac{C_i q_i t_i}{V} \tag{4.1}$$

式中 C——T h 均化后的废水平均质量浓度，mg/L；

C_i—— 各时间段 t_i 内的废水质量浓度，mg/L；

q—— T h 内的废水平均流量，m^3/h；

q_i—— 各时间段 t_i 内的废水平均流量，m^3/h；

t_i—— 选取的最不利的各时间段，h；

T—— 调节时间，且 $T=\sum_{i=1}^{n} t_i$，h；

V—— 调节池容积，且 $V=qT=\sum_{i=1}^{n} q_i t_i$，$m^3$。

特别的，对于对角线出水调节池，可用式(4.2)计算其容积，即

$$V=\frac{qT}{2\eta} \quad 或 \quad V=\frac{\sum_{i=1}^{n} q_i t_i}{2\eta} \tag{4.2}$$

式中　η—— 容积增大系数，一般取 $\eta=0.7$。

4.1.3　调节池的搅拌

为使废水充分混合和避免悬浮物沉淀，调节池需安装搅拌设备进行搅拌。调节池的搅拌方式主要有以下几种：

(1)水泵强制循环搅拌

水泵强制循环搅拌是在调节池底设穿孔管，穿孔管与水泵压水管相连，用压力水进行搅拌。其优点是简单易行，但动力消耗较多。

(2)空气搅拌

空气搅拌指在池底多设穿孔管，穿孔管与鼓风机空气管相连，用压缩空气进行搅拌。采用穿孔管曝气时，空气用量可取 2～3 m^3/[h・m(管长)]或 5～6 m^3/[h・m^2(池面积)]。此方式可起预曝气的作用，搅拌效果较好，但运行费用也较高，当废水中存在易挥发性污染物时，还可能造成二次污染。

(3)机械搅拌

机械搅拌是在池内安装机械搅拌设备的搅拌方式。此方法搅拌效果好，但设备常年浸于水中，易受腐蚀，运行维修费用也较高。

4.2　格　　栅

格栅是由一组平行的金属栅条组成的框架，栅条间形成隙缝。斜置在废水流经的渠道、泵站集水池的进口处或污水处理厂进水口端部，用以截阻水中大块呈悬浮和漂浮状态的物质，如碎皮、毛发、果菜等，以免堵塞水泵、管道、闸门及沉淀池排泥管，减轻后续处理构筑物及泵站机组的负荷。

格栅栅条间的缝隙决定了其截留效率，用在进水泵站前的格栅隙缝应根据水泵要求确定，通常大于 50 mm，沉砂池或沉淀池前的格栅一般采用 15～30 mm，最大不超过 40 mm。

被格栅截留的物质称为栅渣，栅渣的含水率一般约为 70%～80%，密度约为 750 kg/m^3。在运行一段时间后，格栅因附着大量栅渣而导致滤水阻力增大，需要用反冲洗或机械方法将截留物去除，即清渣。

4.2.1　格栅的分类

格栅按其形状不同，可分为平面格栅和曲面格栅两种。

(1)平面格栅

平面格栅由栅条与框架组成，基本形式如图 4.4 所示。图中 A 型是栅条布置在框架的外侧，适用于机械清渣或人工清渣；B 型是栅条布置在框架的内侧，在格栅的顶部设有起吊架，可将格栅吊起，进行人工清渣。平面格栅的基本参数与尺寸包括宽度 B、长度 L、间隙净空隙 e、栅条至外边框的距离 b。可根据污水渠道、泵房集水井进口管大小选用不同数值。

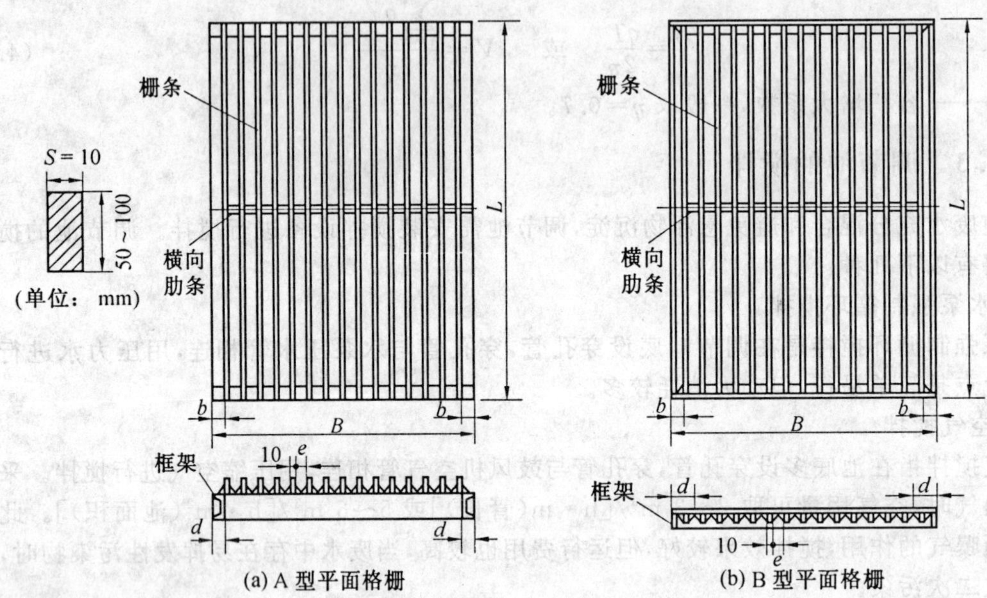

图 4.4　平面格栅

(2)曲面格栅

曲面格栅又可分为固定曲面格栅与旋转鼓筒式格栅两种。图 4.5 为固定曲面格栅，利用渠道内的水流推动除渣板。图 4.6 为旋转鼓筒式格栅，污水沿鼓筒从内向外流动，被拦截的栅渣，由冲洗水冲入带网眼的渣槽后排出。

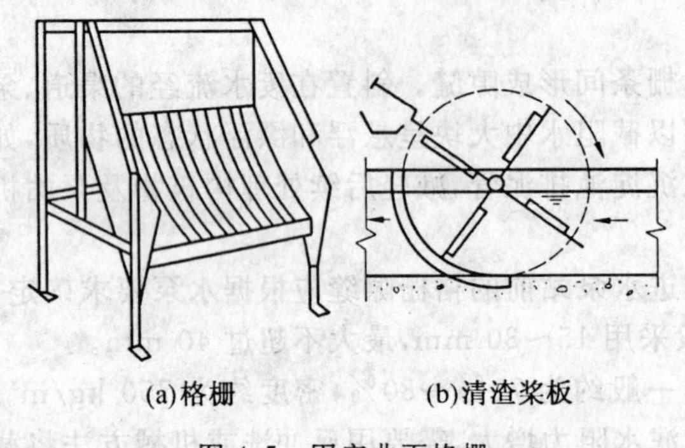

图 4.5　固定曲面格栅

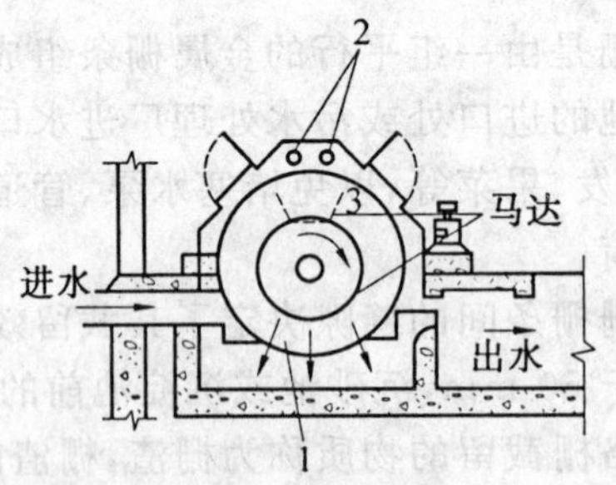

图 4.6　旋转鼓筒式格栅

1—鼓筒；2—冲洗水管；3—渣槽

按格栅栅条的净间隙可分为粗格栅(50～100 mm)、中格栅(10～50 mm)和细格栅(3～10 mm)3 种。格栅截面形状与尺寸见表 4.1。圆形断面栅条的水力条件好，水流阻力小，但刚度较差，一般多采用断面为矩形的栅条。上述平板格栅与曲面格栅，都可做成粗、中、细 3 种。

表 4.1　格栅截面形状与尺寸　mm

栅条断面	正方形	圆　形	矩　形	带半圆的矩形	两头半圆的矩形
尺寸 / mm	20 20 20	20 20 20	10 10 10；50	10 10 10；50	10 10 10；50

根据清渣方式不同，可将格栅分为人工清渣和机械清渣两类。

在中小型城市生活污水处理厂或所需要截留污物量较少时，一般均设置人工清理的格栅。这类格栅用圆或直钢条制成，按 50°～60°倾角安放，这样可增加有效格栅面积 40%～80%，而且便于清除污物，防止因堵塞而造成过高的水头损失。

当每日栅渣量大于 0.2 m^3时，应采用机械清渣格栅。目前，一些小型废水处理厂为了改善劳动条件，也采用机械格栅除渣机。我国目前采用的机械格栅的栅条间距大都在 20 mm 以上，多采用 50 mm 左右。机械格栅的间距不宜过小，否则格栅间的耙齿易被卡住。机械格栅的倾斜度较人工格栅大，通常采用 60°～70°。常见格栅除渣机的优缺点与适用范围见表 4.2。

表 4.2　常见格栅除渣机的优缺点与适用范围

类　型	优　点	缺　点	适用范围
链条式	结构简单、占地面积小	杂物进入链条、链轮之间容易卡住；套筒滚子链造价高、耐腐蚀性差	深度不大的中小型格栅，主要清除生活污水中纤维、带状杂物
移动伸缩臂式	不清污时设备全部在水面上，维修检修方便；可不停水检修；钢丝线在水面上，运行寿命长	需 3 套电动机、减速器，结构复杂；移动时齿耙与格栅间隙对位较困难	中等深度的宽大格栅；耙斗式适于污水除污
圆周回转式	结构简单；动作可靠，容易检修	配置圆弧形格栅，制造较困难；占地面积较大	深度较浅的中小型格栅
钢丝绳牵引式	适用范围广；固定设备部件维修方便	钢丝绳干湿交替，易腐蚀，需采用不锈钢丝绳；维护检修水下固定设备需停水	固定式适用于中小型格栅，移动式适用于宽大格栅

4.2.2　格栅的设计

1. 设计参数

格栅作为预处理设备，应综合考虑后续设备的性能和格栅位置进行选择及设计。

(1)格栅井

可单独设置格栅井,也可与泵房合建,将格栅设置在水泵集水井内。一般情况下,大中型泵站或污水管埋深较大时,格栅均设在泵房集水池内。采用机械除渣时,较多采用单独的格栅井。

(2)格栅尺寸

格栅的总宽度不应小于污水进水管宽度的2倍,格栅空隙的总有效面积不宜小于进水管断面面积的1.2倍。

(3)栅条间距

栅条间隙应根据水泵型号和进水水质确定。污水泵型号与栅条间隙之间的关系见表4.3。

表4.3 污水泵型号与栅条间隙之间的关系

水泵型号	栅条间距/mm	水泵型号	栅条间距/mm
$2\frac{1}{2}$PW,$2\frac{1}{2}$PWL	≤20	8PWL	≤90
4PW,4PWL	≤40	10PWL	≤110
6PWL	≤70	12PWL	≤150

(4)过栅流速及过栅水头损失

过栅流速一般采用0.6～1.0 m/s。雨水泵站格栅前进水管内的流速应控制在1.0～1.2 m/s;当流速大于1.2 m/s时,应将入流管断面放大或改为双管进水。污水泵站格栅前的进水管流速宜控制在0.4～0.9 m/s之间。

水流通过格栅的水头损失值可以通过计算决定。一般采用0.08～0.15 m,栅后渠底高程应比栅前降低10～15 cm。

(5)栅渣量

格栅截留的栅渣量,与栅条间距、当地的废水特征、废水体制等因素相关。在缺乏实际运行资料时,可按表4.4数据采用。

表4.4 栅条间距与栅渣量之间的关系

栅条间距/mm	每10^3 m^{3}废水栅渣量/m^3
16～25	0.05～0.1
30～50	0.01～0.03

栅渣的收集、装卸设备,应以其体积为考虑依据。废水处理厂内贮存栅渣的容器,不应小于平均24 h内截留的栅渣量。

(6)格栅倾角

人工清渣时,格栅倾角不应大于70°;机械清渣时,宜为70°～90°。格栅下端应低于进水管底部0.5 m,距池壁0.5～0.7 m,或按机械除渣的安装和操作需要来确定。

(7)格栅工作平台

格栅上端应设置工作平台,平台设有安全和冲洗设施。人工清渣时,工作平台应高出格栅前设计最高水位0.5 m;机械清渣时,工作平台不应低于格栅井的地面标高。平台宽度在污水泵站不应小于 1.5 m；雨水泵站不应小于 2.5 m；工作台两侧道宽度不小于 0.7 m。

格栅平台临水侧应设置栏杆，平台上应装置给水阀门，并设置具有活动盖板的检修孔；平台靠墙面应设挂安全带的挂钩；平台上方应设置起质量为 0.5 t 的工字梁和电动葫芦。

2. 计算公式

格栅的设计内容包括尺寸计算、水力计算、栅渣量计算以及清渣机械的选用等，格栅计算图(图 4.7)。

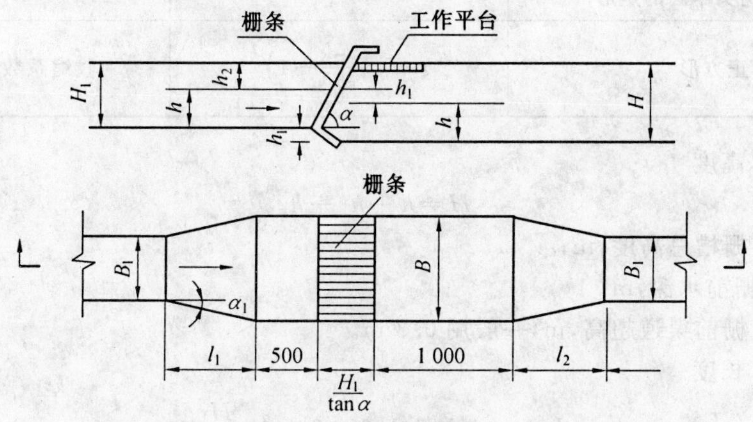

图 4.7　格栅计算图

(1)栅槽宽度

$$B=s(n-1)+en \tag{4.3}$$

$$n=\frac{Q_{\max}\sqrt{\sin\alpha}}{ehv}$$

式中　B—— 栅槽宽度，m；

s—— 栅条宽度，可参考表 4.1，m；

e—— 栅条净间隙，粗格栅 $e=50\sim100$ mm，中格栅 $e=10\sim40$ mm，细格栅 $e=3\sim10$ mm；

n—— 格栅间隙数；

$Q_{\max}$—— 最大设计流量，m^3/s；

α—— 格栅倾角，(°)；

h—— 栅前水深，m；

v—— 过栅流速，m/s。

(2) 过栅水头损失

$$h_1=kh_0 \tag{4.4}$$

$$h_0=\xi\frac{v^2}{2g}\sin\alpha$$

式中　h_1—— 过栅水头损失，为避免造成栅前涌水，故一般将栅后槽底下降 h_1 作为补偿，m；

h_0—— 计算水头损失，m；

g—— 重力加速度，9.81 m/s^2；

k—— 系数，格栅受污物堵塞后导致水头损失增大，而引入的系数，一般 $k=3$；

ξ—— 阻力系数，其大小与栅条截面形状有关，可参考表 4.1 及表 4.5。

表 4.5　阻力系数 ξ 的计算公式

截面形状		公　式	说　明
圆　形		$\xi=\beta\left(\frac{s}{e}\right)^{4/3}$	$\beta=1.79$
矩形	规则的矩形		$\beta=2.42$
	带半圆的矩形		$\beta=1.83$
	两头半圆的矩形		$\beta=1.67$
正方形		$\xi=\left(\frac{b+s}{\varepsilon b}-1\right)^2$	收缩系数 $\varepsilon=0.64$

(3) 栅槽总高度

$$H=h+h_1+h_2 \tag{4.5}$$

式中　H—— 栅槽总高度，m；

h—— 栅前水深，m；

h_2—— 栅前渠道超高，m，一般用 0.3 m。

(4) 栅槽总长度

$$L=l_1+l_2+1.0+0.5+\frac{H_1}{\tan\alpha} \tag{4.6}$$

$$l_1=\frac{B-B_1}{2\tan\alpha_1}$$

$$l_2=\frac{l_1}{2}$$

$$H_1=h+h_2$$

式中　L—— 栅槽总长度，m；

H_1—— 栅前槽高，m；

l_1—— 进水渠道渐宽部分长度，m；

B_1—— 进水渠道宽度，m；

α_1—— 进水渠展开角，一般用 20°；

l_2—— 栅槽与出水渠连接处渐缩部分的长度，m。

(5) 每日栅渣量计算

$$W=\frac{Q_{max}W_1\times 86\ 400}{K_Z\times 1\ 000} \tag{4.7}$$

式中　W—— 每日栅渣量，m^3/d；

W_1—— 栅渣量，$m^3/(10^3\ m^3$ 污水)，取值可参考表 4.4，粗格栅宜用小值，细格栅宜用大值；

K_Z— 生活污水流量总变化系数，见表 4.6。

表 4.6　生活污水量总变化系数 K_Z

平均日流量/$(L \cdot s^{-1})$	4	6	10	15	25	40
K_Z	2.3	2.2	2.1	2.0	1.89	1.80
平均日流量/$(L \cdot s^{-1})$	70	120	200	400	750	1 600
K_Z	1.69	.59	1.51	1.40	1.30	1.20

4.3　沉淀理论

4.3.1　沉淀类型

根据悬浮物的性质、浓度及絮凝性能，沉淀可分为 4 种类型。

1. 自由沉淀

在沉淀的过程中，如果悬浮物质浓度不高，则颗粒之间发生碰撞的几率较小，以单颗粒状态各自独立地完成沉淀过程。污水沉砂池中较重的沙粒的沉淀以及悬浮物浓度较低的污水在初沉池中的沉淀过程均属于这类沉淀。自由沉淀过程的描述一般用牛顿第二定律及斯托克斯公式。

2. 絮凝沉淀（干涉沉淀）

当悬浮物质量浓度约为 50～500 mg/L 时，在沉淀过程中，颗粒与颗粒之间互相碰撞的可能性增加。这种碰撞所产生的絮凝作用，使颗粒的粒径与质量逐渐加大，沉淀速度不断加快。因为这类沉淀过程的实际沉速很难用理论公式描述，因此主要通过试验来测定。这类沉淀的典型例子是活性污泥在二沉池中的沉淀过程。

3. 区域沉淀（成层沉淀、拥挤沉淀）

当悬浮物质量浓度大于 500 mg/L 时，在沉淀过程中，因相邻颗粒之间互相妨碍及干扰作用，使沉速大的颗粒无法超越沉速小的颗粒，不同密度和粒径的颗粒各自保持相对位置不变，并在聚合力的作用下，众多颗粒结合成一个整体向下沉淀，与澄清水之间形成清晰的液-固界面，沉淀过程在宏观上显示为界面下沉。二沉池下部的沉淀过程及浓缩池开始阶段即为这类沉淀的典型例子。

4. 压缩沉淀

压缩沉淀是区域沉淀的继续，当污水中悬浮物的浓度很高时才会发生。此时固体颗粒互相接触，互相支承，上层颗粒因受到重力作用而对下层颗粒产生压力，导致下层颗粒的空隙度因受压减少，间隙中的部分液体被挤出界面，使得污泥得到浓缩。这类沉淀过程虽然也有明显的固-液界面，但颗粒群部分比压缩沉淀时密集，界面的下降速度明显低于压缩沉淀。典型的例子是活性污泥在二沉池的污泥斗中的沉淀及浓缩池中的浓缩过程。

综上所述，活性污泥在二沉池及浓缩池的沉淀与浓缩过程中，实际上顺次存在着以上 4 种类型的沉淀过程，只是产生各类沉淀的时间长短不同而已。活性污泥在二沉池中的沉淀过程为如图 4.8 所示的沉淀曲线。

为了解各种沉淀类型发生的条件，可以用图 4.9 来表示不同性质颗粒在不同浓度下沉淀时，发生不同沉淀类型的区域。图中横坐标表示颗粒絮凝程度的强弱，纵坐标表示污水中悬浮物的相对浓度。可见自由沉淀的情况是较少见的，特别是具有絮凝性的颗粒。

A
上清水
自由沉淀带
絮凝沉降带
B
成层沉降带
C
压缩沉降带
D
高度
时间

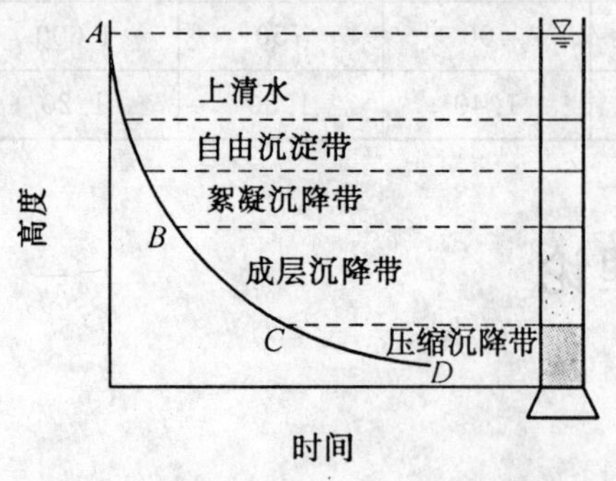

图 4.8 活性污泥在二沉池中的沉淀过程

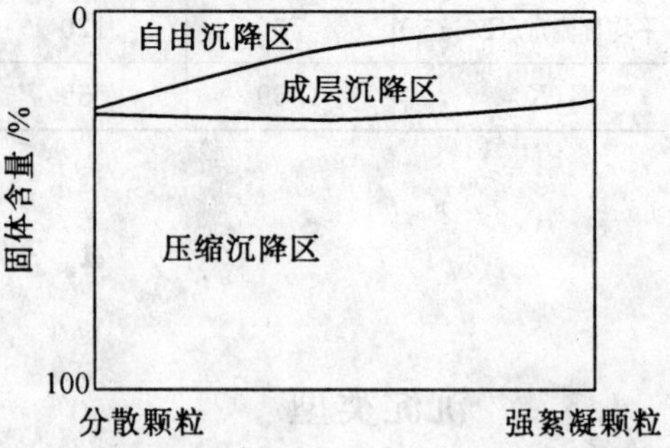

0
自由沉降区
成层沉降区
固体含量/%
压缩沉降区
100
分散颗粒
强絮凝颗粒

图 4.9 不同性质颗粒在不同浓度下的沉淀类型

4.3.2 沉淀理论

1. 自由沉淀

污水中悬浮物在静止水中的沉淀速度，是悬浮物在水中的重力大于水流对悬浮物所产生阻力的条件下形成的。在静止水中，污水中悬浮物的自由沉淀受到其本身重力的作用而下沉，同时又受到水的浮力而阻止悬浮物下沉，这两种作用力达到平衡时，污水中悬浮物的沉速可用斯托克斯(Stokes)公式表示为

$$u=\frac{\rho_g-\rho_l}{18\mu}gd^2 \tag{4.8}$$

式中 u—— 沉降速度，m/s；

ρ_g—— 颗粒密度，g/cm^3；

ρ_l—— 液体密度，g/cm^3；

μ—— 液体的黏滞度，St，1 St = 1 cm^2/s；

g—— 重力加速度，m/s^2；

d—— 颗粒直径，m。

由式(4.8)可知，颗粒的沉淀速度与以下因素有关：颗粒与液体的密度差、颗粒粒径、液体温度（液体温度影响 μ 的大小）。

① 颗粒沉速 u 的决定因素是 $\rho_g-\rho_l$，当 $\rho_g<\rho_l$ 时，$u<0$，颗粒上浮；$\rho_g>\rho_l$ 时，$u>0$，颗粒下沉；$\rho_g=\rho_l$ 时，$u=0$，颗粒能在水中任意位置呈悬浮状态。

② 沉速 u 与颗粒的直径 d^2 成正比，所以增大颗粒直径 d，可显著提高沉淀（或上浮）效果。

③ 沉速 u 与黏滞度 μ 成反比，μ 值决定于污水的水质与水温，当水质一定时，水温越高则 μ 值越小，越有利于颗粒下沉（或上浮）。

斯托克斯是在围绕颗粒的水流呈层流状态、颗粒呈球形的假设条件下推导出来的，由于污水中颗粒非球形，故式(4.8)有很大的局限性。实际上在水处理实践中遇到的颗粒形状、大小、

比重各不相同，沉降情况远比自由沉降复杂，故公式不能表示悬浮颗粒的沉降规律，在实际应用中一般通过沉淀试验测定水中悬浮颗粒的沉降性能，绘制沉降速度与去除率的关系曲线(图 4.10)，即可得出不同去除率下的颗粒最小沉降速度。

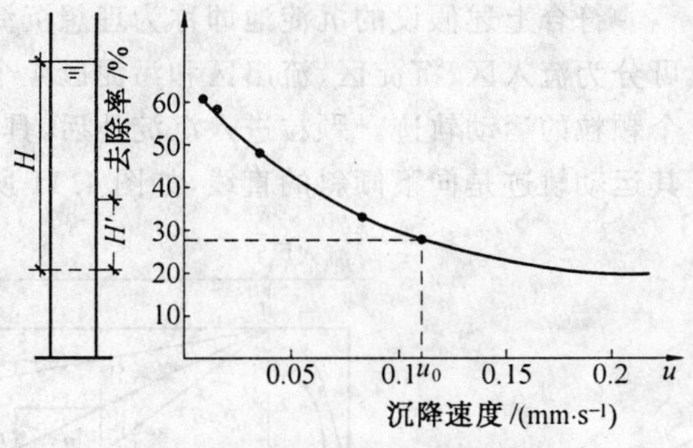

图 4.10　自由沉淀试验曲线

2. 絮凝沉淀

颗粒在絮凝沉降过程中，会因碰撞而相互结合组成整体，随着沉降过程的延续颗粒逐渐变大，因此沉降速度会随着沉淀水体水深的增大而增大。同时由于水深的增加，大颗粒因追赶上小颗粒而发生碰撞并絮凝的几率也逐渐增加。因此，悬浮物的沉淀、去除不仅取决于沉淀速度的大小，而且与颗粒所处的水深有关。对絮凝沉淀也应该做沉降试验，以确定沉淀效果，即去除率。

3. 区域沉淀和压缩沉淀

当水中悬浮物质的浓度很高时，颗粒间隙逐渐减小，在沉降过程中会产生颗粒彼此干扰的拥挤沉降现象。同时，沉降速度较快的颗粒下沉所置换的液体体积的上涌也会对周围颗粒的下沉产生影响。因此，颗粒的实际沉降速度应是自由沉降时的沉降速度减去液体的上涌速度。经过一段时间后，上层逐渐变清而下层的颗粒浓度增高，使上涌速度加大，最终使全部颗粒接近相同的速度下沉，出现了一个清水和浑水的浑液面。

当悬浮物质的相对体积为 1%左右时就会出现区域沉降现象。随着颗粒絮凝性能的增加，出现区域沉淀的浓度将下降。

当浑液面以等速沉降至一定高度后，沉速逐渐减慢。从等速沉降转入降速沉降的一点称为临界点。临界点前为区域沉淀区，临界点后为压缩沉淀区的范围。

压缩沉淀即沉降下来的悬浮物颗粒所形成的污泥的浓缩过程。先沉淀到底部的颗粒受到上部污泥重量的压力，颗粒间的孔隙水因压力的增加导致的空隙度减小而被挤出，使污泥浓度增高。因此，污泥的浓缩过程也可以理解为不断排除孔隙水的过程。

上述原理所涉及的静态试验方法可用来表述动态二沉池与浓缩池的工况，亦可作为二沉池与浓缩池的设计依据。

4.3.3　理想沉淀池

如前所述，在实际应用中所测定的沉降曲线是在静态下测得的，描述的是悬浮颗粒在静水中的运动规律，虽比斯托克斯公式符合实际，但由于沉淀池中存在着紊流、进出口水流不均匀、悬浮颗粒凝聚、池底水流扰动等因素，应用时也要加以修正。为分析颗粒在实际沉淀池中的运动规律及沉淀效果，一般采用哈曾(Hazen)模型进行研究。哈曾模型假定：

①进出口水均匀分布在整个横断面，沉淀池中各过水断面上各点的流速均相同；

②悬浮物在沉降过程中以等速下沉；

③悬浮物在沉淀过程中的水平分速等于水流速度；

④悬浮物落到池底，就认为被去除了，不会重新浮起。

符合上述假设的沉淀池即称为理想沉淀池，如图 4.11 所示。按功能的不同，整个沉淀池可分为流入区、沉淀区、流出区和污泥区 4 个部分。在理想沉淀池假设的基础上，可以绘出每个颗粒的运动轨迹。颗粒进入沉淀池后，具有随水流运动的水平分速度和垂直下沉的分速度，其运动轨迹是向下倾斜的直线，如图 4.11 所示。

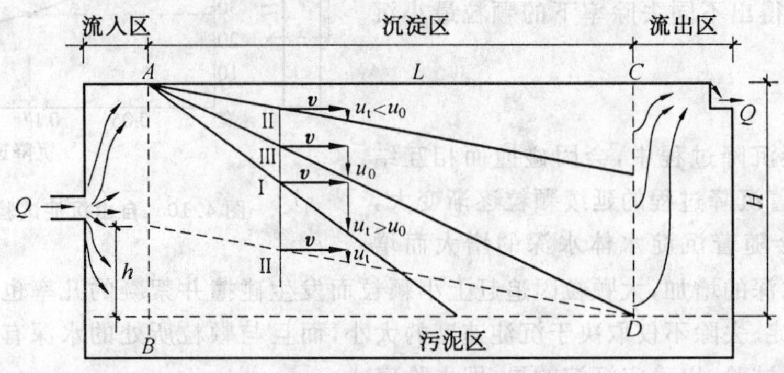

图 4.11 理想沉淀池

从图 4.11 可以看出，轨迹 Ⅰ 所代表的颗粒轨迹线在对角线 AD 之下，其沉降速度 $u_t \geqslant u_0$，可全部被除去。而沉降速度 $u_t \leqslant u_0$ 的颗粒只能部分被除去，视该颗粒进入沉淀池的流入区位置距池底深度而定。例如，轨迹 Ⅱ 实线所代表的颗粒距池底深度较小，距水面较近，则此颗粒将随水流出而不能沉到池底，即不能被去除；而轨迹 Ⅱ 虚线所代表的颗粒处在靠近池底的位置，就能被去除。

通过以上的分析，可得：某一颗粒自 A 点进入沉淀区后，一方面随水流作水平方向流动，另一方面在重力作用下垂直下沉，其运动轨迹为水平流速 v 和沉降速度 u 的矢量和。基于哈曾模型，颗粒水平分速度即为污水流速

$$v=\frac{Q}{HB} \tag{4.9}$$

式中 v—— 污水的水平流速，即颗粒的水平分速；

Q—— 进水流量；

H—— 沉淀区水深；

B—— 沉淀池宽度。

从 A 点入流到 D 点被去除的那种颗粒的沉降速度。我们将这个流速为 u_0 的颗粒称作临界颗粒（或截留颗粒），将该颗粒的粒度称作临界粒度（或截留粒度）。为了完全分离沉速为 u_0 的颗粒，临界条件即为从水面上 A 点入流的颗粒在池内运动了水平 L 后到达沉降区的端点 D，其运动轨迹为直线 AD。此时由图中三角形相似关系，可得

$$\frac{u_0}{v}=\frac{H}{L}$$

即

$$u_0=v\frac{H}{L} \tag{4.10}$$

通过静置沉淀试验，根据所要求的去除率（沉淀效率），可由沉降曲线确定应去除的最小颗粒的沉降速度，则由上式可计算出沉淀池的最小长度。

设沉速 $u_t < u_0$ 的颗粒的质量，占全部颗粒质量的 $\mathrm{d}P\%$，则可被沉淀去除的量应为

$\frac{h}{H}\mathrm{d}P\%$，因为

$$h=u_t t, H=u_0 t$$

所以
$$\frac{h}{u_t}=\frac{H}{u_0},\ \frac{u_t}{u_0}\mathrm{d}P=\frac{h}{H}\mathrm{d}P$$

积分上式，得

$$\int_0^{P_0}\frac{u_t}{u_0}\mathrm{d}P=\frac{1}{u_0}\int_0^{P_0}u_t\mathrm{d}P$$

可见，沉速小于 u_0 的颗粒被沉淀去除的量为 $\frac{1}{u_0}\int_0^{P_0}u_t\mathrm{d}P$，而理想沉淀池总去除量为：$(1-P_0)+\frac{1}{u_0}\int_0^{P_0}u_t\mathrm{d}P$。其中，$P_0$ 为沉速小于 u_0 的颗粒占全部悬浮颗粒的比值（即剩余量）。如用去除率表示，可改写为

$$\eta=(100-P_0)+\frac{100}{u_0}\int_0^{P_0}u_t\mathrm{d}P \tag{4.11}$$

颗粒在理想沉淀池中的停留时间 t_0 为

$$t_0=\frac{L}{v}=\frac{H}{u_0} \tag{4.12}$$

将式(4.10)代入式(4.9)可得

$$Q=u_0\frac{L}{H}HB=u_0LB \tag{4.13}$$

设沉淀池的平面面积为 $A=LB$，则有

$$u_0=\frac{Q}{A}=q \tag{4.14}$$

式中　q—— 表面负荷，也称为溢流率，其物理意义是：在单位时间内通过沉淀池单位表面积的流量。q 的量纲是：$m^3/(m^2\cdot s)$ 或 $m^3/(m^2\cdot h)$，也可简化为 m/s 或 m/h。表面负荷在数值上等于颗粒沉速 u_0。

根据要求达到的沉淀效率，当需要去除的颗粒的沉降速度 u_0 确定后，则沉淀池的表面负荷 q 值同时被确定。q 越大，虽然沉淀池的容积和表面积可以减少，但因 u_0 也变大，具有沉速 $u_t\geqslant u_0$ 的颗粒占悬浮颗粒总量的百分数就越小，即沉淀效率变小。

在实际沉淀池中的情况要比理想沉淀池复杂得多，因此理想沉淀池有以下不符合假设之处：

① 水流在池中过水面上的流速分布实质上是不均匀的，沉淀池的过水有效容积要小于其总容积。v 只是理论上的平均流速，故水在池中的实际停留时间要比式(4.11)所得的理论停留时间短。

② 实际沉淀池中多呈紊流状态($Re>500$)，颗粒实际沉速比理想沉速要小。

③ 因进水悬浮物浓度高，密度比池中水高，故进入池中会出现分层，上层水几乎不流动。

④ 受水温分层、风吹等其他因素影响。

上述误差都会在一定程度上影响沉淀池的去除效果，故在沉淀池的设计中，对 u_0 的选取应加以修正，修正范围与水的性质、悬浮物性质及沉淀池长宽比等因素有关。

4.4 沉 砂 池

沉砂池的功能是利用物理原理去除污水中相对密度较大(相对密度约为 2.65)的无机颗粒,包括砂粒、砾石、煤渣等。

沉砂池一般设置在泵站或倒虹管前以减轻水泵机组、管道的磨损;有时也设于初沉池之前,以减轻后续沉淀池的负荷及改善污泥处理构筑物的条件,而且还能使无机颗粒和有机颗粒分别分离,便于分别进行处理和处置。

沉砂池的工作,是以重力分离作为基础(一般视为自由沉淀),即把沉砂池内的水流速度控制在只能使相对密度较大的无机颗粒沉淀,而较轻的有机颗粒可随水流出的范围内。

沉砂池常见的形式有:平流沉砂池、曝气沉砂池和涡流沉砂池。

4.4.1 平流沉砂池

1.平流沉砂池的构造

平流沉砂池的结构如图 4.12 所示,它由进水装置、出水装置、沉淀区和排泥装置组成,池中的水流部分实际上是一个加宽加深的明渠,两端设有闸板,以控制水流。当污水流过沉砂池时,由于过水断面增大,水流速度下降,污水中挟带的无机颗粒将在重力作用下而下沉,而比重较小的有机物则仍处于悬浮状态,并随水流走,从而达到从水中分离无机颗粒的目的。在池底设有 1～2 个贮砂槽,下接带闸阀的排砂管,用以排除沉砂。平流沉砂池可利用重力排砂,也可用射流泵或螺旋泵进行机械排砂。平流沉砂池具有结构简单、截留效果好、构造稳定的优点,是沉砂池中常用的一种。但平流沉砂池也有一些缺点,如沉砂中夹杂一些有机物,易于腐化散发臭味,难以处置,并且对有机物包裹的砂粒去除效果不好等。

2.平流沉砂池的设计

(1)设计参数

①沉砂池的设计流量应按分期建设考虑。当污水以自流方式流入时,设计流量按每个建设时期的最大设计流量考虑;当污水由污水泵站提升后进入沉砂池时,设计流量按每个建设时期工作泵的最大可能组合流量考虑;对于合流制排水系统,设计流量还应包括雨水量。

②沉砂池分格数不宜少于 2 个,并应按并联运行设计。污水量较小的时段一格工作一格备用,污水量较多的时段则两格同时运行。每格有效水深应不大于 1.2 m,一般采用 0.25～1.0 m,宽度不宜小于 0.6 m。

③沉砂池按去除密度为 2.65 g/cm^3、粒径为 0.2 mm 以上的砂粒进行设计及计算。

④生活污水按每人每天 0.01～0.02 L 计,城市污水的沉砂量可按每 10^6 m^3 污水产生含水率为 60%的沉砂 30 m^3 计,密度按 1 500 kg/m^3 计;合流制污水的沉砂量应视具体情况确定。沉砂斗的容积应按 2 d 的沉砂量计算,砂斗的斗壁与水平的倾角在 55°～60°之间。

⑤排砂一般采用机械方法,并设置贮砂池和晒砂场。如采用人工排砂,则排砂管直径不应小于 200 mm,以保证排砂通畅。

⑥沉砂池池底坡度一般在 0.01～0.02 之间,根据排砂设备的具体要求,可对池底形状进行调整。

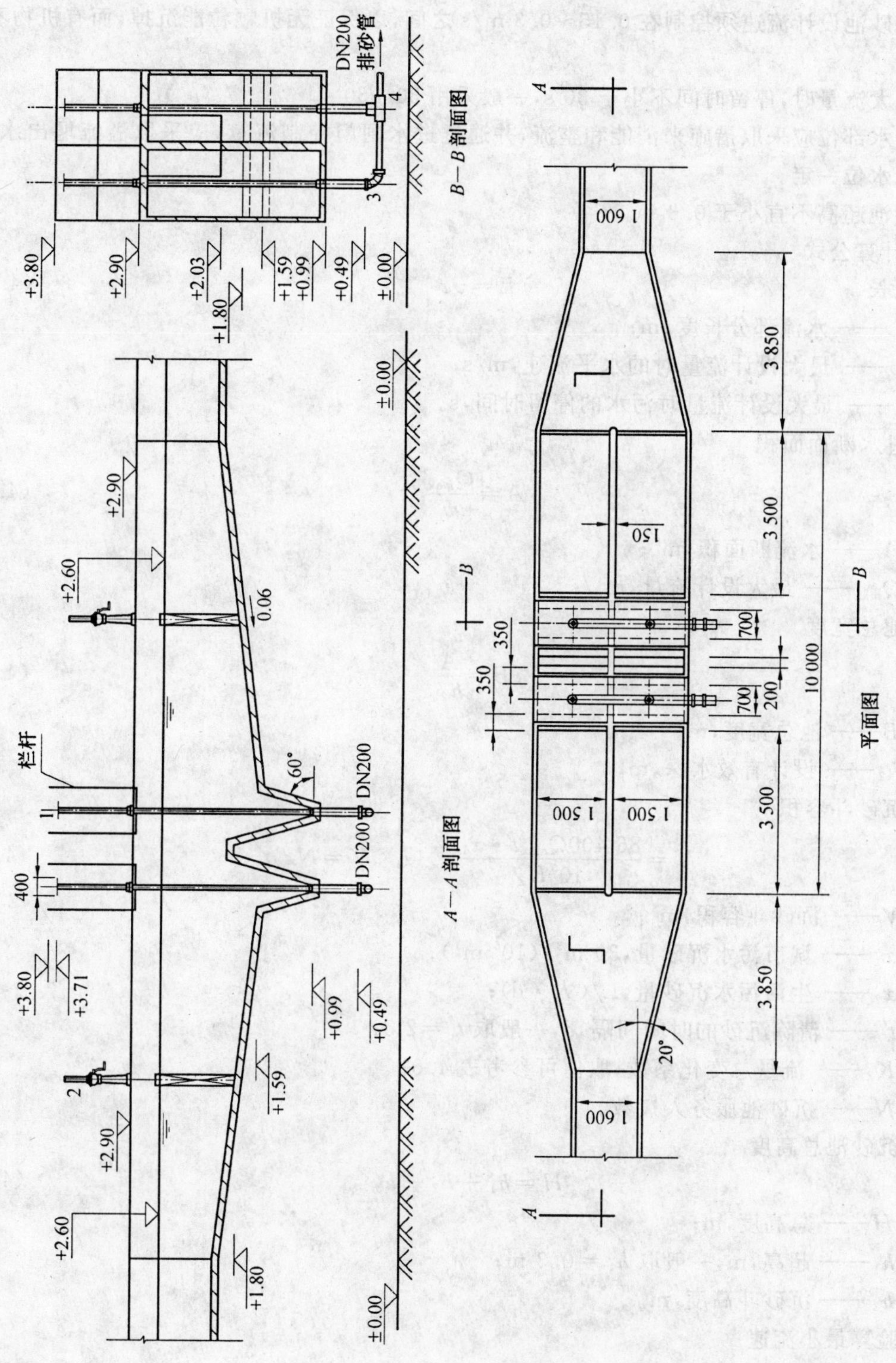

图 4.12　平流沉砂池工艺图

1—栏杆；2—闸板；3—90°弯管；4—三通

⑦沉砂池设计流速须控制在 0.15～0.3 m/s 之间，以保证无机颗粒能沉掉，而有机物不能下沉。

⑧最大流量时，停留时间不小于 30 s，一般采用 30～60 s。

⑨进水部位应采取措施来消能和整流，并通过进水闸门控制流量；应采取溢流堰出水，以保持池内水位一定。

沉砂池超高不宜小于 0.3 m。

(2)计算公式

①池长

$$L = vt \tag{4.15}$$

式中　L—— 水流部分长度，m；

v—— 最大设计流量时的水平流速，m/s；

t—— 最大设计流量时污水的停留时间，s。

② 过水断面面积

$$A = \frac{Q_{max}}{v} \tag{4.16}$$

式中　A—— 水流断面积，m^2；

Q_{max}—— 最大设计流量，m^3/s。

③ 池总宽度

$$B = \frac{A}{h_2} \tag{4.17}$$

式中　B—— 池总宽度，m；

h_2—— 设计有效水深，m。

④ 沉砂斗容积

$$V = \frac{86\ 400 Q_{max} t \cdot x_1}{10^5 K_Z} \quad 或 \quad V = N x_2 t' \tag{4.18}$$

式中　V—— 沉砂斗容积，m^3；

x_1—— 城市污水沉砂量，30 $m^3/(10^6\ m^3)$；

x_2—— 生活污水沉砂量，L/(人 · d)；

t'—— 清除沉砂的时间间隔，d，一般取 $t' = 2$ d；

K_Z—— 流量总变化系数，取值可参考表 4.6；

N—— 沉砂池服务人口数。

⑤ 沉砂池总高度

$$H = h_1 + h_2 + h_3 \tag{4.19}$$

式中　H—— 总高度，m；

h_1—— 超高，m，一般取 $h_1 = 0.3$ m；

h_3—— 沉砂斗高度，m。

⑥ 验算最小流速

$$v_{min} = \frac{Q_{min}}{n\omega} \tag{4.20}$$

式中　v_{min}—— 最小流速，m/s，要求池内最小流速 $v_{min} \geqslant 0.15$ m/s；

Q_{min}—— 最小流量，m^3/s；

n—— 最小流量时，工作状态的沉砂池个数；

ω—— 工作状态的沉砂池的过水断面面积，m^2。

4.4.2　曝气沉砂池

1. 曝气沉砂池的构造

普通沉砂池截留的沉砂中夹杂一些有机物（约 15%），使沉砂易于腐化发臭，增加后续处理的难度。采用曝气沉砂池可在一定程度上克服此缺点。图 4.13 所示是典型曝气沉砂池的剖面图。

曝气沉砂池是一长形渠道，沿池壁一侧的整个长度距池底 60～90 cm 的高度处安设曝气装置，而在下部设集砂斗，池底有一定坡度，以保证沉降的砂粒滑入。由于曝气的作用，水流在池内呈螺旋状前进的流动形式，如图 4.14 所示，水流旋转速度在过水断面中心处最小（几乎等于 0），而在四周处最大。由于旋流产生的离心力，把相对密度较大的无机物颗粒甩向外层并下沉，相对密度较轻的有机物旋至水流的中心部位随水带走。可使沉砂中的有机物含量低于 10%。同时，由于颗粒处于悬流状态，颗粒间互相摩擦并承受曝气产生的大量气泡的剪切力，去除砂粒上附着的有机污染物，因此能获得有机物只占 5%左右的较纯净的沉砂，一般长期搁置也不腐败。

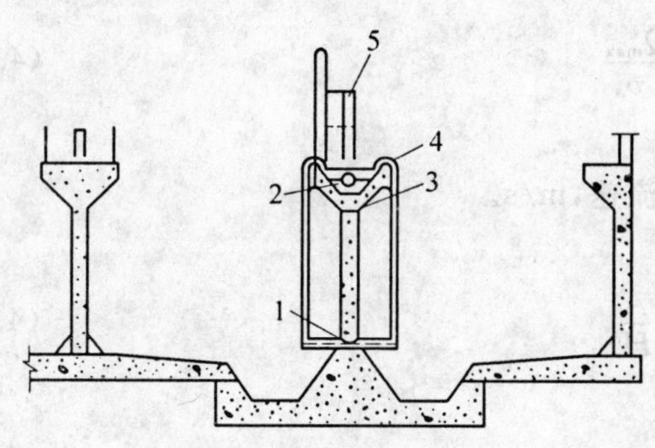

图 4.13　曝气沉砂池剖面图

1—扩散器组件；2—空气干道；3—头部支座；4—活动接头；5—单轨吊车支架

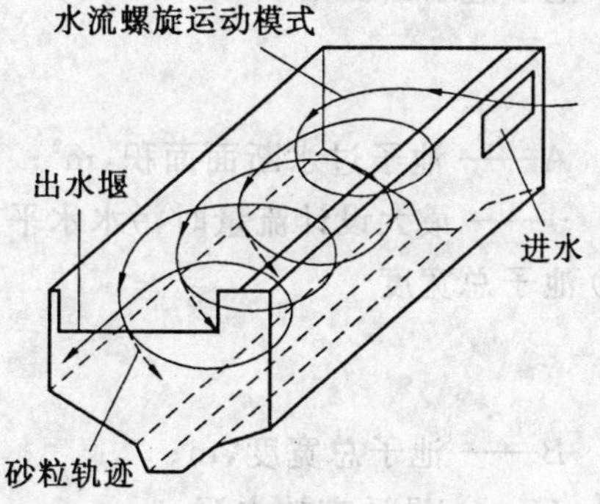

图 4.14　曝气沉砂池中水流运动模式

曝气沉砂池还有预曝气作用，池的结构形式无须改变，只要延长池的长度，将停留时间延长到 10～20 min 即可。预曝气能够改善污水水质，有益于后续处理。有的曝气沉砂池的两侧还设有除浮油的功能，使污水中的浮油在沉砂池内一并去除，沉砂的排除在小规模的污水处理厂中可使用砂斗收集排除，在较大规模的污水处理厂多半用机械的刮砂机，或用移动式的砂泵抽吸排除。

2. 曝气沉砂池的设计

(1)设计参数

①污水在曝气沉砂池过水断面周边的最大旋转速度宜为 0.25～0.3 m/s，在池内水平前进的速度应控制在 0.06～0.12 m/s。如考虑沉砂池的预曝气作用，可将曝气沉砂池过水断面增大为原来的 3～4 倍。

②污水达到最大流量时，在曝气沉砂池内的停留时间一般为 1～3 min，水平流速为 0.1 m/s。如考虑预曝气作用，可将池身延长，使停留时间在 10～30 min 之间。

③有效水深为 2～3 m，宽深比为 1.0～1.5，长宽比可达 5。若池长比池宽大得多时，则应考虑设置横向挡板；池的形状应尽可能不产生偏流或死角，集砂斗附近安装纵向挡板。

④空气扩散装置安装在沉砂池的一侧，距池底约 0.6～0.9 m；送气管上应设置阀门以调节空气流量，并连接带有小孔的曝气管；曝气量按 0.1～0.2 m^3 空气/(m^3 污水)计算，或按每平方米池表面积的曝气量为 3～5 m^3/h 计。

⑤曝气沉砂池的进水口应与水在沉砂池内的旋转方向一致，出水口常用淹没式，出水方向与进水方向垂直，并宜考虑设置挡板。

⑥池内应设置消泡装置。

(2)计算公式

①沉砂池总有效容积

$$V = 60Q_{max}t \tag{4.21}$$

式中 V—— 总有效容积，m^3；

Q_{max}—— 最大设计流量，m^3/s；

t—— 最大设计流量时污水的停留时间，min。

② 池子过水断面面积

$$A = \frac{Q_{max}}{v} \tag{4.22}$$

式中 A—— 池子过水断面面积，m^2；

v—— 最大设计流量时污水水平前进的流速，m/s。

③ 池子总宽度

$$B = \frac{A}{H} \tag{4.23}$$

式中 B—— 池子总宽度，m；

H—— 设计有效水深，m。

④ 池长

$$L = \frac{V}{A} \tag{4.24}$$

式中 L—— 池长，m。

⑤ 单位时间所需曝气量

$$q = 3\,600DQ_{max} \tag{4.25}$$

式中 q—— 单位时间所需曝气量，m^3/h；

D——1 m^3 污水所需曝气量，m^3 空气 /(m^3 污水)。

4.4.3 涡流沉砂池

1. 涡流沉砂池的构造

涡流沉砂池外观上呈上面大下面小的圆形，占地很小，与曝气沉砂池相比差不多节省一半占地面积。表面可封闭，散发到空气中的臭味较小。最吸引人的是没有大型的排砂设备，而是通过砂泵吸排，或用真空从上面吸排，且操作点只有一个，不像曝气沉砂池那样，刮砂机沿池的两头来回行走，因此显得特别灵巧。

涡流沉砂池中污水由池下部呈旋转方向流入，从池上部四周溢流流出，污水中的比重较大的砂粒则向下沉淀，从而达到去除的目的。涡流沉砂池又可细分为涡流沉砂池、多尔沉砂池和钟式沉砂池。

(1)涡流沉砂池

涡流沉砂池利用水力涡流，使泥砂和有机物分开，以达到除砂的目的。污水从切线方向进入圆形沉砂池，进水渠道末端设一跌水堰，使沉砂向下滑入砂斗；池内还设有一个挡板以加强附壁效应。在沉砂池中间部位设有可调速的桨板，其作用是使池内的水流保持环流。桨板、挡板和进水水流组合在一起，在沉砂池内产生螺旋状环流(如图 4.15 所示)，在重力的作用下，使砂子沉下，并向池中心移动，由于越靠中心水流断面越小，水流速度逐渐加快，最后将沉砂落入砂斗。而较轻的有机物，则在沉砂池中间部分与砂子分离。池内的环流在池壁处向下，到池中间则向上，加上桨板的作用，有机物在池中心部位向上升起，并随着出水水流进入后续构筑物。

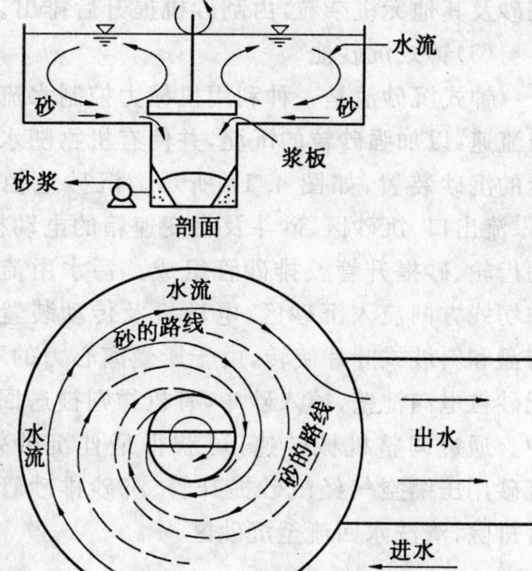

图 4.15　涡流沉砂池水砂流线图

(2)多尔沉砂池

如图 4.16 所示，多尔沉砂池是一个浅的方形水池。在池的一边设与池壁平行的进水槽，并且在整个池壁上等间距地设置了带有许多个导

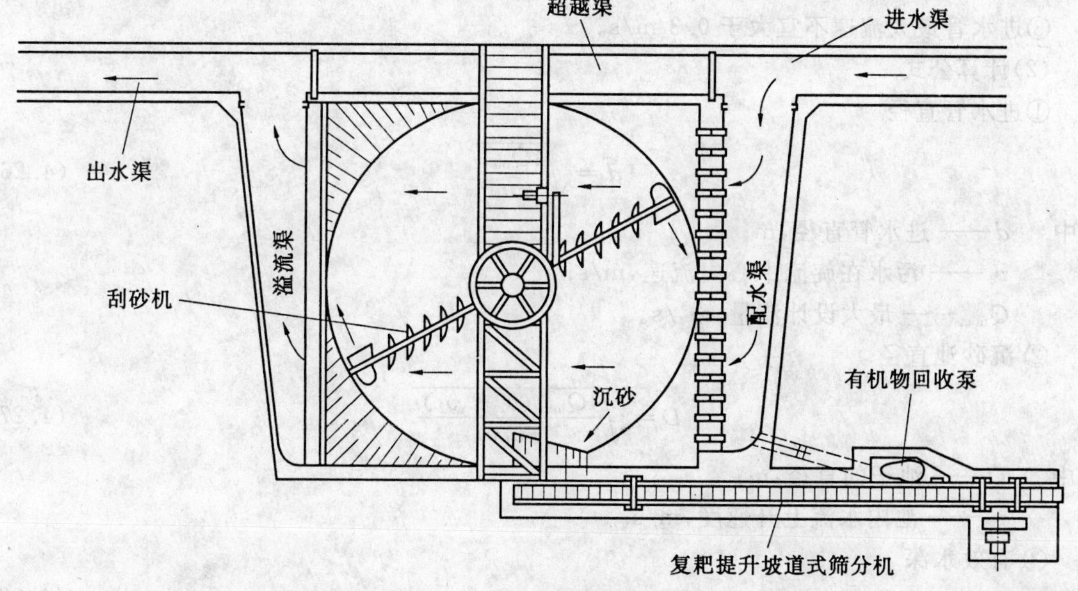

图 4.16　多尔沉砂池工艺图

流板的进水口,它们能调节并保持水流的均匀分布。废水沿导流板流入沉砂池中,并以一定的流速流动,以使砂粒沉淀,水流到对面的出水堰溢流排出。一台安装在转动轴上的刮砂机将沉砂从中心刮到边缘,进入集砂斗。当旋转到排砂箱时,通过排砂箱所收集的沉砂被排入淘砂槽中,砂粒用往复式刮砂机械或螺旋式输送器进行淘洗,以除去有机物。在刮砂机上设置的桨板可产生反向水流,从砂上冲洗下来的有机物将随这股水流被带走,回流到沉砂池中,而淘净的沉砂及其他无机杂粒,由刮砂机提升后排出。

(3)钟式沉砂池

钟式沉砂池是一种利用机械力控制水流流态与流速,以加强砂粒的沉淀,并使有机物随水流带走的沉砂装置,如图 4.17 所示。沉砂池由流入口、流出口、沉砂区、砂斗及带变速箱的电动机、传动齿轮、砂提升管及排砂管组成。污水由流入口的切线方向流入沉砂区,电动机及传动装置带动转盘和斜坡式叶片旋转,由于所受离心力的不同,把砂粒甩向池壁,掉入砂斗,有机物则被送回污水中。通过调整机械转速,可获得最佳沉砂效果。沉砂用压缩空气经沉砂提升管、沉砂排砂管清洗后排除,清洗水回流至沉砂区。

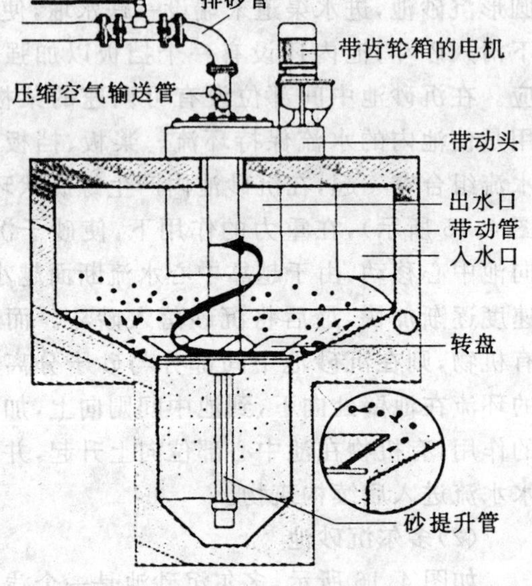

图 4.17　钟式沉砂池的结构

2.涡流沉砂池的设计

(1)设计参数

①最大流速为 0.1 m/s,最小流速为 0.02 m/s;

②最大流量时,停留时间不宜小于 20 s,一般采用 30～60 s;

③进水管最大流速不宜大于 0.3 m/s。

(2)计算公式

①进水管直径

$$d=\sqrt{\frac{4Q_{\max}}{\pi v_1}} \tag{4.26}$$

式中　d—— 进水管直径,m;

v_1—— 污水在旋流中心内流速,m/s;

$Q_{\max}$—— 最大设计流量,m^3/s。

② 沉砂池直径

$$D=\sqrt{\frac{4Q_{\max}(v_1+v_2)}{\pi v_1 v_2}} \tag{4.27}$$

式中　D—— 池子的直径,m;

v_2—— 池内水流上升速度,m/s。

③ 有效水深

$$h_2=v_2 t \tag{4.28}$$

式中　h_2—— 有效水深,即水流部分高度, m;

t—— 最大流量时污水的流行时间,s。

④ 沉砂部分所需容积

$$V=\frac{86\ 400Q_{max}t'\cdot x_1}{10^5K_Z} \tag{4.29}$$

式中　V——沉砂斗容积,m^3;

x_1—— 城市污水沉砂量,$30m^3/(10^6\ m^3)$;

t'—— 清除沉砂的时间间隔,d,一般取 $t'=2$ d;

K_Z—— 流量总变化系数,取值可参考表 4.6。

⑤ 沉砂部分圆锥容积

$$V_1=\frac{\pi h_4}{3}(R^2+Rr+r^2) \tag{4.30}$$

式中　V_1—— 沉砂部分圆锥容积,m^3;

h_4—— 沉砂池锥底部分高度,m。

⑥ 池总高

$$H=h_1+h_2+h_3+h_4 \tag{4.31}$$

式中　H—— 池子总高度,m;

h_1—— 沉砂池超高,m;

h_3—— 中心管底到沉砂面距离,一般采用 0.25 m。

4.5　沉淀池

4.5.1　沉淀池的分类

沉淀池是分离水中固体悬浮颗粒的一种主要处理构筑物,应用十分广泛。

按在污水处理流程中的位置,沉淀池主要分为初次沉淀池、二沉池。

(1)初次沉淀池

初次沉淀池是一级污水处理厂的主体处理构筑物,或作为二级污水处理厂的预处理构筑物设在生物处理构筑物的前面。初次沉淀池的作用是对污水中密度大的固体悬浮物进行沉淀分离。当污水进入初次沉淀池后流速迅速减小至 0.02 m/s 以下,从而极大地减小了水流夹带悬浮物的能力,使悬浮物在重力作用下沉淀下来成为初次沉淀污泥,而相对密度小于 1 的细小漂浮物则浮至水面形成浮渣而除去。初沉池可去除污水中 40%～55%以上的 SS 以及 20%～30%的 BOD_5。

(2)二沉池

通常把生物处理后的沉淀池称为二沉池或最终沉淀池。二次沉淀池的作用是泥水分离,使混合液澄清、污泥浓缩并将分离的污泥回流到生物处理段。其工作效果直接影响回流污泥的浓度和活性污泥处理系统的出水水质。二沉池与初次沉淀池的主要区别在于处理对象和所起的作用不同。二沉池的处理对象是活性污泥混合液,它具有浓度高(2 000～4 000 mg/L)、有絮凝性、质轻、沉速较慢等特点。沉淀时泥水之间有清晰的界面,属于区域沉淀。二沉池除了进行泥水分离外,还起着污泥浓缩的作用。在二沉池中同时进行两种沉淀,即区域沉淀和压缩沉淀。层状沉淀满足澄清的要求,压缩沉淀完成污泥浓缩的功能。所以与初沉池相比,二沉池的池面积明显增大。

按池内水流方向,沉淀池可分为平流式、辐流式、竖流式、斜流式等。无论何种形式的沉淀池,在结构上都包括进水区、澄清区(沉淀区)、出水区和污泥区(污泥收集和排放)。

按运行方式,沉淀池可分为间歇式和连续式两种。间歇式沉淀池的工作过程分 3 步:进水、静置及排水。完成沉淀过程的污水可由设置在沉淀池壁不同高度的排水管排出。而连续式沉淀池的污水中的可沉颗粒的沉淀是在流过水池时完成的,水流流速对颗粒的沉降有重要的影响。

4.5.2 平流式沉淀池

1.平流式沉淀池的构造

如图 4.18 所示,平流式沉淀池的池型呈长方形,由流入区、流出区、沉淀区、缓冲层、污泥区及排泥装置等组成。污水在池内按水平方向流动,从池一端流入,从另一端流出。污水中悬浮物在重力作用下沉淀,在进水处的底部设贮泥斗。平流式沉淀池的主要优点是:有效沉淀区大,沉淀效果好,造价较低,对污水流量的适应性强。缺点是:占地面积大,排泥较困难。

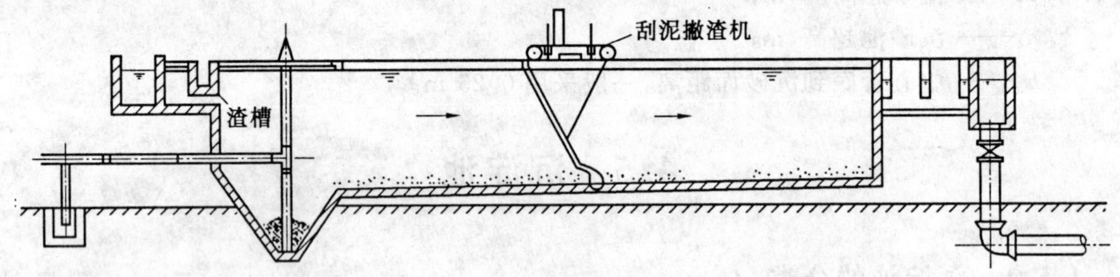

图 4.18 平流式沉淀池

(1)进水区

进水区采用淹没式横向潜孔,潜孔均匀地分布在整个整流墙上,在潜孔后设挡流板,其作用是消能,以使污水均匀分布。整流墙上潜孔的总面积为过水断面的 6%~20%。

(2)出水区

出水区多采用自由堰形式,堰前设挡板以拦截浮渣,也可采用浮渣收集和排除装置。出水堰是沉淀池的重要部件,它不仅控制沉淀池水位,而且可保证沉淀池内水流的均匀分布。目前多采用如图 4.19 所示的三角形溢流堰,这种溢流堰易于加工,也比较容易保证出水均匀。水面应位于三角齿高度一半的位置。

(3)缓冲层

缓冲层的作用是避免已沉污泥被水流搅起以及缓解冲击负荷。

(4)污泥区及排泥装置

污泥区起贮存、浓缩和排泥的作用。污泥区应能及时排除沉于池底的污泥,使沉淀池工作正常。由于可沉悬浮颗粒多沉淀于沉淀池的前部,因此,在池的前部设贮泥斗,贮泥斗中的污泥通过排泥管利用的静水压力排出池外。排泥方式一般采用重力排泥和机械排泥。

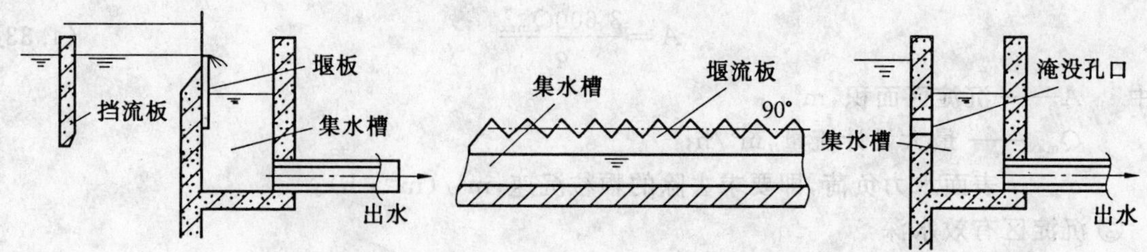

图 4.19 平流式沉淀池的出水堰形式

2. 平流式沉淀池的设计

(1)设计参数

①沉淀池的个数或分格数应至少设置 2 个，按同时运行设计；若污水由水泵提升后进入沉淀池，则其容积应按泵站的最大设计流量计算，若污水自流进入沉淀池，则应按进水管最大设计流量计算。

②初次沉淀池沉淀时间一般取 1～2 h，二沉池沉淀时间一般稍长，取 1.5～3.0 h；初次沉淀池表面负荷取 1.5～2.5 $m^3/(m^2 \cdot h)$，二沉池表面负荷取 0.5～1.5 $m^3/(m^2 \cdot h)$，沉淀效率为 40%～60%。

③对于工业废水系统中的沉淀池，设计时应对实际沉淀试验数据进行分析，确定设计参数。若无实际资料，可参照类似工业废水处理工程的运行资料。

④沉淀区的有效水深一般在 2.5～3.0 m 之间。

⑤池(或分格)的长宽比不小于 4，长深比采用 8～12。

⑥池的超高不宜小于 0.3 m。

⑦缓冲层高度在非机械排泥时，采用 0.5 m；机械排泥时，则缓冲层上缘应高出刮泥板 0.3 m。排泥机械的行进速度为 0.3～1.2 m/min。

⑧进水处设闸门调节流量，淹没式潜孔的过孔流速为 0.1～0.4 m/s，出水处设三角形溢流堰，溢流堰的流量可用式(4.32)计算

$$Q=1.43H^{2.5} \tag{4.32}$$

式中 Q——三角堰的过堰流量，m^3/s；

H——堰顶水深，m。

⑨池底一般设 1%～2%的坡度；采用多斗贮泥时，各斗应设置单独的排泥管及排泥闸阀，池底横向坡度采用 0.05；机械刮泥时，纵坡为 0。

⑩进、出口的挡流板应在水面以上 0.15～0.2 m；进水处挡流板伸入水下的深度不小于 0.25 m，距进水口 0.5～1.0 m，而出口处的挡流板淹没深度不应大于 0.25 m，距离出水口 0.25～0.5 m。

⑪排泥管一般采用铸铁管，其直径应按计算确定，但一般不宜小于 200 mm，下端伸入斗底中央处，顶端敞口，伸出水面，其目的是疏通和排气。在水面以下 1.5～2.0 m 处，排泥管连接水平排出管，污泥在静水压力的作用下排出池外，排泥时间一般采用 5～30 min。

⑫泥斗坡度约为 45°～60°，二沉池泥斗坡度不能小于 55°。

(2)计算公式

①沉淀区面积

$$A = \frac{3\,600 Q_{\max}}{q} \tag{4.33}$$

式中　A—— 沉淀区面积，m^2；

$Q_{\max}$—— 最大设计流量，m^3/h；

q—— 表面水力负荷，即要求去除的颗粒沉速，$m^3/(m^2 \cdot h)$。

② 沉淀区有效水深

$$h_2 = qt \tag{4.34}$$

式中　h_2—— 有效水深，m；

q—— 表面水力负荷，即要求去除的颗粒沉速，$m^3/(m^2 \cdot h)$；

t—— 沉淀时间，h。

③ 沉淀区有效容积

$$V_0 = Ah_2 \quad 或 \quad V_0 = 3\,600 Q_{\max} t \tag{4.35}$$

式中　V_0—— 沉淀区有效容积，m^3。

④ 池长

$$L = 3.6 v t \tag{4.36}$$

式中　L—— 池长，m；

v—— 最大设计流量时的水平流速，mm/s，一般不大于 5 mm/s。

⑤ 池子总宽度

$$B = \frac{A}{L} \tag{4.37}$$

式中　B—— 池子总宽度，m。

⑥ 沉淀池座数或分格数

$$n = \frac{B}{b} \tag{4.38}$$

式中　n—— 沉淀池座数或分格数；

b—— 每座或每格宽度，与刮泥机有关，一般用 5 ～ 10 m。

⑦ 污泥区容积

$$W = \frac{SNt}{1\,000} \quad 或 \quad W = \frac{24 Q_{\max} \cdot (C_0 - C_1)}{\gamma(1 - p_0)} \cdot t \tag{4.39}$$

式中　W—— 污泥区容积，m^3；

S—— 每人每日产生的污泥量，L/(人·d)，一般按 0.3 ～ 0.8 L/(人·d) 计算；

N—— 设计人口数；

t—— 两次排泥的时间间隔，d，初次沉淀池按 2 d 考虑，曝气池后的二沉池按 2 h 考虑，机械排泥的初次沉淀池和生物膜法处理后的二沉池污泥区容积宜按 4 h 的污泥量计算；

C_0，C_1—— 分别是进水、出水的悬浮物质量浓度，kg/m^3，如有浓缩池、消化池及污泥脱水机的上清液回流至初次沉淀池，则式中的 C_0 值扩大 1.3 倍，C_1 取 $1.3C_0$ 的 50% ～ 60%；

p_0—— 污泥含水率，%；

γ—— 污泥密度，kg/m^3，因污泥含水率在 95% 以上，故 γ 取 1 000 kg/m^3。

⑧ 污泥斗容积

$$V_1 = \frac{1}{3} h_4 (f_1 + f_2 + \sqrt{f_1 \cdot f_2}) \tag{4.40}$$

式中　V_1—— 污泥斗容积；

f_1—— 污泥斗上口面积，m^2；

f_2—— 污泥斗下底面积，m^2；

h_4—— 污泥斗的高度，m。

⑨ 沉淀池的总高度

$$H = h_1 + h_2 + h_3 + h_4 \tag{4.41}$$

式中　H—— 沉淀池的总高度，m；

h_1—— 沉淀池超高，m；

h_3—— 缓冲区高度，m，一般采用机械排泥，排泥机械的行进速度为 0.3 ～ 1.2 m/min；

h_4—— 污泥斗的高度，m。

4.5.3　辐流式沉淀池

1. 辐流式沉淀池的构造

辐流式沉淀池呈圆形，直径较大，一般在 20～30 m 之间，最大可达 100 m。池深约 2.5～5 m。图 4.20 所示为辐流沉淀池示意图，污水由中心管管壁上的孔口进入，为了使布水均匀，进水管四周设穿孔挡板。在穿孔挡板作用下，呈水平方向均匀地沿池子半径向池四周辐射流动。随着过水断面面积不断增大，污水流速逐渐降低，污水中悬浮物在重力作用下沉淀，澄清的水从设在池壁顶端的三角堰式或淹没式溢流口溢流流出。为了拦截表面上的漂浮物质，在出流堰前设挡板和浮渣的收集、排出设备。

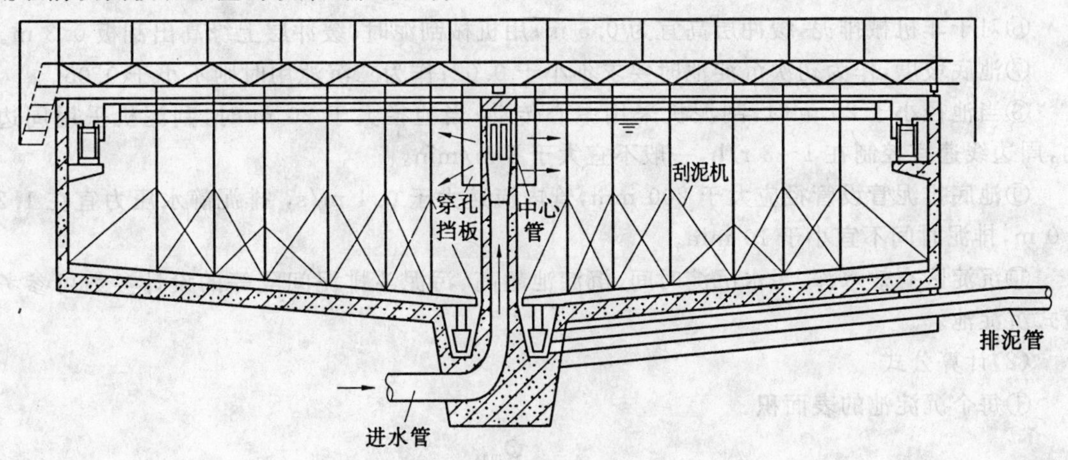

图 4.20　辐流式沉淀池

辐流沉淀池多采用机械刮泥和机械吸泥方式。刮泥机由桁架及传动装置组成，当池径小于 20 m 时，用中心传动；当池径大于 20 m 时，用周边传动，周边线速不宜大于 3 m/min 或 1～3 r/h。桁架一般以缓慢的速度绕池中心旋转，刮泥机将污泥顺着具有一定坡度的池底把沉淀污泥推入池中心处的污泥斗中，然后用静水压力或污泥泵排除。当作为二沉池时，由于沉淀的活性污泥含水率极高(99%以上),故一般用静水压力法排泥。

中央进水的辐流式沉淀池,进口处流速很大,污水的紊流状态会影响沉淀效果,尤其是当进水悬浮物浓度较高时,这种现象更为明显。可改为采用周边进水、中央出水的辐流式沉淀池(图 4.21)或周边进水、周边出水的辐流式沉淀池(图 4.22)。

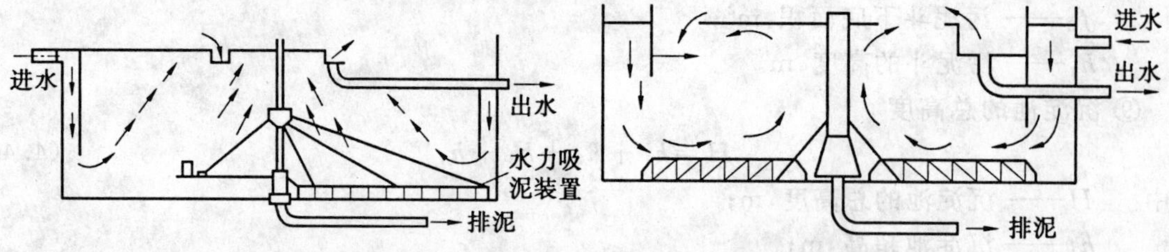

图 4.21 周边进水、中央出水的辐流式沉淀池　　图 4.22 周边进水、周边出水的辐流式沉淀池

2.辐流式沉淀池的设计

(1)设计参数

①沉淀池的直径一般不小于 10 m,当直径小于 20 m 时,可采用多斗排泥;当直径大于 20 m 时,应采用机械排泥。

②设计沉淀池时,进水流量取最大设计流量,初次沉淀池表面负荷取 2～3.6 $m^3/(m^2 \cdot h)$,二沉池表面负荷取 0.8～2 $m^3/(m^2 \cdot h)$,沉淀效率一般在 40%～60%。

③进水处设闸门调节流量,进水中心管流速大于 0.4 m/s,进水采用中心管淹没式潜孔进水,过孔流速宜为 0.1～0.4 m/s,进水管穿孔挡板的穿孔率为 10%～20%。

④沉淀区有效水深不大于 4 m,池子直径与有效水深比值一般取 6～12。

⑤出水处设挡渣板,挡渣板高出池水面 0.15～0.2 m,排渣管直径大于 200 mm,出水集水渠内水流速为 0.2～0.4 m/s。

⑥对于非机械排泥,缓冲层高宜为 0.5 m;用机械刮泥时,缓冲层上缘高出刮板 0.3 m。

⑦池底坡度,作为初次沉淀池时要求不小于 0.02;作为二沉池用时则不小于 0.05。

⑧当池径小于 20 m 时,刮泥机采用中心传动;当池径大于 20 m 时,刮泥机采用周边传动,周边线速宜控制在 1～3 r/h,一般不宜大于 3 m/min。

⑨池底排泥管设管径应大于 200 mm,管内流速大于 0.4 m/s, 排泥静水压力宜在 1.2～2.0 m,排泥时间不宜小于 10 min。

⑩沉淀区有效水深、污水沉淀时间、沉淀池超高、污泥斗排泥间隔等的设计参数可参考平流式沉淀池。

(2)计算公式

①每个沉淀池的表面积

$$A_1 = \frac{Q_{max}}{nq_0} \tag{4.42}$$

式中 A_1—— 单池表面积,m^2;

n—— 池数,个;

Q_{max}—— 最大设计流量,m^3/h;

q_0—— 沉淀池表面水力负荷,$m^3/(m^2 \cdot h)$。

② 每个沉淀池的直径

$$D=\sqrt{\frac{4A_1}{\pi}} \tag{4.43}$$

式中 D—— 单池直径,m;

③ 沉淀池有效水深

$$h_2=q_0 t \tag{4.44}$$

式中 h_2—— 有效水深,m;

t—— 沉淀时间,h。

④ 沉淀区有效容积

$$V_0=A_1 h_2 \quad 或 \quad V_0=\frac{Q_{\max}}{n}t \tag{4.45}$$

式中 V_0—— 沉淀区有效容积,m^3。

⑤ 污泥区容积

$$W=\frac{SNt}{1\,000} \quad 或 \quad W=\frac{24Q_{\max}\cdot(C_0-C_1)}{\gamma(1-p_0)}\cdot t \tag{4.46}$$

式中 W—— 污泥区容积,m^3;

S—— 每人每日产生的污泥量,L/(人·d),一般按 0.3～0.8,L/(人·d)计算;

N—— 设计人口数;

t—— 两次排泥的时间间隔,d;

C_0,C_1—— 分别是进水、出水的悬浮物质量浓度,kg/m^3;

p_0—— 污泥含水率,%;

γ—— 污泥密度,kg/m^3,取 $\gamma=1\,000$ kg/m^3。

⑥ 污泥斗容积

$$V_1=\frac{\pi}{3}h_5(r_1^2+r_2^2+r_1 r_2) \tag{4.47}$$

式中 V_1—— 污泥斗容积,m^3;

r_1—— 污泥斗上口半径,m;

r_2—— 污泥斗下底半径,m;

h_5—— 污泥斗的高度,m。

⑦ 沉淀池的总高度

$$H=h_1+h_2+h_3+h_4+h_5 \tag{4.48}$$

式中 H—— 沉淀池的总高度,m;

h_1—— 沉淀池超高,m;

h_3—— 缓冲区高度,m;

h_4—— 沉淀池底坡落差,m。

4.5.4 竖流式沉淀池

1. 竖流式沉淀池的构造

竖流沉淀池是锥形底或近于平底的圆形或方形水池,图 4.23 为圆形竖流式沉淀池。竖流式沉淀池由进水装置、中心管、出水装置、沉淀区、污泥斗、排泥装置组成,池中心段有不通至池底的圆柱形中心管。污水沿中心管向下流动,经中心管下部的反射板拦阻,转而折向上方,从而使污水向四周分布于整个水平断面上,缓缓向上流动。同时,水中的悬浮物也随之上升,但同时又受重力作用有下沉的趋势,沉降速度超过上升流速的颗粒向下沉淀到污泥斗中,由沉淀池顶部锯齿型三角堰溢流出池外。

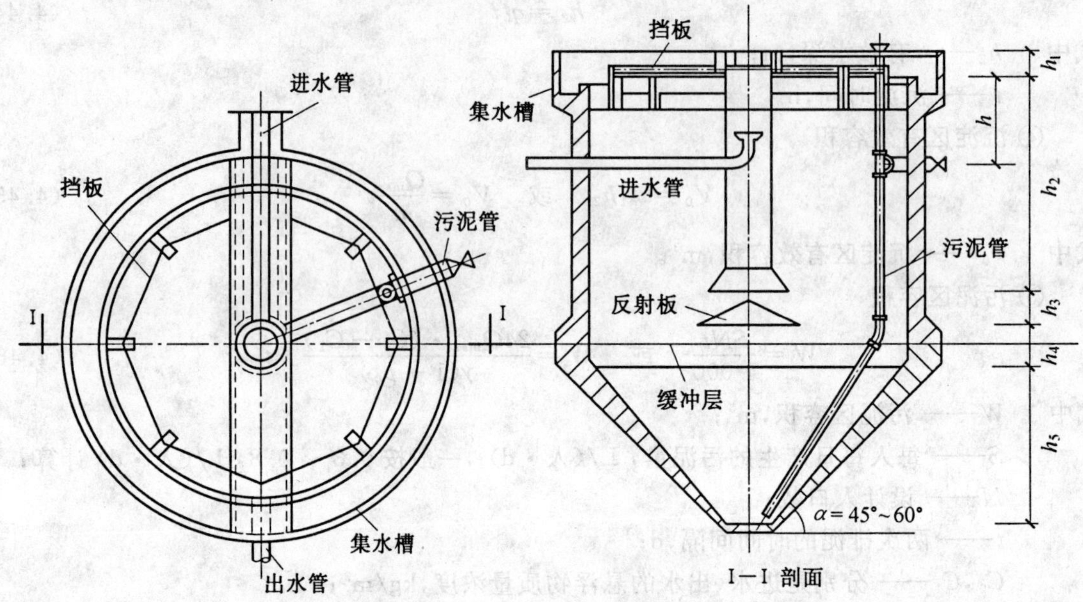

图 4.23 圆形竖流式沉淀池

2. 竖流式沉淀池的设计

(1) 设计参数

① 为了使水流在沉淀池内分布均匀,水流自下而上作垂直流动,池子的直径和有效水深之比值不大于 3,池子的直径(或边长)一般不大于 10 m。

② 污水在沉降区流速应等于待去除的颗粒最小沉速,一般采用 0.3～1.0 mm/s。

③ 中心管内流速应不大于 30 mm/s,中心管下口应设喇叭口和反射板,如图 4.24 所示。喇叭口直径及高度为中心管直径的 1.35 倍;反射板直径为喇叭口直径的 1.35 倍。反射板表面与水平面倾角为 17°,污水从喇叭口与反射板之间的间隙流出的流速不应大于 40 mm/s。

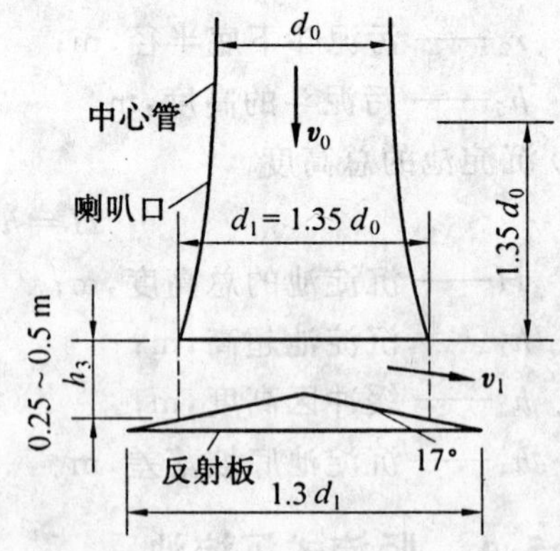

图 4.24 中心管及反射板的结构

④ 缓冲层高度在有反射板时,板底面至污泥表面高度采用 0.3 m;无反射板时,中心管流速应相应降低,缓冲层采用 0.6 m。

⑤ 当沉淀池直径(或边长)小于 7 m 时,处理后的污水沿周边流出;直径为 7 m 和 7 m 以上时,应增设辐流式汇水槽,汇水槽堰口最大负荷为 1.5 ～ 2.9 L/(s · m)。

⑥贮泥斗倾角为45°～60°，污泥借1.5～1.2 m的静水压力由排泥管排出，排泥管直径一般不小于200 mm，下端距池底不大于0.2 m，管上端超出水面不小于0.4 m。

⑦ 为了防止漂浮物外溢，在水面距池壁0.4～0.5 m处安设挡板，挡板伸入水中部分的深度为0.25～0.3 m，伸出水面高度为0.1～0.2 m。

(2) 计算公式

① 中心管面积

$$f_1 = \frac{q_{max}}{v_0} \tag{4.49}$$

式中　f_1—— 中心管截面积，m^2；

q_{max}—— 每一个池的最大设计流量，m^3/s；

v_0—— 中心管内的流速，m/s。

② 中心管直径

$$d_0 = \sqrt{\frac{4f_1}{\pi}} \tag{4.50}$$

式中　d_0—— 中心管直径，m；

③ 中心管高度

$$h_2 = 3\ 600vt \tag{4.51}$$

式中　h_2—— 中心管高度，即有效沉淀高度，m；

v—— 污水在沉淀区的上升流速，mm/s，如有沉淀试验资料，v等于拟去除的最小颗粒的沉速u，如无则v用0.5～1.0 mm/s；

t—— 沉淀时间，h。

④ 中心管喇叭口到反射板之间的缝隙高度

$$h_3 = \frac{q_{max}}{v_1 \pi d_1} \tag{4.52}$$

式中　h_3—— 中心管喇叭口到反射板之间的缝隙高度，m；

v_1—— 污水从缝隙中流出的速度，m/s；

d_1—— 喇叭口直径，m。

⑤ 沉淀区面积

$$f_2 = \frac{q_{max}}{v} \tag{4.53}$$

式中　f_2—— 沉淀区面积，m^2。

⑥ 沉淀池总面积和池径

$$A = f_1 + f_2 \tag{4.54}$$

$$D = \sqrt{\frac{4A}{\pi}}$$

式中　A—— 沉淀池总面积(含中心管面积)，m^2；

D—— 沉淀池直径，m。

⑦ 污泥区容积

$$W = \frac{SNt}{1\ 000} \quad 或 \quad W = \frac{24Q_{max} \cdot (C_0 - C_1)}{\gamma(1 - p_0)} \cdot t \tag{4.55}$$

式中　W—— 污泥区容积，m^3；

S—— 每人每日产生的污泥量，L/(人·d)，一般按 0.3～0.8 L/(人·d) 计算；

N—— 设计人口数；

t—— 两次排泥的时间间隔，d，取值可参考平流沉淀池的设计参数；

C_0，C_1—— 分别是进水、出水的悬浮物质量浓度，kg/m^3；

p_0—— 污泥含水率，%；

γ—— 污泥密度，kg/m^3，取 $\gamma = 1\ 000\ kg/m^3$。

⑧ 污泥斗容积

$$V_1 = \frac{\pi}{3} h_5 (r_1^2 + r_2^2 + r_1 r_2) \tag{4.56}$$

式中　V_1—— 污泥斗容积，m^3；

r_1—— 污泥斗上口半径，m；

r_2—— 污泥斗下底半径，m；

h_5—— 污泥斗的高度，m。

⑨ 沉淀池的总高度

$$H = h_1 + h_2 + h_3 + h_4 + h_5 \tag{4.57}$$

式中　H—— 沉淀池的总高度，m；

h_1—— 沉淀池超高，m；

h_4—— 缓冲层高度，m。

4.5.5　斜流式沉淀池

1. 斜流式沉淀池的构造

斜流沉淀池是根据浅层沉降原理设计的、在沉淀池的沉淀区加斜板或斜管而构成的新型沉淀池。在需要扩大原有沉淀池沉淀能力或新建沉淀池的面积因各类原因受限时，即可应用斜流沉淀池。斜流沉淀池具有沉淀效率高、停留时间短、占地少等优点，但也有缓冲能力差、对混凝要求高、耗材、较易堵塞等不足。

根据哈曾(Hazen)的浅池理论，当沉淀池容积一定时，沉淀池表面积会随池深降低而增大，而表面积的扩大可降低沉淀池表面负荷，提高沉淀池的沉降效率。基于上述理论，为了降低池深，增加沉淀面积，在沉淀池内加水平隔板将其分成几层，这相当于几个浅沉淀池的组合，这样就可将沉淀面积成倍增加。不仅如此，由于各平板间距(各管的管径)较小，各层又相互隔开、互不干扰，能够很好地满足沉淀过程对水流紊动性和稳定性的要求，因此为水中固体颗粒的沉降提供了十分有利的条件。一般情况下，斜管比斜板的水力条件更好。为了顺畅排泥，在具体实践时将水平隔板改为倾角为 60°的斜板或斜管(图 4.25)，即为斜流沉淀池。

斜流式沉淀池由斜流沉淀区、进水配水区、清水出水区、缓冲区和污泥区构成。出水区位于沉淀区之上。沉淀池一般采用穿孔墙布水，沉淀池工作时，水从斜板之间或斜管内流过，沉淀在斜管、斜板底部的颗粒靠自身重力滑入集泥斗。集泥常采用多斗式，靠静压或泥泵排泥。

斜流式沉淀池的断面形状可分为圆形、矩形、方形、多边形等，除圆形以外，其余断面均可同相邻断面共用一条边。一般用轻质、无毒、纸质蜂窝的薄塑料板(硬聚氯乙烯、聚丙烯)等制成。

按斜板(管)间水流与污泥的相对运动方向不同，斜流式沉淀池可分为同向流(水流与污泥的相对运动方向相同)、异向流(水流与污泥的相对运动方向相反)和横向流(水流与污泥方向垂直)3 种，如图 4.26 所示。其中，斜管沉淀池只有前两种类型。横向流斜板沉淀池由于水流条件比较差，板间支撑难于布置，现已很少应用。目前污水处理中常采用的是升流式异向流斜流沉淀池。

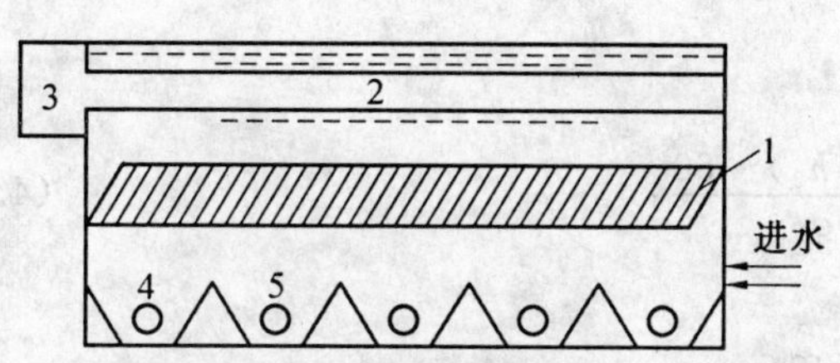

图 4.25　斜流式沉淀池

1—斜管；2—集水管；3—集水槽；4—排泥管；5—集泥斗

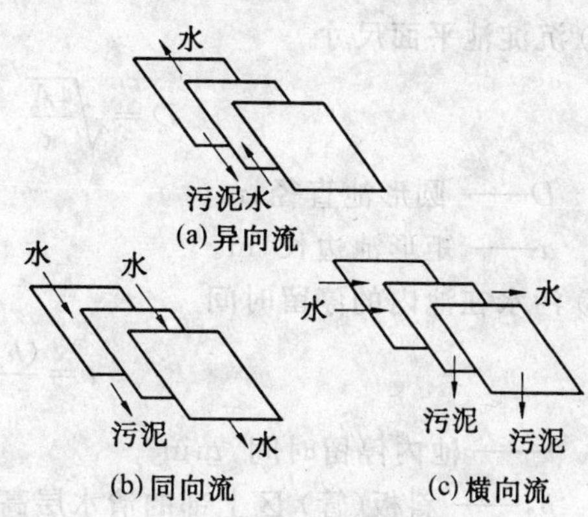

图 4.26　斜板沉淀池水流方向

2. 斜流式沉淀池的设计

(1)设计参数

①根据污水中颗粒性质的不同，颗粒沉降速度应通过沉降试验测得。在无试验资料时可参考已建立类似沉淀设备的运行资料确定；一般混凝反应后的颗粒沉降速度大致为 0.3～0.6 mm/s。

②升流式异向流斜流初沉池的表面负荷一般取 2.0～3.5 $m^3/(m^2 \cdot h)$，可比普通沉淀池的设计表面负荷提高 1 倍左右，对于二沉池，应以固体负荷核算。

③斜板垂直净距一般采用 80～100 mm，斜管孔径一般采用 50～80 mm，长度通常为 1.0～1.2 m，斜板(管)与水平面夹角为 60°；斜板(管)区上部清水区水深为 0.7～1.0 m；为了布水均匀并不会扰动下沉的污泥，底部缓冲层高度为 1.0 m；斜板(管)内流速一般为 10～20 mm/s。

④沉淀区高度大多为 0.6～1.0 m，进水、出水区高度分别为 0.6～1.2 m 或 0.5～1.0 m。

⑤为了使水流均匀分配和收集，应在进水口和出水口设置整流墙；经絮凝反应后的污水流经沉淀池时，沉淀池进口处整流墙的开孔率应使过孔流速不大于反应池出口流速，以免矾花打碎。

⑥排泥设备一般采用穿孔管或机械排泥，穿孔管排泥的设计与其他沉淀池的穿孔管排泥相同。每日排泥次数至少 2 次，或连续排泥。

⑦斜板材料可以因地制宜地采用木材、硬质塑料板、石棉板等材料。斜管材料可采用玻璃钢斜管、聚乙烯斜管等材料。

(2)计算公式

① 沉淀池水表面积

$$A=\frac{Q_{max}}{nq_0 \times 0.91} \tag{4.58}$$

式中 A—— 沉淀池水表面积，m^2；

n—— 池数，个；

q_0—— 表面负荷，$m^3/(m^2 \cdot h)$；

Q_{max}—— 最大设计流量，m^3/h；

0.91—— 斜板(管)面积利用系数。

② 沉淀池平面尺寸

$$D=\sqrt{\frac{4A}{\pi}} \quad 或 \quad a=\sqrt{A} \tag{4.59}$$

式中 D—— 圆形池直径，m；

a—— 矩形池边长，m。

③ 污水在池内的停留时间

$$t=\frac{(h_2+h_3)\cdot 60}{q_0} \tag{4.60}$$

式中 t—— 池内停留时间，min；

h_2—— 斜板(管)区上部的清水层高度，m；

h_3—— 斜板(管)的自身垂直高度，m。

④ 沉淀池的总高度

$$H=h_1+h_2+h_3+h_4+h_5 \tag{4.61}$$

式中 H—— 总高度，m；

h_5—— 污泥斗高度，m。

污泥斗的高度与污泥量有关。污泥量可根据式(4.52)计算。污泥斗的高度用截头圆锥或方锥公式计算，参见式(4.56)、式(4.40)。

第 5 章　污水的活性污泥法处理

5.1　活性污泥法的基本原理

5.1.1　活性污泥法的基本概念与系统组成

活性污泥法于 1914 年在英国曼彻斯特建成试验开创以来，已有将近百年的历史，活性污泥法仍然是在当前污水处理技术领域中应用最为广泛的技术之一。随着在实际生产上的广泛应用和技术上的不断改进革新，在对其生物反应和净化机理进行深入研究探讨的基础上，活性污泥法在生物学、反应动力学的理论方面以及在工艺方面都得到了长足的发展，出现了多种能够适应不同条件的工艺流程。当前活性污泥法仍然作为生活污水、城市污水以及有机性工业废水的最主要的处理技术。

活性污泥法是以活性污泥为主体活性物质的污水处理技术。

往生活污水里注入空气进行曝气，每天保留沉淀物并更换新的污水，这样在持续一段时间后，在污水中即将形成一种呈黄褐色的絮凝体，这种絮凝体就是活性污泥。这种絮凝体主要是由大量繁殖的微生物群体所构成，它易于沉淀与水分离，并使污水得到净化、澄清，这也反应了活性污泥净化水的机理。

图 5.1 所示为活性污泥法处理系统的基本流程。整个系统的核心处理设备是活性污泥反应器，我们称之为曝气池，同时还有二次沉淀池、污泥回流系统和曝气与空气扩散系统共同所组成。

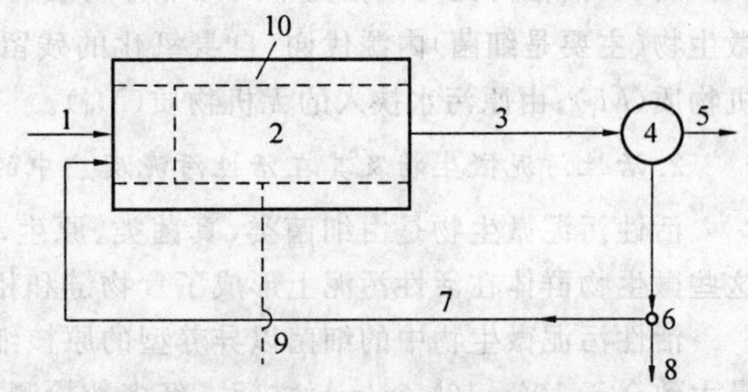

图 5.1　活性污泥法系统的基本流程

（传统活性污泥法系统）

1—经预处理后的污水；2—活性污泥曝气池；3—从曝气池流出的混合液；4—二次沉淀池；5—处理水；6—污泥井；7—回流污泥系统；8—剩余污泥；9—来自空压机站的空气；10—曝气系统与空气扩散装置

在投入正式运行前，在曝气池内首先要进行以目标污水作为培养基的活性污泥培养与驯化工作。经初次沉淀池或水解酸化装置处理后的污水与二次沉淀池连续回流的活性污泥从一端进入曝气池，回流污泥的作用是作为接种污泥，同时同步进入曝气池。从空压机站送来的压缩空气，通过管道系统和铺设在曝气池底部的空气扩散装置，以气泡的形式进入污水中，其作用主要是向污水充氧，同时还使曝气池内的污水、活性污泥处于搅动的状态，促使活性污泥与污水互相混合、充分接触，使活性污泥反应得以正常进行。

其中由污水、回流污泥和空气互相混合形成的液体，称之为混合液。

经过活性污泥净化后的泥与水的混合液由曝气池的另一端流出进入二次沉淀池，在这里进行固液分离，活性污泥通过沉淀作用与污水分离，澄清后的污水作为处理水排出系统。经过沉淀浓缩的污泥从沉淀池底部排走。其中一部分污泥作为接种污泥回流曝气池，残余的一部分则排出系统。剩余污泥与在曝气池内增长的污泥，在数量上应保持一平衡，使曝气池内的污泥浓度相对地保持在一个较为恒定的范围内。

5.1.2 活性污泥法微生物的特性

1. 活性污泥的形态

活性污泥作为活性污泥处理系统中的主体作用物质，在活性污泥法中作用很大。活性污泥上栖息着具有强大生命力的微生物群体。在微生物群体新陈代谢功能的作用下，使活性污泥具有将有机污染物转化为稳定的无机物质的活力，这也是"活性污泥"这个名称的由来。

处理城市污水的活性污泥的外观取于决微生物的组成、数量，污染物质的特征以及某些外部环境因素，活性污泥大多呈黄褐色的絮绒颗粒状，所以又称之为"生物絮凝体"，活性污泥中的固体物质仅占 1%以下，这 1%的固体物质是由有机与无机两部分所组成，其组成比例则因原污水性质不同而异。

活性污泥中固体物质的有机成分，主要是由栖息在活性污泥上的微生物群体所组成。

此外，活性污泥上还夹杂着由入流污水挟入的有机固体物质，其中也包括某些惰性的难为细菌摄取的难降解有机物质。微生物菌体经过内源代谢、自身氧化的残留物，如细胞膜、细胞壁等，也属于难降解有机物质范畴内。

活性污泥的无机组成部分，则全部是由原污水挟入的，至于微生物体内存在的无机盐类，由于其数量极少，可忽略不计。

所以，活性污泥可概括为下列几部分物质所组成：具有代谢功能活性的微生物群体(M_a)；微生物(主要是细菌)内源代谢、自身氧化的残留物(M_e)；由原污水挟入的难为细菌降解的有机物质(M_i)；由原污水挟入的无机物质(M_{ii})。

2. 活性污泥微生物及其在活性污泥反应中的作用

活性污泥微生物是由细菌类、真菌类、原生动物、后生动物等群体所组成的混合培养体。这些微生物群体在活性污泥上形成了食物链和相对稳定的小生态系。

活性污泥微生物中的细菌以异养型的原核细菌为主，在正常成熟的活性污泥上的细菌数量大致介于 10^7～10^8 个/mL 之间。经多数检测，在活性污泥上形成优势的细菌，主要有：产碱杆菌属(Alcaliganes)、芽孢杆菌属(Bacillus)、黄杆菌属(Flavobacterium)、动胶杆菌属(Zooglea)、假单胞菌属(Pseudomonas)、丛毛单胞菌属(Comamonas)、大肠埃希氏杆菌(Escherichia Coli)等。

此外，还可能出现的细菌有：无色杆菌属(Achromobacter)、气杆菌属(Aerobacter)、棒状杆菌属(Coryhebacterium)、微球菌属(Microbaccus)、诺卡氏菌属(Nocardia)和八叠球菌属(Sarcina)等。而至于哪些种属的细菌在活性污泥中占优势，则取决于原污水中有机污染物的性质。含蛋白质量多的污水有利于产碱杆菌的生长繁殖，而含大量糖类的污水，则将使假单胞菌得到迅速增殖。

这些种属的细菌都具有很高的增殖速率，在环境适宜的条件下，它们的世代时间一般仅 20～30 min。它们也都具有较强的分解有机物并将其转化为无机物质的能力。

真菌的细胞构造较为复杂，种类也比较繁多，与活性污泥处理系统有关的真菌是微小的腐生或寄生的丝状菌，这种真菌具有分解碳水化合物、脂肪、蛋白质及其他含氮化合物的功能，但其若大量异常的增殖会引发污泥膨胀现象。丝状菌的异常大量增殖是活性污泥膨胀的主要诱因之一。

在活性污泥内存活的原生动物有鞭毛虫、肉足虫和纤毛虫等 3 类，原生动物的主要摄食对象是细菌类。所以，出现在活性污泥中的原生动物，在种属上和数量上是随处理水的水质和细菌的状态变化而改变的。

活性污泥系统启动的初期，活性污泥尚未得到良好的发育，混合液中游离细菌居多，处理水水质不佳，此时出现的原生动物，最初为肉足虫类（如变形虫）占优势，继之出现的则是游泳型的纤毛虫，如豆形虫、草履虫、肾形虫等。而当活性污泥菌胶团培育成熟，结构良好，活性较强时，混合液中的细菌多已“聚居”在活性污泥上，处理水水质良好，此时出现的原生动物则将以带柄固着（着生）型的纤毛虫，如钟虫、等枝虫、独缩虫和盖纤虫等为主。

通过显微镜的镜检，能够观察到出现在活性污泥中的原生动物，并辨别认定其种属能够判断处理水质的优劣，因此，将原生动物称之为活性污泥系统中的指示性微生物。同时原生动物还摄食水中的游离细菌，起到了进一步净化水质的作用。

图 5.2 所示是作为活性污泥处理系统的指示性生物的原生动物，在曝气池内活性污泥反应过程中，数量与种类的增长与递变的关系。

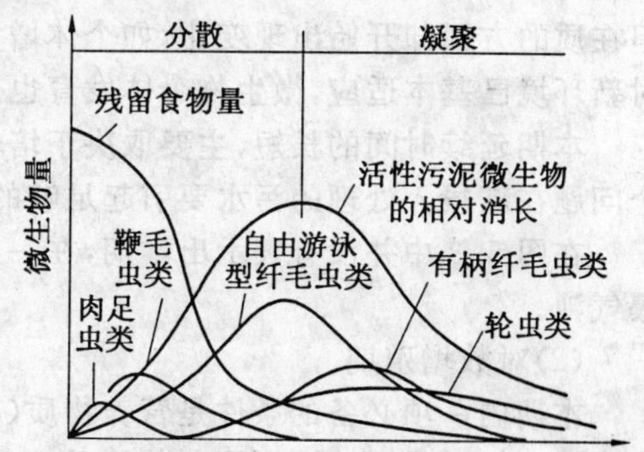

图 5.2　原生动物在活性污泥反应过程中数量和种类的增长与递变的关系

后生动物（主要指轮虫）在活性污泥系统中是不经常出现的，仅在处理水质优异的完全氧化型的活性污泥系统，如延时曝气活性污泥系统中出现，因此，后生动物轮虫的出现是水质达到非常稳定的标志。

在活性污泥处理系统中，净化污水的第一承担者（也是主要承担者）是细菌。而摄食处理水中游离细菌，使污水进一步净化的原生动物则是污水净化的第二承担者。

原生动物摄取细菌，是活性污泥生态系统首次捕食者。后生动物摄食原生动物，则是生态系统的第二次捕食者。

通过显微镜镜检，活性污泥原生动物的生物相，是对活性污泥质量评价的重要手段。

3. 活性污泥微生物的增殖与活性污泥的增长

在曝气池内，活性污泥微生物对污水中有机污染物的降解是微生物对有机物的利用过程，其必然结果之一是微生物的增殖，反映出来的就是活性污泥的增长。这一现象对活性污泥处理系统有着非常重要的现实意义。

微生物在曝气池内的增殖规律，在污水生物处理工程技术中非常重要。

微生物的增殖规律，一般是用其增殖曲线来表示。增殖曲线所表示的是在某些关键性的环境因素，如 pH 值一定、溶解氧含量充足等条件下，营养物质一次性充分投加，微生物种群随时间以量表示的增殖和衰减动态。

参与污水活性污泥处理过程的是多种属微生物群体，其增殖规律较为复杂，但其增殖规律的总趋势，与纯种微生物相同。所以我们以纯种微生物的增殖曲线作为活性污泥多种属微生物群体增殖规律的范例。

将活性污泥微生物在污水中接种，并在适宜温度、溶解氧充足的条件下进行培养，按时取样计量，即可得出微生物的数量与培养时间之间具有一定规律性的增殖曲线，如图5.3所示。

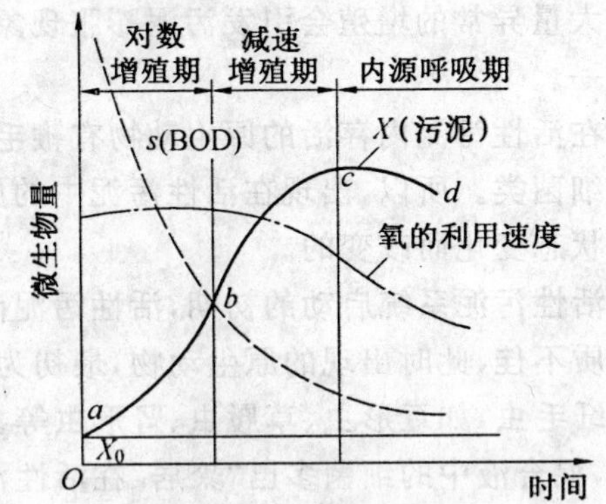

图5.3　活性污泥增长曲线以及其和有机污染物(BOD)降解、氧利用速度的关系(有机污染物一次投加)

活性污泥有机物量(F)与微生物量(M)的比值(F/M)是对活性污泥微生物增殖速度产生影响的重要因素，也是BOD去除速度、氧利用速度和活性污泥的凝聚、吸附性能的重要影响因素。其中F/M称为活性污泥的能含量。

如图5.3所示，整个增长曲线可分为4个阶段(期)。

(1)适应期

适应期是微生物培养的最初阶段，是微生物细胞内各种酶系统对新培养基环境的一个适应过程。本阶段初期微生物不裂殖，数量不增加，但在质的方面却开始出现变化，如个体增大，酶系统逐渐适应新的环境。在本期后期，酶系统对新环境已基本适应，微生物个体发育也达到了一定的程度，细胞开始分裂、微生物开始增殖。

本期延续时间的长短，主要取决于培养基(污水)中的主成分和微生物对它的适应性。这个问题在新投入处理的污水要引起足够的注意。

在图5.3中并没有表示出本期，在一般气情况下，本期是存在的，特别是对新投入运行的曝气池。

(2)对数增殖期

本期内一项必备的条件是营养物质(有机污染物)非常充分，不成为影响微生物增殖的因素。微生物以最高速度摄取营养物质，也以最高速度增殖。微生物细胞数按几何级数增加。

由图5.3可见，微生物的增殖速度与时间呈直线关系，为一个常数值，其值即为直线的斜率。因此，对数增效期又称为“等速增殖期”。在本期内，衰亡的微生物量相对来说是较少的，在实际中可不予考虑。

世代时间小的微生物，其增殖速度比较快。微生物的种属不同，环境条件不同，其世代时间也有所不同，一般介于20 min到几个小时。

表5.1中所列举的是可能在活性污泥处理系统中出现或在生物膜法处理设备中出现的某些细菌的世代时间。

表5.1　某些微生物的增殖世代时间

微生物种属名	培养基	温度/℃	时代时间/min
大肠杆菌	肉汤	37	17
枯草杆菌	葡萄糖、肉汤	25	30
极毛杆菌	肉汤	37	34
巨大芽孢杆菌	肉汤	30	31
霉状芽孢杆菌	肉汤	37	28

(3)减速增殖期

减速增殖期也称稳定期和平衡期。经对数增殖期,微生物大量繁衍、增殖,培养液中的营养物质也被大量耗用,营养物质逐步成为微生物增殖的制约因素,微生物增殖速度减慢,增殖速度和细胞衰亡速度大致相等,微生物活体数达到最高水平,同时也趋于稳定。

处于本期的微生物细胞开始为本身积累贮存物质,如肝糖、脂肪粒等。

在本期末端,由于增殖的微生物活体数赶不上衰亡的数量,增殖曲线开始出现下降趋势。减速增殖期的长短,取决于微生物种属和外界环境条件。

(4)内源呼吸期

内源呼吸期也称衰亡期。培养液(污水)中营养物质继续下降,并达到耗尽的程度。微生物由于得不到充足的营养物质,而开始利用自身内储存的物质或衰亡菌体,进行内源代谢以维持生理活动。在此期间,多数细菌进行自身代谢而逐步消亡,只有少数微生物细胞继续裂殖,活菌体数大为下降,增殖曲线呈显著下降趋势。此时细菌形态也多呈退化状态,并往往产生芽孢。

从以上所述可见,决定污水中微生物活体数量和增殖曲线上升、下降走向的主要因素就是其周围环境中营养物质量的多少。这样,我们通过对污水中营养物质量的控制,就能够控制微生物增殖(活性污泥增长)的走向和增殖曲线各期的延续时间。

以增殖曲线所反映的微生物增殖,即活性污泥增长规律,对活性污泥处理系统有着重要的实际意义。

4. 活性污泥絮凝体的形成

活性污泥是活性污泥处理技术的核心物质。在曝气池内能否形成发育良好的活性污泥絮凝体,是活性污泥处理系统是否正常完成净化功能的关键。

活性污泥絮凝体,也称为生物絮凝体,是由千万个细菌为主体结合形成的通称为"菌胶团"的团粒。菌胶团对活性污泥的形成及其各项功能的发挥,起着十分重要的作用,活性污泥絮凝体只有在它发育正常的条件下才能很好的形成,其对周围有机污染物的吸附功能以及絮凝、沉降性能,才能够得到正常的发挥。

活性污泥絮凝体的形成机制,就活性污泥絮凝体形成的实际工况看,是这样的:当在曝气池内残存的有机污染物的(BOD)值较低,有机物与细菌数的比值(即$\frac{F}{M}$)为低值,而细菌进入减衰增殖期的后段或内源呼吸期时,活性污泥才有可能得到很好的形成。这说明,活性污泥絮凝体的形成与曝气池内能的含量密切相关。

细菌的细胞膜是由脂蛋白所构成的,它易于离子化带有负电荷,这样,在两个菌体之间存在着电的斥力。但是,与此相反,在两个菌体之间,还存在着范德华引力。这两种力的作用程度因菌体间的距离远近不同而不同。当两个菌体之间的距离非常接近时,范德华力成为主导力,两个菌体即行结合。

曝气池内有机营养物质充沛,能的含量高,细菌增殖处于对数增殖期,即处于"壮龄"阶段,运动性能良好。能量大于范德华引力,菌体不能结合,导致活性污泥絮凝体不能很好的形成。

当曝气池内有机营养物质量小,即能的含量降到某种程度,细菌增殖速度低下。处于内源呼吸期或减衰增殖期后段,即处于"老龄"阶段,运动性能也开始微弱,动能很低,不能与范德华引力相抗衡,并且在布朗运动作用下。菌体互相碰撞,互相结合,使活性污泥絮凝体形成,初步形成的凝聚体又与其他的细菌相结合，絮凝体之间也相互粘接，凝聚速度加快，最终能够形成颗粒较大的活性污泥絮凝体。

在活性污泥絮凝体形成的过程中，活性污泥微生物本身也起到一定的作用。活性污泥中的一些微生物，分泌出有黏着性的胶体物质，不仅能使细菌互相黏接，形成菌胶团，还对微小颗粒及可溶性有机物也有着一定的吸附与黏接性能，这种作用促进了活性污泥絮凝体的形成。

5.1.3 活性污泥中微生物的净化过程

在活性污泥处理系统中，有机污染物从污水中去除过程的实质就是有机污染物作为营养物质被活性污泥微生物摄取、代谢与利用的过程。这一过程的产生结果就是污水得到净化，微生物获得能量合成新的细胞，并使活性污泥得到增长。

这一过程是比较复杂的，它是由物理、化学、物理化学以及生物化学等反应过程所组成的。这一过程大致上是由以下几个净化阶段所组成。

1.初期吸附去除

活性污泥具有很强的吸附能力。在活性污泥系统内，在污水开始与活性污泥接触后的5～10 min 内，污水中的有机污染物即被大量去除，出现很高的 BOD 去除率。这种初期高速去除现象主要是由物理吸附和生物吸附交织在一起的吸附作用产生的。

活性污泥有着很大的表面积(介于 2 000～10 000 m^2/m^3)，在表面上富集着大量的微生物，在其外部覆盖着多糖类的黏质层。当其与污水接触时，污水中呈悬浮和胶体状态的有机污染物即被活性污泥所吸附而得到去除，这一现象我们称之为“初期吸附去除”。

这一过程进行得较快，能够在 30 min 内完成，污水 BOD 的去除率能够达 70%，它的速度取决于微生物的活性程度和反应器内水力扩散程度与水动力学的规律。微生物的活性程度决定活性污泥微生物的吸附、凝聚功能。反应器内水力扩散程度与水动力学规律决定活性污泥絮凝体与有机污染物的接触程度。活性强的活性污泥，除要具有较大的表面积外，活性污泥微生物处在增殖期也起着一定作用，一般处在“饥饿”状态的内源呼吸期的微生物其“活性最强”，吸附能力也强。

被吸附在微生物细胞表面的有机物，在经过数小时的曝气后，才能够相继地被摄入微生物体内，因此，被“初期吸附”去除的有机污染物的数量是有限度的。为此，回流污泥应进行足够的曝气，将贮存在微生物细胞表面和体内的有机污染物充分地加以代谢，使活性污泥微生物进入内源呼吸期，使其再生，提高活性。但是曝气程度要控制适度，如曝气过分，使活性污泥微生物自身氧化过分，也会使初期吸附去除的效果降低。

2.微生物的代谢

存活在曝气池内的活性污泥微生物，不断地从其周围的环境中摄取污水中的有机污染物作为营养加以摄取、吸收。

污水中的有机污染物，首先被吸附在活性污泥的表面，活性污泥表面有大量微生物栖息，污水中的有机污染物与微生物细胞表面接触，在微生物透膜酶的催化作用下，得以透过细胞壁进入微生物细胞体内，小分子的有机物能够直接透过细胞壁进入微生物体内，而如淀粉、蛋白质等大分子有机物，则必须在细胞外酶——水解酶的作用下，被水解成为小分子后再为微生物摄入细胞体内。被摄入细胞体内的有机污染物，在各种胞内酶(如脱氢酶、氧化酶等)的催化作用下，微生物对其进行代谢反应。

微生物对一部分有机物进行氧化分解，最终形成 CO_2 和 H_2O 等稳定的无机物质，并从中获取合成新细胞物质所需要的能量，这一过程可用下列化学方程式表示

$$C_xH_yO_z+\left(x+\frac{y}{4}-\frac{z}{2}\right)O_2 \longrightarrow xCO_2+\frac{y}{2}-\Delta H \tag{5.1}$$

式中　$C_xH_yO_z$——有机污染物。

另一部分有机污染物为微生物用于合成新细胞，即合成代谢，所需能量来自分解代谢。在曝气池的末端，由于营养物质的匮乏，微生物可能进入内源代谢反应，微生物对其自身的细胞物质进行代谢反应，其过程可用下列化学式表示。

图 5.4 所示是微生物分解代谢和合成代谢及其产物的模式图。

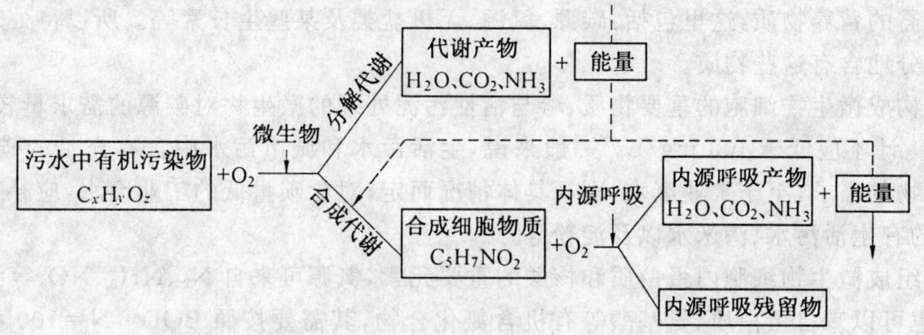

图 5.4　微生物对有机物的分解代谢和合成代谢及其产物的模式图

无论是分解代谢还是合成代谢，都能够去除污水中的有机污染物，但产物却有所不同，分解代谢的产物是 CO_2 和 H_2O，可直接排入环境；而合成代谢的产物则是新生的微生物细胞，并以剩余污泥的方式排出活性污泥处理系统，需对其进行妥善处理，否则可能造成二次污染。

美国污水生物处理专家麦金尼，对活性污泥微生物在曝气池内所进行的有机物氧化分解、细胞质合成以及内源代谢三项反应，提出了如图 5.5 所示的数量关系，可供参考。

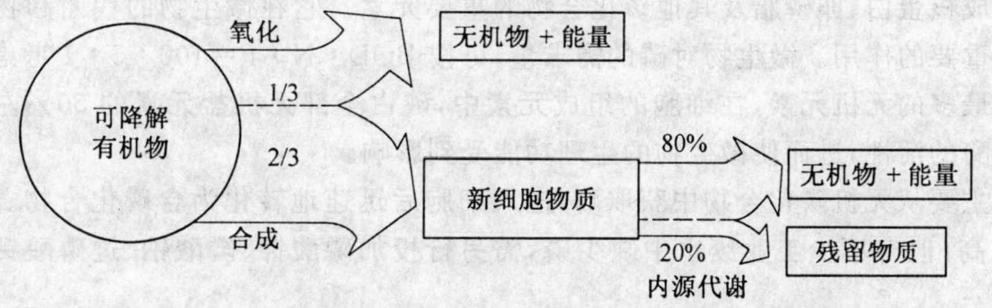

图 5.5　微生物三项代谢活动之间的数量关系（麦金尼提出）

从图 5.5 可见，在活性污泥的作用下，可降解有机物的 1/3 被微生物氧化分解成无机物并释放出能量；2/3 微生物用于合成新细胞，自身增殖；80％的细胞物质通过内源代谢反应被分解为无机物质并产生能量，20％不能分解的残留物，它们主要是由多糖、脂蛋白组成的细胞壁的某些组分和壁外的黏液层。

5.1.4 活性污泥净化反应的影响因素及主要参数

5.1.4.1 活性污泥净化反应影响因素

活性污泥微生物只有在对它适宜的环境条件下生活，它的生理活动才能得到正常的进行。能够影响微生物生理活动的因素较多，其中主要有：营养物质、温度、溶解氧以及有毒物质等。活性污泥处理技术就是人为地为微生物创造良好的生存条件，使微生物以对有机物质降解为主体的生理功能得到强化。

1. 营养物质平衡

参与活性污泥处理的微生物，在其生命活动过程中，需要不断地从其周围环境的污水中吸取其所必需的营养物质，这里包括：碳源、氮源、无机盐类及某些生长素等。所以待处理的污水中必须充分地含有这些物质。

碳是构成微生物细胞的重要物质，参与活性污泥处理的微生物对碳源的需求量较大，一般如以 BOD_5 计不应低于 100 mg/L。一般来说，生活污水和城市污水中含有充足的碳源，能够满足微生物的需求，至于工业废水，则视具体情况而定，对含碳量低的工业废水，应补充投加碳源，常用的有生活污水、淘米水以及淀粉等。

氮是组成微生物细胞内蛋白质和核酸的重要元素，氮源可来自 N_2、NH_3、NO_3 等无机含氮化合物，也可以来自蛋白质、氨基酸等有机含氮化合物，其需要按照 BOD∶N＝100∶5 考虑。生活污水中的氮源是足够的，无须另行投加，但工业废水中含氮量不满足要求时，必要时应补充投加，如尿素、硫酸铵等。

微生物对无机盐类的需求量很少，但又是不可缺少的。对微生物，无机盐类可分为主要的和微量的两类。主要的无机盐类首推磷以及钾、镁、钙、铁、硫等，它们参与细胞结构的组成、能量的转移、控制原生质的胶态等。微量的无机盐类则有铜、锌、钴、锰等，它们是酶辅基的组成部分，或是酶的活化剂，需求量很少但是非常重要。

磷是合成核蛋白、卵磷脂及其他磷化合物的重要元素。它在微生物的代谢和物质转化的过程中起着重要的作用。微生物对磷的需求量，可按 BOD∶N∶P＝100∶5∶1 考虑。磷是微生物需求量最多的无机元素，在细胞的组成元素中，磷占全部无机盐元素的 50%左右。磷源不足将影响酶的活性，进而使微生物的生理功能受到影响。

微生物主要从无机磷化合物中获取磷，进入细胞后迅速地转化为含磷化合物。生活污水中含磷量较高，但有不少工业废水中缺少磷，需另行投加磷酸钾、磷酸钠、过磷酸钙以及磷酸等。

钠在微生物细胞中是调节细胞和污水之间渗透压所必需的，具有调节代谢活动的功能。

钾是多种酶的激化剂，具有促进蛋白质和糖的合成作用，此外，钾还有控制细胞质的胶态和细胞质膜的渗透性的作用。

镁在细胞质合成及糖的分解中起着活化作用，参与菌绿素的合成。

钙具有降低细胞质的透性，调节酸度及中和其他阳离子所造成危害的作用。

铁是细胞色素氧化酶和过氧化氢酶结构的一部分，在氧的活化过程中，铁起着催化作用。

硫是合成细胞蛋白质不可缺少的元素，辅酶 A 也含有硫。

微生物一般从污水中所含有的各种盐类获取前述各种无机元素。微生物对微量元素的需求量极少，但对其生理活动有着很大作用，在一般情况下，对生活污水、城市污水以及绝大部分有机性工业废水进行生物处理时，都无须另行投加。

生活污水是参与活性污泥微生物的最佳营养源，其 BOD∶N∶P＝100∶5∶1，经过初次沉淀池或水解酸化工艺等预处理后，BOD 值有所降低，这样进入生物处理系统的污水，其 BOD∶N∶P 比值可能变化为 BOD∶N∶P＝100∶20∶25。这就是说，经过预处理工艺处理后的生活污水，其营养物质含量是高于所需求的。

2. 溶解氧含量

参与污水活性污泥处理的是以好氧呼吸的好氧菌为主体的微生物种群。这样，在曝气池内必须有足够的溶解氧。溶解氧不足将导致缺氧状态，必将对微生物生理活动产生不利的影响，而污水处理进程也必将受到影响，甚至遭到破坏。

根据活性污泥法大量的运行经验数据，若使曝气池内的微生物保持正常的生理活动，在曝气池内的溶解氧浓度应宜保持在不低于 2 mg /L 的程度。在曝气池内的局部区域，如在进口区，有机污染物相对集中，浓度高，耗氧速率高，溶解氧浓度可以有所降低，但不宜低于 1 mg/L。

还应当指出，在曝气池内溶解氧也不宜过高，溶解氧过高能够导致有机污染物分解速度过快，从而使微生物缺乏营养，活性污泥易于老化，结构松散。同时，溶解氧过高，过量耗能，在经济上也是不适宜的。

3. pH 值

微生物的生理活动与环境的酸碱度（H^+ 浓度）是密切相关的，只有在适宜的酸碱度环境下，微生物才能进行正常的生理活动。

以 pH 值表示的 H^+ 浓度能够影响微生物细胞质膜上的电荷性质。电荷性质改变，微生物细胞吸收营养物质的功能也会发生变化，从而对微生物的生理活动产生影响。

pH 值过大的偏离适宜数值，微生物的酶系统的催化功能就会减弱，甚至失效。

微生物的细胞质是一种胶体溶液，有一定的等电点。当等电点由于 pH 值变化而发生变化时，微生物的呼吸作用和对营养物质的代谢功能便会相应的发生障碍。

高浓度的 H^+ 可导致菌体表面蛋白质和核酸水解变性。

不同种属微生物生理活动适应的 pH 值都有一定的范围，在范围内，还可分为最低 pH 值、最适 pH 值与最高 pH 值。在最低或最高的 pH 值的环境中，微生物虽然能够成活，但生理活动微弱，增殖速率会大为降低。

参与污水处理的微生物，一般最佳的 pH 值介于 6.5～8.5 之间。

在曝气池内，保持微生物最佳 pH 值在恰当的范围是十分必要的。这是使活性污泥处理进程正常，取得良好处理效果的一项必要的条件。当污水（特别是工业废水）的 pH 值变化较大时，应考虑设调节池，使污水的 pH 值调节到适宜范围后再进入曝气池。

4. 水温

在影响微生物生理活动的各项因素中，温度的作用也是非常重要的。温度适宜，能够促进、强化微生物的生理活动，温度不适宜，能够减弱甚至破坏微生物的生理活动。温度不适宜还能够导致微生物形态和生理特性的改变，甚至可能使微生物死亡。

微生物的最适温度是指在这一温度条件下，微生物的生理活动旺盛，表现在增殖方面则是裂殖速度快,世代时间短,表 5.2 所列举的是大肠杆菌(活性污泥处理参与微生物)在不同温度条件下的世代时间。从表 5.2 所列数据可见,对大肠杆菌的最适温度段是 37～40 ℃,在这个温度段内,大肠杆菌的世代时间最短,在 17～19 min 之间。

表 5.2 大肠杆菌在不同温度条件下的世代时间

温度/℃	世代时间/min	温度/℃	世代时间/min
20	60	40	19
25	40	45	32
30	29	50	不裂殖
37	17		

参与活性污泥处理的微生物,多属嗜温菌,其适宜温度介于 10～45 ℃之间。在生产中为安全考虑,一般将活性污泥处理的最高温度与最低温度值分别控制在 35 ℃和 15 ℃。

在常年或多半年处于低温的地区,建于室外露天的曝气池,应考虑采取适当的保温措施,若条件允许可考虑将曝气池建于室内。

5. 有毒物质

在本文中所谓的“有毒物质”是指对微生物生理活动具有抑制作用的物质,如某些无机物质及有机物质,如重金属离子、酚、氮等。

重金属离子(铅、镉、铬、铁、铜、锌等)对微生物都产生毒害作用,它们能够和细胞的蛋白质相结合,而使其变性。汞、银、砷的离子对微生物的亲和力较大,能与微生物酶蛋白的—SH 基结合,抑制其正常的代谢功能。

酚类化合物能促使菌体蛋白凝固,对菌体细胞膜有损害作用。此外,酚又能对某些酶系统(如脱氢酶和氧化酶),产生抑制作用,破坏了细胞的正常代谢作用。酚的许多衍生物如对位、偏位、邻位甲酚、丙基酚、丁基酚都有很强的杀菌功能。

甲醛的伤害是能够与蛋白质的氨基相结合,而使蛋白质变性,破坏了菌体的细胞质。

但是,有毒物质对微生物的毒害作用,有一个量的概念,即有毒物质在环境中达到某一浓度时,毒害与抑制作用才显露出来,这一浓度称之为有毒物质极限允许浓度。污水中的各种有毒物质只要低于此值,微生物的生理功能基本不受影响。但是,对于有毒物质在污水中的极限允许浓度,至今还没有一个具有权威性的统一标准,还需通过实验和总结运行数据不断完善。表 5.3 所列举的各项数据仅供参考。这些数值也不是绝对的,如果我们缓慢地逐步地增大污水中有毒物质的浓度,使微生物逐渐适应并得到变异、驯化,则可能承受浓度更高的有毒物质,甚至达到完全驯化,以有毒物质作为营养,使其降解,例如生物脱酚。

在污水中的质量浓度只要不超过 10 mg/L,钠盐、锂盐、锰盐的毒害作用较小,就不会产生毒害作用。

某些有机物质其最低极限浓度值较高,但本身却是难生物降解的,如果只是简单地通过反应器,则对反应器内的生化反应是不产生任何毒害作用的。

另一方面,却有一些物质其对微生物毒害作用的最低极限值较低,但是却有着较高的 BOD_{20}/COD 值,例如,乙酰苯,其对微生物毒害作用的最低极限值为 0.1 mg/L,而其 BOD_{20}/COD 却高达 0.425。

表5.3　污水生物处理构筑物内有毒物质的极限容许质量浓度

有毒物质名称	极限容许质量浓度/(mg·L^{-1})	有毒物质名称	极限容许质量浓度/(mg·L^{-1})
铍	0.01	硝酸根	5 000
钛	0.01	硫酸根	5 000
铋	0.1	乙酸根	100～150
钒	0.1	硫	10～30
四乙铅	0.001	氨	100～1 000
硫酸铜	0.2	苯	100
铬酸盐	5～20	酚	100
砷酸盐	20	甲醛	100～150
亚砷酸盐	5	丙酮	9 000
氰化钾	2		

有毒物质的毒害作用还与pH值、水温、溶解氧，有无其他有毒物质及微生物的数量以及是否经过驯化等多种因素有关。

总之，有毒物质对微生物生理功能毒害作用的原因、效果都比较复杂，和很多因素有关，应慎重对待。

除了以上各项因素外，有机物的化学结构对微生物的生理功能和生物降解过程也有着较大的影响。

5.1.4.2　活性污泥处理系统的控制指标与设计、运行操作参数

1. 活性污泥处理系统的各项目标

活性污泥处理技术，是通过采取一系列人工控制、强化的技术措施，使活性污泥微生物所具有的对有机物氧化、分解为主体的生理功能得到充分发挥，以达到污水净化目的的生物工程技术。

在活性污泥处理系统中，人工控制、强化技术是最关键的。

首先，通过人工控制，前述的各项影响得以认真考虑并切实实施。通过人工强化、控制，使活性污泥处理系统能够达到下列各项目标。

①被处理的原污水的水质、水量得到控制，使其能够适达到活性污泥处理系统的要求；

②在系统中保持活性污泥微生物数量一定，并相对稳定以保证污泥具有足够活性；

③在曝气池内，活性污泥、有机污染物、溶解氧三者能够充分接触，以强化传质过程；

④混合液中保持能够满足微生物需要的溶解氧浓度。

为了保证以上各项目标能够切实达到，对各项目标都制定特定的控制指标，这些指标也是对活性污泥的评价指标，在实际运行中，这些指标就是活性污泥处理系统的设计与运行参数。

2. 混合液中活性污泥微生物量指标的控制

活性污泥微生物是活性污泥处理系统的核心。在混合液内保持一定数量的活性污泥微生物是保证活性污泥处理系统运行正常的必要条件。活性污泥微生物高度集中在活性污泥上，活性污泥是以活性污泥微生物为主体形成的，对此可以用活性污泥在混合液中的浓度表示活性污泥微生物量。

在混合液中保持一定浓度的活性污泥，是通过活性污泥适量地从二次沉淀池回流和排放

以及在曝气池内增长3方面来实现的。

就此，使用下列两项指标用以表示及控制混合液中的活性污泥浓度(量)。

(1)混合液悬浮固体浓度(Mixed Liquor Suspended Solids，MLSS)

混合液悬浮固体浓度又称混合液污泥浓度，它表示的是在曝气池单位容积混合液内所含有的活性污泥固体物的总质量，即

$$\mathrm{MLSS}=M_a+M_e+M_i+M_{ii} \tag{5.2}$$

表示单位为mg/L混合液。

由于测定方法比较简便易行，此项指标应用较为普遍，但其中既包含M_e、M_i两项非活性物质，也包括M_{ii}无机物质，因此，这项指标不能精确地表示具有活性的活性污泥里具有活性的污泥的量，而表示的是活性污泥的相对值。

混合液悬浮固体浓度(MLSS)是活性污泥处理系统重要的设计、运行参数。

(2)混合液挥发性悬浮固体浓度(Mixed Liquor Volatile Suspended Solids，MLVSS)

本项指标所表示的是混合液活性污泥中有机性固体物质这部分的浓度，即

$$\mathrm{MLVSS}=M_a+M_e+M_i \tag{5.3}$$

在表示活性污泥活性部分数量上，本项指标在精确度方面相对于MLSS而言的确有所进步，但是在本项指标中还包含M_e、M_i等惰性有机物质。因此，也不能精确地表示活性污泥微生物量，它表示的仍然是活性污泥量的相对值。

用f来表示MLVSS与MLSS的比值，即

$$f=\frac{\mathrm{MLVSS}}{\mathrm{MLSS}} \tag{5.4}$$

在一般情况下，f比较固定，对生活污水，值为0.75左右。以生活污水为主的城市污水f值也在0.75左右。

MLSS及MLVSS两项指标，虽然在表示混合液生物量方面存在不够精确的问题，但由于测定方法简单易行，且能够在一定程度上表示相对的生物量值，因此，这两项指标广泛地用于活性污泥处理系统的设计、运行。

3.活性污泥的沉降性能及其评定指标

良好的沉降性能是活性污泥发育正常所应具有的特性之一。

发育良好并有一定浓度的活性污泥，其沉降要经历絮凝沉淀、成层沉淀和压缩等几个过程，最后才能够形成浓度很高的浓缩污泥层。

正常的活性污泥在30 min内即可完成絮凝沉淀和成层沉淀过程，并初步进入压缩。压缩(浓缩)的进程比较缓慢，达到完全浓缩需时更长。

根据活性污泥在沉降－浓缩方面所具有的上述特性，建立了以活性污泥静置沉淀30 min为基础的两项指标以表示其沉降－浓缩性能。

(1)污泥沉降比(Settling Velocity，SV)

污泥沉降比又称30 min沉降率。混合液在量筒内静置30 min后所形成沉淀污泥的容积占原混合液容积的百分率(以%表示)。

污泥沉降比能够反映曝气池运行过程的活性污泥量，所以可以用来控制、调节剩余污泥的排放量，还能通过它及时地发现污泥膨胀等异常现象的发生。有一定的实用价值，是活性污泥处理系统重要的运行参数，也是评价活性污泥数量和质量的重要指标。

污泥沉降比的测定方法简单易行，在曝气池现场就可以进行。

(2)污泥容积指数(Sludge Volurne Index，SVI)

污泥容积指数简称“污泥指数”。本项指标的物理意义是在曝气池出口处的混合液，在经过 30 min 静沉后，每克干污泥所形成的沉淀污泥所占有的容积，以 mL 计。

污泥容积指数(SVI)的计算式为

$$SVI=\frac{\text{混合液 30 min 静沉形成的活性污泥容积(mL)}}{\text{混合液中悬浮固体干重(g)}}=\frac{SV(mL/L)}{MLSS(g/L)} \tag{5.5}$$

SVI 的表示单位为 mL/g，但是习惯上只用数值，而把单位略掉。

SVI 值能够反映活性污泥的凝聚、沉降性能，对生活污水及城市污水，此值以 70～100 之间为宜。SVI 值过低，说明泥粒细小，无机质含量高，缺乏活性。而 SVI 值过高，说明污泥的沉降性能不好，并且已有产生膨胀的可能。

通过对试验研究和运行数据的归纳分析确定，影响 SVI 值的最重要因素是活性污泥微生物群体的增殖速度，也就是微生物群体所处在的增殖期。一般说来，微生物群体处在内源代谢期的活性污泥，其 SVI 值较低。

在实际工程上具有重要的实际意义的是 SVI 与 BOD 污泥负荷之间的关系，图 5.6 所示即为城市污水采用活性污泥法处理的 BOD 与 SVI 值之间的关系。从图可见，当 BOD 污泥负荷介于 0.5～1.5 kg(kgMLSS · d)之间时，SVI 值突出最高，污泥沉降效果不佳，因此，应避免采用这一区间的 BOD 污泥负荷。

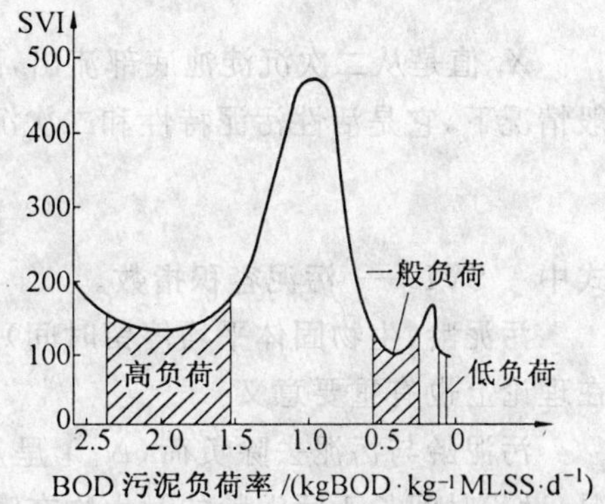

图 5.6　BOD 污泥负荷与 SVI 值之间的关系

如活性污泥的 SVI 值增高，它在二次沉淀池内的浓缩极限浓度就会降低。为了使在曝气池内混合液的活性污泥浓度保持稳定，就需要加大污泥的回流量。在 MLSS 一定的条件下，SVI 值越高，所应采用的污泥回流比也越大。当 SVI 值达 400 mL/g 以上时，从污泥回流比的要求得角度来看，活性污泥处理系统在实际上是难于实行的。

(3)污泥龄(Sludge Age)

污泥龄也称“生物固体平均停留时间”。活性污泥处理系统保持正常、稳定运行的重要条件是：必须在曝气池内保持相对稳定的悬浮固体(MLSS)量。但是，活性污泥反应的结果，使曝气池内的活性污泥在量上有所增长，这样，每天必须从系统中排出相当于增长量的活性污泥量。

此外，在曝气池内，在微生物新细胞生成的同时，又有一部分微生物老化并活性衰退，为了使曝气池内经常保持高度活性的活性污泥，每天都应有一定数量污泥的作为剩余污泥而排出系统。每日排出的剩余污泥量，应等于每日增长的污泥量。

这样，每日排出系统外的活性污泥量，包括作为剩余污泥排出的和随处理水流出的两部分，其表示式为

$$\Delta X=Q_w X_r+(Q-Q_w)X_e \tag{5.6}$$

式中　ΔX—— 曝气池内每日增长的活性污泥量，即应排出系统外的活性污泥量；

Q_w—— 作为剩余污泥排放的污泥量；

X_r—— 剩余污泥浓度；

Q—— 污水流量；

X_e—— 排放处理水中的悬浮固体浓度。

曝气池内活性污泥总量(VX)与每日排放污泥量之比，称之为污泥龄，即活性污泥在曝气池内的平均停留时间，因其又称为“生物固体平均停留时间”，即

$$\theta_c=\frac{VX}{\Delta X} \tag{5.7}$$

式中 θ_c—— 污泥龄(生物固体平均停留时间)，d。

按式(5.7)、式(5.8)应写成下式

$$\theta_c=\frac{VX}{Q_wX_r+(Q-Q_w)X_e} \tag{5.8}$$

在一般条件下，X_e 值极低可忽略不计，上式可简化为

$$\theta_c=\frac{VX}{Q_wX_r} \tag{5.9}$$

X_r 值是从二次沉淀池底部流出，回流曝气池的污泥浓度，剩余污泥的浓度也同此值，在一般情况下，它是活性污泥特性和二次沉淀池沉淀效果的函数，可由下式求其近似值

$$(X_r)_{\max}=\frac{10^6}{\mathrm{SVI}} \tag{5.10}$$

式中 SVI—— 污泥容积指数。

污泥龄(生物固体平均停留时间)是活性污泥处理系统设计、运行中一个很重要的参数，在理论上也有重要意义。

污泥龄与污泥去除负荷(N_{rs})呈反比关系。这一参数还能够说明活性污泥微生物的状况，世代时间长于污泥龄的微生物在曝气池内不可能繁衍成优势菌种属，比如硝化菌在 20 ℃时，其世代时间为 3 d，当污泥龄小于 3 d时，硝化菌就不可能在曝气池内大量增殖，不能成为优势种属，也就不能在曝气池内产生硝化反应。

(4)BOD 污泥负荷与 BOD 容积负荷

活性污泥微生物是活性污泥反应的核心物质，而参与反应的物质则有：作为活性污泥微生物载体的活性污泥。作为活性污泥微生物营养物质的有机污染物以及保证活性污泥微生物正常生理活动的溶解氧。

在正常的活性污泥反应进程中，这 3 种物质都存在量的变化，即：有机污染物被降解，含量降低；微生物的增殖，而使活性污泥得到增长；溶解氧为微生物所利用，含量降低，必须连续地加以补充等。

决定有机污染物的降解速度、活性污泥增长速度以及溶解氧被利用速度的最重要的因素，是有机污染物量与活性污泥量的比值($\frac{F}{M}$)。比值$\frac{F}{M}$是涉及活性污泥处理系统的设计、运行的一项非常重要的参数。

在具体工程应用上，$\frac{F}{M}$值是以BOD污泥负荷(又称BOD污泥SS负荷率)(N_s)表示的，单位为 kgBOD/(kgMLSS · d)。即

$$N_s=\frac{F}{M}=\frac{QS_a}{XV} \tag{5.11}$$

式中　Q—— 污水流量，m^3/d；

S_a—— 原污水中有机污染物(BOD) 的质量浓度，mg/L；

V—— 曝气池容积，m^3；

X—— 混合液悬浮固体(MLSS) 质量浓度，mg/L。

BOD污泥负荷所表示的是曝气池内单位质量(kg) 活性污泥在单位时间(1 d) 内能够接受并将其降解到预定程度的有机污染物量(BOD)。

BOD 污泥负荷，是影响有机污染物降解、活性污泥增长的重要因素。如采用高额的 BOD 污泥负荷，将加快有机污染物的降解速度与活性污泥增长速度，可以降低曝气池的容积，在经济上比较适宜，但其处理水水质未必能够达到预定的要求。相反采用低值的 BOD 污泥负荷，有机污染物的降解速度和活性污泥的增长速度都比较低，曝气池的容积加大，建设费用相应增高，但处理水的水质可能提高，并达到要求。

选定适宜的BOD污泥负荷具有很大的经济意义。同时BOD污泥负荷值还与活性污泥的膨胀现象有直接关系。

(5) 有机污染物降解与活性污泥的增长

有曝气池内，在活性污泥微生物的代谢作用下，污水中的有机污染物得到降解、去除，与此同步产生的则是活性污泥微生物本身的增殖和随之而来的活性污泥的增长。

所以说活性污泥微生物的增殖是微生物合成反应和内源代谢两项生理活动的综合结果，也就是说活性污泥的净增殖量，是这两项活动的差值，即

$$\Delta X=aS_r-bX \tag{5.12}$$

式中　ΔX—— 活性污泥微生物的净增殖量，kg/L；

S_r—— 在活性污泥微生物作用下，污水中被降解、去除的有机污染物(BOD) 量，kg/d。

$$S_r=S_a-S_e \tag{5.13}$$

式中　S_a—— 经预处理技术处理后，进入曝气池污水含有的有机污染物(BOD) 量，kg/d；

S_e—— 经活性污泥处理系统处理后，处理水中残留的有机污染物(BOD) 量，kg/d；

a—— 微生物合成代谢产生的降解有机污染物的污泥转换率，即污泥产率；

b—— 微生物内源代谢反应的自身氧化率；

X—— 曝气池内混合液含有的活性污泥量，kg。

污泥转换率，因有机污染物的组成不同而异，表 5.4 所列举的是不同物质的污泥转换率。

表 5.4　某些有机物的污泥转换率

物质名称	污泥转换率 /%	物质名称	污泥转换率 /%
碳氢化合物	65 ～ 85	牛奶	50 ～ 52
乙醇	52 ～ 66	葡萄糖	44 ～ 64
氨基酸	32 ～ 68	蔗糖	58 ～ 68
有机酸	10 ～ 60		

生活污水的污泥转换率也因组成不同，而有所不同，一般介于 0.49 ～ 0.7 之间，而自身氧化率则比较稳定，一般在 0.07 ～ 0.075 之间，差别较小。

工业废水的污泥转换率及自身氧化率，宜通过试验确定。

(6) 有机污染物降解与需氧

在曝气池内，活性污泥微生物对有机污染物的氧化分解和其本身在内源代谢期的自身氧化都是耗氧过程。这两部分氧化过程所需要的氧量，一般用下列公式求定

$$[ML]_{O_2}=a'QS_r+b'VX_v \tag{5.14}$$

式中　$[ML]_{O_2}$—— 混合液需氧量，kg/d；

a'—— 活性污泥微生物对有机污染物氧化分解过程的需氧率，即活性污泥微生物每代谢 1 kg BOD 所需要的氧量，以 kg 计；

Q—— 污水流量，m^3/d；

S_v—— 经活性污泥微生物代谢活动被降解的有机污染物量，以 BOD 计；

b'—— 活性污泥微生物通过内源代谢的自身氧化过程的需氧率，即每 kg 活性污泥每天自身氧化所需要的氧量，以 kg 计；

V—— 曝气池容积，m^3；

X_v—— 单位曝气池容积内的挥发性悬浮固体(MLVSS) 量，kg/m^3。

5.1.5　Monod 方程

1. 活性污泥反应动力学的作用

活性污泥反应，是指在曝气池内，在各项环境因素(如水温、溶解氧浓度、pH 值等) 都满足要求的条件下，活性污泥微生物对混合液中有机污染物(有机底物) 的代谢。活性污泥本身的增长(即活性污泥微生物的增殖) 及活性污泥微生物对溶解氧的利用等生物化学反应。

对活性污泥反应动力学研究讨论的目的之一是：明确各项因素，如有机底物浓度、活性污泥微生物量、溶解氧浓度等对反应速度的影响，使人们能够创造更适宜于活性污泥反应进行的环境条件，使反应能够在比较理想的速度下进行，使活性污泥处理系统的设计和运行更加科学化。

对活性污泥反应动力学更深一层研讨，则是对反应机理进行研究，探讨活性污泥对有机底物的代谢、降解过程，揭示这一反应过程的本质，使人们能够更自觉地对反应速度加以控制和调节。

当前，从活性污泥处理系统的工程实践要求，对活性污泥反应动力学的研讨重点在于确定活性污泥反应速度与各项主要环境因素之间的关系，研讨的主要内容是：

① 有机底物的降解速度与有机底物浓度、活性污泥微生物量等因素之间的关系；

② 活性污泥微生物的增殖速度与有机底物浓度、微生物量等因素之间的关系。

很多学者根据各自的研究成果，提出了描述上述两项关系的动力学表达式，本书选择其中最主要的莫诺(monod) 方程式，作简要阐述。

2. 莫诺(monod) 方程式

在建立活性污泥反应动力学模式的名家学者中应首推莫诺(monod)，莫诺于 1942 年用纯种的微生物在单一底物的培养基上进行了微生物增殖速率与底物浓度之间关系的试验。试验结果得出了如图 5.7 所示的形式。这个结果和米凯利斯一门坦(Michaelis-Menten) 于 1913 年通过试验所取得的酶促反应速度与底物浓度之间关系的结果(图 5.8) 是相同的。因此，莫诺

分析，可以通过经典的米凯利斯－门坦方程式来描述底物浓度与微生物比增殖速度之间的关系，即

$$\mu=\mu_{\max}\frac{S}{K_s+S} \tag{5.15}$$

式中　μ—— 微生物的比增殖速度，即单位生物量的增殖速度，t^{-1}；

$\mu_{\max}$—— 微生物最大比增殖速度，t^{-1}；

K_s—— 饱和常数，为 $\mu=\frac{1}{2}\mu_{\max}$ 时的底物浓度，也称之为半速度常数，mg/L；

S—— 有机底物浓度。

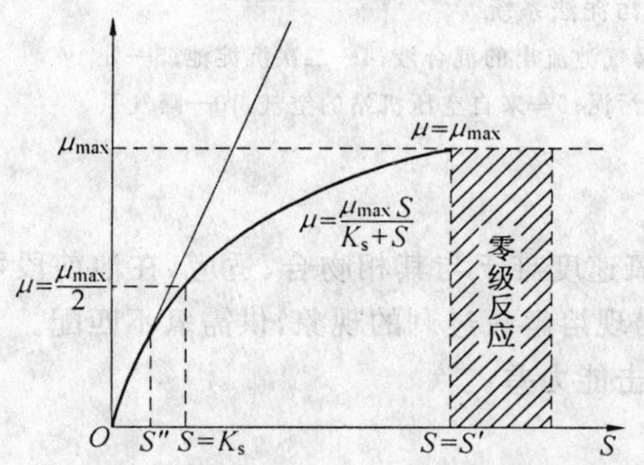

图 5.7　莫诺方程式与其 $\mu=f(S)$ 关系曲线

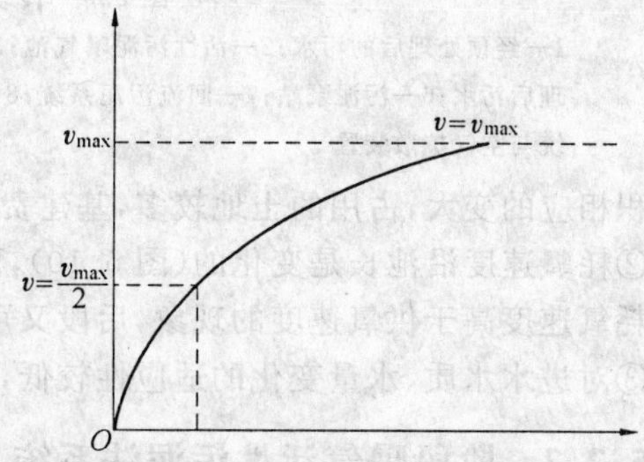

图 5.8　米凯利斯－门坦方程式与其 $\mu=f(S)$ 关系曲线

5.2　活性污泥法的传统运行方式与变形工艺

活性污泥处理系统自从 20 世纪初于英国开创以来，历经近百年的发展与革新，现已拥有以传统活性污泥处理系统为基础的多种运行方式，本节将分别就各种不同运行方式的工艺特征及其系统中的主要处理构筑物曝气池的主要工艺特点加以阐述。

5.2.1　传统活性污泥法处理系统

传统活性污泥法，是早期开创并一直沿用至今的运行方式，其工艺系统如图 5.9 所示。从图 5.9 可见，原污水与由二次沉淀池回流的回流污泥同步从曝气池一首端注入进入池内。污水与回流污泥形成的混合液在池内呈推流式流动至池的末端，流出池外进入二次沉淀池，在这里处理后的污水与活性污泥进行泥水分离，一部分污泥回流曝气池，另一部分污泥则作为剩余污泥排出系统。

本工艺具有如下特征：有机污染物在曝气池内的降解，经历了第一阶段的吸附和第二阶段的代谢的完整过程；活性污泥也经历了一个从池首端的对数增长，再经减速增长到池末端的内源呼吸期的完整的生长周期。

传统活性污泥法系统对污水处理的效果极好，BOD 去除率可达 90%，适于处理净化程度和稳定程度要求较高的污水。

同时传统活性污泥法处理系统也存在着下列各项问题：

①曝气池首端有机污染物负荷高，耗氧速度也高，为了避免由于缺氧形成厌氧状态，曝气

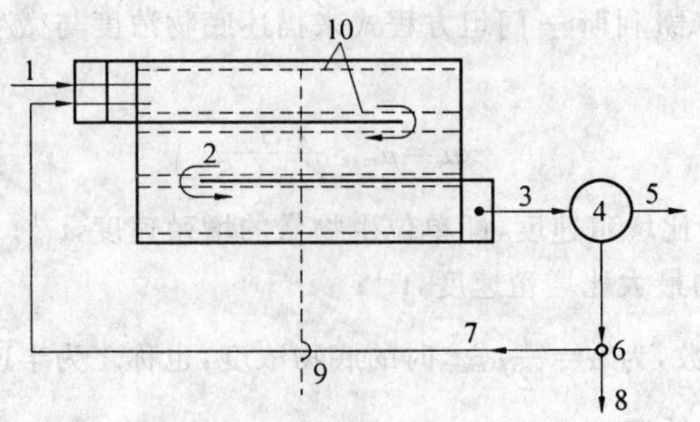

图 5.9 传统活性污泥法系统

1—经预处理后的污水；2—活性污泥曝气池；3—从曝气池流出的混合液；4—二次沉淀池；5—处理后污水；6—污泥泵站；7—回流污泥系统；8—剩余污泥；9—来自空压机站的空气；10—曝气系统与空气扩散装置

池容积相应的变大，占用的土地较多，基建费用高。

②耗氧速度沿池长是变化的(图 5.10)，而供氧速度难于与其相吻合、适应，在池前段可能出现耗氧速度高于供氧速度的现象，后段又可能出现溶解氧过剩的现象，供需氧不匹配。

③对进水水质、水量变化的适应性较低，抗冲击能力差。

5.2.2 阶段曝气活性污泥法系统

阶段曝气活性污泥法系统也称多段进水活性污泥法处理系统。其工艺流程如图 5.11 所示。阶段曝气活性污泥法系统是针对传统活性污泥法系统存在的问题，在工艺上作了一些变革的活性污泥处理系统。

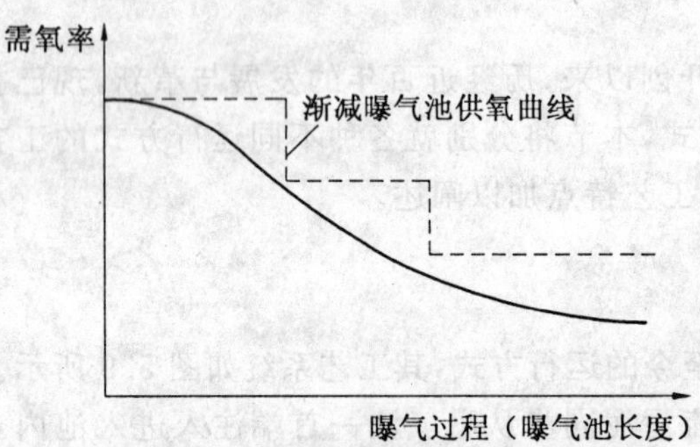

图 5.10 传统活性污泥法系统曝气池内需氧率的变化

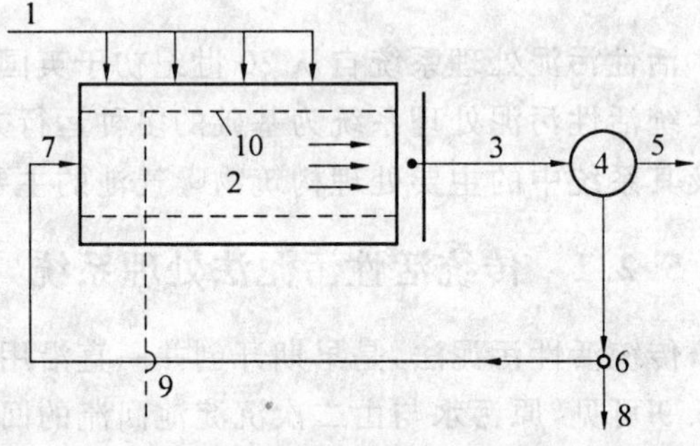

图 5.11 阶段曝气活性污泥法系统

1—经预处理后的污水；2—活性污泥反应器一曝气池；3—从曝气池流出的混合液；4—二次沉淀池；5—处理后污水；6—污泥泵站；7—回流污泥系统；8—剩余污泥；9—来自空压机站的空气；10—曝气系统与空气扩散装置

本工艺与传统活性污泥处理系统主要不同点是：污水沿曝气池的长度分散地且均衡地进入。这种运行方式具有如下各项优势：

①曝气池内有机污染物负荷及需氧率得到均衡，缩小了耗氧速度与充氧速度之间的差距如图 5.12 所示，有助于能耗的降低。

②污水分散均衡注入，提高了曝气池对水质、水量冲击负荷的适应能力；

③混合液中的活性污泥浓度沿池长逐步的降低，出流混合液的污泥较低，减轻二次沉淀池的负荷，有利于提高二次沉淀池固、液分离效果。

《室外排水设计规范》(GBJ 14－87)对处理城市污水的阶段曝气活性法系统曝气池所规定的设计数据及某些建议数据有具体规定。

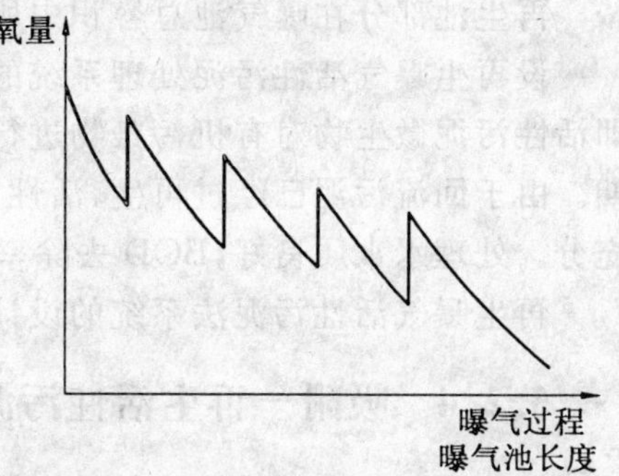

图 5.12　阶段曝气活性污泥法系统曝气池内需氧量变化工况

5.2.3　再生曝气活性污泥法系统

本工艺是传统活性污泥法系统的一种变型。其在工艺系统的主要特征是：从二次沉淀池排出的回流污泥，不直接进入曝气池，而是先进入称之为再生池的反应器内进行曝气，在污泥得到充分再生，活性恢复后，再进入曝气池与流入的污水相混合、接触，进行有机污染物降解反应，如图 5.13 所示。

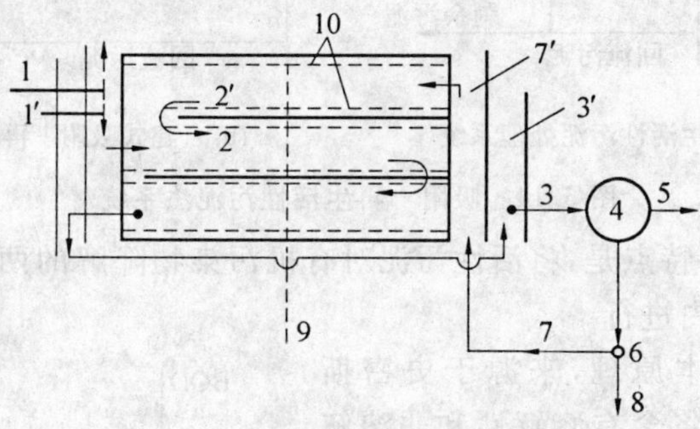

图 5.13　再生曝气活性污泥法系统

1—经预处理后的污水；1′—进入曝气池的污水渠道；2—曝气池；2′—再生池；3—从曝气池流出的混合液；3′—混合液出流渠道；4—二次沉淀池；5—处理后污水；6—污泥泵站；7—回流污泥系统；7′—回流污泥渠道；8—剩余污泥；9—来自空压机站的空气管道；10—曝气系统及串气扩散装置

这种运行方式的主要出发点是：为了保证曝气池内混合液保持一定的污泥浓度，如 2 000～3 000 mg/L，回流污泥的浓度必须高于混合液浓度的 3～5 倍，要达到这样的目的，活性污泥就需要在二次沉淀池底部滞留一段时间以进行浓缩，但是这样做产生了另一个问题，这就是由于长时间浓缩导致缺氧，活性污泥在二次沉淀池底部受到了某种程度的“伤害”，其活性和代谢功能受到一定的抑制。在这种状态下的污泥回流曝气池，其降解功能需要经过比较长一段时间的恢复。并且由于回流污泥和污水混合在一起，回流污泥的再生过程必然受到干扰，而得不到充分的再生。

根据这种情况，如果专设再生池，使回流污泥在再生池内进行曝气，使污泥充分进入内源呼吸期的后期，其活性得到比较彻底的恢复，这种状态的污泥进入曝气池与污水接触后，其吸附、凝聚、降解以及沉淀等性能能够得到充分发挥，会加快活性污泥反应进程，提高反应效果。

在一般情况下，再生池并不另行设置，而是将经过工艺计算所确定的曝气池容积中分出一部分作为再生池，一般采取 $\frac{1}{4}$、$\frac{1}{3}$ 或 $\frac{1}{2}$。图 5.13 所示的再生曝气系统，再生池所占容积为曝气池整体容积的 $\frac{1}{3}$，即三廊道的推流式曝气池，其中的一个廊道作为再生池利用。

再生池部分在曝气池总容积中所占比例，可以根据运行效果的实际情况进行调整。

设再生曝气活性污泥处理系统的曝气池，一般按传统活性污泥法系统曝气池的方式运行，即活性污泥微生物对有机污染物进行完整的吸附、代谢过程，而活性污泥也经历完整的生长周期。由于回流污泥已经过再生，活性已完全恢复，因此在曝气池内进行的活性污泥反应迅速而充分。处理水水质良好，BOD 去除率可达 90%以上。

再生曝气活性污泥法系统的设计参数同传统法系统。

5.2.4　吸附－再生活性污泥法系统

吸附－再生活性污泥法系统又名生物吸附活性污泥法系统。本工艺在 20 世纪 40 年代后期出现在美国，其工艺流程如图 5.14 所示。

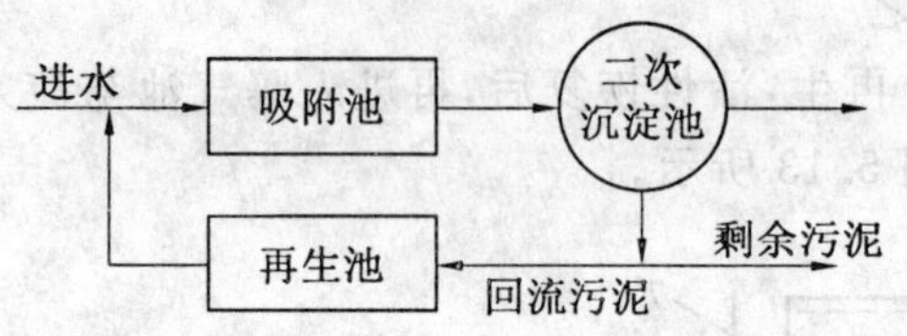

(a) 分建式吸附－再生活性污泥处理系统　(b) 合建式吸附－再生活性污泥处理系统

图 5.14　吸附－再生活性污泥法系统

这种运行方式的主要特点是：将活性污泥对有机污染物降解的两个过程－吸附与代谢稳定，分别在各自的反应器内进行。

这种运行方式的基本原理，来源于史密斯(Smith)的试验。史密斯将含有溶解性和非溶解性混合有机污染物的污水和活性污泥一起进行曝气，发现污水的 BOD_5 值随曝气时间的降解工况的变化如图 5.15 所示的情况。

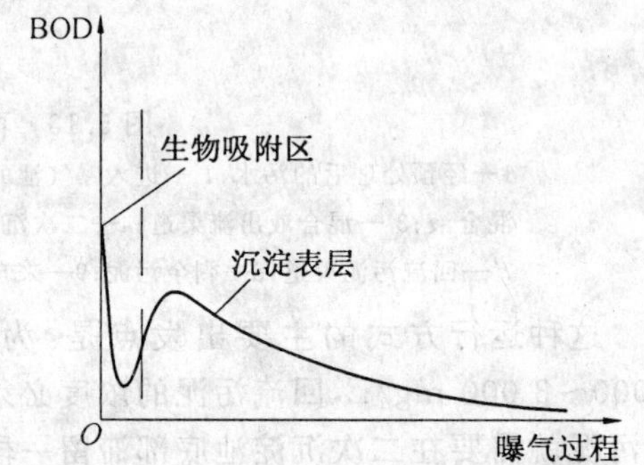

图 5.15　污水与活性污泥混合曝气后 BOD_5 值的变化情况

BOD 值在 5～15 min 内急剧下降，然后略有升起，随后又有缓慢下降。经过分析研究，这种现象是因为 BOD 值的第一次急剧下降是活性较强的活性污泥对污水中有机污染物吸附的结果，这一现象称之为“初期吸附去除”，然后略有升起是由于胞外水解酶将吸附的非溶解状态的有机物水解成为溶解性小分子后，一部分有机物又进入污水中使 BOD 值上升。此时，活性污泥微生物进入营养过剩的对数增殖期，能量水平很高，微生物处于分散状态，污水中存活着大量的游离细菌，也进一步促使 BOD 值上升，随着反应的持续进行，有机污染物浓度下降，活性污泥微生物进入减速增殖期和内源呼吸期，BOD 值又缓慢下降。

吸附－再生活性污泥法就是以上述理论作为基础而开创的。如图 5.15 所示，污水和经过再生池充分再生、活性很强的活性污泥同步进入吸附池，在这里充分接触 30～60 min，使部分胶体和溶解性状态的有机污染物为活性污泥所吸附，有机污染物得以去除。继之混合液流入二次沉淀池，进行泥水分离，处理后水排放，污泥则从底部进入再生池，在这里进行第二阶段的分解和合成代谢反应，活性污泥微生物进入内源呼吸期，使污泥的活性得到充分恢复，在其进入吸附池与污水接触后，能够充分发挥其吸附的功能。

与传统活性污泥法系统相较，吸附一再生系统具有如下各项特征：

①污水与活性污泥在吸附池内接触的时间较短（30～60 min），相应的吸附池的容积就比较小，而再生池接纳的是已排除剩余污泥的回流污泥，因此，再生池的容积也是较小的。一般吸附池与再生池容积之和，仍低于传统活性污泥法曝气池的容积。

②本工艺对水质、水量的冲击负荷具有一定的承受能力。当在吸附池内的污泥遭到破坏时，可由再生池内的污泥予以补充补救。

本工艺存在的问题主要是：不宜处理溶解性有机污染物含量较多的污水，处理效果也低于传统法。

《室外排水设计规范》（GBJ 14－87）对处理城市污水的本工艺中的曝气池规定的参数及某些建议值有具体规定。

5.2.5　延时曝气活性污泥法系统

延时曝气活性污泥法系统又名完全氧化活性污泥法，是 20 世纪 50 年代初期在美国开始应用的。

本工艺的主要特点是：BOD 污泥 SS 负荷非常低，曝气反应时间比较长，一般多在 24 h 以上。活性污泥在池内长期处于内源呼吸期，剩余污泥量少，无须再进行厌氧消化处理，因此，也可以说这种工艺是污水、污泥综合处理设备。此外，本工艺还具有处理水稳定性高，对原污水水质、水量变化有较强适应性，且无须设初次沉淀池等优点。

本工艺的主要缺点是：曝气时间长，池容大，基建费用和运行费用都较高，占用较大的土地面积等。

延时曝气法只适用于处理对处理水质要求高且又不宜采用污泥处理技术的小城镇污水和工业废水，水量不宜超过 1 000 m^3/d。

延时曝气活性污泥法一般都采用流态为完全混合式的曝气池。

应当说明，从理论上来说，延时曝气活性污泥系统是不产生污泥的，但在实际会有少量剩余污泥产生，这些污泥主要是一些难于生物降解的微生物内源代谢的残留物，如细胞膜和细胞壁等。

我国国标《室外排水设计规范》（GBJ14—87）对处理城市污水的本工艺曝气池规定的各项设计数据以及某些建议性参数有具体规定。

5.2.6　高负荷活性污泥法系统

高负荷活性污泥法系统又称短时曝气活性污泥法或不完全处理活性污泥法。

本工艺的主要特点是 BOD 污泥 SS 负荷高，曝气时间短，处理效果较低，一般 BOD_5 的去除率不超过 75%，因此，称为不完全处理活性污泥法。与此相对，BOD_5 去除率在 90% 以上，处理水的 BOD_5 值在 20 mg/L 以下的工艺则称为完全处理活性污泥法。

本工艺在系统和曝气池的构造方面，与传统活性污泥法及再生曝气活性污泥法相同。这样也就是说传统法和再生曝气法都可以按高负荷活性污泥法系统运行。

《室外排水设计规范》（GBJ 14－87）对处理城市污水的本工艺曝气池规定的各项设计数

据以及某些建议性参数有具体规定。

5.2.7　完全混合活性污泥法系统

完全混合活性污泥法系统的主要特征是应用完全混合式曝气，如图 5.16 所示。

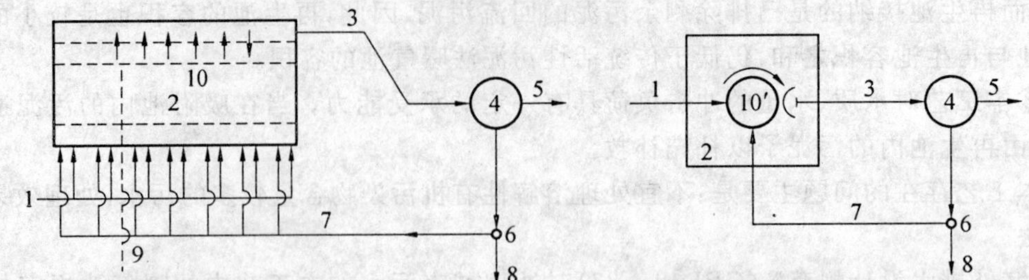

(a) 采用鼓风曝气装置的完全混合曝气池　(b) 采用表面机械曝气器的完全混合曝气池

图 5.16　完全混合活性污泥法系统

1—经预处理后的污水；2—完全混合曝气池；3—由曝气池流出的混合液；4—二次沉淀池；5—处理后污水；6—污泥泵站；7—回流污泥系统；8—排放出系统的剩余污泥；9—来自空压机站的空气管道；10—曝气系统及空气扩散装置；10′—表面机械曝气器

污水与回流污泥进入曝气池后，立即与池内混合液充分混合，池内混合液成分相当于已经处理而未经泥水分离的处理水。

本工艺具有如下各项特点：进入曝气池的污水很快即被池内已存在的混合液所稀释、均化，原污水在水质、水量方面的变化所带来的冲击，对活性污泥产生的影响将降到极小的程度，因此，这种工艺对冲击负荷有较强的适应能力，适用于处理浓度较高的工业废水。

污水在曝气池内均匀分布，各部位的水质基本相同，F/M 值相等，微生物群体的组成和数量基本一致，各部位有机污染物降解工况相同，因此，可以通过对 F/M 值的调整，将整个曝气池的工况控制在最佳条件，此时工作点处于微生物增殖曲线的一个点上。活性污泥的净化功能得以良好的发挥。在处理效果相同的条件下，其负荷率比推流式曝气池高。

曝气池内混合液的需氧速度均衡，动力消耗低于推流式曝气池。

完全混合活性污泥法系统存在的主要问题是：在曝气池混合液内，各部位的有机污染物质量相同、能的含量相同，这种情况导致微生物对有机物的降解动力低下，因此，活性污泥容易产生膨胀现象。与此相比，在推流式曝气池内，相邻的两个过水断面，由于后一断面上的有机物浓度、F/M 值均是高于前者的，存在着有机物的降解动力，因此，活性污泥产生膨胀的可能性较低。此外，在一般情况下，其处理水水质低于采用推流式曝气池的活性污泥法系统。

《室外排水设计规范》(GBJ 14—87)对处理城市污水的本工艺中的曝气池规定的各项设计数据以及某些建议性参数有具体规定。

5.2.8　多级活性污泥法系统

当原污水含有高浓度的有机污染物时，可以考虑采用二级甚至三级活性污泥法处理系统。图 5.17 所示为多级(二级)活性污泥法系统。

每一级都是独立的处理系统，都有自己的二次沉淀池和污泥回流系统，这样有利于回流污泥对污水的适应与接种。剩余污泥则可以每级分别排放，也可以集中于最后一级处理系统排放。采用多级活性污泥法系统，可以取得高质量的处理水，但建设费用及运行费用都较高，只有在非常必要时才考虑采用。

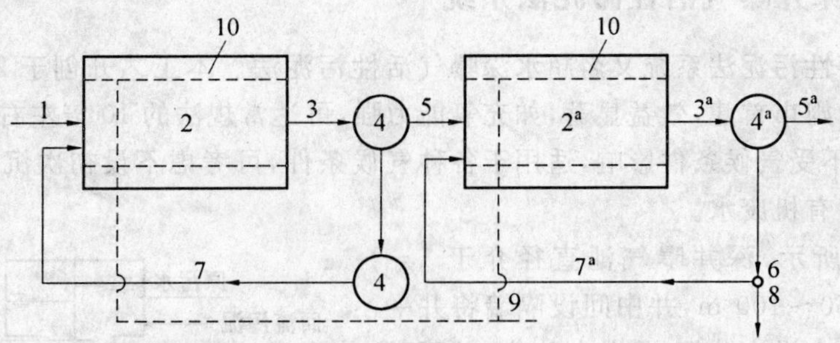

图 5.17　多级(二级)活性污泥法处理系统

1—预处理后的污水；2—一级曝气池；2^a—二级曝气池；3—一级曝气池出流的混合液；3^a—二级曝气池出流的混合液；4—一级系统系统的二次沉淀池；4^a—二级系统系统的二次沉淀池；5—一级系统的处理后出水；5^a—系统的处理水；6—泵站；7—一级系统的污泥回流系统；7^a—二级系统的污泥回流系统；8—污泥排放；9—空压机站的空气管道；10—系统及空气扩散装置

5.2.9　深水曝气活性污泥法系统

深水曝气活性污泥法系统的主要特征是采用深度在 7 m 以上的深水曝气池，这种曝气池具有的优势是：

①由于水压增大，加快了氧的传递速率，从而提高混合液的饱和溶解氧浓度，有利于活性污泥微生物的增殖和对有机物的降解。

②曝气池向竖向深度发展，减小了占用土地的面积。

本工艺有下列两种形式曝气池：

1. 深水中层曝气他

水深在 10 m 左右，空气扩散装置设在深 4 m 左右处，这样仍可使用风压为 5 m 的风机，一般在池内设导流板或导流筒主要是为了在池内形成环流和减少底部水层的死角，如图 5.18 所示。

2. 深水底层曝气池

水深仍在 10 m 左右，空气扩散装置仍设于池底部，需使用高风压的风机，自然在池内形成环流，所以无须设导流装置，如图 5.19 所示。

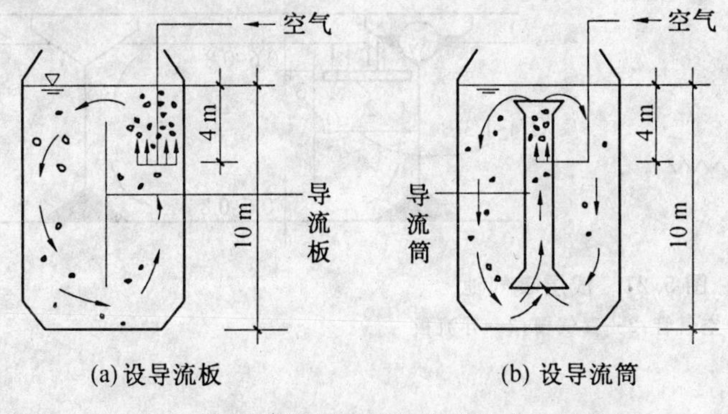

图 5.18　设导流板或导流筒的深水中层曝气池

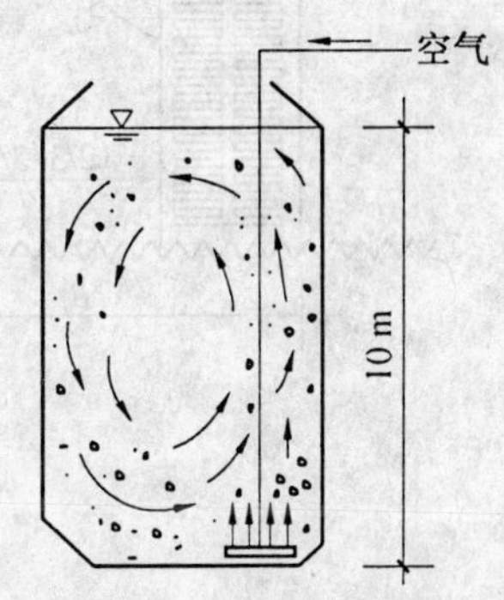

图 5.19　深水底层曝气池

5.2.10　深井曝气活性污泥法系统

深井曝气活性污泥法系统又名超水深曝气活性污泥法。本工艺开创于20世纪70年代，于英国的皮林翰姆市首建，效益显著，如充氧能力强，可达常规法的10倍左右，动力效率高，占地少，处理功能不受气候条件影响，适用于各种气候条件，可考虑不设初次沉淀池。本工艺适用于处理高浓度有机废水。

如图5.20所示，深井曝气池直径介于1～6 m，深度可达50～100 m，井中间设隔墙将井一分为二或在井中心设内井筒，将井分为内、外两部分。在前者的一侧，后者的外环部设空气提升装置，使混合液上升。而在另一侧，后者的内井筒内产生降流。这样在井隔墙两侧或井中心筒内外，形成由下而上的流动。由于水深度大使氧的利用率高，有机物降解速度快，效果显著。

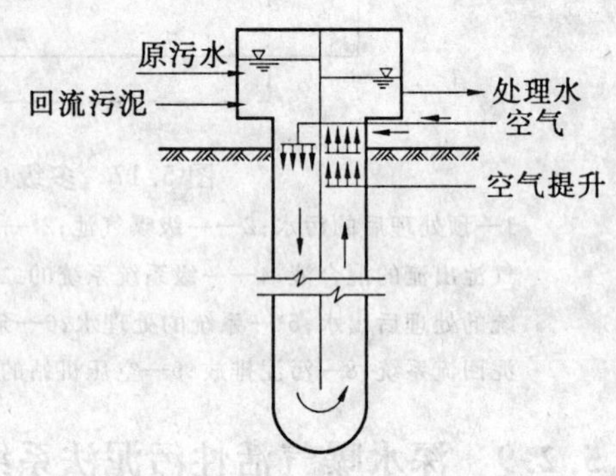

图5.20　深井曝气活性污泥法系统

中国工程建设标准化协会制定了《深井曝气设计规范》，对深井曝气工艺流程、工艺参数、设计方法、运行方式以及监测控制等都作了具体的规定，对深井结构设计和深井施工也提出了要求。

5.2.11　浅层曝气活性污泥法系统

浅层曝气活性污泥法系统又名殷卡曝气法(Inks aeration)，如图5.21所示，为瑞典一家公司所开创。这项工艺是以下列论点作为基础的，即：气泡只有在其形成与破碎的一瞬间，有着最高的氧转移率，而与其在液体中的移动高度无关。

浅层曝气池的空气扩散装置多为由穿孔管制成的曝气栅。空气扩散装置多设置在曝气池的一侧，距水面约0.6～0.8 m的深度。在池中心处设导流板，以利于在池内形成环流，浅层曝气池可使用低压鼓风机，有利于节省电耗，充氧能力可达1.8～2.6 kg/(kW·h)。

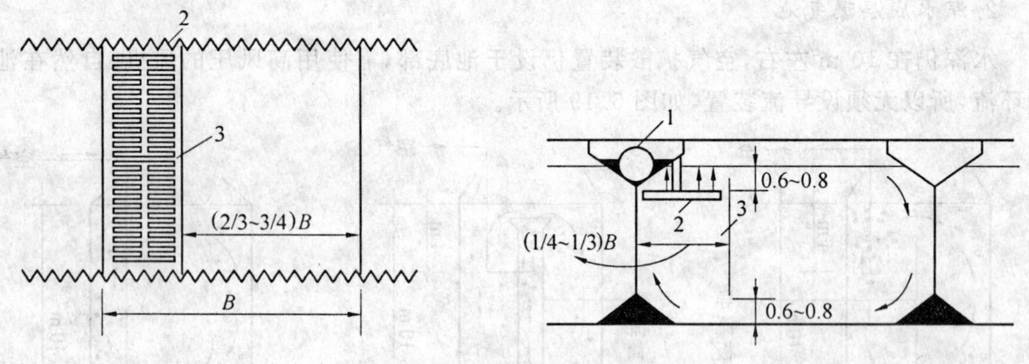

图5.21　浅层曝气池

1—空气管；2—曝气栅；3—导流板

5.2.12 纯氧曝气活性污泥法系统

纯氧曝气活性污泥法系统又名富氧曝气活性污泥法，一般曝气用的气体为空气，而空气中氧的含量仅为 21 %，而纯氧中的含氧量为 90%～95%，氧分压纯氧比空气高 4.4～4.7 倍，用纯氧进行曝气能够提高氧向混合液中的传递效率。

采用纯氧曝气系统的主要效益有：

①氧利用率可达 80%～90%，而鼓风曝气系统仅为 10%左右；

②曝气池内混合液的 MLSS 值比较高，可达 4 000～7 000 mg/L，能够提高曝气池的容积负荷；

③曝气池混合液的 SVI 值较低，所以污泥膨胀现象较少发生。同时产生的剩余污泥量也很少。

5.3 活性污泥反应器——曝气池

5.3.1 曝气与氧转移理论

5.3.1.1 曝气的目的

活性污泥法是采取人工措施，创造适宜条件，强化活性污泥微生物的新陈代谢功能，而加速污水中有机污染物降解的污水生物处理技术。对此，重要的人工措施之一是向活性污泥反应器——曝气池中的混合液提供足够的溶解氧，在达到充氧目的的同时也使混合液中的活性污泥与污水充分接触，这两项任务是通过曝气这一手段实现的。

现在通行的曝气法有：鼓风曝气、机械曝气以及两者联合的鼓风－机械曝气。鼓风曝气是将由空压机送出的压缩空气通过一系列的管道系统送到安装在曝气池池底的空气扩散装置（曝气装置）。空气再从那里以微小气泡形式逸出，并在混合液中扩散。气泡中的氧转移到混合液中去，而气泡在混合液的强烈扩散、搅动，同时也达到使混合液处于剧烈混合、搅拌状态的目的。机械曝气则是利用安装在水面上、下的叶轮高速转动，剧烈地搅动水面，产生水跃，使液面与空气接触的表面不断更新，使空气中的氧转移到混合液中去。

5.3.1.2 氧转移原理

1. 菲克(Fick)定律

曝气使空气中的氧从气相传递到混合液的液相中，这是一个物质扩散过程。扩散过程的推动力是物质在界面两侧的浓度差。物质的分子从浓度较高的一侧向着较低的一侧扩散、转移。

扩散过程的基本规律可以用菲克(Fick)定律来概括和解释，即

$$v_d = -D_L \frac{dC}{dX} \tag{5.16}$$

式中 v_d—— 物质的扩散速度，在单位时间内单位断面上通过的物质数量；

D_L—— 扩散系数，表示物质在某种介质中的扩散能力，主要决定于扩散物质和介质的特性及温度；

C—— 物质浓度；

X—— 扩散过程的长度；

$\frac{dC}{dX}$—— 浓度梯度，即单位长度内的浓度变化值。

上式表明，物质的扩散速率与浓度梯度呈正比关系。

2. 双膜理论

以 M 表示在单位时间 t 内通过界面扩散的物质数量，以 A 表示界面面积，则下式成立

$$v_d = \frac{\frac{dM}{dt}}{A} \tag{5.17}$$

代入菲克定律得

$$\frac{\frac{dM}{dt}}{A} = -D_L \frac{dC}{dX} \tag{5.18}$$

$$\frac{dM}{dt} = -D_L A \frac{dC}{dX} \tag{5.19}$$

在曝气过程中，氧分子通过气、液界面由气相转移到液相，在界面的两侧存在着气膜和液膜。气体分子通过气膜和液膜的传递理论，为污水生物处理科技界所接受的是刘易斯(Iewis)和怀特曼(Whitman)于 1923 年建立的“双膜理论”，这一理论可归纳如下：

在气、液两相接触的界面两侧存在着处于层流状态的气膜和液膜，在其外侧则分别为气相主体和液相主体，两个主体均处于紊流状态。

气体分子以分子扩散方式从气相主体通过气膜与液膜而进入液相主体。由于气、液两相的主体均处于紊流状态，其中物质浓度基本上是均匀的，不存在浓度差，也不存在传质阻力，气体分子从气体主体传递到液相主体，阻力仅存在于气、液两层层流膜中。

在气膜中存在着氧的分压梯度，在液膜中存在着氧的浓度梯度，它们是氧转移的推动力。

氧难溶于水，因此，氧转移决定性的阻力又集中在液膜上，氧分子通过液膜是氧转移过程的控制步骤，通过液膜的转移速度是氧转移过程的控制速度。

在气膜中，氧分子的传递动力很小，气相主体与界面之间的氧分压差值 pg－pi 很低，一般可以认为两者大致相等。这样，界面处的溶解氧浓度值，是在氧分压为 pg 条件下的溶解氧的饱和浓度值。如果气相主体中的气压为一个大气压，则 pg 就是一个大气压中的氧分压。

设液膜厚度为 x_f，则在液膜溶解氧浓度的梯度为

$$-\frac{dC}{dX} = \frac{C_s - C}{X_f} \tag{5.20}$$

代入式(5.19)，得

$$\frac{dM}{dt} = -D_L A\left(\frac{C_s - C}{X_f}\right) \tag{5.21}$$

式中 $\frac{dM}{dt}$—— 氧传递率，kg_2/h；

D_L—— 氧分子在液膜中的扩散系数，m^2/h；

A—— 气、液两相接触界面面积，m^2；

$\frac{C_s-C}{X_f}$—— 在液膜内溶解氧的浓度梯度，kg/(m³ · m)。

设液相主体的容积为 V(m³)，并用其除以上式，则得

$$\frac{dC}{dt}=K_L\frac{A}{V}(C_s-C) \tag{5.22}$$

式中　$\frac{dC}{dt}$—— 液相主体中溶解氧浓度变化速度（或氧转移速度），kg/(m³ · h)；

K_L—— 液膜中氧分压传质系数，m/h。

由于 A 值难测，采用总转移系数 K_{La} 代替 $K_L\frac{A}{V}$，所以式(5.22)改写为

$$\frac{dC}{dt}=K_{La}(C_s-C) \tag{5.23}$$

式中　K_{La}—— 氧总转移系数，此值表示在曝气过程中氧的总传递性，当传递过程中阻力大，则 K_{La} 值低，反之则 K_{La} 值高。

K_{La} 值的倒数的单位为小时(h)，它所表示的是曝气池中溶解氧浓度从 C 提高到 C_s 所需要的时间。当 K_{La} 值低时，混合液内溶解氧浓度从 C 提高到 C_s 所需时间长，说明氧传递速度慢，反之，则氧的传递速度快，所需时间短。

由此可见，可通过以下途径缩短传氧时间：

① 提高 K_{La} 值。这样需要加强液相主体的紊流程度，降低液膜厚度，加速气、液界面的更新，增大气、液接触面积等。

② 提高 C_s 值。提高气相中的氧分压，如采用纯氧曝气等。

5.3.1.3　影响氧转移的因素

1. 污水水质

污水中含有各种杂质，它们对氧的转移产生一定的影响。特别是某些表面活性物质，如短链脂肪酸和乙醇等，这类物质的分子属两亲分子（极性端亲水、非极性端疏水）。它们将聚集在气液界面上，形成一层分子膜，将阻碍氧分子的扩散转移，总转移系数 K_{La} 值将下降，为此引入一个小于 1 的修正系数。

$$\alpha=\frac{\text{污水中的 }K'_{La}}{\text{清水中的 }K_{La}} \tag{5.24}$$

由于在污水中含有盐类，因此，氧在水中的饱和度也受水质的影响，对此，引入另一数值小于 1 的系数予以修正。

$$\beta=\frac{\text{污水中的 }C'_s}{\text{清水中的 }C_s} \tag{5.25}$$

上述的修正系数值，均可通过对污水、清水的曝气充氧试验予以测定。

列斯特(Lister)和蒲恩(Boon)于 1973 年对处理城市污水的推流式曝气池进行了测定，得出池首端的修正系数 α 为 0.3，末端为 0.8。表 5.5 所列举的是斯图肯普(Stuken beng)等人于 1977 年对处理城市污水的完全混合曝气池进行测定所取得的 α 及 β 值。

表 5.5 修正系数 α 及 β 值（斯图肯普测定值）

耗氧速度 /($mg \cdot L^{-1} \cdot h^{-1}$)	温度 /℃	α	$\beta \cdot C_s$/($mg \cdot L^{-1}$)
40	19.8	0.89	7.9
41	19.8	0.86	7.9
36	19.8	0.85	7.9
40	18.7	0.77	8.2
43	19.0	0.90	8.2
48	19.4	0.89	8.1
56	19.0	0.93	8.0
50	19.5	0.93	8.0
64	20.5	0.90	7.9
59	20.6	0.94	7.9
52	19.3	0.84	8.0
53	20.0	0.99	7.9

2. 水温

水温对氧的转移影响较大，水温上升，水的黏滞性降低，扩散系数便提高，液膜厚度随之降低，K_{La} 值增高，反之，则 K_{La} 值降低，其间的关系式为

$$K_{La(T)} = K_{La(20)} \cdot 1.024^{(T-20)} \tag{5.26}$$

式中 $K_{La(T)}$—— 水温为 T ℃ 时的氧总转移系数；

$K_{La(20)}$—— 水温为 20 ℃ 时的氧总转移系数；

T—— 设计温度；

1.024—— 温度系数。

水温对溶解氧饱和度 C_s 值也有影响，C_s 值因温度上升而降低（见附录 1）。K_{La} 值因温度上升而增大，但液相中氧的浓度梯度却有所降低。因此，水温对氧转移有两种相反的影响，但并不两相抵消。总的来说，水温降低有利于氧的转移。

在运行正常的曝气池内，当混合液在 15 ～ 30 ℃，范围内时，混合液溶解氧浓度 C 能够保持在 1.5 ～ 2.0 mg/L 左右。最不利的情况将出现在温度为 30 ～ 35 ℃ 的盛夏时节。

3. 氧分压

C_s 值受氧分压或气压的影响。气压降低，C_s 值也随之下降，反之则提高。因此，在气压不是 1.013×10^5 Pa 的地区，C 值应乘以如下的压力修正系数

$$p = \frac{\text{所在地区的实际气压(Pa)}}{1.013 \times 10^5} \tag{5.27}$$

对鼓风曝气池，安装在池底的空气扩散装置出口处的氧分压最大，C_s 值也最大。但随气泡上升到水面，气体压力逐渐降低，降低到一个大气压，而且气泡中的一部分氧已转移到液体中，鼓风曝气池中 C_s 值应是扩散装置出口处和混合液表面两处的溶解氧饱和浓度的平均值，按下列公式计算

$$C_{sb} = C_s\left(\frac{p_b}{2.206 \times 10^5} + \frac{O_t}{42}\right) \tag{5.28}$$

式中 C_{sb}—— 鼓风曝气池内混合液溶解氧饱和度的平均值，mg/L；

C_s—— 在大气压力条件下，氧的饱和度，mg/L；

p_b—— 空气扩散装置出口处的绝对压力；

h—— 空气扩散装置的安装深度，m；

p—— 大气压力，$p = 1.013 \times 10^5$ Pa。

气泡在离开池面时，氧的百分比按下式求定

$$O_t = \frac{21(1-E_A)}{79+21(1-E_A)} 100\% \tag{5.29}$$

式中　E_A—— 空气扩散装置的氧的转移效率，一般在 6% ～ 12% 之间；

O_t—— 氧的百分比。

上述各项因素，基本是自然形成的，不宜人为地加以改变，只能通过在计算上的修正去适应它，并降低其所造成的影响。

此外还有一系列能够通过人们的行为，而使氧转移速率得以强化的因素。

氧的转移还与气泡的大小、液体的紊流程度和气泡与液体的接触时间有关。气泡粒径大小由空气扩散器的性能所决定。气泡尺寸小，则接触面 A 较大，将提高 K_{La} 值，有利于氧的转移。但气泡小且不利于紊流，对氧的转移也有不利的影响。紊流程度大，接触充分，K_{La} 值增大，氧转移速率也将有所提高。

综合上述，氧的转移速度取决于下列各项因素：气相中氧分压梯度，液相中氧的浓度梯度，气液之间的接触面积和接触时间、水温、污水的性质以及水流的紊流程度等。

当混合液中氧的浓度为零时，由于具有最大的推动力，因此氧的转移率最大。

氧从气泡中转移到液体中，逐渐使气泡周围的液膜的氧含量饱和，这样，氧的转移速度又取决于液膜的更新速度。紊流和气泡的形成、上升、破裂，全都有助于气泡液膜的更新和氧的转移。

鼓风曝气的气泡尺寸减小，气液之间接触面积增大，气泡与液体接触的时间加大也都有助于氧的转移。

5.3.2　曝气装置

5.3.2.1　曝气装置的作用

空气扩散装置也称曝气装置，是活性污泥系统至关重要的设备之一。当前广泛应用于活性污泥系统的空气扩散装置分为鼓风曝气和机械曝气两大类。

空气扩散装置在曝气池内的主要作用是：

① 充氧，将空气中的氧(或纯氧) 转移到混合液中的活性污泥絮凝体上，以供应微生物呼吸。

② 搅拌、混合，使曝气池内的混合液处在剧烈的混合状态，使活性污泥、溶解氧、污水中的有机污染物充分接触。同时，也起到防止活性污泥在曝气池内沉淀的作用。

表示空气扩散装置技术性能的主要指标有：

① 动力效率(E_P)。每消耗 1 kW · h 电能转移到混合液中的氧量，以 kg/(kW · h) 计。

② 氧的利用效率(E_A)。通过鼓风曝气转移到混合液中的氧量，占总供氧量的百分比(%)。

③ 氧的转移效率(E_L)。称为充氧能力，通过机械曝气装置的转动，在单位时间内转移到

混合液中的氧量，以 kg_2/h 计。

对鼓风曝气系统性能应按①②两项指标评定，对机械曝气装置，则按①③两项指标评定。

5.3.2.2 鼓风曝气系统与空气扩散装置

1.微气泡空气扩散装置

微气泡空气扩散装置也称为多孔性空气扩散装置，是用多孔性材料（如陶粒、粗瓷等）以适当的（如酚醛树脂一类）的黏合剂，在高温下烧结成为扩散板、扩散管及扩散罩的形式。

这一类扩散装置的主要性能特点是：产生微小气泡，气、液接触面大，氧利用率较高，一般都可达 10%以上；其缺点是：气压损失较大，易堵塞，送入的空气应预先通过过滤处理。

以下就我国通行采用的几种类型的微气泡空气扩散装置加以简要阐述。

(1)扩散板

呈正方形，尺寸多为 300 mm ×300 mm ×35 mm。

扩散板多采用如图 5.22 所示的板匣的形式安装，每个板匣有自己的进气管，便于维护管理、清洗和置换。

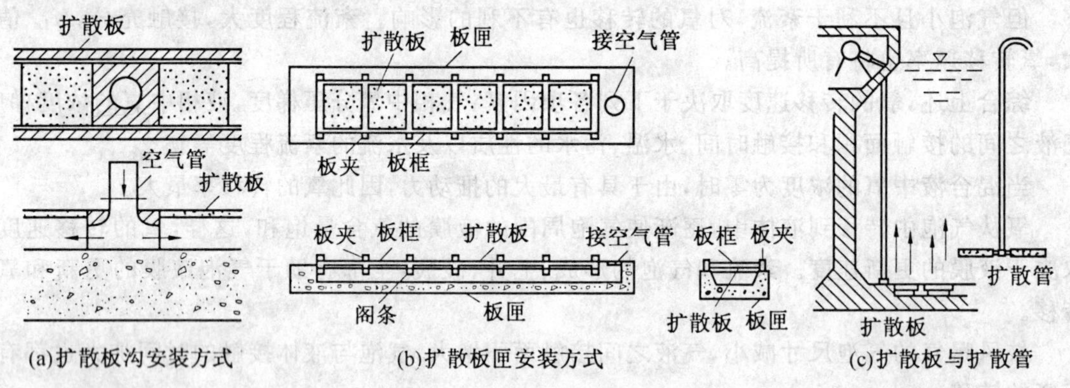

图 5.22　扩散板空气扩散装置

扩散板一般沿曝气池廊道的一侧或两侧布置安装，其有效面积应按压缩空气量计算，一般为曝气池池底面积的 $\frac{1}{9}\sim\frac{1}{15}$。当曝气池水深＜4.8 m 时，氧利用率介于 7%～14%，动力效率则为 1.8～2.5 kg/(kW · h)。

(2)扩散管

一般采用的管径为 60～100 mm，长度多为 500～600 mm。以组装形式安装，以 8～12 根管组装成一个管组，便于安装、维修，其布置形式同扩散板。

(3)固定式平板型微孔空气扩散器

如图 5.23 所示，主要组成包括：扩散板、通气螺栓、配气管、三通短管、橡胶密封圈、压盖等。

我国生产的平板型微孔空气扩散装置有 HWB－1 型、HWB－2 型和 BYW－1 型等，其主

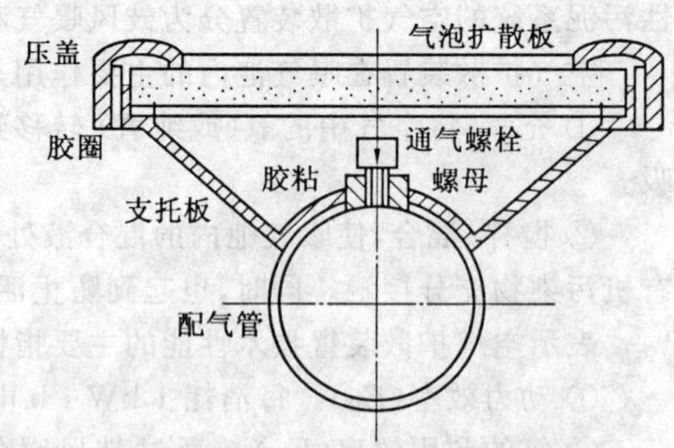

图 5.23　固定式平板型微孔空气扩散器

要各项参数：平均孔径 100～200 μm；服务面积 0.3～0.75 m^2/个；动力效率 4～6 kg/(kW·h)；氧利用率 20%～25%。

扩散器占曝气池面积系数比例为 6.5%～7.75%。

(4)固定式钟罩型微孔空气扩散器

如图 5.24 所示，目前我国生产的钟罩型微孔空气扩散器有 HWB－3 型和 BGW－1 型等，其技术参数与平板型基本相同。

上述两种微孔空气扩散器多采用刚性材料，如陶瓷、刚玉等材料制造，氧利用率和动力效率都较高，但有一些缺点，如：易被堵塞、空气需要净化等。

(5)膜片式微孔空气扩散器

由德国研究开发，称为 REXJFU 膜片式空气扩散器，其构造如图 5.25 所示。

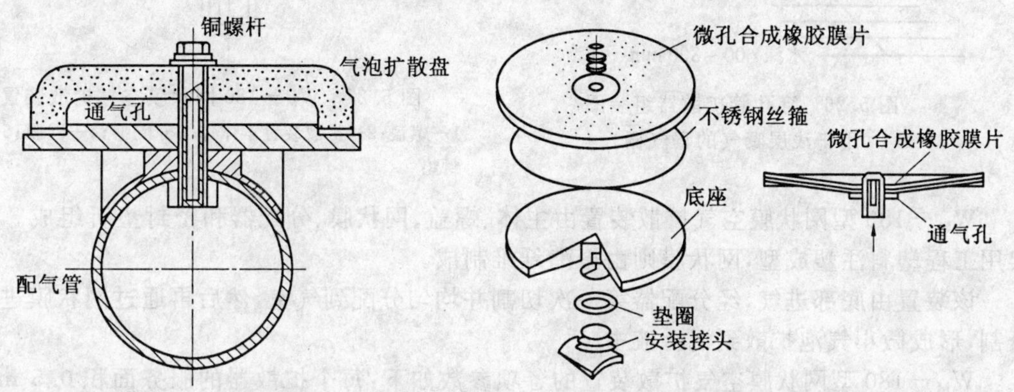

图 5.24　固定式钟罩型微孔空气扩散器　　图 5.25　膜片式微孔空气扩散器

空气扩散器的底部为由聚丙烯制成的底座，用合成橡胶并采用特殊工艺加工制成的微孔膜片，则被金属丝箍固定在底座上。在膜片上开有按同心圆形式布置的孔眼。鼓风时，空气通过底座上的通气孔，进入膜片与底座之间，使膜片微微鼓起，空气从张开的孔眼逸出，达到空气扩散的目的。供气停止，压力消失，在膜片的弹性作用下，孔眼自动闭合，并且由于水压的作用，膜片压实在底座之上。曝气池中的混合液不能倒流，不会使孔眼堵塞。这种空气扩散器可扩散出直径为 1.5～3.0 mm 的气泡，因此少量的尘埃，也可以通过孔眼，不会堵塞，也无须设除尘设备。

这种空气扩散装置，主要的技术参数有：直径 520 mm，每个装置的服务面积为 1～3 m^2 动力效率 3.4 kg/(kW·h)，氧利用率 27%～38 %。为了便于维护管理，在运行过程中，随时或定期将扩散器提出水面，加以清理，开发了提升式微孔空气扩散器。

2. 中气泡空气扩散装置

(1)穿孔管

应用较为广泛的中气泡空气扩散装置是穿孔管，由管径介于 25～50 mm 之间的钢管或塑料管制成，由计算确定，在管壁两侧向下相隔 45°角，留有直径为 3～5 mm 的孔眼或隙缝，间距 50～100 mm。空气由孔眼溢出，如图 5.26 所示。

这种扩散装置构造简单，不易堵塞且阻力很小，但氧的利用率较低，只有 4%～6%左右，动力效率亦低，约 1 kg/(kW·h)。

穿孔管扩散器多组装成栅格型，一般多用于浅层曝气曝气池。

(2)W_M－180 网状膜空气扩散装置

近年来，国内某些设计单位研制、生产出几种属于中气泡的空气扩散装置。这些装置的特点是：不易堵塞，布气均匀，构造简单，便于维护管理，氧的利用率较高，W_M－180 型网状膜空气扩散装置即为其中具有代表性的产品，如图 5.27 所示。

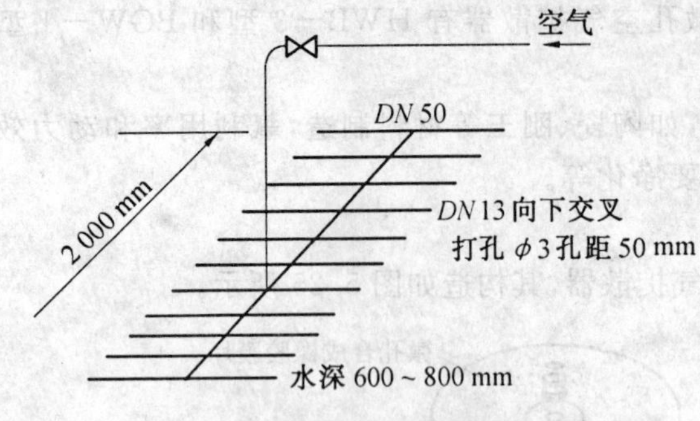

图 5.26 穿孔管扩散器组装图
（用于浅层曝气的曝气栅）

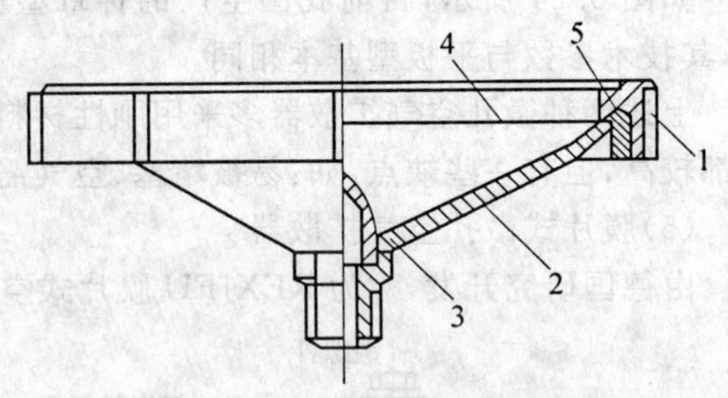

图 5.27 W_M－180 网状膜空气扩散装置
1—螺盖；2—扩散装置本体；3—分配器；4—网膜；5—密封垫

W_M－180 型网状膜空气扩散装置由主体、螺盖、网状膜、分配器和密封垫所组成。主体骨架用工程塑料注塑成型，网状膜则由聚酯纤维制成。

该装置由底部进气，经分配器第一次切割并均匀分配到气室，然后再通过网状膜进行二次分割，形成微小气泡扩散到混合液中。

W_M－180 型网状膜空气扩散装置的各项参数如下：每个扩散器的服务面积 0.5 m^2；动力效率 2.7～3.7 kg/(kW · h)；氧利用率 12%～15%。

3. 水力剪切式空气扩散装置

利用装置本身的构造特征，产生的水力剪切作用，在空气从装置吹出之前，将大气泡切割成小气泡。在我国通用的属于此种类型的空气扩散装置有：倒盆式空气扩散装置、固定螺旋式空气扩散装置和金山型空气扩散装置等。

(1)倒盆式空气扩散装置

倒盆式空气扩散装置由盆形塑料壳体、橡胶板、塑料螺杆及压盖等组成。空气由上部进气管进入，由盆形壳体和橡胶板的缝隙向周边喷出，在水力剪切的作用下，空气泡被剪切成小气泡。停止供气，借助橡胶板的回弹力，使缝隙自行封口，防止混合液倒灌。

(2)固定螺旋式空气扩散装置

由圆形外壳和固定在壳体内部的螺旋叶片所组成，每个螺旋叶片的旋转角为 180°，两个相邻叶片的旋转方向相反。空气由布气管从底部的布气孔进入装置内，向上流动，由于壳体内外混合液的密度差，而产生提升作用，使混合液在壳体内外不断循环流动。空气泡在上升过程中，被螺旋叶片反复切割，形成微小气泡。

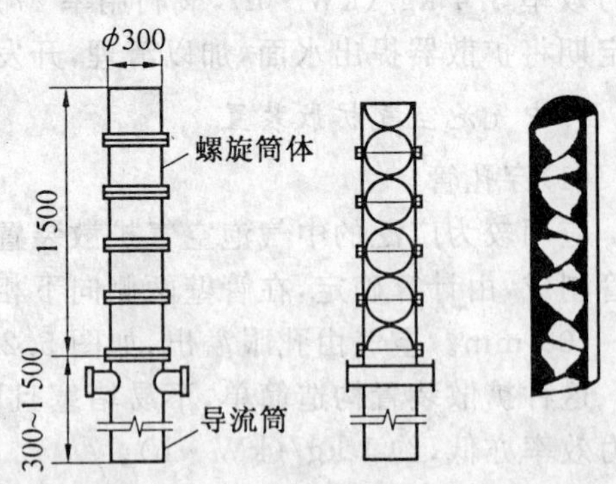

图 5.28 固定式单螺旋空气扩散装置

当前厂家生产、市场出售的固定螺旋式空气扩散装置有：固定单螺旋、固定双螺旋及固定三螺旋等 3 种空气扩散装置，其构造分别示于图 5.28、图

5.29 及图 5.30 中。

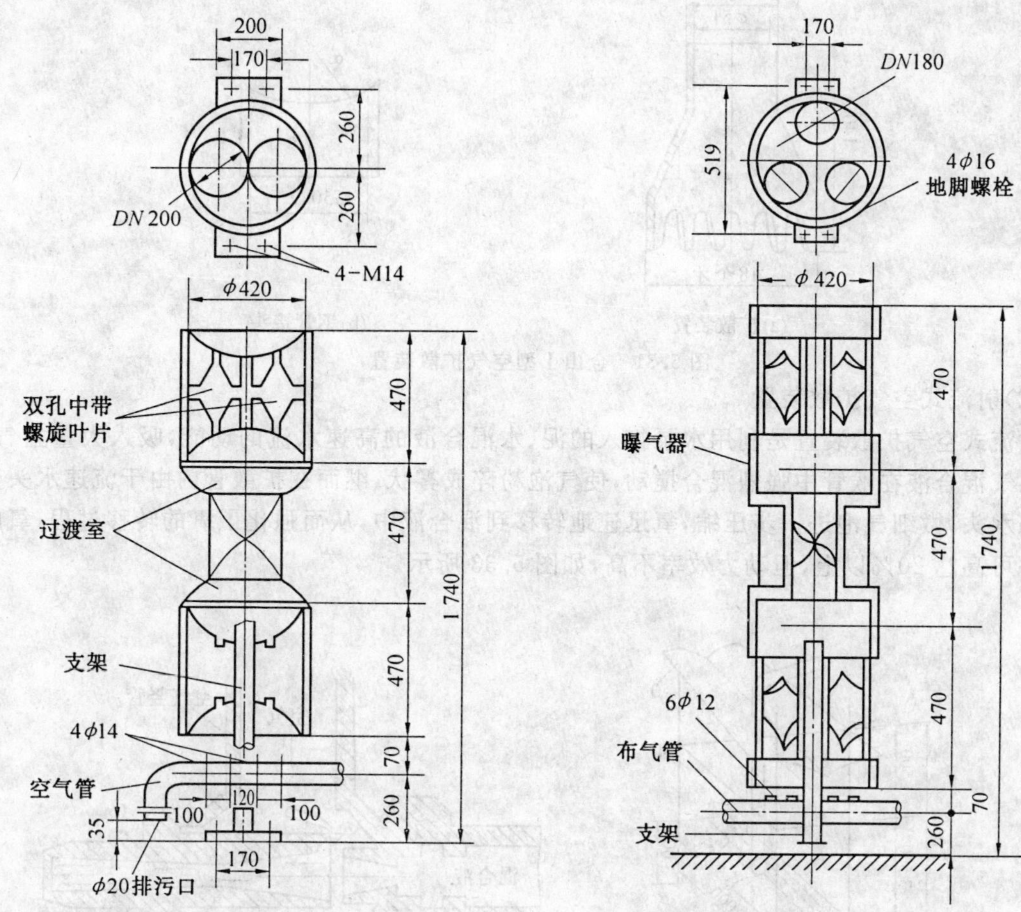

图 5.29　固定双螺旋空气扩散装置　　图 5.30　固定三螺旋空气扩散装置

(3)金山Ⅰ型空气扩散装置

金山Ⅰ空气扩散装置在外形上呈圆锥形倒莲花状，由高压聚乙烯注塑成型。空气由上部连接管进入，被内壁肋剪切，形成小气泡，提高了氧的转移率。

本扩散装置，构造简单，便于维护管理，但氧利用率较低，适用于中、小型污水处理厂，其各项技术参数主要是：每个扩散器的服务面积 1 m^2，氧利用率 8%左右，每个扩散装置的充氧能力为 0.41 kg/(kW·h)，如图 5.31 所示。

4. 水力冲击式空气扩散装置

在我国现行的属于水力冲击式空气扩散装置的有：密集多喷嘴空气扩散装置和射流式空气扩散装置两种。

(1)密集多喷嘴空气扩散装置

如图 5.32 所示，本装置由钢板焊接制成，外形呈长方形，主要部件有：进水管、喷嘴、曝气筒和反射板等。喷嘴安设在曝气筒的中、下部，空气由喷嘴向上喷出，使曝气筒内混合液上、下地循环流动。喷嘴的直径一般为 5～100 mm，数目可达数百个，出口流速为 80～100 m/s。

密集多喷嘴空气扩散装置氧的利用率较高，且不易堵塞。

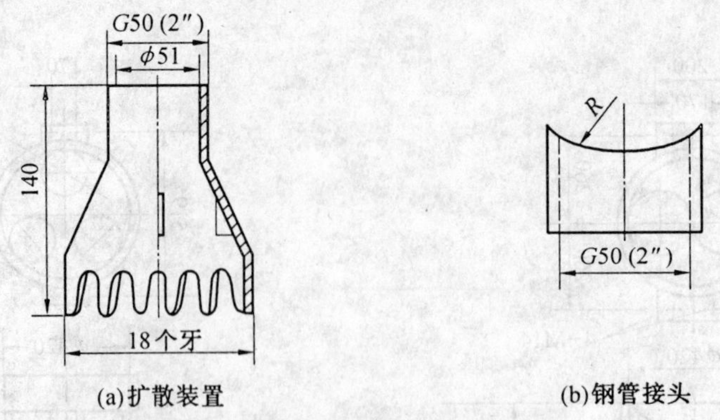

(a)扩散装置 (b)钢管接头

图 5.31 金山Ⅰ型空气扩散装置

(2)射流式空气扩散装置

射流式空气扩散装置是利用水泵打入的泥、水混合液的高速水流的动能，吸入大量空气，泥、水、气混合液在喉管中强烈混合搅动，使气泡粉碎成雾状，继而在扩散管内由于流速水头变成压强水头，微细气泡进一步压缩，氧迅速地转移到混合液中，从而强化了氧的转移过程，氧的转移率可高达20%以上，但动力效率不高，如图5.33所示。

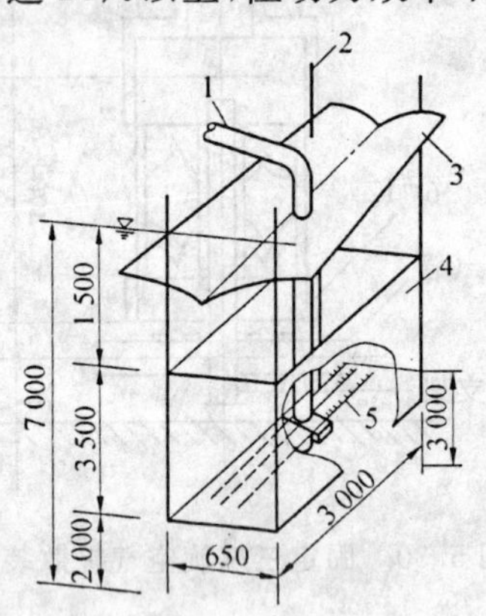

图 5.32 密集多喷嘴空气扩散装置轴侧图

1—空气管；2—支柱接工作台；3—反射板；4—曝气筒；5—喷嘴

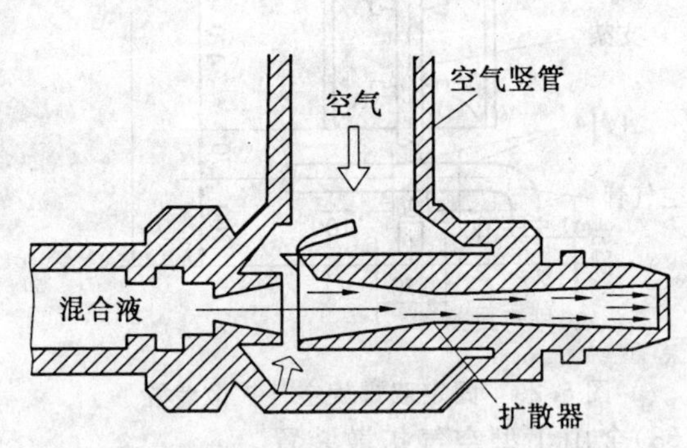

图 5.33 射流式水力冲击式空气扩散装置

5. 水下空气扩散装置

水下空气扩散装置又称水下曝气器。装置安装在曝气池底部的中央部位。由空压机送入空气，在叶轮的剪切及强烈的紊流作用下，空气被切割成微细的气泡，并按放射方向向水中分布。由于紊流强烈、气液接触充分，气泡分散良好，氧转移率较高。

根据污水从装置中流出的方向，这种装置分为上流式和下流式两种类型。图5.34所示为上流式，图5.35所示则为下流式。

这种类型的空气扩散装置具有以下特征：

①无堵塞之虑；

②既可用于充氧曝气，也可以用于污水搅拌，因此，可兼用于好氧处理和厌氧处理系统；

③对负荷变动有一定的适应性；

④可以在确定的范围内，调节空气量。

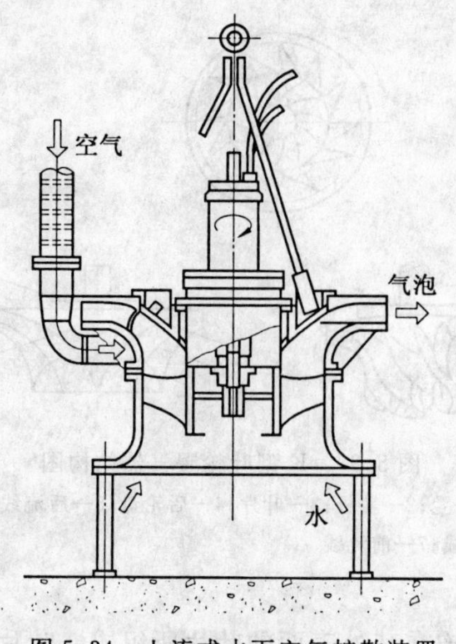

图5.34　上流式水下空气扩散装置

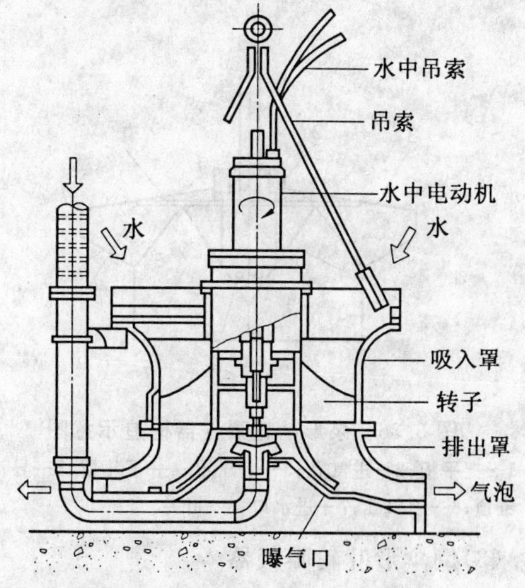

图5.35　下流式水下空气扩散装置

5.3.2.3　机械曝气装置

机械曝气装置安装在曝气池水面上、下，在动力的驱动下进行转动，通过下列3项作用使空气中的氧转移到污水中去：

①曝气装置(曝气器)转动，水面上的污水不断地以水幕状由曝气器周边抛向四周，形成水跃，液面呈剧烈的搅动状，使空气卷入；

②曝气器转动，具有提升液体的作用，使混合液连续地上、下循环流动，气、液接触界面不断更新，不断地使空气中的氧向液体转移；

③曝气器转动，其后侧形成负压区，能吸入部分空气。

按传动轴的安装方向，机械曝气器可分为竖轴(纵轴)式机械曝气器和卧轴(横轴)式机械曝气器两类。

1.竖轴式机械曝气器

竖轴式机械曝气器在我国应用比较广泛。常用的有泵形、K型、倒伞形和平板形等4种，现就其构造、工艺特征、计算方法等加以阐述。

(1)泵形叶轮曝气器

泵形叶轮曝气器是由叶片、上平板、上压罩、下压罩、导流锥顶以及进气孔、进水口等部件所组成的。图5.36所示为其构造示意图。

(2)K型叶轮曝气器

由后轮盘、叶片、盖板及法兰所组成，后轮盘呈流线型，与若干双曲率叶片相交成液流孔道，孔道从始端至末端旋转90°。后轮盘端部外缘与盖板相接，盖板大于后轮盘和叶片，其外伸部分和各叶片的上部形成压水罩，如图5.37所示。

K型叶轮的最佳运行线速度在4.0 m/s左右，浸没度(水面距叶轮出水口上边缘间的距离)为0～1 cm。叶轮直径与曝气池直径或正方形边长之比大致为1∶6～1∶10。

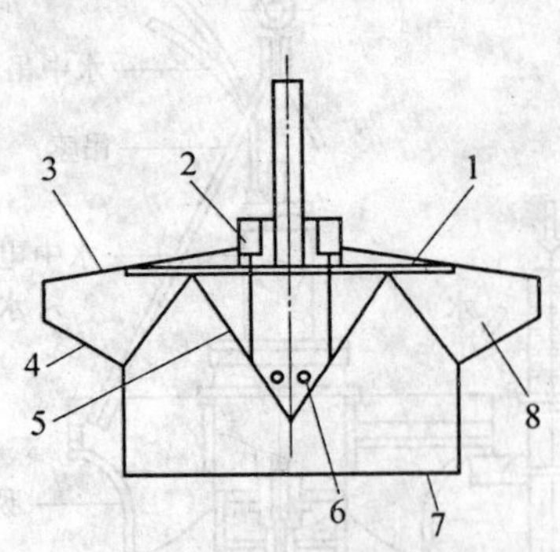

图 5.36 泵形叶轮曝气器构造示意图

1—上平板；2—进气孔；3—上压罩；4—下压罩；5—导流锥顶；6—引气孔；7—进水口；8—叶片

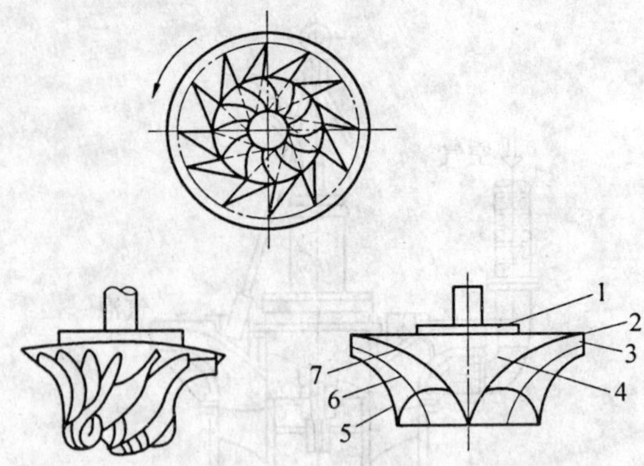

图 5.37 K 型叶轮曝气器结构图

1—法兰；2—盖板；3—叶片；4—后轮盘；5—后流线；6—中流线；7—前流线

(3)倒伞形叶轮曝气器

如图 5.38 所示，倒伞形叶轮曝气器由圆锥体及连在其外表面的叶片所组成。叶片的末端在圆锥体底边沿水平伸展出一小段，使叶轮旋转时甩出的水幕与池中水面相接触，从而扩大了叶轮的充氧、混合的作用。为了提高充氧量，某些倒伞形叶轮在锥体上邻近叶片的后部钻有进气孔。

倒伞形叶轮曝气器构造简单，易于加工。倒伞形叶轮转速在 30～60 r/min 之间，动力效率为 2.13～2.44 kg/(kW·h)。目前国内最大的倒伞形叶轮直径为 3 000 mm，转速为 33.5 r/min，叶轮外缘线速度为 5.25 m/s。

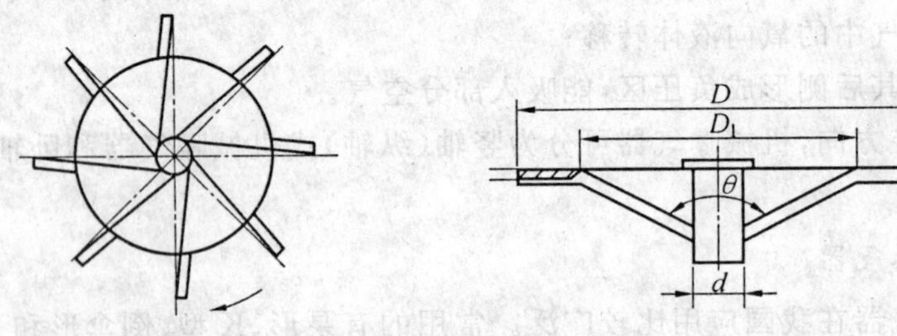

图 5.38 倒伞形叶轮结构

(4)平板形叶轮曝气器

由平板、叶片和法兰构成。叶片与平板半径的角度一般在 0～25°之间，最佳角度为 12°。平板形叶轮曝气器构造简单，制造方便，不堵塞。

图 5.39 所示为改进型平板叶轮曝气器构造图。

2.卧轴式机械曝气器

现在应用的卧轴式机械曝气器主要是转刷曝气器。

转刷曝气器主要用于氧化沟，它具有负荷调节方便、维护管理容易、动力效率比较高等优点。

转刷曝气器由水平转轴和固定在轴上的叶片所组成，转轴带动叶片转动，搅动水面溅成水花，空气中的氧通过气液界面转移到水中。

图 5.40 所示为转刷曝气器的一种，应用较多，其特点是：将位于同一圆周上的转刷叶片用螺栓连接成为一个整圆，在螺栓的作用下，转刷叶片紧紧地夹住转轴，并传递转矩。

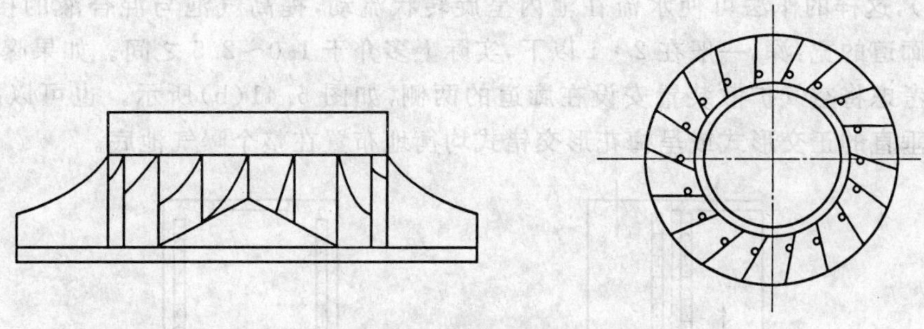

图 5.39　改进型平板叶轮曝气器构造图

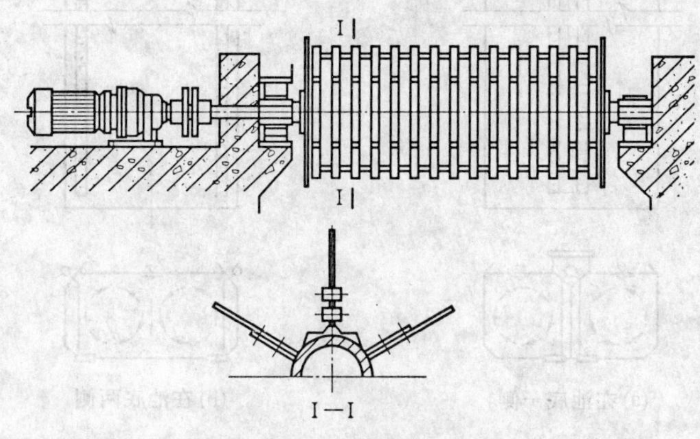

图 5.40　转刷曝气器

5.3.3　曝气池分类

曝气池是活性污泥系统的核心设备，是活性污泥反应器。活性污泥系统的净化效果，在很大程度上取决于曝气池的功能是否能够正常发挥。

曝气池从以下几方面分类：

①从混合液流动形态方面，曝气池分为推流式、完全混合式和循环混合式 3 种；

②从平面形状方面，可分为长方廊道形、方形、圆形以及环状跑道形等 4 种；

③从采用的曝气方法方面，可分为鼓风曝气池、机械曝气池以及两者联合使用的机械一鼓风曝气池。

④从曝气池与二次沉淀池之间的关系来分，可分为曝气一沉淀池合建式和分建式两种。

本节分类是按照混合液流动形态进行分类，并对各种类型曝气池的工艺与构造特征进行阐述。

5.3.3.1　推流式曝气池

推流式曝气池呈长方廊道形。所谓推流，就是污水(混合液)从池的一端流入，在后继水流的推动下，沿池长度流动，并从池的另一端流出池外。对这种类型曝气池，在工艺、构造等方面，应考虑下列各项问题。

1. 曝气系统与空气扩散装置

推流式曝气池多采用鼓风曝气系统，但也可以考虑采用表面机械曝气装置。

采用鼓风曝气系统时，传统的作法是将空气扩散装置安装在曝气池廊道底部的一侧(参见

图 5.41(a)),这样的作法可使水流在池内呈旋转状流动,提高气泡与混合液的接触时间,对此,曝气池廊道的宽:深,一般在 2∶1 以下,实际上多介于 1.0～2.5 之间。如果曝气池的宽度较大,则应考虑将空气扩散装置安设在廊道的两侧,如图 5.41(b)所示。也可以按一定的形式,如相互垂直的正交形式或呈梅花形交错式均衡地布置在整个曝气池底。

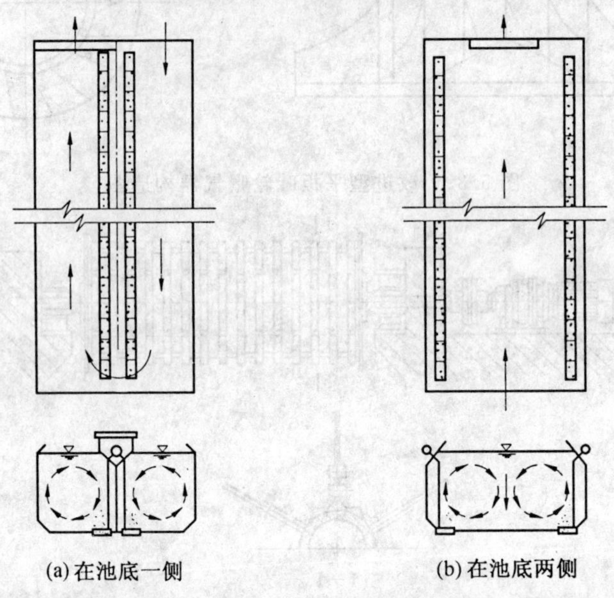

图 5.41　推流式鼓风曝气池空气扩散装置布置形式与水流在横断面的流态

采用表面机械曝气装置时,则沿池长在池中线每隔一定距离设置一台曝气装置,其间距则取决于每台曝气装置的服务面积。

采用表面机械曝气装置时,混合液在曝气池内的流态,就每台曝气装置的服务面积来讲是完全混合,但就整体的廊道而言又属于推流。在这种情况下,相邻两台曝气装置的旋转方向应相反,如图 5.42 所示,否则两台装置之间的水流相互冲突,可能形成短路。

如果沿曝气池廊道的长度,按每台曝气装置的服务面积来设隔墙,将曝气池分为若干曝气室,如图 5.43 所示,则每个曝气室内的混合液都保持着独立的完全混合流态,而与相邻曝气室的水流相互无干扰,在这种情况下,曝气装置都可以保持相同的转向。

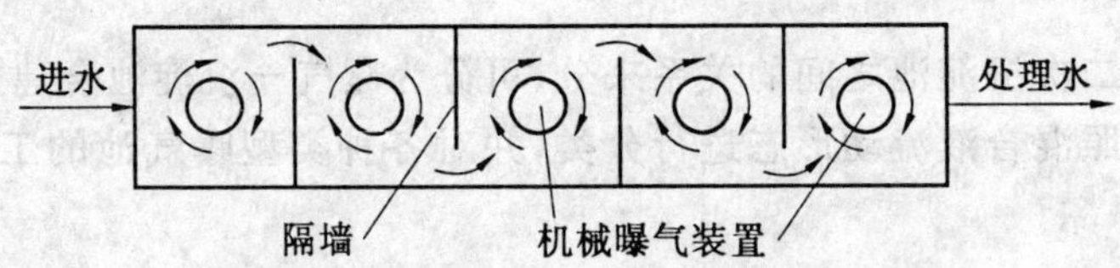

图 5.42　采用表面曝气装置的推流式曝气池

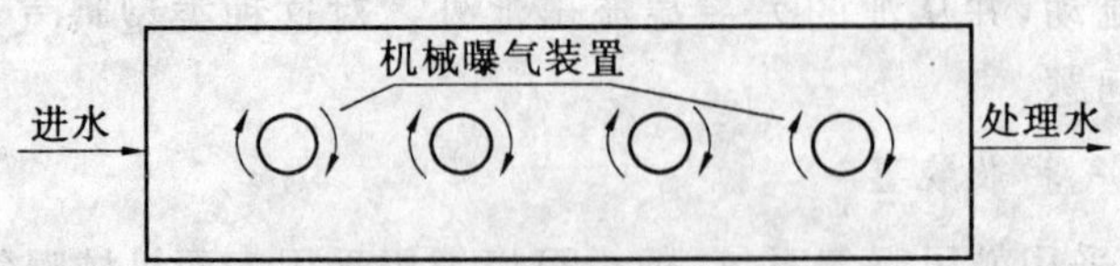

图 5.43　设置隔墙的采用表面曝气装置的推流式曝气池

2. 曝气池的数目及廊道的排列与组合

曝气池的数目随污水处理厂的规模而定，一般在结构上分成若干单元，每个单元包括一座或几座曝气池，每座曝气池常由 1 个廊道或 2～5 个廊道组成，如图 5.44 所示。当廊道数为单数时，污水的进、出口分别位于曝气池的两端。而当廊道数为双数时，则位于廊道的同一侧。

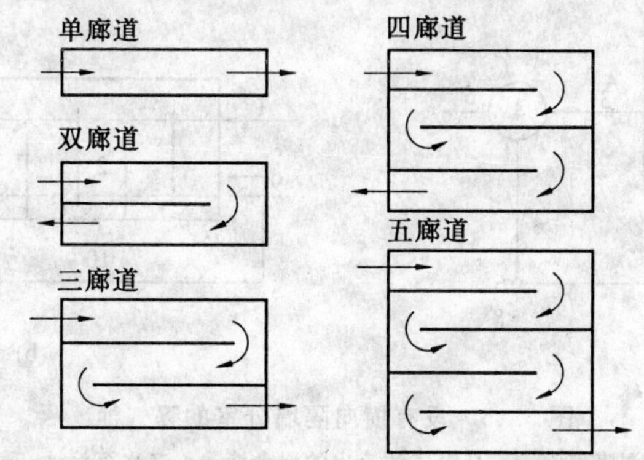

图 5.44　曝气池的廊道组合

3. 曝气池廊道的长度、宽度和深度

曝气池廊道的长度，主要根据污水处理厂所在地址的地形条件与总体布置而定。在水流运动方面则应考虑不产生短流，就此，长度可达 100 m，但以 50～70 m 之间为宜。

长度(L)与池宽度(B)之间以保持下列关系为宜：

$$L \geqslant (5 \sim 10)B \tag{5.30}$$

当空气扩散装置安设在廊道底部的一侧时，池宽度与池深度(H)之间宜于保持下列关系

$$B = (1 \sim 2)H \tag{5.31}$$

在确定曝气池的深度时，应考虑氧的利用效率，此外，池的深度与造价及动力费用密切相关。池深大，有利于氧的利用，但造价与动力费用都将有所提高。反之，造价及运行费用降低，但氧的利用率也将降低。

除此之外，还应考虑土建结构和曝气池的功能要求、允许占用的土地面积、能够购置到的空压机所具有的压力等因素。

综上所述，推流式曝气池的深度必须综合考虑上述因素，并进行经济、技术比较后确定。

当前我国对推流式曝气池采用的深度多为 3～5 m。

4. 在曝气池内设横向隔墙分室

在曝气池内沿其长度设若干横向隔墙，将曝气池分为若干个小室，混合液逐室串联流动，混合液在每个小室内呈完全混合式流态，而从曝气池整体来看则是推流式流态。

采取这种技术措施能够产生以下效益：

①消除混合液在曝气池内的纵向混合，并使混合液在曝气池的整体内形成真正的推流流态；

②消除水流的死角；

③处理水水质稳定。

横向隔墙设置方式有两种:①第一室隔墙的一端紧靠池壁,另一端则与池壁之间留有一定的间距,逐室交替,混合液在室内除完全混合外,还呈横向流动,如图 5.45(a)所示。②第一室的隔墙上端高出水面,下端则与池底之间留有间距,第二室下端紧接池底,上端在水位之下,以后逐室交替,最后的小室必须是由底部出水,如图 5.45(b)所示,混合液在小室内,除完全混合外,还呈上、下流流动。

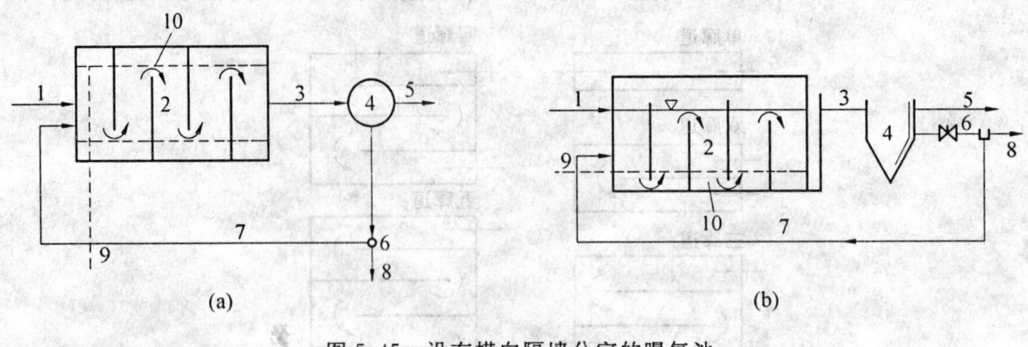

(a)　　(b)

图 5.45　设有横向隔墙分室的曝气池

1—处理后的污水;2—活性污泥曝气池;3—从曝气池流出的混合液;4—二次沉淀池;5—处理水;6—污泥泵站;7—回流污泥系统;8—剩余污泥排出;9—来自空压机站的空气;10—曝气系统及空气扩散装置

5.曝气池的顶部与底部

为了使混合液在池内的旋转流动能够减少阻力,并避免形成死角,将廊道横剖面的 4 个角(墙顶与墙脚)作成 45°斜面。

在曝气池水面以上应在墙面上应考虑 0.5 m 的超高。在池顶部隔墙上可考虑建成渠道状,此渠道可作为配水渠道使用,也可以充作空气干管的管沟,渠道上安设盖板,作为人行道。在池底部应考虑排空措施,按纵向留 0.2%左右的坡度,并设直径为 80～100 mm 放空管。此外,考虑在活性污泥培养、驯化时周期排放上清液的要求,在距池底一定距离处(根据具体情况拟定)设 2～3 根排水管,管径也是 80～100 mm。

6.曝气池的进水、进泥与出水设备

推流式曝气池的进水口与进泥口均设于水下,采用淹没出流的方式,以免形成短路,并设闸门,以调节流量,如图 5.46 所示。

推流式曝气池的出水,一般都采用溢流堰的方式,处理水流过堰顶,溢流流入排水渠道。

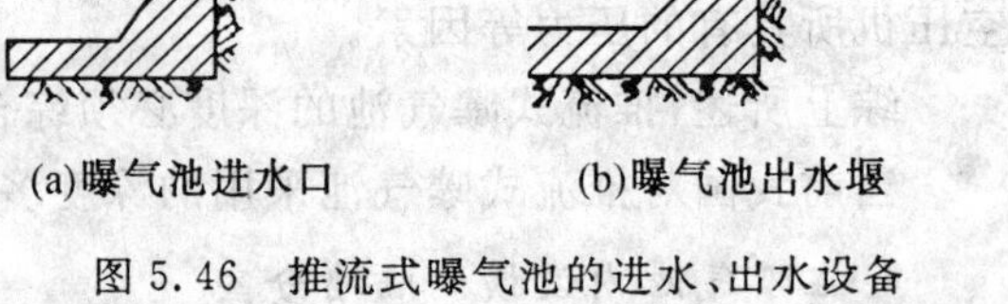

(a)曝气池进水口　　(b)曝气池出水堰

图 5.46　推流式曝气池的进水、出水设备

5.3.3.2　完全混合式曝气池

完全混合式曝气池多采用表面机械曝气装置。

在完全混合曝气池中应当首推合建式完全混合曝气沉淀池,简称曝气沉淀池。其主要特点是:曝气反应与沉淀固液分离在同一的处理构筑物内完成。

曝气沉淀池有多种结构形式,图 5.47 所示形式为在我国从 20 世纪 70 年代广泛使用的一种形式。曝气沉淀池在表面上多呈圆形,方形或多边形很少见 。

从图 5.47 可见，曝气沉淀池是由曝气区、导流区和沉淀区 3 部分组成的。

(1)曝气区

考虑到表面机械曝气装置的提升能力，深度一般在 4 m 以内为宜。曝气装置设于池顶部中央，并深入水下某一深度。污水从池底部进入，并立即与池内原有混合液完全混合，并与从沉淀区回流缝回流的活性污泥充分混合、接触。经过曝气反应后的污水从位于顶部四周的回流窗流出并流进导流区。回流窗的大小可以调节，以调节流量。

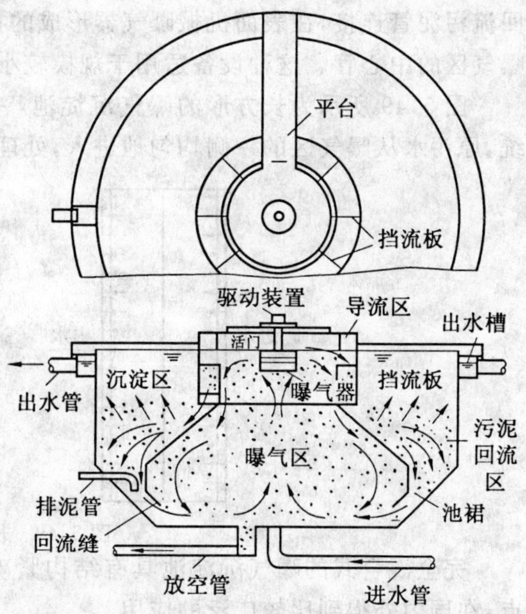

图 5.47　圆形曝气沉淀池剖面示意图

(2)导流区

位于曝气区与沉淀区之间，其宽度通过计算确定，一般在 0.6 左右，内设竖向整流板，其作用是阻止从回流窗流入的水流在惯性作用下的旋流，并释放混合液中的气泡，使水流平稳地进入沉淀区，并同时为固液分离创造良好条件。流区的高度在 1. 5 m 以上。

(3)沉淀区

位于导流区和曝气区的外侧，其功能是泥水分离，上部为澄清区，下部为污泥区。澄清区的深度不宜小于 1.5 m，污泥区的容积一般能保证不小于 2 h 的存泥量。澄清的处理水沿设于四周的出流堰流出进入排水槽，出流堰多采用锯齿状的三角堰。

污泥通过回流缝回流到曝气区，回流缝一般宽在 0.15～0 .20 m。在回流缝上侧设池裙，以避免死角。

在污泥区的一定深度设排泥管，以排出剩余污泥。如图 5.48 所示为表面为方形的曝气沉淀池，在曝气池内设中心管，表面机械曝气器设于中心管上侧，在它的转动作用下，混合液在中心管内呈上升流，并从上外溢，在池内形成循环流，处理水经设于上侧的出水管进入沉淀区的中心管，混合液由中心管下部溢出进行沉淀固液分离。在污泥沉淀区与曝气区中心管之间有

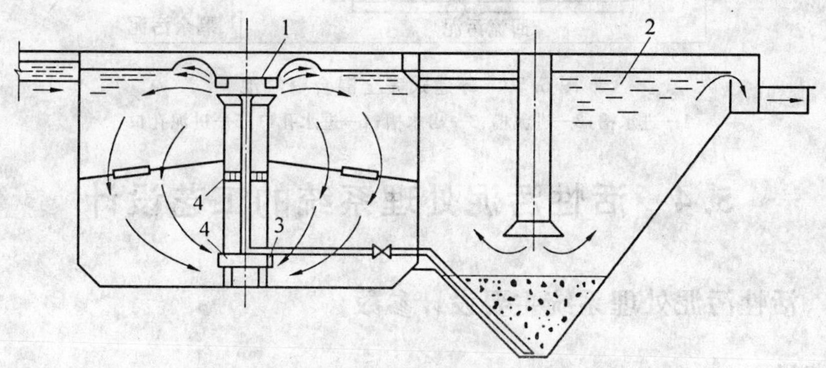

图 5.48　方形曝气沉淀池

1—曝气区；2—沉淀区；3—抽吸回流污泥管；4—污水进水窗

回流污泥管连接，在表面机械曝气器形成的抽升力的作用下，回流污泥被抽升与污水同步进入曝气区的中心管。这种设备适用于规模较小的污水处理站。

图 5.49 所示为长方形的曝气沉淀池，一侧为曝气区，另一侧为沉淀区，采用鼓风曝气系统，原污水从曝气区的一侧均匀地进入，处理水均匀地从沉淀区溢出。

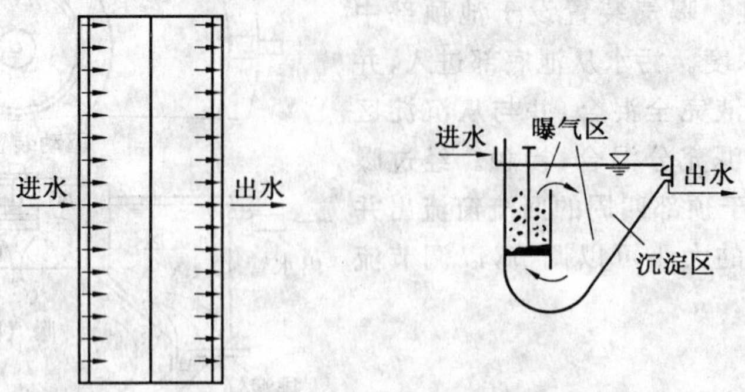

图 5.49　长方形曝气沉淀池

完全混合式的曝气沉淀池具有结构紧凑、流程短、占地少、无需回流设备、易于管理等优点，在国内外得到比较广泛的应用。

曝气沉淀池的沉淀区在构造上具有一定的局限性，泥水分离、污泥浓缩以及污泥回流等环节还存在一些尚待解决的问题。在实践中，还有与沉淀池分建的完全混合曝气池，如图 5.50 所示，曝气池采用表面机械曝气装置。将曝气池分为一系列相互衔接的方形单元，每个单元设一台表面机械曝气装置。污水与回流污泥沿曝气池池长均匀进入，并均匀地排出混合液进入二次沉淀池，但需设污泥回流系统。

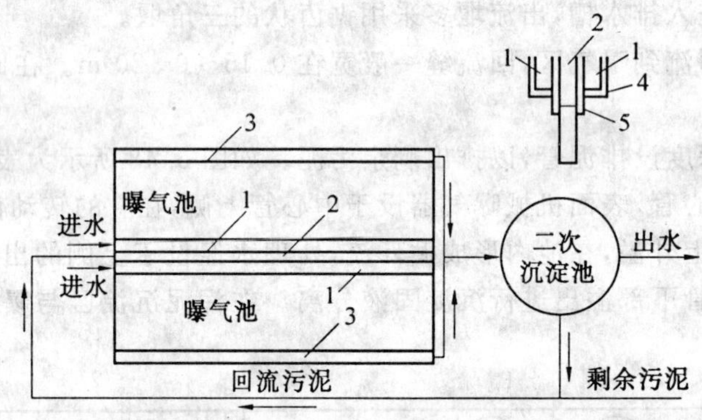

图 5.50　分建式完全混合曝气池

1—进水槽；2—进泥槽；3—出水槽；4—进水孔口；5—进泥孔口

5.4　活性污泥处理系统的工艺设计

5.4.1　活性污泥处理系统主要设计参数

1. 设计步骤

活性污泥处理系统是由曝气池、曝气系统、污泥回流系统、二次沉淀池等单元组成的。它的工艺计算与设计主要包括下列几方面内容：

①选定工艺流程，曝气池(区)容积的计算及曝气池的工艺设计；

②计算需氧量、供气量以及曝气系统计算与设计；

③计算回流污泥量、剩余污泥量与污泥回流系统的设计；

④二沉池池型的选择与工艺计算、设计。

2. 原始资料与数据

进行活性污泥处理系统的计算与设计，首先应比较充分地掌握与污水、污泥有关的原始资料与数据，其中主要有：

①应处理的原污水的日平均流量(m^3/d)，最大时流量(m^3/h)、最低时流量(m^3/h)，当曝气池的设计水力停留时间在 6 h 以上时，可以考虑以平均日流量作为曝气池的设计流量。当水力停留时间较短时，如 2 h 左右，则应以最大时流量作为曝气池的设计流量。

②原污水和经一级处理工艺处理后的主要各项水质指标：

BOD_5，BOD(溶解性、悬浮性)；

COD(溶解性、悬浮性)；

SS(非挥发性、挥发性)；

总固体(溶解性、非溶解性)；

总氮(有机氮、游离氮、硝酸氮、亚硝酸氮、氨氮)。

处理水的出路及各项指标应达到的数值，其中主要是 BOD 和 COD 的去除率及处理水浓度。

对所产生的污泥的处理与处置的要求：原污水中所含有的有毒有害物质、浓度，微生物对其有无驯化的可能。

3. 应确定的主要各项参数

进行活性污泥法系统的工艺设计，应确定的主要设计参数有：

①BOD 污泥负荷率(COD 污泥负荷率)；

②混合液污泥浓度(MLSS、MLVSS)；

③污泥回流比。

为此，相应地应掌握下列各项资料与数据：

①BOD 污泥负荷率(COD 污泥负荷率)与处理效果以及处理水 BOD 值(COD 值)之间的关系，确定 K_2 值；

②BOD 污泥负荷率(COD 污泥负荷率)与污泥沉降、浓缩性能的关系，确定 SV(%)与 SVI 值；

③BOD 污泥负荷率(COD 污泥负荷率)与污泥增长率的关系，及确定 Y 及 K_d 值(即 a 及 b 值)；

④BOD 污泥负荷率(COD 污泥负荷率)与需氧量、需氧率之间的关系，确定 a' 及 b' 值。

以生活污水为主体的城市污水，对上述各项原始资料、数据和主要设计参数，已比较成熟，可以直接取用于设计。但是对工业废水所占比重较大的城市污水，则应通过实验和现场实测以确定其各项设计参数。

4. 确定处理工艺流程

上述各项原始资料也是处理工艺流程确定的主要根据。此外，还要综合考虑现场的地理位置、地区条件、气候条件以及施工水平等客观因素，综合分析本工艺在技术上的可行性和先进性以及经济上的合理性等。

对那些工程量较大，投资额较高的工程，需要进行多种工艺流程方案的比较，以期使所确定的工艺系统是优化的。

在我国当前社会主义市场经济体制下，对工程量较大的污水处理工程，一般都采取工程招标方法，并组织有关专家评审，选定其中技术合理、经济适宜的最佳方案实施。

5.4.2 曝气池(区)容积计算

曝气池容积，当前较普遍采用的是按 BOD 污泥负荷率的计算法。BOD 污泥负荷率的物理概念是：曝气池内单位质量(干重)的活性污泥，在单位时间内能够接受，并将其降解到规定额数的 BOD 质量值。其计算式为

$$N_s = \frac{QS_a}{XV} \tag{5.32}$$

据此可求得曝气池(区) 的容积为

$$V = \frac{QS_a}{XN_s} \tag{5.33}$$

式中 N_s——BOD 污泥负荷率；

Q—— 污水设计流量，m^3/d；

S_a—— 水的 BOD_5 值，mg/L；

X—— 曝气池内混合液悬浮固体质量浓度(MLSS)，mg/L；

V—— 曝气池容积，m^3。

另一项为容积负荷率，系指曝气池(区) 的单位容积，在单位时间内能够接受并将其降解到某一规定额数的 BOD_5 质量值。其计算式为

$$N_v = \frac{QS_a}{V} = N_s X \tag{5.34}$$

据此可求得曝气池(区) 的容积负荷率为

$$N = \frac{QS_a}{N_v} \tag{5.35}$$

式中 N_v—— 曝气池的容积负荷率。

BOD 污泥负荷率具有微生物对有机污染物代谢方面的含义，有着一定的理论意义，而容积负荷率则纯属经验数据。

从式(5.33) 可见，正确、合理和适度地确定 BOD 污泥负荷率值(NS) 和混合液污泥浓度(X)(MLSS) 是正确确定曝气池(区) 容积的关键。

曝气池内混合液的污泥浓度(MLSS)，是活性污泥处理系统重要的设计与运行参数，采用高额的污泥浓度能够减少曝气池的有效容积，从这个意义来说是经济的，但是，采用高额的污泥浓度会带来一系列不利于处理系统的影响，在某些场合甚至是不可能的。在选用这一参数时，应考虑下列各项因素。

① 供氧的经济与可能。因为非常高的污泥浓度会改变混合液的黏滞性，增加扩散阻力，供氧的利用率下降，因此在动力费用方面是不经济的。另外，需氧量是随污泥浓度的提高而增加的，污泥浓度越高，供氧量就越大，所以采用非常高的污泥浓度将会使供氧产生(通过空气)困难。

② 活性污泥的凝聚沉淀性能。因为混合液中的污泥来自回流污泥，混合液污泥浓度(X)不可能高于回流污泥质量浓度(X_r)，而回流污泥来自二次沉淀池，二次沉淀池的污泥浓度与污泥沉淀性能以及它在二次沉淀池中浓缩的时间有关。一般，混合液在量筒中沉淀 30 min 后形成的污泥基本上可以代表混合液在二次沉淀池中形成的污泥。回流污泥浓度可近似地按下式确定

$$X_r = \frac{10^6}{\mathrm{SVI}} \cdot r \tag{5.36}$$

式中　X_r—— 回流污泥质量浓度，mg/L；

r—— 考虑污泥在二次沉淀池中停留时间、池深、污泥厚度等因素的有关系数，一般取值 1.2 左右。

公式(5.36) 指出，X_r 值与 SVI 呈反比。在一般情况下，SVI 值在 100 左右，X_r 值在 8 000 ～12 000 mg/L 之间，而对于易氧化的工业废水，SVI 值较高，回流污泥浓度将相应降低，混合液污泥浓度也必然降低。

③ 沉淀池与回流设备的造价。污泥浓度高，会增加二次沉淀池的负荷，从而使其造价提高。此外，对于分建式曝气池，其混合液浓度越高，则维持平衡的污泥回流量也越大，从而使污泥回流设备的造价和动力费增加。按式(5.37) 所示的物料平衡关系可得出混合液污泥浓度(X) 和污泥回流比(R) 及回流污泥质量浓度(X_r) 之间的关系

$$RQX_r = (Q + RQ)X \tag{5.37}$$

$$X = \frac{R}{1+R} X_r \tag{5.38}$$

式中　R—— 污泥回流比，$R = \frac{RQ}{Q}$；

X—— 曝气池混合液污泥质量浓度，mg/L；

X_r—— 回流污泥质量浓度，mg/L。

将公式(5.35) 代入式(5.36)，可得估算混合液质量浓度的公式为

$$X = \frac{R}{1+R} \cdot \frac{10^6}{\mathrm{SVI}} \cdot r \tag{5.39}$$

5.4.3　曝气系统设计

对活性污泥法处理系统的曝气系统与空气扩散装置的计算与设计，除确定采用的曝气方法(鼓风曝气或机械曝气) 外，主要包括下列两项工作内容：需氧量与供气量的计算、曝气系统的设计与计算，现分别阐述。

5.4.3.1　需氧量与供气量的计算

活性污泥处理系统的日平均需氧量，一般按式(5.40) 计算，对此，主要是正确地选用 a'、b' 值。确定 a'、b' 值的最理想的方法是将式(5.40) 改写为式(5.41) 的形式，即

$$[ML]_{O_2} = a'QS_r + b'VX_v \tag{5.40}$$

变换成

$$\frac{[ML]_{O_2}}{X_v V} = a' \frac{QS_r}{X_v V} + b' = a'Nrs + b' \tag{5.41}$$

式中 $[ML]_{O_2}$—— 混合液需氧量,kg/d;

a'—— 活性污泥微生物对有机污染物氧化分解过程的需氧率,即活性污泥微生物每代谢1 kg BOD所需要的氧量,以kg计;

Q—— 污水流量,m^3/d;

S_r—— 经活性污泥微生物代谢活动被降解的有机污染物量,以BOD值计;

b'—— 活性污泥微生物通过内源代谢的自身氧化过程的需氧率,即每kg活性污泥每天自身氧化所需要的氧量,以kg计;

V—— 曝气池容积,m^3;

X_v—— 单位曝气池容积内的挥发性悬浮固体(MLVSS),kg/m^3。

并通过试验取得数据或归纳污水处理厂的运行数据,按图5.51的形式,通过图解法求定。

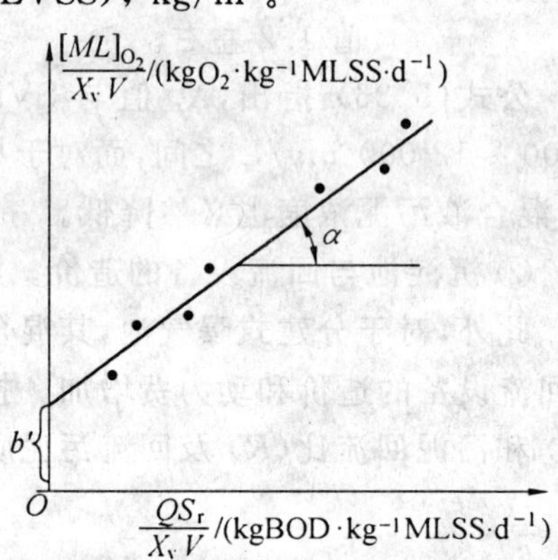

图5.51 a'、b'值图解确定法

日平均需氧量、最大时需氧量确定后,即可按公式(5.40)计算供气量。

$$G_s = \frac{R_0}{0.3E_A} \cdot 100 \tag{5.42}$$

式中 G_s—— 供气量,m^3/h;

E_A—— 厂商提供。

由于氧转移效率E_A值是根据不同的扩散器在标准状态下脱氧清水中测定出的,因此,曝气池混合液需要的充氧量(R)必须换算成相应于水温为20 ℃、气压为一个大气压的脱氧清水的充氧量(R_0)。

5.4.3.2 鼓风曝气系统的计算与设计

鼓风曝气系统包括:空压机、空气输送管道(干管、支管及分支管)和空气扩散装置(曝气装置)。

鼓风曝气系统设计的主要内容是:空气扩散装置的选定,并对其进行布置。空气管道系统的布置与计算;空压机型号与台数的确定与鼓风机房的设计。

现分别就上述各项加以阐述。

1. 空气扩散装置的选定与布置

在选定空气扩散装置时,要考虑下列各项因素:

① 空气扩散装置应具有较高的氧利用率(E_A)和动力效率(E_p),具有较好的节能效果。

② 构造简单,便于安装,工程造价及装置本身成本都较低。

③ 不易堵塞,出现故障易排除,便于维护管理。

此外还应考虑:污水水质、地区条件以及曝气池池型、水深等。

根据计算出的总供气量和空气扩散装置的通气量。服务面积、曝气池池底面积等数据,计算、确定空气扩散装置的数目,并对其进行布置。

2. 空气管道系统的布置与计算

(1) 一般规定

活性污泥系统的空气管道系统是从空压机的出口到空气扩散装置的空气输送管道,一般使用焊接钢管。

小型污水处理站的空气管道系统一般为枝状，而大、中型污水处理厂则宜于联成环状，以安全供气。

空气管道一般敷设在地面上，接入曝气池的管道，应高出池水面 0.5 m 以免产生回水现象。

空气管道的流速：干、支管为 10 ～ 15 m/s。

(2) 空气管道的计算

空气管道和空气扩散装置的压力损失，一般控制在 14.7 kPa 以内，其中空气管道总损失控制在 4.9 kPa 以内，空气扩散装置的阻力损失为 4.9 ～ 9.84 kPa。

空气管道计算，根据流量(Q)、流速(v) 按附录 3 选定管径，然后再核算压力损失，调整管径。

空气管道的压力损失(h)(Pa) 为沿程阻力损失(h_1) 与局部阻力损失(h_2) 之和，即

$$h = h_1 + h_2 \tag{5.43}$$

沿程阻力(摩擦损失) 可以按附录 2 查出，而局部阻力则根据下式将各配件换算成管道的当量长度

$$L_0 = 55.5KD^{1.2} \tag{5.44}$$

式中　L_0—— 管道的当量长度，m；

D—— 管径，m；

K—— 长度换算系数，按表 5.6 所列数据采用。

表 5.6　长度换算系数

配　　件	长度换算系数	配　　件	长度换算系数
		弯头	0.4 ～ 0.7
三通：气流转弯	1.33	大小头	0.1 ～ 0.2
直流异口径	0.42 ～ 0.67	球阀	2.0
直流等口径	0.33	角阀	0.9
		闸阀	0.25

在查附录图表时气温可按 30 ℃ 考虑，而空气压力则按下式估算

$$p = (1.5 + H) \times 9.8 \tag{5.45}$$

式中　p—— 空气压力，kPa；

H—— 空气扩散装置距水面的深度，m。

鼓风曝气系统，压缩空气的绝对压力，按下式计算

$$p = \frac{h_1 + h_2 + h_3 + h_4 + h_5}{h_5} \tag{5.46}$$

式中　h_1，h_2—— 沿程阻力损失和局部阻力损失，Pa；

h_3—— 空气扩散装置安装深度(以装置出口处为准)；

h_4—— 空气扩散装置的阻力，Pa，按产品样本或试验资料确定；

h_5—— 所在地区大气压力，Pa。

空压机所需压力

$$p = h_1 + h_2 + h_3 + h_4 \tag{5.47}$$

3. 空压机型号与台数的确定与鼓风机房的设计

① 根据每台空压机的设计风量和风压选择空压机。各式罗茨空压机、离心式空压机、通风机等均可以供用于活性污泥系统。

定容式罗茨空压机噪声大，应采取消声措施，一般用于中、小型污水处理厂。

离心式空压机噪声较小，效率较高，适用于大、中型污水处理厂。

变速率离心空压机，节省能源，根据混合液溶解氧浓度，自动调整空压机开启台数和转速。

轴流式通风机（风压在 1.2 m 以下），一般用于浅层曝气池。

② 在同一供气系统中，应尽量选用同一型号的空压机。空压机的备用台数：工作空压机 ≤ 3 台时，备用 1 台；工作空压机 ≥ 4 台，备用 2 台。

③ 空压机房应设双电源，供电设备的容量应按全部机组同时启动时的负荷设计。

④ 每台空压机应单设基础，基础间距应该在 1.5 m 以上。

⑤ 空压机房一般包括机器间、配电室、进风室（设空气净化设备）、值班室，值班室与机器之间应有隔音设备和观察窗，还应设自控设备。

⑥ 空压机房内、外应采取防止噪声的措施，使其符合《工业企业噪声卫生标准》和《城市环境噪声标准》。

5.4.3.3 机械曝气装置的设计

机械曝气装置的设计内容主要是选择叶轮的形式和确定叶轮的直径。在选择叶轮形式时要考虑叶轮的充氧能力、动力效率以及加工条件等。叶轮直径的确定，主要取决于曝气池的需氧量，使所选择的叶轮的充氧量能够满足混合液需氧量的要求。

还要考虑叶轮直径与曝气池直径的比例关系，叶轮过大，可能伤害污泥，过小则充氧不够。一般认为平板叶轮或伞形叶轮直径与曝气池直径之比在 1/3 ～ 1/5 左右；而泵形叶轮直径与曝气池直径之比以 1/4 ～ 1/7 为宜。叶轮直径与水深之比可采用 2/5 ～ 1/4，池深过大，将影响充氧和泥水混合。

根据曝气池中转移的氧总量公式算出的 R_0 值和上述计算图表，能够初步地选定出叶轮尺寸，然后再将其与池径的比例加以校核，如不符合要求，则作适当调整。

5.4.4 污泥回流系统的设计与剩余污泥的处置

1. 污泥回流系统的设计

分建式曝气池，污泥从二次沉淀池回流需设污泥回流系统，其中包括污泥提升装置和污泥输送的管渠系统。

污泥回流系统的计算与设计包括：回流污泥量的计算和污泥提升设备的选择和设计。

(1) 回流污泥量的计算

回流污泥量为

$$Q_R = RQ \tag{5.48}$$

R 值可通过下式计算

$$R = \frac{X}{X_r - X} \tag{5.49}$$

由上式可见，回流比 R 值取决于混合液污泥浓度(X) 和回流污泥浓度(X_r)，而 X_r 值又与 SVI 值有关。根据式(5.38) 和式(5.39)，并令 r 值为 1.2，则可以推算出随 SVI 值和 X 值而变化的回流污泥浓度值(X_r)，并据此可以按式(5.49) 求出污泥回流比(R) 值。SVI、X 和 X_r 三者关系值列于表 5.7 中。

表 5.7　SVI、X、X_r 三者关系

SVI	$X_r/(mg \cdot L^{-1})$	在下列 X(mg/L) 的回流污泥比					
		1 500	2 000	3 000	4 000	5 000	6 000
60	20 000	0.08	0.11	0.18	0.25	0.33	0.43
80	15 000	0.11	0.15	0.25	0.36	0.50	0.66
120	10 000	0.18	0.25	0.43	0.67	1.00	1.50
150	8 000	0.24	0.33	0.60	1.00	1.70	3.00
240	5 000	0.43	0.67	1.50	4.00	—	—

在实际运行的曝气池内，SVI 值在一定的幅度内变化，而且混合液浓度(X) 也需要根据进水负荷的变化来加以调整，因此，在进行污泥回流系统的设计时，应按最大回流比考虑，并使其具有能够在较小回流比条件下工作的可能，亦即使回流污泥量可以在一定幅度内变化。

2. 污泥提升设备的选择与设计

在污泥回流系统，常用的污泥提升设备主要是污泥泵、空气提升器和螺旋泵。

污泥泵的主要形式是轴流泵，运行效率较高，可用于较大规模的污水处理工程。在选择时，首先应考虑的因素是要不破坏活性污泥的絮凝体，使污泥能够保持其固有的特性，运行稳定可靠。采用污泥泵时，将从二沉池流出的回流污泥集中到污泥井，从那里再用污泥泵抽送曝气池，大、中型污水处理厂则设回流污泥泵站。泵的台数视条件而定，一般多采用 2 ～ 3 台，此外，还应考虑适当台数的备用泵。

空气提升器是利用升液管内外液体的密度差而使污泥提升的，如图 5.52 所示，它的结构简单，管理方便，而且有利于提高活性污泥中的溶解氧和保持活性污泥的活性，多为中、小型污水处理厂所采用。

空气提升器一般设在二次沉淀池的排泥井中或在曝气池进口处专设的回流井中。在每座回流井内只设一台空气提升器，而且只接受一座二次沉淀池污泥斗的来泥，以免造成二次沉淀池排泥量相互干扰，污泥回流量则通过调节进气阀门加以控制。

近十几年来，国内外在污泥回流系统中，比较广泛地使用螺旋泵。螺旋泵是由泵轴、螺旋叶片、上下支座、导槽、挡水板和驱动装置等组成。图 5.53 所示为螺旋提升泵的基本构造形式。

采用螺旋泵的污泥回流系统，具有以下各项特征：

① 效率高，而且稳定，即使进泥量有所变化，仍能够保持较高的效率；

② 能够直接安装在曝气池与二次沉淀池之间，不必另设污泥及其他附属设备；

③ 转速较慢，不会打碎活性污泥絮凝体颗粒；

④ 不因污泥而堵塞，维护方便，节省能源。

螺旋泵提升回流污泥，常使用无级变速或有级变速的传动装置，以便能够改变提升流量，也可以应用电子计算机来控制回流污泥量。

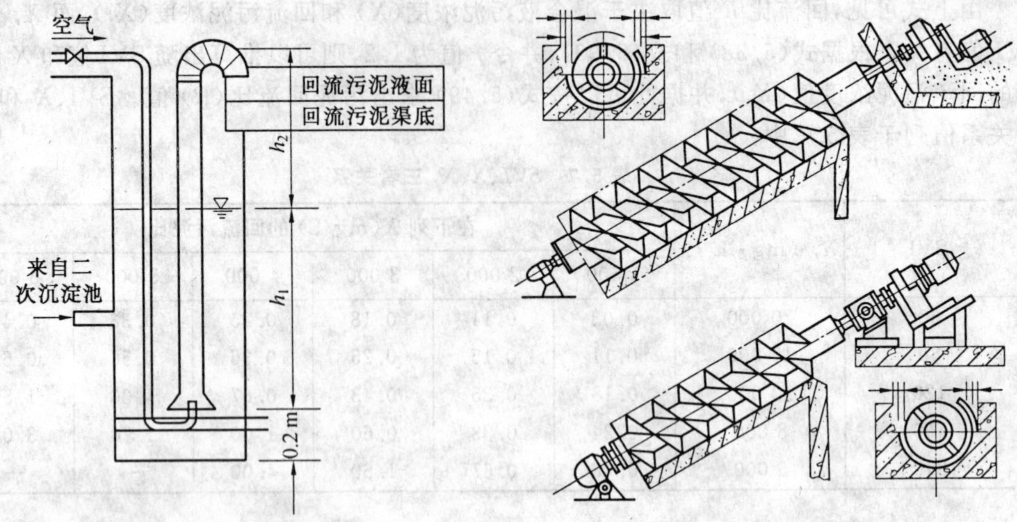

图 5.52 空气提升器构造　　图 5.53 螺旋提升泵的基本构造

用下列公式求定螺旋泵的最佳转速

$$v_j = \frac{50}{\sqrt[3]{D^2}} \tag{5.50}$$

螺旋泵的工作转速应在下列范围内确定

$$0.6v_j < v_g < 1.1v_j \tag{5.51}$$

式中 v_j—— 螺旋泵的最佳转速，r/min；

v_g—— 螺旋泵的工作转速，r/min；

D—— 螺旋泵的外缘直径，m。

螺旋泵安设的倾斜角为 30° ～ 38°。

螺旋泵的导槽可用混凝土砌造，亦可采用钢构件。当使用混凝土导槽时，混凝土的强度等级不低于 C28。泵体外缘与导槽内壁之间必须保持一定的间隙 σ，σ 值按下式计算

$$\sigma = 0.142\sqrt{D} \pm 1 \tag{5.52}$$

其中 σ—— 允许间隙，mm。

2. 剩余污泥及其处置

为了使活性污泥处理系统的净化功能保持稳定，必须使系统中曝气池内的污泥浓度保持平衡状态，所以每日必须从系统中排除一定数量的剩余污泥。剩余污泥量可按有关经验数据确定，应当说每日排除的剩余污泥，在量上等于每日增长的污泥。

由活性污泥微生物每日的净增殖量计算所得的剩余污泥量 ΔX 是以干重形式表示的挥发性悬浮固体，在实用上应将其换算成湿重的总悬浮固体，即

$$\Delta X = Q_s f X_r \tag{5.53}$$

所以

$$Q_s = \frac{\Delta X}{f X_r} \tag{5.54}$$

式中 Q_s—— 每日从系统中排除的剩余污泥量，m^3/d；

ΔX—— 挥发性剩余污泥量（干重），kg/d。

剩余污泥含水率高达 99% 左右，数量多，脱水性能很差，因此，剩余污泥的处置是比较麻烦的问题。

对剩余污泥传统的处置方式是，首先将其引入浓缩池进行浓缩，使其含水率由 99% 降至 96% 左右，然后与由初次沉淀池排出的污泥共同进行厌氧消化处理。这种方式只适用于大、中型的污水处理厂。

当前，在国内外对剩余污泥的处置方式出现了另一种趋向，剩余污泥经浓缩后（或不经浓缩），与由初次沉淀池来的污泥相混合，然后向混合污泥中投加一定量的混凝剂，使其产生絮凝的作用，此后用离心机、板框滤机一类的脱水机械进行脱水，混合污泥的含水率能够降至 70% ～80%。这样的污泥是便于运输和利用的。

对小型污水处理厂，剩余污泥可以考虑回流到初次沉淀池，使其产生某种程度的生物絮凝作用，提高初次沉淀池的去除效果。这样做的缺点就是：增加了初次沉淀池的负荷，而且由于活性污泥与生污泥相混合，使生污泥中的有机成分得到部分分解，并进入污水中，提高了进入曝气池污水的 BOD 值，增加了曝气池的负荷。这种措施对大、中型污水处理厂并不是非常适宜的。

剩余污泥也可以考虑回流水解酸化池，以提高那里的水解酸化作用。有关剩余污泥处理与处置问题，在本书第 11 章将作进一步详细的阐述。

5.4.5　二次沉淀池

5.4.5.1　二次沉淀池的特点

二次沉淀池是活性污泥系统一个重要的组成部分，它的作用是泥水分离，使混合液澄清、浓缩和回流活性污泥。其工作效果能够直接影响活性污泥系统的出水水质和回流污泥浓度。

在原则上，用于初次沉淀池的平流式沉淀池、辐流式沉淀池和竖流式沉淀池都是可以作为二次沉淀池使用的。但也有某些区别，大、中型污水处理厂多采用机械吸泥的圆形辐流式沉淀池，中型污水处理厂也有采用多斗式平流沉淀池的，小型污水处理厂则普遍采用竖流式沉淀池。

二次沉淀池有别于其他沉淀池：

首先，在作用上有其特点，它除了进行泥水分离外，还进行污泥浓缩，并由于水量、水质的变化，还要暂时贮存污泥。由于二次沉淀池需要完成污泥浓缩的作用，所需要的池面积大于只单独进行泥水分离所需要的池面积。

其次，进入二次沉淀池的活性污泥混合液在性质上也有其特点。活性污泥混合液的质量浓度高（2 000 ～ 4 000 mg/L），具有絮凝性能，属于成层沉淀。沉淀时泥水之间有清晰的界面，絮凝体结成整体共同下沉，初期泥水界面的沉速固定不变，仅与初始浓度 C 有关[$\mu = f(C)$]。活性污泥的另一特点是质轻，易被出水带走，并容易产生二次流和异重流现象，使实际的过水断面远远小于设计过水断面。因此，设计平流式二次沉淀池时，最大允许的水平流速要比初次沉淀池的小一半。池的出流堰常设在离池末端一定距离的范围内。

辐流式二次沉淀池采用周边进水的方式也可以提高沉淀效果。此外，出流堰的长度也要相对增加，使单位堰长的出流量不超过 5 ～ 8 $m^3/(m \cdot h)$。

由于进入二次沉淀池的混合液是泥、水、气三相混合体，因此在中心管中的下降流速不应超过 0.03 m/s，以利气、水分离，提高澄清区的分离效果。曝气沉淀池的导流区，其下降流速还要小些，在 0.015 m/s 左右，这是因为其气、水分离的任务更重的缘故。

由于活性污泥质较轻，易腐变质等，采用静水压力排泥的二次沉淀池，其静水损失可降至 0.9 m；污泥斗底坡与水平夹角不应小于 50°，以利污泥顺利滑下和排泥通畅。

5.4.5.2 二次沉淀池的计算与设计

二次沉淀池设计的主要内容：① 池型选择；② 沉淀池（澄清区）面积、有效水深和污泥区容积的计算。

计算方法有表面负荷法和固体通量法。

1. 表面负荷法

(1) 沉淀池表面面积

$$A=\frac{Q}{q}=\frac{Q}{3.6\mu} \tag{5.55}$$

式中 Q—— 污水最大时流量，m^3/L；

q—— 表面负荷，$m^3/(m^2 \cdot h)$；

μ—— 正常活性污泥成层沉淀的沉速，mm/s。

μ 值随污水水质和混合液浓度而异，变化范围在 0.2～0.5 mm/s 之间。生活污水中含有一定的无机物，可采用稍高的 μ 值。有些工业废水溶解性有机物较多，活性污泥质轻，SVI 值较高，所以值宜低些。混合液污泥浓度对 μ 值有较大的影响。浓度高时 μ 值则偏小，反之，则偏大。

计算沉淀池面积时，设计流量应为污水的最大时流量，而不包括回流污泥量。这是因为一般沉淀池的污泥出口常在沉淀池的下部，混合液进池后基本上分为方向不同的两路流出：一路通过澄清区从沉淀池上部的出水槽流出；另一路通过污泥区从下部排泥管流出。前一路流量相当污水流量，后一路流量相当于回流污泥量和剩余污泥量，所以采用污水最大时流量作为设计流量是能够满足要求的。但是中心管（合建式的导流区）的设计则应包括回流污泥量在内。否则将会增大中心管的流速，不利于气水分离。

(2) 二次沉淀池有效水深

澄清区要保持一定的水深（H），以维持水流的稳定。水深一般可按沉淀时间（t）计算

$$H=\frac{QT}{A}=qt \tag{5.56}$$

式中 A—— 水力停留时间，h，一般取值 1 h。

(3) 二次沉淀池污泥区容积

二次沉淀池污泥区应保持有一定容积，使污泥在污泥区中保持一定的浓缩时间，以提高回流污泥浓度，减少回流量；但同时污泥区的容积又不能过大，以避免污泥在污泥区中停留时间过长，因缺氧使其失去活性而腐化。因此，对于分建式沉淀池，一般规定污泥区的贮泥时间为 2 h。

对于合建式的曝气沉淀池，一般不需要计算污泥区的容积，因为它的污泥区容积实际上决定于池的构造设计，当池深度和沉淀区的面积决定之后，污泥区的容积也就决定了。这样得出的容积一般可以满足污泥浓缩的要求。又由于曝气与沉淀合建在一起，污泥回流迅速，污泥中可保持一定的溶解氧，不会使污泥活性丧失。

2. 固体通量法

固体通量理论是确定二次沉淀池浓缩容量的理论基础，因此，二次沉淀池在原则上也可以用固体通量法计算，但是，固体通量法在理论上与污泥浓缩过程更为贴切，用于浓缩池的计算更实际，对此，在本书第 11 章将对污泥处理中对固体通量法的理论与计算方法作详细的阐述。

5.4.6　曝气沉淀池各部位尺寸的确定

5.4.6.1　沉淀池各部位尺寸

在我国采用的曝气沉淀池多呈圆形，这种处理构筑物的各部位尺寸必须合理确定，下面列出其控制数值，供设计时参考，如图 5.54 所示。

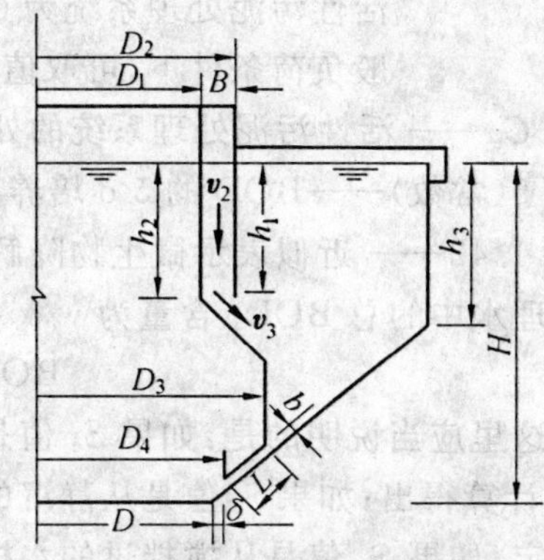

图 5.54　曝气沉淀池各部位图示

1. 池体

直径(D)，不宜超过 20 m，国内较普遍采用的数值是 15 m，最大为 17 m，直径过大，充氧和搅拌能力都将受到影响。

水深，不宜超过 5 m，水深过大，搅拌不良，池底易于沉泥，影响运行效果。

沉淀区水深(h_3)，一般在 1 ～ 2 m 之间，不宜小于 1 m，过小会影响上升水流的稳定。

曝气区应有 0.8 ～ 1.2 m 的保护高。

曝气区直壁段高度(h_2) 应大于导流区的高度(h_1)。

池底斜壁与水平呈 45° 角。

2. 回流窗

回流窗孔的流速应为 100 ～ 200 mm/s，并以此确定回流窗的尺寸。回流窗的总长度为曝气区周长的 30% 左右。其调节高度为 50 ～ 150 mm。

3. 导流区

导流区出口处的流速(v_3) 应小于导流区的下降流速(v_2)，导流区的下降流速为 15 mm/s 左右，并按此确定导流区的宽度 B。

4. 污泥回流缝

污泥回流缝的流速为 20 ～ 40 mm/s，以此确定回流缝的宽度(b)。回流缝的宽度一般为 150 ～ 300 mm。回流缝处设顺流圈，其长度(L) 为 0.4 ～ 0.6 m。顺流圈的直径(D_4) 应大于池底直径(D_3)，以利污泥下滑、回流。

回流缝的各项尺寸的控制目的是防止气泡和混合液从回流缝进入沉淀区，并使沉淀污泥通畅回流。曝气区、导流区结构的容积系数，由于墙壁厚度所增加容积的百分比为 3% ～ 5%。

5.4.6.2　处理程度的确定

活性污泥处理系统处理水中的 BOD 值(S_e)，是由残存的溶解性 BOD 和非溶解性 BOD 两者组成的，而后者主要以生物污泥的残屑为主体。对处理水要求达到的 BOD 值，应当是总 BOD 即溶解性 BOD 与非溶解性 BOD 之和。活性污泥系统的净化功能，是去除溶解性 BOD。因此，从活性污泥的净化功能考虑，应将非溶解性 BOD 从处理水的总 BOD 值中减去，处理水中非溶解性 BOD 值可用下列公式计算

$$BOD_5 = 5(1.42bX_aC_e) = 7.16X_aC_e \tag{5.57}$$

式中 b—— 微生物自身氧化率，取值范围为 0.05 ～ 0.1 d^{-1}；

X_a—— 在处理水的悬浮固体中，有活性的微生物所占的比例。X_a 的取值：对高负荷活性污泥处理系统为 0.8，延时曝气系统为 0.1，其他活性污泥处理系统，在一般负荷条件下，可取值 0.4；

C_e—— 活性污泥处理系统的处理水中的悬浮固体质量浓度，mg/L；

5(常数)——BOD 的 5 d 培养期；

1.42—— 近似表示微生物降解 1 g 有机物(BOD_5) 所需要的氧量。

处理水中的总 BOD_5 含量为

$$BOD_5 = S_e + 7.1bX_aC_e \tag{5.58}$$

在这里应当说明的是：如果 S_e 值是从滤后水样中测出的，则处理水的总 BOD_5 值应按式(5.57) 计算得出；如果 S_e 值是从静沉的水样中测出的，则式(5.57) 中的 C_e 值应按静沉下的污泥中测定；如果 S_e 值是从搅拌过的水样中测出的，则所得的 S_e 值即为处理水的总 BOD_5 值。

5.5 活性污泥处理新工艺

5.5.1 活性污泥处理新工艺的发展

活性污泥处理系统，在当前污水处理领域，是应用最为广泛的处理技术之一。它有效地用于生活污水、城市污水和有机性工业废水的处理。但是，当前活性污泥处理系统还存着一些有待解决的问题，如曝气池的池体比较大，占地面积多、电耗高、管理复杂等。

近年来，有关专家(生物处理专家)和技术工作者为了解决活性污泥处理系统存在的这些问题，就活性污泥的反应机理、降解功能、运行方式、工艺系统等方面进行了大量的研讨工作，使活性污泥处理系统在净化功能和工艺系统方面取得了显著的进展。

在净化功能方面，专家们的工作致力于使活性污泥处理系统向多功能方向发展，改变以去除有机污染物为主要功能的传统模式，并在脱氮、除磷方面取得了成果。

对系统的运行方式作适当调整，并将厌氧技术纳入，使活性污泥处理系统能够有效地进行硝化、反硝化反应，取得脱氮率达 80%的效果。

对活性污泥技术，在工艺方面采取措施，能够使活性污泥微生物从周围环境中摄取远超出其本身生理所需要的磷，使活性污泥处理系统具有除磷的功能。

这样，对活性污泥处理系统，突破了仅作为二级处理技术的传统方式，能够作为脱氮、除磷的三级处理技术，对此，将在本书第 9 章中阐述。

在工艺系统方面，几十年来，开创了多种旨在提高充氧能力、增加混合液污泥浓度、强化活性污泥微生物的代谢功能的高效活性污泥处理系统。

应当说，活性污泥处理系统在工艺方面仍在发展，它在当前仍属于发展中的污水处理技术。

在本节中，将对近年来在构造和工艺方面有较大发展，并在实际运行中已证实效果显著的氧化沟、间歇式活性污泥法以及 AB 法污水处理工艺等活性污泥处理新工艺作简要阐述。

5.5.2 氧化沟

5.5.2.1 氧化沟的工作原理与特征

氧化沟又称循环曝气池，是于 20 世纪 50 年代由荷兰的巴斯维尔(PaSVeer)所开发的一种污水生物处理技术，属活性污泥法的一种变法方式。图 5.55 所示为氧化沟的平面示意图，而图 5.56 所示则为以氧化沟为生物处理单元的污水处理流程。

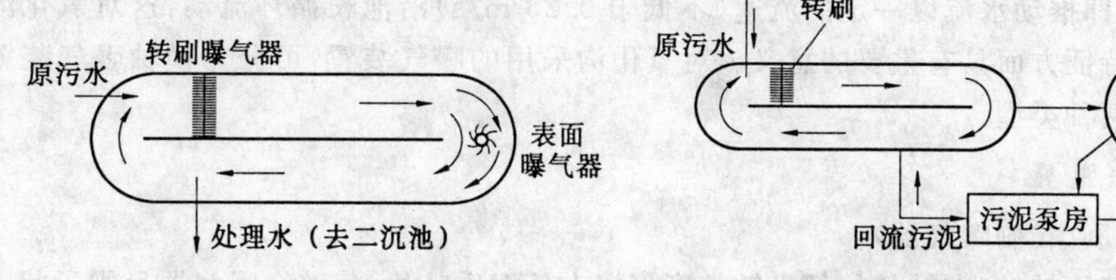

图 5.55　氧化沟平面图　　图 5.56　以氧化沟为生物处理单元的污水处理流程

与传统活性污泥法曝气池相比，氧化沟具有下列各项特征：

1. 在构造方面的特征

(1)氧化沟一般呈环形沟渠状，平面多为椭圆形或圆形，总长可达几十米，甚至百米以上。沟深取决于曝气装置，一般为 2～6 m。

(2)单池的进水装置比较简单，只要伸入一根进水管即可，如双池以上平行工作时，则应设配水井，并采用交替工作系统时，配水井还要设自动控制装置，以变换水流方向。

出水一般采用溢流堰式，宜于采用可升降式的，以调节池内水深。采用交替工作系统时，溢流堰应能自动启闭，并与进水装置相呼应以控制沟内水流方向。

2. 在水流混合方面的特征

在流态上，氧化沟是介于完全混合与推流之间。

污水在沟内的流速 v 平均为 0.4 m/s，氧化沟总长为 L，当 L 为 100～500 m 时，污水完成一个循环所需时间，约为 4～20 min，如水力停留时间定为 24 h，则在整个停留时间内要作 72～360 次循环。可以认为在氧化沟内混合液的水质是基本一致的，从这个意义来说，氧化沟内的流态是完全混合式的。但是又具有某些推流式的特征，如在曝气装置的下游，溶解氧浓度从高向低变动，甚至可能出现缺氧段。

氧化沟的这种独特的水流状态，有利于活性污泥的生物凝聚作用，而且可以将其区分为富氧区、缺氧区，用以进行硝化和反硝化，取得脱氮的效应。

3. 在工艺方面的特征

(1)可考虑不设初沉池，有机性悬浮物在氧化沟内能够达到好氧稳定的程度。

(2)可考虑不单设二次沉淀池，使氧化沟与二次沉淀池合建，可省去污泥回流装置。

(3)BOD 负荷低，同活性污泥法的延时曝气系统，对此，具有 3 个优点：

①对水温、水质、水量的变动有较强的适应性，污泥龄(生物固体平均停留时间)一般可达

15～30 d,为传统活性污泥系统的 3～6 倍。

②可以存活、繁殖世代时间长、增殖速度慢的微生物,如硝化菌,在氧化沟内可能产生硝化反应。

③如运行得当,氧化沟能够具有反硝化脱氮的效应。污泥产率低,且多已达到稳定的程度,无须再进行消化处理。

5.5.2.2 氧化沟的曝气装置

氧化沟的曝气装置的功能是:向混合液供氧使混合液中有机污染物、活性污泥、溶解氧三者充分混合、接触。这些功能是与常规活性污泥法系统相同的。此外,氧化沟对曝气装置有一项独特的要求,即推动水流以一定的流速(不低于 0.25 m/s)沿池长循环流动,这对氧化沟在保持它的工艺特征方面具有重要的意义。对氧化沟采用的曝气装置,可分为横轴曝气装置和纵轴曝气装置两种类型。

1. 横轴曝气装置

(1)曝气转刷(转刷曝气器)

构造以钢管为转轴,在轴的外部沿轴长度焊接大量钢质叶片,使整个曝气器呈刷子状。

轴长一般介于 4～9 m 之间,转刷直径多为 0.8～1.0 m,充氧能力一般在 2 kg/(kW·h)左右。采用转刷曝气器的氧化沟,深度多介于 2～2.5 m 之间,也有采用 3.0 m 的。

(2)曝气转盘

用于氧化沟的曝气转盘由转轴带动在水面上转动,成组安装在转轴上,轴长可达 6.0 m,安装 1～25 个转盘。转盘直径可达 1.37 m,转盘上有凸出的三角形块并留有小孔,以提高充氧能力,转速一般为 45～60 r/min,充氧能力可达 2.0 kg/(kW·h),采用曝气转盘的氧化沟,深度可达 3.5 m。

2. 纵轴曝气装置

纵轴曝气装置即常规活性污泥法完全混合曝气池采用的表面机械曝气器,各种类型的表面机械曝气器都可用于氧化沟。一般都安装在沟渠的转弯处。这种曝气装置有较大的提升能力,因此,氧化沟的水深可增大到 4～4.5 m,除以上两种曝气装置外,在国外采用的还有射流曝气器和提升管式曝气装置。

5.5.2.3 常用的氧化沟系统

当前国内外常用的有下列几种氧化沟系统:

1. 卡罗塞(Carrousel) 氧化沟

20 世纪 60 年代由荷兰某公司所开发。卡罗塞氧化沟系统是由多沟串联氧化沟及二次沉淀池、污泥流系统所组成,如图 5.57 所示。

图 5.58 所示为六廊道并采用表面曝气器的卡罗塞氧化沟。每组沟渠的转弯处都安装有一台表面曝气器。靠近曝气器的下游为富氧区,而其上游则为低氧区,外环还可能成为缺氧区,这样的氧化沟能够形成生物脱氮的环境条件。

卡罗塞氧化沟系统在世界各地应用广泛,规模大小不等,从 200～650 000 m^3/d,去除率达 95%～99% ,脱氮效果可达 90%以上,除磷率在 50%左右。

卡罗塞氧化沟系统在我国也得到了应用,处理对象有城市污水也有有机性工业废水。

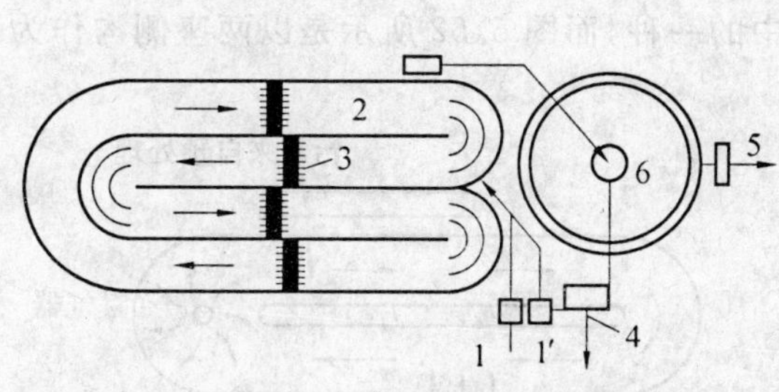

图 5.57 卡罗塞氧化沟系统

1—污水泵站；1′—回流污泥泵站；2—氧化沟；3—转刷曝气器；4—剩余污泥排放；5—处理水排放；6—二次沉淀池

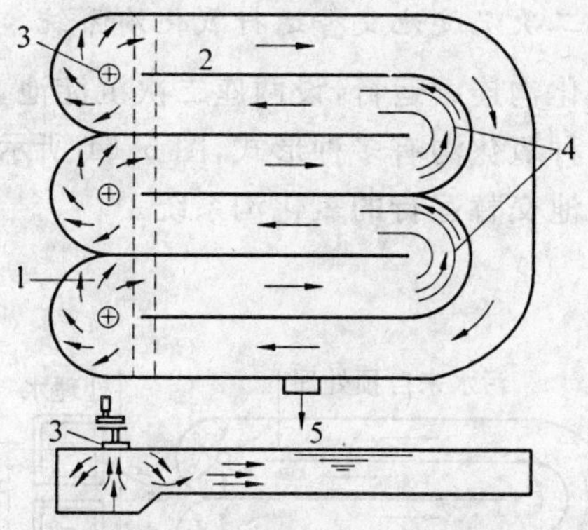

图 5.58 六廊道并采用表面曝气器的卡罗塞氧化沟

1—来自经过预处理的污水（或不经预处理）；2—氧化沟；3—表面机械曝气器；4—导向隔墙；5—处理水去往二次沉淀池

2. 交替工作氧化沟系统

由丹麦某公司所开发，有两池和三池两种交替工作氧化沟系统，如图 5.59 及图 5.60 所示。

由图 5.59 可见，两池交替氧化沟由容积相同的 A、B 两池组成，串联运行交替作为曝气池和沉淀池，不需要设污泥回流系统。本系统处理水质优良，污泥也比较稳定。

三池交替工作氧化沟，应用较广。两侧的 A、C 两池交替地作为曝气池和沉淀池，中间的 B 池则一直为曝气池，原污水交替地进入 A 池或 C 池，处理水则相应地从作为沉淀池的 C 池和 A 池流出。

经过适当运行，三池交替氧化沟能够完成 BOD 去除和硝化、反硝化过程，取得良好的 BOD 去除与脱氮效果。这种系统无须污泥回流系统。

交替工作的氧化沟系统必须安装自动控制系统，以控制进、出水的方向和溢流堰的启闭以及曝气转刷的开动与停止。上述各工作阶段的时间，根据水质情况确定。

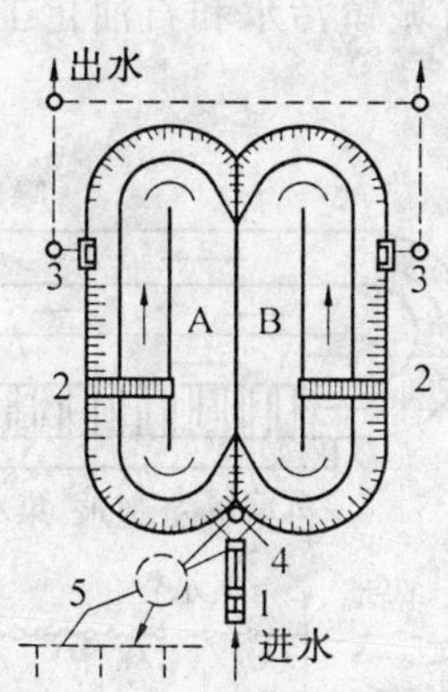

图 5.59 两池交替工作氧化沟

1—沉砂池；2—曝气转刷；3—出水堰；4—排泥管；5—污泥井

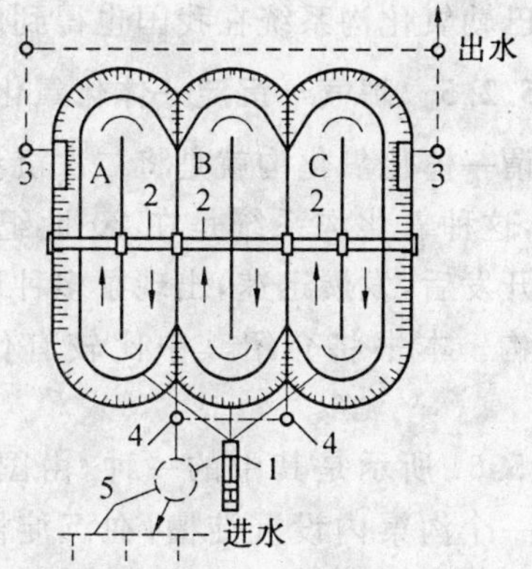

图 5.60 三池交替工作氧化沟系统

1—沉砂池；2—曝气转刷；3—出水堰；4—排泥井；5—污泥井

3. 二次沉淀池交替运行氧化沟系统

氧化沟连续运行，设两座二次沉淀池，交替运行，交替回流污泥。

这种氧化沟有多种形式，图 5.61 所示为其中的一种，而图 5.62 所示是以两座侧沟作为二次沉淀池交替运行的氧化沟系统。

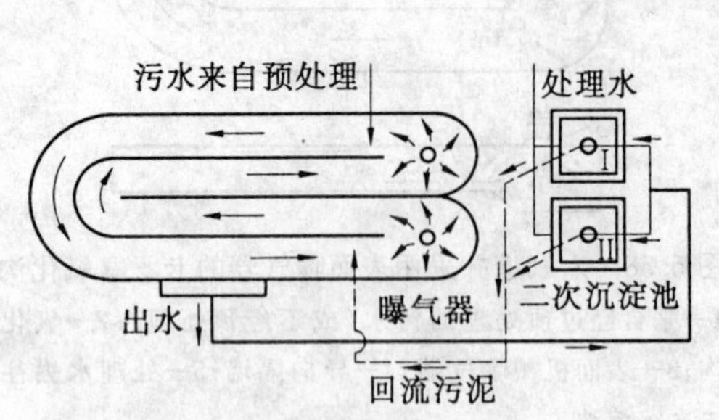

图 5.61　二次沉淀池交替运行氧化沟系统

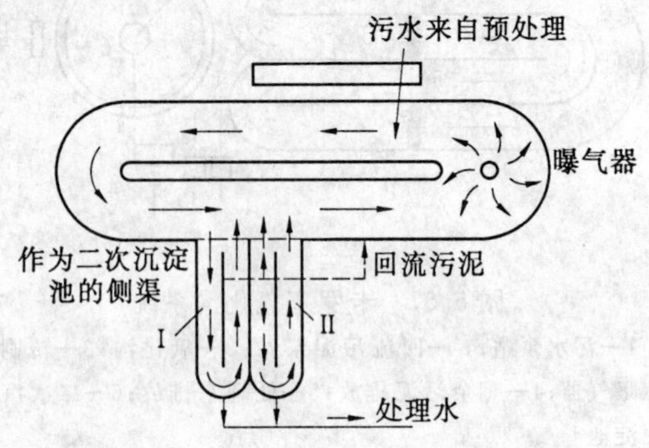

图 5.62　以侧沟作为二次沉淀池（交替运行）的氧化沟系统

5.5.2.4　奥巴勒(Orbal)氧化沟系统

奥巴勒(Orbal)氧化沟是由多个呈椭圆形的同心沟渠组成的，如图 5.63 所示。污水首先进入最外环的沟渠，然后依次进入下一层沟渠，最后由位于中心的沟渠流出进入二次沉淀池。

这种氧化沟系统多采用 3 层沟渠，最外层沟渠的容积最大，约为总容积的 60%～70%，第二层沟渠为 20%～30%，第三层沟渠则仅占 10%左右。

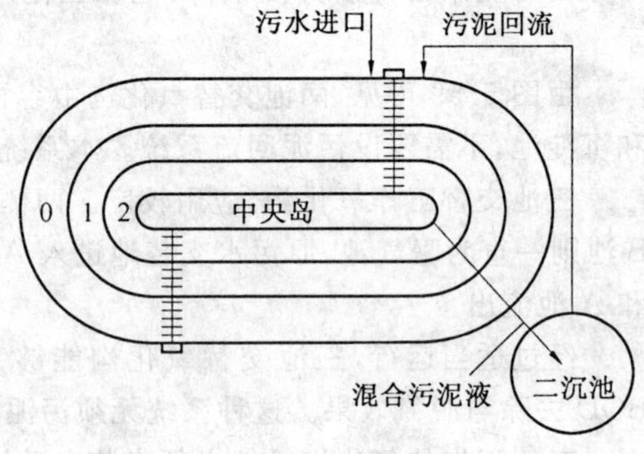

图 5.63　奥巴勒氧化沟

在运行时，应使外、中、内 3 层沟渠内混合液的溶解氧保持较大的梯度，这样既有利于提高充氧效果，也有可能使其具有脱氮除磷的功能。

奥巴勒氧化沟系统在我国也得到应用，主要处理对象有城镇污水和石油化工废水。

5.5.2.5　曝气－沉淀一体化氧化沟

所谓一体化氧化沟就是将二次沉淀池建在氧化沟内，这种氧化沟系统是在 20 世纪 80 年代初在美国开发后，发展迅速，出现了多种形式的一体化氧化沟。本书将介绍其中比较有代表性的两种。

图 5.64 所示是其中的一种，由图可见，在氧化沟的一个沟渠内设沉淀槽，在沉淀槽的两侧设隔墙。其底部设一排三角形的导流板，在水面设集水管以收集处理水。混合液从沉淀区底部流过，部分混合液则从导流板间隙上升进入沉淀槽，

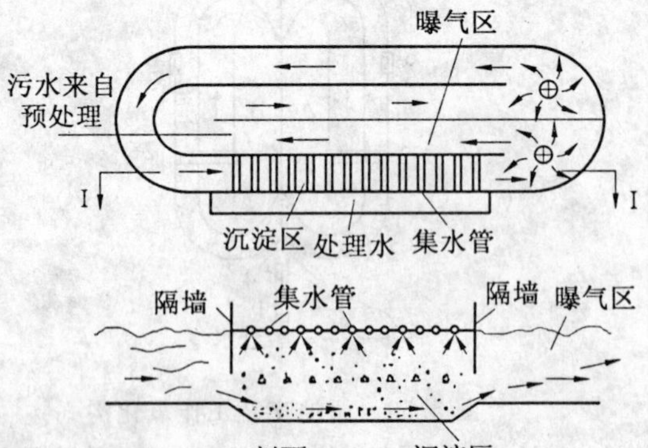

图 5.64　曝气－沉淀一体化氧化沟

沉淀污泥则从间隙回流至氧化沟。因沉淀槽呈船形，故称为船形一体化氧化沟 。

船形沉淀槽设在氧化沟的一侧，恰似在氧化沟上放置的一条船，混合液从其两侧及底部流过。在沉淀槽一端设进水口，部分混合液由此导入，处理水则由设于沉淀槽另一端的溢流堰收集排出。在沉淀槽内的水流方向与氧化沟内的水流方向相反。

一体化氧化沟将曝气、沉淀两种功能集于一体，可减少占地面积，免除污泥回流系统，但其构造尚待进一步完善，运行经验也待进一步研究。

5.5.3　序批式活性污泥法(SBR)

序批式活性污泥法工艺(Sequencing Batch Reactor)，简称为 SBR 工艺。

本工艺也称为序批式活性污泥处理系统。现行的各种活性污泥处理系统的运行方式，都是按连续式考虑的。但是，在活性污泥处理技术开创的早期，却是按间歇方式运行的，只是由于这种运行方式操作烦琐，空气扩散装置又易于堵塞以及在认识上存在的某些问题等，对活性污泥处理系统长期都采取了连续的运行方式。

近几十年来，得益于电子工业的迅速发展，污泥回流、曝气充氧以及混合液中的各项主要指标，如溶解氧浓度(DO)、pH 值、电导率、氧化还原电位(ORP)等自控操作，污水处理厂整个系统都能够做到自控运行。这样，都能够通过自动检测仪表做到，就为活性污泥处理系统的间歇运行在技术上创造了条件，重新开始启用这项工艺。因此，可以说 SIR 工艺是一种既古老又现代的污水处理技术。

由于这项工艺在技术上具有某些独特的优越性，从 1979 年以来，本工艺在美、德、日、澳、加等工业发达国家的污水处理领域，得到较为广泛的应用。20 世纪 80 年代以来，我国也开始重视这项工艺，并得到应用。

1. 间歇式活性污泥处理系统的工艺流程及其特征

图 5.65 所示是间歇式活性污泥处理系统的工艺流程。

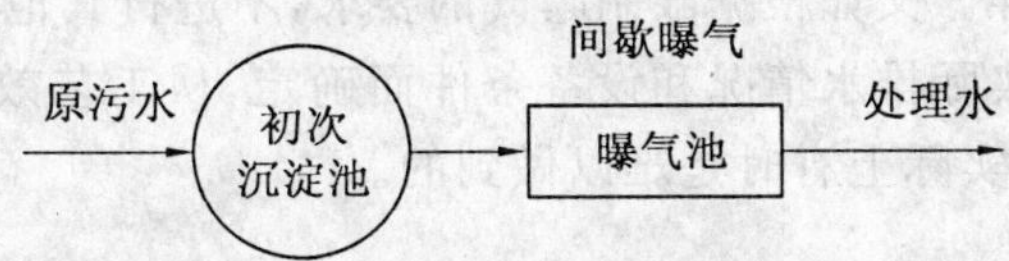

图 5.65　间歇式活性污泥处理系统工艺流程图

从图 5.65 可见，本工艺系统最主要的特征是：采用集有机污染物降解与混合液沉淀于一体的间歇曝气池。

从图 5.65 还可见，与连续式活性污泥法系统相较，本工艺系统组成简单，不需要设污泥回流设备，不设二次沉淀池，曝气池容积也小于连续式，建设费用与运行费用都较低。此外，间歇式活性污泥法系统还具有如下各项特征：

①在大多数情况下(包括工业废水处理)，无设置调节池的必要；

②通过对运行方式的调节，在单一的曝气池内能够同步进行脱氮和除磷反应；

③SVI 值较低，污泥易于沉淀，一般情况下，不会产生污泥膨胀现象；

④应用电动阀、液位计、自动计时器及可编程序控制器等自控仪表，可能使本工艺过程实现全部自动化，而由中心控制室控制。运行管理得当，处理水水质优于连续式。

2.间歇式活性污泥法系统工作原理与操作

原则上,可以把间歇式活性污泥法系统作为活性污泥法的一种变法,一种新的运行方式。如果说,连续式推流式曝气池是空间上的推流,则间歇式活性污泥曝气池在流态上虽然属完全混合式,但在有机物降解方面来说,则是时间上的推流。在连续式推流曝气池内,有机污染物是沿着空间降解的,而间歇式活性污泥处理系统,有机污染物则是沿着时间的推移而降解的。

间歇式活性污泥处理系统的间歇式运行,是通过曝气池的运行操作而实现的。曝气池的运行操作,是由流入、反应、沉淀、排放、待机(闲置)等5个工序所组成的。这5个工序都在曝气池这一个反应器内进行、实施,如图5.66所示。现将各工序运行操作要点与功能阐述如下。

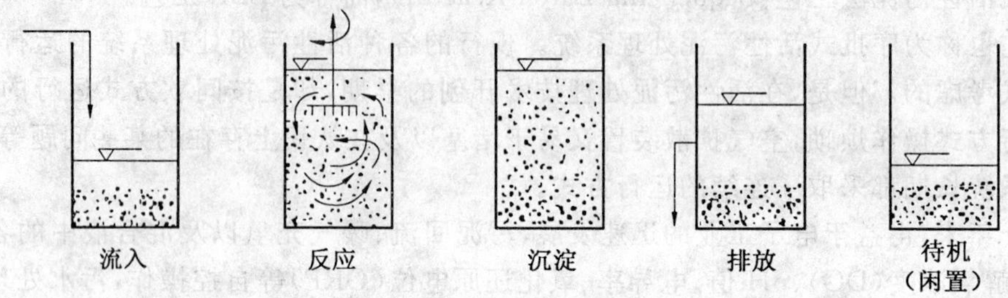

图5.66　间歇式活性污泥法曝气池运行操作5个工序示意图

(1)流入工序

在污水注入之前,反应器处于5道工序中最后的闲置段(或待机段),处理后的废水已经排放,反应器内残存着高浓度的活性污泥混合液。

污水注入,注满后再开始进行反应,从这个意义来说,反应器起到调节池的作用,因此,反应器对水质、水量的变动有一定的适应性。

污水注入、水位上升,可以根据其他工艺上的要求,配合进行其他的操作过程,如曝气,既可取得预曝气的效果,又可取得使污泥再生恢复其活性的作用。也可以根据要求,如脱氮、释放磷等,则进行缓速的搅拌。又如根据限制曝气的要求,不进行其他技术措施,而单纯注水等。本工序所用时间,则根据实际排水情况和设备条件而确定,从工艺效果的要求,注入时间以短促为宜,瞬间最好,但这在实际上有时是难以做到的。

(2)反应工序

这是本工艺最主要的一道工序:污水注入达到预定高度后,即可以开始反应操作,根据污水处理的目的(如BOD去除、硝化、磷的吸收以及反硝化等),采取相应的技术措施,如前三项,则为曝气,后一项则为缓速搅拌,并根据需要达到的程度以决定反应时间的延续。

如根据需要,使反应器连续地进行BOD去除—硝化—反硝化反应,BOD去除—硝化反应曝气的时间较长,而在进行反硝化时,应该停止曝气,使反应器进入缺氧或厌氧状态,进行缓速搅拌,此时为了向反应器内补充电子受体,应投加甲醛或注入少量有机污水。

在本工序的后期,进入下一步沉淀过程之前,还要进行短暂的微量曝气,以吹脱污泥中的气泡或氮,以保证沉淀过程的正常进行,如需要排泥,也在工序后期进行。

(3)沉淀工序

本工序相当于活性污泥法连续系统的二次沉淀池。停止曝气和搅拌,使混合液处于静止状态,活性污泥与水分离,又由于本工序是静止沉淀,一般沉淀效果良好。沉淀这一工序采取的时间基本同二次沉淀池,一般为1.5～2.0 h。

(4)排放工序

经过沉淀后产生的上清液,作为处理水排放。一直到最低水位,在反应器内残留的一部分活性污泥作为种泥。

(5)待机工序

待机工序即闲置工序,即在处理水排放后,反应器处于停滞状态,等待下一个操作周期开始的阶段。此工序时间,应根据现场具体情况而定。

3. SBR 工艺功能的改善与强化

SBR 处理工艺是一种简单,但处理效果好的污水生物处理技术,同时在发展上来说它又是一种新型的污水处理工艺,在理论上和工程设计以及运行操作方面,还存在着需要研究、探讨的问题,现将其列举出,供参考。

(1)关于待机与进水工序与多项功能相结合的问题

SBR 工艺具有一定的调节功能,能够在一定程度上起到均衡污水水质、水量的作用,而这一作用主要通过待机与进水工序实施。与水解酸化反应相结合,通过水解酸化反应能够改善污水的可生化性,有利于提高下一工序"曝气反应"的效果。水解酸化的延续时间应通过综合考虑进水工况与水解酸化反应所需时间确定。如待机工序时间较长,为了防止作为种污泥而留在反应器内的混合液被钝化,应对其进行间断地曝气。还可以在新的工作周期开始之前,对保留的种污泥进行一定时间的曝气,使其得到再生,提高与强化。这一措施与"再生一曝气活性污泥处理系统"的作用相似。

(2)关于 SBR 反应池的 BOD 污泥负荷与混合液污泥浓度

与常规的活性污泥法相同,SBR 反应池内的混合液污泥浓度与 BOD 污泥负荷是两项很重要的设计与运行参数。它们直接影响本工艺的其他各项工艺参数,如反应时间、反应器容积、供氧与耗氧速度等,从而对处理效果也产生直接影响。应综合多方面因素选定。

如今,对 SBR 工艺,这两项基本参数是根据经验取值的。对处理城市污水的 SBR 工艺,其反应池内的污泥质量浓度,可考虑取值 3 000～5 000 mg/L,略高于传统处理系统。

(3)关于耗氧与供氧问题

SBR 工艺是时间意义上的推流,反应器内的有机污染物浓度、微生物增殖速度与耗氧速度等项参数的工况,都是随时间而逐渐降低的,对此,对 SBR 艺的反应器,采用随时间的渐减曝气方式是适宜的。

4. SBR 工艺的发展及其主要的变形工艺

SBR 工艺仍属于发展中的污水处理技术。迄今,在基本的 SBR 工艺基础上已开发出多种各具特色的变形工艺。现将其中主要的几种工艺简要地加以阐述。

(1)间歇式循环延时曝气活性污泥工艺(Intermittent Cyclic Extended Activated Sludge,简称 ICEAS 工艺)

本工艺的运行方式是连续进水、间歇排水。在反应阶段,污水多次反复地经受"曝气好氧"、"闲置缺氧"的状态,从而产生对有机物降解、硝化、反硝化,吸收磷、释放磷等反应,能够取得比较彻底的 BOD 去除、脱氮和除磷的效果。在反应(包括闲置)阶段后设置沉淀和排放阶段。

本工艺最主要的优点是:将同步去除 BOD、脱氮、除磷的 A－A－ O 工艺集于一池,有无污泥回流和混合液的内循环，能耗低的优点。此外，污泥龄长，污泥沉降性能好，剩余污泥少，也是本工艺的良好特征。

本工艺各反应过程的历时和相应反应器的运行，都能够按事先编制的程序，由计算机集中自动控制。

(2)循环式活性污泥工艺(Cyclic Activated Sludge Technology，简称 CAST 工艺)

本工艺的主要技术特征是在进水区设置一生物选择器，它实际上是一个容积较小的污水与污泥的接触区。另一特征是活性污泥由反应器回流，在生物选择器内与进入的新鲜污水混合、接触，创造微生物种群在高浓度、高负荷环境下竞争生存的条件，从而选择出适应该系统生存的独特微生物种群，并有效地抑制丝状菌的过分增殖，从而避免污泥膨胀现象的产生，提高系统的稳定性。

混合液在生物选择器的水力停留时间一般为 1 h，活性污泥从反应器的回流率一般取值为 20%。在高污泥浓度条件下的生物选择器具有释放磷的作用。经生物选择器后，混合液进入反应器，经反应后顺序经过沉淀、排放等工序。如需要考虑脱氮、除磷，则应将反应阶段设计成为缺氧一好氧一厌氧的环境，污泥得到再生并取得脱氮、除磷的效果。

CAST 工艺的操作运行灵活，其内容覆盖了 SBR 工艺及其所有的各种变形工艺，但其反应机理比较复杂。

(3)DAT-IAT 工艺

DAT-IAT 工艺是由需氧池(Demand Aeration Tank)为主体处理构筑物的预反应区和以间歇曝气池(Intermittent Aeration Tank)为主体的主反应区组成的连续进水、间歇排水的工艺系统。

在需氧池，污水连续流入，同时有从主反应区回流的活性污泥投入，进行连续的高强度曝气，强化了活性污泥的生物吸附作用，“初期降解”功能得到充分的发挥，可以使大部分可溶性有机污染物被去除。

在主反应区的间歇曝气池，由于需氧池的调节、均衡作用，进水水质稳定、负荷低，提高了对水质变化的适应性。由 C/N 比较低，有利于硝化菌的繁育，能够产生硝化反应，又由于进行间歇曝气和搅拌，能够形成缺氧一好氧一厌氧一好氧的交替环境，在去除 BOD 的同时，取得脱氮除磷的效果。

除此之外，由于在预反应区的需氧池内，强化了生物吸附作用，在微生物的细菌中，贮存了大量的营养物质，在主反应区的间歇曝气池内可利用这些物质提高内源呼吸的反硝化作用，即所谓贮存性反硝化作用。

本工艺在沉淀和排放阶段也连续进水，这样能够综合利用进水中的碳源和前述的贮存性反硝化作用，在理论上有很强的脱氮功能。但是，本工艺采用延时曝气方式，污泥龄长、排泥量少，从理论上来讲除磷能力不可能太高。

SBR 工艺及其新形工艺，在我国也受到专家们的重视，得到应用，除城市污水处理外，还广泛用于处理啤酒、制革、食品生产、肉类加工以及制药等工业废水，效果良好，并开发出几种形式的灌水器等与之配套的设备。

5.5.4　AB 法污水处理工艺

AB 法污水处理工艺，系吸附一生物降解(Adsorption-Biodegration)工艺的简称，是德国教授宾克(Bohnke)于 20 世纪 70 年代中期开创的一种工艺,从 20 世纪 80 年代开始用于生产实践。

由于本工艺具有一系列独特的特征,受到污水处理专家的重视。

1. AB 法污水处理工艺系统及其主要特征

AB 法污水处理工艺流程如图 5.67 所示。

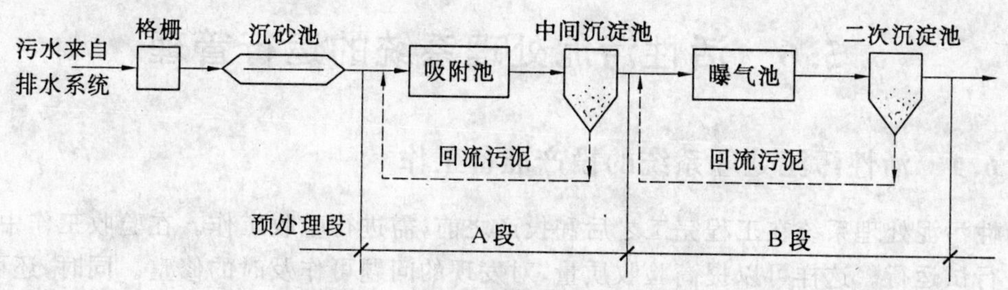

图 5.67　AB 法污水处理工艺流程

从图 5.67 可见,与传统的活性污泥处理相比较,AB 工艺的主要特征是:全系统共分预处理段、A 段、B 段等 3 段。在预处理段设格栅、沉砂池等简易处理设备,不设初次沉淀池。A 段与 B 段各自拥有独立的污泥回流系统,两段完全分开,每段能够培育出各自独特的,适于本段水质特征的微生物种群。A 段由吸附池和中间沉淀池组成,B 段则由曝气池以及二次沉淀池所组成。

2. A 段的效应、功能与设计运行参数

A 段连续不断地从排水系统中接受污水,同时也接种在排水系统中存活的微生物种群。对此,偌大的排水系统起到"微生物选择器"和"中间反应器"的作用。在这里不断地产生微生物种群的适应、淘汰、优选、增殖等过程,从而能够培育、驯化、诱导出与原污水适应的微生物种群。

由于本工艺不设初沉池,使 A 段能够充分利用经排水系统优选的微生物种群,使 A 段形成一个开放性的生物动力学系统。

A 段负荷高,为增殖速度快的微生种群提供了良好的环境条件。在 A 段能够成活的微生物种群,只能是抗冲击负荷能力强的原核细菌,而原生动物和后生动物则不能存活。

A 段污泥产率高,并有一定的吸附能力,A 段对污染物的去除,主要依靠生物污泥的吸附作用。这样,某些重金属和难降解有机物质以及氮、磷等植物性营养物质,都能够通过 A 段而得到一定的去除,对此,可以大大地减轻 B 段的负荷。

A 段对 BOD 的去除率大致介于 40%～70%之间,但经 A 段处理后的污水,其可生化性将有所改善,有利于后续 B 段的生物降解作用。同时由于 A 段对污染物质的去除,主要是以物理化学作用为主导的吸附功能,因此,其对负荷、温度、pH 值以及毒性等作用具有一定的适应能力。

3. B 段的效应、功能与设计、运行参数

B 段接受 A 段的处理水,水质、水量比较稳定,冲击负荷已不再影响 B 段,B 段的净化功能得以充分发挥。B 段的污泥龄较长,氮在 A 段也得到了部分的去除,BOD∶N 比值有所降低,因此,B 段具有产生硝化反应的条件。去除有机污染物是 B 段的主要净化功能。B 段承受

的负荷为总负荷的30%～60%，较传统活性污泥处理系统，曝气池的容积可减少40%左右。

应当说明的，B段的各项功能、效应的发挥，都是以A段正常运行作为首要条件的。

AB处理工艺在我国也得到应用，用于处理城市污水。日处理污水量为80 000 m^3的青岛海泊河污水处理厂便是其中有代表性的一座。该厂于1993年3月开工建造，1995年6月正式投产运行。当前，该厂运行正常，处理水水质完全符合国家规定的排放标准。

5.6　活性污泥处理系统的运行管理

5.6.1　活性污泥处理系统的投产准备工作

活性污泥处理系统在工程完工之后和投产之前，需进行验收工作。在验收工作中，首先用清水进行试运行。这样可以提高验收质量，对发现的问题可作及时的修整。同时，还可以作一次脱氧清水的曝气设备性能测定，为运行提供资料。

在处理系统准备投产运行时，运行管理人员不仅要熟悉处理设备的构造和功能，还要深入掌握设计内容与设计意图。对于城市污水和性质与其相类似的工业废水，投产前首先需要进行的是培养活性污泥，对于其他工业废水，除培养活性污泥外，还需要使活性污泥适应所处理废水的特点，对其进行驯化。

当活性污泥的培养和驯化结束后，还应进行以确定最佳运行条件为目的的前期试运行工作。

1.活性污泥的培养与驯化

活性污泥处理系统在验收后正式投产前的首要工作是培养与驯化活性污泥。

活性污泥的培养和驯化可归纳为异步培驯法、同步培驯法和接种培驯法数种。异步法即先培养后驯化，同步法则培养和驯化同时进行或交替进行，接种法系利用其他污水处理厂的剩余污泥，再进行适当培驯。对城市污水一般常采用的方式是同步培驯法。

培养活性污泥需要有菌种和菌种所需要的营养物。对于城市污水，其中菌种和营养物都具备，因此可直接进行培养。方法是先将污水引入曝气池进行充分曝气，并开动污泥回流设备，使曝气池和二次沉淀池接通循环。经2 d曝气后，曝气池内就会出现模糊不清的絮凝体。为补充营养和排除对微生物增长有害的代谢产物，要及时换水，即从曝气池通过二次沉淀池排出50% ～70%的污水，同时引入新鲜污水。换水可间歇进行，也可以连续进行。

间歇换水一般适用于生活污水所占比重不太大的城市污水处理厂，每天换水2次。

这样一直持续到混合液30 min沉降比达到15%～20%时为止。在一般的污水浓度和水温在15 ℃以上的条件下，经过7～10 d便可大致达到上述状态。成熟的活性污泥，具有良好的凝聚沉淀性能，污泥内含有大量的菌胶团和纤毛虫原生动物，如钟虫、等枝虫、盖纤虫等，并可使BOD的去除率达90%。当进入的污水浓度很低时，为使培养期不致过长，可将初次沉淀池的污泥引入曝气池或不经初次沉淀池将污水直接引入曝气池。对于性质类似的工业废水，也可按上述方法培养，不过在开始培养时，宜投入一部分作为菌种的粪便水。

连续换水适用于以生活污水为主的城市污水或纯生活污水。连续换水是指边进水、边出水、边回流的方式培养活性污泥。

对于工业废水或以工业废水为主的城市污水，由于其中缺乏专性菌种和足够的营养，因此在投产时除用一般菌种和所需要营养培养足量的活性污泥外，还应对所培养的活性污泥进行驯化，使活性污泥微生物群体慢慢地形成具有代谢特定工业废水的酶系统，具有某种专性。

在工业废水处理站，可先用粪便水或生活污水培养活性污泥，因为这类污水中细菌种类繁多，本身所含营养也比较丰富，细菌易于繁殖。当缺乏这类污水时，可用化粪池和排泥沟的污泥、初次沉淀池或消化池的污泥等。采用粪便水培养时，先将浓粪便水过滤后投入曝气池，再用自来水稀释，使 BOD_5 质量浓度控制在 500 mg/L 左右，进行静态（闷曝）培养。同样经过 1～2 d后，为补充营养和排除代谢产物，需要及时换水。对于生产性曝气池，由于培养液量大，收集比较困难，一般均采取间歇换水方式，或先间歇换水后连续换水，而间歇换水用静态操作为宜。即当第一次加料曝气并出现模糊的絮凝体后，就可停止曝气，使混合液静沉，经过 1.5 h沉淀后排除上清液（其体积约占总体积的 50%～70%），然后再往曝气池内投加新的粪便水和稀释水。粪便水的投加量应根据曝气池内已有的污泥量在适当的 N_s 值范围内进行调节（即随污泥量的增加而相应增加粪便水量）。在每次换水时，从停止曝气、沉淀到重新曝气，总时间以不能超过 2 h 为宜。开始宜每天换水一次，以后可增加到两次，以便及时补充营养。连续换水仅适用于就地有生活污水来源的处理站。在第一次投料曝气后或经数次闷曝而间歇换水后，就不断地往曝气池投加生活污水，并不断将出水排入二次沉淀池，将污泥回流至曝气池。随着污泥培养的进展，应逐渐增加生活污水量，使 N_s 值在适宜的范围内。此外，污泥回流量应比设计值稍大些。

当活性污泥培养成熟，即可在进水中加入并逐渐增加工业废水的比重，使微生物在逐渐适应新的生活条件下得到驯化。开始时，工业废水可按设计流量的 10%～20%加入，达到较好的处理效果后，再继续增加其比重。这样每次增加的百分比以设计流量的 10%～20%为宜，并待微生物适应巩固后再继续增加，直至满负荷为止。在驯化过程中，能分解工业废水的微生物得到发展繁殖，不能适应的微生物则逐渐淘汰，从而使驯化过的活性污泥具有处理该种工业废水的能力。

上述先培养后驯化的方法即所谓异步培驯法。为了缩短培养和驯化的时间，也可以把培养和驯化这两个阶段合并进行，即在培养开始就加入少量工业废水，并在培养过程中逐渐增加比重，使活性污泥在增长的过程中，逐渐适应工业废水同时具有处理它的能力，这就是所谓“同步培驯法”。这种做法的缺点是：在缺乏经验的情况下不够稳妥可靠，出现问题时不易确定是培养上的问题还是驯化上的问题。

在有条件的地方，可直接从附近污水处理厂引入剩余污泥，作为种泥进行曝气培养，这样能够缩短培养时间。如果能从性质相同的废水处理站引入活性污泥，更能提高驯化效果，缩短时间，这就是所谓的接种培驯法。

工业废水中，如缺乏氮、磷等养料，在驯化过程中则应把这些物质投加入曝气池中。实际上，培养和驯化这两个阶段不能截然分开，间歇换水与连续换水也常结合进行，具体培养驯化时应依据净化机理和实际情况灵活进行。

2. 试运行

活性污泥培驯成熟后，就开始试运行。试运行的目的是确定最佳的运行条件。在活性污泥系统的运行中，作为变数考虑的因素有混合液污泥浓度（MLSS）、空气量、污水注入的方式等。如采用生物吸附法，则还有污泥再生时间和吸附时间之比值。采用再生一曝气系统，则需要初步确定回流污泥再生池所占的比例，这一数值在曝气池正式运行过程中还可以进一步调整。如采用曝气沉淀池还要确定回流窗孔开启高度。如工业废水养料不足，还应确定氮、磷的投量等。将这些变数组合成几种运行条件分阶段进行试验观察，分析各种条件的处理效果，并确定最佳的运行条件，这就是试运行的任务。

活性污泥法要求在曝气池内保持适宜的营养物与微生物的比值，供给所需要的氧，使微生物很好地和有机污染物相接触，并保持适当的接触时间等。如前所述，营养物与微生物的比值一般可以采用污泥负荷率加以控制，其中营养物数量由流入污水量和浓度所定，因此应通过控制活性污泥的数量来维持适宜的污泥负荷率。不同的运行方式有不同的污泥负荷率，运行时的混合液污泥浓度就是以其运行方式的适宜污泥负荷率作为基础确定的，并在试运行的过程中确定最佳条件下的 N_s 值和 MLSS 值。

MLSS 值最好每天都能够测定，如 SVI 值较稳定时，也可用污泥沉降比暂时代替 MLSS 值的测定。根据测定的 MLSS 值或污泥沉降比，便可控制污泥回流的量和剩余污泥量，并获得这方面的运行规律。此外，剩余污泥量也可以通过相应的污泥龄加以控制。

关于空气量，应满足供氧和搅拌这两者的要求。在供氧上应使最高负荷时混合液溶解氧质量浓度保持在 1.5 mg/L 左右。搅拌的作用是使污水与污泥充分混合，因此搅拌程度应通过测定曝气池表面、中间和池底各点的污泥浓度是否均匀而定。

前已述及，活性污泥处理系统有多种运行方式，在设计中应予以充分考虑，各种运行方式的处理效果，应通过试运行阶段来加以比较观察分析，并从中确定出最佳的运行方式及其各项参数。但应当说明的是，在正式运行过程中，还可以对各种运行方式的效果进行验证。

5.6.2 活性污泥处理系统运行效果的检测

试运行确定最佳条件后，即可转入正常运行。为了经常保持良好的处理效果，积累经验，需要对处理情况定期进行检测。检测项目有：

①反映处理效果的项目：进出水总的和溶解性的 BOD、COD，进出水总的和挥发性的 SS，进出水的有毒物质（对应工业废水）；

②反映污泥营养和环境条件的项目：氮、磷、pH 值、水温等；

③反映污泥情况的项目：污泥沉降比（SV%）、MLSS 、MLVSS、SVI、溶解氧、微生物观察等。

一般 SV%和溶解氧最好 2～4 h 测定一次，至少每班测定一次，以便及时调节回流污泥量和空气量。微生物观察最好每班一次，以预示污泥异常现象。除氮、磷、MLSS 、MLVSS、SVI 可定期测定外，其他各项应每天测一次。水样除测溶解氧外，均取混合水样。

此外，每天要记录进水量、回流污泥量和剩余污泥量，还要记录剩余污泥的排放规律、曝气设备的工作情况以及空气量和电耗等。剩余污泥（或回流污泥）浓度也要定期测定。上述检测项目如有条件，应尽可能进行自动检测和自动控制。

5.6.3 影响活性污泥处理系统正常运行的异常情况

活性污泥处理系统在运行过程中，有时会出现种种异常情况。下面将在运行中可能出现的几种主要的异常现象和应采取的措施加以简要阐述。

1. 污泥膨胀

正常的活性污泥沉降性能良好，含水率在 99%左右。当污泥变质时，污泥不易沉淀，SVI

值增高，污泥的结构松散和体积膨胀，含水率上升，澄清液稀少（但较清澈），颜色也有异变，这就是污水处理中的“污泥膨胀”。污泥膨胀主要是丝状菌大量繁殖所引起，也有由污泥中结合水异常增多导致的污泥膨胀。一般污水中碳水化合物较多，缺乏氮、磷、铁等养料，溶解氧不足，水温高或 pH 值较低等都容易引起丝状菌大量繁殖，导致污泥膨胀。此外，污泥龄过长、超负荷或有机物浓度梯度小等，也会引起污泥膨胀。排泥不通畅则易引起结合水导致的污泥膨胀。

由此可知，为防止污泥膨胀现象，首先应加强操作管理，经常检测污水水质、曝气池内溶解氧、污泥沉降比、污泥指数和进行显微镜观察等，如发现不正常现象，就需立即采取预防措施。一般可调整、加大空气量，及时排泥，在有可能时采取分段进水，以减轻二次沉淀池的负荷等。

当污泥发生膨胀后，解决的办法可针对引起膨胀的原因采取措施。如缺氧、水温高等可加大曝气量，或降低进水量以减轻负荷，或适当降低 MISS 值，使需氧量减少等，如污泥负荷率过高，可适当提高 MLSS 值，以调整负荷。必要时还要停止进水，“闷曝”一段时间。如缺氮、磷、铁养料，可投加硝化污泥液或氮、磷等成分。如 pH 值过低，可投加石灰等调节 pH 值。若污泥大量流失，可投加 10 mg/L 的絮凝剂氯化铁，帮助凝聚，刺激菌胶团生长。也可投加漂白粉或液氯。抑制丝状菌繁殖，特别能控制结合水导致的污泥膨胀。

也可投加石棉粉末、硅藻土、黏土等惰性物质，降低污泥指数。污泥膨胀的原因很多，甚至有些原因迄今还没有认识到，以上介绍只是对污泥膨胀的一般处理措施。

2. 污泥解体

处理水质浑浊，污泥絮凝体微细化，处理效果变坏等则是污泥解体现象。导致这种异常现象的原因有运行中的问题，也有可能是由于污水中混入了有毒物质。

运行不当，如曝气过量，会使活性污泥生物的营养平衡遭到破坏，使微生物量减少并失去活性，吸附能力降低，一部分则成为不易沉淀的羽毛状污泥，处理水质浑浊，SVI 值降低等。当污水中存在有毒物质时，微生物会受到抑制或伤害，净化功能下降接近完全停止的状态，从而使污泥失去活性。一般可通过显微镜观察来判别产生的原因。当鉴别出是运行方面的问题时，应对污水量、回流污泥量、空气量和排泥状态等多项指标进行检查，加以调整。当确定是污水中混入有毒物质时，应考虑这是新的工业废水混入的结果，需查明来源，责成其按国家排放标准进行局部处理。

3. 污泥腐化

在二次沉淀池有可能由于污泥长期滞留而产生厌氧发酵生成气体（如 H_2S、CH_4 等），从而使大块的污泥上浮。它与污泥脱氮上浮不同，污泥腐败变黑，产生恶臭。此时也不是全部污泥上浮，大部分污泥都是正常地排出或回流。只有沉积在死角长期滞留的污泥才腐化上浮。防止的措施有：安设不使污泥外溢的浮渣清除设备；消除沉淀池的死角地区；加大池底坡度或改进池底刮泥设备，不使污泥滞留于池底。

此外，如曝气池内曝气过度，使污泥搅拌过于激烈，生成大量小气泡附聚于絮凝体上，也可能引起污泥上浮。这种情况机械曝气较鼓风曝气为多。另外，当流入大量脂肪和油时，也是产生这种现象的一个主要原因。防止措施是将供气控制在搅拌所需要的限度内，而脂肪和油则应在进入曝气池之前加以去除。

4.污泥上浮

污泥在一次沉淀池呈块状上浮的现象，并不是由于腐败所造成的，而是由于在曝气池内污泥泥龄过长，硝化进程较高(一般硝酸铵达 5 mg/L 以上)，在沉淀池底部产生反硝化，硝酸盐的氧被利用，氮即呈气体脱出附于污泥上，从而使污泥比重降低，整块上浮。而所谓反硝化是指硝酸盐被反硝化菌还原成氨和氮的作用。反硝化作用一般在溶解氧低于 0.5 mg/L 时发生，并在实验室静沉 30～90 min 以后发生。因此，为防止这一异常现象发生，应增加污泥回流量或及时排除剩余污泥，在脱氮之前即将污泥排除。或降低混合液污泥浓度，缩短污泥龄和降低溶解氧等，使之不进行到硝化阶段。

5.泡沫

曝气池中产生泡沫，主要原因是：污水中存在大量合成洗涤剂或其他起泡物质。泡沫问题可给生产操作带来一定困难，如影响操作环境，带走大量污泥。当采用机械曝气时，还能影响叶轮的充氧能力。消除泡沫的措施有：分段注水以提高混合液浓度，进行喷水或投加除沫剂，常用的如机油、煤油等，投量约 1.0 mg/L。此外，用风机机械消泡，也是比较有效的措施。

第6章　污水的生物膜法处理

6.1　生物膜法的基本原理

污水的生物膜处理法也是一种污水好氧生物处理技术，它是与活性污泥法并列的。这种处理法的本质是使细菌和菌类一类的微生物和原生动物、后生动物一类的微型动物附着在滤料或某些载体上生长繁育，并在其上形成膜状生物污泥，这种膜状生物污泥就是生物膜。污水与生物膜接触，污水中的有机污染物被生物膜上的微生物作为营养物质所摄取，污水因而得到净化，同时微生物自身也得到繁衍和增殖。

污水的生物膜处理法出现较早，但直至今日仍在不断发展完善。到目前为止，属于生物膜处理法的工艺有生物滤池（普通生物滤池、高负荷生物滤池、塔式生物滤池）、生物转盘、生物接触氧化设备和生物流化床等。生物滤池是早期出现的，至今仍在发展中，而后三者则是近几十年来开发的新工艺。

污水与滤料或某种载体流动接触，在经过一段时间后，载体的表面将会被一种膜状污泥所覆盖，这种膜状污泥就是生物膜。从开始形成到成熟，生物膜要经历潜伏和生长两个阶段，一般的城市污水，在20 ℃左右的条件下大概需要30 d左右的时间。生物膜成熟的标志是：

①生物膜沿水流方向的分布；

②在其上由细菌及各种微生物组成的生态系以及其对有机物的降解功能都达到了平衡和稳定的状态。

图6.1是附着在生物滤池滤料上的生物膜的构造。

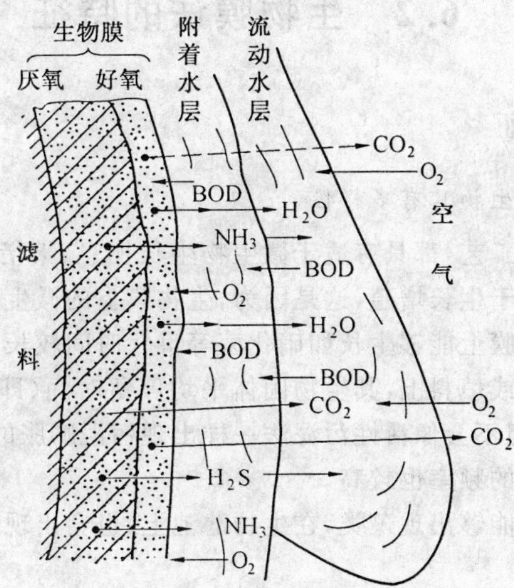

图6.1　生物滤池滤料上生物膜的构造（剖面图）

从图 6.1 可以看出，在生物膜内外，生物膜与水层之间进行着多种物质的传递过程。一方面，空气中的氧溶解在流动水层中，供微生物用于呼吸的氧从那里通过附着水层传递给生物膜，污水中的有机污染物则由流动水层传递给附着水层，然后进入生物膜，并通过细菌的代谢活动而被降解。通过这样的物质传递，污水在其流动过程中逐步得到净化。另一方面，微生物的代谢产物如 H_2O 等则通过附着水层进入流动水层，并随流动水层排走，而 CO_2 及厌氧层分解产物（如 H_2S、NH_3、CH_4 等气态代谢产物）则从水层逸出进入空气中。

生物膜是高度亲水的物质，污水在其表面不断更新，在其外侧总是存在着一层附着水层。生物膜也是微生物高度密集的物质，大量的各种类型的微生物和微型动物在膜的表面和一定深度的内部生长繁殖着，并形成有机污染物—细菌—原生动物（后生动物）的食物链。

生物膜在其形成与成熟后，生物膜的厚度由于微生物不断增殖而不断增加，在增厚到一定程度后，在氧不能透入的里侧深部就会转变为厌氧状态，形成厌氧性膜。这样，生物膜便由两层组成，即好氧层和厌氧层。好氧层的厚度一般为 2 mm 左右，有机物的降解主要是在好氧层内进行的。

当厌氧层还不厚时，厌氧层与好氧层平衡与稳定的关系能够保持，此时，好氧层能够维持正常的净化功能。但当厌氧层逐渐加厚到一定程度后，其代谢产物逐渐增多，这些产物会向外侧逸出，透过好氧层。这时候，好氧层的生态系统的稳定状态就会遭到破坏，这两种膜层之间的平衡关系被打破。另一方面，由于气态代谢产物的不断逸出，生物膜在滤料（载体、填料）上的固着力被减弱，这种状态下的生物膜叫做老化生物膜。老化生物膜净化功能较差且易于脱落。生物膜脱落后还会生成新的生物膜，但新生生物膜的净化功能必须在经过一段时间后才能充分发挥。综上所述，减缓生物膜的老化进程、不使厌氧层过分增长、加快好氧膜的更新、并且尽量使生物膜不集中脱落是提高生物膜法污水处理技术的有效途径。

6.2 生物膜法的特征

6.2.1 生物相特征

1. 参与净化反应的微生物具有多样性

生物膜处理法的各种工艺，都具有适于微生物生长栖息、繁衍的安静稳定环境，生物膜上的微生物较活性污泥法宜于生长增殖，这是因为，生物膜上的微生物不用像活性污泥那样承受强烈的搅拌冲击。在生物膜上能够生长如硝化菌等世代时间较长、比增殖速度很小的微生物，是因为生物膜固着在滤料或填料上，其生物固体平均停留时间（即污泥龄）较长。在生物膜上还可能大量出现丝状菌，但不会像活性污泥法一样出现污泥膨胀的现象。线虫类、轮虫类以及寡毛虫类的微型动物出现的频率也较高。

在日光照射到的部位能够出现藻类，在生物滤池上，也会出现像苍蝇（滤池蝇）这样的昆虫类生物。

综上所述，在生物膜上生长繁育的生物具有类型广泛、种属繁多、食物链长且较为复杂的特点。表 6.1 所列举的是在生物膜和活性污泥上出现的微生物在类型、种属和数量上的比较。

表 6.1　生物膜和活性污泥上出现的微生物在类型、种属和数量上的比较

微生物种类	活性污泥法	生物膜法	微生物种类	活性污泥法	生物膜法
细菌	＋＋＋＋	＋＋＋＋	其他纤毛虫	＋＋	＋＋＋
真菌	＋＋	＋＋＋	轮虫	＋	＋＋＋
藻类	－	＋＋	线虫	＋	＋＋
鞭毛虫	＋＋	＋＋＋	寡毛类	－	＋＋
肉足虫	＋＋	＋＋＋	其他后生动物	－	＋
纤毛虫、缘毛虫	＋＋＋＋	＋＋＋＋	昆虫类	－	＋＋
纤毛虫、吸管虫	＋	＋			

2. 生物的食物链比较长

污泥产量低，是生物膜处理法各种工艺的共同特征。在生物膜上生长繁育的生物中，动物性营养所占的比例较大，微型动物的存活率也相对较高。这就是说，在生物膜上能够栖息高次营养水平的生物，在捕食性纤毛虫、轮虫类、线虫类之上还栖息着寡毛类和昆虫，也就是说，在生物膜上形成的食物链要长于活性污泥上的食物链。也正是由于这个原因，在生物膜处理系统内产生的污泥量比活性污泥处理系统要少。这已为大量的实际数据所证实，一般来说，污泥量较活性污泥处理系统相比，生物膜处理法产生的污泥量要少 1/4 左右。

3. 世代时间较长的微生物能够存活

硝化菌和亚硝化菌的世代时间都较长，比增殖速度较小，如亚硝化单胞菌的比增殖速度为 0.21 d^{-1}，硝化杆菌属的比增殖速度为 1.12 d^{-1}。在活性污泥法处理系统中，一般生物固体平均停留时间较短，这类细菌是难以存活的。而在生物膜处理法中，生物污泥的生物固体平均停留时间与污水的停留时间无关，硝化菌和亚硝化菌能够得以繁衍、增殖。因此，生物膜处理法的各项处理工艺都具有一定的硝化功能，如果采取适当的运行方式，生物膜处理法还能具有反硝化脱氮的功能。

4. 分段运行与优势种属

生物膜处理法多分段进行，在正常运行的情况下，每段都繁衍与进入本段污水水质相适应的微生物，并形成优势种属，这种现象对于微生物新陈代谢功能的充分发挥和有机污染物的降解非常有利。

6.2.2　工艺特征

1. 对水质、水量变动适应性强

生物膜处理法的各种工艺，对流入污水水质、水量的变化都具有较强的适应性，有一段时间中断进水，对生物膜的净化功能也不会造成致命的影响，通水后能够较快地得到恢复。这种现象已为多数运行的实际设备所证实。

2. 能够处理低浓度的污水

在活性污泥法处理系统，不适宜处理低浓度的污水，如原污水的 BOD 值长期低于 50～

60 mg/L,将影响活性污泥絮凝体的形成和增长,造成处理系统净化功能降低,处理水水质低下。因此,活性污泥法处理系统不适宜处理低浓度的污水。而生物膜处理法运行正常的情况下,可使 20～30 mg/L 的污水将 BOD 值降至 5～10 mg/L,能够取得较好的处理效果。

3. 具有硝化反硝化脱氮的功能

由于生物污泥的生物固体平均停留时间与污水的停留时间无关,硝化菌和亚硝化菌能够繁衍、增殖。因此,生物膜处理法的各项处理工艺都具有一定的硝化功能,如果采取适当的运行方式,生物膜处理法就可以具有反硝化脱氮的功能。

6.2.3 运行特征

1. 污泥沉降性好,宜于固液分离

由生物膜上脱落下来的生物污泥,所含动物成分多,比重大,而且污泥颗粒个体大,沉降性好,有利于固液分离。但是,如果生物膜内部形成的厌氧层过厚,在生物膜脱落后,就会有大量的非活性的细小悬浮物分散于水中,使处理水的澄清度降低。

2. 易于维护运行,节能低耗

相对于活性污泥处理系统,像生物滤池、生物转盘等工艺,还都是节省能源的,动力费用较低,去除单位重量 BOD 的耗电量也比较少。相关数据表明,生物膜处理系统的动力费用只有传统活性污泥的 1/2～2/3。生物膜处理法中的各种工艺也都是比较易于维护管理的。

6.3 生物滤池

生物滤池已有百余年的发展史,它是依据土壤自净原理,在污水灌溉的实践基础上,经过较原始的间歇砂滤池和接触滤池而发展起来的人工生物处理技术。

污水长时间的以滴状喷洒在块状滤料层的表面上,在污水流经的表面上就会形成生物膜,待生物膜成熟以后,栖息在生物膜上的微生物就会摄取流经污水中的有机物作为营养,污水从而得到净化。

为了去除原污水中的悬浮物等能够堵塞滤料的污染物,进入生物滤池的污水必须通过预处理,并使水质均化。处理城市污水的生物滤池前需设置初次沉淀池。

滤料上的生物膜,不断脱落更新,因此,生物滤池后也应设二次沉淀池以截留脱落的生物膜。

早期出现的生物滤池,净化效果好,BOD_5 去除率可达 90%～95%,但其缺点也显而易见,负荷低,水量负荷只有 1～4 m^3/(m^2滤池 · d),BOD_5 负荷也仅有 0.1～0.4 kg/(m^3滤池 · d),从而使得早期的生物滤池占地面积大,而且易于堵塞,在使用上受到限制。

随着技术的不断成熟,人们开始在运行方面采取措施,将水量负荷提高到原来的 10 倍以上,达到了 5～40 m^3/(m^2滤池 · d), BOD 负荷也提高到了 0.5～2.5 kg/(m^3滤池 · d)。同时采取处理水回流措施,降低进水浓度,加大水量,将进水 BOD 浓度限制在 200 mg/L 以下,使滤料不断受到冲刷,生物膜连续脱落,不断更新,通过这样的改进,占地大,易于堵塞的问题得到一定程度的解决。

提高负荷后的生物滤池被称为高负荷生物滤池,与此相对,早期的生物滤池称为普通生物滤池。

20 世纪 50 年代，在原民主德国，按化学工业中的填料塔方式，有人建造了塔式生物滤池，它的直径与高度比为 1∶6～1∶8，高度达 8～24 m。这种塔式生物滤池通风畅行，净化功能良好。这种滤池的问世，使生物滤池占地面积大的问题进一步得到解决。

随着塑料工业的发展，由塑料制备的列管式或蜂窝式轻质滤料开始使用，这进一步促进了生物滤池的发展。

生物滤池在发展过程中，从低负荷发展为高负荷，突破了传统采用的滤料层高度，应用范围不断扩大。

6.3.1　普通生物滤池

第一代的生物滤池是普通生物滤池，是生物滤池早期出现的类型，又叫滴滤池。

6.3.1.1　普通生物滤池的构造

普通生物滤池由池体、滤料、布水装置和排水系统等 4 部分所组成，具体构造如图 6.2 所示。

1. 池体

普通生物滤池在平面上多呈方形或矩形。四周筑墙称之为池壁，一般多用砖石筑造，池壁应当能够承受滤料压力，具有围护滤料的作用。池壁有带孔洞的和不带孔洞的两种形式，池壁有孔洞利于滤料内部的通风，但在低温季节，易受低温的影响，导致净化功能降低。为了防止风力对池表面均匀布水的影响，池壁应设超高，一般应高出滤料表面 0.5～0.9 m。池体的底部应具有支撑滤料和排除处理后的污水的作用。

2. 滤料

滤料对生物滤池的净化功能有直接影响，是生物滤池的核心，应慎重选用。

滤料应具备如下特点：

①质坚、高强、耐腐蚀、抗冰冻。

②较高的比表面积。比表面积是指单位容积滤料所具有的表面积。生物量则是控制生物处理技术净化功能的重要参数之一，滤料表面是生物膜形成、固着的部位，较高的表面积是保持较高生物量的必要条件。滤料表面应宜于生物膜固着的同时，也应宜于污水的均匀流动。

③较大的空隙率。空隙率是指单位容积滤料中所持有的空间所占有的百分率。滤料之间的空间是生物膜、污水和空气三相接触的部位，是氧传递的重要部位。

滤料的比表面积与空隙率是此消彼长的关系，比表面积高，空隙率则低，提高空隙率，滤料的表面积必然下降。平衡空隙率与比表面积的关系至关重要。当空隙率为 45%左右时，滤料的比表面积则为 65～100 m^2。

④就地取材，便于加工和运输。普通生物滤池一般多采用如碎石、卵石、炉渣和焦炭等实心材料作滤料。滤料一般分为两层，即工作层和承托层，工作层厚度一般为 1.3～1.8 m，粒径介于 25～40 mm，承托层厚度一般为 0.2 m，滤料径介于 70～100 mm，滤料总厚度约为 1.5～2.0 m。

为了保证滤料具有较高的空隙率，滤料在充填前需加以仔细筛分，并洗净，各层中的滤料及其直径应均匀一致，不合格率不得超过 50%。

3. 布水装置

生物滤池布水装置是向滤池表面均匀地撒布污水。它应具有适应水量的变化、不易堵塞、易于清通以及不受风雪的影响等特征。

普通生物滤池传统的布水装置是固定喷嘴式布水装置系统。这种布水系统是由投配池、布水管道和喷嘴等几部分所组成的，具体结构如图 6.2 所示。

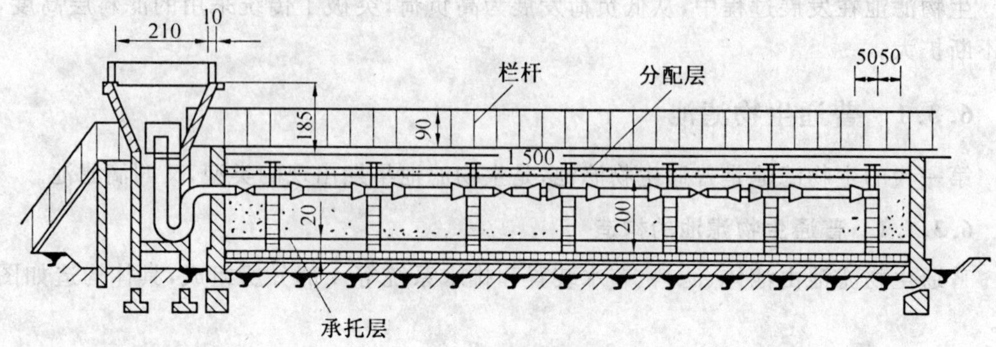

剖面 I—I

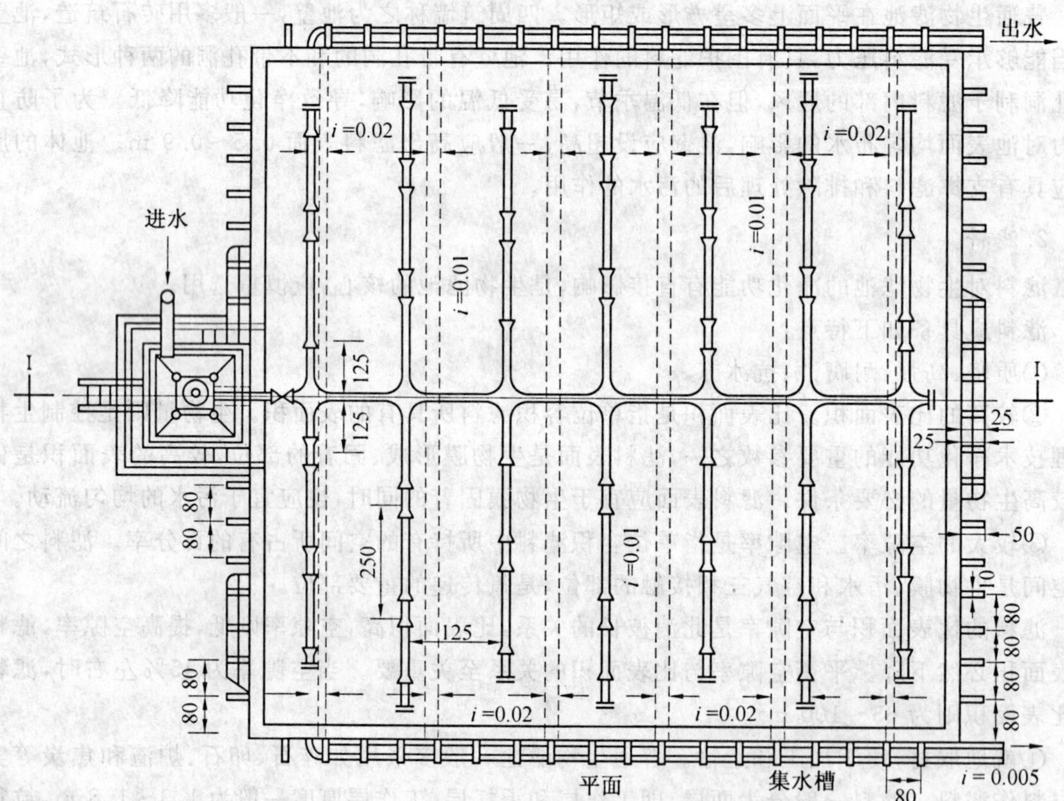

单位：cm

图 6.2　普通生物滤池构造图

投配池设于滤池的一端或两座滤池的中间。在滤池表面下 0.5～0.8 m 敷设布水管道，在其上装有一系列排列规矩的竖管，竖管伸出池面 0.15～0.20 m。竖管顶端安装喷嘴，喷嘴有多种类型，它的作用是均匀布水，图 6.3 所示即为其中的几种。

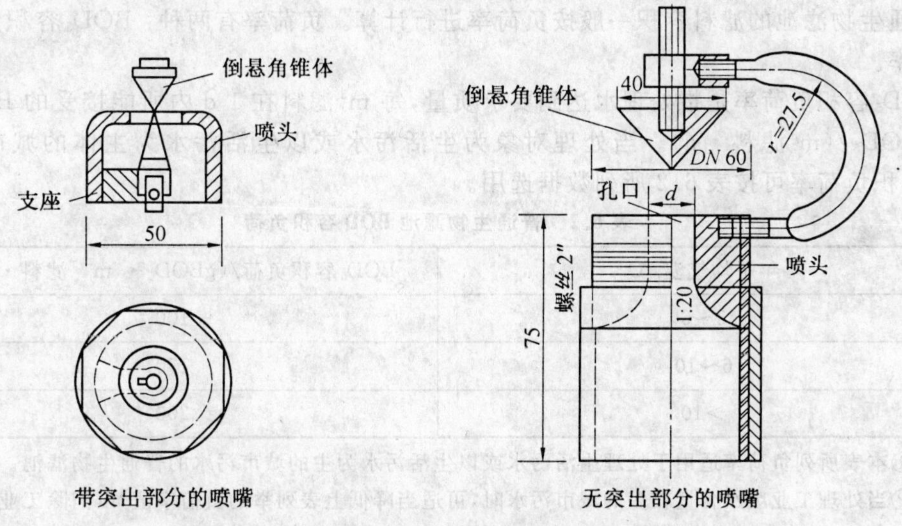

图 6.3　固定喷嘴式布水装置所使用的喷嘴

投配池内设虹吸装置，投配池间歇供水，但是向投配池的供水是连续的。污水流入投配池内达到一定高度后，虹吸装置就会开始作用，污水泄入布水管道并从喷嘴喷出，被倒立圆锥体所阻，向四外飞溅，形成水花。当投配池内的水位降到一定位置后，虹吸被破坏，喷水停止。喷水周期为 5～8 min，小型污水处理厂不应大于 15 min。这种布水装置具有运行简便，宜于管理和受气候的影响较小的优点，缺点是需要的水头较大，约需要 20 m。

4. 排水系统

生物滤池的排水系统有两个作用：一是排除处理后的污水；二是保证滤池的良好通风。它设于池的底部，底部空间的高度不应小于 0.6 m。排水系统包括渗水装置、汇水沟和总排水沟等。

渗水装置的作用是支撑滤料，排出滤过的污水，进入空气。为了保证滤池通风良好，渗水装置与池底之间的距离不得小于 0.4 m，渗水装置上的排水孔隙的总面积不得低于滤池总表面积的 20%。渗水装置有多种形式，图 6.4 所示的是使用比较广泛的混凝土板式渗水装置。

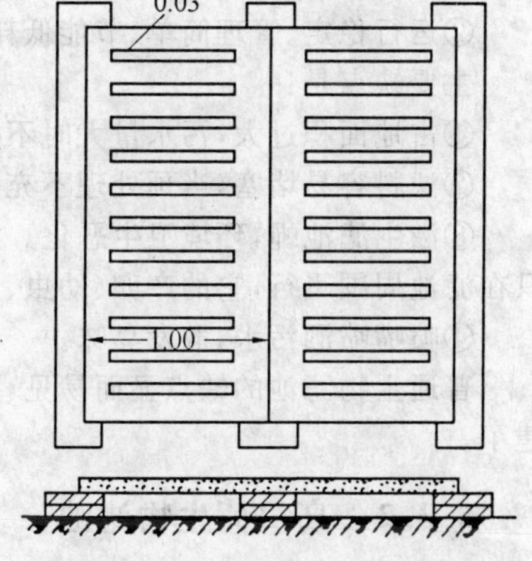

图 6.4　混凝土板式渗水装置

池底坡度大约为 1%～2%，坡向汇水沟，汇水沟宽度 0.15 m，间距 2.5～4.0 m，并以坡向总排水沟，汇水沟的坡度大约为 0.5%～10%，总排水沟的坡度不应小于 0.5%；为了通风良好，总排水沟的过水断面积应小于其总断面的 50%；为了避免发生沉积和堵塞现象，沟内流速应大于 0.7 m/s。

对小型的普通生物滤池，池底可全部做成 1% 的坡度坡向总排水沟，不设汇水沟。

滤池底部四周应设置总面积不得小于滤池表面积 1% 的通风孔。

6.3.1.2 普通生物滤池的设计与计算

普通生物滤池的设计与计算包括两个部分：一部分是滤料的选定，滤料容积的计算以及滤池各部位（如池壁、排水系统）的设计；另一部分是布水装置系统的计算与设计。

普通生物滤池的滤料容积一般按负荷率进行计算。负荷率有两种：BOD_5容积负荷率，水力负荷率。

BOD_5容积负荷率是指处理水达到要求质量，每 m^3 滤料在 1 d 内所能接受的 BOD 量，单位是 $gBOD_5/(m^3$滤料 · d)。当处理对象为生活污水或以生活污水为主体的城市污水时，BOD_5容积负荷率可按表 6.2 所列数据选用。

表 6.2 普通生物滤池 BOD 容积负荷

年平均气温/℃	BOD_5容积负荷/($gBOD_5 \cdot m^{-3}$滤料 · d^{-1})
3～6	100
6～10	170
>10	200

注：①本表所列负荷率适用于处理生活污水或以生活污水为主的城市污水的普通生物滤池。

②当处理工业废水含量较多的城市污水时，可适当降低上表列举的负荷率值，以消除工业废水所造成的影响。

③若冬季污水温度高于 6 ℃，则上表所列负荷率值应乘以 $T/10$（T 为污水在冬季的平均温度）。

水力负荷率是指处理水达到要求质量，每 m^3 滤料或每 m^2 滤池表面在 1 d 内所能够接受的污水水量（m^3），单位是 $m^3/(m^3$滤料 · d)或 $m^3/(m^2$滤池表面 · d)。处理生活污水或以生活污水为主体的城市污水时，水力负荷值可取 1～3 $m^3/(m^2$滤池表面 · d)，BOD 容积负荷为 0.15～0.3 kg $BOD_5/(m^3$滤料 · d)。

6.3.1.3 普通生物滤池的适用范围与优缺点

日污水量不高于 1 000 m^3 的小城镇污水或有机性工业废水可采用普通生物滤池处理。普通生物滤池处理主要优点是：

①处理效果好，BOD_5的去除率可达 95%以上；

②运行稳定、管理简单、节能低耗。

主要缺点是：

①占地面积过大，污水量大时不宜采用；

②滤料容易堵塞，当预处理不充分或生物膜季节性大规模脱落时，滤料都可能堵塞；

③滋生滤池蝇，环境卫生恶化。滤池蝇是一种体型比家蝇小的苍蝇，它的飞行能力较弱，只在滤池周围飞行，它的产卵、幼虫、成蛹、成虫等生殖过程都在滤池内进行；

④喷嘴喷洒污水，散发臭味。

普通生物滤池的缺点显而易见，限制其应用范围，近年来有日渐被淘汰的趋势，已很少新建了。

6.3.2 高负荷生物滤池

6.3.2.1 高负荷生物滤池的特征

高负荷生物滤池是在解决、改善普通生物滤池在净化功能和运行中存在的实际弊端的基础上而开创的，是生物滤池的第二代工艺。

高负荷生物滤池通过限制进水 BOD_5 值和在运行上采取处理水回流等技术措施，使滤池的负荷率大幅度地提高，其 BOD_5 容积负荷率高于普通生物滤池 6.8 倍，水力负荷率则高达 10 倍。进入高负荷生物滤池的 BOD_5 值必须低于 200 mg/L，否则用处理水回流加以稀释。处理水回流可以产生以下各项效应：

①进水水质得到均化与稳定；

②生物膜经常保持较高的活性，这是因为加大水力负荷，过厚和老化的生物膜及时地被冲刷，生物膜更新加速，厌氧层发育得到抑制；

③抑制滤池蝇的过度滋长；

④臭味散发得到减轻。

回流水量(Q_R)与原污水量(Q)之比称为回流比(R)，即

$$R=\frac{Q_R}{Q} \tag{6.1}$$

喷洒在滤池表面上的总水量(Q_T)为

$$Q_T=Q+Q_R \tag{6.2}$$

总水量(Q_T)与原污水量(Q)的比值称为循环比(F)，即

$$F=\frac{Q_T}{Q}=1+R \tag{6.3}$$

采取处理水回流措施，原污水的 BOD 值(或 COD 值)被稀释，进入滤池污水的 BOD 浓度可根据如下关系式计算

$$S_a=\frac{S_0+RS_e}{1+R} \tag{6.4}$$

式中　S_a——向滤池喷洒污水的 BOD 值，mg/L；

S_0——原污水的 BOD 值，mg/L；

S_e——滤池处理水的 BOD 值，mg/L；

R——回流比。

高负荷生物滤池的回流比值可采用表 6.3 所列举的数据，这是埃肯费尔德对回流比提出的建议值。

表 6.3　高负荷生物滤池的回流比值(埃肯费尔德建议值)

污水的 BOD_5 值 /($mg \cdot L^{-1}$)	高负荷生物滤池的回流比值	
	一段	二段或各段
＜150	0.75～1.0	0.5
150～300	1.5～2.0	1.0
300～450	2.25～3.0	1.5
450～600	3.0～4.0	2.0
600～700	3.75～5.0	2.5
750～900	4.5～6.0	3.0

6.3.2.2 高负荷生物滤池的流程系统

高负荷生物滤池具有多种多样的流程系统。图 6.5 所示为单池系统的几种具有代表性的流程。

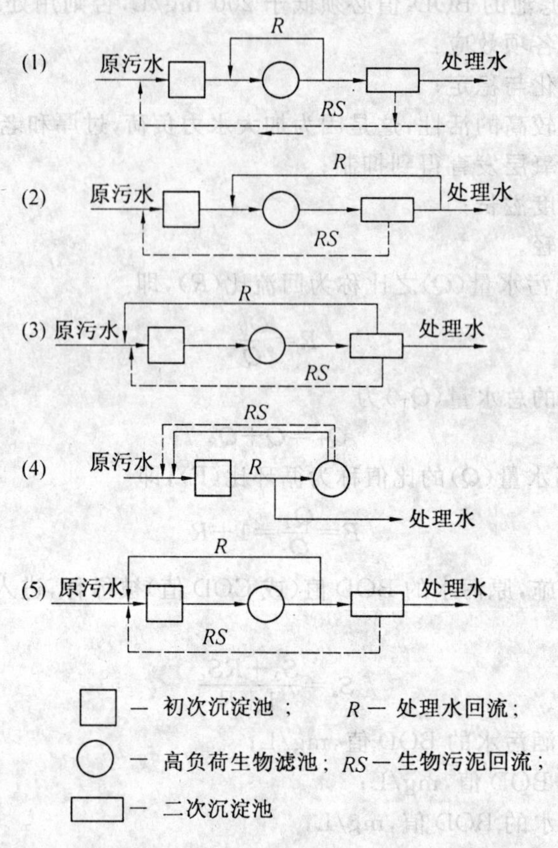

图 6.5 高负荷生物滤池典型流程

系统(1)是应用比较广泛的高负荷生物滤池处理系统，这种系统有利于生物膜的接种。促进生物膜的更新。生物滤池出水直接向滤池回流；由二次沉淀池向初次沉淀池回流生物污泥。此外，初沉池的沉淀效果由于生物污泥的注入而有所提高。

系统(2)的高负荷生物滤池系统应用也比较广泛。处理水回流滤池前，可避免加大初沉池的容积，初次沉淀池的沉淀效果由于生物污泥由二次沉淀池回流初沉池而提高。

系统(3)，处理水和生物污泥同时从二沉池回流初沉池，初沉池的沉淀效果得到提高，滤池的水力负荷也随之加大。但初沉池的负荷加大了，这是这种系统的不利之处。

系统(4)，此系统不需二沉池，初沉池兼行二次沉淀池的功能，滤池出水（含生物污泥）直接回流至初次沉淀池，提高了初沉池的效果。

系统(5)，处理水直接由滤池出水回流，生物污泥则从二次沉淀池回流，然后两者同步回流初次沉淀池。

一段滤池负荷率高，生物膜生长快，脱落生物膜易于积存并产生堵塞现象。

原污水浓度较高，或对处理水质要求较高时，可采用二段（级）滤池处理系统。二段滤池有多种组合方式，图 6.6 所示为其中主要的几种。

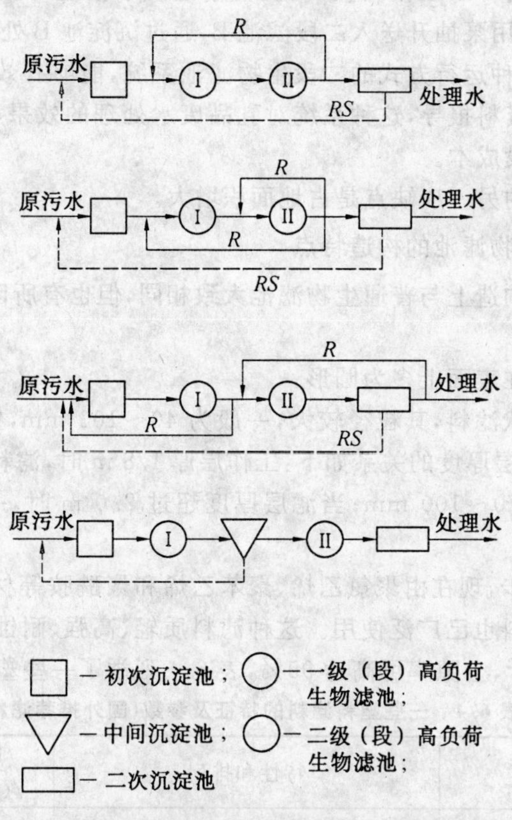

图 6.6　二段(级)高负荷生物滤池系统

设中间沉淀池的目的是减轻二段滤池的负荷，避免堵塞，但也可以不设。

二段生物滤池系统的主要缺点是：负荷率不均，二段滤池往往负荷率低，生物膜生长不佳，滤池容积不能得到充分利用，为了解决这一问题，可以考虑采用交替配水的二段生物滤池系统，如图 6.7 所示。

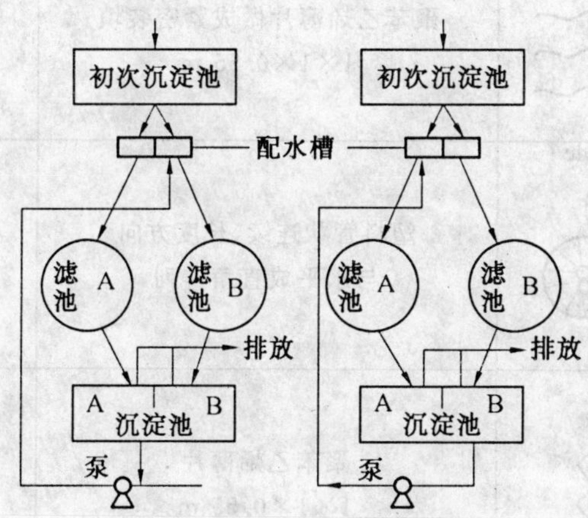

图 6.7　交替配水二段生物滤池系统

这一系统的水流方向可以互相调换，沉淀污水经配水槽进一段滤池 A，再经二沉池的 A 沉淀池处理，然后处理水用泵抽升送入二段滤池 B，通过沉淀池 B 处理后排放。经一段时间运行后，水流方向调换。这种运行方式的二段生物滤池系统，能够有效地提高处理效果，减少堵塞现象的发生。据有关资料报导，这种系统对乳品废水处理的效果明显。本系统的主要缺点是：需增设泵站，增加建设成本。

二段生物滤池系统的另一项缺点是占地面积增大。

6.3.2.3 高负荷生物滤池的构造特点

高负荷生物滤池在构造上与普通生物滤池大致相同，但也有所区别，高负荷生物滤池的主要构造特点是：

①高负荷生物滤池在表面上多为圆形。

②滤料。如使用粒状滤料，其粒径较大，一般为 40～100 mm，空隙率较高。滤料层高一般为 2.0 m，滤料粒径与层厚度的关系如下：工作层厚 1.8 m 时，滤料粒径 40～70 mm；承托层厚 0.2 m 时，滤料粒径 70～100 mm；当滤层厚度超过 2.0 m 时，一般应采用人工通风的措施。

随着材料科学的进步，现在由聚氯乙烯、聚苯乙烯和聚酰胺等材料制成的呈波形板状、列管状和蜂窝状等人工滤料也已广泛使用。这种滤料质轻、高强、耐蚀，每 m^3 滤料质量约 43 kg 左右，表面积可达 200 m^2，空隙率可高达 95%，表 6.4 列举了一些塑料滤料的特征及参数。

表 6.4 一些塑料滤料的特征及参数（国外推荐滤料）

形状	种类	特性和排列	比表面积 /($m^2 \cdot m^{-3}$)	孔隙率/%
波纹	Flocor	塑料薄板制成 1×1×0.6 m	85①	98
	Surfpac	聚苯乙烯薄片做成紧密装填 1×1×0.55 m	187	94
管式	Cloisonyle	塑料管状连续，长度方向与水平成直角排列	220	94
蜂窝	Surfpac	聚苯乙烯薄片 1×1×0.55 m	82	94

注：①Flocor 填料，国内计算比表面积为 110 m^2/m^3。

③布水器。高负荷生物滤池多使用旋转布水器，如图 6.8 及 6.10 所示，带有一定压力的污水先流入位于池中央处的固定竖管，再流入布水横管，横管中轴距滤池池面 0.15～0.25 m，有 2 根或 4 根，横管绕竖管旋转。在横管的同一侧开有一系列间距不等的孔口，中心疏，周边密。污水从孔口喷出，产生反作用力，从而使横管按与喷水的反方向旋转。

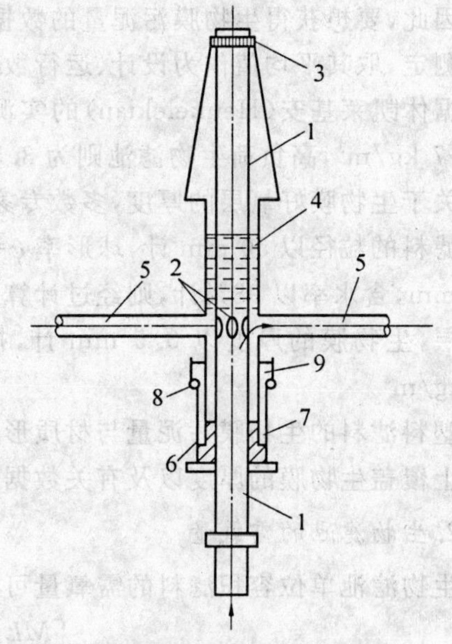

图 6.8　旋转布水器的水银封构造

1—有溢水孔口的固定竖管；2—溢水孔口；3—轴承；3—旋转套管；5—横管；6—固定嵌槽；7—水银封；8—球体；9—封闭油脂

横管与固定竖管连接处是旋转布水器的重要部位，有如下要求：能够保证污水从竖管通畅地流入横管；能使横管在水流反作用力的作用下，顺利地进行旋转；封闭良好，污水不外溢。横管与固定竖管连接处有多种结构形式，图 6.9 所示为其中较为广泛应用，而又构造简单的一种。

图 6.9 为采用旋转布水器的高负荷生物滤池平面示意图与剖面示意图。这种布水装置所需水头较小，一般介于 0.25～0.8 m 之间，也可使用电力驱动。

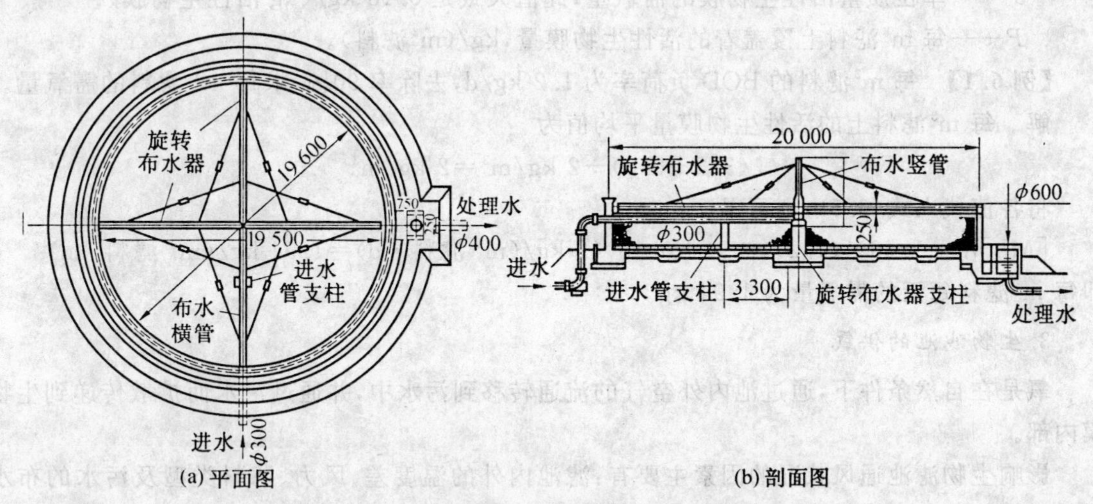

图 6.9　高负荷生物滤池平面与剖面示意图

6.3.2.4　高负荷生物滤池的需氧与供氧

1. 生物膜量

生物滤池滤料表面生成的生物膜污泥，相当于活性污泥法曝气池中的活性污泥。相对于曝气池内混合液浓度，单位容积滤料的生物膜质量，能够用以表示生物滤池内的生物量。

生物膜污泥量，是难于精确计算的，除了原污水的水质、负荷率等因素能够影响生物膜污泥的数量外，活性生物膜（生物膜好氧层）厚度和其沿滤池深度分布的不同，也给生物膜污泥数量的计算造成困难，因此，生物膜污泥量，是难于精确计算的。

因此，要想获得生物膜污泥量的数据，应通过实测取得，沿滤池的深度，按池的上层、下层分别测定，取其平均值作为设计、运行数据。

据休凯莱基安(Heukelekian)的实测，处理城市污水的普通生物滤池的生物膜污泥量是 4.5～7 kg/m^3，高负荷生物滤池则为 3.5～6.5 kg/m^3。

关于生物膜好氧层的厚度，多数专家认为是在 2 mm 左右，含水率按 98%考虑。

滤料的粒径以 50 mm 计，球形率 $\varphi=0.78$，则每 m^{3}滤料的表面积将约为 80 m^2；生物膜厚为 2 mm，含水率以 98%计，则经过计算，每 m^{3}滤料上的活性生物膜量为 3.2 kg/m^3。在滤池的下层，生物膜的厚度以 0.5 mm 计，按照上面的计算方法，则每 m^{3}滤料上的生物膜量为 0.8 kg/m^3。

塑料滤料的生物膜污泥量与材质形状有关，应根据生产厂家提供的滤料比表面积和滤料表面上覆盖生物膜的厚度以及有关数据进行计算。

2. 生物滤池的需氧量

生物滤池单位容积滤料的需氧量可按下列公式计算

$$[ML]_{O_2}=a'\mathrm{BOD_r}+b'P \tag{6.5}$$

式中　$[ML]_{O_2}$——生物滤池单位容积滤料的需氧量，kg/(m^3 滤料 · d)；

a'——每 kg BOD$_5$完全降解所需的氧(kg)，对城市污水，此值在 1.46 kg 左右；

BOD$_r$——在生物滤池上去除的 BOD$_5$值；

b'——单位质量活性生物膜的需氧量，此值大致是 0.18 kg/(kg 活性生物膜)；

P——每 m^{3}滤料上覆盖着的活性生物膜量，kg/(m^{3}滤料)。

【例 6.1】 每 m^{3}滤料的 BOD 负荷率为 1.2 kg/d，去除率 90%，求每 m^3 滤料的需氧量。

解　每 m^{3}滤料上的活性生物膜量平均值为

$$(3.2+0.8)\div 2\ \mathrm{kg/m^3}=2\ \mathrm{kg/m^3}$$

将各值代入式(6.5)，则可得

$$[ML]_{O_2}=1.46\times(1.2\times0.9)+0.18\times2\ \mathrm{kg/(m^3\ 滤料\cdot d)}=1.94\ \mathrm{kg/(m^3\ 滤料\cdot d)}$$

即每 m^{3}滤料每天的需氧量为 1.94 kg。

3. 生物滤池的供氧

氧是在自然条件下，通过池内外空气的流通转移到污水中，并通过污水而扩散传递到生物膜内部。

影响生物滤池通风状况的因素主要有：滤池内外的温度差、风力、滤料类型及污水的布水量等，其中特别是滤池内外的温度差，能够决定空气在滤池内的流速、流向等。滤池内部的温度大致与水温相等，在夏季，滤池内温度低于池外气温，空气由上而下，冬季则正好相反。

池内外温差与空气流速的关系，可按下面的经验公式确定

$$v=0.075\times\Delta T-0.15 \tag{6.6}$$

式中　v——空气流速，m/min；

ΔT——滤池内外温差，℃；

这里 0.075 及 0.15 均为经验数值。

从公式可见，当 $\Delta T=2$ ℃、$v=0$ 时，空气流通停止。在一般情况下，ΔT 值为 6 ℃，按上式计算，空气流度为 0.3 m/min＝18 m/h＝432 m/d。即每 m^{3}滤料每日通过的空气量为

432 m^3，每 m^3空气中氧的含量大约是 0.28 kg，则向生物膜提供的氧量总共为 120.96 kg，氧的利用率以 5% 考虑，则实际上能够利用的氧量为 6.048 kg。照此计算，当 BOD 负荷率为 1.2 kg/(m^3滤料 · d)时，氧是充足的。

通过上面的论证，生物滤池运行正常、通风良好，是不存在供氧问题的。

6.3.2.5 高负荷生物滤池的工艺计算与设计

高负荷生物滤池的工艺计算与设计分为两部分：一是滤池池体的工艺计算与设计；二是旋转布水器的计算与设计，现分别阐述于下。

1. 滤池池体的工艺计算与设计

滤池池体的工艺计算与设计的根本是确定滤料容积以及确定滤池深度和计算滤池表面面积。

滤池池体的工艺计算有多种方法，本书介绍的是使用较为广泛的负荷率法。

滤池池体的负荷率计算法，按日平均污水量进行。高负荷生物滤池池体的工艺计算以处理水水质达到一定要求为前提，常用的负荷率有 BOD 容积负荷率、BOD 面积负荷率及水力负荷率。

①BOD 容积负荷率是指每 m^3 滤料在每日内所能接受的 BOD_5 值，以 gBOD_5/(m^3滤料 · d)计，此值一般不宜高于 1 200 g BOD_5/(m^3滤料 · d)；

②BOD 面积负荷率是指每 m^3 滤池表面在每日所能够接受的 BOD_5 值，以 gBOD_5/(m^3滤料表面 · d)计，一般取值介于 1 100～2 000 gBOD_5/(m^3滤料表面 · d)。

③水力负荷率是指每 m^2 滤池表面每日所能够接受的污水量，一般介于 10～30 m^3/(m^2 · d)之间。

进入的污水，要求其 BOD_5 值必须低于 200 mg/L，否则应采取处理水回流措施。回流比可通过计算确定。在进行工艺计算前，首先应当确定进入滤池的污水经回流水稀释后的稀释倍数。

经处理水稀释后，进入滤池污水的 BOD_5 值为

$$S_a = \alpha S_e \tag{6.7}$$

式中 S_a——向滤池喷洒污水的 BOD 值，mg/L；

S_e——滤池处理水的 BOD 值，mg/L；

α——污水稀释系数，可按表 6.5 所列数据选用。

表 6.5 污水稀释系数 α 的取值

污水冬季平均温度/℃	年平均气温/℃	滤料层高度 D/m				
		2.0	2.5	3.0	3.5	4.0
8～10	<3	2.5	3.3	4.4	5.7	7.5
10～14	3～6	3.3	4.4	5.7	7.5	9.6
>14	>6	4.4	5.7	7.5	9.6	12.0

回流稀释倍数 n 为

$$n = \frac{S_0 - S_a}{S_a - S_e} \tag{6.8}$$

式中　S_0—— 原水的 BOD_5 值，mg/L。

下面按照 3 种方法分别计算：

(1) 按 BOD 容积负荷率计算

滤料容积 V 为

$$V=\frac{Q(n+1)S_a}{N_V} \tag{6.9}$$

式中　N_V——BOD 容积负荷率，$gBOD_5/(m^3$ 滤料·d)；

Q—— 原污水日平均流量，m^3/d。

滤池表面积 A 为

$$A=\frac{V}{D} \tag{6.10}$$

式中　D—— 滤料层高度，m。

(2) 按 BOD 面积负荷率计算

滤池面积为

$$A=\frac{Q(n+1)S_a}{N_A} \tag{6.11}$$

式中　N_A——BOD 面积负荷率，$gBOD_5/(m^2$ 滤池面积·d)。

滤料容积为

$$V=D\cdot A \tag{6.12}$$

(3) 按水力负荷率计算

滤池面积为

$$A=\frac{Q(n+1)}{N_q} \tag{6.13}$$

式中　N_q—— 滤池表面水力负荷，m^3 污水 /(m^2 滤池面积·d)。

滤料容积计算与式(6.12)相同。

【例 6.2】　某城市设计人口为 10 万人，排水量标准为 200 L/(人·d)，BOD_5 以每人 27 g/d 计算。

该市设有一座排水量较大的肉类加工厂，生产废水量为 1 500 m^3/d。BOD_5 值为 1 800 mg/L。

该市年平均气温 10 ℃，冬季城市污水水温 15 ℃。

要求处理水排放 BOD_5 值应低于 30 mg/L。

按照采用高负荷生物滤池处理，进行工艺计算与设计。

解　1. 确定该市城市污水的各项参数

① 污水量 Q

$$Q/(m^3\cdot d^{-1})=100\ 000\times 0.2+1\ 500=21\ 500$$

② 污水的 BOD_5 值 S_0

$$S_0/(g\cdot m^{-3})=(100\ 000\times 27+1\ 500\times 1\ 800)\times\frac{1}{21\ 500}=251.16$$

③ 进入滤池污水的 BOD_5 值

因 $S_0>200$ mg/L，原污水必须用处理水回流稀释，稀释后的污水达到的 BOD_5 值按式

(6.7) 计算。

$$S_a = \alpha S_e$$

出水 $S_e = 30$ mg/L，按表 6.5 选用 α 值，该市年平均气温 > 6 ℃，冬季污水平均水温为 15 ℃，池滤层深度取 2.0 m，查表 6.5 得 $\alpha = 4.4$，代入上式，得

$$S_a/(\mathrm{g \cdot m^{-3}}) = 4.4 \times 30 = 132$$

④ 回流稀释倍数，按式(6.8) 计算。

$$n = \frac{251 - 132}{132 - 30} = 1.167 \approx 1.2$$

2. 计算滤料容积、池表面面积

按 BOD 面积负荷率计算，所得结果再用 BOD 容积负荷率和水力负荷率加以校核。

(1)BOD 面积负荷率取偏高值 1 750 g BOD_5/(m^2 滤料表面 · d)。按式(6.11)，得

$$A/\mathrm{m^2} = \frac{21\,500 \times (1.2 + 1) \times 132}{1\,750} = 3\,567.8$$

(2) 滤料的总容积

$$V/\mathrm{m^3} = 2.0 \times 3\,567.8 = 7\,135.6$$

(3) 校核 BOD 容积负荷和水力负荷是否在适宜的范围内。

① 校核 BOD 容积负荷

按公式(6.9)

$$N_V/(\mathrm{g \cdot m^{-3} \cdot d^{-1}}) = \frac{Q(n+1)S_a}{V} = \frac{21\,500 \times (1.2 + 1) \times 132}{7\,135.6} = 874$$

$$N_V = 874\ \mathrm{g/(m^3 \cdot d)} < 1\,200\ \mathrm{g/(m^3 \cdot d)}$$

符合要求。

② 校核水力负荷

$$N_q/(\mathrm{m^3 \cdot m^{-2} \cdot d^{-1}}) = \frac{Q(n+1)}{A} = \frac{21\,500 \times (1.2 + 1)}{3\,567.8} = 13.26$$

$N_q = 13.26\ \mathrm{m^3/(m^2 \cdot d)}$ 介于 $10 \sim 30\ \mathrm{m^3/(m^2 \cdot d)}$ 之间，也符合要求。

3. 滤池座数、每座表面面积、滤池直径等各项参数的确定

设计采用 8 座滤池，每座滤池表面面积为

$$\frac{3567.8}{8}\mathrm{m^2} = 445.98\ \mathrm{m^2} \approx 446\ \mathrm{m^2}$$

每座滤池直径为

$$D_F/\mathrm{m} = \sqrt{\frac{4A_1}{\pi}} = \sqrt{\frac{4 \times 446}{3.14}} = 23.83 \approx 24$$

每座滤池的直径确定为 24 m。

即采用 8 座直径 24 m，高 2.0 m 的高负荷生物滤池。

上述的负荷率计算法属经验计算法，所提出的各项负荷率数据都是在对运行数据归纳整理的基础上确定的。这种计算法有一定的实用意义，但在理论探讨方面不足。在世界范围内，高负荷生物滤池的工艺计算，还有埃肯费尔德(Eckenfelder)、维尔茨(Velz)、舒尔兹(Schulze)等美国专家及俄罗斯专家雅科夫列夫 · 斯 · 维等提出的计算方法，这些计算方法以一定的实际运行数据作为基础，在滤池去除有机污染物的理论方面作了某些探讨，具有一定的理论意

义。

2.旋转布水器的计算与设计

(1) 旋转布水器直径(D')的确定

旋转布水器的直径较滤池的池径 D' 小 200 mm,即

$$D' = D - 200 \tag{6.14}$$

(2) 布水横管的数目及其管径(D'')的确定

一般设计 2 ~ 4 根布水横管,污水在管中的流速 $v = 0.5 \sim 1.0$ m/s,其管径为

$$D'' = \sqrt{\frac{q}{4\pi v}} \tag{6.15}$$

式中　q—— 计算流量,m^3/s。

(3) 布水横管参数的确定

包括每根布水横管的出水孔口数(m)、孔口直径(d) 及每个孔口距滤池中心的距离(r_i)。

按污水从孔口流出的流速不小于 0.5 m/s 和每个孔出水的喷洒面积基本相同等两项条件考虑,每根布水横管上的出水孔口数为

$$m = \frac{1}{1 - \left(1 - \frac{a}{D'}\right)} \tag{6.16}$$

式中　a—— 最末端的两个出流孔口间距的 2 倍,取值 80 mm;

D'—— 出流孔口直径,D' 一般在 10 ~ 15 mm 之间,不得小于 10 mm。

每个出流孔口距滤池中心的距离(r_i) 为

$$r_i = R\sqrt{\frac{i}{m}} \tag{6.17}$$

式中　R—— 布水器的半径,mm;

i—— 从池中心算起,每个出流孔口在布水横管上的排列顺序。

孔口间距在池中心处大,向池边逐渐减小,一般从 300 mm 逐步减小到 40 mm,这样设计是为了均匀布水的要求。

(4) 旋转布水器每分钟的旋转周数

旋转布水器的旋转周数可近似地按下面公式计算

$$n = \frac{34.78 \cdot 10^6}{m \cdot d^2 \cdot D'} \tag{6.18}$$

(5) 布水器工作水头的计算

旋转布水器所需要的水头由 3 部分组成:为了克服竖管及布水横管的沿程阻力;出水孔口的局部阻力;由于流量沿布水横管从池中心向池壁方向逐渐降低,流速逐渐减慢所形成的流速恢复水头。因此,布水器工作水头为

$$H = h_1 + h_2 + h_3 \tag{6.19}$$

式中　H—— 旋转布水器所需工作水头,m;

h_1—— 沿程阻力损失,m;

h_2—— 出水孔口局部阻力损失,m;

h_3—— 布水横管的流速恢复水头,m。

俄国给水排水设计总院在试验的基础上，确定了求定 h_1、h_2 及 h_3 各项的计算方法，介绍如下

$$h_1=\frac{q^2 294D'}{K^2 \cdot 10^3} \tag{6.20}$$

$$h_2=\frac{256\times 10^6 q^2}{m^2 \cdot d^4} \tag{6.21}$$

$$h_3=\frac{81\times 10^6 q^2}{D''^4} \tag{6.22}$$

式中　q—— 每根布水横管的污水流量，L/s；

m—— 每根布水横管上的孔口数目；

d—— 孔口直径，mm；

D''—— 布水横管的管径，mm；

D'—— 旋转布水器的直径；

K—— 流量模数，其值按下式计算确定

$$K=\frac{\pi D''^2 C\sqrt{R}}{4} \tag{6.23}$$

式中　C—— 阻力系数，按巴甫洛夫斯基公式计算确定；

R—— 布水横管的水力半径。

K 值也可按表 6.6 所列数值选用。

表 6.6　流量模数 K 的取值

D/mm	50	63	75	100	125	150	175	200	250
流量模数 $K/(\mathrm{L\cdot s^{-1}})$	6	11.5	19	43	86.5	134	209	300	560
K^2	36	132	361	1 849	6 500	18 000	43 680	90 000	311 000

于是，式(6.14)可写成

$$H=q^2\left(\frac{294D'}{K^2\cdot 10^3}+\frac{256\times 10^6}{m^2\cdot d^4}-\frac{81\times 10^6}{D^4}\right) \tag{6.24}$$

旋转布水器所需水头较小，仅为 0.2 ～ 1 m，这也是这种布水器所具有的优势之一。实践证明，按照公式计算的水头偏小，实际应用时，采用的水头应比上述计算值增加 50% ～ 100%。

旋转布水器的计算示意图如图 6.10 所示。

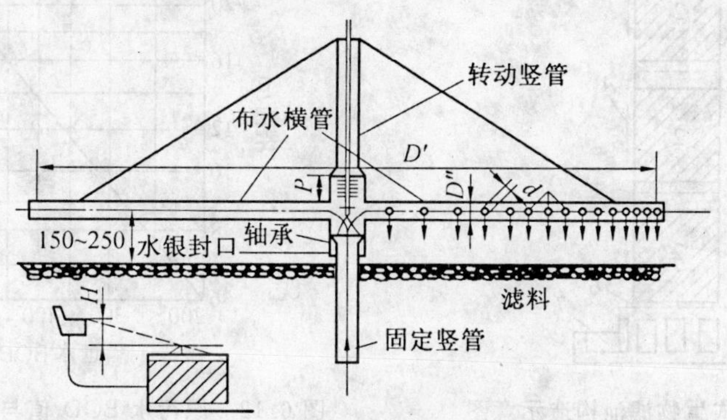

图 6.10　旋转布水器计算示意图

旋转布水器所需水头小，布水均匀，易于管理，主要缺点是：必须将滤池建成圆形，占地面

积较大。

6.3.3 塔式生物滤池

20 世纪 50 年代初由前民主德国环境工程专家应用气体洗涤塔原理所开创了塔式生物滤池，简称滤塔，属第三代生物滤池。这种滤池得到较为广泛的应用，在我国也得到一定的应用。

6.3.3.1 塔式生物滤池的特征

1. 在构造方面

塔式生物滤池一般高达 8 ～ 24 m，直径 1 ～ 3.5 m，径高比介于 1∶6 ～ 1∶8 左右，呈塔状。在平面上塔式生物滤池多为圆形。在构造上由塔身、滤料、布水系统以及通风及排水装置所组成。图 6.11 为塔式生物滤池的构造示意图。

(1)塔身

塔身的主要作用是围挡滤料，塔身的材质没有一定的规定，可用砖砌筑，也可以在钢筋混凝土现场浇筑或预制板构件现场组装。也可以采用钢框架结构，四周用塑料板或金属板围嵌，这样池体重量能够大为减轻。

塔身一般沿塔高分层建造，在分层处设置格栅，格栅承托在塔身上，而其本身又承托着滤料。滤料荷重分层负担，为避免将滤料压碎，每层高度以不大于 2.5 m 为宜。每层都应设检修口，以便滤料更换。除此之外应设测温孔和观察孔，用以测量池内温度和观察塔内滤料上生物膜的生长情况和滤料表面布水均匀程度，并方便取样分析测定。

为避免风吹影响污水的均匀分布，塔顶上缘应有超高，以高出最上层滤料表面 0.5m 左右为宜。

塔的高度在一定程度上能够影响滤塔对污水的处理效果。资料表明，在负荷一定的条件下，滤塔的高度增高，处理效果也会增高。在处理水水质的要求确定后，滤塔的高度可以根据进水浓度确定，图 6.12 所示为原污水以 BOD_u 的浓度与滤塔高度之间的关系。

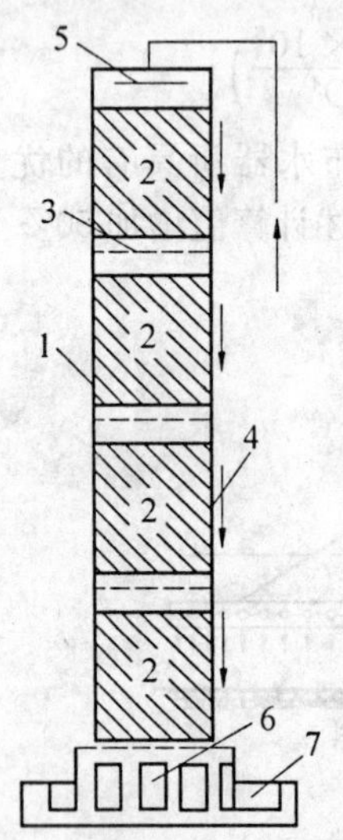

图 6.11 塔式生物滤池构造示意图

1—塔身；2—滤料；3—格栅；4—检修口；5—布水器；6—通风孔；7—集水槽

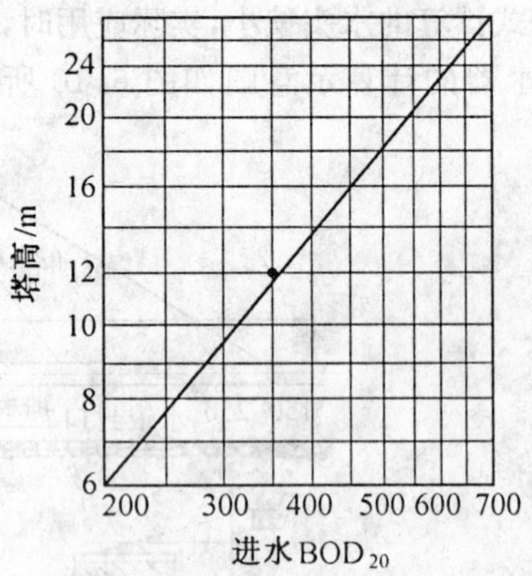

图 6.12 原污水 BOD_u 值与滤塔高度的关系

(2)滤料

因塔式生物滤池高度较高,宜于采用轻质滤料。表 6.7 所列举的是我国在塔式生物滤池工艺的试验中曾采用过的滤料及其各项参数特征。

表 6.7　国内塔滤试验用滤料

名称	规格/mm	密度 /($kg \cdot m^{-3}$)	比表面积 /($m^2 \cdot m^{-3}$)	强度 /($kg \cdot cm^{-2}$)	孔隙率/%
纸蜂窝	孔径 19	20～25	217.5	6.9	95.8
玻璃布蜂窝	孔径 25				92.7
聚乙烯斜交错波纹板	20×40	140	148		
焦炭	30×50	450～600			
瓷环	25×25 50×50	673	110 200		
炉渣	50×58		100		
陶粒	30×50				
石棉瓦	波形瓦		168		

在我国环氧树脂固化的玻璃布蜂窝滤料应用较为广泛。这种滤料的比表面积较大,结构比较均匀,有利于空气流通与污水的均匀配布,而且还具有流量调节幅度大,不易堵塞的优点。

(3)布水装置

塔式生物滤池的布水装置与一般的生物滤池大致相同,大、中型滤塔多采用电机驱动的旋转布水器,也可以用水流的反作用力驱动。对小型滤塔则多采用固定式喷嘴布水系统,也可以使用多孔管和溅水筛板布水。

(4)通风

塔式生物滤池一般采用自然通风,塔底有高度为 0.4～0.6 m 的空间,周围留有通风孔,其有效面积不得小于滤池面积的 7.5%～10%。这种构造,使得滤池内部形成较强的拔风状态,通风良好。

滤塔也可以采用机械通风,特别是处理工业废水,吹脱有害气体时可采用人工机械通风。当采用机械通风时,在滤池上部和下部装设吸气或鼓风的风机。用机械通风时要注意空气在滤池表面上的均匀分布,并防止冬天池温降低,影响处理效果。

2.在工艺方面的特征

塔式滤池的优势是:内部通风情况非常良好,污水从上向下滴落,水流紊动强烈,污水、空气、滤料上的生物膜三者接触充分,充氧效果良好,污染物质传质速度快,这些现象都非常有助于有机污染物质的降解。

(1)负荷率高

塔式生物滤池的水力负荷率为一般高负荷生物滤池的 2～10 倍,达 80～200 $m^3/(m^2 \cdot d)$,BOD 容积负荷率为高负荷生物滤池的 2～3 倍,达 1 000～2 000 $gBOD_5/(m^3 \cdot d)$。较高的有机物负荷率使生物膜生长迅速,而较高的水力负荷率又使生物膜受到强烈的水力冲刷,生物膜不断脱落、更新,这样,塔式生物滤池内的生物膜能够经常保持较好的活性。

但同时,生物膜生长过快易于产生滤料堵塞的现象。对此,需要将进水的 BOD_5 值控制在 500 mg/L 以下,否则需采取处理水回流稀释措施。

(2)滤层内部的分层

塔滤滤层内部存在着明显的分层现象,各层生长繁育着种属各异,但都适应流至该层污水特征的微生物群集,形成优势菌群,这种情况有助于微生物的增殖、代谢等生理活动,从而加快了有机污染物的降解、去除。正是由于这种分层现象的特征,滤塔能够承受较高负荷的有机污染物的冲击,因此,滤塔常用于作为高浓度工业废水二级生物处理的第一级工艺,有机污染物在滤塔中被大幅度的去除,保证了第二级处理技术良好的净化效果。

塔式生物滤池适应性广泛,适用于生活污水和城市污水处理,也适用于处理各种有机性的工业废水,但不适宜大量污水的处理,一般处理水量不宜超过 10 000 m^3/d。

6.3.3.2　塔式生物滤池的计算与设计

当前,塔式生物滤池主要按 BOD 容积负荷率进行计算。

图 6.13 是 BOD_5 容积负荷率与处理水 BOD_5 值之间的关系曲线,是根据我国某生活污水处理站的滤塔约一年的运行数据绘制的。在设计处理低浓度 BOD_5 生活污水的滤塔时,可作为选定 BOD_5 容积负荷率的参考。

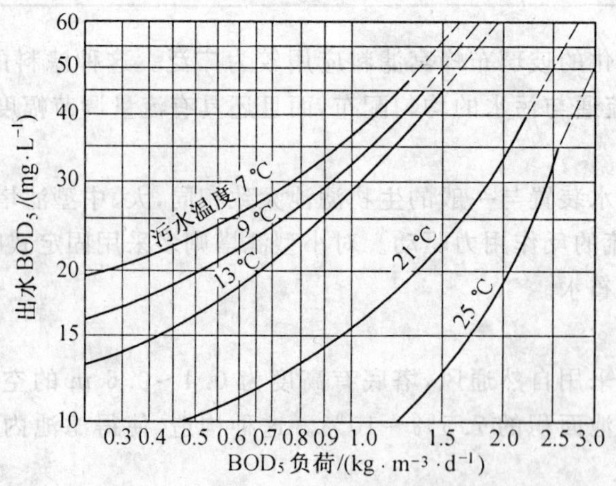

图 6.13　BOD_5 容积负荷在不同水温条件下与处理水 BOD_5 值的关系($Q \leqslant 200$ m^3/d,进水 $BOD_5 <$ 100 mg/L)

图 6.14 为生物滤塔 BOD_5 容积允许负荷率与处理水 BOD_5 值及水温三者间的关系曲线，塔滤的工艺设计可作为参考。

图 6.14(a)适用于污水量大于 400 m^3/d 的生物滤塔的工艺设计，图 6.14(b)适用于污水量小于 400 m^3/d 的生物滤塔的工艺设计。

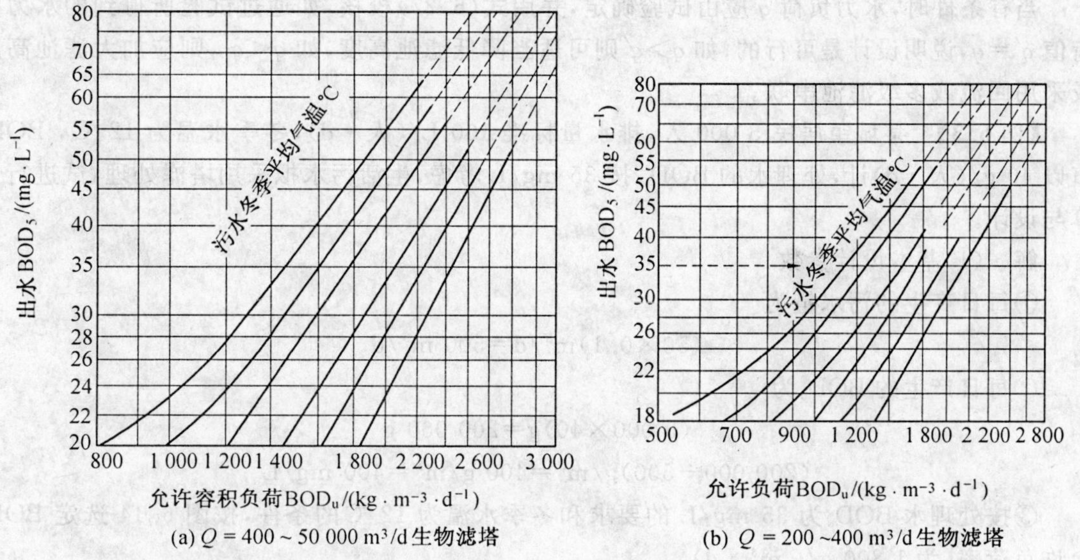

图 6.14　生物滤塔 BOD_u 允许负荷与处理水 BOD_u 及水温之间的关系曲线

在负荷率值确定后，可根据下列公式进行计算。

1. 滤塔的滤料容积

$$V=\frac{S_a Q}{N_a} \tag{6.25}$$

式中　V——滤料的容积，m^3；

S_a——进水 BOD_5，也可按 BOD_u 计算，g/m^3；

Q——污水流量，按平均日污水量计算，m^3/d；

N_a——BOD 容积负荷或 BOD_u 容积允许负荷，$gBOD_5/(m^3$ 滤料·d)或 $gBOD_u/(m^3$ 滤料·d)。

2. 滤塔的表面面积

$$A=\frac{V}{H} \tag{6.26}$$

式中　A——滤塔的表面面积，m^2；

H——滤塔的工作高度，m，H 值可根据表 6.8 所列数据确定。

表 6.8 进水 BOD_u 与塔滤高度的关系

进水 BOD_u(mg/L)	250	300	350	450	500
塔滤高度(m)	8	10	12	14	>16

3.塔滤的水力负荷

$$q=\frac{Q}{A} \tag{6.27}$$

式中　q——水力负荷，$m^3/(m^2 \cdot d)$。

当有条件时，水力负荷 q 应由试验确定，并用式(6.27)校核，如通过试验所得到的水力负荷值 $q'=q$，说明设计是可行的；如 $q>q'$ 则可适当降低滤池高度，如 $q<q'$，则应加大滤池高度或采用回流或多级滤池串联。

【例 6.3】　某城镇居民 5 000 人，排水量标准 100 L/(人·d)，冬季水温为 12 ℃，BOD_u 值以 40 g/(人·d)计，处理水的 BOD_u 按 35 mg/L 考虑，生活污水拟采用塔滤处理，试进行计算与设计。

解　(1)基本设计参数

①每日产生的污水量为

$$(50\times 0.1)m^3/d=500\ m^3/d$$

②每日产生的 BOD_u 为

$$(5\ 000\times 40)g=200\ 000\ g$$

$$(200\ 000\div 500)g/m^3=400\ g/m^3=400\ mg/L$$

③按处理水 BOD_u 为 35 mg/L 的要求和冬季水温为 12 ℃的条件，按图 6.14 选定 BOD_u 允许负荷率，为 1 800 g/($m^3 \cdot d$)。

(2)塔滤的各项尺寸

①滤料的总容积

$$\frac{200\ 000}{1\ 800}\ m^3=111\ m^3$$

②滤池高度

按进水 BOD_u 值 400 mg/L，查表 6.8，将滤池高度近似地确定为 14 m。

③塔式滤池表面积

设计采用两座滤塔，每座滤塔的表面积为

$$A/m^2=\frac{111}{2\times 14}=4.0$$

④塔式滤池的直径

$$D/m=\sqrt{\frac{4\times 4.0}{3.14}}=2.25$$

塔滤高径(比 $H:D$)为 14：2.25=6.22：1，符合要求。

6.4　生物转盘

6.4.1　生物转盘的工作原理

生物转盘诞生于 20 世纪 60 年代，是原联邦德国所开创的一种污水生物处理技术。原联邦德国斯图加特工业大学勃别尔(Popel)教授和哈特曼(Hartman)教授进行了大量的试验研究和理论探讨工作,并于 1964 年发表了题为“生物转盘的设计、计算与性能”的论文,就此奠定了生物转盘技术的基础,使生物转盘技术实用化。

当前,生物转盘处理技术已被公认为是一种净化效果好、能源消耗低的生物处理技术。生物转盘技术具有一系列的优点,在国际范围内得到广泛的应用,在其构造形式、系统组成、计算理论等各方面都得到了一定的发展。

生物转盘初期用于生活污水处理,后逐步推广到城市污水处理和有机性工业废水的处理。处理规模也从几百人口当量发展到数万人口当量。转盘构造和设备也日益完善。

我国的生物转盘技术是从 20 世纪 70 年代初开始的,虽然起步较晚,但发展迅速,在生活污水和城市污水处理方面得到应用,在化纤、石化、印染、制革、造纸、煤气发电站等行业的工业废水处理领域也得到了应用,并取得了良好的处理效果。

生物转盘处理系统中,除核心装置生物转盘外,还包括污水预处理设备和二沉池,二沉池的作用是去除经生物转盘处理后的污水所挟带的脱落生物膜。

生物转盘是由盘片、接触反应槽、转轴及驱动装置所组成的如图 6.15 所示。盘片串联成组,中心贯以转轴,转轴两端安设在半圆形接触反应槽两端的支座上。转盘面积的 40%左右浸没在槽内的污水中,转轴高出槽内水面 10～25 cm。

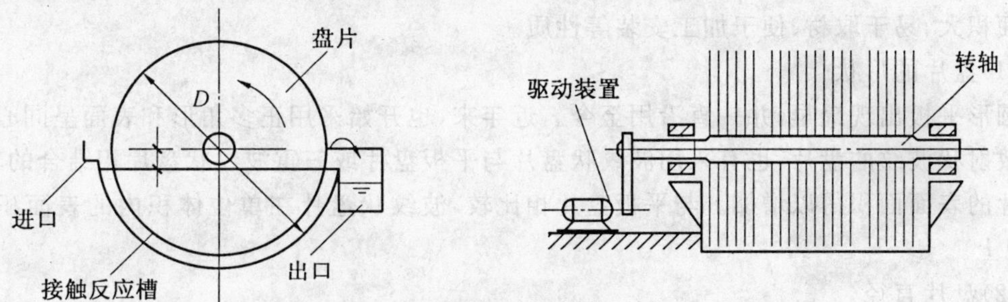

图 6.15　生物转盘构造图

由电机、变速器和传动链条等部件组成的传动装置驱动转盘以较低的线速度在接触反应槽内转动。接触反应槽内充满污水,转盘交替地和空气与污水相接触。在经过一段时间后,在转盘上即将附着一层栖息着大量微生物的生物膜。微生物的种属组成逐渐稳定,其新陈代谢功能也逐步地发挥出来,并达到稳定的程度,污水中的有机污染物为生物膜所吸附降解。

转盘转动离开污水与空气接触,生物膜上的固着水层从空气中吸收氧,这大大提高了氧的利用效率,固着水层中的氧是过饱和的,并将其传递到生物膜和污水中,使槽内污水的溶解氧含量达到一定的浓度,甚至可能达到饱和。

在转盘上附着的生物膜与污水以及空气之间进行着多种物质的传递,除有机物(BOD,COD_e)与 O_2外,还进行着其他物质,如 CO_2、NH_3等的传递,如图 6.16 所示。

生物膜逐渐增厚,会使其内部形成厌氧层,导致生物膜开始老化。老化的生物膜在污水水流与盘面之间产生的剪切力的作用下被剥落,剥落的破碎生物膜在二沉池被截留,这种由生物膜脱落形成的污泥,密度较高、易于沉淀。

如果采取适当的运行方式,生物转盘系统能够具有硝化、脱氮与除磷的功能。

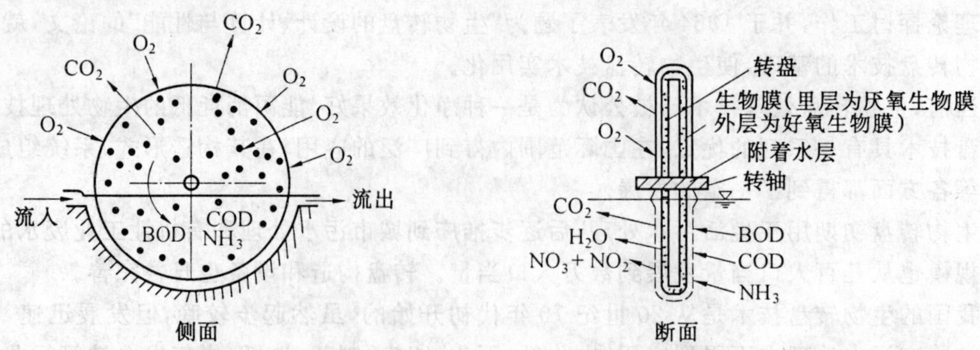

图 6.16 生物转盘净化反应过程与物质传递示意图

6.4.2 生物转盘的构造

生物转盘设备是由盘片、转轴和驱动装置以及接触反应槽 3 部分所组成的。

1. 盘片

盘片是生物转盘的主要部件，盘片应该具有轻质高强，耐腐蚀、耐老化、易于挂膜、不变形，比表面积大，易于取材、便于加工安装等性质。

(1)盘片的形状

圆形平板出现最早，并一直沿用至今。近年来，也开始采用正多角形和表面呈同心圆状波纹或放射状波纹的盘片，也有采用波纹状盘片与平板盘片或三重波纹状盘片相结合的转盘，这类盘片的表面面积得以增加。与平板盘片相比较，波纹状盘片在单位体积内的表面积可提高 1 倍以上。

(2)盘片直径

盘片直径一般多介于 2.0～3.6 m 之间，如现场组装直径还可以大些，甚至可达 5.0 m。采用表面积较大的盘片好处显而易见，能够缩小接触反应槽的平面面积，减少占地面积。

(3)盘片间距

盘片间距应保证其不为生物膜增厚所堵塞，并保持良好的通风效果。生物膜的厚度与进水 BOD 值有关，BOD 浓度越高，生物膜也将越厚，而硝化过程的生物膜则较薄。多年的经验表明，盘片间距为 30 mm 为宜。如采用多级转盘，则前数级的间距为 25～35 mm，后数级为 10～20 mm。采用生物转盘脱氮时，可适当增大盘片间距。

(4)盘片材料

为了减轻盘片的重量，盘片大多由塑料制成，平板盘片多以聚氯乙烯塑料制成，波纹板盘片则多用聚酯玻璃钢。随着材料技术的发展，国外出现了一种低发泡聚苯乙烯板材，其密度仅为 0.105 g/cm^3，为普通硬聚氯乙烯塑料的 1/10，盘材厚度仅为 3～7 mm，由于用这种材料制成的盘片质轻并具有一定的强度，盘片直径可达 4.4 m，轴长可达 8 m。

2. 接触反应槽

不小于盘片直径的 35%浸没于接触反应槽的污水中，接触反应槽应呈与盘材外形基本吻合的半圆形，槽的构造形式不尽相同，主要与建造方法、设备规模大小、修建场地条件有关。如修建成地下或半地下式，则可用毛石混凝土砌体，水泥砂浆抹面，再涂以防水耐磨层。对于小型设备转盘台数不多，场地狭小者，为了减少占地面积，接触反应槽可以架空或修建在楼层上，在这种情况时，多用钢板焊制。

接触反应槽的各部位尺寸和尺度，与转盘直径和轴长有关，盘片边缘与槽内面的间距不应小于 100 mm。槽底应考虑设有放空管，槽的两侧面设有进出水设备，多采用锯齿形溢流堰。对多级生物转盘，接触反应槽分为若干格，格与格之间设导流槽。

3. 转轴

转轴是支承盘片并带动其旋转的重要部件。转轴一般采用实心钢轴或无缝钢管，两端安装固定在接触反应槽两端的支座上。转轴的直径一般介于 50～80 mm。长度一般在 0.7～7.0 m 之间，不能太长，否则往往由于同心度加工欠佳，易于挠曲变形，发生磨断或扭断，其强度和刚度必须经过力学计算。

转轴中心与接触反应槽液面应保持不小于 150 mm 的距离，并保证转轴在液面之上。转轴中心与槽内水面的距离(b)与转盘直径(D)的比值(b/D)在 0.05～0.15 之间，一般取值 0.06～0.1。

4. 驱动装置

动力设备有电力机械传动、空气传动及水力传动等。驱动装置包括动力设备、减速装置以及传动链条等。我国一般多采用电力传动。对大型转盘，一般一台转盘设一套驱动装置，对于中小型转盘，可由一套驱动装置带动 3～4 级转盘转动。

转盘的转动速度是重要的运行参数，转速过高有损于设备的机械强度，消耗电能，又由于在盘面产生较大的剪切力，易使生物膜过早剥离。多年的研究与实践表明，转盘的转速以 0.8～3.0 r/min，外缘的线速度以 15～18 m/min 为宜。

6.4.3　生物转盘的工艺流程

图 6.17 所示为处理城市污水的生物转盘系统的基本工艺流程图。

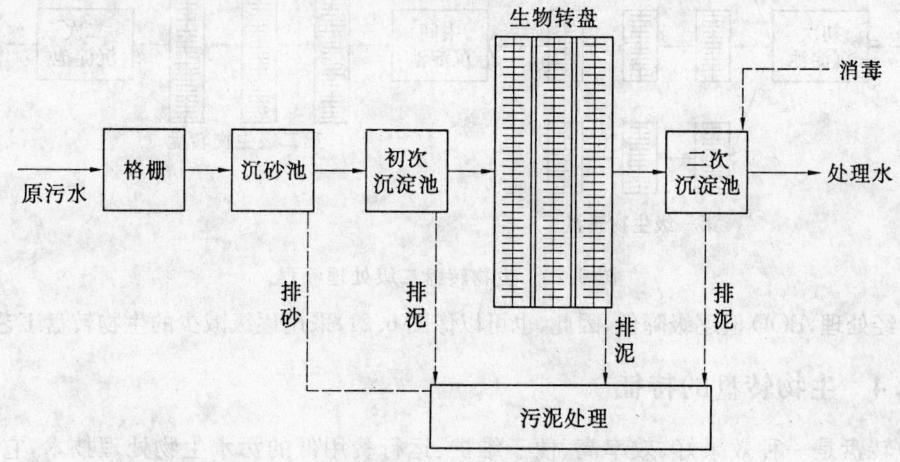

图 6.17　生物转盘处理系统基本工艺流程图

生物转盘宜采用多级处理方式。实践表明，盘片面积不变的情况下，将转盘分为多级串联运行，能够提高处理水水质和污水中的溶解氧含量。

级数多少主要根据污水的水质、水量、处理水应达到的程度以及现场条件等因素决定。生物转盘一般可分为单级单轴、单轴多级(图 6.18)和多轴多级(图 6.19)等。对城市污水多采用四级转盘进行处理。在设计时特别应注意的是第一级，首级承受高负荷，如供氧不足，可能使其形成厌氧状态。对此可采用增加第一级盘片面积，加大转数等技术措施。

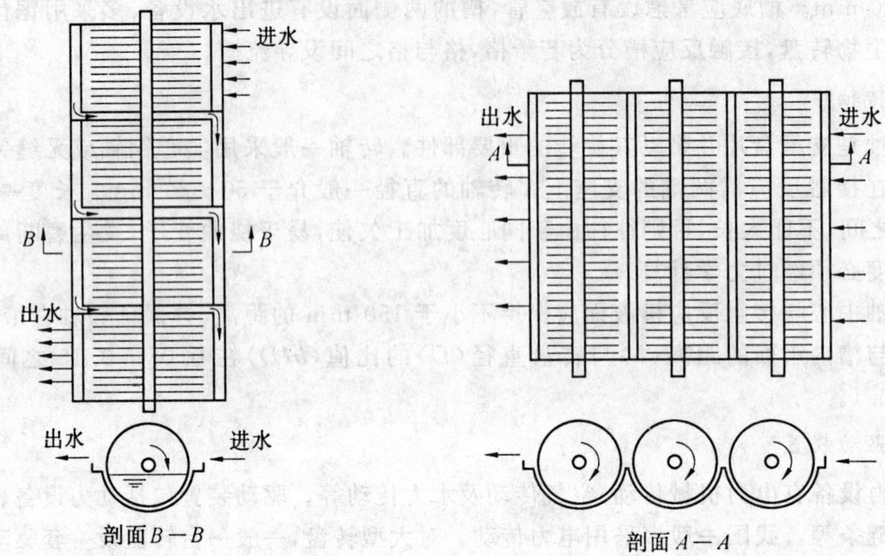

图 6.18 单轴四级生物转盘平面与剖面示意图　　图 6.19 多轴多级(三级)生物转盘平面与剖面示意图

图 6.20 所示的是生物转盘二级处理流程，这一流程处理高浓度有机污水作用明显，能够将 BOD 值由数千 mg/L 降至 20 mg/L。

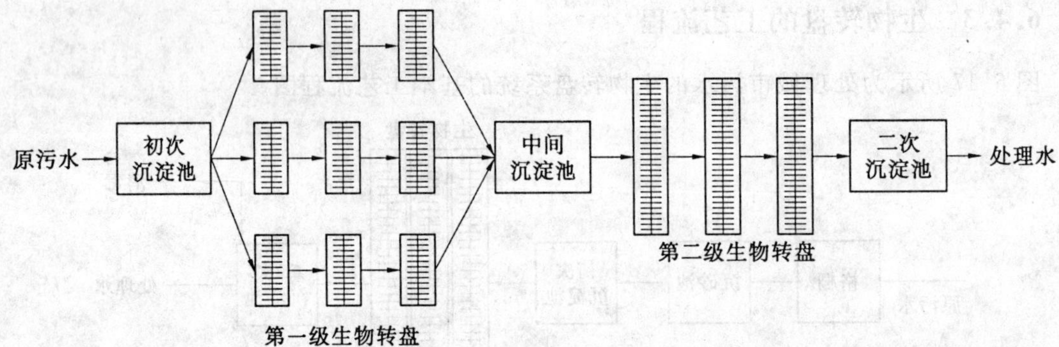

图 6.20 生物转盘二级处理流程

污水经处理，BOD 值逐级降低，因此，也可以像图 6.21，采用逐级减少的生物转盘工艺流程。

6.4.4 生物转盘的特征

生物转盘是一种效果好、效率高、便于维护、运行费用低的污水生物处理技术，它在工艺和维护运行方面具有如下特点：

①微生物浓度较高。特别是最初几级的生物转盘，据一些实际运行的生物转盘的测定统计，转盘上的 F/M 比为 0.05～0.1，生物膜量如折算成曝气池的 MLVSS，可达 40 000～60 000 mg/L。

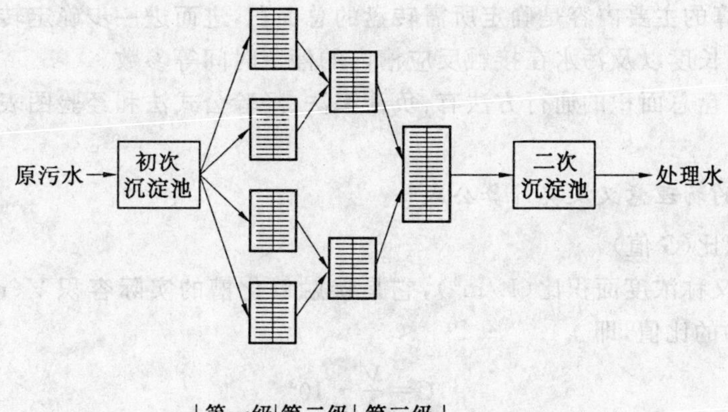

图 6.21　逐级减少的生物转盘工艺流程

②生物相分级。在每级转盘生长着适应于流入该级污水性质的生物相，并形成优势菌群，这种现象非常有利于微生物的生长繁育和有机污染物的降解。

③污泥龄长。在转盘上能够增殖如硝化菌等世代时间长的微生物，因此，生物转盘具有硝化、反硝化的功能。由于不需要污泥回流，可向最后几级接触反应槽或直接向二次沉淀池投加药剂去除水中的磷。

④耐冲击负荷。对 BOD 值达 10 000 mg/L 以上的超高浓度有机污水到 10 mg/L 以下的超低浓度污水都可以采用生物转盘进行处理，并能够得到较好的处理效果。

⑤产生的污泥量较少，约为活性污泥处理系统的 1/2 左右，这是因为在生物膜上的微生物的食物链较长，在水温为 5～20 ℃的范围内，BOD 去除率为 90%的条件下，去除 1 kg BOD 的产泥量约为 0.25 kg。

⑥接触反应槽不需要曝气，污泥也不需要回流，因此，动力消耗低，这是本法最突出的优势之一，据有关运行单位统计，每去除 1 kg BOD 的耗电量约为 0.7 kW · h 左右。

⑦维护管理简单。本法不需要经常调节生物污泥量，不存在产生污泥膨胀的麻烦，复杂的机械设备也比较少。

⑧二次污染小。设计合理、运行正常的生物转盘，不会产生滤池蝇、不出现泡沫也不产生噪声，不存在发生二次污染的现象。

⑨生物转盘的流态，应按完全混合一推流来考虑。从一个生物转盘单元来看是完全混合型的，在转盘不断转动的条件下，接触反应槽内的污水能够得到良好的混合，但多级生物转盘又应作为推流式考虑。

6.4.5　生物转盘的设计

进行生物转盘的计算与设计与多种因素有关，既要充分地掌握污水水质、水量方面的资料作为原始数，又要合理地确定转盘在其构造和运行方面的一些参数和技术条件，盘片形状、直径、间距、浸没率、盘片材质；转盘的级数、转速；接触反应槽的形状、所用材料以及水流方向等都应加以考虑。

生物转盘计算的主要内容是确定所需转盘的总面积，进而进一步确定转盘总片数、接触氧化槽总容积、转轴长度以及污水在接触反应槽内的停留时间等参数。

当前，求定转盘总面积的通行方法有：负荷率法、经验公式法和经验图表法等，本书主要介绍负荷率法。

1. 各项参数的物理意义及其计算公式

(1)容积面积比(G值)

容积面积比又称浓度面积比(L/m²)，它是接触氧化槽的实际容积 V(m³)与转盘盘片全部表面积 A (m²)的比值，即

$$G=\frac{V}{A}\cdot 10^3 \tag{6.28}$$

G值与盘片厚度、间距、盘片与接触氧化槽内壁的间距有关。采用较薄的盘片时，其厚度可以忽略不计，但如采用厚度较大的发泡材料作为盘材时，则应将盘片浸没部分的容积减去。图 6.22 为城市污水 BOD 去除率与容积面积比之间的关系，由图可见，当G值低于 5 时，BOD 去除率即将有较大幅度的下降。对城市污水，G值以介于 5～9 之间为宜。

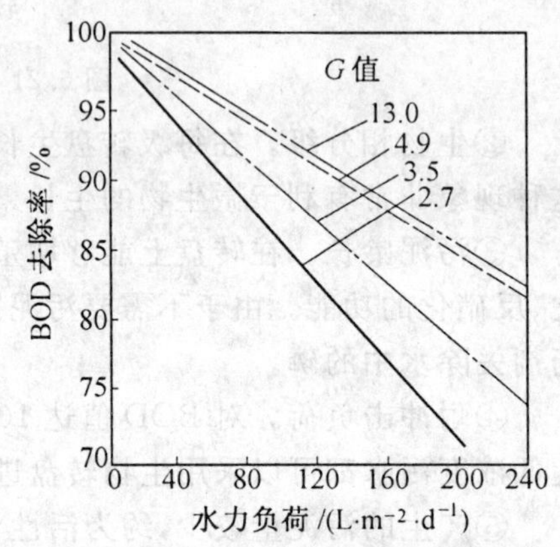

图 6.22 BOD 去除率与容积面积比(G值)之间的关系(对城市污水)

(2)BOD 面积负荷率(N_A)

BOD 面积负荷率为单位盘片表面积(m²)在 1 d 内能够接受并使转盘处理达到预期效果的 BOD 值，即

$$N_A=\frac{QS_0}{A} \tag{6.29}$$

式中 N_A——BOD 面积负荷率，g/(m²·d)；

S_0——原污水 BOD_5值，g/m³或 mg/L；

A——盘片的总表面积，m²。

除了 BOD 面积负荷率，其他各项水质指标，如 COD、SS、NH_3等也可用面积负荷率表示。

(3)水力负荷率(N_q)

水力负荷率为单位盘片表面积(m²)在 1 d 内能够接受并使转盘处理达到预期效果的污水量，即

$$N_q=\frac{Q}{A}\cdot 10^3 \tag{6.30}$$

式中 N_q——水力负荷率，L/(m²·d)。

此值决定于原污水的 BOD 值，原污水 BOD 值不同，此值差异较大，这一点在设计中应予以充分考虑。

(4)平均接触时间 t_a

平均接触时间 t_a(d)为污水在接触氧化槽内与转盘相接触，并进行净化反应的时间，即

$$t_a=\frac{V}{Q}\cdot 24 \tag{6.31}$$

接触时间对污水的净化效果有着直接影响，接触时间增加，能够使净化效果提高。因此，

接触时间也可以作为生物转盘计算的基础参数。

(5)G、N_A、N_q及t_a各参数间的相互关系

根据前列各式(6.28)～(6.31)，经归纳，G、N_A、N_q及t_a各项参数之间存在着如下各种关系

$$t_a=\frac{G}{N_q}\cdot 24 \tag{6.32}$$

$$N_A=S_0\cdot N_q \tag{6.33}$$

$$N_q=\frac{G}{t_a}\cdot 24 \tag{6.34}$$

2. BOD 面积负荷率值的确定

生物转盘计算用的 BOD 面积负荷率值，原则上应当通过一定规模的试验来确定。但是在当前国内外发表了大量的运行数据，人们在其基础上绘制了各种图表，设计师可以作为确定 BOD 面积负荷率值的重要参考。表 6.9 列举了国内处理生活污水，根据处理效果所采用的 BOD 面积负荷率值。

表 6.9　国外生物转盘处理生活污水所采用的 BOD 面积负荷率值

处理水水质/$(mg\cdot L^{-1})$	BOD 面积负荷率/$(g\cdot m^{-2}\cdot d^{-1})$
$BDD_5\leqslant 60$	20～40
$BDD_5\leqslant 30$	10～20

在国外，还有一种做法，根据污水去除率的不同，按每一位居民应当承担的盘面面积来确定转盘面积，其值列举于表 6.10。

表 6.10　按居民确定转盘面积计算值

BOD_5去除率/%	转盘级数	每位居民承担的盘面/m^2
80	三级	1
90	四级	2
95	四级	3

图 6.23 所示为原联邦德国斯梯尔(Steels)公司在归纳、分析大量运行数据的基础上，所绘制的进水 BOD 值、处理水 BOD 值和 BOD 面积负荷率三者关系的曲线。设计时可作为参考。

我国国标《室外排水设计规范》规定，对于城市污水，BOD 面积负荷率值介于 10～20 $g/(m^3\cdot d)$之间。对第一级转盘采用的 BOD 面积负荷率值建议不宜超过 40～50 $g/(m^3\cdot d)$。

3. 水力负荷率值的确定

我国国标《室外排水设计规范》规定的水力负荷值为 50～100 $L/(m^2\cdot d)$。

图 6.24 为在不同的原污水 BOD_5浓度值的条件下，水力负荷率与去除率之间的关系，计算转盘时此图可供参考。

图 6.25 是在原污水中不同的溶解性 BOD_5值的条件下，水力负荷率与处理水溶解性 BOD_5值及全 BOD_5值的关系。在一般情况下，溶解性 BOD_5值大约为全 BOD_5值的 50%左右，这是用美国大量实际运行数据所整理出的计算图表。

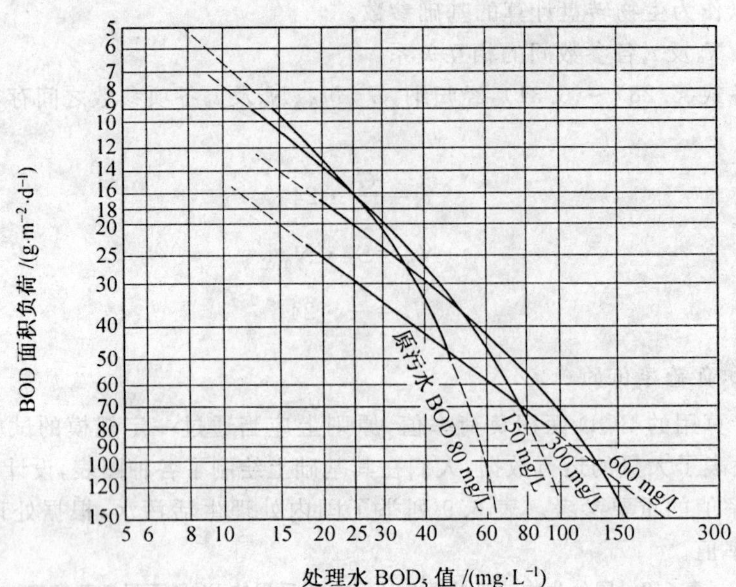

图 6.23　处理水 BOD_5 值与 BOD 面积负荷率之间的关系

（根据原联邦德国斯梯尔公司资料）

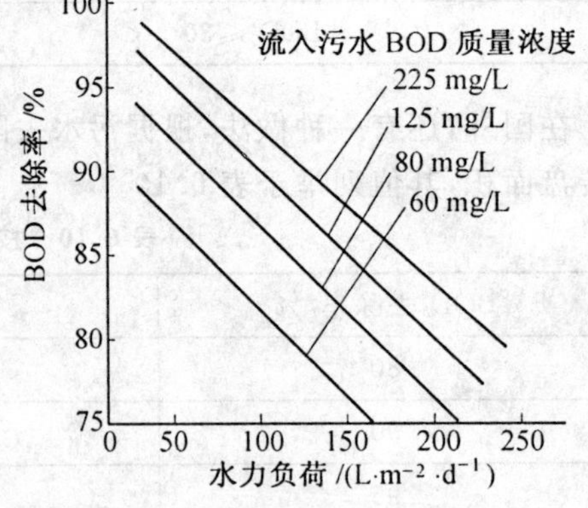

图 6.24　城市污水水力负荷与 BDD_5 去除率关系

图 6.25 适用于年平均水温为 13 ℃以上的城市污水，低于此值的城市污水则应按图 5.26 所示的曲线进行修正，具体做法为水温低于 13 ℃的城市污水，以 13 ℃为 1.0，用其实际水温除以相应的系数，即可得出应采用的水力负荷率值。

4. 计算公式

在确定负荷率值 BOD_5 面积负荷率或水力负荷率后，可按下列各项公式计算生物转盘的各项设计参数。

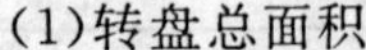

(1)转盘总面积

①按 BOD_5 面积负荷率进行计算

$$A=\frac{QS_0}{N_A} \tag{6.35}$$

式中　A——转盘的总面积，m^2；

Q——平均日处理污水量，m^3/d；

S_0——原污水的 BOD 值，g/m^3；

N_A——BOD 面积负荷，$g/(m^2 \cdot d)$。

②按水力负荷率计算

$$A=\frac{Q}{N_q} \tag{6.36}$$

式中　N_q——水力负荷率值，$m^3/(m^2 \cdot d)$。

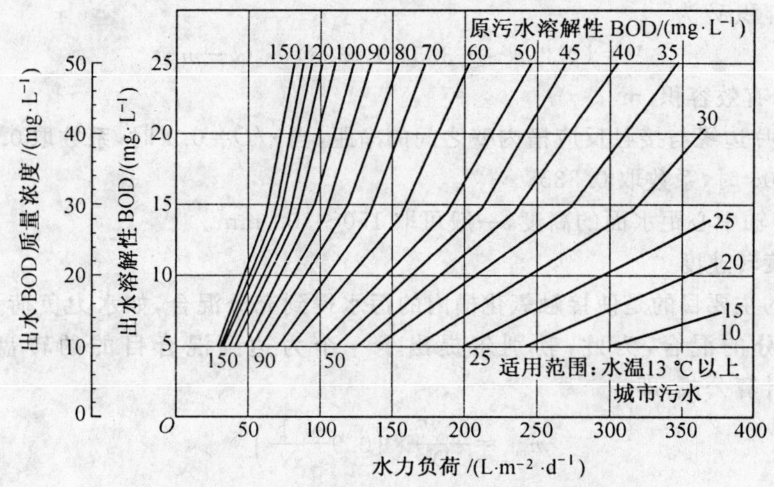

图 6.25　水力负荷率与处理水 BOD_5 值关系

(2)转盘总片数

①采用的转盘为圆形时，转盘的总片数为

$$M=\frac{4A}{2\pi D^2}=0.637\frac{A}{D^2} \quad (6.37)$$

式中　W——转盘的总片数；

D——圆形转盘的直径。

②当所采用的转盘为多边形或波纹板时，应预先按一般常规法计算出每片转盘的面积 a（也可厂家提供）。转盘的总片数为

$$M=\frac{A}{2a} \quad (6.38)$$

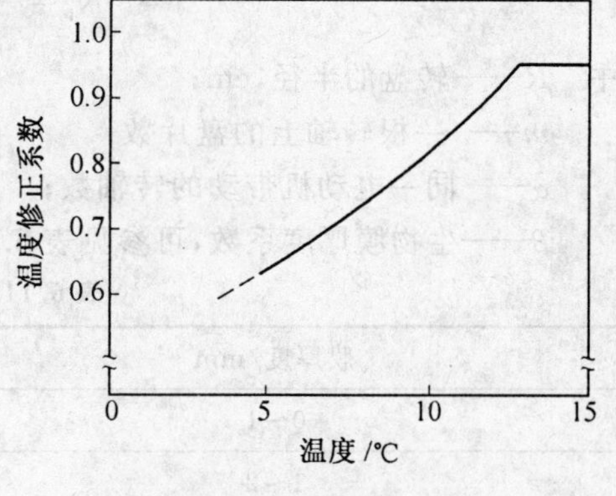

图 6.26　水温修正系数图

式中　a——每片多边形转盘或波纹板转盘的面积。

上两式分母中的“2”是考虑盘片双面均为有效面积。

在确定转盘总片数后，可根据现场的具体情况并参照类似条件的经验，确定转盘的级数，并求出每级(台)转盘的盘片数 m。

③每台转盘的转轴长度

$$L=m(d+b)K \quad (6.39)$$

式中　L——每台(级)转盘的转轴长度，m；

m——每台(级)转盘的盘片数；

d——盘片间距，m；

b——盘片厚度，此值与所采用的盘材有关，根据具体情况，一般取为 0.001～0.013 m；

K——污水流动的循环沟道的系数，取值 1.2。

④接触反应槽容积

此值与槽的形式有关，当采用半圆形接触反应槽时，其总有效容积 V 为

$$V=(0.294\sim0.335)(D+2\delta)^2\cdot l \quad (6.40)$$

而净有效容积 V 为

$$V=(0.294\sim0.335)(D+2\delta)^2\cdot(l-mb) \tag{6.41}$$

式中 V——总有效容积,m^3;

δ——盘片边缘与接触反应槽内壁之间的净距,当 $r/D=0.1$ 时,系数取 0.294;当 $r/D=0.06$ 时,系数取 0.335;

R——转轴中心距水面的高度,一般可取 150~300 mm。

⑤转盘的旋转速度

转盘旋转的主要目的是使接触氧化槽内的污水得到充分混合,如水力负荷大,转速过小,污水得不到充分的混合,为此,勃别尔提出了一个为达到混合目的的转盘的最小转数 $n_{\min}$(r/min)的计算公式,即

$$n_{\min}=\frac{6.37}{D}\times\left(0.9-\frac{1}{N_q}\right) \tag{6.42}$$

⑥电机功率

$$N_p=\frac{3.85R^4n_{\min}}{d\times10}\cdot m\alpha\beta \tag{6.43}$$

式中 R——转盘的半径,cm;

m——一根转轴上的盘片数;

α——同一电动机带动的转轴数;

β——生物膜厚度系数,可参见表 6.11。

表 6.11 生物膜厚度系数

膜厚度/mm	β
0~1	2
1~2	3
2~3	4

【例 6.4】 某住宅小区人口 5 000 人,排水量标准 100 L/(人·d),经沉淀处理后 BOD_5 值为 135 mg/L,处理水 BOD 值不得大于 15 mg/L,拟用生物转盘处理,试进行生物转盘设计与计算。

解 1.确定设计参数

(1)平均日污水量

$$(5\ 000\times0.1)\text{m}^3/\text{d}=500\ \text{m}^3/\text{d}$$

(2)BOD_5 去除率

$$\eta=\frac{1\ 550-15}{150}=90\%$$

(3)BOD 面积负荷率

查图 6.25,得 $N_A=11$ g/(m^2·d)。

(4)水力负荷率

查图 6.26,得 $N_q=80$ L/(m^2·d)$=0.08$ m^3/(m^2·d)。

2. 转盘计算

(1)盘片的总面积

按 BOD 面积负荷率计算

$$A=\frac{500\times 135}{11}\ \mathrm{m}^2=6\ 136\ \mathrm{m}^2$$

按水力负荷率计算

$$A=\frac{500}{0.08}\ \mathrm{m}^2=6\ 250\ \mathrm{m}^2$$

两者所得数值相近，为稳妥起见，决定采用按水力负荷率计算所得的数据，即 6 250 m^2。

(2)求定盘片的总片数，设计采用直径为 2.5 m 的盘片，按式(6.37)计算。

$$M=\frac{0.637\times 6\ 250}{2.5^2}=637$$

(3)设计按 4 台转盘考虑，每台盘片数为 159，即 m 值按 160 片考虑。

每台转盘按单轴 4 级考虑，设计如下，首级转盘按 50 片，第三级 40 片，第三、四级则各按 35 片考虑。

(4)按式(6.39)计算接触氧化槽的有效长度。盘片间距 d 值取 25 mm。采用硬聚氯乙烯盘片，b 值取 4 mm，得

$$L=[160\times(25+4)\times 1.2]\mathrm{mm}=5\ 568\ \mathrm{mm}\approx 5.6\ \mathrm{m}$$

即，接触氧化槽全长为 5.6 m。

(5)按式(6.41)计算接触氧化槽的有效容积。采用半圆形接触氧化槽。r 值取 200 mm，r/D取 0.08，系数取 0.294 与 0.335 的中间值，即 0.314，δ 值取 200 mm。

$$V'=0.314\times(2.5+2\times 0.2)^2\times(5.6-150\times 0.004)\mathrm{m}^3=13.20\ \mathrm{m}^3$$

(6)按式(6.42)计算确定转盘的最低旋转速度。

$$n_{\min}=\frac{6.37}{2.5}\times\left(0.9-\frac{1}{80}\right)\mathrm{r/min}=2.26\ \mathrm{r/min}$$

符合要求。

(7)污水在接触氧化槽内的停留时间为

$$t=\frac{13.2\times 4}{500}\cdot 24\ \mathrm{h}=2.53\ \mathrm{h}$$

根据我国国标《室外排水设计规范》的规定及运行经验在生物转盘设计时应还考虑下列各项因素和采用的数据。

(1)生物转盘的设计，一般按日平均污水量考虑计算，季节性水量变化的污水，则按污水量最大季节的日平均污水量计算。

(2)进入转盘污水的 BOD 值，应按经调节沉淀后的平均值考虑。

(3)有关盘片的数据：

①直径以 2～3 m 为宜。

②盘片厚度，以聚苯乙烯泡沫塑料为盘材时，厚度为 3～5 mm，采用硬聚氯乙烯板为盘材时，厚度为 3～5 mm；玻璃钢的盘片，厚度为 1～2.5 mm；金属板盘材，厚度在 1 mm 左右。

③盘片的间距，进水段一般为 25～35 mm，出水段为 10～20 mm。

④盘片周边与接触反应槽内壁的距离，一般按 0.1D 考虑，但一般不得小于 100 mm。

⑤转轴中心距水面不得小于 150 mm。

⑥转盘浸于水中的面积不宜小于盘体直径的 35%。

(4)转盘转速,一般为 0.8～3.0 r/min,外缘的线速度为 15～18 m/min。

(5)生物转盘产生的污泥量,可按 0.5～0.6 kg 污泥/(kgBOD)考虑。

(6)生物转盘的级数,应按 2～4 级布置,一般不宜少于二级。组数不宜少于 2 组,按同时工作考虑。

(7)每 m^2 盘片具有的接触反应槽有效容积,宜为 5～9 L。

(8)生物转盘宜设置防雨、防风措施。

6.5 生物接触氧化池

6.5.1 生物接触氧化法的原理

远在 19 世纪末就已经有人从事生物接触氧化处理技术的研究工作了,其成果获取了德国的专利。在 20 世纪 20～30 年代也曾有人对其进行过研究,并在实际生产中运用。但这种处理技术的大发展,还是从 20 世纪 70 年代开始的。

近 20～30 年来,生物接触氧化处理技术在日本、美国等一些发达国家得到了迅速的发展和应用,广泛地用于处理生活污水、城市污水和食品加工等工业废水,而且还用于处理地表水源水的微污染。特别是日本,将接触氧化处理技术定为首先推荐采用的处理工艺,并且公布了构造的准则,使这种技术通用化、规范化和系列化。

我国生物接触氧化处理技术是从 20 世纪 70 年代开始的,也得到了广泛的应用,并取得了良好的处理效果。除生活污水和城市污水外,还应用于石油化工、农药、印染、纺织、苧麻脱胶、轻工造纸、食品加工和发酵酿造等工业废水处理等。

生物接触氧化处理技术,是在池内充填填料,已经充氧的污水浸没全部填料,并以一定的流速流经填料。在填料上布满生物膜,污水与生物膜广泛接触,在生物膜上微生物新陈代谢功能的作用下,污水中有机污染物得到去除,污水得到净化,这种技术又称为"淹没式生物滤池"。

另一项技术的生物接触氧化处理技术是在曝气池内充填供微生物栖息的填料,然后采取与曝气池相同的曝气方法,向微生物提供其所需要的氧,并起到搅拌与混合的作用,这种技术又称为"接触曝气法"。

由此可见,生物接触氧化是一种介于活性污泥法与生物滤池两者之间的生物处理技术。它兼具两者的优点,可以看做是具有活性污泥法特点的生物膜法。

6.5.2 生物接触氧化池的构造

接触氧化池是由池体、填料、支架及曝气装置、进出水装置以及排泥管道等部件所组成的,如图 6.27 所示。

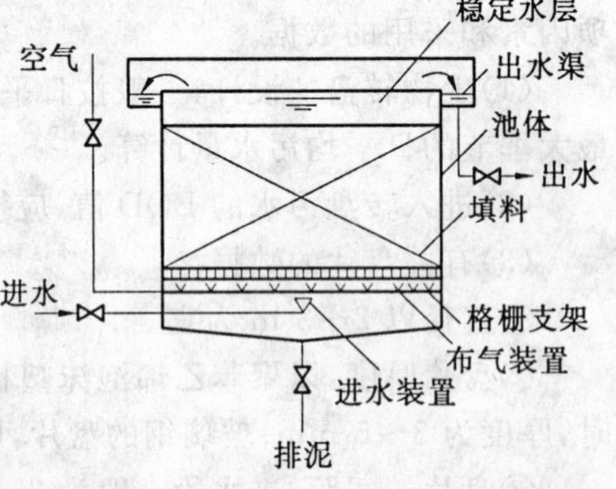

图 6.27　接触氧化池的基本构造图

1. 池体

接触氧化池的池体在平面上没有过多要求,可为圆形和矩形或方形,用钢板焊接制成或用钢筋混凝土浇灌砌成。池内填料高度为 3.0～3.5 m，顶部稳定水层0.5～0.6 m，底部布气高度为 0.6～0.7 m，总高度约为 4.5～5.0 m。

2. 填料

填料是生物膜的载体，是接触氧化处理工艺的关键部位，它直接影响着处理效果，同时，它的费用在接触氧化系统的建设费用中所占的比重较大，所以选定适宜的填料具有重要的经济意义和技术意义。

填料应具有如下特性：

①水力特性方面，较大的比表面积、空隙率高、水流通畅、阻力损失小、流速均一。

②有一定的生物膜附着性。

③填料的外观形状规则、尺寸均匀，表面粗糙度较大等。

④填料表面电位越高，附着性也越强，这是因为生物膜附着性与微生物和填料表面的静电作用有关，微生物多带负电。

⑤此外，微生物为亲水的极性物质，在亲水性填料表面更易于附着生物膜。

⑥化学性质稳定，经久耐用，不溶出有害物质，不产生二次污染。

⑦货源广泛、价格适中，便于运输与安装等。

填料种类可按形状、性状及材质等方面进行区分。按形状分，可分为蜂窝状、波纹状、板状、束状、筒状、列管状、盾状、网状、圆环辐射状、不规则粒状以及球状等。按性状分有硬性、软性、半软性等。按材质分则有塑料、玻璃钢、纤维等。

下面介绍几种我国常用的填料。

(1)蜂窝状填料

蜂窝状填料的结构如图 6.28 所示。

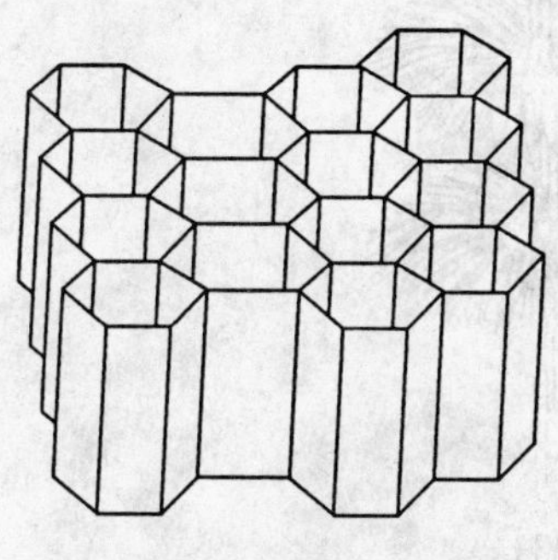

图 6.28　蜂窝状填料

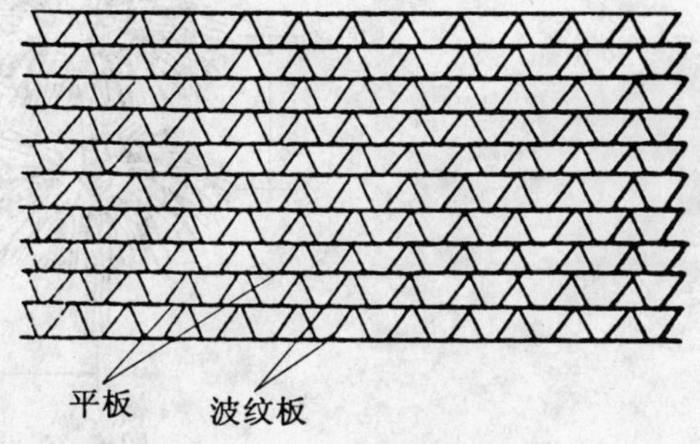

图 6.29　波纹板状填料

材质为玻璃钢及塑料，这种填料具如下特性：比表面积大，为 133～360 m^2/m^3（按内切圆直径）；空隙率高，可达 97%～98%；质轻高强，堆积高度可达 4～5 m；管壁光滑无死角，衰老生物膜易脱落等。

蜂窝状填料的主要缺点是：当蜂窝孔径与 BOD 负荷率不适应，生物膜的生长与脱落就会失去平衡，填料易于堵塞；当曝气方式不适宜时，蜂窝管内的流速难以均匀。选定与 BOD 负荷率相适应的蜂窝孔径，应采取全面曝气方式，采取分层充填措施，在二层中间留有 200～300 mm的间隙，每层高度不超过 1.5 m，使水流在层间再次分配，形成横流与紊流，使水流得到均匀分布，防止中下部填料因受压而变形（带膜放空时更易如此），可消除或减轻这些不利影响。

(2)波纹板状填料

波纹板状填料的结构如图 6.29 所示。我国采用的波纹板状填料，是以英国的“Flocor”填料为基础，用硬聚氯乙烯平板和波纹板相隔粘接而成的，表 6.12 列举了其主要规格和性能。

表 6.12　波纹板塑料填料规格和性能

型号	材质	比表面积/($m^2 \cdot m^{-3}$)	空隙率/%	质量/($kg \cdot m^{-3}$)	梯形断面孔径/mm	规格/mm
立波－I 型	硬聚氯乙烯	113	＞96	50	50×100	1 600×800×50
立波－II 型		150	＞93	60	40×85	1 600×800×40
立波－III 型		198	＞90	70	30×65	1 600×800×30

这种填料的主要特点是：孔径大，不易堵塞；结构简单，便于运输、安装；可单片保存，现场黏合；质轻高强，耐腐蚀。其主要缺点是：难以得到均匀的流速。

(3)软性填料

软性填料，即软性纤维状填料，如图 6.30 所示。这是 20 世纪 80 年代初我国自行开发的填料。这种填料一般是用尼龙、维纶、涤纶、腈纶等化纤编结成束并用中心绳连接而成。软性填料具有比表面积大、重量轻、高强，物理、化学性能稳定、运输方便、组装容易等特点。这种填料的缺点是：纤维束易于结块，并在结块中心形成厌氧状态。

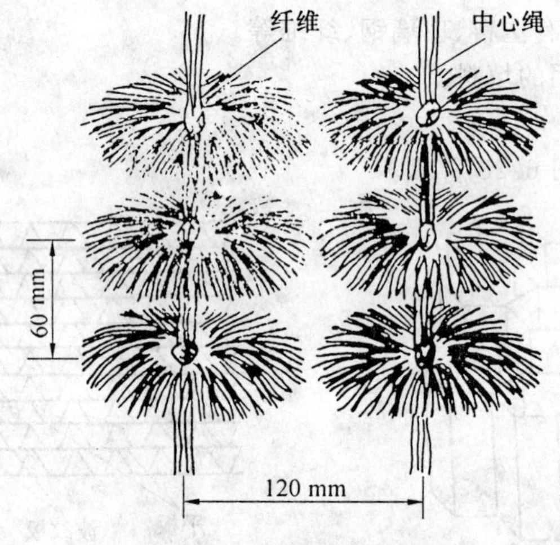

图 6.30　软性纤维状填料

(4)半软性填料

半软性填料由变性聚乙烯塑料制成，它既有一定的刚性，又有一定的柔性，能保持一定的形状，同时又有一定的变形能力。

这种填料具有良好的传质效果，对有机物去除效果高、耐腐蚀、不堵塞、易于安装。表6.13 列举了半软性填料的技术指标。

表 6.13　半软性填料技术指标

材质	比表面积/($m^2 \cdot m^{-3}$)	空隙率/%	密度/($kg \cdot m^{-3}$)	规格/mm
变性聚乙烯塑料	87～93	97.1	13～14	ϕ120，ϕ160，100×100，120×120，150×150

(5)盾形填料

这也是一种我国自行开发的填料,它是由纤维束和中心绳所组成的,纤维束由纤维及支架所组成,支架用塑料制成,中留孔洞,可通水、气。中心绳中间嵌套塑料管,以固定距离及支承纤维束。这种填料的纤维固定在塑料支架上,这样避免了软性纤维填料出现的结团现象,布水、布气作用也好,与污水接触及传质条件良好。

(6)不规则粒状填料

不规则粒状填料是早期使用现在仍在沿用的填料,其中有砂粒、碎石、无烟煤、焦炭以及矿渣等,粒径一般由几毫米到数十毫米。这类填料的主要特点是:表面粗糙、易于挂膜、截留悬浮物的能力较强、取材广泛、价格便宜。缺点是:水流阻力大,易于产生堵塞现象,因此,正确地选择填料及其粒径尤为重要。

(7)球形填料

球形填料是一种新型填料,球状,直径不一,在球体内设多个呈规律状或不规律的空间和小室,使其在水中能够保持动态平衡。这种填料充填方便,但要采取措施,防止其向出口处集结的现象。

6.5.3　接触氧化池的形式

按曝气装置的位置,接触氧化池分为分流式与直流式;按水流循环方式,又分为填料内循环与外循环式。

国外多采用分流式,图 6.31 是日本开发的标准分流式接触氧化池。

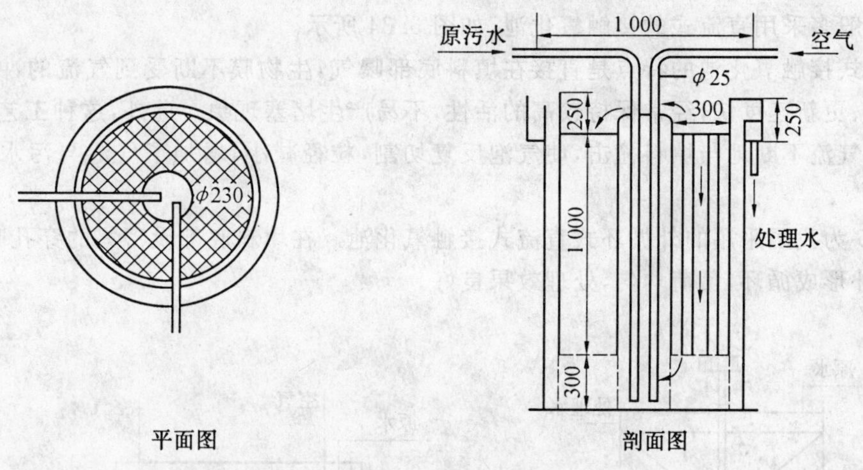

图 6.31　标准分流式接触氧化池(单位:mm)

分流式接触氧化池,污水在单独的隔间内进行充氧,在这里进行剧烈的曝气和氧的转移过程,待充氧后污水又缓缓地流经充填着填料的另一隔间,与填料和生物膜充分接触,污水多次反复地通过充氧与接触两个过程,溶解氧是充足的,营养条件良好,再加上安静的环境,非常有利于微生物的生长繁殖,处理效果好。但是,这种装置在填料间水流缓慢,冲刷力小,可能产生堵塞现象,生物膜更新缓慢,而且逐渐增厚易于形成厌氧层,在 BOD 负荷率高的情况下不宜采用。

分流式接触曝气池根据曝气装置的位置又可分为中心曝气型与单侧曝气型两种。图6.31

所示为典型中心曝气鼓风曝气型接触氧化池。图 6.32 所示则是中心曝气表面机械曝气装置型接触氧化池。

中心曝气接触氧化池，池中心部分为曝气区，其外侧为填充填料的接触氧化区，处理水在其最外侧的间隙上升，从池顶部溢流排出。

图 6.33 是单侧曝气型接触氧化池，一侧设填料，另一侧为曝气区，原污水首先进入曝气区，经曝气充氧后从填料上流下，污水反复在曝气区和填料区循环往复，处理水则沿设于曝气区外侧的间隙上升进入沉淀池。

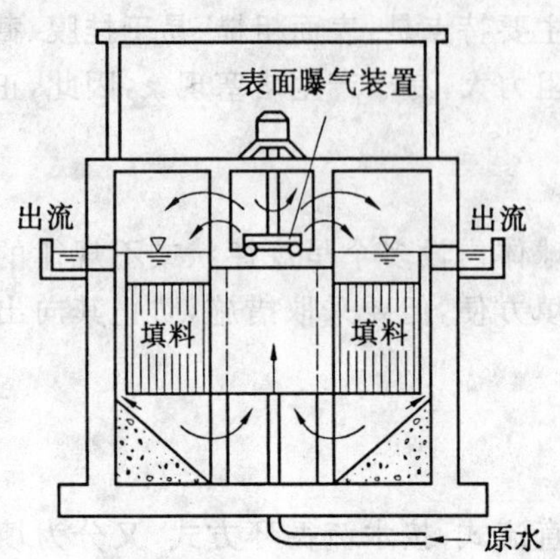

图 6.32　中心曝气表面机械曝气装置型接触氧化池

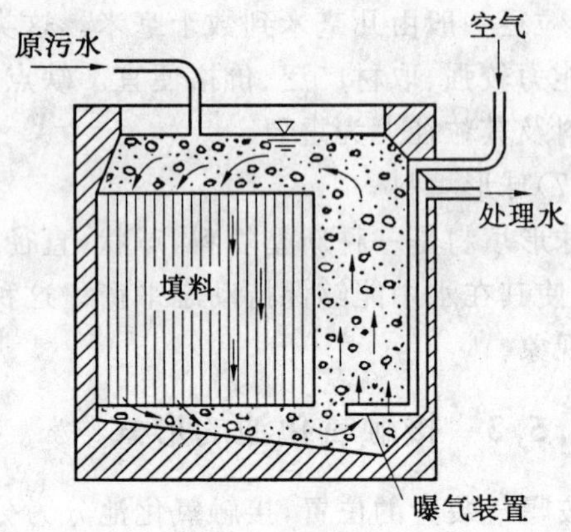

图 6.33　鼓风曝气单侧曝气型接触氧化池

国内一般多采用直流式的接触氧化池，如图 6.34 所示。

这种形式接触氧化池的特点是直接在填料底部曝气，生物膜不断受到气流的冲击、搅动，生物膜脱落、更新速度快，经常保持较高的活性，不易产生堵塞现象。此外，这种工艺氧的转移率高。上升气流不断地与填料撞击，使气泡反复切割，粒径减小，增加了气泡与污水的接触面积。

图 6.35 为我国采用的外循环式直流式接触氧化池。在填料底部设密集的穿孔曝气管，在填料体内、外形成循环，负荷均匀，处理效果良好。

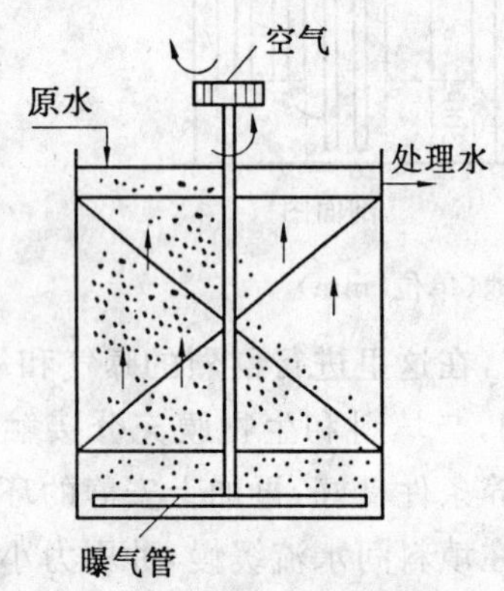

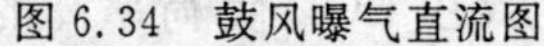
图 6.34　鼓风曝气直流图

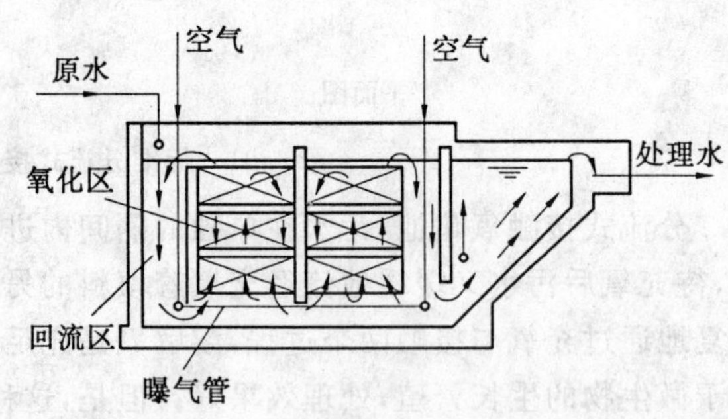

图 6.35　外循环直流式接触氧化池

图 6.36 是多段串联生物接触氧化技术为主体的生活污水处理设备系统。

本设备系统污水在调节池后，进入水解酸化池，进行水解酸化反应，大分子有机污染物转变为的小分子，被微生物直接摄取，部分有机物转换成为以乙酸为主的低级有机酸，这一反应十分有利于后续的接触氧化处理。

兼性菌是水解酸化反应的主导微生物，水解酸化池应保持低溶解氧状态，溶解氧为 0.5 mg/L以下。为了污水在池内能够良好混合，在池内设缓速搅拌器。二沉池的沉淀污泥（主要是脱落的生物膜），可回流至水解酸化池，这样能够提高水解酸化反应的效果，并可减轻污泥处理的负担。

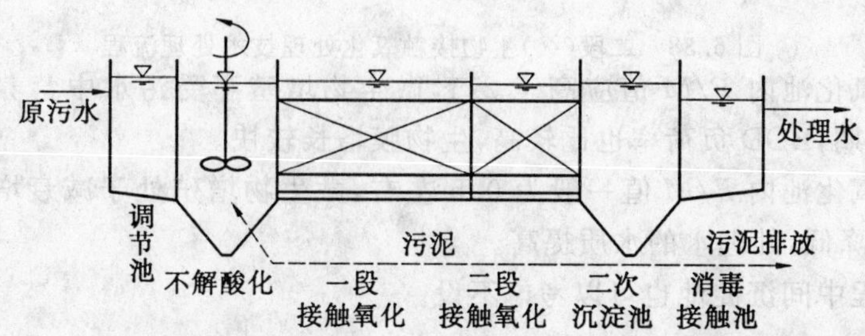

图 6.36　以多段串联生物接触氧化技术为主体的生活污水处理设备系统

6.5.4　生物接触氧化法的工艺流程

生物接触氧化处理技术的工艺流程可分为一段（级）处理流程、二段（级）处理流程和多段（级）处理流程。这几种处理工艺流程各具特点和适用条件，现分别阐述。

1. 一段（级）处理流程

如图 6.37 所示，原污水经初沉池后进入接触氧化池，经接触氧化池的处理后进入二沉池，在二沉池泥水分离，从填料上脱落的生物膜以污泥的形式排出系统，澄清水则作为处理水排放。

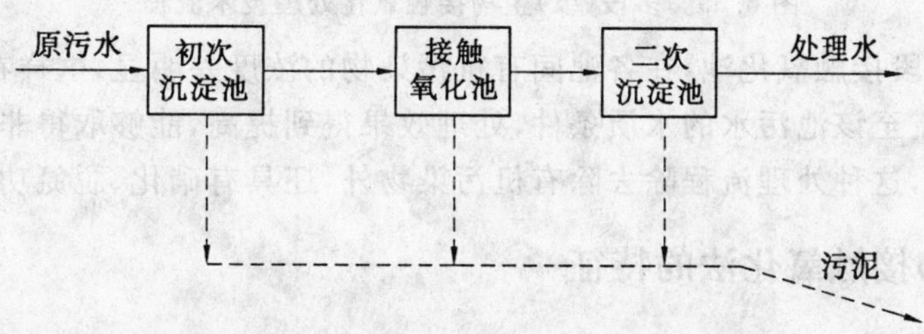

图 6.37　一段（级）生物接触氧化技术处理流程

接触氧化池的流态为完全混合型，微生物处于对数增殖期和减衰增殖期的前段，生物膜增长较快，有机物降解速率也较高。

一段（级）处理流程的生物接触氧化处理技术具有流程简单，易于维护运行，投资较低的特点。

2. 二段（级）处理流程

二段（级）处理流程如图 6.38 所示。二段处理流程中，每座接触氧化池的流态都属完全混合型，而两段结合在一起考虑又属于推流式。

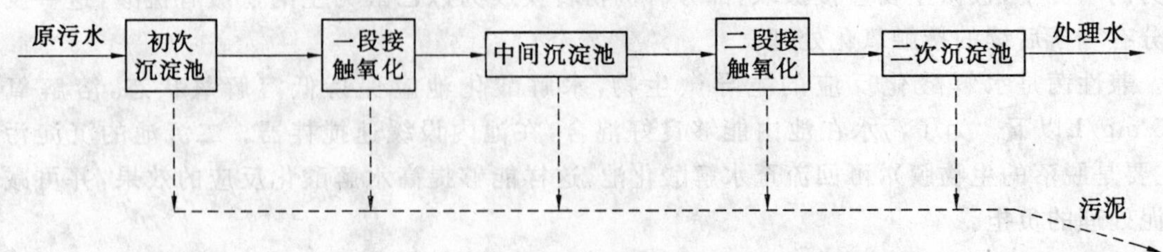

图 6.38 二段(级)生物接触氧化处理技术处理流程

在一段接触氧化池内 F/M 值应高于 2.1,微生物增殖不受污水中营养物质的含量所制约,处于对数增殖期,BOD 负荷率也比较高,生物膜增长较快。

在二段接触氧化池内 F/M 值一般为 0.5 左右,微生物增殖处于减衰增殖期或内源呼吸期。BOD 负荷率降低,处理水的水质提高。

二段处理流程中间沉淀池也可以考虑不设。

3. 多段(级)处理流程

图 6.39 所示是多段(级)生物接触氧化处理流程,由连续串联 3 座或 3 座以上的接触氧化池,每一座接触氧化池的流态都属完全混合。

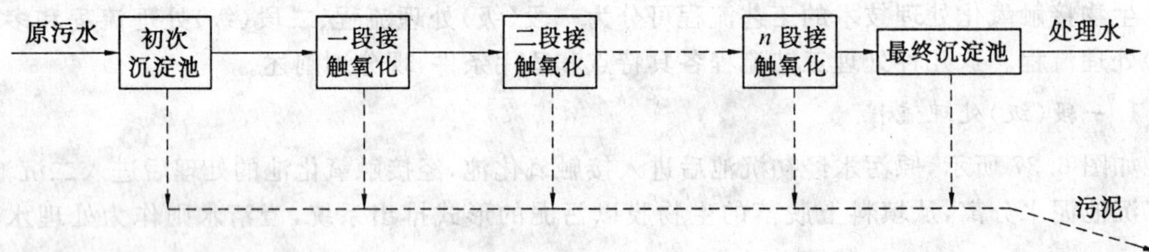

图 6.39 多段(级)生物接触氧化处理技术流程

由于设置了多段接触氧化池,在各池间有机污染物的浓度差明显,这样在每池内生长繁殖的微生物,适应于流至该池污水的水质条件,处理效果得到提高,能够取得非常稳定的处理水。

运行方法适当,这种处理流程除去除有机污染物外,还具有硝化、脱氮功能。

6.5.5 生物接触氧化法的特征

生物接触氧化处理技术,在工艺、功能以及运行等方面具有下列主要特征。

1. 在工艺方面的特征

①本工艺使用的填料多种多样,由于曝气,在池内形成液、固、气三相共存的体系,氧的转移效率高,溶解氧充沛,适于微生物存活增殖。在生物膜上微生物丰富,除细菌和多种属的原生动物和后生动物外,还能够生长氧化能力较强的球衣菌属的丝状菌,而且不会产生污泥膨胀现象。

②由于进行曝气,生物膜表面不断地被吹脱,生物膜经常保持较高的活性,厌氧膜的增殖得到抑制,也易于提高氧的利用率,因此,能够维持较高浓度的活性生物量,相关实验资料表明,每 m^2 填料表面上的活性生物膜量可达 125 g,如折算成活性污泥法的 MLSS,则达 13 g/ L,正因为如此,生物接触氧化处理技术能够接受较高的有机负荷率,处理效率较高,有利于缩小池

容，减少占地面积。

③填料表面全为生物膜所覆盖，形成了生物膜的主体结构，由于丝状菌的大量滋生，有可能形成一个呈立体结构的密集的生物网，污水在其中通过起到类似“过滤”的作用，净化效果能得到较大提高。

2. 在运行方面的特征

①对冲击负荷适应力强，在间歇运行情况下下，仍能够保持良好的处理效果，这对于排水不均匀的企业，具有很实际的意义；

②操作简单、运行方便、易于维护管理；

③不需要污泥回流，不产生污泥膨胀现象，也不产生滤池蝇；

④污泥生成量少，污泥颗粒较大，易于污泥沉淀。

3. 在功能方面的特征

生物接触氧化处理技术具有多种净化功能，如适当的运行方法，还能够用以脱氮，可以作为三级处理技术。

生物接触氧化处理技术的主要缺点是：填料易堵塞，此外，布水、曝气的均匀性不好控制，可能在局部部位出现死角。

6.5.6　生物接触氧化池的设计

生物接触氧化池是本工艺系统的核心处理构筑物，也是本工艺系统设计和计算的核心。

1. 生物接触氧化池设计与计算

①按平均日污水量进行计算；

②池座数一般不少于两座，并按同时工作考虑；

③填料层总高度一般取 3 m，当采用蜂窝填料时，蜂窝内切孔径不宜小于 25 mm，蜂窝填料应分层装填，每层高 1 m 为宜；

④池中污水的溶解氧含量一般在 2.5～3.5 mg/L 之间，气水比约为 15：1～20：1；

⑤为了保证布水、布气均匀性，单池面积不宜过大，每池面积一般应在 25 m^2 以内；

⑥污水在池内的有效接触时间不得少于 2 h；

⑦生物接触氧化池的填料体积可按 BOD 容积负荷率计算，也可按接触时间计算，本书主要介绍 BOD 容积负荷率计算法。

2. 按 BOD 容积负荷率计算填料体积

表 6.14 所列举的是我国计算接触氧化池填料体积所采用的 BOD 容积负荷率值。

表 6.14　国内接触氧化池填料体积计算 BOD 容积负荷率值的建议值

污水类型	BOD 负荷/($kg \cdot m^{-3} \cdot d^{-1}$)
城市污水（二级处理）	3.0～4.0
印染废水	1.0～2.0
农药废水	2.0～2.5
酵母废水	6.0～8.0
涤纶废水	1.5～2.0

BOD容积负荷率与处理水水质有密切的关系，表6.15列举的是我国在这方面所积累的资料数据，设计时可供参考。

表6.15 BOD容积负荷率与处理水水质关系数据

污水类型	处理水BOD/(mg·L^{-1})	BOD容积负荷率/(kg·m^{-3}·d^{-1})
城市污水	30	5.0
城市污水	10	2.0
印染废水	20	1.0
印染废水	50	2.5
粘胶废水	10	1.5
粘胶废水	20	3.0

下面列举出国外在接触氧化池处理城市污水所采用的有关BOD容积负荷率方面的参数，设计时可供参考。

城市污水二级处理，采用的BOD容积负荷率一般为1.2～20 kg/(m^3·d)，当要求处理水BOD值达到30 mg/L以下时，负荷率为0.8 kg/(m^3·d)。

城市污水三级处理，采用的BOD容积负荷率一般为0.12～0.18 kg/(m^3·d)，当要求处理水BOD值达到10 mg/L以下时，负荷率为0.2 kg/(m^3·d)。

从上列数据可以看到，处理城市污水，国外采用的BOD容积负荷率远低于国内。

(1)生物接触氧化池填料的容积

$$W=\frac{QS_0}{N_W} \tag{6.44}$$

式中 W——填料的总有效容积，m^3；

Q——日平均污水量，m^3/d；

S_0——原污水BOD_5值，g/ m^3或mg/L；

N_W——BOD容积负荷率，g/(m^3·d)。

(2)接触氧化池的总面积

$$A=\frac{W}{H} \tag{6.45}$$

式中 A——接触氧化池总面积，m^2；

H——填料层高度，m，一般取3 m。

(3)接触氧化池的座(格)数

$$n=\frac{A}{f} \tag{6.46}$$

式中 n——接触氧化池的座(格)数，一般$n\geqslant 2$；

f——每座(格)的接触氧化池面积，m^2，一般$f\leqslant 25\ m^2$。

(4)污水与填料的接触时间

$$t=\frac{nfH}{Q} \tag{6.47}$$

式中　t——污水在填料层内的接触时间，h。

(5)接触氧化池的总高度

$$h=H+h_1+h_2+(m-1)h_3+h_4 \tag{6.48}$$

式中　H_0——接触氧化池的总高度，m；

h_1——超高，m，h_1宜为 0.5～1.0 m；

h_2——填料上部的稳定水层深，m，h_2宜为 0.4～0.5 m；

h_3——填料层间隙高度，m，h_3宜为 0.2～0.3 m；

m——填料层数；

h_4——配水区高度，m，当考虑需要入内检修时，h_4宜为 1. 5 m，当不需要入内检修时，h_4宜为 0.5 m。

6.6　生物流化床

6.6.1　生物流化床的原理

提高处理设备单位容积内的生物量，强化传质作用，加速有机物从污水中向微生物细胞的传递过程可以进一步强化生物处理技术，加强微生物群体降解有机物的功能，提高生物处理设备处理污水的效率。

提高处理设备单位容积内的生物量采取的技术措施，是扩大微生物栖息、繁殖的表面积，提高生物膜量，同时还应提高对污水的充氧。

强化传质作用采取的技术措施，是强化生物膜与污水之间的接触，加快污水与生物膜之间的相对运动。

这两项技术措施的不断发展过程就是生物膜法的发展过程。

生物流化床出现在 20 世纪 70 年代，这种技术正是对上述两项技术措施的进一步发展。

流化床最早是用于化工领域的一项工艺，从 20 世纪 70 年代初期开始，一些国家将这一技术应用于污水生物处理领域，开展了多方面的科学研究工作，结论认为生物流化床可能成为污水生物处理技术的发展方向。

流化床的载体是以砂、活性炭、焦炭一类的较小的惰性颗粒，载体表面覆盖着生物膜，污水以一定流速从下向上流动，使载体处于流化状态。载体颗粒小，总表面积大(每 m^3 载体的表面积可达 2 000～3 000 m^3)，若以 MLSS 计，流化床的生物量高于任何一种的生物处理工艺。

载体处于流化状态，污水从其下部、左、右侧流过，与生物膜多次广泛而频繁地接触，又由于载体颗粒小，在床内比较密集，摩擦碰撞几率高，因此，生物膜经常保持着较高的活性，强化了传质过程，又由于载体不停地在流动，还能够有效地避免堵塞现象。

生物流化床用于污水处理具有 BOD 容积负荷率高、处理效果好、效率高、占地少及投资省等优点，如果运行适当，还可具有脱氮的效果。

6.6.2　生物流化床的构造

生物流化床是由床体、载体、布水装置、充氧装置和脱膜装置等部分组成的。

1. 床体

平面多呈圆形，多由钢板焊制，也可以由钢筋混凝土浇灌砌制。

2. 载体

载体是生物流化床的核心部件，表 6.16 列举了我国常用载体及其物理参数。这些数据是载体无生物膜覆盖条件下的数据，当载体为生物膜所覆盖时，生物膜的生长情况对其各项物理参数，特别是膨胀率变化，这时的各项参数应根据具体情况实地测定。

表 6.16 常用载体及其物理参数

载体	粒径/mm	比重	载体高度/m	膨胀率/%	空床时水上升速度/(m·h^{-1})
聚苯乙烯球	0.5～0.3	1.005	0.7	50	2.95
				100	6.90
活性炭	直径(0.96～2.14)	1.50	0.7	50	84.26
	长度(1.3～4.7)			100	160.50
焦炭	0.25～3.0	1.38	0.7	50	56
				100	77
无烟煤	0.5～1.2	1.67	1.67	50	53
				100	62
细石英砂	0.25～0.5	2.50	2.50	50	21.60
				100	40

注：本表所列为载体未被生物覆盖时的数据。

3. 布水装置

布水不均，可能导致部分载体沉积而不形成流化，使流化床的工作受到破坏。因此，均匀布水对生物流化床能够发挥正常的净化功能是至为重要的环节，特别是对液动流化床(二相流化床)更为重要。布水装置又是填料的承托层，在停水时，载体不流失，并易于再次启动。

图 6.40 所示为常用于液动流化床的几种布水装置。

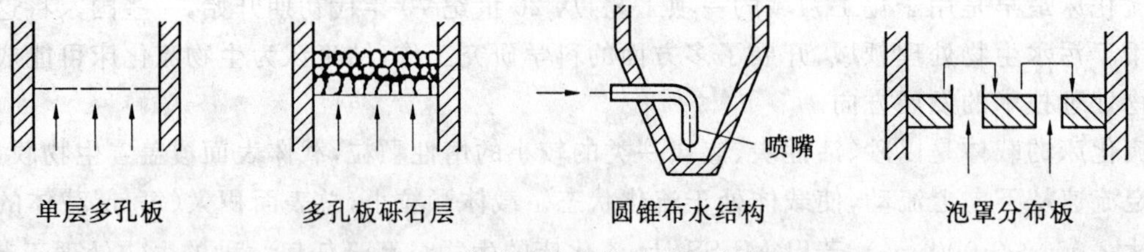

图 6.40 液动流化床的几种布水装置

4. 脱膜装置

生物流化床维持正常净化功能，及时脱除老化的生物膜，使生物膜经常保持一定的活性至关重要。气动流化床，一般不需另行设置脱膜装置。脱膜装置主要用于液动流化床，另行设立或设在流化床的上部都可以。

图 6.41 为叶轮脱膜装置，它利用叶轮的旋转所产生的剪切作用使生物膜与载体分离，设置在流化床上部，脱落的生物膜从沉淀分离室的排泥管排出，载体则沉降并返回流化床体。

6.6.3　生物流化床的类型

按使载体流化的动力来分类，生物流化床可分为液流动力流化床、气流动力流化床和机械搅动流化床等 3 种类型；生物流化床还按其本身处于好氧或厌氧状态，而分为好氧流化床和厌氧流化床。

表 6.17 所列举的是生物流化床的分类，充氧方式和其功能。

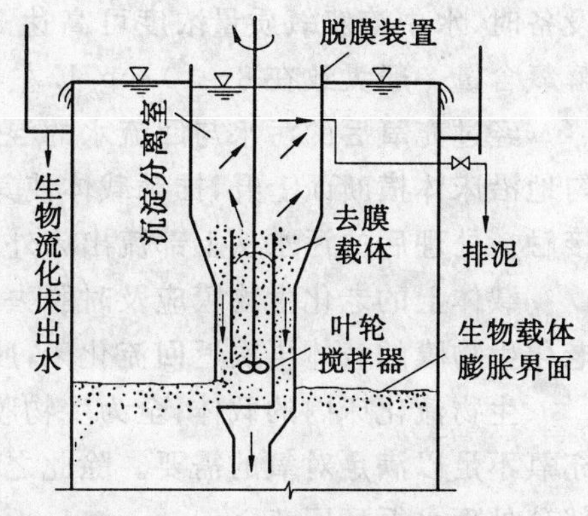

图 6.41　叶轮脱膜装置

表 6.17　生物流化床分类

流化床分类	去除对象	流化方式(流化床类别)	充氧方式
好氧流化床	有机污染物(BOD、COD)氮	液流动力流化床	表面机械曝气 鼓风曝气 加压溶解
		气流动力流化床	
		机械搅动流化床	鼓风曝气
厌氧流化床	硝酸氮 亚硝酸氮	液流动力流化床 机械搅动流化床	

1. 液流动力流化床

液流动力流化床也称之为二相流化床，基本的工艺流程如图 6.42 所示，在单独的充氧设备内对污水进行充氧，在流化床内只有污水(液相)与载体(固相)相接触。

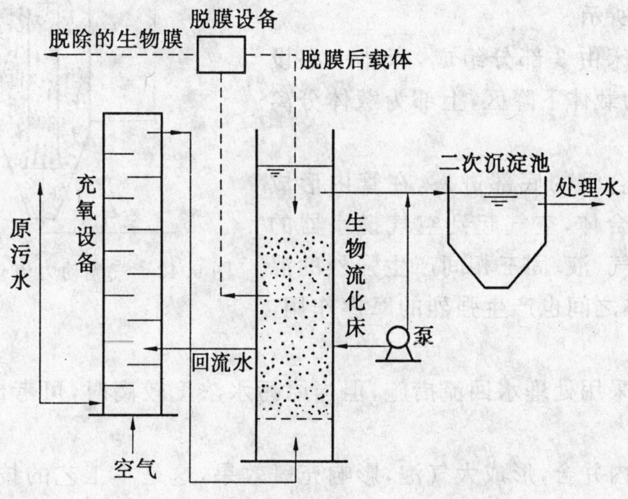

图 6.42　液流动力流化床(二相流化床)

本工艺以纯氧或空气为氧源，原污水和部分回流水在专设的充氧设备中充氧，氧转移至水中，水中溶解氧含量因使用的氧源和充氧设备不同而异。如以纯氧为氧源，而且配以压力充氧设备时，水中溶解氧质量浓度可高达 30 mg/L 以上。如采用一般的曝气方式充氧，污水中溶解氧含量一般大致在 8～10 mg/L 左右。

经过充氧后的污水与回流水的混合污水，通过布水装置从底部进入生物流化床，缓慢而均匀地沿床体横断面上升，推动载体使其处于流化状态的同时，广泛、连续地与载体上的生物膜接触。处理后的污水从上部流出床外，进入二沉池，分离脱落的生物膜，处理水得到澄清。

载体上的老化生物膜应及时脱去，为此，在流程中另设脱膜装置，脱膜装置间歇工作，脱除老化生物膜的载体再次返回流化床，脱除下来的生物膜以剩余污泥的形式排出系统外。

生物流化床内的载体，全为生物膜所包裹，生物密集度大，耗氧速度高，往往对污水的一次充氧不足以满足对氧的需要。除此之外，单纯依靠原污水的流量不足以使载体流化，因此要使部分处理水循环回流。

回流水循环率一般按生物流化床的需氧量确定

$$R=\frac{(S_0-S_e)D}{O_0-O_e}-1 \tag{6.49}$$

式中 S_0——原污水的 BOD_5 值，mg/L；

S_e——处理水的 BOD_5 值，mg/L；

D——去除每 kg BOD_5 的需氧量，kg，对城市污水，此值一般为 1.2～1.4；

O_0——原污水的溶解氧质量浓度，mg/L；

O_e——处理水的溶解氧质量浓度，mg/L。

R 值确定后还应通过试验来校核载体是否流化，一般 R 值应以使载体流化为准。以空气为氧源，由于水中溶解氧含量较低，往往需要采用较大的循环率，动力消耗较大，

2. 气流动力流化床

气流动力流化床也叫做三相生物流化床，污水（液相）、载体（固相）及空气（气相）三相同步进入床体，如图 6.43 所示。

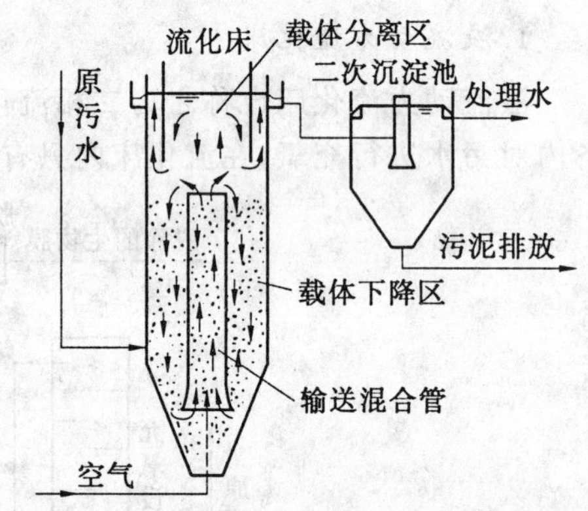

图 6.43 气流动力流化床（三相生物流化床）

本工艺的流化床由 3 部分组成，床体中心设输送混合管，外侧为载体下降区，上部为载体分离区。

空气经输送混合管的底部进入，在管内形成气、液、固的三相混合体，空气起到空气扬水器的作用，混合液上升，气、液、固三相间产生强烈的混合与搅拌作用，载体之间也产生强烈的摩擦作用，外层生物膜脱落。

本工艺一般不采用处理水回流措施，但当原污水浓度较高时，可考虑处理水回流，稀释原污水。

防止气泡在床内并合，形成大气泡，影响充氧效果，这是本工艺的技术关键之一。采用减压释放充氧，或采用射流曝气充氧有一定效果。

这种生物流化床，经实际运行证实具有如下各项特征：

①去除有机污染物速度高，由于其 BOD 容积负荷率可高达 5 kg/(m^3 · d)，对城市污水，处理水 BOD 值可保证在 20 mg/L 以下；

②维护运行方便，对水质、水量变动有一定的适应性；

③占地少，在水量水质及处理要求相同的情况下，设备占地面积只有活性污泥法的 1/5～1/8。

本工艺存在的主要问题是污泥沉降性不好，脱落在处理水中的生物膜，颗粒细小，用单纯沉淀法难于全部去除，如在其后用混凝沉淀法或气浮法进行固液分离，则能够取得优质的处理水。

生产运行实践证实，采用适当的运行方式，本工艺可具有硝化及脱氮的功能。

3. 机械搅拌流化床

机械搅拌流化床又称悬浮粒子生物膜处理工艺，结构如图 6.44 所示。池内分为反应室与固液分离室两个部分，安装在池面上的电动机驱动池中央接近于底部安装的有叶片搅动器转动，以带动载体，使其呈流化悬浮状态。充填的载体为砂、焦炭或活性炭，粒径小于一般的载体，为 0.1～0.4 mm之间。采用一般的空气扩散装置充氧。

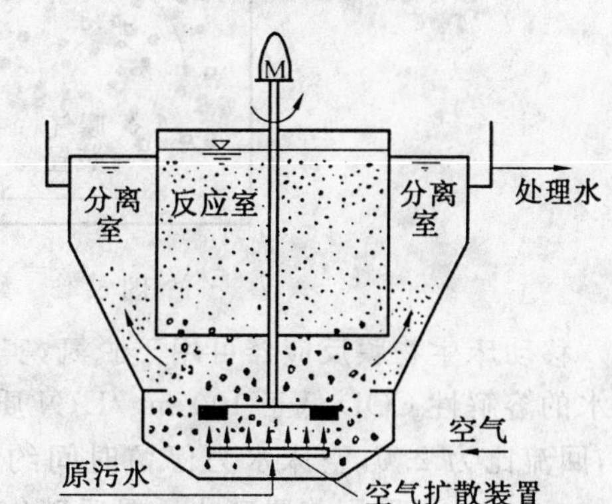

图 6.44　机械搅拌流化床（悬浮粒子生物膜处理工艺）

本工艺具有如下各项特征：

①降解速率高，反应室单位容积载体的比表面积大，可达 8 000～9 000 m^2/m^3；

②用机械搅动的方式使载体流化、悬浮，反应可保持均一性，生物膜与污水接触的效率高；

③MLVSS 值比较固定，不需要通过运行加以调整。

工艺采用反应、沉淀一体化处理设备，在计算时应用 120 $m^3/(m^2 \cdot d)$的水面负荷率加以核对。

6.7　生物膜处理新工艺

6.7.1　移动床生物膜反应器

固定床反应器需定期反冲洗，流化床需使载体流化，淹没式生物滤池堵塞需清洗滤料和更换曝气器，为改善上述问题，移动床生物膜反应器（Moving-Bed Biofilm Reactor，MBBR）应运而生，近年来颇受研究者重视。在稳定运行的情况下，当反应器承受较高的有机物负荷时，有机物去除率仍然较高。研究结果还表明，当采用连续流操作方式时，该反应器具有硝化功能；而当采用间歇流操作方式时，又具有反硝化功能。该处理工艺效果可靠，操作简便，适用于设计小型污水处理厂或改造现有超过设计能力运转的活性污泥处理系统。

如图 6.45 所示，在移动床生物膜反应器中，装填有直径约 10 mm、长度约 7 mm 的短管状聚乙烯塑料填料，内设交叉面支撑、外有鱼鳍状沟棱以增加填料的比表面积。这种填料的密度为 0.96 g/cm^3。在好氧反应器中，漂浮的载体随曝气器回旋翻转，这种回旋力是由曝气提升力而提供的，而在缺氧反应器中，则需设置机械桨搅拌。为了防止生物膜载体从反应器内流出，在反应器出口处设有穿孔板栅网，网孔尺寸为 5 mm×25 mm。理论上反应器中生物膜比表面积可高达约 400～500 m^2/m^3，但由于填料外侧受冲刷强烈，产生的生物膜量要少得多，实际的比表面积大约为 350 m^2/m^3。在实际运行中，移动床生物膜反应器既不需要反冲洗，也不需要污泥回流，通过反应器的水头损失也相对较小。

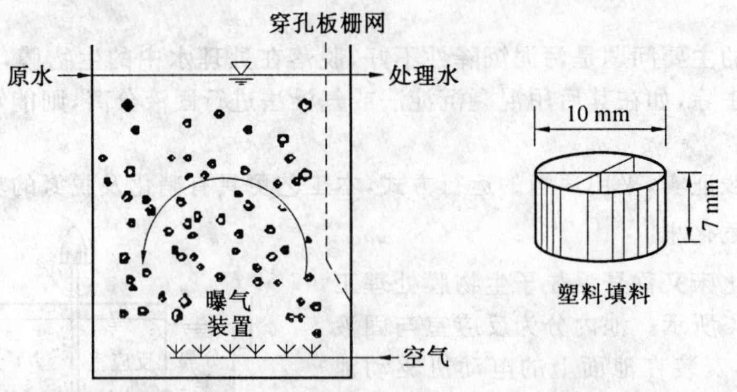

图 6.45　好氧移动床生物膜反应器

移动床生物膜反应器可用于脱氮，实际运转的研究结果表明，当水温介于 7～18 ℃，城市污水的溶解性 COD 低于 100 mg/L，N 质量浓度为 25 mg/L 时，采用前置反硝化后置硝化工艺，回流比为 2.0，空床水力停留时间约为 6 h 的条件下，因碳源不足，TN 去除率仅可达到 50%～70%；而采用前置硝化后置反硝化工艺，空床水力停留时间小于 3 h 的条件下，适量补充醋酸盐作为碳源，可以使 TN 去除率达到 80%～90%。

移动床生物膜反应器具有发展和应用前景，因建造简单和易于操作，可在不增加反应器容积的条件下改造现有的常规污水处理厂，可使之提高对有机物的去除率并达到脱氮的目的。

6.7.2　微孔膜生物膜反应器

微孔膜生物反应器是近年来引起研究者极大关注的一种新型的生物膜反应器，主要是用来处理有机工业废水中毒性或挥发性的有机污染物，如酚、二氯乙烷和芳香族卤代物等，也有研究者用此工艺处理合成污水、进行硝化或处理含氮污泥等。

传统生物反应器中，存在污染物易受空气吹脱挥发的问题，在微孔膜生物反应器中，为避免有毒挥发性污染物与曝气直接接触，可采用逆向扩散的操作方式，即含有挥发性有机物的污水与曝气营养物基质分开，有机物从微孔膜内侧扩散，而 O_2 则从微孔膜外侧向生物膜扩散，两者在生物膜内相聚并在微生物的作用下将有机污染物氧化分解，如图 6.46 所示。

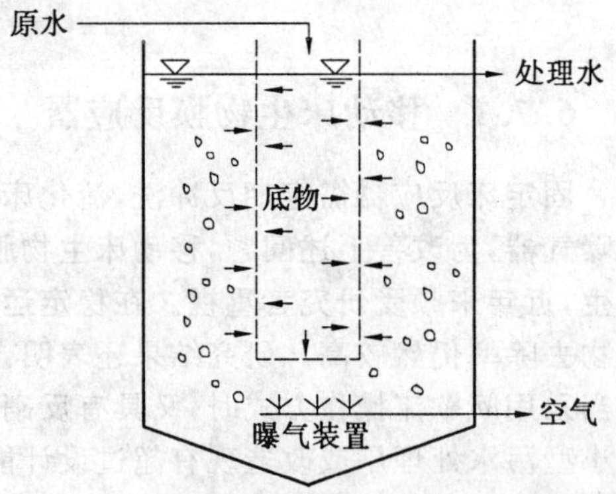

原水
处理水
底物
空气
曝气装置

图 6.46　微孔膜生物反应器的净化原理

微孔膜通常是透过性超滤膜，也有中空纤维、活性炭膜和硅橡胶模等。

工业废水都富含有毒或难降解的有机污染物，这些有机物通常会造成一般生物处理系统造成运行失效。工业废水中的污染物往往需要特种菌才能分解，而这些菌在生物处理反应器中易随水流失，而采用微孔膜生物反应器可避免有毒物质和微生物直接接触，并可避免曝气造成污染物的挥发，还可对特种菌加以固定化，因而该反应器具有较好的处理效能。

第7章 污水的厌氧生物处理

7.1 厌氧生物处理的原理

7.1.1 厌氧生物处理工艺的发展简史

厌氧生物过程广泛地存在于自然界中,但人类第一次有意识地利用厌氧生物过程来处理废弃物,则是在1881年由法国的Louis Mouras所发明的“自动净化器”开始的,随后人类开始较大规模地应用厌氧消化过程来处理城市污水(如化粪池、双层沉淀池等)和剩余污泥(如各种厌氧消化池等)。这些厌氧反应器现在通称为“第一代厌氧生物反应器”,它们的共同特点是:

①水力停留时间(HRT)很长,有时在污泥处理时,污泥消化池的HRT会长达90 d,即使是目前在很多现代化城市污水处理厂内所采用的污泥消化池的HRT也还长达20~30 d;

②虽然HRT相当长,但处理效率仍十分低,处理效果还很不好;

③具有浓臭的气味,因为在厌氧消化过程中原污泥中含有的有机氮或硫酸盐等会在厌氧条件下分别转化为氨氮或硫化氢,而它们都具有十分特别的臭味。

以上这些特点使得人们对于进一步开发和利用厌氧生物过程的兴趣大大降低,而且此时利用活性污泥法或生物膜法处理城市污水已经十分成功。

但是,当进入20世纪50、60年代,特别是70年代的中后期,随着世界范围能源危机的加剧,人们对利用厌氧消化过程处理有机废水的研究得以强化,相继出现了一批被称为现代高速厌氧消化反应器的处理工艺,从此厌氧消化工艺开始大规模地应用于废水处理,真正成为一种可以与好氧生物处理工艺相提并论的废水生物处理工艺。这些被称为现代高速厌氧消化反应器的厌氧生物处理工艺又被统一称为“第二代厌氧生物反应器”,它们的主要特点有:

①HRT大大缩短,有机负荷大大提高,处理效率大大提高;

②主要包括:厌氧接触法、厌氧滤池(AF)、上流式厌氧污泥床(UASB)反应器、厌氧流化床(AFB)、AAFEB、厌氧生物转盘(ARBC)和挡板式厌氧反应器等;

③HRT与SRT分离,SRT相对很长,HRT则可以较短,反应器内生物量很高。

以上这些特点彻底改变了原来人们对厌氧生物过程的认识,因此其实际应用也越来越广泛。

进入20世纪90年代以后,随着以颗粒污泥为主要特点的UASB反应器的广泛应用,在其基础上又发展起来了同样以颗粒污泥为根本的颗粒污泥膨胀床(EGSB)反应器和厌氧内循环(IC)反应器。其中EGSB反应器利用外加的出水循环可以使反应器内部形成很高的上升流速,提高反应器内的基质与微生物之间的接触和反应,可以在较低温度下处理较低浓度的有机废水,如城市废水等;而IC反应器则主要应用于处理高浓度有机废水,依靠厌氧生物过程本身所产生的大量沼气形成内部混合液的充分循环与混合,可以达到更高的有机负荷。这些反应器又被统一称为“第三代厌氧生物反应器”。

7.1.2　厌氧生物处理的基本原理

厌氧生物处理法又称“厌氧消化”，是废水生物处理法的一种。是一种利用厌氧微生物以降解废水中的有机污染物，使废水净化的方法。传统上，污泥在脱水作最后处置前进行厌氧处理，称污泥消化，“消化”也常作为厌氧处理的简称。早期的厌氧处理研究都针对污泥消化，即在无氧的条件下，由兼性厌氧细菌及专性厌氧细菌降解有机物使污泥中的有机物分解，最后产生 CH_4 和 CO_2 等气体。

1. 两阶段理论

在 20 世纪 30～60 年代，被普遍接受的是“两阶段理论”。

污泥的厌氧处理面对的是固态有机物，所以称为消化。对批量污泥静置考察，可以见到污泥的消化过程明显分为两个阶段。固态有机物先是液化，称液化阶段；接着降解产物气化，称气化阶段；整个过程历时半年以上。第一阶段最显著的特征是液态污泥的 pH 值迅速下降，不到 10 d，降到最低值(即使在室温下，露在空气中的食物几天内就变馊发酸)，所以，称酸化阶段更为合适。污泥中的固态有机物主要是天然高分子化合物，如淀粉、纤维素、油脂、蛋白质等，在无氧环境中降解时，转化为有机酸、醇、醛、水分子等液态产物和 CO_2、H_2、NH_3、H_2S 等气体分子，气体大多溶解在泥液中。转化产物中有机酸是主体，在 1 个月左右，达到最高值。低 pH 值有抑制细菌生长的作用，NH_3 的溶解产物 $NH_3 \cdot H_2O$ 有中和作用，经过长时间的酸化阶段，pH 值回升后，进入气化阶段。气化阶段产生的气体称“消化气”，主体是 CH_4，因此气化阶段常称甲烷化阶段，与酸化阶段相应。CO_2 也相当多，还有微量 H_2S。参与消化的细菌，酸化阶段的统称产酸或酸化细菌，几乎包括所有的兼性细菌；甲烷化阶段的统称甲烷细菌，已经证实的已有 80 多种。

2. 三阶段理论

1967 年，Bryant 发现原来认为是一种被称为“奥氏产甲烷菌”的细菌，实际上是由两种细菌共同组成的，一种细菌首先把乙醇氧化为乙酸和 H_2，另一种细菌利用 H_2 和 CO_2 产生 CH_4，使得长达 51 年一直认为纯种的经典甲烷菌得以弄清楚其本来面目，使产甲烷菌和产氢菌之间的相互关系得到证实。揭示了种间氢转移的理论，为正确认识厌氧消化过程中氢的产生、消耗和调节规律奠定了基础。1979 年，Bryant 提出沼气发酵的三阶段理论，如图 7.1 所示。三阶段理论包括：

(1)第一阶段为水解发酵阶段

污泥中的固态有机化合物借助于从厌氧菌分泌出的细胞外水解酶得到溶解，并通过细胞壁进入细胞，在水解酶的催化下，将多糖、蛋白质、脂肪分别水解为单糖、氨基酸、脂肪酸和醇类等。

(2)第二阶段为产氢产乙酸阶段

在产氢产乙酸菌的作用下，将第一阶段的产物进一步降解为较简单的挥发性有机酸和氢，并有 CO_2 产生。

(3)第三阶段为产甲烷阶段

第一阶段和第二阶段产生的乙酸、H_2 和 CO_2 等在产甲烷菌的作用下转化为 CH_4。

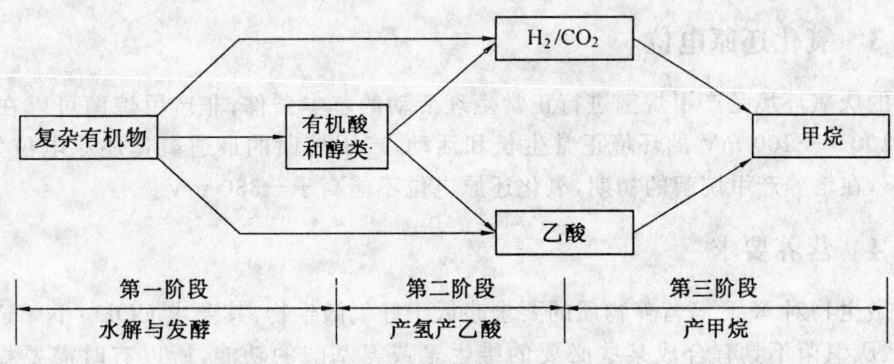

图 7.1　三阶段厌氧消化过程示意图

7.2　影响厌氧生物处理的主要因素

产甲烷反应是厌氧消化过程的控制阶段，因此，研究产甲烷菌的通性是十分重要的，这将有助于打破厌氧生物处理过程分阶段的现象，从而最大限度地缩短处理过程的历时时间。因此，厌氧反应的各项影响因素也以对产甲烷菌的影响因素为准。

7.2.1　温度

温度对厌氧微生物的影响尤为显著。厌氧细菌可分为嗜热菌（或高温菌）、嗜温菌（中温菌）；相应地，厌氧消化分为：高温消化（55 ℃左右）和中温消化（35 ℃左右）；高温消化的反应速率约为中温消化的 1.5～1.9 倍，产气率也较高，但气体中 CH_4 含量较低；当处理含有病原菌和寄生虫卵的废水或污泥时，高温消化可取得较好的卫生效果，消化后污泥的脱水性能也较好；随着新型厌氧反应器的开发研究和应用，温度对厌氧消化的影响不再非常重要（新型反应器内的生物量很大），因此可以在常温条件下（20～25 ℃）进行，以节省能量和运行费用。

7.2.2　pH 值和碱度

1. pH 值

pH 值是厌氧消化过程中最重要的影响因素。产甲烷菌对 pH 值的变化非常敏感，一般认为，其最适 pH 值范围为 6.8～7.2，在小于 6.5 或大于 8.2 时，产甲烷菌会受到严重抑制，而进一步导致整个厌氧消化过程的恶化；厌氧体系中的 pH 值受多种因素的影响：进水 pH 值、进水水质（有机物浓度、有机物种类等）、生化反应、酸碱平衡、气固液相间的溶解平衡等；厌氧体系是一个 pH 值的缓冲体系，主要由碳酸盐体系所控制；一般来说：系统中脂肪酸含量的增加（累积），将消耗 HCO_3^-，使 pH 值下降；但产甲烷菌的作用不但可以消耗脂肪酸，而且还会产生 HCO_3^-，使系统的 pH 值回升。

2. 碱度

碱度曾一度在厌氧消化中被认为是一个至关重要的影响因素，但实际上其作用主要是保证厌氧体系具有一定的缓冲能力，维持合适的 pH 值；厌氧体系一旦发生酸化，则需要很长的时间才能恢复。

7.2.3 氧化还原电位

严格的厌氧环境是产甲烷菌进行正常生理活动的基本条件；非产甲烷菌可以在氧化还原电位为＋100～－100 mV 的环境正常生长和活动；产甲烷菌的最适氧化还原电位为－150～－400 mV，在培养产甲烷菌的初期，氧化还原电位不能高于－330 mV。

7.2.4 营养要求

厌氧微生物对 N、P 等营养物质的要求略低于好氧微生物，其要求 COD：N：P ＝ 200：5：1；多数厌氧菌不具有合成某些必要的维生素或氨基酸的功能，所以有时需要投加：①K、Na、Ca 等金属盐类；②微量元素：Ni、Co、Mo、Fe 等；③有机微量物质：酵母浸出膏、生物素、维生素等。

7.2.5 *F/M* 比

厌氧生物处理的有机物负荷较好氧生物处理更高，一般可达 5～10 kg/(m^3 · d)，甚至可达 50～80 kg/(m^3 · d)；无需氧的限制；可以积聚更高的生物量。产酸阶段的反应速率远高于产甲烷阶段，因此必须十分谨慎地选择有机负荷。高的有机容积负荷的前提是高的生物量和相应的较低的污泥负荷；高的有机容积负荷可以缩短 HRT，减少反应器容积。

7.2.6 抑制物质

常见的抑制性物质有：硫化物和硫酸盐、氨氮、重金属离子等。

1. 硫化物和硫酸盐

硫酸盐和其他硫的氧化物很容易在厌氧消化过程中被还原成硫化物；可溶的硫化物达到一定浓度时，会对厌氧消化过程主要是产甲烷过程产生抑制作用；投加某些金属如 Fe 可以去除 S^{2-}，或从系统中吹脱 H_2S 可以减轻硫化物的抑制作用。

2. 氨氮

氨氮是厌氧消化的缓冲剂，但浓度过高，则会对厌氧消化过程产生毒害作用，抑制质量浓度为 50～200 mg/L，但驯化后，适应能力会得到加强。

3. 重金属离子

重金属离子对甲烷消化的抑制有两个方面：

①与酶结合，产生变性物质，使酶的作用消失；

②重金属离子及氢氧化物的絮凝作用，使酶沉淀。

7.3 厌氧生物处理的特征

厌氧生物处理技术是我国水污染控制的重要手段。我国高浓度有机工业废水排放量巨大，这些废水浓度高、多含有大量的碳水化合物、脂肪、蛋白质、纤维素等有机物；我国当前的水体污染物还主要是有机污染物以及营养元素 N、P 的污染。目前的形势是：能源昂贵、土地价格剧增、剩余污泥的处理费用也越来越高。厌氧工艺的综合效益表现在环境、能源、生态 3 个方面。

7.3.1　主要优点

与废水的好氧生物处理工艺相比，废水的厌氧生物处理工艺具有以下主要优点：

①能耗大大降低，而且还可以回收生物能(沼气)。因为厌氧生物处理工艺无需为微生物提供氧气，所以不需要鼓风曝气，减少了能耗，而且厌氧生物处理工艺在大量降低废水中的有机物的同时，还会产生大量的沼气，其中主要的有效成分是 CH_4，是一种可以燃烧的气体，具有很高的利用价值，可以直接用于锅炉燃烧或发电。

②污泥产量很低。这是由于在厌氧生物处理过程中废水中的大部分有机污染物都被用来产生沼气——CH_4 和 CO_2 了，用于细胞合成的有机物相对来说要少得多；同时，厌氧微生物的增殖速率比好氧微生物低得多，产酸菌的产率为 0.15～0.34 kgVSS/(kgCOD)，产甲烷菌的产率为 0.03 kgVSS/(kgCOD)左右，而好氧微生物的产率约为 0.25～0.6 kgVSS/(kgCOD)。

③厌氧微生物有可能对好氧微生物不能降解的一些有机物进行降解或部分降解，因此，对于某些含有难降解有机物的废水，利用厌氧工艺进行处理可以获得更好的处理效果，或者可以利用厌氧工艺作为预处理工艺，可以提高废水的可生化性，提高后续好氧处理工艺的处理效果。

7.3.2　主要缺点

与废水的好氧生物处理工艺相比，废水厌氧生物处理工艺也存在着以下的明显缺点：

①厌氧生物处理过程中所涉及的生化反应过程较为复杂。因为厌氧消化过程是由多种不同性质、不同功能的厌氧微生物协同工作的一个连续的生化过程，不同种属间细菌的相互配合或平衡较难控制，因此在运行厌氧反应器的过程中需要很高的技术要求。

②厌氧微生物特别是其中的产甲烷细菌对温度、pH 值等环境因素非常敏感，也使得厌氧反应器的运行和应用受到很多限制和困难。

③虽然厌氧生物处理工艺在处理高浓度的工业废水时常常可以达到很高的处理效率，但其出水水质仍通常较差，一般需要利用好氧工艺进行进一步的处理。

④厌氧生物处理的气味较大。

⑤对氨氮的去除效果不好，一般认为在厌氧条件下氨氮不会降低，而且还可能由于原废水中含有的有机氮在厌氧条件下的转化导致氨氮浓度的上升。

7.4　厌氧生物处理反应器

7.4.1　厌氧消化池

厌氧消化池主要应用于处理城市污水厂的污泥，也可应用于处理固体含量很高的有机废水。它的主要作用是：

①将污泥中的一部分有机物转化为沼气；

②将污泥中的一部分有机物转化成为稳定性良好的腐殖质；

③提高污泥的脱水性能；

④使得污泥的体积减小 1/2 以上；

⑤使污泥中的致病微生物得到一定程度的灭活，有利于污泥的进一步处理和利用。

消化池可以按其形状的不同分为：圆柱形、椭圆形（卵形）和龟甲形等几种形式；也可以按其池顶结构形式的不同将其分为：固定盖式和浮动盖式的消化池；或者还可以按其运行方式的不同分为：传统消化池和高速消化池。

1. 传统消化池

传统消化池又称为低速消化池，如图 7.2 所示，在池内没有设置加热和搅拌装置，所以有分层现象，一般分为浮渣层、上清液层、活性层、熟污泥层等，其中只有在活性层中才有有效的厌氧反应过程在进行，因此在传统消化池中只有部分容积有效；传统消化池的最大特点就是消化反应速率很低，HRT 很长，一般为 30～90 d。

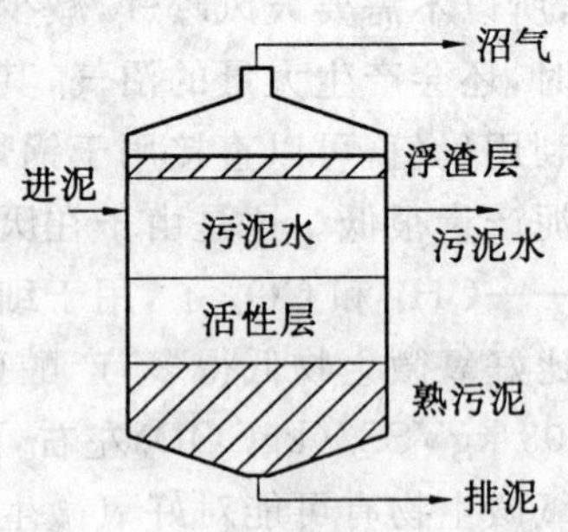

图 7.2　传统消化池示意图

2. 高速消化池

与传统消化池不同的是，在高速消化池中设有加热和（或）搅拌装置，如图 7.3 所示，因此缩短了有机物稳定所需的时间，也提高了沼气产量，在中温（30～35 ℃）条件下，其 HRT 可以为 15 d 左右，运行效果稳定，但搅拌使高速消化池内的污泥得不到浓缩，上清液与熟污泥不易分离。

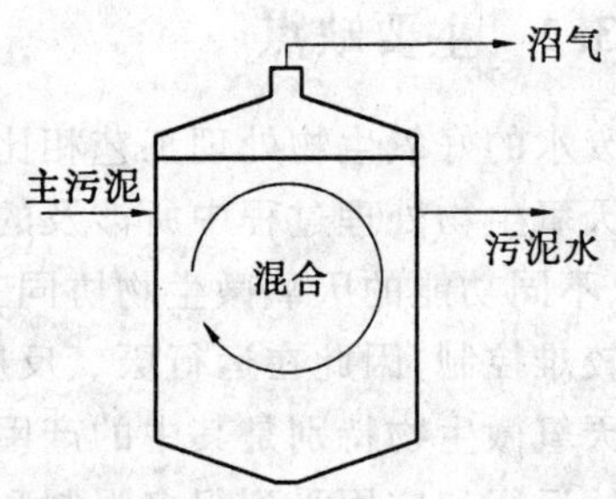

图 7.3　高速消化池示意图

3. 两级串联消化池

两级串联消化池，如图 7.4 所示，第一级采用高速消化池，第二级则采用不设搅拌和加热的传统消化池，主要起沉淀浓缩和贮存熟污泥的作用，并分离和排出上清液。二者 HRT 的比值可采用 1∶1～1∶4，一般为 1∶2。

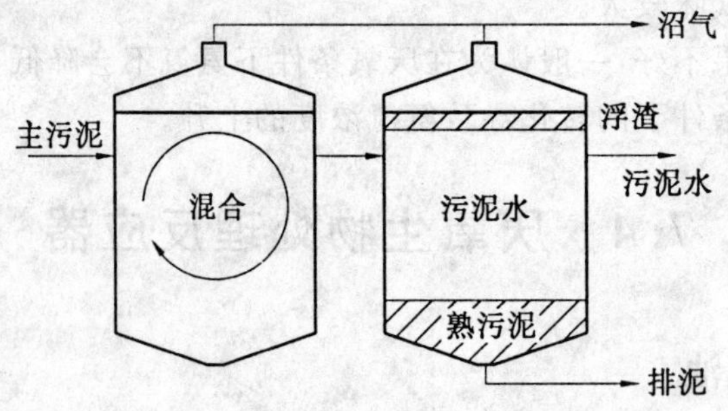

图 7.4　两级串联消化池示意图

7.4.2　厌氧生物滤池

20 世纪 60 年代末，美国的 Young 和 McCarty 首先开发出厌氧生物滤池。1972 年以后，一批生产规模的厌氧生物滤池投入运行，它们所处理的废水的 COD 质量浓度范围较宽，约在

300～85 000 mg/L 之间，处理效果良好，运行管理方便。与好氧生物滤池相似，厌氧生物滤池是装填有滤料的厌氧生物反应器，在滤料的表面形成了以生物膜形态生长的微生物群体，在滤料的空隙中则截留了大量悬浮生长的厌氧微生物，废水通过滤料层向上流动或向下流动时，废水中的有机物被截留、吸附及分解转化为 CH_4 和 CO_2 等。

根据废水在厌氧生物滤池中流向的不同，可分为升流式厌氧生物滤池、降流式厌氧生物滤池和升流式混合型厌氧生物滤池等 3 种形式，即分别如图 7.5 所示。

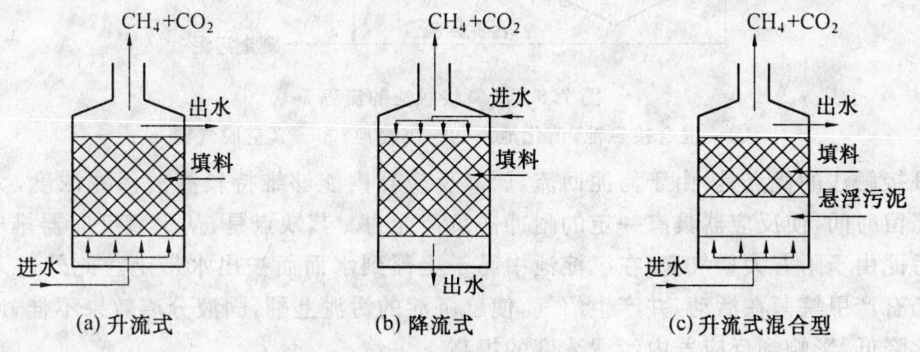

图 7.5　厌氧生物滤池

从工艺运行的角度，厌氧生物滤池具有以下特点：

① 厌氧生物滤池中的厌氧生物膜的厚度约为 1～4 mm。

② 与好氧生物滤池一样，其生物固体浓度沿滤料层高度而有变化。

③ 降流式较升流式厌氧生物滤池中的生物固体浓度的分布更均匀。

④ 厌氧生物滤池适合于处理多种类型、浓度的有机废水，其有机负荷为 0.2～16 kg/(m^3 · d)；

⑤ 当进水 COD 质量浓度过高（＞8 000 mg/L 或 12 000 mg/L）时，应采用出水回流的措施；减少碱度的要求；降低进水 COD 质量浓度；增大进水流量，改善进水分布条件。

厌氧生物滤池的主要优点是：处理能力较高；滤池内可以保持很高的微生物浓度；不需另设泥水分离设备，出水 SS 较低；设备简单、操作方便等。它的主要缺点是：滤料费用较高；滤料容易堵塞，尤其是下部，生物膜很厚。堵塞后，没有简单有效的清洗方法。因此，悬浮物高的废水不适用。

7.4.3　厌氧接触法

对于悬浮物较高的有机废水，可以采用厌氧接触法，其流程如图 7.6 所示。废水先进入混合接触池（消化池）与回流的厌氧污泥相混合，然后经真空脱气器而流入沉淀池。接触池中的污泥质量浓度要求很高，在 12 000～15 000 mg/L 左右，因此污泥回流量很大，一般是废水流量的 2～3 倍。

厌氧接触法实质上是厌氧活性污泥法，不需要曝气而需要脱气。厌氧接触法对悬浮物高的有机废水（如肉类加工废水等）效果很好，悬浮颗粒成为微生物的载体，并且很容易在沉淀池中沉淀。在混合接触池中，要进行适当搅拌以使污泥保持悬浮状态。搅拌可以用机械方法，也可以用泵循环池水。据报道，肉类加工废水（BOD_5 约 1 000～1 800 mg/L）在中温消化时，经过 6～12 h（以废水入流量计）消化，BOD_5 去除率可达 90％以上。

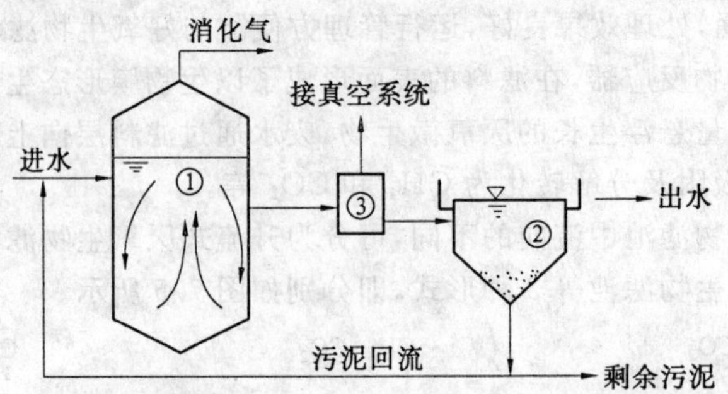

图 7.6 厌氧接触法的流程

①—混合接触池(消化池);②—沉淀池;③—真空脱气器

厌氧接触法的优点是:由于污泥回流,厌氧反应器内能够维持较高的污泥浓度,大大降低了水力停留时间,使反应器具有一定的耐冲击负荷能力。其缺点是:从厌氧反应器排出的混合液中的污泥由于附着大量气泡,在沉淀池中易于上浮到水面而被出水带走。此外进入沉淀池的污泥仍有产甲烷菌在活动,并产生沼气,使已沉淀的污泥上翻,固液分离效果不佳,回流污泥浓度因此降低,影响到反应器内污泥浓度的提高。

7.4.4 上(升)流式厌氧污泥床反应器

上(升)流式厌氧污泥床(层)反应器(UASB,Upflow Anaerobic Sludge Blanket Reactor),是由荷兰 Wageningen 农业大学的 Gatze Lettinga 教授于 1977 年开发出来的。这种反应器是目前应用最为广泛的一种厌氧生物处理装置。

如图 7.7 所示,废水自下而上地通过厌氧污泥床反应器。在反应器的底部有一个高浓度(可达 60～80 g/L)、高活性的污泥床,大部分的有机物在这里被转化为 CH_4 和 CO_2。由于气态产物(消化气)的搅动和气泡黏附污泥,在污泥床之上形成一个污泥悬浮层。反应器的上部设有三相分离器,完成气、液、固三相(图 7.8)上流式厌氧污泥床反应器的分离。被分离的消化气从上部导出,被分离的污泥则自动滑落到悬浮污泥层,出水则从澄清区流出。由于在反应器内保留了大量厌氧污泥,使反应器的负荷能力很大。

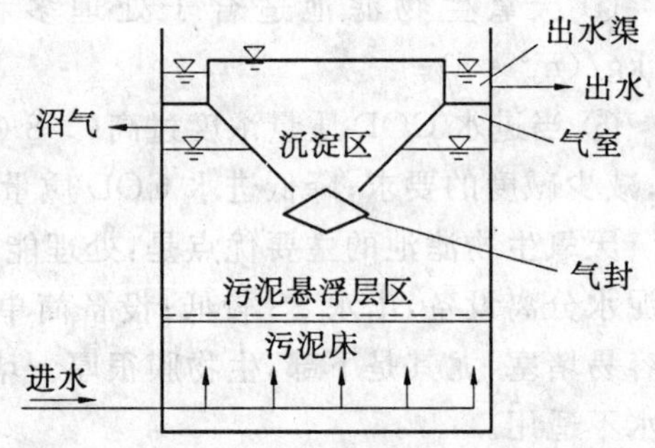

图 7.7 UASB 反应器构造原理

试验结果表明,良好的污泥床,有机负荷率和去除率高,不需要搅拌,能适应负荷冲击和温度与 pH 值的变化。它是一种有发展前途的厌氧处理设备。

UASB 反应器的特点:

①UASB 反应器结构紧凑,无需搅拌和回流设备,占地少,造价低,运行管理方便。

②UASB 反应器内形成颗粒化污泥,反应器内平均污泥浓度 30～40 g/L,底部 60～80 g/L,颗粒粒径一般为 1～2 mm,相对密度为 1.04～1.08。

③形成颗粒污泥,容积负荷高,一般为 10～20 kgCOD/(m^3 · d)。

④处理高浓度有机废水,沼气产量大,有经济效益,降低成本;采用封闭式 UASB 反应器,

低浓度的可采用敞开式UASB反应器。

⑤厌氧分解，污泥产生量少，间歇运行不影响系统的处理能力。

⑥运行控制困难，若控制不好，污泥会大量或全部流失。

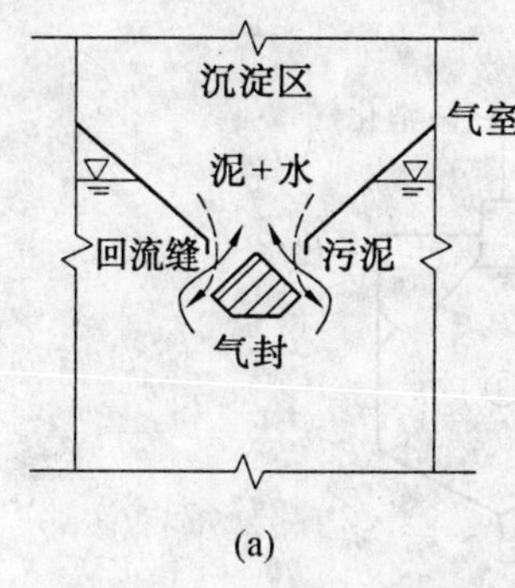

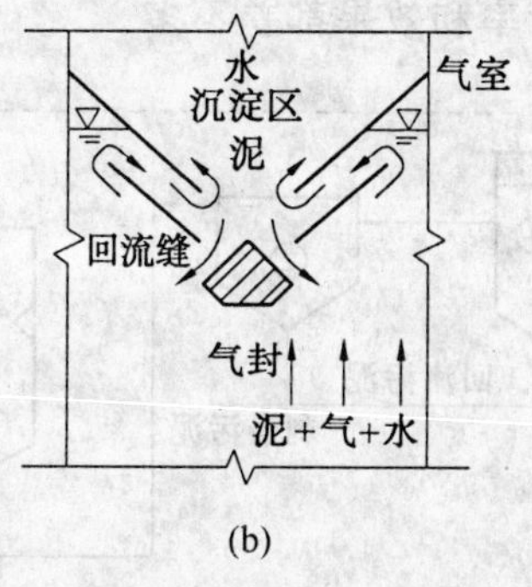

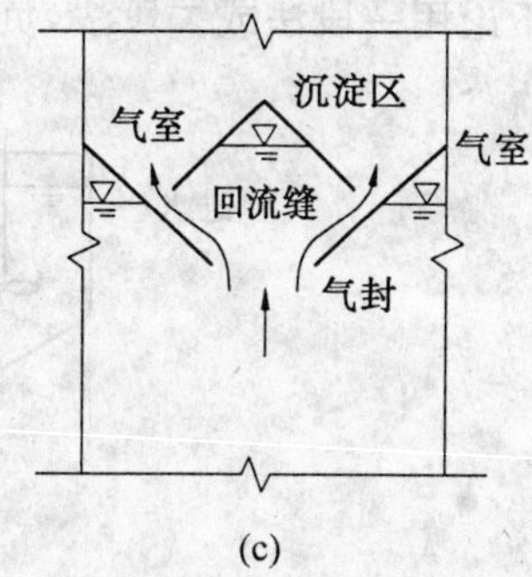

图7.8　三相分离器的基本构造

7.4.5　厌氧膨胀床和厌氧流化床

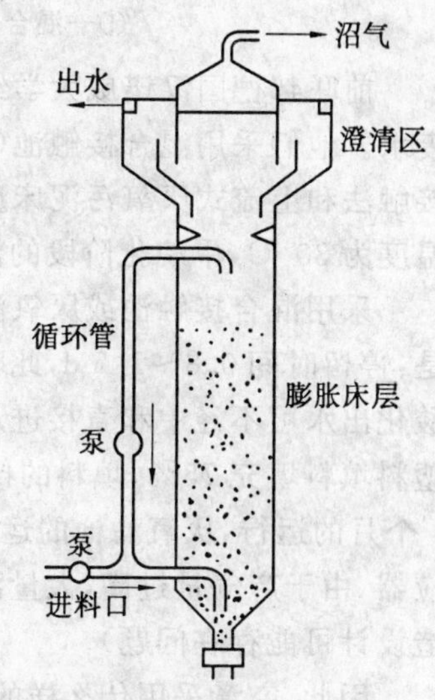

图7.9　厌氧膨胀床和流化床

如图7.9所示，在厌氧反应器内添加固体颗粒载体，常用的有石英砂、无烟煤、活性炭、陶粒和沸石等，粒径一般为0.2～1 mm。一般需要采用出水回流的方法使载体颗粒在反应器内膨胀或形成流化状态；一般将床体内载体略有松动，载体间空隙增加但仍保持互相接触的反应器称为膨胀床反应器；将上升流速增大到可以使载体在床体内自由运动而互不接触的反应器称为流化床反应器。

膨胀床或流化床的主要特点是：细颗粒的载体为微生物的附着生长提供了较大的比表面积，使床内的微生物浓度很高（一般可达30 gVSS/L）；具有较高的有机容积负荷（10～40 kg COD/(m^3·d)），水力停留时间较短；具有较好的耐冲击负荷的能力，运行较稳定；载体处于膨胀或流化状态，可防止载体堵塞；床内生物固体停留时间较长，运行稳定，剩余污泥量较少；既可应用于高浓度有机废水的处理，也应用于低浓度城市废水的处理。其缺点是：载体的流化耗能较大；系统设计运行的要求也较高。

7.4.6　分段厌氧处理法

根据消化可分阶段进行的事实，研究开发了二段式厌氧处理法，将水解酸化过程和甲烷化过程分开在两个反应器内进行，以使两类微生物都能在各自的最适条件下生长繁殖。第一段的功能是：水解和液化固态有机物为有机酸；缓冲和稀释负荷冲击与有害物质，并将截留难降解的固态物质。第二段的功能是：保持严格的厌氧条件和pH值，以利于甲烷菌的生长；降解、稳定有机物，产生含甲烷较多的消化气，并截留悬浮固体，以改善出水水质。

二段式厌氧处理法的流程尚无定式，可以采用不同构筑物予以组合。例如，对悬浮物高的工业废水，采用厌氧接触法与上流式厌氧污泥床反应器串联的组合已经有成功的经验，其流程如图 7.10 所示。二段式厌氧处理法具有运行稳定可靠，能承受 pH 值、毒物等的冲击，有机负荷率高，消化气中 CH_4 含量高等特点；但这种方法也有设备较多，流程和操作复杂等缺陷。研究表明，二段式厌氧处理法并不是对各种废水都能提高负荷率。例如，对于固态有机物低的废水，不论用一段法或二段法，负荷率和效果都差不多。

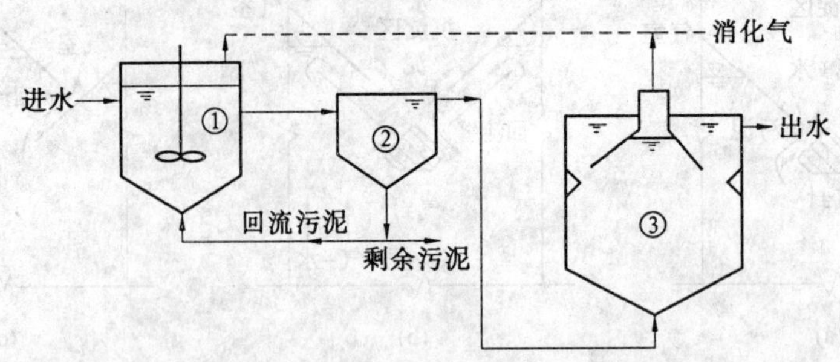

图 7.10　厌氧接触法和上流式厌氧污泥床串联的二级厌氧处理法

①—混合接触池；②—沉淀池；③—上流式厌氧污泥床反应器

前联邦德国汉诺威大学给水排水研究所在中试规模上采用二段厌氧处理法处理小麦淀粉废水。他们采用混合接触池（无污泥回流）和厌氧滤池分别作为酸化池，又采用厌氧滤池、厌氧接触法和上流式厌氧污泥床反应器分别作为甲烷化阶段反应器进行了比较试验。酸化阶段的温度为 30 ℃，甲烷化阶段的温度为 35～37 ℃。接种用的污泥是城市污水处理厂消化污泥。

采用混合接触池或厌氧滤池作为酸化反应器，效果无明显差别，得到最佳酸化产物的条件是：停留时间 0.8～1.5 d，此时，pH 值为 3.6～4.0，COD 负荷率为 25～50 kg COD/(m^3·d)。酸化出水可不经中和直接进入第二段甲烷化。作为甲烷化反应器的厌氧滤池有两个：一个用塑料填料填充 75%，填料的比表面积 150 m^2/m^3；另一个仅用塑料填料填充上部 25%。经过 4 个月的运行，厌氧滤池的运行情况比混合接触池和上流式厌氧污泥床反应器好。后两个反应器，由于产气量过高，大量污泥上浮带出，无法继续运行而停止（上流式厌氧污泥床模型的构造设计可能存在问题）。

因此，究竟采用什么样的反应器以及如何组合，要根据具体的水质等情况而定。

7.4.7　厌氧内循环反应器

厌氧内循环反应器（Internal Circulation Reactor，简称 IC 反应器），是 20 世纪 80 年代中期荷兰 PAQUES 公司在 UASB 反应器的基础上成功开发的第三代高效厌氧生物反应器。从 1985 年荷兰 PAQUES 公司建立第一个 IC 中试反应器开始，1988 年第一个生产性规模的 IC 反应器投入运行，与以 UASB 为代表的第二代高效厌氧反应器相比，IC 反应器因其高容积负荷、低能耗、运行稳定，投资、占地省等特点，被视为第三代厌氧反应器的代表工艺之一，进一步研究开发、推广应用 IC 反应器也成为当前厌氧废水处理的热点之一。目前 IC 反应器已成功应用于土豆加工、啤酒、食品、造纸、柠檬酸等行业的污水处理中。

如图 7.11 所示，IC 反应器是在反应器中装有两级三相分离器，使生物量得到有效滞留。一级（底部）分离器分离沼气和水，二级分离器（顶部）分离颗粒污泥和水，由于大部分沼气已在一级分离器中得到分离，第二厌氧反应室中几乎不存在紊动，因此二级分离器可以不受高的气体流速的影响，能有效地分离出水中的颗粒污泥，使出水效果好。同时 IC 厌氧工艺在高的

COD 容积负荷下，依据气体提升原理，利用沼气膨胀做功在无需外加能源的条件下实现了内循环污泥回流，使第一反应区的实际水量远远大于进水量，循环水量可达进水量的 10～20 倍，循环水稀释了进水，提高了反应器的抗冲击负荷能力和酸碱调节能力。

IC 厌氧反应器与 UASB 反应器相比具有以下优点：有机负荷高，内循环提高了第一反应区的液相上升流速，强化了废水中有机物和颗粒污泥间的传质，使 IC 厌氧反应器的有机负荷远远高于普通 UASB 反应器。抗冲击负荷能力强，运行稳定性好。内循环的形成使得 IC 厌氧反应器第一反应区的实际水量远大于进水水量，例如在处理与啤酒废水浓度相当的废水时，循环流量可达进水流量的 2～3 倍；处理土豆加工废水时，循环流量可达 10～20 倍。循环水稀释了进水，提高了反应器的抗冲击负荷能力和酸碱调节能力，加之有第二反应区继续处理，通常运行很稳定。基建投资省，占地面积少。在处理相同废水时，IC 厌氧反应器的容积负荷是普通 UASB 的 4 倍左右，故其所需的容积仅为 UASB 的 1/4～1/3，节省了基建投资。加上 IC 厌氧反应器多采用高径比为 4～8 的瘦型塔式外形，所以占地面积少，尤其适合用地紧张的企业。IC 厌氧反应器的内循环是在沼气的提升作用下实现的，不需外加动力，节省了回流的能源。

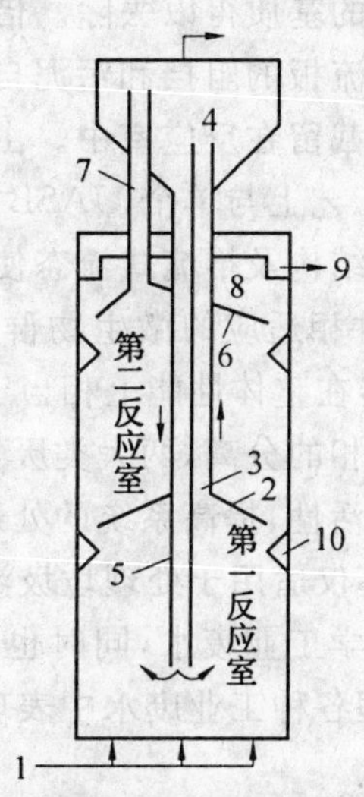

图 7.11 厌氧内循环反应器构造原理图

1—进水；2—第一反应室；3—集气罩；4—沼气提升管；5—沼气排出管；6—回流管；7—第二反应室；8—集气管；9—沉淀区出水管；10—气封

7.4.8 厌氧折流板反应器

厌氧折流板反应器(Anaerobic Bafflted Reactor，简称 ABR)是美国 Stanford 大学的 Bachman 和 McCarty 等人于 1982 年前后开发、研制的一种高效新型的废水厌氧生物处理反应器。ABR 综合了多种第二代厌氧生物处理反应器的优点，属于分阶段多相厌氧生物处理工艺技术，被认为具有第三代厌氧生物处理反应器的特征。它适应了厌氧处理过程中不同种群微生物对基质利用的不同生理和生态原理，具有比传统的两级(或两相)厌氧处理工艺更灵活、易管理的特点，反应器易高效、稳定地运行。其构造如图 7.12 所示。

从图 7.12 中可以看出，由于反应器中使用了一系列垂直安装的导流板(或导流墙)，将反应器分隔成几个串联的反应室(图中为 5 个)，每个反应室又由左右两个体积不等的区域组成，所以每个反应室都可以看作一个相对独立的上流式污泥床系统(USB)。被处理的废水在反应器内沿着导流板作上下往复流动，依次流经每个反应室的污泥床，并与反应室内的活性污泥充分接触，从

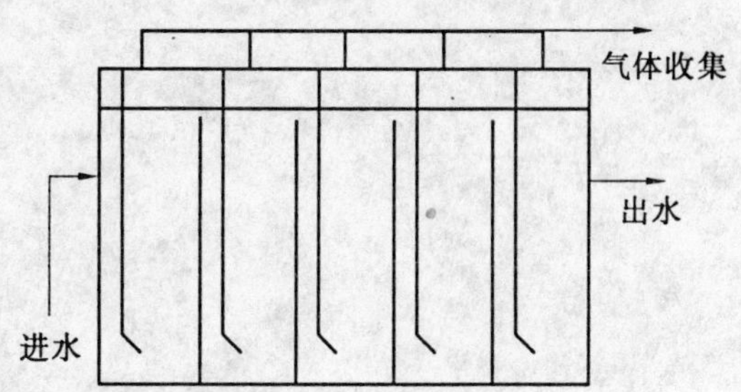

图 7.12 厌氧折流板反应器构造示意图

而使废水中的基质得以去除。借助于废水流动和沼气上升的作用,反应室中的污泥上下运动,但是由于导流板的阻挡和污泥自身的沉降性能,污泥在水平方向的流速极其缓慢,从而大量的厌氧污泥被截留在反应室中。由此可见,虽然在构造上 ABR 可以看做是多个 UASB 的简单串联,但在工艺上与单个 UASB 有着显著的不同,ABR 更接近于推流式工艺。ABR 反应器独特的分格式结构及推流式流态使得每个反应室中可以驯化培养出与流至该反应室中的污水水质、环境条件相适应的微生物群落,从而导致厌氧反应产酸相和产甲烷相沿程得到分离,使 ABR 反应器在整体性能上相当于一个两相厌氧处理系统。一般认为,两相厌氧工艺通过产酸相和产甲烷相的分离,两大类厌氧菌群可以各自生长在最适宜的环境条件下,有利于充分发挥厌氧菌群的活性,提高系统的处理效果和运行的稳定性。

ABR 不仅适用于处理垃圾渗滤混合废水、制药工业废水、造纸工业废水、农药生产工业废水和有机化学工业废水,同时也适用于处理其他多种有毒有害工业废水。众多研究都表明,ABR 在处理各种工业废水中表现出许多其他厌氧反应器所不具备的优点,具体归纳为以下 4 个方面:

①当废水的 BOD_5/COD 较低,废水的可生化性较差时,经 ABR 处理可获得明显的水解酸化作用,能有效提高 BOD_5/COD,改善废水的可生化性;

②在 ABR 内可形成性能良好的颗粒污泥,大大提高了 ABR 对水力冲击负荷的抵抗能力;

③ABR 具有较强的耐浓度冲击能力和对毒物冲击适应能力,表现出良好的运行稳定性;

④ABR 构造简单、能耗低、投资省。

当然,ABR 也有它的不足之处,主要表现在以下方面:

①为了保证一定的水流和产气上升速度,ABR 反应器不能太深;

②进水如何均匀分布是一个问题;

③与单级 UASB 反应器相比,ABR 反应器的第一格不得不承受远大于平均负荷的局部负荷,这可能导致处理效率的下降。在 ABR 的第一室往往是厌氧过程的产酸阶段 pH 值易于下降,需采取出水回流措施缓解 pH 值的下降程度。

第8章　污水的生态处理

在许多国家，由于城市面积的快速增加而带来的环境问题正在日益加剧。基础设施、公共卫生设施和污水处理设施的缺乏是地区和全球污染的主要原因。而经济发展的不均衡限制了一些国家采用先进的处理技术，低成本高效率和可靠的生态法即成为上述国家解决其水污染问题的最佳选择。

生态法工程化后作为生态工程应用于污水处理系统中，生态工程一般指人工设计的、以生物种群为主要结构组分、具有一定功能的、宏观的、人为参与调控的工程系统。它的基本功能是通过一定相互协调的结构形成动态平衡；以多层营养结构为基础进行物质转化、分解、富集与再生。

对于发展中国家而言，最好的环境保护工作是能够创造出最具生态友好效应的解决方法，利用现代小规模的治理技术对污染源进行控制，以有效地防止污染。这种解决方法在一般情况下也是最经济的，但是这种方法需要多学科的协同合作。

生态工程类型包括：物质能量多层利用生态工程；物质转化与再生生态工程；无污染生态工程；污染自净多功能生态工程；工农业联合生态工程。

有迹象表明，几项非常规技术已经存在并正准备贯彻实行。这些技术如下所述：

①自然或人工创造的土壤过滤系统（在瑞典大约有1 000个设施已在运行）。污水土地处理系统，利用土地以及其中的微生物和植物根系对污染物的净化能力来处理已经过预处理的污水或废水，同时利用其中的水分和肥分促进农作物、牧草或树木生长的工程设施。污水土地处理系统与污灌的区别是：土地处理系统对污水进行必要的预处理；土地处理系统是连续运行的污水处理设施；土地处理系统具备完整的工程系统并可以调控，底层防渗系统能有效控制污水对地下水可能造成的污染。

②用于污水处理的含水层土壤以及底下水回灌（SAT）。

③以湿地或水产养殖系统为基础的多层生物处理系统（许多国家在1 000年前就已经开始发展这一技术）。湿地是每年在足够长的时间内具有浅的表面水层，能维持大型水生植物生长的生态系统。人工湿地是根据自然湿地模拟的人工生态系统，用于处理废水。

④以大型水生植物为基础的用于营养物质循环的系统。包括水生植物塘。

⑤以菌类和藻类为基础的处理系统用于选择性地摄取和浓缩废水中的金属（例如应用于冶金制造工业）。细菌主要利用藻类产生的氧，分解流入塘内的有机物；分解产物中的无机物，以及一部分小分子有机物又成为藻类的营养源。氧化塘法生物组成包括藻类、细菌、微型动物。特点：构筑物简单、能源消耗少，运转管理方便。类型：兼性塘、厌氧塘、好氧高效塘、精制塘、曝气塘。

⑥生态工程，即应用于污水处理和实现污水资源化的生态系统。生态工程应用方法例如氧化塘法，生物氧化塘是利用藻类和细菌两类生物间功能上的协同作用处理污水的一种生态系统。

毫无疑问，在发展中国家要解决这些现存的问题，即可应用上述方法，也可以通过污染源控制的方法把污染防治与上述的污水处理方法相结合。然而,现成的方法是不存在的,也不能轻易地对任何特定的政策、方法和技术的有效性做出客观的评估。这依赖于当地的条件、技术、社会经济条件和每个地区的文化环境。要在发展中国家引入这些方法的有效措施,就是提供一些多学科的示范工程,其中采用生态友好的水污染治理技术是应优先考虑的。

8.1 稳定塘

8.1.1 概述

稳定塘的研究和应用始于 20 世纪初,50 年代～80 年代以后发展较迅速,目前已有 50 多个国家采用稳定塘技术处理城市污水和有机工业废水。我国有些城市也早在 50 年代开展了稳定塘的研究,到 80 年代进展才较快。据统计,当前在全世界已有几十个国家采用稳定塘处理污水,美国共有稳定塘近 7 000 座。据统计,1985 年我国有稳定塘 38 座,至 1988 年已有 118 座,处理水量约 $189.8\times10^4\ m^3/d$。迄至 1988 年,我国已建成并已投入运行的稳定塘约 90 座,其中比较著名的有:建于湖北省鄂城县以农药废水为处理对象的鸭儿湖稳定塘;处理城市污水,但污水中工业废水比重较大的齐齐哈尔市稳定塘、山东胶州市稳定塘、内蒙古满洲里市稳定塘以及新疆克拉玛依稳定塘等。近几十年来,各国的实践证明,稳定塘能够有效地用于生活污水、城市污水和各种有机性工业废水的处理。能够适应各种气候条件,如热带、亚热带、温带甚至于高纬度的寒冷地区。目前,稳定塘多用于处理中、小城镇的污水,可用作一级处理、二级处理,也可以用作三级处理。稳定塘现多作为二级处理技术考虑,但它完全可以作为活性污泥法或生物膜法后的深度处理技术,也可以作为一级处理技术。如将其串联起来,能够完成一级、二级以及深度处理全部系统的净化功能。

1. 概念

稳定塘(Stabilization Ponds),在我国曾长期习惯称为氧化塘(Oxidation Ponds),又名生物塘,稳定塘是经过人工适当修整的土地,设围堤和防渗层的污水池塘,主要依靠自然生物净化功能使污水得到净化的一种污水生物处理技术。除其中个别类型(如曝气塘),在提高其净化功能方面,不采取实质性的人工强化措施。其净化全过程,包括好氧、兼性和厌氧 3 种状态。

2. 净化机理

污水在塘中的净化过程与自然水体的自净过程相近。污水在塘内缓慢的流动、较长时间的贮留,通过在污水中存活微生物的代谢活动和包括水生植物在内的多种生物的综合作用,使有机污染物降解,污水得到净化。好氧微生物生理活动所需要的溶解氧主要由塘内以藻类为主的水生浮游植物所产生的光合作用提供。

在稳定塘塘水中存活并对污水起净化作用的生物主要有细菌、藻类、微型动物(原生动物与后生动物)、水生植物以及其他水生动物。

稳定塘是以净化污水为目的的工程设备,因此,分解有机污染物的细菌在生态系统中具有关键的作用。藻类在光合作用中放出氧,向细菌提供足够的氧,使细菌能够进行正常的生命活动。菌藻共生体系是稳定塘内最基本的生态系统。其他水生植物和水生动物的作用则是辅助性的,它们的活动从不同的途径强化了污水的净化过程。

图 8.1 所示为典型的兼性稳定塘的生态系统，其中包括好氧区、厌氧区（污泥层）及两者之间的兼性区。

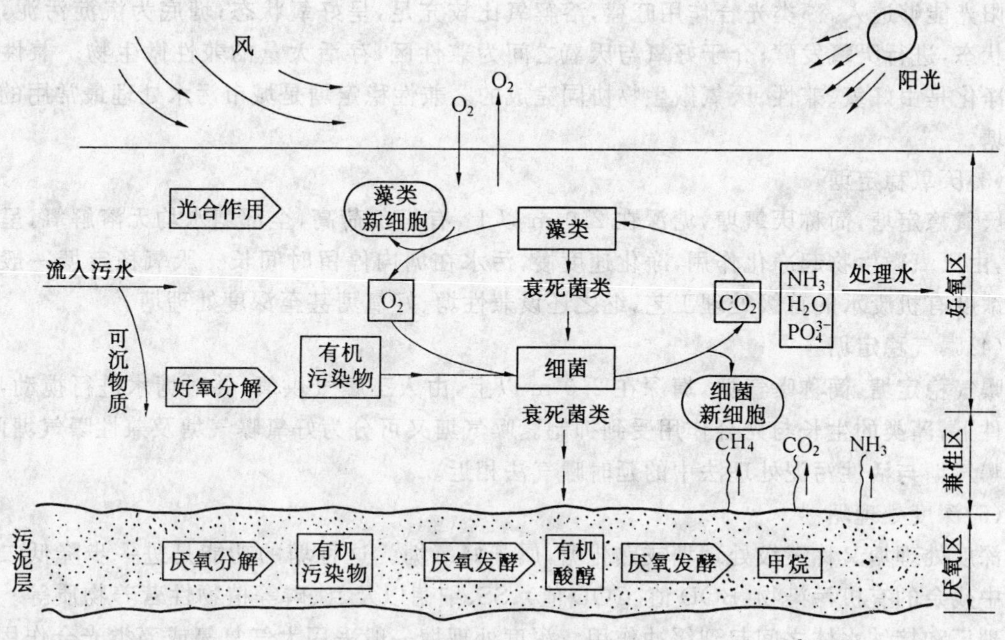

图 8.1　稳定塘内典型的生态系统

3. 优缺点

作为污水生物处理技术，稳定塘具有一系列较为显著的优点，其中主要有：

①能够充分利用地形，工程简单，建设投资省。可以利用农业开发利用价值不高的废河道、沼泽地、峡谷等地段，因此，能够起到整治国土、绿化、美化环境的效益。在建设上也具有周期短、易于施工的优点。

②能够实现污水资源化，使污水处理与利用相结合。

③污水处理能耗少，维护方便，成本低廉。稳定塘依靠自然功能处理污水，能耗低，便于维护，运行费用低廉。

稳定塘的缺点有：

①占地面积大，没有空闲余地时不宜采用。

②处理效果受气候影响，如季节、气温、光照、降雨等自然因素都影响稳定塘的处理效果。

③设计运行不当时，能形成二次污染，如污染地下水产生臭气和滋生蚊蝇等。

虽然稳定塘存在着上述缺点，但是如果能进行合理的设计和科学的管理，利用稳定塘处理污水，则可以有明显的环境效益、社会效益和经济效益。

4. 分类

稳定塘的分类常按塘内的微生物类型、供氧方式和功能等进行划分，本书采用通用的分类方式，即根据塘水中微生物优势群体类型和塘水的溶解氧工况来划分，即：

(1)好氧稳定塘

好氧稳定塘，简称好氧塘，好氧塘的深度较浅，阳光能运至塘底，全部塘水都含有溶解氧，塘内菌藻共生，溶解氧主要是由藻类供给，好氧微生物起净化污水作用。

(2)兼性稳定塘

兼性稳定塘,简称兼性塘,塘水较深,一般在 1.0 m 以上,从塘面到一定深度(0.5 m 左右),阳光能够透入,藻类光合作用旺盛,溶解氧比较充足,呈好氧状态;塘底为沉淀污泥,处于厌氧状态,进行厌氧发酵;介于好氧与厌氧之间为兼性区,存活大量的兼性微生物。兼性塘的污水净化是由好氧、兼性、厌氧微生物协同完成的。兼性稳定塘是城市污水处理最常用的一种稳定塘。

(3)厌氧稳定塘

厌氧稳定塘,简称厌氧塘,塘深在 2.0 m 以上,有机负荷高,全部塘水均无溶解氧,呈厌氧状态,由厌氧微生物起净化作用,净化速度慢,污水在塘内停留时间长。厌氧稳定塘一般用作为高浓度有机废水的首级处理工艺,继之还设兼性塘、好氧塘甚至深度处理塘。

(4)曝气稳定塘

曝气稳定塘,简称曝气塘,塘深在 2.0 m 以上,由人工曝气供氧,并对塘水进行搅动,在曝气条件下,藻类的生长与光合作用受到抑制。曝气塘又可分为好氧曝气塘及兼性曝气塘两种。好氧曝气塘与活性污泥处理法中的延时曝气法相近。

(5)深度处理塘

深度处理塘又称三级处理塘或熟化塘,属于好氧塘。这种塘的功能是进一步降低二级处理水中残余的有机污染物(BOD 值、COD 值)、SS、细菌以及氮、磷等植物性营养物质等。在污水处理厂和接纳水体之间起到缓冲作用。深度处理塘一般采用大气复氧或藻类光合作用的供氧方式。其进水有机污染物浓度很低,一般 $BOD_5 \leqslant 50$,常用于处理传统二级处理厂的出水,提高出水水质,以满足受纳水体或回用水的水质要求。

表 8.1 各类稳定塘的主要性能

项目 \ 塘型	好氧塘	兼性塘	曝气塘	厌氧塘
典型 BOD 负荷 /$(g \cdot m^{-2} \cdot d^{-1})$	8.5～17	2.2～6.7	8～32	16～80
常用停留时间/d	3～5	5～30	3～10	20～50
水深/m	0.3～0.5	1.2～2.5	2～6	2.5～5
BOD_5去除率/%	80～95	50～75	50～80	50～70
出水中藻类质量浓度/$(mg \cdot L^{-1})$	>100	10～50	0	0
主要用途及优缺点	一般用于处理其他生物处理的出水。出水中水溶性 BOD_5 浓度低,但藻类固体含量高,因而用途受到限制	常用于处理城市原污水及初级处理、生物滤池、曝气塘或厌氧塘出水。运行管理方便,对水量、水质变化的适应能力强,是氧化塘中最常用的池型	常接在兼性塘后,用于工业废水处理。易于操作、维护,塘水混合均匀,有机负荷和去除率较高	用于高浓度有机废水的初级处理,后接好氧塘可提高出水水质。污泥量少,有机负荷高。但出水水质差,并产生臭气

除上述几种常见的稳定塘以外，还有水生植物塘（塘内种植水葫芦、水花生等水生植物，以提高污水净化效果，特别是提高对磷、氮的净化效果）、生态塘（塘内养鱼、鸭、鹅等，通过食物链形成复杂的生态系统，以提高净化效果）、完全储存塘（完全蒸发塘）等也正在被广泛研究、开发和应用。本书中我们将重点介绍前 3 种稳定塘和生态系统塘。

5. 稳定塘的规划和设计

(1)塘址选择

稳定塘占地较多，应尽可能利用不宜耕种的土地，如废旧河道、堤坝、低洼地、沼泽和贫瘠地等，若有高差，应充分利用。为了防止春、秋季节按时臭气的干扰，选址应离居民区 500～1 000 m以上，并位于其主导风下风方向。当用于处理城镇污水时，应结合建设规划统一考虑污灌、污养和水的综合利用问题，以求经济、环境、社会效益的统一。

(2)水力条件

水力条件主要指废水在塘内的流动特征，如塘内存在沟流、短流和返混，将使废水在塘内混合传质过程受到影响，有机物的去除率将下降。我国目前推荐的水力条件是：①塘的个数不少于 3 个，串联运行；②进口距塘底 0.5 m，以多点进水为佳，出口应尽可能远离塘底；③塘形如为矩形，长宽比应大于 3，每个塘的面积以 5 000 m^2 为度；④尽量设置导流墙，横向导流墙长度为塘宽的 0.8 倍，纵向导流墙长度为塘长的 0.7 倍；⑤沿塘长每隔一定距离设置一条横向污泥沟，沟上方设障板，障板伸入水中约 0.9 m，水面以上部分不大于 0.15 m；⑥塘堤的最大和最小坡度分别为 3∶1 和 6∶1。

(3)设计参数

稳定塘的主要设计参数见表 8.2。

表 8.2　我国稳定塘的主要设计参数

参数＼塘型	好氧塘	兼性塘	厌氧塘
池深/m	0.2～0.3① 0.5～1.5②	1～1.5(BOD_5＞100 mg/L) 1.5～2.5(BOD_5≤100 mg/L)	3(南方)～5(北方)
停留时间/d	2～6① 3～10②	3(南方)～15(北方)	2～5(空塘) 1～3(填料塘)
BOD_5负荷/$(kg \cdot km^{-2} \cdot d^{-1})$	100～200① 10～20②	20(北方)～50(南方)	2 000～3 000(最高) 200～300(最低)
BOD_5去除率/%	80～95① 80～95②	70～90	60(冬季)～90(夏季)
水力负荷/$(m^3 \cdot km^{-2} \cdot d^{-1})$	接纳经过一级处理污水时 200～250 接纳经过二级处理污水时为 4 000～5 000		

注：①处理原污水和沉淀出水时的数据；
②作为精制糖使用时的数据。

6. 稳定塘的工艺流程

稳定塘处理系统由预处理设施、稳定塘和后处理设施等 3 部分组成。

(1)稳定塘进水的预处理

为防止稳定塘内污泥淤积,污水进入稳定塘前应先去除水中的悬浮物质。常用设备为格栅、普通沉砂池和沉淀池。若塘前有提升泵站,而泵站的格栅间隙小于20栅时,塘前可不另设格栅。原污水中的悬浮固体质量浓度小于100 mg/L时,可只设沉砂池,以去除砂质颗粒。原污水中的悬浮固体质量浓度大于100 mg/L时,需考虑设置沉淀池。设计方法与传统污水二级处理方法相同。

(2)稳定塘的流程组合

稳定塘的流程组合依当地条件和处理要求不同而异,图8.2为几种典型的稳定塘流程组合。

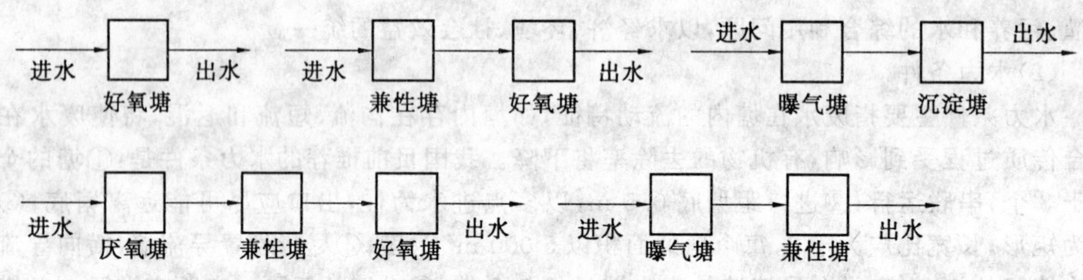

图8.2　几种典型的稳定塘流程组合

8.1.2　好氧塘

1.概述

好氧塘的深度一般在0.5 m左右,阳光能透入池底,采用较低的有机负荷值,塘内存在着藻—菌及原生动物的共生系统,在阳光照射时间内,塘内生长的藻类在光合作用下,释放出大量的氧,塘表面也由于风力的搅动进行自然复氧,这些使塘水保持着良好的好氧状态。图8.1所示的好氧区即为好氧塘的功能模式。在水中繁殖生育的好氧异养微生物通过其本身的代谢活动对有机物进行氧化分解,而它的代谢产物CO_2作为藻类光合作用的碳源。藻类摄取CO_2及N、P等无机盐类,并利用太阳光能合成其本身的细胞质,并释放出氧。

2.分类

根据有机物负荷率的高低,好氧塘还可以分为高负荷好氧塘、普通好氧塘和深度处理好氧塘3种。

(1)高负荷好氧塘

高负荷好氧塘内有机物负荷率高,污水停留时间短,塘水中藻类浓度很高,这种塘仅适于气候温暖、阳光充足的地区采用。

(2)普通好氧塘

这类塘用于处理污水,起二级处理作用。特点是:有机负荷较高,塘的水深较高,好氧塘负荷大,水力停留时间较长。

(3)深度处理好氧塘

深度处理好氧塘是以处理二级处理工艺出水为目的的好氧塘,有机负荷率很低,水力停留时间也较前者为低,处理水质良好。

3. 工作机理

好氧塘净化有机污染物的基本工作原理如图 8.3 所示。塘内存在着菌、藻和原生动物的共生系统。阳光照射时,塘内的藻类进行光合作用、释放出氧,同时,由于风力的搅动,塘表面还存在自然复氧,二者使塘水呈好氧状态。塘内的好氧型异养细菌利用水中的氧,通过好氧代谢氧化分解有机污染物并合成本身的细胞质(细胞增殖),其代谢产物则是藻类光合作用的碳源。塘内菌藻生化反应可用下式表示

细菌的降解作用

$$\text{有机物}+O_2+H^+ \longrightarrow CO_2+H_2O+NH_4^++C_5H_7O_2N(\text{细菌}) \tag{8.1}$$

藻类的光合作用

$$106CO_2+16NO_3^-+HPO_4^{2-}+122H_2O+18H^+ \longrightarrow C_{106}H_{263}O_{110}N_{16}P+138O_2(\text{藻类}) \tag{8.2}$$

上述生化反应表明,好氧塘内有机污染物的降解过程,是溶解性有机污染物转换为无机物和固态有机物——细菌与藻类细胞的过程。此外,式(8.2)表明,每合成 1 g 藻类,释放 1.244 g 氧。

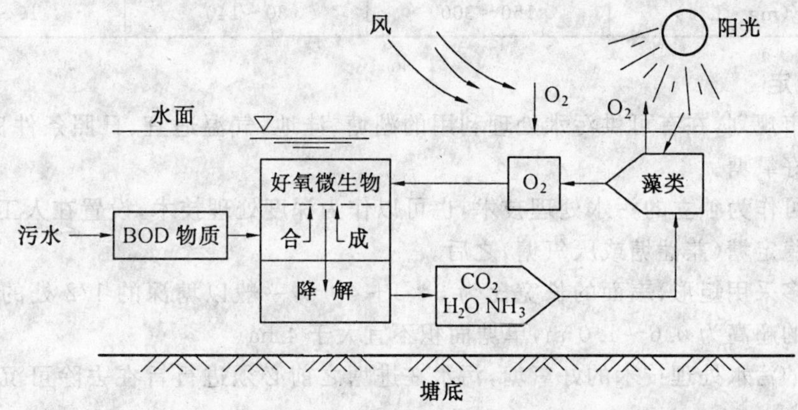

图 8.3　好氧塘工作原理示意图

在好氧塘内高效地进行着光合成反应和有机物的降解反应,溶解氧是充足的,但在 1 d 内是变化的。在白昼,藻类光合作用放出的氧远远超过藻类和细菌所需要的,塘水中氧的含量很高,可达到饱和状态,夜间光合作用停止,由于生物呼吸所耗,水中溶解氧浓度下降,在凌晨时最低,阳光开始照射,光合作用又开始,水中溶解氧再逐渐上升。

4. 好氧塘内的生物种群

好氧塘内的生物种群主要有藻类、菌类、原生动物、后生动物、水蚤等微型动物。好氧塘内的生物相,在种类与种属方面比较丰富,属于植物性的微生物有菌类和藻类,属于动物性的则有原生动物、后生动物等微型动物。在数量上是相当可观的,每 1 mL 水滴内的细菌数可高达 $10^8 \sim 5\times10^9$ 个。藻类的种类和数量与塘的负荷有关,它可反映塘的运行状况和处理效果。若塘水营养物质浓度过高,会引起藻类异常繁殖,产生藻类水华,此时藻类聚结形成蓝绿色絮状体和胶团状体使塘水浑浊。水蚤捕食藻类和菌类,本身则是好的鱼饵,但过分增殖会影响塘内菌和藻的数量。

5. 好氧塘的设计

(1)设计参数

好氧塘工艺设计的主要内容是计算好氧塘的尺寸和个数。日前,对好氧塘的设计尚没有

较严密的理论计算方法和设计方法,多采用经验数据进行设计。表 8.3 是好氧塘的典型设计参数。

表 8.3 好氧塘的典型设计参数

设计参数	高负荷好氧塘	普通好氧塘	深度处理好氧塘
BOD_5负荷/($kg \cdot ha^{-1} \cdot d^{-1}$)	80~160	40~120	≤5
水力停留时间/d	4~6	10~40	5~20
有效水深/m	0.3~0.45	0.5~1.5	0.5~1.5
pH 值	6.5~10.5	6.5~10.5	6.5~10.5
温度/℃	0~30	0~30	0~30
BOD_5去除率/%	80~95	80~95	60~80
藻类质量浓度/($mg \cdot L^{-1}$)	100~260	40~100	5~10
出水 SS/($mg \cdot L^{-1}$)	150~300	80~140	10~30

(2)一般规定

①根据城市规划,在有可供污水处理利用的湖塘、洼地,气温适宜、日照条件良好的地方,可以考虑采用好氧塘。

②好氧塘可作为独立的污水处理技术,也可以作为深度处理技术,设置在人工生物处理系统或其他类型稳定塘(兼性塘或厌氧塘)之后。

③好氧塘多采用矩形,表面的长宽比为 3∶1~4∶1,一般以塘深的 1/2 处的面积作为计算塘面。塘堤的超高为 0.6~1.0 m,单塘面积不宜大于 4 ha。

作为独立的污水处理技术的好氧塘,污水在进塘之前必须进行旨在去除可沉悬浮物的预处理。

⑤好氧塘的水深应保证阳光透射到塘底,使整个塘容都处于好氧状态。但不宜过浅,过浅会在运行上产生问题,如:水温不易控制,变动频繁,对藻类生长不利;光合作用产生的氧不易保持;冲击负荷造成的影响较大等。

⑥好氧塘分格,不宜少于两格,可串联或并联运行。

⑦塘表面积以矩形为宜,塘堤的内坡坡度为 1∶2~1∶3(垂直∶水平),外坡坡度为 1∶2~1∶5(垂直∶水平)。

⑧塘内污水应进行良好的混合,混合不好将产生热分层现象,热分层现象出现后,塘水上层温度高,水的密度降低,一些不能自由浮动的藻类在深度的某个部位形成密集层,阻碍阳光透入,不利于藻类的光合产氧。

风是稳定塘塘水混合的主要动力,为此,好氧塘应建于高处通风良好的地域;每座塘的面积以不超过 $4 \times 10^4\ m^2$ 为宜。

⑨好氧塘的座数一般不少于 3 座,规模很小时不少于 2 座。

⑩塘底有污泥沉积,是不可避免的,为了避免底泥发生厌氧发酵,影响好氧塘的净化功能,塘底底泥应定期清除。

8.1.3　兼性塘

1. 概述

在各种类型的氧化塘中，兼性塘是应用最为广泛的一种。兼性塘一般深 1.0～2.0 m，在塘的上层，阳光能够照射透入的部位为好氧层，其所产生的各项指标的变化和各项反应与好氧塘相同，由好氧异养微生物对有机污染物进行氧化分解；藻类的光合作用旺盛，释放大量的氧。在塘的底部，由沉淀的污泥和衰死的藻类和菌类形成污泥层，这里由于缺氧，进行由厌氧微生物起主导作用的厌氧发酵，从而称为厌氧层。图 8.1 所示为典型的兼性塘净化功能模式。

2. 工作原理

兼性塘的有效水深一般为 1.0～2.0 m，通常由 3 层组成，上层好氧区、中层兼性区和底部厌氧区，如图 8.4 所示。

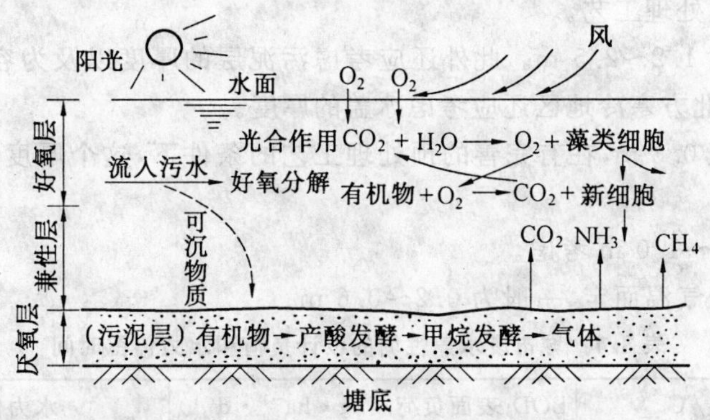

图 8.4　兼性塘工作原理示意图

好氧层与厌氧层之间，存在着一个兼性层，在这里溶解氧量很低，而且是时有时无，一般在白昼有溶解氧存在，而在夜间又处于厌氧状态，在这层里存活的是兼性微生物，这一类微生物既能够利用水中游离的分子氧，也能够在厌氧条件下，从 NO_3^- 或 CO_3^{2-} 中摄取氧。

在好氧区进行的各项反应与存活的生物相基本与好氧塘相同。但由于污水的停留时间长，有可能生长繁育多种种属的微生物，其中包括世代时间较长的种属，如硝化菌等。除有机物降解外，这里还可能进行更为复杂的反应，如硝化反应等。

3. 特点

兼性塘的主要优点是：

①对水量、水质的冲击负荷有一定的适应能力；

②在达到同等的处理效果条件下，其建设投资与维护管理费用低于其他生物处理工艺。

由于兼性塘的净化机理比较复杂，因此兼性塘去除污染物的范围比好氧处理系统广泛，它不仅可去除一般的有机污染物，还可有效地去除磷、氮等营养物质和某些难降解的有机污染物，如木质素、有机氯农药、合成洗涤剂、硝基芳烃等；因此，它不仅用于处理城市污水，还被用于处理石油化工、有机化工、印染、造纸等工业废水。

4.兼性塘的计算与设计

(1)兼性塘主要尺寸的经验值

①兼性塘一般采用矩形,长宽比 3：1～4：10 塘的有效水深为 1.2～2.5 m,超高为 0.6～1.0 m,贮泥区高度应大于 0.3 m。

②兼性塘堤坝的内坡坡度为 1：2～1：3(垂直：水平),外坡坡度为 1：2～1：5(垂直：水平)。

③兼性塘一般不少于 3 座,多采用串联,其中第一塘的面积约占兼性塘总面积的 30%～60%,单塘面积应小于 4 ha,以避免布水不均匀或波浪较大等问题。

④矩形塘进水口应尽量使塘的横断面上配水均匀,宜采用扩散管或多点进水。

(2)设计参数的参考值

①兼性塘可以作为独立处理技术考虑,也可以作为生物处理系统中的一个处理单元,或者作为深度处理塘的预处理工艺。

②塘深一般采用 1.2～2.5 m。此外还应考虑污泥层的厚度以及为容纳流量变化和风浪冲击的保护高度,在北方寒冷地区还应考虑冰盖的厚度。

污泥层厚度取值 0.3 m,在有完善的预处理工艺的条件下,这个厚度可容纳 10 年左右的积泥。

保护高度按 0.5～1.0 m 考虑。

冰盖厚度由地区气温而定,一般为 0.2～0.6 m。

表 8.4 城市废水兼性塘的设计负荷和水力停留时间

冬季平均气温/℃	BOD_5表面负荷/$(kg \cdot ha^{-1} \cdot d^{-1})$	水力停留时间/h
15 以上	70～100	不小于 7
10～15	50～70	20～7
0～10	30～50	40～20
−10～0	20～30	120～40
−20～−10	10～20	150～120
−20 以下	<10	180～150

③停留时间。根据地区的气象条件,水质、对处理水的水质要求、地区的具体条件,应从技术及经济两方面的综合因素考虑确定。一般规定为 7～180 d,幅度很大。高值用于北方,即使冰封期高达半年以上的高寒地区也可以采用。低值用于南方,但也能够保持处理水水质达到规定的要求。

④BOD_5表面负荷率。按 0.000 2～0.010 kg/(m²·d)考虑。低值用于北方寒冷地区,高值用于南方炎热地区。我国幅员广大,表面负荷率也处于较大的范围。

⑤BOD 去除率一般可达 70%～90%。

⑥藻类质量浓度取值 10～100 mg/L。

⑦如采取处理水循环措施,循环率可为 0.2‰～2.0‰。

城市废水兼性塘的设计负荷和水力停留时间见表 8.4。

8.1.4　厌氧塘

1. 概述

厌氧塘的水深一般在 2.5 m 以上，最深可达 4.5 m。当塘中耗氧超过藻类和大气复氧时，就使全塘处于厌氧分解状态。因而，厌氧塘是一类高有机负荷的以厌氧分解为主的生物塘。其表面积较小而深度较大，在水中停留 20～50 d 它能以高有机负荷处理高浓度废水，污泥虽少，但净化速率慢、停留时间长，并产生臭气，出水不能达到排放要求，因而多作为好氧塘的预处理塘使用。

2. 工作原理

厌氧塘对有机污染物的降解，与所有的厌氧生物处理设备相同，两类厌氧菌通过产酸发酵和甲烷发酵两阶段来完成的。即先由兼性厌氧产酸菌将复杂的有机物水解、转化为简单的有机物（如有机酸、醇、醛等），再由绝对厌氧菌（甲烷菌）将有机酸转化为 CH_4 和 CO_2 等。厌氧塘功能模式如图 8.5 所示。厌氧塘是依靠厌氧菌的代谢功能使有机污染物得到降解，因此，厌氧塘在功能上受厌氧发酵的特征所控制，在构造上也应服从厌氧反应的要求。因为甲烷菌的世代时间长，增殖速度慢，且对溶解氧和 pH 值敏感，因此厌氧塘的设计和运行，必须以甲烷发酵阶段的要求作为控制条件，控制有机污染物的投配率，以保持产酸菌与甲烷菌之间的动态平衡。应控制塘内的有机酸质量浓度在 3 000 mg/L 以下，pH 值为 6.5～7.5，进水的 BOD：N：P＝100：2.5：1，硫酸盐质量浓度应小于 500 mg/L，以使厌氧塘能正常运行。

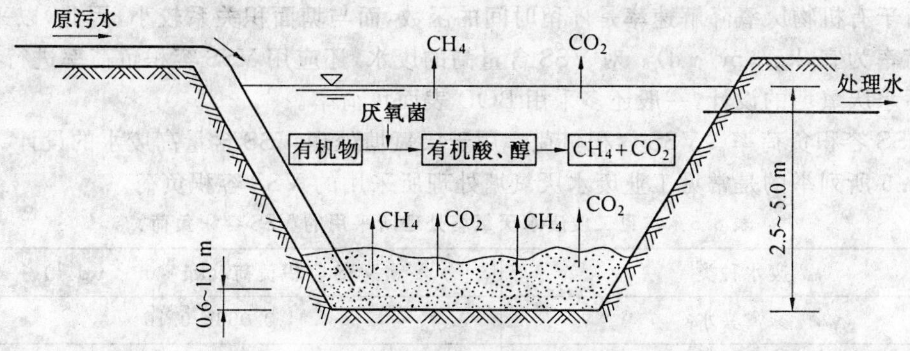

图 8.5　厌氧塘功能模式图

3. 厌氧塘的特征

①在参与反应的生物方面，只有细菌，不存在其他任何生物，在系统中有产酸菌、产氢产乙酸菌和产甲烷菌共存，但三者之间不是直接的食物链关系，而是产酸菌和产氢产乙酸菌的代谢产物——有机酸、乙酸和氢是产甲烷菌的营养物质，产甲烷菌用以营生理活动。

②在能量方面，厌氧反应，无论是其中间产物或最终产物，都含有相当的能量，反应过程释放的能量较少，用于菌体增殖的能量也较少。最终产物 CH_4 可作为能量而加以回收。

③在反应进程方面，由于产甲烷菌的世代时间长，增殖速度缓慢，因此，厌氧发酵反应的速度慢，产酸菌和产氢产乙酸菌的世代时间短，增殖速度较快。在 3 种细菌之间应保持动态的平衡关系。否则有机酸大量积累，pH 值下降，使甲烷发酵反应受到抑制。

④根据产酸、产氢产乙酸及产甲烷 3 种微生物在生理和功能上的特征，必须以甲烷发酵反

应作为厌氧发酵的控制阶段,必须创造适应产甲烷菌要求的条件。

此外,厌氧塘对周围环境有着某些不利的影响,应予注意,其中主要是:

①厌氧塘内污水的污染浓度高、深度大易于污染地下水,因此,必须作好防渗措施。

②厌氧塘一般多散发臭气,应使其远离住宅区,一般应在 500 m 以上。

③某些废水,如肉类加工废水用厌氧塘处理,在水面上可能形成浮渣层,浮渣层对保持塘水温度有利,但有碍观瞻,而且在浮渣上滋生小虫,又有碍环境卫生,应考虑采取适当的措施。

4.应用

厌氧塘多用以处理高浓度水量不大的有机废水,如肉类加工、食品工业、牲畜饲养场等废水。城市污水由于有机污染物含量较低,一般很少采用厌氧塘处理。此外,厌氧塘的处理水,有机物含量仍很高,需要进一步通过兼性塘和好氧塘处理。在这种情况下,以厌氧塘为首塘无须进行预处理,以厌氧塘代替初次沉淀池,这样做有下列几项效益:

①有机污染物降解一部分,约 30%左右;

②使一部分难降解有机物转化为可降解物质,有利于后续塘处理;

③通过厌氧发酵反应有机物降解,降低污泥量,减轻污泥处理与处置工作。

5.设计

(1)设计的经验数据

迄今为止,厌氧塘是按经验数据设计的。现将用于厌氧塘设计的经验数据加以介绍,并作简要说明。

①由于有机物厌氧降解速率是停留时间的函数,而与塘面积关系较小,因此,以采用 BOD 容积负荷率为宜,kg/(m^3 · d)。对 VSS 含量高的废水,还应用 VSS 容积负荷率进行设计。但对城市污水厌氧塘的设计,一般还多采用 BOD 表面负荷率。

②VSS 容积负荷率。VSS 容积负荷率用于厌氧塘处理 VSS 含量高废水的设计。

表 8.5 所列举的是常见工业废水厌氧塘处理所采用的 VSS 容积负荷。

表 8.5 常见工业废水厌氧塘处理所采用的 VSS 容积负荷

废水种类	VSS 容积负荷/($kg \cdot m^{-3} \cdot d^{-1}$)
家禽粪水	0.063～0.16
奶牛粪水	0.166～1.12
猪粪水	0.064～0.32
菜牛屠宰废水	0.593

③水力停留时间。污水在厌氧塘内的停留时间,采用的数值介于很大的幅度内,无成熟数据可以遵循,应通过试验确定。我国《给水排水设计手册》的建议值,对城市污水是 30～50 d。国外有长达 160 d 的设计运行数据,但也有短为 12 d 的。

(2)厌氧塘的形状和主要尺寸

①厌氧塘表面仍以矩形为宜,长宽比为 2∶1～2.5∶1。单塘面积不大于 4 ha。塘的有效水深一般为 2.0～4.5 m,贮泥深度大于 0.5 m,超高为 0.6～1.0 m。

②塘深。厌氧塘的有效深度(包括污泥层深度)为 3～5 m,当土壤和地下水条件适宜时,可增大到 6 m。处理城市污水用厌氧塘的塘深为 1.0～3.6 m,由于厌氧塘是通过阳光对塘水

加热的，塘水温度的垂直分布梯度是−1 ℃/0.3 m，因此，深度也不宜过大。

用以处理城市污水的厌氧塘底部贮泥深度，不应小于 0.5 m，污泥量按 50 L/(人·年)计算。污泥清除周期为 5～10 年。

③厌氧塘一般位于稳定塘系统之首，截留污泥量较大，因此，宜设并联的厌氧塘，以便轮换清除塘泥。

④塘底略具坡度，堤内坡 1∶1～1∶3。

⑤厌氧塘的单塘面积不应大于 $0.8\times10^4\ m^2$。

⑥保护高度为 0.6～1.0 m。

⑦厌氧塘进出口。厌氧塘进口一般按设在高于塘底 0.6～1.0 m 处，使进水与塘底污泥相混合。塘底宽度小于 9 m 时，可以只用 1 个进口，宽塘应采用多个进口。进水管径 200～300 mm。出水口为淹没式，深入水下 0.6 m，不得小于冰层厚度或浮渣层厚度。

6. 处理效果

①厌氧塘对有机污染物的去除率取决于水温、负荷率、水力停留时间以及污水性质等因素。我国城市污水处理厌氧塘的中试结果，BOD 去除率为 30%～60%。厌氧塘对一些化工原料和醇、醛、酚、酮等物质也有相当的去除能力。

②厌氧塘具有去除重金属离子的能力，塘水中的硫化物(S^{2-})与污水中的重金属离子 Cu^{2+}、Zn^{2+}、Pb^{2+}、Cd^{2+}、Ni^{2+} 等化合，成为重金属硫化物而沉淀。

③由于厌氧塘的处理效果不高，出水 BOD_5 浓度仍然较高不能达到二级处理水平，因此，厌氧塘很少单独用于污水处理，而是作为其他处理设备的前处理单元。厌氧塘前面设置格栅、普通沉砂池，有时也设置初次沉淀池，其设计方法与传统二级处理方法相同。厌氧塘的主要问题是产生臭气，目前是利用厌氧塘表面的浮渣层或采取人工覆盖措施(如聚苯乙烯泡沫塑料板)防止臭气逸出。也有的用回流好氧塘出水使其布满厌氧塘表层来减少臭气逸出。

④产气量与所产气体的成分与水温有关。由于厌氧塘水温一般都不高，多在 15～20 ℃之间，所以气体成分多是氮、CO_2 和 CH_4，且含量较低。

8.1.5　生态系统塘

生物稳定塘中，除了上述几种主要靠微生物起净化作用的塘型外，还有以放养高等大型水主植物作为强化净化手段的水生植物塘和利用污水养鱼、蚌、螺、鸭、鹅的养殖塘。二者可统称为生态系统塘。

1. 水生植物塘

水生植物可分为挺水植物、漂浮植物、浮叶植物和沉水植物 4 类。放养品种的选择取决于它们的适应和净化能力、是否易于收获处置及利用价值等。一般认为，凤眼莲(即水葫芦)、绿萍等漂浮植物和水浮莲等浮叶植物有很强的耐污能力，适合于前级多污带稳定塘放养；芦苇、水葱、菖蒲等挺水植物具有中等耐污能力，适于在水浅的前级氧化塘栽植，而茨藤、金鱼藻等沉水植物则适于在寡污带的后级氧化塘和接纳二级处理水的塘中放养。

放养植物对污染物的净化，主要是通过两种途径完成的：一是吸收—贮存—富集和捕集—积累—沉淀；二是它们发达的根系上形成了大量的生物膜。植株通过根端向生物膜输氧，使微生物参与对污染物的净化。上述处理机理在水葫芦塘中表现最为典型，显示出很强的净化能力。

2. 养殖塘

好氧塘和兼性塘中有水生动物所必需的溶解氧和由多条食物链提供的多种饵料，具备养殖鱼类、螺、蚌和鸭、鹅等家禽的良好条件。这种养殖塘以阳光为能源，对污染物进行同化、降解，最终转化为动物蛋白。国内若干大、中型养殖塘的运行结果表明，它比普通藻类共生塘有更高的净化效果，BOD_5的去除率在90%以上，SS和N、P的去除率一般在80%～90%，细菌去除率大于98%，而鱼产量比清水养鱼增产0.3～0.45 kg/m^2。

养鱼塘的水深宜采用2～2.5 m。虽然水深增加不利于光合作用，但由于鱼群活动形成自然搅拌混合，藻类能轮流接受光照，从而能保证塘水中3～5 mg/L的溶解氧质量浓度。养殖塘的塘型设置，最好采用多塘串联，前一、二级使废水BOD大幅度降低并培养藻类，水深应浅一些；第三、四级主要培养浮游动物，它们以前面好氧塘的藻类为食料，又作为后面养鱼塘鱼类的饵料，最后一级作养鱼塘，水深应大一些。

养殖塘必须防止含重金属和累积性毒物的废水进入，否则会通过食物链危及人体，如果难以杜绝，应在塘前设置厌氧塘或水生植物塘将大部分毒物除去。养鱼塘附近应有净水水源，或设机械曝气装置，以便在进水BOD浓度过高或出现塘水缺氧时用清水稀释或强化曝气予以调节。鱼种应以浮游生物为食料的鲢、鲤、鲫等为主，并合理搭配。放养密度以每亩(1亩＝667 m^2)水面保持同种异龄和异种同龄的鱼600～1 500尾为宜，轮放轮捕，每年放养3～4次，捕收4～5次。

8.2 污水的土地处理系统

8.2.1 概述

1. 污水土地处理系统的含义

污水土地处理是在污水农田灌溉的基础上发展起来的，污水农田灌溉的目的是利用水肥资源。污水农田灌溉没有专门的设计运行方法和参数，灌溉水的水质、水量是依据作物生长特性、农田灌溉水质标准来确定的。污水灌田所引起的臭气散发，土壤、地下水和植物污染等问题，随着城市迅速发展、人口高度集中、污水大量排放而日益突出。污水直接灌田已不能满足人们对环境卫生的要求，因此，污水农田灌溉应是在污水处理基础上的应用。

污水土地处理系统也属于污水自然处理范畴，就是在人工控制的条件下，将污水投配在土地上，通过土壤一植物系统，进行一系列物理、化学、物理化学和生物化学的净化过程，使污水得到净化的一种污水处理工艺。污水土地处理是在人工调控下利用土壤一微生物一植物组成的生态系统使污水中的污染物净化的处理方法。在污染物得以净化的同时，水中的营养物质和水分也得以循环利用。因此，土地处理是使污水资源化、无害化和稳定化的处理利用系统。

污水土地处理系统，能够经济有效地净化污水；能够充分利用污水中的营养物质和水，强化农作物、牧草和林木的生产，促进水产和畜产的发展；采用污水土地处理系统，能够绿化大地，整治国土，建立良好的生态环境，因此，土地处理系统也是一种环境生态工程。

土地处理是以土地作为主要处理系统的污水处理方法，其目的是净化污水，控制水污染。土地处理系统的设计运行参数(如负荷中)需通过试验研究确定。在系统的维护管理、稳步运行、出水的排放和利用、周围环境的监测等方面都有较全面的考虑与规定。

2. 污水土地处理系统的组成

污水土地处理系统由以下各部分所组成。

①污水的预处理设备；

②污水的调节、贮存设备；

③污水的输送、配布与控制系统与设备；

④土地净化田；

⑤净化水的收集、利用系统。

土地处理系统是以土地净化田作为核心环节的。

3. 污水灌溉的水质要求

污水灌溉意义重大，但必须谨慎从事。其关键在于正确地控制污水水质，使之符合作物正常生长、保护农田土壤和地下水源的要求。

4. 污水灌溉的规划设计

(1)灌溉方法分类

污水灌溉的方法有喷灌、垄沟灌和淹灌 3 种基本方法。

喷灌是以类似人工降雨的方式喷洒在田地上。这种灌溉方式对地形和作物的适应性广，操作机动灵活，特别适用于密生大田作物和速生蔬菜，但基建运行费用和对水质的要求都比较高。

垄沟灌是使废水靠重力在垄沟中流动，并通过沟底和沟壁渗入土壤。这种灌溉方式要求地面比较平坦，并要整治为交错排列的垄和沟。它适用于宽行距旱地作物(如棉花、玉米等)和疏植蔬菜。垄沟灌的优点是:蒸发量小、卫生条件好、不易形成板结层。

淹灌是在田间积蓄一定深度的水层，让其逐渐渗透。它要求地面平整，以保证水层深浅均匀。这种灌溉方式适用于水稻及水生蔬菜，也可用于密生大田作物的不定期灌溉。

(2)灌区位置的选择

通常把灌区位置选择在废水处理厂附近，并把灌溉干渠与处理厂出水渠连接起来，使排灌两便，又节省投资。如果处理厂附近有丰富的地下和地面水源，灌区位置应选在其他缺水地区，以防污染水源并使供需平衡。选择灌区还必须制定废水终年利用规划，其主要途径是合理安排农作物种植计划，通过轮灌使用水前后衔接，长年不断，也可以将养殖塘与污灌结合起来，以调节污灌负荷的余缺，并使一水多用。还可以通过修建较长的渠道系统来扩大污灌控制面积，使废水得到充分利用。为此，可将灌区划分为若干片，按图表起时定量进行灌溉。

5. 灌区面积的确定

灌区面积的大小主要取决于灌溉制度，即在整个农作物生长期内单伦面积农田所需要的灌溉量。灌溉定额的大小，取决于自然条件和农业条件。自然条件主要是指土壤性质和气象条件。渗透性好，保水能力差的土壤和降雨量少而蒸发量大的地区，灌溉定额要高。农业条件中，最重要的是农作物对水、肥的需求量和利用率。水、肥需求量小而利用率较高时，灌溉定额可低些。由于生长期灌溉是灌溉的重点，因此灌溉面积应按生长期平均灌溉定额确定。非生长期灌溉面积与生长期灌溉面积之差为备用灌溉面积，一般用于非生长期灌溉时扩大灌溉面积。

6. 灌溉渠系的设计

污水灌溉渠系一般分五级设置，即干渠、支渠、斗渠、农渠和毛渠，其布置方式如图 8.6 所示。如果灌溉以满足肥源为主而水量过多，则还应设置相应的排水渠。

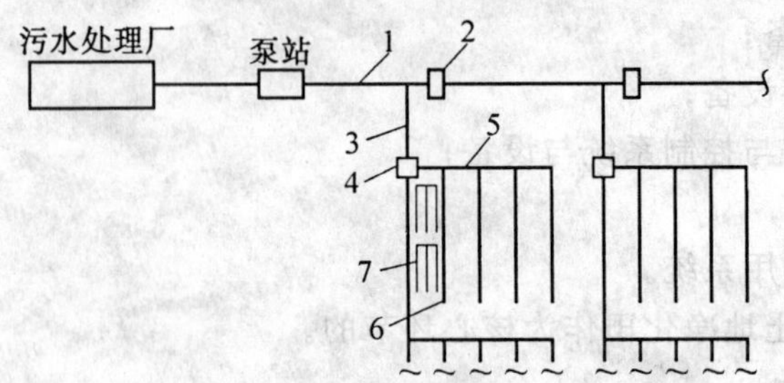

图 8.6 灌溉渠系布置示意图

1—干渠；2—调节闸；3—支渠；4—分水闸；5—斗渠；6. 农渠；7—毛渠

干渠应尽可能布置于高处，位置尽量居中，以便使整个灌区都能采用自流灌溉，并缩短渠系长度。渠系应尽量少占耕地，尽量避免横穿公路和江河。落差较大处应设跌水或陡槽。为减少流失和保护水源，应对渠底和坡边采取防渗漏措施。在干渠的适当位置和支渠分流处，均应设置调节闸。

8.2.2 土地处理系统对污水的净化作用机理

污水土地处理系统的净化机理十分复杂，它包含了物理过滤、物理吸附、物理沉积、物理化学吸附、化学反应和化学沉淀、微生物对有机物的降解等过程。因此，污水在土地处理系统中的净化是一个综合净化过程。几种主要方法介绍如下：

1. 物理过滤

土壤颗粒间的孔隙具有截留、滤除水中悬浮颗粒的性能。污水流经土壤，悬浮物被截留，污水得到净化。影响土壤物理过滤净化效果的因素有：土壤颗粒的大小、颗粒间孔隙的形状和大小、孔隙的分布以及污水中悬浮颗粒的性质、多少与大小等。如悬浮颗粒过粗、过多以及微生物代谢产物过多等都能导致产生土壤颗粒的堵塞。

2. 络合反应与化学沉淀

重金属离子与土壤的某些组分进行化学反应生成难溶性化合物而沉淀；如果调整、改变土壤的氧化还原电位，能够生成难溶性硫化物；改变 pH 值，能够生成金属氢氧化物；某些化学反应还能够生成金属磷酸盐等物质，而沉积于土壤中。

3. 微生物代谢作用下的有机物分解

在土壤中生存着种类繁多、数量巨大的土壤微生物，它们对土壤颗粒中的有机固体和溶解性有机物具有强大的降解与转化能力，这也是土壤具有强大的自净能力的原因。

4. 物理吸附与物理化学吸附

金属离子与土壤中的无机胶体和有机胶体颗粒，由于螯合作用而形成螯合化合物；有机物与无机物的复合化而生成复合物；重金属离子与土壤颗粒之间进行阳离子交换而被置换吸附；某些有机物与土壤中重金属生成可吸性螯合物而固定在土壤矿物的晶格中。

在非极性分子之间的范德华力的作用下，土壤中黏土矿物颗粒能够吸附土壤中的中性分子。污水中的部分重金属离子在土壤胶体表面，因阳离子交换作用而被置换吸附并生成难溶性的物质被固定在矿物的晶格中。

主要污染物的去除途径：

(1)BOD 的去除

BOD 大部分是在土壤表层上去除的。土壤中含有大量的、种类繁多的异养型微生物，它们能对被过滤、截留在土壤颗粒空隙间的悬浮有机物和溶解有机物进行生物降解，并合成微生物新细胞。当处理水的 BOD 负荷超过土壤微生物分解 BOD 的生物氧化能力时，会引起厌氧状态或土壤堵塞。

(2)悬浮物质的去除

污水中的悬浮物质是依靠作物和土壤颗粒间的孔隙截留、过滤去除的。土壤颗粒的大小、颗粒间孔隙的形状、大小、分布和水流通道，以及悬浮物的性质、大小和浓度等都影响对悬浮物的截留过滤效果。若悬浮物浓度太高、颗粒太大会引起土壤堵塞。

(3)重金属的去除

重金属的去除主要是通过物理化学吸附、化学反应与沉淀等途径被去除的。重金属离子在土壤胶体表面进行阳离子交换而被置换、吸附，并生成难溶性化合物被固定于矿物晶格中；重金属与某些有机物生成可吸性螯合物被固定于矿物晶格中；重金属离子与土壤的某些组分进行化学反应，生成金属磷酸盐和有机重金属等沉积于土壤中。

(4)病原体的去除

污水经土壤过滤后，水中大部分的病菌和病毒可被去除，去除率可达 92%～97%。其去除率与选用的土地处理系统工艺有关，其中地表漫流的去除率略低，但若有较长的漫流距离和停留时间，也可达到较高的去除效率。

(5)磷和氮的去除

氮主要是通过植物吸收，微生物脱氮(氰化、硝化、反硝化)，挥发、渗出(氨在碱性条件下逸出、硝酸盐的渗出)等方式被去除。其去除率受作物的类型、生长期、对氮的吸收能力，以及土地处理系统的工艺等因素影响。

在土地处理中，磷主要是通过植物吸收，化学反应和沉淀(与土壤中的钙、铝、铁等离子形成难溶的磷酸盐)，物理吸附和沉积(土壤中的黏土矿物对磷酸盐的吸附和沉积)，物理化学吸附(离子交换、络合吸附)等方式被去除。其去除效果受土壤结构、阳离子交换容量、铁铝氧化物和植物对磷的吸收等因素影响。

8.2.3　土地处理系统的主要类型

土地处理系统有 5 种类型：慢速渗滤处理系统、快速渗滤处理系统、地表漫流处理系统、湿地处理系统和地下渗滤处理系统。土地处理系统是由污水预处理设施，污水调节和储存设施，污水的输送、布水及控制系统，土地净化田，净化出水的收集和利用系统等 5 部分组成。

1. 慢速渗滤处理系统

慢速渗滤处理系统如图 8.7 所示，是将污水投配到种有作物的土地表面，污水缓慢地在土地表面流动并向土壤中渗滤，一部分污水直接为作物所吸收，一部分则渗入土壤中，从而使污水得到净化的一种土地处理工艺。慢速渗滤处理系统适用于渗水性良好的土壤、砂质土壤及蒸发量小、气候润湿的地区。废水经喷灌或面灌后垂直向下缓慢渗滤。土地净化田上种作物，这些作物可吸收污水中的水分和营养成分，通过土壤—微生物—作物对污水进行净化，部分污水蒸发和渗滤。慢速渗滤处理系统的污水投配负荷一般较低，渗滤速度慢，故污水净化效率高，出水水质优良。

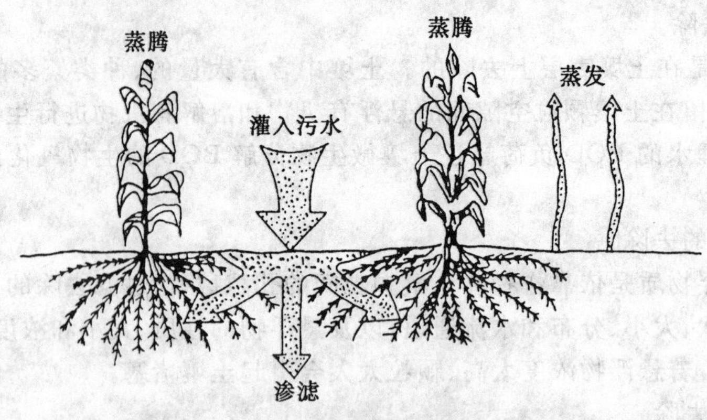

图 8.7 慢速渗滤处理系统

慢速渗滤处理系统有农业型和森林型两种。其主要控制因素为：灌水率、灌水方式、作物选择和预处理等。

向土地布水可采用表面布水和喷灌布水。污水的投配负荷低，污水在土壤层的渗滤速度慢，在含有大量微生物的表层土壤中停留时间长，水质净化效果非常良好，但一般不考虑处理水流出系统。

当以利用为本工艺主要目的时，可选种谷物，由于作物生长受季节及气候条件的限制，对污水的水质及调蓄管理应加强。

当以处理污水为本工艺主要目的时，可以多年生牧草作为种植的作物，牧草的生长期长，对氮的利用率高，可耐受较高的水力负荷。

慢速渗滤系统被认为是土地处理中最适宜的工艺。本工艺适用于渗水性能良好的土壤，如砂质土壤和蒸发量小、气候湿润的地区。

根据美国及我国沈阳、昆明等地的运行资料，本工艺对 BOD_5 的去除率一般可达 95%以上，COD 去除率达 85%～90%，氮的去除率则在 80%～90%之间。

2. 快速渗滤处理系统

快速渗滤处理系统是一种高效、低耗、经济的污水处理与再生方法。适用于渗透性非常良好的土壤，如砂土、砾石性砂土、砂质垆坶等。污水灌至快速渗滤田表面后很快下渗进入地下，并最终进入地下水层。灌水与休灌反复循环进行，使滤田表层土壤处于厌氧—好氧交替运行状态，依靠土壤微生物将被土壤截留的溶解性和悬浮性有机物进行分解，使污水得以净化。在休灌期，表层土壤恢复好氧状态，在这里产生强力的好氧降解反应，被土壤层截留的有机物为微生物所分解，休灌期土壤层脱水干化有利于下一个灌水周期水的下渗和排除。在土壤层形成的厌氧、好氧交替的运行状态有利于氮、磷的去除。这是将污水有控制地投配到具有良好渗滤性能的土地表面，在污水向下渗滤的过程中，在过滤、沉淀、氧化、还原以及生物氧化、硝化、反硝化等一系列物理、化学及生物的作用下，得到净化处理的一种污水土地处理工艺。

快速渗滤法的主要目的是补给地下水和废水再生回用。用于补给地下水时不设集水系统，若用于废水再生回用，则需设地下集水管或井群回收再生水。快速渗滤处理系统的水流途径及水量平衡如图 8.8 所示。

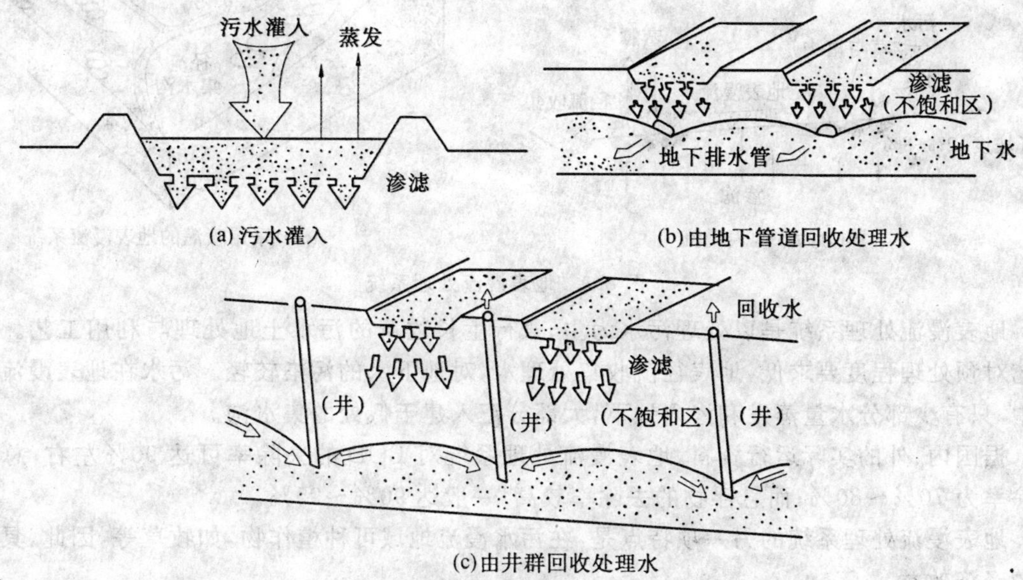

图 8.8　快速渗滤处理系统

本工艺的负荷率（有机负荷率及水力负荷率）高于其他类型的土地处理系统，但如严格控制灌水——休灌周期，本工艺的净化效果仍然很高。

本系统的处理效果：

①BOD 去除率可达 95%；COD 去除率 91%。处理水 BOD<10 mg/L；COD<40 mg/L。

②有较好的脱氮除磷功能：NH_4^+ 去除率为 85%左右；TN 去除率 80%；除磷率可达 65%。

③去除大肠菌的能力强，去除率可达 99.9%，出水含大肠菌为≤40 个/(100 mL)。

④进入快速渗滤系统的污水应当经过适当的预处理，一般经过一级处理即可，如场地面积有限，需加大滤速或需求较高质量的出水，则应以二级处理作为预处理。

回收处理水是本工艺的特征，用地下排水管或井群回收经过净化的处理水（图 8.8）或将净化水补给地下水。

快速渗滤处理系统的设计包括确定：①水力负荷速率；②渗滤田面积；③淹水期（灌水）与干化期（休灌）之比；④污水投配速率；⑤渗滤田的座数及深度等。

水力负荷率应通过现场实测确定，一般介于较大的范围内（6～122 m/年）。

3. 地表漫流处理系统

本系统是将污水有控制地投配到多年生牧草、坡度和缓、土壤渗透性差的土地上，污水以薄层方式沿土地缓慢流动，在流动的过程中得到净化。净化出水大部分以地面径流汇集、排放或利用。地表漫流处理系统适用于渗透性低的黏土或亚黏土，地面最佳坡度为 2%～8%。废水以喷灌法或漫灌（淹灌）法有控制地分布在地面上均匀的漫流，流向设在坡脚的集水渠，在流行过程中少量废水被植物摄取、蒸发和渗入地下。地面上种牧草或其他作物供微生物栖息并防止土壤流失，尾水收集后可回用或排放水体，如图 8.9 所示。

采用何种灌溉方法取决于土壤性质、作物类型、气象和地形。

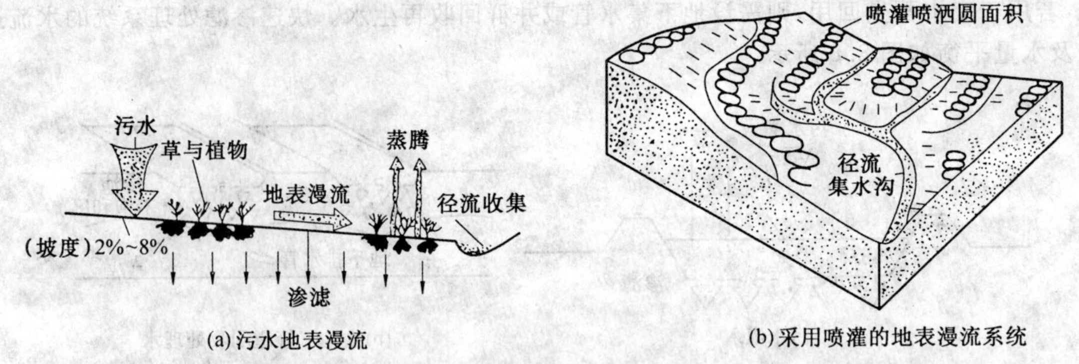

(a) 污水地表漫流　　(b) 采用喷灌的地表漫流系统

图 8.9　地表漫流处理系统

地表漫流处理系统是以处理污水为主，兼行生长牧草的污水土地处理与利用工艺。这种工艺对预处理程度要求低，地表径流收集处理水，对地下水的污染较轻。污水在地表漫流的过程中，只有少部分水量蒸发和渗入地下，大部分汇入建于低处的集水沟。

据国内、外的实际运行资料，地表漫流处理系统对 BOD 的去除率可达 90％左右；总氮的去除率为 70％～80％；而悬浮物的去除率较高，一般达 90％～95％。

地表漫流处理系统的另一项特点是：在污水漫流地域可种植作物，如牧草等，因此，具有一定的经济效益。

地表漫流处理系统的工艺设计包括：①确定水力负荷率和投配速率；②计算所需土地面积等。

4. 湿地处理系统

湿地处理系统是一种利用低洼湿地和沼泽地处理污水的方法。污水有控制地投配到种有芦苇、香蒲等耐水性、沼泽性植物的湿地上，废水在沿一定方向流行过程中，在耐水性植物和土壤共同作用下得以净化，如图 8.10 所示。

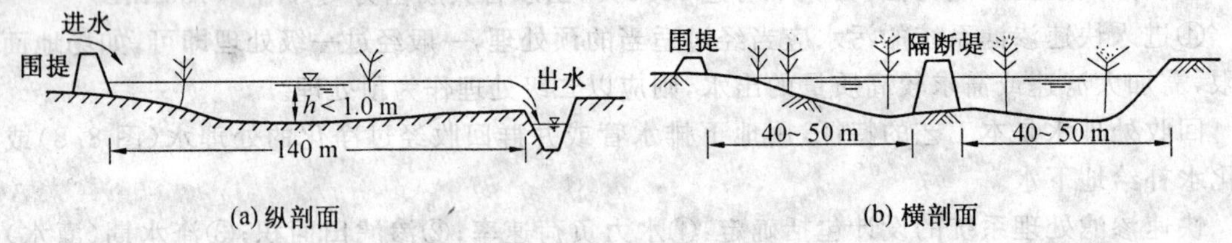

(a) 纵剖面　　(b) 横剖面

图 8.10　湿地处理系统示意图

湿地处理系统对污水净化的作用机理是多方面的，这里有：物理的沉降作用；植物根系的阻截作用；某些物质的化学沉淀作用；土壤及植物表面的吸附与吸收作用；微生物的代谢作用等。此外，植物根系的某些分泌物对细菌和病毒有灭活作用；细菌和病毒也可能在对其不适宜环境中自然死亡。

湿地处理可用于直接处理污水或深度处理。污水进入系统前需预处理，方法有化粪池、格栅、筛网、初沉池、酸化(水解)池和稳定塘等。

在湿地处理系统中以生长沼泽地的维管束植物为主要特征，繁茂的水生植物为微生物提供了良好的栖息场所，维管束植物向其根部输送光合作用产生的氧，每一株维管束植物都是一部“制氧机”，使其根部周围及水中保持一定浓度的溶解氧，使根区附近的微生物能够维持正常的生理活动，其次，植物也能够直接吸收和分解有机污染物。

繁茂的水生植物还具有均匀水流、衰减风速、避免光照、防止藻类过度生长等多种作用。

湿地处理系统可分为以下几种类型：

(1)自由水面人工湿地

用人工筑成水池或沟槽状，地面铺设隔水层以防渗漏，再充填一定深度的土壤层，在土壤层种植芦苇一类的维管束植物，污水由湿地的一端通过布水装置进入，并以较浅的水层在地表上以推流方式向前流动，从另一端溢入集水沟，在流动的过程中保持着自由水面，如图 8.11 所示。

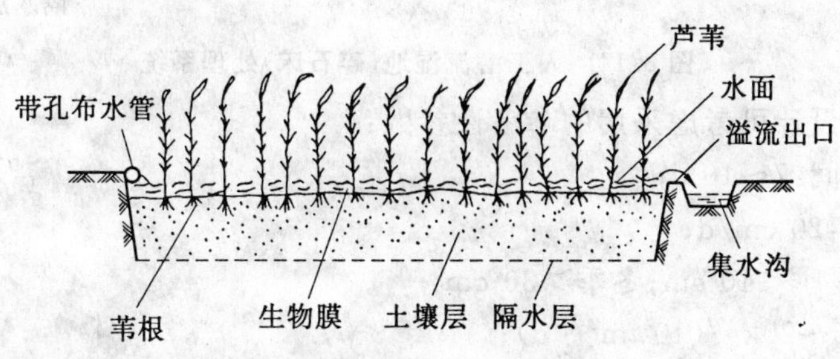

图 8.11　自由水面人工湿地

(2)天然湿地系统

利用天然洼地、苇塘，并加以人工修整而成。中设导流土堤，使污水沿一定方向流动，水深一般在 30～80 cm 之间，不超过 1.00 m，净化作用与好氧塘相似，适宜作污水的深度处理。图 8.12 所示为天然湿地处理系统。

(3)人工潜流湿地处理系统

人工潜流湿地处理系统如图 8.13 所示，是人工筑成的床槽，床内充填介质支持芦苇类的挺水植物生长。床底设黏土隔水层，并具有一定的坡度。污水从沿床宽度设置的布水装置进入，水平流动通过介质，与布满生物膜的介质表面和溶解氧充分的植物根区接触，在这一过程中得到净化。

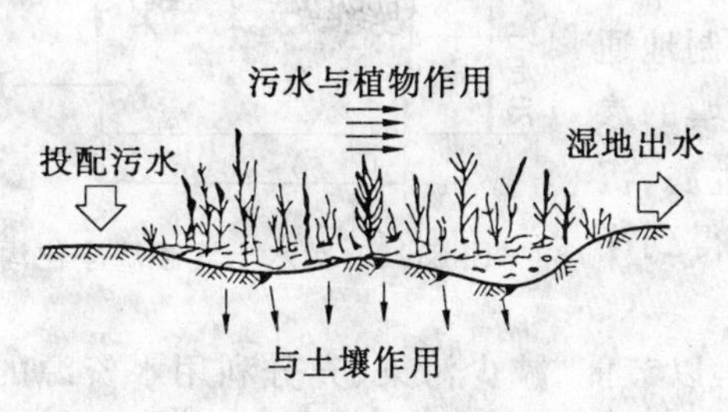

图 8.12　天然湿地处理系统示意图

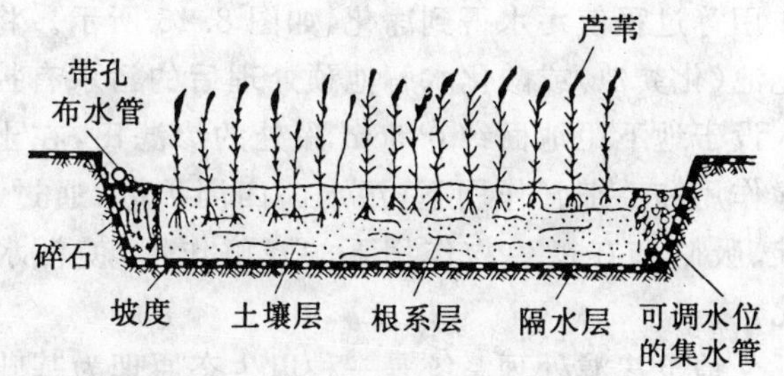

图 8.13　人工潜流湿地处理系统

另一种形式的人工潜流湿地处理构筑物，称为碎石床，即在床内充填的只是碎石和砾石这种介质，耐水性植物直接种植在介质上。进水与出水装置基本上与前一种类型的人工湿地相同，如图 8.14 所示。碎石充填深度应根据种植的植物根系能够达到的深度而定。一般芦苇为 60～70 cm。介质粒径可介于 10～30 mm 之间。

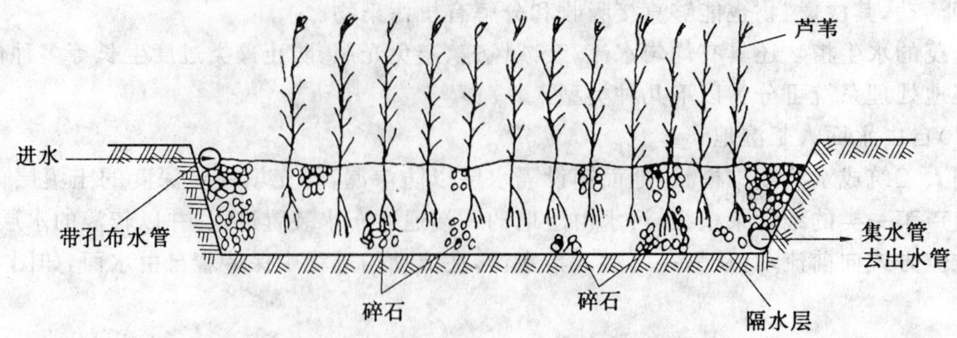

图 8.14　人工潜流湿地(碎石床)处理系统

湿地系统初步设计可考虑采用的参考性参数：

①水力停留时间：7～10 d；

②投配负荷率：20 cm/d；

③布水深度：夏季＜10 cm；冬季＞30 cm；

④有机负荷：15～20kg/(10^4 m^2 · d)；

⑤长宽比：$L : B > 10 : 1$；

⑥植物：芦苇、香蒲等水葱、灯芯草、蓑衣草；

⑦湿地坡度：一般为0%～3%；

⑧对土壤的要求：土壤质地为黏土壤土。渗透性为慢一中等，渗透率为0.025～0.35 m/h。

人工湿地占用土地面积 F(10^4 m^2)可用下式估算

$$F = 6.57 \times 10^{-3} Q \tag{8.3}$$

式中　Q——污水设计流量，m^3/d。

5.地下渗滤处理系统

地下渗滤处理系统是将污水投配到距地面约0.5 m深，有良好渗透性的地层中，藉毛管浸润和土壤渗透作用，使污水向四周扩散，通过过滤、沉淀、吸附和生物降解作用等过程使污水得到净化，如图8.15所示。将经过腐化池(化粪池)或酸化水解池预处理后的污水有控制地通入设于地下距地面约0.5 m深处的渗滤田，在土壤的渗滤作用和毛细管作用下，污水向四周扩散，通过过滤、沉淀、吸附和在微生物作用下的降解作用，使污水得到净化。

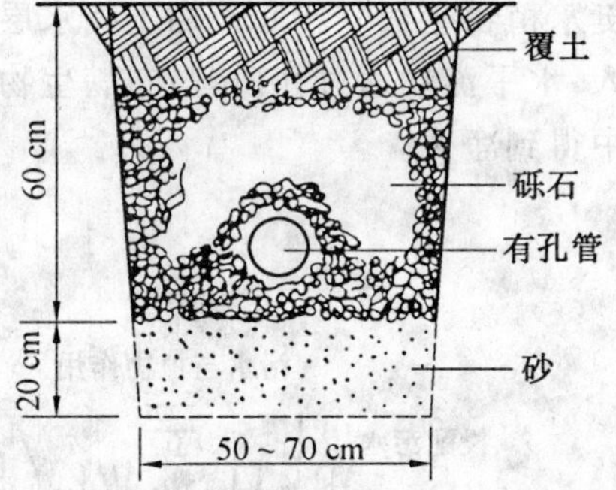

图 8.15　污水土壤渗滤净化沟

地下渗滤处理系统是一种以生态原理为基础，以节能、减少污染、充分利用水资源的一种新型的小规模的污水处理工艺技术。这种工艺适用于处理小流量的居住小区、旅游点、度假村、疗养院等未与城市排水系统接通的分散建筑物排出的污水。

这种污水处理法称之为污水地下渗滤处理系统，归纳起来，这种工艺具有以下特征：

①整体处理系统都设于地下，无损于地面景观，而且能够种植绿色植物，美化环境；

②不受外界气温变化的影响，或影响较小；

③易于建设、便于维护、不堵塞、建设投资省、运行费用低；

④对进水负荷的变化适应性较强，耐受冲击负荷；

⑤如运行得当，处理水水质良好、稳定、可回用于农灌、浇灌城市绿化地、街心公园等。

地下渗滤处理系统在一些发达国家，如日本、美国受到重视，得到很大的发展，在日本已建成 20 000 余套这种净化系统，而且还在发展中。在美国约有 35%的农村及零星独立建造的住宅采用了这种技术；俄罗斯近 20 年来对开发这类污水处理技术做了大量的工作，在制定工艺流程、净化方法、处理设备等方面做到了定型化、系列化，并制定了相应的技术规范。我国近年来对这一技术也日益重视，但尚处于初步的启动阶段。

8.3　人工湿地系统

8.3.1　概述

1. 人工湿地的发展

人工湿地污水处理最早出现于 1904 年澳大利亚 BrianMackney 发表的一篇文章中。但在其发展历史中，德国是这一工程的先驱者。1953 年，德国的 Dr. Kathe Seidel 在其研究工作中发现芦苇能去除大量的无机和有机污染物。Seidel 通过进一步试验发现芦苇及其他高大植物能从水中去除重金属和碳水化合物。到了 20 世纪 60 年代，这些实验室开始开展了许多大规模试验用以处理工业废水、江河水、地面径流和生活污水。20 世纪 60 年代末，Seidel 与 Kickuth 合作开发了“根区法”，此方法类似于现在的芦苇床，正是由于“根区法”的出现，掀起了人们对人工湿地污水处理的试验研究与应用热潮，才推动了 70 年代人工湿地污水处理技术的发展。1974 年，第一个用于污水处理的人工湿地系统在西德的 Othfrensen 建成，其优越的性能，使它获得较快的发展。随后，美国国家空间技术实验室又研究开发了“厌氧微生物和芦苇处理污水”复合系统，人工湿地处理污水技术不断完善且已应用至农业污水、家畜与家禽的粪水、垃圾场渗滤液、城市暴雨径流或生活污水、富营养化湖水、矿区重金属污水、炼油厂废水以及其他工业活动产生的污水的处理。在 20 世纪 80 年代国外就尝试用人工湿地对二级处理后的污水进一步处理，以满足再利用的需求，使排放水质更好，含氮、磷浓度更低。在佛罗里达的奥兰多市就有一处 490 ha 的人工湿地，处理来自该城市污水处理厂（在该厂停留约 30 d）的出水，日处理量为 7.6 万 m^3。

美国著名的湿地研究、设计与管理专家 Hammer 等人将人工湿地定义为：一个为了人类的利用和利益，通过模拟自然湿地，人为设计与建造的由饱和基质、挺水与沉水植被、动物和水体组成的复合体。人工湿地是一种人工建造和监督控制的与自然湿地相类似的地面，是人为地将石、砂、土壤等一种或几种介质按一定比例构成基质，并有选择性地植入植物的污水处理生态系统。它是具有湿地性质的生态系统，是由一些浮水、挺水及潜水植物，微生物、野生动物及处于水饱和状态的基质层所组成的复合体。人工湿地污水处理系统源于对自然湿地的模拟，利用自然生态系统中的物理、化学和生物的三重协同作用来实现对污水的净化。污水流经床体表面和床体填料缝隙时，通过过滤、吸附、沉淀、离子交换、植物吸收和微生物分解等作用使污水得到高效净化处理。

人工湿地处理系统包括如下 5 个要素：

①有具备一定过水能力的基质层；

②有可能在处于水饱和厌氧状态的基质层中生长植物；

③有可能在基质层中及基质表面流动的水流；

④有无脊椎动物和脊椎动物；

⑤有好氧和厌氧微生物(细菌、真菌、藻类和原生物等)。

湿地床层中因植物根系对氧的传递释放,使其周围的微生物环境依次呈现出好氧、缺氧和厌氧状态,保证了废水中的氮、磷不仅能被植物和微生物作为营养成分直接吸收,还可以通过硝化、反硝化作用及微生物对磷的过量积累作用而从废水中去除,最后通过湿地水生植物的定期收割,使污染物从系统中去除。

2.人工湿地系统的特点

人工湿地处理系统是以人工湿地处理为主的包括前处理和后处理的污水处理设施的组合。人工湿地单元主要是人工建造的多级植物床、植物塘与养鱼塘相组合的湿地单元及水流控制设施,兼具土地处理和氧化塘处理系统的特点,而越来越受到人们的重视。

人工湿地与传统的污水处理方法相比,具有处理效果好、建设和运行费用低、处理过程能耗低、易于维护管理、良好的景观效应等优点。研究资料表明,在进水浓度较低的情况下,人工湿地 COD 的去除率达 80%以上,氮的去除率可达 60%,磷的去除率可达 90%以上,但其投资和运行费一般仅为传统二级污水处理厂的 1/10～1/2。

用人工湿地来处理城市污水是发达国家近十年来才兴起的生态处理法,人工湿地污水处理系统由预处理单元和人工湿地单元组成。湿地中水生植物除自身具有较强的净化废水功能外,还提供了放氧表面和微生物栖息环境,同时还与周围环境的各种原生动物、微生物形成小环境,对多种污染物有较强的吸收、分解、富集能力。

人工湿地中的流态采用推流式、回流式、阶梯进水式或综合式。

人工湿地系统具有如下特点：

①投资和运行费用低；

②易于维护,技术含量低；

③可进行有效可靠的污水处理；

④可缓冲对水力和污染负荷的冲击；

⑤可提供经济效益；

⑥占地面积大。

我国幅员辽阔,有利用人工湿地的天然优势,但进行湿地处理系统研究较晚,直到“七五”期间才有了一定的规模,但主要还是机理性的研究。首例始于 1987 年,由天津市环境保护研究所建成了芦苇湿地工程,此后又建成了北京昌平自由水面人工湿地工程和深圳白泥坑人工湿地示范工程。国家环境保护局与中国科学院各单位相继采用人工湿地处理污水进行过一系列试验,对人工湿地的构建与净化功能进行了阐述。20 世纪末建成的成都活水公园更展示了人工湿地污水处理新工艺用“绿叶鲜花装饰大地,把清水活鱼送还自然”的魅力。即使到目前为止,大多也都停留在试验使用阶段,应用上相对迟缓,应用实例也少。1990 年深圳的白泥坑人工湿地工程是我国首次实践。

8.3.2 人工湿地系统对污水的净化作用机理

人工湿地对废水的处理综合了物理、化学和生物 3 种作用。填料表面和植物根系中生长了大量的微生物形成生物膜，废水流经时，SS 被填料及根系阻挡拦截，有机质通过生物膜的吸附及同化、异化作用而得以去除。

1.人工湿地系统对污水的净化作用

(1)物理沉积

污水进入湿地，经过基质层及密集的植物的茎叶和根系，使污水中的悬浮物固体得到过滤，并沉积在基质层中。

(2)化学反应

污水中许多污染物可以通过化学沉淀、吸附、离子交换等化学反应过程得以去除。化学反应是否显著取决于基质的化学成分。例如，含 $CaCO_3$ 较多的石灰石有助于磷的去除，含有机物丰富的土壤有助于吸附各种污染物。

(3)生物反应

生物反应是去除有机污染物的主要反应。生长在湿地中的挺水植物通过叶的吸收和茎秆的运输作用，将空气中的 O_2 转运到根部，再经过植物的根部表面组织扩散，在根须周围形成好氧区，这样在植物根须周围就会有大量好氧微生物将有机物分解。在根须较少的地方将形成兼性区和厌氧区，发生兼性微生物和厌氧微生物降解有机物的作用。由于这种基质中好氧区和厌氧区的同时存在，十分利于硝化和反硝化反应的进行，从而达到除氮效果。

2.人工湿地系统对具体污染物的去除

(1)氧的变化情况

湿地植物光合作用产生的 O_2，一部分通过运输组织和根毛输送释放到有机物的电子受体，最终以 CO_2 的形式释放到系统外的环境中。湿地床层中因植物根系对氧的传递释放，使其周围的微环境中依次呈现出好氧、缺氧和厌氧状态，保证了废水中的氮、磷不仅能被植物及微生物作为营养成分直接吸收，还可以通过硝化、反硝化作用及微生物对磷的过量积累作用从废水中去除，最后通过湿地基质的定期更换或收割使污染物质最终从系统中去除，相当于许多串联或并联的 A^2O 处理单元。

(2)湿地对重金属的处理

人工湿地对于污染水体中重金属离子的去除也有一定的效果。水体中的重金属离子通过扩散、迁移到植物根部区域，然后植物的根、茎、叶通过吸收、离子交换、表面吸附等作用将其迁移、储存在植物体内，最后对植物的茎、叶进行收割、处理。对重金属离子的去除主要取决于填料中生长植物的选取。

(3)湿地对氮的处理

人工湿地系统中氮的去除途径包括氨氮的挥发、植物吸收、微生物的硝化、反硝化作用、基质吸附。来水中的氮基本以有机氮和氨氮两种形式存在。一般情况下，污水大部分有机氮被微生物降解为氨氮，所以重点是无机氮的去除。污水中的无机氮作为植物生长的重要元素可以直接被植物摄取吸收，通过收割而从废水和湿地系统中去除。

氮的去除机理和反应过程十分复杂，主要原因是氮存在形式的多样性，包括有机氮、氨氮、亚硝态氮及硝态氮，它们之间通过氧化还原而相互转化。目前有关氮的去除机理，从反应过程来说，学术界较为一致的认识是氨化作用和复合的硝化/反硝化作用。

氮的去除主要是通过微生物的硝化、反硝化作用来完成的，特殊的氧环境使微生物的硝化和反硝化可以同时进行。因此,人工湿地比传统活性污泥处理系统具有更强的氮的处理能力。资料表明,人工湿地总氮去除率可大于 60%。

(4)湿地对磷的处理

现有的研究发现,人工湿地对磷的去除主要是通过基质、水生植物以及微生物的共同作用来完成的。所以,这三者可被看做影响磷去除的内部因素。

基质又称填料,目前广泛应用的人工湿地主要由沙粒、沙土、土壤、石块为基质,它们一方面为微生物的生长提供稳定依附表面,同时也为水生植物提供了载体和营养物质。当污水流经人工湿地时,基质通过一些物理的和化学的途径(如吸收、吸附、过滤、离子交换、络合反应等)来净化除去污水中的氮、磷等营养物质。

植物在人工湿地污水净化中起着十分重要的作用。一方面,其发达的根系与基质交错成网为微生物附着提供了巨大的表面积,易于形成生物膜,促进了污染物被微生物降解利用;其次,植物自身的光合作用,能将部分可溶性污染物及被微生物分解的污染物同化吸收。进入湿地系统中的含磷化合物主要包括颗粒磷、溶解有机磷和无机磷酸盐,微生物的活动使磷主要以正磷酸盐形式存在。如同无机氮一样,无机磷也是湿地植物必须的养分,污水中的无机磷在植物的吸收和同化作用下,被合成植物的 ATP、DNA 和 RNA 等有机成分,通过对植物的收割而将磷从系统中去除。同时,光合过程中生成的 O_2 可通过茎根输向水体与基质,使根区周围依次形成多个好氧、缺氧与厌氧小区,为好氧、兼性厌氧及厌氧微生物的生存提供良好的环境,从而有利于硝化、反硝化作用以及磷的过量释放和过量积累,促进了污染物的多渠道降解,这是常规的二级处理方式所难以满足的。

微生物对磷的去除包括它们对磷的正常同化吸收(将磷纳入其分子组成)和聚磷菌对磷的过量积累,通过对湿地床的定期更换而将其从系统中去除。微生物的代谢活动是废水中有机物降解的主要机制。水生植物通过通气组织的运输,将 O_2 输送到根区,从而形成了根表面及附近区域的氧化状态,废水中大部分有机物质在这一区域被好氧微生物利用而分解成为 CO_2 和水。而在湿地中的还原状态区域,则是经过厌氧细菌的发酵作用,将有机物分解成简单的有机物。

其中,对磷的过量积累是微生物除磷的主要途径。物理化学作用包括填料对磷的吸附沉淀及填料与磷酸根离子的化学反应,这种作用对无机磷的去除会因填料的不同而有差别。由于石灰石及含铁质填料中 Ca 和 Fe 可与磷酸根离子反应沉淀而使磷去除,因而它们是除磷效果较好的填料。含钙质或铁质的地下水渗入人工湿地也有利于磷的去除。

(5)湿地对有机物处理

人工湿地显著特点之一是对有机物有较强的处理能力。植物渗出的可溶性有机物和无机物质为微生物生长提供了基质,使根际微生物的数量和活性明显高于非根际带。六种基质对有机物去除效果的从高到低的顺序为:砂子 > 煤灰渣 > 瓜子片>砾石>钢渣>高炉渣。有机污染物的去除主要通过好氧降解与厌氧降解完成。污水中的有机污染物分为不溶性有机质颗粒和可溶性有机质颗粒两部分。大量的植物根系和基质,使不溶的有机物通过在基质和根区表面的重力沉淀、截留和吸附等作用被分离去除。湿地系统成熟后,填料表面和植物根系将由于大量微生物的生长而形成生物膜。可溶性有机物则通过植物根系生物膜的吸附、吸收及厌氧好氧生物代谢降解过程而被分解去除。根际微生物不仅能够降解吸收有机物,而且其分泌的酶类也能够降解有机污染物。废水中大部分有机物的最终归宿是被异养微生物转化为微

生物体及 CO_2 和 H_2O，这些新生的有机体可以通过填料的定期更换或栽种植物的收割使污染物最终从系统中去除。废水流经生物膜时，大量的 SS 被填料和植物根系阻挡截留，不溶性有机物通过湿地的沉淀、过滤作用，可以很快从废水中截留下来，被微生物加以利用；可溶性有机物则可通过植物根系生物膜的吸附、吸收及微生物的代谢过程而被分解去除。

(6)人工湿地对病原微生物的去除

人工湿地系统一方面是培育微生物的场所，另一方面也承担着去除原水中的病原微生物的作用。病原微生物的去除效果是衡量人工湿地净化污水效果的一个重要指标，所以人工湿地对病原微生物的去除一直受到众多学者的广泛关注。许多报道也证实人工湿地对病原微生物有较好的去除效果，美国亚利桑那州图森市对两个潜流湿地去除肠道病原菌的效果进行了调查，其中一个湿地的源水为二级处理污水，另外一个湿地的源水为没有污染的地下水，湿地的停留时间大约为 4 d，结果发现在第一个湿地中总大肠杆菌的去除率为 98.8%，粪大肠杆菌的去除率为 98.2%，大肠杆菌噬菌体的去除率为 95.2%，而第二个湿地出水中没有检测到大肠杆菌噬菌体和寄生虫。英国约克郡的一个表面流人工湿地中的粪大肠杆菌和粪链球菌的去除率为 85%～94%，并且细菌的去除率与出水的流速成显著负相关，当流速达到很高时，这些病原细菌有可能不会被去除。学者们认为存活的那部分微生物可能是依赖于废水中生物的和非生物的条件而生存的，研究结果表明废水处理系统中微生物去除效果会受到吸附、解吸附以及基质的特性和当地的气候的影响。

鉴于此，对病原菌的去除可以通过动力学方程来模拟，Khatiwada 和 Polprasert 等人对自由表面流人工湿地的粪大肠杆菌去除过程进行模拟并建立了一个动力学模型，实践证明这个动力学模型是可行的。Decamp 和 Warren 用荧光标记的埃希氏大肠细菌研究从人工湿地中分离出来的纤毛虫的捕食速率，发现平均捕食速率最快的是体积较大的草履虫，研究结果表明纤毛虫能够去除人工湿地中的大肠杆菌，但是它们不可能始终保持最大的摄食速率，许多其他的生物的和非生物的因素会影响大肠细菌的去除。研究发现植物的存在有利于大肠杆菌的去除，有植物的人工湿地中纤毛虫的平均捕食能力是没有植物的人工湿地的 5 倍。一般认为病原微生物的去除是由物化和生物作用共同导致的，物理作用包括基质过滤和沉淀，化学作用包括氧化和把暴露在植物分泌的抑菌素中的污染物吸附到有机物中，生物的作用包括植物的根系分泌物的抗微生物活性、原生动物的捕食、停留在生物膜上以及自然死亡。

8.3.3　人工湿地处理污水工艺流程

人工湿地污水处理系统由预处理单元和人工湿地单元组成。通过合理设计可将 BOD_5、SS、营养盐、原生动物、金属离子和其他物质处理达到二级和高级处理水平。预处理的目的主要是减少污水中的悬浮物，防止湿地填料堵塞，确保人工湿地生态系统的稳定性，增加湿地处理寿命和处理能力。其设施包括格栅、沉砂池、沉淀池、稳定塘等。人工湿地系统一般工艺流程如下：污水→格栅→沉砂池→沉淀池→稳定塘→人工湿地→出水。

8.3.4　人工湿地系统的构造与类型

8.3.4.1　人工湿地系统的构造

绝大多数人工湿地由 5 部分组成：①具有各种透水性的基质，如土壤、砂、砾石；②适于在饱和水和厌氧基质中生长的植物，如芦苇；③水体；④无脊椎或脊椎动物；⑤好氧或厌氧微生物种群。

湿地净化污水主要是靠基质—植物—微生物这个复合生态系统的物理、化学和生物的三重协调作用来实现。湿地系统在这种有一定长宽比和底面坡度的洼地中，由土壤和填料混合组成填料床，污水在床体的填料缝隙中流动或在床体表面流动，并在床体表面种植具有性能好、成活率高、抗水性强、生长周期长、美观及具有经济价值的水生植物，从而形成一个独特的动植物生态系统，对污水进行处理。

基质填料吸附是人工湿地除磷的关键，填料不仅为人工湿地中植物生长、微生物附着和新陈代谢提供适宜的条件，而且还通过物理化学吸附，沉降络合等作用有效去除污染物质。

填料种类很多，不同填料通过其物理化学特性影响其吸附性能，不同填料之间的组合使用也具有不同的吸附性能。在相同进水水质、水力负荷为 200 mm/d 的运行条件下，在单一填料中，页岩的 COD、TN、TP 去除性能优越，去除率最高分别可达 40.0%、88.9%和 87.5%，是理想的人工湿地去污填料；页岩与粗砾石的组合具备较强的 TN、TP 去除能力，铁矿石与粗砾石的组合去污性能较差；页岩强度低，透水性差，长期使用单一填料可能导致堵塞，造成污水短路或出现死水区，将页岩与粗砾石或铁矿石组合使用是一种双赢的填料选择方案。

人工湿地处理系统中，水生植物是重要的有机组成部分，湿地中的植物不仅可以和基质一起过滤，截流水中悬浮物，而且还可以吸收水中某些污染物质包括重金属，从而将其去除。由于植物具有对氧的输送和扩散等作用，可以在根部形成好氧区域，而对于氧扩散不到的区域则会形成厌氧区域。在应用水生植物时要充分重视乡土品种的生态特性，不宜盲目引进外来物种。通过对当地植物在人工湿地系统中的应用，可了解植物对水力、营养及其他因素的物种特性，并加以充分利用以提高人工湿地的净化效率。

一般来说，选择湿地植物要注意几个原则：

①耐污能力和抗寒能力强，对不同的污染物采用相应的植物种类；

②选择在当地适应性好的植物，最好是本地植物；

③根系发达，生物量大；

④抗杂草干扰能力强；

⑤具有广泛用途或经济价值。

微生物在人工湿地污水净化中发挥着巨大的作用，各种细菌通过吸收污水中的营养物质从而去除有机物以及含氮磷的化合物，另外，其分泌的各种酶也具有分解水中高分子含氮磷化合物的作用。一方面它们既是生态系统中的重要组成部分，另一方面又是有机污染物去除的积极分解者。微生物是系统中的重要角色，它的组成以及功能的发挥将直接影响人工湿地的净化效果。人工湿地中富氧和缺氧环境交替分布，好氧菌和厌氧菌共同作用，硝化和反硝化同时进行，从而达到净化污水的目的。湿地微生物 DNA 多样性呈现季节性和地带性变化，投放菌剂和酶制剂可以稳定和丰富系统的微生物多样性，有利于污染物的降解，但是人工湿地中的有害病原菌（大肠杆菌、链球菌）也是造成水质污染的原因之一，需经过处理后降低到国家允许排放的标准。

8.3.4.2 人工湿地系统的设计

(1)植物的选择

在设计构造湿地时要选择耐污性能好、生长适应能力强、根系发达、具有经济价值和一定景观效果的水生植物，如凤眼莲、大漂、浮萍、紫萍、芦苇、菖蒲等。根据对污染物的去除功能选择植物种类，能够产生较好的去污效果。例如：芦苇的根系较为发达，是具有巨大比表面积的活性物质，其根可深入到地下 0.6～0.7 m，具有良好的输氧能力。因此，芦苇床技术应用较普遍，应用范围也较广。

(2)设计参数

潜流构造湿地的大小可通过一些经验和半经验公式求得。通过推流模型和达西定律推得横截面为

$$Q=K_sA_cS \tag{8.4}$$

式中　A_c——横截面面积，m^2；

K_s——水利传导率，$m^3/(m^2 \cdot d)$；

Q——流量，m^3/d；

S——床体坡度，m/m。

英国目前采用推荐的设计公式为

$$A_s=5.2Q_d(\ln C_0-\ln C_t) \tag{8.5}$$

式中　A_s——微处理床表面积，m^2；

Q_d——废水平均日流量，m^3/d；

C_0——废水进水的 BOD_5 平均质量浓度，mg/L；

C_t——出水要求达到的 BOD_5 质量浓度，mg/L。

此外，还有一种利用植物供氧能力来计算处理床表面积的方法。废水的需氧量可按下式估算

$$R_0=1.5R_t \tag{8.6}$$

式中　R_0——废水需氧量，kg/d；

R_t——每日需要去除的 BOD_5，kg/d。

植物的供氧能力可按下式估算

$$R_0'=(T_t)A_s/1\,000 \tag{8.7}$$

式中　R_0'——植物的供氧能力，kg/d；

T_t——植物的输氧能力，一般为 20 $g/(m^2 \cdot d)$。

有上述方程可计算出处理床表面积 A_s，求出的表面即通常还应乘以一个安全系数，一般为 2.0。

8.3.4.3　人工湿地系统的类型

1. 人工湿地按水流方式不同的分类

(1)表面流湿地

污水在湿地表面漫流，形成一层地表水流并从地表流出。它与自然湿地最为接近，绝大部分有机物的去除是由长在植物水下茎、杆上的生物膜来完成。这种湿地不能充分利用填料及丰富的植物根系，卫生条件也不好，故一般不采用。表面流人工湿地最接近天然湿地系统，对各污染物的去除率都较好，对 COD 的去除率一般在 90%左右，对 N、P 的去除率分别达到 70%、90%，而且处理结果相对稳定。

在表面流人工湿地中污水中的营养元素可以促进植物生长，有机污染物可以通过微生物

的分解利用后，通过食物链的传递为各种动物提供食物，从而使其成为一个经过人工强化的、生物多样性极其丰富的自然生态系统，对表面流人工湿地系统的研究、开发和应用，既可以为综合解决传统二级处理脱氮除磷效率不高、三级处理投资运行费用昂贵提供一种新的选择，又可以为保护、利用、恢复目前日渐萎缩和退化的自然湿地面积提供一个全新的解决方式。

它类似于沼泽，污水以较慢的速度从湿地表面流过，具备投资少、操作简单、运行费用低等优点，但占地大、水力负荷率小、净化能力有限，湿地中的 O_2 来源于水面扩散与植物根系传输，系统运行受气候影响大，夏季易滋生蚊子、苍蝇等。

由于表面流人工湿地系统本身的复杂性、污水性质的不确定性，以及各个研究者采用的研究手段和方法的不同，导致研究结果之间存在着很大的差异，又因为污水在湿地床体表面流动，水位较浅，易发出难闻气味、滋生蚊虫及传播疾病，同时缺乏微观环境的认识和合适的解决手段，所以利用表面流人工湿地进行污水处理的风险性和不确定因素会增加，远期的效果得不到保证。这在很大程度上影响了这一技术的广泛应用。

(2)垂直流湿地

水流状况综合了 SFW 和 SSFW 的特点，污水从湿地表面纵向流向填料床底，床体处于不饱和状态，O_2通过大气扩散和植物传输进入湿地。硝化能力强，适于处理氨氮含量高的污水，但处理有机物能力欠佳，控制复杂，落干、淹水时间长，夏季易滋生蚊蝇。目前，已不多用。

垂直流人工湿地占地面积相对较小，水力负荷较大，去污能力强，硝化能力高于水平潜流湿地，可用于处理氨氮含量较高的污水。其缺点是：对有机物的去除能力不如水平潜流人工湿地系统，不过可通过前期预处理来降低有机物浓度。

垂直流人工湿地是一种高效生态治污技术，具有独特的结构和水流模式，特别适合处理入湖(库)的污水、微污染的河水、污水处理厂的尾水和小区内的生活污水。

①处理微污染的河水。将河流中的微污染河水抽至岸边的人工湿地净化后排入河流，由于需要提升河水，建议湿地尽量选在岸边与水面落差小的位置。

②处理入湖(库)污水。在湖(库)的主要污水入库口建人工湿地，尽量顺地势而建，避免动力提升污水，使污水达到入库水质要求。

③处理小区的生活污水。依据小区的地形布置人工湿地，分块处理，出水回用，可用于洗车、浇洒绿地等。

④污水处理厂尾水的处理。一般污水处理厂深度处理价格较高，此时可将尾水通过人工湿地深度净化后排入水体中，为水体提供清洁的水源。

(3)潜流湿地

污水经配水系统在湿地一端均匀进入填料床植物根区，在湿地床内部流动，净化出水由湿地末端集水管收集后排出。水力负荷与污染负荷较大，对 BOD、COD、SS 及重金属等处理效果好。O_2源于植物根系传输，少有恶臭与蚊蝇滋生现象，但控制相对复杂，一般被广泛采用。潜流型人工湿地是研究最多、应用最广、发展最成熟的人工湿地。它具有良好的处理效果，运行稳定，投资及运行费用低等优点，并可与电厂脱硫工艺相结合，在电厂废水处理中具有广阔的应用前景。

污水从一端水平流过填料床，其由一个或多个填料床组成，床体填充基质，床底设防水层。潜流型人工湿地包括垂直流和水平流人工湿地。水平流人工湿地对 COD 的去除率一般维持在 60%～75%，对 TN 的去除率在 55%～75%，对 TP 的去除率在 55%～70%；垂直流人工湿地对 COD 的去除率一般在 80%以上,对 N、P 的去除率也很高,达到 70%～90%。

在两者的对比中,垂直流人工湿地污水处理系统具有如下有特点:

①对 COD、TP、TN 的去除率比水平流分别高出 15%～20%、15%、15%～20%。

②垂直流对负荷抗冲击能力强,对于污水管网不完善的合流地区具有更强的适应性,其独特的结构及流态特点使其对各类污染物的去除均高于同期的水平流湿地,表现出明显的优势。具体地说,垂直流以其独特的结构设计使整个系统下部存在永久饱水层,保证了系统底部的厌氧环境,使之具有较好的氧传输能力,有利于污染物的降解。

③垂直流湿地系统中不易发生传统湿地中的"短路"现象,从而有利于有机物与基质、植物根部的微生物充分接触,提高了有机物的去除效率。

④同时为好氧、兼性厌氧和厌氧微生物提供了各自适宜的环境,有利于硝化菌和反硝化菌的生长繁殖,促进了系统的硝化、反硝化作用,而垂直流人工湿地中特殊的流态,使污水和基质、植物根部接触充分,磷与填料中附加的石灰石反应充分,强化了基质对磷的吸附、截留作用。

⑤同时加强了植物对磷的吸收,以上的协同作用使垂直流人工湿地对磷表现出更高的去除效果。

⑥垂直流人工湿地系统具有投资成本低、运行费用低和景观效果好等优点。

⑦更适于在土地资源比较丰富、资金紧张的地区推广应用。是目前国际和国内研究的热点。其缺点是:对有机物的去除能力不如水平潜流人工湿地系统,落干一淹水时间较长,控制相对复杂。

(4)复合人工湿地

复合人工湿地是将不同水流方式的人工湿地进行改造结合用来处理污水的方式。复合人工湿地投资低、运行费用省、维护简单、出水水质好。系统对生活污水的处理效果非常明显,对 COD 的去除率达 80%,对氮磷有一定的抗冲击能力。与其他的复合人工湿地系统相比,一般的复合人工湿地对 TN 的去除率保持在 60%以上,对 TP 的去除率在 80%左右,同时对水的 pH 值也有一定的改善作用,出水的溶解氧明显高于进水的溶解氧。因此,特别适用于饮用水源和景观水体的保护,处理后的水可以直接排入饮用水源或景观用水的湖泊、水库或河流中,同时也可以应用于中小城镇、生活小区的生活污水处理以及面源污染控制和暴雨径流处理等方面,因其市政设施相对滞后,城市污水管网不完善,污水不能集中处理,此时采用人工湿地系统来进行污水处理有极大的优越性。复合人工湿地能改善受纳水体水质,促进退化水生态系恢复,是一种有效的水污染控制技术。

复合人工湿地的缺点在于:由于这是近几年出现的一种废水处理新技术,其设计理论与设计方法还有待进一步完善,其建设与运行管理还缺乏统一的规范,因此尚需积累更多的经验后才能进一步规范化。而且由于人工湿地系统占地面积大,因而要求可资利用的土地面积应较为宽松。

2.人工湿地按湿地中植物的存在状态分类

(1)浮水植物系统

此系统中水生植物漂浮于水面,根系呈淹没状态,水萍叶子较小,根系较少或无根系。一些池塘系统可以通过有效地接种浮游水生植物达到处理污水的目的。浮水植物系统的自净功能是通过以下 3 种主要途径实现:

①通过寄居或悬浮在水体中植物根系上的和池底泥沙中的混合兼氧微生物的新陈代谢；

②对污水中固体和内部产生大量生物的沉积截留；

③现存植物对营养的吸收及后期的收割。

通过反硝化作用能有效地去除硝酸盐中的氮。如果植物能定期收割，总氮和总磷就可以连续去除。浮游植物主要用于N、P去除和提高传统稳定塘效率。浮游水生植物系统对于减少BOD和悬浮固体总量尤其有效。常见的已被大规模应用的植物有风信子和浮萍。

(2)挺水植物系统

挺水植物是最为广泛应用的植物，目前一般所指人工湿地系统都是指挺水植物系统。挺水植物系统根据水的流动状态，可分为表面流湿地(FWS)、潜流湿地(SSF)。潜流湿地又分为水平流潜流系统(HSF)和垂直潜流系统(VSF)。表面流湿地因环境条件差(易滋生蚊虫)，处理效果受气温影响较大以及对基建要求较高，现在很少采用 。故人工湿地大部分采用潜流式湿地系统。

(3)沉水植物系统

此系统水生植物完全淹没于水中。系统中水的浊度不能太高，否则会影响植物的光合作用。该系统适合处理二级出水。另外，沉水植物系统还处于实验室研究阶段。

第9章　污水的深度处理

9.1　污水深度处理的对象与目标

在二级处理技术的处理水中，一般情况下还会有相当数量的污染物质，如 BOD_5 20～30 mg/L，COD 60～100 mg/L，SS 20～30 mg/L，NH_3-N 15～25 mg/L，TP 6～10 mg/L，此外，还可能含有细菌和重金属等有毒有害物质，排放以上污水可能导致水体的富营养化。为了更好地去除上述物质，提高出水水质，进而达到回用要求，就需对水体进行深度处理。

深度处理的对象与目标是：①去除处理水中残存的悬浮物（包括活性污泥颗粒）、脱色、除臭，使水进一步澄清；②进一步降低 BOD_5、COD、TOC 等指标，使水进一步稳定；③脱氮、除磷，消除能够导致水体富营养化的因素；④消毒、杀菌，去除水中的有毒有害物质。表 9.1 所列举的是对二级处理水进行深度处理的目的、去除对象和采用的主要处理技术。

表 9.1　深度处理的目的、去除对象和主要手段

处理目的	去除对象		有关指标	主要手段
排放水体再用	有机物	悬浮状态	SS、VSS	快滤池、微滤池、混凝沉淀
		溶解状态	BOD_5、COD、TOC、TOD	混凝沉淀、活性炭吸附、臭氧氧化
防止富营养化	植物性营养盐类	氮	TN、KN、NH_3-N、NO_2^--N、NO_3^--N	吹脱、折点加氯、生物脱氮
		磷	$PO_4^{3-}-P$、TP	金属盐混凝沉淀、石灰混凝沉淀、晶析法、生物除磷、结晶法
回用	微量成分	溶解性无机物、无机盐类	电导度、Na^+、Ca^{2+}、Cl^-	离子交换膜技术
		微生物	细菌、病毒	臭氧氧化、消毒（氯气、次氯酸钠、紫外线）

9.2　污水深度处理的物理技术

9.2.1　概述

废水处理的基本方法可以分为两类：一类是将污染物从废水中分离出去，如沉淀；另一类是将污染物转化为无害物质或转化为可分离物质后再予以分离，如生物处理等。前者以物理方法为主。

所谓物理方法，是指对天然水体或人类活动所排放的废水中，含有的一些不溶性悬浮物、

油或漂浮物，种用机械力或其他物理作用将其从水中分离出去，在分离过程中不改变其性质，但达到了废水处理净化的目的。如重力分离、离心分离、筛滤截留、蒸发、结晶、冷凝加热处理过程都是物理处理方法。这种方法的设备大都比较简单，分离效果良好，应用极为广泛。可以单独使用，也常与其他方法结合使用。

9.2.2 沉淀技术

沉淀技术是利用废水中悬浮物密度大于废水密度的特点，借助于重力或惯性力形成沉淀物而达到固液分离的目的。虽然较为简单，但这种处理方法却是废水处理中采用甚广的重要方法，几乎是各类废水处理中不可缺少的工艺过程。这种处理工艺可以作为单一的处理方法用于废水处理，如在一级处理系统中，沉淀就是主要的处理工艺；但更多的是和其他处理方法配合，用于废水初级处理或废水处理的中间过程。如在生物处理前设有初级沉淀池，以减轻后续设备的处理负荷，保证后续工序的正常进行。在生物处理后设二次沉淀池，用以分离生物污泥，使处理水得到澄清。对于城市污水处理，无论是一级处理系统还是二级处理系统，都必须设置沉砂池，以去除砂粒类固体颗粒。

影响颗粒物分离的首要因素是颗粒物与废水的密度差。但实际上，废水中所含的悬浮固体颗粒的粒径、形状十分复杂，沉淀过程也不可能是单个颗粒在静水中沉降。真正采用的沉降速度一般通过静置实验来测定，然后经过修正，再作为设计构筑物或设备的依据。

沉淀池是利用沉淀法处理废水的主要构筑物。根据其构造可分为普通沉淀池和斜板或斜管沉淀池两种，后者应用已十分普遍。

(1)普通沉淀池

普通沉淀池按池内水流方式的不同又可分为平流式、竖流式和辐流式 3 种。

①平流式沉淀池池面多呈矩形，长宽比以 4～5 为宜，长深比一般为 8～12。废水从池首的进水孔流入池中。进水孔后设有挡板使其稳流，以便废水能均匀分布。废水以水平方向缓缓流过池身，从池尾流出。在此过程中，需分离的悬浮物完成沉降过程，沉降到池底。由于可沉淀悬浮物大多沉降在沉淀池前部，因此，在池前部设置贮泥斗。当装有刮泥机时，池底坡度较小，靠刮泥机将池底沉泥推入贮泥斗。斗中的污泥通过排泥管排出池外。无刮泥机时，则池底多做成 45°～60°。的多斗形。每斗有一排泥管，及时排出沉淀污泥，使沉淀池正常运行是保证出水水质达到预期标准的一项重要措施。

②竖流式沉淀池平面形状多为圆形，也有方形或多角形。池子直径或边长多为 4～7 m，池径与池深之比一般小于 3。废水从处于池中心的进水管下部流入池内，由反射板阻流而向四周均匀布水，然后沿竖直方向自下而上流动，到顶部从周边溢流堰槽排出。水中的悬浮物在此过程中发生沉降，沉到锥形贮泥斗中。污泥可以依靠静水压力排除，无需机械刮泥设备。其优点是：排泥容易，不需机械设备刮泥。其缺点是：池子深度大，施工较困难，造价偏高，水流分布不易均匀，废水量大时不适用。

③辐流式沉淀池是一种水浅、直径大的圆形池子。池径一般介于 20～30 m 之间，最大也可达百米。废水入口设在池中心。废水由池中心沿半径方向均匀向四周辐射流动，从中心到周边流速逐渐变缓。在此过程中，固体颗粒也随之沉降到池底。澄清水从池周边溢流堰槽排出。沉淀的污泥通过机械刮泥机将其刮到池中央的污泥斗中，再靠静水压力或泥浆泵排出池外。辐流式沉淀池也有采用从周边进水，中心排出式的结构。这一类沉淀池应用范围很广，城

市污水及各类工业废水都可以使用，既可以作为初次沉淀池，也可以作为二次沉淀池，一般适用于大型污水处理厂。其缺点是：排泥设备庞大，造价高。

(2)斜管或斜板沉淀池

斜管或斜板沉淀池是在沉淀池的澄清区设置平行的斜管或斜板，以提高沉淀池的表面负荷。

究竟选择哪种结构的沉淀池，要根据废水的流量、悬浮物性质和沉降特性，以及废水处理厂的总体布局和地质条件等多种因素决定。

9.2.3 过滤技术

固液混合物通过多孔材料时，固体被截留而液体通过的工艺过程称为过滤。过滤又有表面过滤、体积过滤或滤层过滤。无论哪种过滤，液体通过多孔介质流动遵守达西定律，该定律表明压力损失 p 与过滤速度 U 成正比，即

$$U=\frac{p}{\eta R}=Kp \tag{9.1}$$

$$K=\frac{1}{\eta R}$$

式中 U——滤速；

p——水压损失；

η——动力黏度；

R——介质阻力。

过滤是一种简单、有效、应用普遍的方法，经常用于废水处理的预处理阶段，目的是去除废水中粗大的悬浮颗粒，以防止其损坏水泵、堵塞管道和管件。根据悬浮颗粒的大小和性质，可以选择不同的过滤介质和设备。常用设备包括格栅、筛网、滤布滤料和微孔管等。

1. 格栅

格栅一般为 10～15 mm 缝宽的金属丝网或一组平行的矩形栅条制成的金属栅架。栅条的间距根据废水类型和水泵型号决定。中国目前采用的机械格栅的栅条间距大多在 20 mm 以上。一般将格栅斜置在废水流经的渠道或泵站集水池进口处，用以截留渠道或泵站集水池进口处那些较粗大的固体悬浮物，保证后续处理构筑物或水泵机组等设备的正常工作。

格栅截留污染物的数量，因栅条间距、污水的类型不同而不同。根据格栅上截留物清除方法的不同，可以分为人工清理格栅和机械格栅。机械格栅又可分为固定的和活动格栅，如移动式伸缩臂机械格栅即为前者，钢丝索格栅和鼓轮格栅则属于后者。

2. 筛网

筛网又称滤网，是用金属孔板、丝网、帆布、毛毡等带孔眼材料为介质制成的过滤装置。其孔眼直径在 0.5～5 mm，用于处理隔滤含有大量细小纤维状悬浮物的工业废水。如毛纺、化纤、造纸等行业废水中含有大量细小纤维状悬浮杂质，不能用格栅截留，也难用沉淀达到液固分离的目的。筛网则是截留此类悬浮物最适宜的过滤装置。

在废水处理中，根据筛网卸下截留污染物的方式，可以分为振动筛网和水力筛网。它们的共同点是利用运动的筛网，在污水流动过程中把水中纤维状污染物和其他悬浮固体截留下来。不同点是一个利用机械振动将运动筛网上的截留物卸到固定筛网上然后加以清除，一个由于

筛网呈截圆锥形，在其运动中被截留的污染物靠水的压力，沿筛网的倾斜面卸到固定筛上并加以清除。

织物介质又称滤布，包括棉、毛、麻、化纤等制成的织物及由玻璃丝、金属丝织成的网，如转鼓式滤网可以用铜丝、铁丝、不锈钢丝或尼龙丝织成，板框压滤机的过滤介质可以用帆布、尼龙布。在废水处理中，利用筛网(滤布)为过滤介质制成的过滤设备有多种形式，如平板筛网过滤机、转筒真空过滤机、圆盘真空过滤机、板框式压滤机及微滤机等。

3. 砂滤

砂滤是以粒状介质滤除悬浮粒子的方法，其构筑物是滤池。由于砂滤能够去除废水中更细微的悬浮物质，所以常用作离子交换法、活性炭吸附法等物理化学处理法前的保护装置，对废水进行预处理，以防止交换剂或吸附剂被堵塞而影响废水处理效果。

砂石过滤器是以成层状的无烟煤、砂、细碎的石榴石或其他材料为床层的机械过滤设备。其原理为按深度过滤水中不同颗粒度的颗粒，较大的颗粒在顶层被去除，较小的颗粒在过滤器介质的较深处被去除，从而使水质达到粗过滤后的标准，降低水的 SDI 值，满足深层净化的水质要求。

滤池的过滤作用是通过机械隔滤和吸附、接触凝聚两个过程来完成的。滤池的形式很多，根据其滤速大小，可以分为慢滤池、快滤池和高速滤池；按进水方式不同，可分为敞开式重力过滤器和密闭式压力过滤器；按滤粒布置方式不同可分为单层滤池、双层滤池和多层滤池；按滤料种类、水流过滤层的方向、进出水及反冲洗水供给方式等的不同可以分成不同的形式和种类，但其基本构造是相同的。

滤料层是滤池的核心部分。滤料材质、滤料粒径、滤层厚度、层数及级配(滤料中粒径不同颗粒所占的比例)都会直接影响滤池的正常运行。如大多数含酸含盐废水常用石英砂滤料；废碱液则可采用大理石、石灰石滤料；全胶状物废水大多采用骨灰、焦炭等滤料；对于单层滤料滤池多以石英砂、无烟煤、陶粒和高炉渣为滤料；多层滤料多用无烟煤、石英砂、石榴石或钛矿砂为滤料。总之，除了考虑废水本身特点，滤料应选用粒径较大、强度较高、抗腐蚀性较强、抗冲击负荷能力较强且成本较低的物质。

9.2.4 离心分离技术

离心分离技术是借助于在设备内高速旋转形成的离心作用，使废水中的悬浮物与水分离的过程。物体高速旋转会产生比其本身重力大得多的离心力。离心力的大小不仅与旋转半径和旋转圆周的线速度有关，还取决于旋转物体的质量。所以当含有悬浮物的废水高速旋转时，由于悬浮固体和废水质量不同会产生受力的差异。质量大的悬浮固体就被甩到废水外侧。这样就可以把悬浮物和废水分别通过各自的出口排出，达到固液分离的目的，使废水得以净化。

水处理中常用的离心分离设备有离心分离机、水力旋流器、旋流池等。

离心分离机主要是利用惯性离心力，分离液态非均相混合物，要求悬浮物与废水有较大的密度差。其分离效果主要取决于离心机的转速以及悬浮物的密度和粒度。水力旋流器又称旋液分离器，是利用离心沉降原理从悬浮液中分离固体颗粒的设备，它的结构与操作原理和旋风分离器相类似。设备主体也是由圆筒和圆锥两部分组成。水力旋流器主要用于去除液体中密度较大的砂粒等悬浮物。悬浮液经入口管沿切向进入圆筒，向下作螺旋形运动，固体颗粒受惯性离心力作用被甩向器壁，随下旋流降至锥底的出口，由底部排出的增浓液称为底流，清液或含有微细颗粒的液体则成为上升的内旋流，从顶部的中心管排出，称为溢流。在旋转过程中，质量大的固体颗粒由于受到离心力作用而被抛到容器壁，并由于自身重力作用与壁面碰撞后下沉。质量小的则留在容器的轴心处，通过不同的排出口导出。

离心机和旋流器在结构上最大的不同是后者无转动部分，而离心机的主要部件则是一高速旋转的圆筒——转鼓。转鼓固定安装在竖直或水平的轴上，由电动机带动旋转，同时也就带动了要处理的废水一起旋转。根据离心机的不同，甩出的悬浮固体或留在滤布上，或贴在转鼓内壁上，清液则从紧靠转轴的孔隙或导管排出。

离心机种类很多，按其离心因数(K_e)的大小可以分为常速离心机($K_e<3\ 000$)，包括低速离心机($1\ 000<K_e<1\ 500$)和中速离心机($1\ 500<K_e<3\ 000$)，主要用于一般悬浮物分离和污泥脱水；高速离心机($K_e>3\ 000$)，主要用于分离细粒状悬浮液；超高速离心机($K_e>12\ 000$)，主要用于分离颗粒极细的乳化液、油类，按其操作原理可划分为过滤式离心机、沉降式离心机和分离式离心机；按离心机分离容器的几何形状不同，又可以分为转筒式离心机、管式离心机、盘式离心机和板式离心机等。离心机的使用比较普遍，究竟选用哪种离心机，要根据被分离物的性质和分离要求来确定。

9.2.5　隔油技术

炼油厂的工业废水中主要污染物是石油及其产品，此外还有悬浮固体及其他有机污染物。油是以浮油、分散油、乳化油和溶解油的状态存在于水中。如何有效地去除含油污水中粒径大于 10 μm 的分散油，便是隔油工艺的主要处理任务。只有确保隔油效果高而稳定，才能为浮选、生化这两套工序正常运转创造良好的工作条件。

1. 含油废水的特征

含油废水中所含的油类物质，包括天然石油、石油产品、焦油及分馏物以及食用动植物油和脂肪类。从对水体的污染来说，主要是石油和焦油。不同工业部门排出的废水所含油类物质的浓度差异较大。如炼油过程中产生的废水，含油量约为 150～1 000 mg/L，焦化厂废水中焦油质量浓度约为 500～800 mg/L，煤气发生站排出的废水中焦油质量浓度可达 2 000～3 000 mg/L。

废水中所含油类物质的相对密度多数小于 1，如石油和石油产品的相对密度一般为 0.73～0.94。有的油类物质相对密度大于 1，如重焦油的相对密度可达 1.1。油类物质在废水中通常以 3 种状态存在：①油品在废水中分散的颗粒较大，粒径大于 100 μm，称为浮油(在含油废水中，这种油占水中总含油量的 60%～80%，是主要部分，易于从废水中分离出来)；②油品在废水中分散的粒径很小，呈乳化状态，称乳化油，不易从废水中分离出来；③小部分油品呈溶解状态，称为溶解油，溶解度约为 5～15 mg/L。

含油废水处理的重点是：去除浮油和乳化油。浮油易于上浮，可以通过隔油池回收利用；乳化油比较稳定，不易上浮，常用浮选、过滤、粗粒化等方法去除。

2. 隔油

用自然上浮法去除可浮油的构筑物，称为隔油池。目前常用的隔油池有平流式隔油池和斜板式隔油池两类。

(1)平流式隔油池

废水由进水管流入配水槽后，通过布水隔墙上的孔洞或窄缝从挡油板的下方进入池内。在流经隔油池的过程中，相对密度小于水而粒径较大的可浮油粒便浮到水面，而相对密度大于1的重质油和可沉固体则沉向池底。处理水从挡油板下流过，经集水槽由出水管排出。为了刮除浮油和沉渣，池内装有回转链带式刮油刮泥机。当链带以0.01～0.05 m/s的速度运动时，就把池底沉渣刮向池首的泥斗中，经排泥管适时排出；同时将水面上的浮油推向设在池尾挡板内侧的集油管。集油管用直径为200～300 mm的钢管沿长度开60°角的纵向切口制成，可以绕轴线转动。平时，切口向上位于水面以上，当油层达到一定厚度后，将切口转向油层，浮油即溢入管内，并由此排出和收集。

平流式隔油池的入流装置通常采用穿孔整流墙加挡油板，出流装置采用挡流板加溢流堰，或在接近池底处安装穿孔集水管。水面以上保护高度不应小于0.4 m，池底以0.01～0.02的坡度坡向泥斗，泥斗壁倾角取45°～60°。此外，隔油池需加防火防雨罩，寒冷地区还应在池内设置蒸汽加热管防冻。

根据国内外的运行资料，污水在这种隔油池内的停留时间为90～120 min，池内水流流速v一般取2～5 mm/s，可以除去的油粒粒径一般不小于100～150 μm，除油效率在70%以上。它的优点是：结构简单，管理方便，除油效果稳定；缺点是：体积庞大，占地多。

(2)斜板式隔油池

为了提高单位池容积的处理能力，人们已根据浅层沉降原理设计了各种形式的斜板隔油池。

PPI型油水分离池就是一种在分离区沿纵向装设了斜板的平流式隔油池，斜板间距100 mm，安装倾角为45°。被分离的油粒沿斜板间上升，汇集到集油顶盖内，再由池尾的溢流管进入池子一侧的回收槽。处理水沿斜板之间由池首水平流向池尾，经溢流堰汇入出水槽，由于分离面积增大和水力条件的改善，这种隔油池可去除粒径大于60 μm的油粒。

波纹斜板隔油池(CPI)则是废水由穿孔墙进入，然后自上而下通过斜板区。被分离的油粒沿波纹斜板的波峰底侧上浮，而泥渣则沿波谷向池底滑落。水面上的油层由集油管收集并送入油回收池，处理水则汇入集水槽后排出。由于提高了单位池容的分离面积，在废水停留时间不大于30 min的情况下，不但可以分离粒径为60 μm以上的油粒，而且单位处理能力的池容只相当于平流式隔油池的1/2～1/4。

为了防止油类物质附在斜板上，应选用疏油材料作斜板，但在实际上比较困难，所以斜板隔油池的运行中也常有挂油现象。应定期用蒸汽及水冲洗斜板，防止堵塞。废水含油量大时，可采用较大的板间距或管径。

9.3　污水深度处理的化学技术

9.3.1　概　述

废水的化学处理方法是利用化学反应的原理，通过中和、氧化还原、混凝等作用，使废水中的污染物发生化学性质或物理形态上的变化，以便能从废水中分离回收，或是由于改变了它们的化学性质而使其无害化的一类处理方法。此类处理方法的对象主要是废水中可溶解的无机物和难以被生物降解的有机物以及有毒有害的胶状物质。经常与生物处理方法一起用于废水的二级处理或有机废水的三级处理。

废水化学处理中常用的方法有化学混凝法、中和法、化学沉淀法、氧化还原法和电解法。

9.3.2　混凝技术

废水中较大的粗粒悬浮物可以用自然沉淀的方法去除，但更微小的悬浮物，特别是胶体粒子沉降很慢，甚至能在水中长期保持分散的悬浮状态而不能自然下沉，难以用自然沉淀的方法从水中分离除去。化学混凝法的原理是向废水中投加混凝剂以破坏这些细小颗粒的稳定性，使其互相接触而凝聚在一起，形成絮状物，并下沉分离。

化学混凝法综合了混合、反应、凝聚、絮凝等几个过程。由于混凝剂投入水中后，大多可以提供大量正离子。正离子能把胶体颗粒表面所带的负电荷中和掉，使其颗粒间排斥力减小，从而容易相互靠近并凝聚成絮状细粒，实现了使水中细小胶体颗粒脱稳并凝聚成微小细粒的过程。微小的细粒通过吸附、卷带和架桥形成更大的絮体沉淀下来，达到了从水中分离出来的目的。

目前常用的混凝剂主要有无机混凝剂、有机混凝剂和高分子混凝剂 3 类。无机混凝剂又可分为无机盐类、碱类、固体细粉类等；有机混凝剂有阴离子型和阳离子型的区别；高分子混凝剂既有无机类又有有机类的区别，也有低聚合度和高聚合度的不同。不同聚合度下的混凝剂又有阴离子型、阳离子型或非离子型 3 种。选用混凝剂的品种、数量应根据处理对象，即不同的废水的试验资料和条件而定，必须本着价廉、易得、用量少、效率高，且生成的絮状物易于沉淀分离的原则。在单用混凝剂效果不好时，还可以投加助凝剂。助凝剂本身不起混凝作用，但能够调节或改善混凝条件或改善絮凝体的结构。例如，利用 CaO、$Ca(OH)_2$、Na_2CO_3、$NaHCO_3$等为助凝剂，可以调整 pH 值，以达到混凝剂使用的最佳 pH 值。利用 Cl_2作氧化剂助凝，可以去除有机物对混凝剂的干扰，并将 Fe^{2+} 氧化为 Fe^{3+}。利用聚丙烯酰胺、活性硅酸等助凝剂，可以改善絮凝体结构，提高处理效果。

除了加入混凝剂的品种、数量会直接影响废水混凝处理效果外，还有多种因素也会对混凝效果产生重要影响。例如，废水的 pH 值，各种药剂是否在适宜的 pH 值范围内产生混凝作用，直接影响到胶体颗粒表面电荷的中和及絮状物沉淀过程；由于水温影响水解速度，故温度升高将促进胶体脱稳而相互凝聚；搅拌是为了帮助混合反应和凝聚（絮凝），过于强烈的搅拌会打碎已凝聚（或絮凝）的矾花，反而不利于混凝沉淀，所以搅拌要适度，搅拌强度和水的流速应随絮凝体的增大而降低。此外，是否使用助凝剂、采用的投药方式，以及反应池的构造、管理人员的素质等都会对混凝处理的效果产生影响。

利用混凝法处理废水，除了去浊、脱色外，对高分子化合物、动植物纤维、部分有机物、油类、某些表面活性物质、农药、汞、镉、铅等重金属和放射性物质都有一定的清除作用。混凝法可以根据需要用于废水处理的预处理、中间处理和深度处理的各阶段，并且设备简单，维护操作易于掌握，处理效果好，所以在废水处理中应用非常广泛。缺点是：由于不断向废水中投药，运行费用较高，沉渣量大，且脱水困难。

9.3.3　中和技术

工业废水中常含有一定量的酸性物质或碱性物质。其中含酸质量分数大于 5%和含碱质量分数大于3%的废水为高浓度废水，常称为废酸液或废碱液。对于高浓度酸碱废水，应首先考虑重复使用或回收。对浓度低于4%的含酸废水和浓度在2%以下的含碱废水，在没有有效的利用方法时，又无回收利用价值，均应用中和法进行无害化处理，将废水的pH值调整到工业废水的允许排放标准(pH为6～9)后再排放。

常用的中和法有酸、碱废水自中和、加药中和与过滤中和。酸性和碱性废水混合后，使pH值接近中性的过程称为均衡，故此法又称均衡法。加药或过滤中和是分别利用所投药剂或滤料作中和剂，通过中和反应调节pH值，故又称pH值控制法。

从理论上讲，中和处理所需要中和剂的理论用量可以按化学方程式计算得出，只要进行中和反应的酸碱当量数相等，应该完全中和。但由于废水成分复杂，会有一些干扰因素，所以中和剂的实际投加量一般通过滴定试验得出的中和值确定。

1.酸碱废水自中和

酸碱废水自中和，是以废治废的方法，既简单又经济，适用于各种浓度的酸碱废水。所用主要设备是酸碱混合反应池，但具体配置要根据酸碱废水排放的具体情况来设计。

当酸碱废水排出量稳定，含量也能相互平衡时，可以直接在管道内完成混合中和反应，不必再设中和池，但这种理想情况并不多见。若排出的酸碱废水浓度和流量经常变化，则应设置混合反应池(或称为中和池)，必要时还需补加中和药剂。

2.加药中和

加药中和是利用向酸性废水投加碱性物质或向碱性废水投加酸性物质以改变废水酸碱度的方法。加药中和在废水处理中是一种广泛应用的中和方法。

加碱中和酸性废水最常用的药剂是石灰，它能用于处理任何浓度的酸性废水。此外石灰石、电石渣、纯碱、烧碱等也经常使用。通常，硫酸废水常用中和药剂为石灰、纯碱和白云石；盐酸废水常用中和药剂为石灰石、电石渣；硝酸废水常用中和药剂为白云石、熟料。

酸性废水加药中和之前，有时需要对废水进行悬浮杂质的澄清、水质及水量的均和等预处理，以减少加药量，并创造稳定的处理条件。

碱性废水常用的中和剂有硫酸、盐酸和含有H_2S、CO_2、SO_2等成分的酸性废气。由于工业硫酸价格较低，所以加酸中和主要采用工业硫酸。而使用盐酸的最大优点是：反应产物溶解度大、泥渣量少，但出水中溶解固体浓度高。用吹入烟道气处理碱性废水是一种经济适用的方法。但缺点是：处理后的废水中，硫化物、色度和耗氧量会显著增加。

3.过滤中和

过滤中和从设备上看是反应器中和方式，是将酸性废水通过反应器中具有中和能力的碱性滤料层进行中和反应，在过滤的同时达到了中和的目的。

过滤中和适用于含油和悬浮物少，含酸质量分数低于2%～3%，并生成易溶性盐的各种酸性废水。滤料大多采用来源广、价格便宜的石灰石。大理石和白云石也经常用作滤料。

过滤中和所使用的设备为中和滤池，又叫中和反应器。按其设施或设备结构及运行方式的不同可以分为普通中和滤池、升流式膨胀中和滤池和滚桶式过滤中和反应器。

①普通中和滤池即固定床中和滤池。水的流向有平流和竖流式两种，目前多用竖流式。竖流式又分为升流式和下流式两种。这种滤池一般用于处理含盐酸、硝酸的废水。对于含硫酸废水，宜用白云石作滤料并限制进池废水中的含硫酸浓度。当废水中含有可能堵塞滤料的

物质时，应进行预处理。实践证明，这种滤池中和效果较差，处理后的废水 pH 值较低，往往需要补充处理或稀释后才能排放，且金属离子难于沉淀。

②升流式膨胀中和滤池，又称流化床中和反应器，水流方向自下而上，处理效果较好，但它也限制进池废水的含硫酸浓度，处理后的废水往往也需补充处理。流化床滤池对滤料粒径要求比较严格，一般在 0.5～3 mm 之间。滤池在运行中滤料会有所消耗，应定期补充。

③滚桶式过滤中和反应器对滤料要求不严，滤料粒径一般不超过 150 mm。这种过滤方式可用于中和浓度较高的硫酸废水和其他酸性废水。含悬浮物或纤维素的废水可以不经沉淀池，直接进入滚筒中和处理。但这种设备较大，结构比较复杂，故投资较多。现在虽已有定型产品，但仍然存在运转噪声大和设备易腐蚀的问题。

9.3.4　化学氧化还原技术

氧化还原技术的原理是利用向废水中投加强氧化剂或强还原剂，通过氧化还原反应，将溶于水中的有毒有害物质氧化、还原，转化成无毒无害物质，或将其转变成难溶于水的物质而除去。

1. 化学氧化法

氧化法是最终除去废水中污染物的有效方法之一，对各种工业废水几乎都适用。化学氧化法能使废水中有机物、无机物氧化分解，特别适宜处理难以生物降解的有机物，如染料、酚、氰、大部分农药及臭味物质。由于各种氧化剂氧化能力不同，分别适用于不同情况下的各种废水的氧化处理。根据处理过程中所用氧化剂的不同，又可以分为空气氧化、氯氧化、臭氧氧化及光氧化等方法。

(1)空气氧化法

空气氧化法是直接利用空气中的 O_2 为氧化剂的处理方法。空气中的 O_2 虽然是最便宜的氧化剂，但氧化能力较弱，仅能氧化容易被氧化的物质。有时为了提高氧化效果，虽将空气直接吹入废水中，但氧化要在高温高压下进行，或使用催化剂。故空气氧化法主要用于处理含还原性较强物质的废水。例如，含硫量在 1～2 mg/L 以下的炼油厂废水，利用空气氧化法在空气氧化塔内，可将无机硫化物氧化成无毒或微毒的硫代硫酸盐或硫酸盐，而有机硫化物则与氧生成难溶于水的二硫化物从水中分离出来。

(2)氯氧化法

氯是一种使用最普遍的氧化剂，而且氧化能力较强。氯气、液氯、次氯酸(钠)及漂白粉等都可以作为氯氧化法中使用的氧化剂，用以氧化处理废水中的酚类、醛类、醇类及洗涤剂、油类、氰化物等有机物和无机物，同时还有杀菌、除臭、脱色、消毒等作用。在化学工业上，主要用于处理含氰、含酚、含硫化物的废水和染料废水。在电镀行业用于处理含氰废水，将氰化物完全氧化为氮和二氧化碳是氯氧化法的典型应用。自来水厂则常用氯氧化法对饮用水进行消毒。

(3)臭氧氧化法

臭氧(O_3)是一种强氧化剂，在水中的溶解度比氧大 10 倍。臭氧在水中分解得很快，温度较低时逐渐分解，在 27 ℃时立即分解为氧和新生态氧。故对各种有机基团有较强的氧化能力，能与废水中大多数有机物及微生物迅速作用。因此，在废水处理中，臭氧用于除臭、脱色、消毒、杀菌、去酚、去氰、去铁、去锰和降低 BOD、COD 等时，具有显著效果。

臭氧是不稳定的，所以废水处理所用的臭氧要在处理现场发生，臭氧对废水的氧化处理也必须在反应器内进行。这种混合反应器是气液接触装置，要保证臭氧与废水在反应器内接触时间不少于 30 min。由于臭氧极具腐蚀性，所以与之接触的设备、管路都必须采用耐腐蚀材料或进行防腐处理。

目前，我国对臭氧处理废水的研究，已有了一些较为成熟的技术，但由于其耗电多，处理成本高，单独使用臭氧处理废水消耗量大，效果也差，故一般用于处理水量不大的场合，或是与其他处理方法配合用于废水深度处理。

(4)光氧化法

此方法原理是利用光照强化氧化剂的氧化作用。诸如氯氧化剂投入水中后产生次氯酸，在无光照条件下离解成次氯酸根，但在紫外光照条件下，次氯酸分解，产生新生态[O]，这种新生态氧极不稳定，具有极强烈的氧化能力。实践表明，有光照的氯氧化能力比无光照高 10 倍以上，处理过程中一般不产生沉淀，可处理有机物和能被氧化的无机物。光氧化法中采用的氧化剂有氯、次氯酸盐、过氧化氢、空气和臭氧等。光源多用紫外光，针对不同的污染物可选用不同波长的紫外光，以便更充分发挥光氧化的作用。

近年来，研究人员在寻求一种光催化氧化法，利用光催化剂降解水中有机污染物。最有前途的一种光催化剂就是二氧化钛，它能将有机物彻底分解为二氧化碳和水，并逐渐向可见光化发展。

2. 化学还原法

化学还原法是利用一些物质作还原剂，使其与废水中的污染物发生反应，把有毒物质转变成低毒或无毒物质，或把废水中的有害物置换出来，或转变成难溶于水的物质分离出来。化学还原法包括利用各种化学药剂的还原法和用金属原子置换的金属还原法。

采用一些化学药剂的还原法，目前主要用于处理含六价铬和汞化合物的废水。常用的还原剂有 $FeSO_4$、H_2S、$NaHSO_4$、$Na_2S_2O_3$、SO_2、甲醛等。

对含汞废水可以用硼氢化钠、甲醛等作还原剂，也可以在废水中加入比汞活泼的金属铁、锌、铜、锰、铝等作还原剂，使汞被置换出来，然后再加以分离。而作为金属还原剂应用较多且效果较好的是铁和锌。

9.3.5 电解技术

电解技术是指应用电解的基本原理使废水中有害物质通过电解过程在阴、阳两极分别发生氧化还原。当直流电通过电解槽时，在阳极与溶液界面处发生氧化反应，在阴极与溶液界面处发生还原反应，使废水中的有毒有害物质转化成无害物质，而实现废水的净化。

电解法处理废水大致可归纳为 4 种过程：电极表面处理、电极氧化还原、电凝聚和电解浮选过程。前两者为电化学—化学法处理过程，后两者为电化学—物理法处理过程。

1. 电极表面处理过程

废水中可溶性污染物通过在电极表面得到或失去电子，即在阳极发生氧化和在阴极发生还原反应，生成不溶性的沉淀物或气体，将有毒化合物变成低毒或无毒物质，而使废水得到净化。含氰废水电解氧化处理是这类过程的典型实例。

电解法利用电化学氧化还原反应破坏废水中的氰化物。废水中的氰化物离子电解时在阳极上失去电子氧化成氰酸盐、碳酸盐和氮气或铵，废水中的一些阳离子在阴极上还原。为防止电解过程产生氰化氢气体污染操作场所，电解法在 pH≥10 条件下进行。为了提高破坏氰化物的效果，可向废水中投加氯化钠，电解过程氯离子被电解为活性氯；一般电解电压控制在6～6.5 V。电压高，电耗必然大。

电解法的好处是处理高浓度氰化物废水时电效率高，处理成本低于其他氧化法，而且用电能不像用药剂那样有库存短缺问题。废水中铜等金属还以单质或合金形式得以回收。

电解法的优点：一是不向废水中加入新的有毒化学物质，排水水质好；二是处理高浓度氰化物废水时电效率高，处理成本低于其他方法；三是设备可以随时运行，电力用量大小自如，不存在库存问题，不像次氯酸钠易于降解；四是设备简单投资小；五是操作和控制容易。

电解法的缺点是：处理低浓度氰化物废水时电效率随氰化物浓度的降低而大幅度降低，虽然加入少量的氯化钠可以提高电解效果，但处理成本仍高于其他氧化法。

目前应用较多的电解法设备是平行板状电极电解槽，用石墨板作阳极，用钢板作阴极，采用回流式或翻腾式或空气搅拌方式来增加传质速率。

电解槽分间歇式和连续式两种。数量小、氰化物浓度变化大的废水适宜用间歇式电解槽处理，通过调整电解时间达到较满意的处理效果。

对于平行板状电解槽来说，根据电解质流动方式可将电解设备分为回流式和翻腾式两种。根据电极与直流电源连接方式不同可分为单极式和双极式两种，单极式即电解槽中每个极板只有一种电功能，或是阳极或是阴极。双极式即电解槽中一个极板两端电功能相反，一面为阳极另一面为阴极，而电解槽的两端与直流电源的正负极相接。

在单极式电解槽内，可以阴、阳相间地放置多个极板，每个极板要与相对应的直流电源一极相接，因此连接比较麻烦，而且只要有一组极板短路，就会影响其他各组极板的工作。如果生产中仅用一台电解槽，由于电解电压仅 3.5～4 V，只能使用小电压大电流的直流电源（整流器），如果生产中需要几台电解槽串联，则可以使用同样电流的高电压直流电源，这就可以大大降低直流电源的投资。

双极电解槽的优点是：只有两端的电极与直流电源的两极连接，即使中间的电极发生短路，也不会严重影响其他电极的正常工作，因此可以缩小相邻两电极的距离，使单位电解槽容积内极板的总面积提高。而且双极式电解槽使用高电压小电流电源，直流电源设备投资小。双电极电解槽电解质流动方式一般为翻腾式。

2.电极氧化还原过程

电极氧化还原过程是在电解过程中采用可溶性电极，使电极本身生成的氧化或还原物质，与废水中污染物产生氧化还原反应，形成沉淀物得以除去，使废水得到净化。电解含六价铬废水时采用铁板为阳极即为这种反应过程。

3.电凝聚处理过程

电凝聚处理过程是指利用“可溶性”电极在电解过程中溶蚀、水解聚合形成活性凝聚体（例如铁或铝制金属阳极由于电解反应，会形成氢氧化铁或氢氧化铝等溶于水的金属氢氧化物活性凝聚体——絮凝剂），因而能对废水中的污染物进行饱合（吸附）凝聚，形成絮状颗粒后沉淀分离，使废水净化。该法多用于处理含油及表面活性剂物质的废水。

4. 电解浮选过程

电解浮选过程中，采用不溶性材料组成阴、阳电极。当电解电压达到一定程度时，电极上会析出大量小气泡。例如，水的电解产生初生态氧和氢气，对污染物能起到氧化还原作用，同时在两极产生氧气泡和氢气泡。有机物和氯化物电解氧化也会产生CO_2、N_2、Cl_2等气体。这些小气泡能吸附废水中细小絮凝物，并将其夹带浮升到水面，使污染物得到去除。

用于废水处理的电解法，是利用电极将电能转变成化学能进行废水电化学处理的方法。而电解过程都是在电解槽中进行的，因此电极材料的选择尤为重要。此外，槽电压、电流密度、废水 pH 值及对废水的搅拌方式对于电解历时和电能消耗都会产生影响。

这种处理方法适应性强，处理效果好，设备简单，处理费用不高，所以电解法处理废水是一种有发展前途的方法。

9.4 污水深度处理的物化技术

9.4.1 概　述

利用物理和化学的综合作用净化工业废水的方法称为物化处理法。其中常用的方法有吸附、离子交换、浮选、电渗析、反渗透等。由于工业废水种类多，水质复杂，废水中存在着多种重金属、难降解有机物及有毒有害物质，使处理的难度加大。但是随着科学技术的进步，物理化学方法得到了迅速发展。

9.4.2 吸附技术

吸附是一种界面现象，是发生在固一液或固一气两相界面上的一种复杂过程。广义而言，一切固体表面都有吸附作用，但实际上只有多孔物质或磨得极细的物质，由于具有很大的表面积，才有明显的吸附作用，才能成为吸附剂。

吸附剂和吸附质之间的吸附机理大略可分为阳离子吸附、阴离子吸附和分子吸附。

根据吸附剂在吸附过程中作用力的性质，可以将吸附过程分为 3 类，即物理吸附、化学吸附和交换吸附。

(1)物理吸附

物理吸附中的吸附质一般是中性分子，固体表面分子与吸附质分子间的吸附力是范德华力。所以物理吸附是非选择性的，且能形成多层重叠的分子吸附层。物理吸附又是可逆的，在温度上升或介质中吸附质浓度下降时发生解吸。

(2)化学吸附

固体表面分子与气体分子间的吸附力是化学键力，吸附过程中可以有电子的转移，原子的重排，化学键的破坏与形成等。所以，化学吸附类似于气体分子与固体表面分子发生化学反应。通常在化学吸附中只能形成单分子吸附层，且吸附质分子被吸附在固体表面的固定位置上，不能再做前后左右方向的迁移。化学吸附一般是不可逆的，但在超过一定温度时也可能发生解吸。

(3)交换吸附

交换吸附是由呈离子状态的吸附质与带异电荷的吸附剂表面间发生静电引力而引起。离子交换作用也可归入交换吸附这一类。显然，吸附质离子带电量愈大或其水合离子半径愈小，则这种静电引力愈大。

废水处理过程是上述 3 类过程的综合作用，但其中主要是物理吸附，所以大多数过程是可逆的。当吸附剂达到饱和后，必须用一定的方法进行解吸再生，即在吸附剂结构不发生变化或稍微变化的情况下将被吸附的物质由吸附剂表面除去，以恢复其吸附功能。

废水处理中常用的吸附剂有活性炭、白土、硅藻土、焦炭、矾土、沸石、磺化煤、硅胶及树脂等天然或人工物质。

在废水处理中，吸附法主要用于处理用生化法难于降解的有机物或一般氧化法难于氧化的溶解性有机物，去除某些重金属和有毒有害物质。例如，用活性炭作吸附剂，处理炼油、含酚、印染、氯丁橡胶及腈纶等生产废水；将活性炭吸附法与其他方法配合，置于二级处理后作为废水的深度处理，处理重金属废水，可去除汞和六价铬等。活性炭是目前废水处理中普遍采用的吸附剂。

吸附法处理废水可分为间歇式和连续式。间歇式是静态的，吸附剂和欲处理废水混合搅拌后静置，沉淀后过滤分离，反应过程在池子或槽等容器内完成。连续或半连续的吸附过程是动态的，废水在流动条件下完成吸附过程，常用设备有固定床、移动床和流化床 3 种。

9.4.3　离子交换技术

离子交换法是借助于离子交换剂上的无害离子和废水中的有害离子进行交换反应而除去废水中有害离子的方法。离子交换是一种特殊的吸附过程，主要吸附水中离子化物质，也可视作固相离子交换剂与液相（废水）中电解质之间的化学置换反应。在废水处理中，离子交换法主要用于回收和去除废水中金、银、铜、镉、锌、铬等金属离子，对于净化放射性废水和有机废水也有应用。

9.4.3.1　离子交换剂基本理论

离子交换剂通常是一种不溶性高分子化合物，如树脂、纤维素、葡聚糖、醇脂糖等，它们的分子中含有可解离的基团，这些基团在水溶液中能与溶液中的其他阳离子或阴离子起交换作用。虽然交换反应都是平衡反应，但在层析柱上进行时，由于连续添加新的交换溶液，平衡不断按正方向进行，直至完全。因此，可以把离子交换剂上的原子离子全部洗脱下来，同理，当一定量的溶液通过交换柱时，由于溶液中的离子不断被交换而浓度逐渐减少，因此也可以全部被交换并吸附在树脂上。如果有两种以上的成分被交换吸附在离子交换柱上，用洗脱液洗脱时，其被洗脱的能力则决定于各自洗脱反应的平衡常数。蛋白质的离子交换过程有两个阶段——吸附和解吸附。吸附在离子交换柱上的蛋白质可以通过改变 pH 值使吸附的蛋白质失去电荷而达到解离，但更多的是通过增加离子强度，使加入的离子与蛋白质竞争离子交换剂上的电荷位置，使吸附的蛋白质与离子交换剂解开。不同蛋白质与离子交换剂之间形成电键数目不同，即亲和力大小有差异，因此只要选择适当的洗脱条件便可将混合物中的组分逐个洗脱下来，达到分离纯化的目的。

9.4.3.2　离子交换剂的分类及常见种类

1. 分类

离子交换剂分为两大类，即阳离子交换剂和阴离子交换剂。各类交换剂根据其解离性大小,还可分为强、弱两种,即阳离子交换剂(强酸型、弱酸型)和阴离子交换剂(强碱型、弱碱型)。

(1)阳离子交换剂

阳离子交换剂中的可解离基团是磺酸($-SO_3H$)、磷酸($-PO_3H_2$)、羧酸(—COOH)和酚羟基(—OH)等酸性基团。

(2)阴离子交换剂

阴离子交换剂中的可解离基团是伯胺($-NH_2$)、仲胺($-NHCH_3$)、叔胺[$-N(CH_3)_2$]和季铵[$-N^+(CH_3)_3$]等碱性基团。

2.常见种类

离子交换中应用的离子交换剂是带有可交换离子的不溶性固体,分为无机和有机两大类。天然(或人工)沸石是无机离子交换剂,磺化煤和各种离子交换树脂是有机离子交换剂。工业废水处理中应用较多的是离子交换树脂。

离子交换树脂的种类很多。各种树脂对不同离子的吸附交换能力不同、亲和力各异,树脂再生时难易程度也不同,这种特性称为树脂选择性。离子交换树脂按其选择性能可分为阳离子交换树脂和阴离子交换树脂,按其结构可分为微孔型和大孔型。离子交换树脂的交换能力,除了受自身选择性、树脂结构的影响外,废水的水质(悬浮物、油脂、高分子有机物、高价金属离子、pH 值、水温)及废水中的氧化剂等都会影响树脂的离子交换能力。

(1)纤维素离子交换剂

阳离子交换剂有羟甲基纤维素(CM—纤维素),阴离子交换剂有氯代三乙胺纤维素(DESE—纤维素)。

(2)交联葡聚糖离子交换剂

交联葡聚糖离子交换剂是将交换基团连接到交联葡聚糖上制成的一类交换剂,因而既具有离子交换作用,又具有分子筛效应,是一类广泛应用的色谱分离物质。常用的 Sephadex 离子交换剂有阴离子和阳离子交换剂两类。阴离子交换剂有 DEAE—Sephadex A—25、A—50 和 QAE—Sephadex A25、A50;阳离子交换剂有 CM—Sephaetx C—25、C—50 和 Sephadex C—25、C—50。阴离子交换剂用英文字头 A,阳离子交换剂的英文字头是 C。英文字后面的数字表示 Sephadex 型号。

(3)琼脂糖离子交换剂

琼脂糖离子交换剂是将 DESE—或 CM—基团附着在 Sepharose CL—6B 上形成 DEAE—Sephades(阴离子)和 CM—Sepharose(阳离子),具有硬度大、性质稳定、凝胶后的流速好,分离能力强等优点。

离子交换法处理废水,交换方式可以分为静态交换与动态交换两种。静态交换设备常用固定床。动态交换设备采用移动床和流化床。由于离子交换设备简单,离子去除率高,故在锅炉给水、电子工业纯水制备及放射性废水处理方面都得到广泛应用。但利用离子交换法处理废水时,需进行预处理,且要求较高。离子交换剂再生及再生液处理时会带来其他问题,加之交换剂品种、产量及成本等原因,在一定程度上限制了它的应用。

9.4.4 气浮技术

气浮处理法就是向废水中通入空气,并以微小气泡形式从水中析出成为载体,使废水中的乳化油、微小悬浮颗粒等污染物质黏附在气泡上，随气泡一起上浮到水面，形成泡沫一气、水、颗粒(油)三相混合体，通过收集泡沫或浮渣以达到分离杂质、净化废水的目的。如果水中的粒子是强亲水性的，不易与气泡黏附，这时就要投加浮选剂，然后再用气浮法处理，这种把投加浮选剂和气浮结合起来的水处理方法就叫浮选法。浮选法主要用于处理废水中靠自然沉降或上浮难以去除的乳化油或相对密度接近于 1 的微小悬浮颗粒。

浮选法广泛应用于含油废水的处理。含油废水经隔油池处理后，只能去除颗粒大于 30～50 μm 的油珠。小于这个粒径的油珠具有很大的稳定性，不易合并变大，称为乳化油。乳化油易黏附于气泡，黏附于气泡后，其上浮速度可增加 900 倍。因此，含油废水处理中常把浮选处理置于隔油池的后面，作为进一步去除乳化油的措施。

浮选过程包括气泡产生、气泡与颗粒(固体或液滴)附着以及上浮分离等连续步骤。实现浮选法分离的必要条件有两个：第一，必须向水中提供足够数量的微细气泡，气泡理想尺寸为 15～30 μm；第二，必须使目的物呈悬浮状态或具有疏水性质，从而附着于气泡上浮升。

9.4.4.1　气浮原理

1. 气泡的产生

产生微气泡的方法主要有电解法、分散空气法和溶解空气再释放法 3 种。

(1)电解法

向水中通入 5～10 V 的直流电，废水电解产生 H_2、O_2和 CO_2等，气泡微细，密度小，直径约 10～60 μm，浮升过程中不会引起水流紊动，浮载能力大，特别适用于脆弱絮凝体的分离。如采用铝板或钢板作阳极，则电解溶蚀产生的 Fe^{2+} 和 Al^{3+} 经过水解、聚合和氧化，生产具有凝聚、吸附及共沉作用的多羟基络合物和胶状氢氧化物，有利于水中悬浮物的去除。但存在电耗较高，电极板易结垢等问题。

(2)分散空气法

分散空气的方法和设备主要有以下 3 种。

①通过由粉末冶金、素烧陶瓷或塑料制成的微孔板(管)，将压缩空气分散为小气泡。这种方法简单易行，但产生的气泡较大(直径 1～10 mm)，微孔板(管)易堵塞。

②将空气引入一个高速旋转的叶轮附近，通过叶轮的高速剪切运动，将空气吸入并分散为小气泡(直径 1 mm 左右)。叶轮气浮适用于悬浮物浓度高的废水，如用于洗煤废水及含油脂、羊毛等废水的处理，也用于含表面活性剂的废水泡沫浮上分离，设备不易堵塞。

③利用射流器或水泵吸入和分散空气，这种方法设备简单，但受设备工作特性的限制，吸气量不大，一般不超过进水量的 10%(体积分数)。

(3)溶解空气释放法

溶解空气释放法是使空气在一定压力下溶于水中呈饱和状态，然后使废水压力骤然降低，这时溶解的空气便以微小的气泡从水中析出并进行气浮。用这种方法产生的气泡直径约为 20～100 μm，并且可人为地控制气泡与废水的接触时间，因而净化效果比分散空气法好，应用广泛。

根据气泡从水中析出时所处的压力不同，溶气气浮又可分为两种方式：一种是空气在常压或加压下溶于水中，在负压下析出，称为溶气真空气浮；另一种是空气在加压下溶于水中，在常压下析出，称为加压溶气气浮。溶气真空气浮的主要特点是：气浮池在负压下运行，因此空气在水中易呈过饱和状态,析出的空气量取决于溶解空气量和真空度。这种方法的优点是:溶气压力比加压溶气低,能耗较小,但其最大缺点是:气浮池构造复杂,运行维护都有困难,因此在生产中应用的不多。加压溶气气浮法则广泛用于含油废水的处理,通常作为隔油后的补充处理和生化处理前的预处理。

2.溶解空气的释放

溶气水的释气过程是在溶气释放器内完成的,以TS型释放器为例,当带压溶气水由接管进入进水孔时,过流断面突然缩小,随即进入孔盒时,断面又突然扩大。水流在孔室内剧烈碰撞,形成涡流。当它反向急速转入平行狭缝沿径向迅速扩散时,过流断面再次收缩,流态骤变,紊动更为剧烈。在上述过程中,绝大部分空气分子从水中释放,并在分子扩散和紊流扩散中逐级放大为超微气泡。当水、气混合流通过出水孔进入辅消能室时,过流断面又突然扩大,溶气水的剩余静压能继续在此转化,过饱和空气几乎全部释放,同时超微气泡在紊流扩散作用下,同向放大为10 μm级的细微气泡出流,释气过程结束。可见,释气过程是在溶气水流经过反复地收缩、扩散、撞击、反流、挤压、辐射和旋流中完成的,整个过程历时不到0.2 s。

释放器的性能往往因结构不同而有很大差异。高效释放器都有一个共同特点,就是使溶气水在尽可能短的时间内达到最大的压力降,并在主消能室(即孔盒内)具有尽可能高的紊流速度梯度。

3.悬浮粒子与气泡的黏附

在细微气泡性质已定的条件下,悬浮粒子能否自动与气泡黏附,主要取决于粒子的表面性质。一般的规律是,疏水性粒子容易与气泡黏附,而亲水性粒子不易与气泡黏附,亲水性越强,黏附就越困难。因此,如果水中的悬浮粒子是强亲水性物质,就必须首先投加浮选剂,将其表面转变为疏水性的,再用气浮法去除。

细微气泡与悬浮粒子的黏附形式有多种。按二者碰撞动能的大小和粒子疏水性部位的不同,气泡可以黏附于粒子的外围,形成外围黏附;也可以挤开孔隙内的自由水而黏附于絮体内部,形成粒间裹夹。如果溶气水是加在投加了混凝剂并处于胶体脱稳凝聚阶段的初级反应水中,那么超微气泡就先与微絮粒黏附,然后在上浮过程中再共同长大,相互凝聚为带气絮凝体,形成粒间裹夹和中间气泡架桥黏附兼而有之的"共聚黏附"。共聚黏附具有药剂省、设备少、处理时间短和浮渣稳定性好等优点,但必须有相当密集的超微气泡与之配合。

9.4.4.2 浮选剂

为了增加废水中悬浮颗粒的可浮性,以提高浮选效果,需向废水中投加各种化学药剂,这种化学药剂称为浮选剂。浮选剂根据其作用可分为以下几种:

1.捕收剂

废水中的污染物是多种多样的,它们中许多表面亲水,不易或不好浮选,需要投加药剂与颗粒表面作用,改善颗粒一水溶液界面、颗粒一空气界面自由能,提高可浮性。这种能够提高颗粒可浮性的药剂称为捕收剂。捕收剂一般为含有亲水性(极性)及疏水性(非极性)基团的有机物,如硬脂酸、脂肪酸及其盐类、胺类等。以硬脂酸($C_{17}H_{35}COOH$)为例,它的$-C_{17}H_{35}$是疏水性基团,$-COOH$是亲水性基团。亲水性基团能够选择性地吸附在悬浮颗粒的表面上,而疏水性基团朝外,这样,亲水性的颗粒表面就转化为疏水性的表面而黏附在空气泡上。因此,硬脂酸能降低颗粒表面的润湿性,增加悬浮颗粒的可浮性指标,提高它黏附在气泡表面的能力。

2. 起泡剂

浮选过程浮起大量悬浮颗粒或絮体，需要大量的气一液界面，即大量气泡。起泡剂的作用机理主要是降低液体表面作用能，产生大量微细且均匀的气泡，防止气泡相互兼并，造成相当稳定的泡沫。因此，起泡剂的作用是作用在气一液界面上，用分散空气，形成稳定的气泡。在一定程度上，由于起泡剂与捕收剂分子间的共吸附和相互作用，而加速颗粒在气泡上的附着。必须指出，起泡剂降低气一液界面作用能，同时也降低了可浮性指标，对浮选不利。因此，起泡剂的用量不可过多。

起泡剂大多是含有亲水性和疏水性基团的表面活性剂。根据其成分可分为萜烯类化合物、甲酚酸、重吡啶、脂肪醇类即合成洗涤剂等。

3. 调整剂

为了提高浮选过程的选择性，加强捕收剂的作用并改善浮选条件，在浮选过程中常使用调整剂。调整剂包括抑制剂、活化剂和介质调整剂 3 大类。

(1)抑制剂

废水中存在许多物质，它们并非都是有毒物质或是值得回收的物质。因此，往往需要从废水中优先浮选出一种或几种有毒或值得回收的物质，这就需要抑制其他物质的可浮性。这种能降低物资可浮性的药剂称为抑制剂。

(2)活化剂

为了达到排放标准规定的悬浮物指标，有时需进一步将这些被抑制的物质去除，这就需要投加一种药剂来消除原来的抑制作用，促进浮选进行。这种能够消除抑制作用的药剂称为抑制剂。

(3)介质调整剂

介质调整剂的主要作用是调整废水的 pH 值。

9.4.5　膜分离技术

利用具有选择透过性的“隔膜”——半透膜，使水与溶解物质或微粒分离的技术，称为膜分离技术。它广泛应用于海水淡化、废液中有价值物质回收及废水深度处理等。

欲实现膜法分离物质必须有能量作为推动力，根据所施加的能量形式的不同，膜法分离也就有了不同名称，见表 9.2。

表 9.2　推动力与膜分离技术的名称

能量形式	推动能	膜分离技术名称	
		渗析	渗透
力学能	压力差	压渗析	反渗透、超滤、微滤
电能	电位差	电渗析	电渗透
化学能	浓度差	自然渗析	自然渗透
热能	温度差	热渗析	热渗透、膜蒸馏

1. 膜的各种类型

(1)微孔膜

可截留粒子粒径为 0.1～10 μm。

(2)反渗透膜

可截留粒子粒径为 0.5～60 μm 或相对分子质量在 500 以下的物质的粒子。

(3)超滤膜

可截留粒子粒径为 0.5～1 μm 或相对分子质量大于 500 的物质的粒子。

(4)离子交换膜

可迁移传递阴、阳离子功能的膜，电渗析和隔膜电解均选用此膜。

(5)液态膜

液态膜是由 3～5 μm 的液滴组成的膜。该膜镶嵌在支撑体上称为支撑体膜；若以乳化状态存在液相中，名为乳状液膜。根据处理对象不同又有油包水型膜和水包油型膜之分，前者溶剂为油，膜内包裹的液体是水，处理对象为水相中杂质；后者溶剂为水，膜内包裹的是油，处理对象是油相中的物质。所处理的溶液通过液膜与膜内溶液进行传质作用，从而达到处理水的作用。

(6)生物酶膜

生物酶膜是将某种生物菌体或具有催化能力的酶镶嵌在膜上或用膜包裹而形成的膜，可应用到生物工程中。

(7)压渗膜

膜本身带有阴阳离子，靠压力使溶液中的阴阳离子分离，从而使水得到处理。

(8)气体分离膜

气体分离膜是具有选择透过某种或几种气体的反渗透膜，诸如氮氧分离膜，让氧透过膜，氮被截留，从而使两种气体分离。

(9)蒸馏膜

蒸馏膜是利用膜两侧的温度不同和水蒸气分压不同作为推动力，使水蒸气由高温一侧向低温一侧传递，达到分离使废水净化。

2. 膜分离技术特点

利用膜技术处理废水，不发生相变化及化学反应，因而不消耗相变能，所以能耗少。在膜分离过程中，一种物质得到分离，另一种物质被浓缩，浓缩与分离同时并存，可回收有价值物质。

膜分离技术处理废水，不需要从外界投加药剂等，可节省原材料。膜分离技术不会损坏对热敏感或热不稳定的物质，可常温分离，这一特性使该技术在制药、饮料等行业得到广泛应用。由于膜具有选择透过性，且膜孔径可以按人的意愿改变，故能把粒径不同、大小各异的物质分离开，使欲回收的物质既纯化，又不改变其性质。

3. 膜分离技术分类

(1)微滤

微滤不改变溶液化学性质。待处理的液体，通过微滤器，悬浮颗粒积累在微滤膜上，使用一段时间后清洗或换膜。

(2)电渗析

电渗析是在直流电场作用下,利用阴阳离子交换膜对溶液中阴、阳离子选择透过性(即阳膜只允许阳离子通过,阴膜只允许阴离子通过),使溶质与水分离,从而达到水处理的目的。

实用电渗析器两电极之间要放置200～300对膜,甚至上千对,阴阳膜交替排列,用特殊隔板将两种膜隔开形成许多隔室,组成浓淡水两个系统,其中离子减少的隔室为淡水室,反之为浓水室。与极板接触的隔室是极室,出水为极水。水中离子的带电性和离子交换膜选择透过性是电渗析除杂的基本条件。

电渗析操作中的主要问题有浓差极化和腐蚀问题。

由于电流大,OH^-参与导电,在阴膜浓水室内的滞流层内富集了OH^-及HCO_3^-,Ca^{2+}、Mg^{2+}在电场作用下亦向阴极迁移,被阻挡在阴膜滞流层内,便产生$Mg(OH)_2$、$Ca(OH)_2$、$MgCO_3$、$CaCO_3$沉积导致阴膜板极化;同理,阳膜也可发生浓差极化,参与导电的是H^+,没有沉淀发生。

控制极化的措施有:①控制操作的极限电流,使之在极限电流密度的70%～90 %条件下运行;②倒换电极;③增加浓淡水室水流速度,使膜面边界层保持薄层状态;④定期酸洗。

电渗析器运行时,在阴极上发生还原反应,在阳极上发生氧化反应,伴随反应会生成大量的O_2与Cl_2,具有很强的腐蚀性。为抑制腐蚀可采用抗腐蚀电极与离子膜;也可提高极室水流速度,使反应产物快速移出。

(3)反渗透

渗透现象在自然界是常见的,如果用一个只有水分子才能透过的薄膜将一个水池隔断成两部分,在隔膜两边分别注入纯水和盐水到同一高度。过一段时间就可以发现纯水液面降低了,而盐水的液面升高了。我们把水分子透过这个隔膜迁移到盐水中的现象叫做渗透现象。盐水液面升高不是无止境的,到了一定高度就会达到一个平衡点。这时隔膜两端液面差所代表的压力被称为渗透压。渗透压的大小与盐水的浓度直接相关。

渗透及反渗透达到平衡后,如果在盐水端液面上施加一定压力,此时,水分子就会由盐水端向纯水端迁移。液体分子在压力作用下由浓溶液向稀溶液迁移的现象被称为反渗透现象。如果在盐水的一端施加超过该盐水渗透压的压力,就可以在另一端得到纯水,这就是反渗透净水的原理。反渗透设施生产纯水的关键有两个:一是有选择性的膜,称之为半透膜;二是有一定的压力。简单地说,反渗透半透膜上有众多的孔,这些孔的大小与水分子的大小相当,由于细菌、病毒、大部分有机污染物和水合离子均比水分子大得多,因此不能透过反渗透半透膜而与透过反渗透膜的水相分离。在水的众多杂质中,溶解性盐类是最难清除的,因此,经常根据除盐率的高低来确定反渗透的净水效果。反渗透除盐率的高低主要决定于反渗透半透膜的选择性。目前,较高选择性的反渗透膜元件除盐率可以达到99.7%。

反渗透是目前应用规模最大、技术相对最成熟的膜技术,其应用在整个膜分离领域中约占一半,是膜技术发展的一个最大的突破。反渗透是通过反渗透膜把溶液中的溶剂分离出来。反渗透的应用从海水淡化、硬水软化等发展到维生素、抗菌素、激素等的浓缩,细菌、病毒的分离以及果汁、牛乳、咖啡的浓缩等许多方面,应用极广。

反渗透分离的进行,必须先在膜—溶液界面形成优先吸附层。优先吸附的程度取决于溶液的化学性质和膜表面的化学性质,只要选择合适的膜材料,并简单地改变膜表面的微孔结构和操作条件,反渗透技术就可适用于任何分离度的溶质分离。

在生产中有各种各样的反渗透膜(半透膜)以满足不同的分离对象和分离方法的要求。根据膜的材质,从相态上可分为固态膜和液态膜。从来源上可分为天然膜和合成膜,后者又可分为无机膜和有机膜。根据膜断面的物理形态,可将膜分为对称膜、不对称膜和复合膜。依照固体膜的外形,可分为平板膜、管状膜、卷状膜和中空纤维膜。按膜的功能,又可分为超滤膜、反渗透膜、渗析膜、气体渗透膜和离子交换膜。

目前,广泛用于工业分离的膜,主要是由高分子材料制成的聚合物膜。用于制膜的高分子材料很多,如各种纤维素酯、脂肪族和芳香族聚酰胺、聚砜、聚丙烯腈、聚四氟乙烯、聚偏氟乙烯、硅胶等。其中最重要的是纤维素酯系膜,其次是聚砜膜,聚酰胺膜。

常用的反渗透装置有管式、螺旋卷式、中空纤维式及板框式。

(4)超滤

被处理的溶液在外界压力作用下,以一定流速沿着具有一定孔径的超滤膜面上流动,溶液中的无机离子、低相对分子质量的物质透过膜,而溶液中的高分子、大分子物质、胶体微粒、细菌及微生物等截留下来,实现分离与浓缩的目的。膜表面微孔的机械筛分、膜孔阻滞及膜面与膜孔对粒子的一次吸附,三者的综合作用就构成了超滤净化水的机理。

超滤膜有30~40种,最常用的膜是二醋酸纤维膜和聚砜膜两种,使用条件有温度、压力与pH值等。国内外各种膜上述条件的适应值为:温度为常温~100 ℃;压力为0.2~2.0 MPa,pH为1~13;截留相对分子质量在1 000~200 000。

超滤膜应用领域很广泛,比如超滤可应用于如下废水的处理:电泳漆废水、造纸废水、乳化油废水、洗毛废水、还原性染料废水、聚乙烯醇退浆废水及纤维浸渍油剂废液等;在工业生产上应用于食品的精制与提纯,从乳制品加工废料液中回收蛋白质等;在医疗医药方面可应用于血液处理及细胞色素内脱盐处理等。

在膜组件进行溶液分离时,在膜的高压侧一面,由于溶剂(或低分子物质)不断透过膜面,使得膜的表面溶质浓度不断提高,产生膜表面浓度与溶液浓度的梯度差,这种现象称之为浓差极化。膜面附近溶质高浓度层称为浓差极化层。

由于水通量大,超滤很容易发生浓差极化,此时,水通量下降,且高分子物质与胶体物质在膜面附近形成凝胶层。为提高水通量就要增加外压,其结果会导致凝胶层的加厚,影响超滤的经济效率。为控制浓差极化,可采取提高处理液的流速,使溶液处于紊流状态,以便使膜面处高浓度溶液与主流液充分混合,使凝胶层难于形成;另外,应清洗膜面,消除已形成的凝胶层。

(5)隔膜电解

用膜隔开电解装置的阴阳极进行电解处理废水称为隔膜电解法。隔膜电解又分为离子非选择性透过膜电解和离子选择性透过膜电解。

生产应用中,选择不同性质的隔膜将两个电极室隔开,使两个电极反应物不互相混淆。

该法已应用于多种废液,如重金属废水和镀铬废液等的处理。

9.4.6 磁分离技术

磁分离方法采用高梯度磁分离器,它能产生强磁场,分离水中微细的磁性物质。分离器由激磁线圈、过滤筒体、钢毛滤层、导磁回路、上下磁极与进出水管路等组成。直流电通过激磁线圈,使滤筒上下磁极产生强磁场,同时钢毛亦受到磁化,并使磁场中的磁力线疏密不均造成紊乱,形成很高的磁场梯度。水中磁性粒子在磁场力 F_m 的作用下,克服重力和水流阻力等而被吸附在钢毛表面，从水中分离出来。当钢毛吸附饱和时，切断直流电源，磁场力消失，把捕集在钢毛上的杂质冲洗下来，高梯度磁分离装置又可继续处理水。

高梯度磁分离技术在钢铁废水处理中有所应用，并取得较好效果。另外，此技术在饮用水去除污染方面也作了试验研究且效果明显，有望获得更大应用。

9.5　污水的消毒处理

9.5.1　消毒方法

消毒是水净化过程中必需的程序之一。消毒的作用是杀灭病原微生物或消除其致病作用。病原微生物指细菌、病毒及原生动物胞囊等。根据属性，消毒所用药剂可分为有机和无机两类，此外，根据消毒机理还可把消毒药剂分为氧化性（如 Cl_2、ClO_2、漂粉精、过氧化物等）和非氧化性（如洁尔灭、季铵盐等）两类。消毒的方法有氯消毒、次氯酸盐消毒、二氧化氯消毒、臭氧消毒，以及紫外线消毒、超声波消毒等。

9.5.2　液氯消毒

氯的分子式为 Cl_2，液氯是黄绿色透明液体。密度为 1.468 g/cm^3（0 ℃），沸点 −34.6 ℃，熔点 −100.98 ℃。常压下为黄绿色气体，比空气重两倍多，因此氯在空气中常沉于下层。1 kg液氯气化后可得到 300 L 气体氯。氯气具有强烈刺激性和腐蚀性，并有剧毒，吸入人体后可引起严重中毒。性质很活泼，在日光下与其他易燃气体混合时会发生燃烧和爆炸，可以与大多数化学元素起反应。能溶于水，溶解度随水温的升高而降低，20 ℃时 1 体积水可溶解 2.15 体积氯气。液氯不能自燃，但可助燃。

氯作为工业消毒剂，尤其用于水处理的杀菌消毒，是人们用得最早、最为熟悉，也是最有效的消毒剂之一。氯是一种强氧化剂，具有杀菌力强、价格低廉、使用简单、来源方便的优点，至今仍被广泛采用。液氯水解时生成次氯酸和盐酸，前者是一种强氧化剂，极易通过向微生物细胞壁的扩散与原生质反应，与细胞壁的蛋白质生成稳定的 N−Cl 键，使蛋白质变性，细胞被破坏，从而抑制和杀死微生物。

液氯的余氯具有持续的消毒作用，不需要大的设备。液氯是冷却水系统中应用最广泛的消毒剂，也是饮用水处理中最常用的消毒剂。液氯也用作漂白剂。但液氯的使用也已引起很多用户的疑虑，一方面是因为液氯需用钢瓶运输，使用有很多安全问题，另一方面氯气在碱性水处理中效果不佳，另外氯与水中的微量有机化合物可能生成二唑等致癌物，故应用在逐渐下降。这样，一些比较安全的氧化型杀生剂相继得到广泛使用，如二氧化氯、二氯异氰尿酸钠、次氯酸钠等。

投氯的方式可采用间歇式和连续式两种。连续加氯可在水中保持一定的余氯量，这样能提高杀生效果，但费用较大；间歇式加氯可在 1 d 内定期加入 1～3 次，每次达到一定余氯量后维持 2～3 h。加氯必须按时按量，如果加量不够，非但杀不死微生物反而会刺激其繁殖。

加氯装置可分为气体氯化器和液体氯化器，气体氯化器是用扩散器供给氯气；液体氯化器是利用水射器将水和氯气混合后加入系统中。对于敞开式冷却水系统加氯点应在冷水池面足够深度下，且远离溢水口和泵的吸水口，以保证氯在水中充分接触。

系统终端的余氯在0.2～1.0 mg/L范围内1～2 h；与其他杀生剂复合使用时余氯量可低于0.5 mg/L。加氯的频次、余氯控制量、保持余氯时间应视系统具体情况而定。氯的消毒作用主要取决于次氯酸的浓度，低pH值系统对次氯酸的存在有利，因此液氯用于pH值为6.5～7.5的循环水系统最佳。研究还表明，pH值略高于中性时，氯的存在时间较长，杀菌效果略有降低。

液氯的包装采用槽车或钢瓶。槽车装不得大于1.20 kg/L，钢瓶不得大于1.25 kg/L。液氯水解产生盐酸，因此连续使用可引起循环水pH值降低，促进腐蚀，在使用中应引起注意。氯是一种强氧化剂，可不同程度地氧化冷却水中的某些有机缓蚀阻垢剂。氯还可与水中的有机烃类反应生成氯化烃（如氯与水中的有机物反应生成三氯甲烷），该类物质已被证明具有致癌性；而且排放废水中的游离余氯对水生动物有毒害作用。氯气是具有强烈刺激性的窒息气体，可对人的呼吸系统及眼部黏膜造成伤害，能引起气管痉挛和产生肺气肿。高浓度的氯气中毒可导致呼吸中枢反射性抑制引起骤然死亡。生产和使用氯的操作人员，应穿戴规定的防护用具。氯气中毒后应立即供给新鲜空气，尽早吸氧，并住院治疗。空气中氯气最高允许质量浓度为1 mg/m^3。使用时要注意不要把钢瓶靠近高温地点或曝晒，发生氯气泄漏时应撤离危险区，戴隔离式防毒面具处理现场，先用稀碱中和，再用特大量水冲洗残液。严禁使用雾状喷水，严禁向渗漏的容器上喷水。

9.5.3 臭氧消毒

臭氧分子式为O_3，相对分子质量为47.998。臭氧是一种强氧化性气体，为蓝色气体，有鱼腥臭味。熔点为－192.5 ℃，沸点为－110.5 ℃。相对密度0 ℃时为2.144，20 ℃时为1.998。液态臭氧为蓝色。沸点时相对密度为1.46，－195.4 ℃时相对密度为1.614。臭氧不稳定，常温下分解较慢，16 ℃以上迅速分解，分解时放出热量。臭氧的氧化能力比氧强。空气中微量的臭氧存在时对人体有益，使人感到格外清新，因臭氧可杀菌消毒、净化空气，加速血液循环。当空气中的臭氧质量浓度大于0.01 mg/L时，可闻到刺激性气味，长期接触可影响肺功能。

臭氧具有广谱消毒作用，它不仅杀生效果好、杀生速度快（比氯快300～600倍），并且无任何公害和环境污染问题。在水处理领域臭氧主要用作杀生剂和分解水中有机物的强氧化剂，还能将水中的有毒有机物氧化成无毒物质，除去水中的恶臭，并能脱去废水的颜色。臭氧还可将纸张、稻草、油类漂白和脱色。在食品工业中用作杀菌剂，也用于手术室、病房及室内空气、餐具、衣物的消毒。

臭氧用于水处理杀生有如下特点：①氧化能力强，反应速度快。氧化能力仅次于氟和氧的氟化物，反应速度比氯气、二氧化氯快；②可氧化生物难降解的有机物，氧化产物无害并且没有永久残留；③臭氧分解可产生氧气，可增加水中的溶解氧；④可改善水的理化性状，具有良好的脱色、除臭、除味效果；⑤具有很强的杀生能力，对病毒和芽孢也有很强的杀生效果；⑥杀生效果不受pH值影响。

臭氧应用于饮用水和污水消毒时，水中余臭氧质量浓度保持在0.1～0.5 mg/L，作用5～10 min可达到消毒目的；应用于循环冷却水杀生时使用质量浓度为0.1～0.15 mg/L，进行连续臭氧氧化，同时加入缓蚀剂和阻垢剂，是一种有效而经济的处理方法。臭氧对碳钢和不锈钢无任何不利影响；如果系统中有铜材，则应控制游离臭氧质量浓度不超过0.1 mg/L。另外，加入极少量的特种金属缓蚀剂也能极大地减少铜的腐蚀。臭氧用于游泳池水消毒时，用量为1.0～1.7 mg/L。

使用时，一般是将臭氧发生器产生的臭氧一空气混合物直接通入待处理的水体中，用量以体积计，一般为待处理水的1/3左右。如果混合气体中臭氧的体积分数为1%，则与水的接触时间为5～10 min。

臭氧对传统的水处理剂有一定的影响。由于臭氧对传统水处理剂的分解作用，因此，使用传统水处理剂并同时使用臭氧时，会导致这些水处理剂的缓蚀和阻垢效果下降。在臭氧系统中使用磷酸盐时，后者可能在臭氧的氧化作用下产生正磷酸根，导致磷酸钙沉积。

臭氧主要通过释放新生态氧来达到消毒的目的。一般认为臭氧的杀生作用是与微生物细胞壁上的脂类双键反应，从而进入微生物体内部，作用于脂蛋白和脂多糖，改变细胞的通透性，从而导致细胞溶解死亡。此外，臭氧可与对其敏感的氨基酸残基(半胱氨酸残基、色氨酸残基、蛋氨酸残基)发生反应，从而直接破坏微生物中的蛋白质。另外，有人认为臭氧可通过破坏病毒衣壳蛋白的多肽链使病毒的核糖核酸受到损伤；臭氧可使核糖核酸从细菌体内释放出来，臭氧还可使构成核酸的嘌呤和嘧啶结构发生改变。

空气中臭氧浓度过高时易引起爆炸。高浓度的臭氧能刺激呼吸道和眼睛。人吸入高浓度的臭氧会造成肺组织损伤，并可引起头痛、胸闷、头晕、低血压、微血管扩张、咳嗽、鼻出血等症状。空气中臭氧浓度的极限允许值为0.1 mg/m^3。生产和使用臭氧的工作人员应戴装有KI和碱石灰组成的吸收剂的防毒面具，穿防护服，并定期进行体检。生产装置应密封，厂房应有良好的通风装置。动物试验表明，臭氧毒性的起点质量浓度为0.3 mg/L，人对空气中臭氧的可嗅知质量浓度为0.02～0.04 mg/L。

9.5.4 次氯酸钠消毒

次氯酸钠，别名次亚氯酸钠、漂白水(液体)、安替福明(Antiformin，指碱性次氯酸钠溶液)，分子式为NaClO。次氯酸钠无水物为白色结晶粉末，极不稳定，受热后迅速分解，遇水潮解，但在碱性状态时较稳定。次氯酸钠溶液为无色或淡黄色液体，稳定性受到pH值、光照、温度和重金属离子的影响。易溶于水而生成烧碱和不稳定的次氯酸。使用次氯酸钠可避免使用液氯时带来的钢瓶压力、漏气、管道腐蚀等缺点。

次氯酸钠用于饮用水、循环冷却水和游泳池水的杀菌消毒。也可用于分解有机物，以及用作去除铁、锰的助剂。使用次氯酸钠可避免液氯使用时带来的钢瓶压力、漏气、管道腐蚀等缺点。

对于水量较小的系统或体系，次氯酸钠可直接使用。对于用量较大的循环系统，可采用自动加药系统，即先将次氯酸钠配制成一定浓度(如有效氯质量分数为15%)的溶液，贮于加药槽内，使用时开动计量泵，定量加入。次氯酸钠投加系统后产生的余氯持续时间短，故多用于对氯消耗少的系统，使用剂量一般为100 mg/L左右。

较高pH值下次氯酸钠以ClO^-存在，杀生效果差，宜在使用时将系统的pH值控制在6.0以下。

高浓度的次氯酸钠对黏泥有良好的剥离作用，但因其有腐蚀性，需与铬酸盐或聚磷酸盐之类的缓蚀剂配合使用，用量依黏泥量而定。

次氯酸钠多以次ClO^-的形式存在，消毒效果远不如次氯酸，当加入系统后应使系统水

pH 值维持在 6.0～7.0。因为低的 pH 值有利于次氯酸的形成，可提高杀生效果。

次氯酸钠是强氧化剂，具有腐蚀性，皮肤接触会烧伤；进入体内会导致黏膜腐蚀、食道或气管穿孔、喉部水肿。吸入肺内会引起支气管严重的灼伤和肺部水肿。接触次氯酸钠的工作人员应穿戴规定的防护用具，防止次氯酸钠接触皮肤或进入体内。如不慎接触皮肤或进入体内，应立即用碳酸氢钠溶液冲洗或漱洗。

9.5.5 紫外线消毒

紫外线的杀菌作用是紫外线对微生物细胞酶和原生质的影响，导致细胞的死亡。波长 200～295 nm 的射线对细菌具有最强的作用。紫外线对细菌的繁殖体、孢子和对原生动物和病毒引起致死的作用。

杀菌效率与紫外灯的功率、悬浮物浓度、微生物的数量和生理特性、水的光学密度或水的吸收特性有关。

细菌对紫外线作用的抗性对消毒效果具有重要影响，不同种类的细菌抗性是不一样的。为了停止细菌的生命活动，达到指定的消毒程度所必需的杀菌能量，是抗性的准数。杀菌程度是以单位体积中最终的细菌数 P 与初始的细菌数 P_0 的比值 P/P_0 计算的。

由石英和透紫外线玻璃制成的水银灯可作为紫外线的照射源。灯管两端带有氧化电极，在电流作用下，水银发出含紫外线丰富的明亮的淡绿和白光。高压水银石英灯和低压氩一水银灯均可作为紫外光源。

紫外线消毒的特点是：速度快、效率高，如紫外线照射几十秒，大肠杆菌的杀灭率可达 98%；不影响水的物理性质和化学成分，不增加嗅味和异味；消毒操作简单，易于实现自动化。但紫外线无延续杀菌能力，无法解决管网再污染问题。

9.6 脱氮技术

9.6.1 污水中的氮极其危害

进入水体的氮主要有无机氮和有机氮之分。无机氮包括氨态氮（简称氨氮）和硝态氮。氨氮包括游离氨态氮 NH_3-N 和铵盐态氮 NH_4^+-N。硝态氮包括硝酸盐态的氮 NO_3^--N 和亚硝酸盐态的氮 NO_2^--N。亚硝态氮不稳定可以还原成氨氮，或氧化成硝态氮。有机氮有尿素、氨基酸、蛋白质、核酸、尿酸、脂肪胺、有机碱、氨基糖等含氮有机物。可溶性有机氮主要以尿素和蛋白质形式存在，它可通过氨化等作用转化为氨氮。

在好氧和厌氧的条件下，有机氮均可矿化成氨氮。蛋白质首先在蛋白分解菌的作用下水解成氨基酸再转化成氨氮。有机氮的矿化温度为 2～65 ℃，最佳范围为 40～60 ℃，最佳 pH 值为 7～8。含有机氮的废水停留较长的时间就可以使可观的有机氮转化成氨氮。

随着工农业生产的发展和人民生活水平的提高，含氮化合物的排放量急剧增加，已成为环境的主要污染源。氨态氮是水相环境中氮的主要形态，是水体富营养化和环境污染的一种重要污染物质。含有较高浓度氨氮的废水，进入环境水系后会引起水体缺氧，对鱼类等水生动物构成毒害，并刺激藻类等水生植物过度生长，出现水华、赤潮等污染现象。此外，氨氮的存在给水处理带来了困难。在用氯消毒时，氨氮会与氯气作用生成氯胺，即大大地增加了氯的需求量，又显著降低了氯的消毒效果。氨还可转化为硝酸根，通过饮用水而诱发婴儿的高铁血红蛋白症，硝酸盐进一步转化为亚硝胺，则具有危害更严重的"三致"作用，直接威胁人类的健康。因此，如何经济、有效地控制并治理含氨氮废水的污染已成为当前环境工作者所面临的重大课题。

氨氮存在于许多工业废水中，不仅在不同类的工业废水中氨氮浓度千变万化，即使同类工业不同工厂的废水中其浓度也各不相同。排放高浓度氨氮废水的工业有：钢铁、炼油、化肥、无机化工、铁合金、玻璃制造、肉类加工和饲料生产等。

某些工业自身会产生氨氮污染物，如钢铁工业（副产品焦炭、锰铁生产、高炉）以及肉类加工业等。而另一些工业将氨用作化学原料，如用氨等配制消光液来制造磨砂玻璃等。此外，皮革、孵化、动物排泄物等新鲜废水中氨氮初始含量并不高，但由于废水中有机氮的脱氨基反应，在废水储积过程中氨氮浓度会迅速增加。

工业废水中氨氮的浓度取决于很多因素，如来源物的性质、采用的生产技术、水的消耗量及水的复用等。

9.6.2　污水的物化脱氮技术

废水中氨氮的去除有多种方法。物理方法有反渗透法、电渗析法、蒸馏法等；化学方法有空气吹脱法、离子交换法、折点氯化法、电化学处理法。对于给定的废水，氨氮处理技术的选择主要取决于：①水的性质；②要求达到的处理效果；③经济性。此外，处理后出水的最后处置，也是必须考虑的因素之一。虽然许多方法都能有效地去除氨氮，但目前只有少数几种能真正地应用于工业废水的处理。因为它们必须同时具有应用方便、处理性能稳定可靠、适合于废水水质波动及较为经济等优点。下面介绍一下主要的物化脱氮技术。

1. 吹脱法

吹脱法是将废水中的离子态铵，通过调节 pH 值转化为分子态氨，随后被通入废水的空气或蒸气吹出。通入的蒸气升高了废水的温度，也提高了一定 pH 值时被吹脱的分子态氨的比率。低浓度废水常在室温下用空气吹脱，而高浓度废水则常用蒸气进行吹脱。影响蒸气吹脱效率的因素有：①蒸气吹脱装置的合理设计；②废水流量的控制；③足量的蒸气；④pH≥11；⑤吹脱温度≥93.3 ℃；⑥足够的气液分离空间；⑦适宜的氮冷凝系统。

炼钢、石油化工、化肥、有机化工、有色金属冶炼等行业的废水，常含有很高浓度的氨，因此常用蒸汽吹脱法处理。回收利用的氨部分抵消了产生蒸汽的高费用。其抵消程度取决于废水中氨的浓度。吹脱处理可回收到质量分数达 30%以上的氨水。用蒸气比用空气更易控制结垢现象，若用烧碱则可大大减轻结垢的程度。蒸汽吹脱工艺成本中，产生蒸气所需费用所占的比例最高。

吹脱后的酸性废水含氨 1～100 g/L，但一般控制在 50 mg/L 左右，以便为后续生物处理提供足够的氮。

吹脱法一般采用吹脱池和吹脱塔两类设备。吹脱池占地面积大，而且易污染周围环境，所以有毒气体的吹脱都采用塔式设备。填料吹脱塔的主要特征是在塔内装置一定高度的填料层，利用大表面积的填充塔来达到气－水充分接触，以利于气水间的传质过程。常用填料有木格板、纸质蜂窝、拉西环、聚丙烯鲍尔环、聚丙烯多面空心球等。废水被提升到填充塔的塔顶，并分布到填料的整个表面，水通过填料往下流，与气流逆向流动，废水在离开塔前，氨组分被部分气提。对于高浓度氨氮废水的处理，运行成本很高。在大规模的氨吹脱、气提塔中，生成水垢是一个严重的操作问题。如果生成软质水垢，可以安装水的喷淋系统；而如果生成硬质水垢，无论用喷淋或刮刀均不能消除。

2. 离子交换法

离子交换法是将中等酸性废水通过弱酸性阳离子交换柱，NH_4^+ 被截留在树脂上，同时生成游离态的 H_2S，从而达到去除氨氮的目的。由于 H_2S 不被吸附，所以很容易被洗脱。饱和的阳离子交换树脂可用无机酸溶液再生。对于氨氮质量浓度约为 10～50 mg/L 的废水，离子交换法脱除氨氮的效率可达 93%～97%。操作温度变化和毒性化合物对氨氮的去除效率影响较小。该法的缺点是：离子交换树脂用量较大，再生频繁，废水先要进行预处理以去除悬浮物，因此处理成本较高。

天然沸石是一种骨架状的铝硅酸盐，与合成沸石分子筛一样，能够选择性地吸附气体，并在水溶液中具有离子交换能力，对去除工业废水中的氨氮也有较好的效果。

斜发沸石可作为低浓度至中等浓度废水选择性去除氨的离子交换介质。它对不同阳离子的选择性次序如下：$K^+ > NH_4^+ > Ba^{2+} > Na^+ > Ca^{2+} > Fe^{2+} > Al^{3+} > Mg^{2+} > Li^+$。相对于废水中常见的其他阳离子，斜发沸石对 NH_4^+ 具有很高的选择性。当 pH 值增加时，NH_4^+ 的交换性能变差，pH 值为 4.8 是斜发沸石离子交换的最佳酸度。当 $pH<4$ 时，H^+ 与 NH_4^+ 发生竞争吸附；$pH>8$ 时，NH_4^+ 转化为 NH_3 而失去离子交换能力。用钠或钙可以使斜发沸石再生。

离子交换法的一般处理流程为：先用物化法或生物法去除废水中大量的悬浮物和有机碳，然后使废水流经交换柱。当交换柱饱和或出水中氨浓度过高以前，需停止操作并用无机酸对交换柱进行再生，再生废液中的氨通常在中性或碱性条件下用空气或蒸气吹脱。

3. 折点氯化法

折点氯化法是将氯气通入废水中达到某一点，在该点时水中游离氯含量最低，而氨的浓度降为零。当氯气通入量超过该点时，水中的游离氯就会增多，因此该点称为折点。该状态下的氯化称为折点氯化。折点氯化法除氨的机理为氯气与氨反应生成了无害的氮气。

$$NH_3 + HClO \longrightarrow NH_2Cl + H_2O$$

$$NH_3 + 2HClO \longrightarrow NHCl_2 + 2H_2O$$

$$NH_3 + 3HClO \longrightarrow NCl_3 + 3H_2O$$

$$NH_2Cl + NHCl_2 + HClO \longrightarrow N_2O + 4HCl$$

$$2NH_2Cl + HClO \longrightarrow N_2 + 3HCl + H_2O$$

当水中存在氨和胺时，加氯量必须控制在折点之后，才能保证水中氨和胺被全部氧化分解。折点氯化法最突出的优点是：通过正确控制加氯量和对流量进行均化，可使废水中的全部氨氮降至零。缺点是：处理成本较高。因此，在工艺设计上，常将其用来作深度脱氮处理。处理时所需的实际氯气量，取决于温度、pH 值及氨氮浓度。氧化每毫克氨氮一般需要 6～10 mg 的氯气。

折点氯化法处理后的出水，在排放前一般需用活性炭或 SO_2 进行反氯化，以除去水中残余的氯。每毫克残余氯大约需要 0.9～1.0 mg 的 SO_2。在反氯化时会产生 H^+，但由此引起的 pH 值下降一般可以忽略。活性炭也能去除残余氯，还能同时去除其他有机物。

虽然氯化法反应迅速，所需设备投资少，但液氯的安全使用和贮存要求较严，处理成本也较高。若用次氯酸或二氧化氯发生装置代替使用液氯，可以缓解安全问题，但成本又有增加。因此氯化法一般用于给水的处理，对于大水量高浓度氨氮废水的处理显得不太适宜。

4. 沉淀法

化学沉淀法是在含 NH_4^+ 的废水中，投加 Mg^{2+} 和 PO_4^{3-}，使之与 NH_4^+ 生成难溶复盐 $MgNH_4PO_4 \cdot 6H_2O$（简称 MAP）结晶，通过沉淀，使 MAP 从废水中分离出来，沉淀产物 MAP 可用作肥料。化学沉淀法可以处理各种浓度的氨氮废水，尤其适用于处理高浓度的氨氮废水，且有 90%以上的脱氮效率，被认为是很有开发前景的脱氮技术。

处理时，若 pH 值过高，易造成部分 NH_3 挥发。建议缩短沉淀时间，适当降低 pH 值，以减少 NH_3 的挥发。

化学沉淀法最好使用 MgO 和 H_3PO_4，这样不但可以避免带入其他有害离子，MgO 还可起到中和 H^+ 的作用，节约碱的用量。经化学沉淀处理后，废水中的氨氮和磷酸根的残留浓度还是较高的。

5. 液膜法

液膜法去除氨氮的机理是：氨态氮（NH_3-N）易溶于膜相（油相），它从膜相外高浓度的外侧，通过膜相的扩散迁移，到达膜相内侧与内相界面，与膜内相中的酸发生解脱反应，生成的 NH_4^+ 不溶于油相而是稳定在膜内相中。在膜内外两侧氨浓度差的推动下，氨分子不断通过膜表面吸附、渗透、扩散迁移至膜相内侧解吸，从而达到分离去除氨氮的目的。

6. 催化湿式氧化法

催化湿式氧化法是 20 世纪 80 年代发展起来的治理废水的新技术。在一定温度、压力和催化剂作用下，经空气氧化，可使污水中的有机物和氨分别氧化分解成 CO_2、N_2 和 H_2O 等无害物质，达到净化的目的。该法具有净化效率高（废水经净化后可达到饮用水标准）、流程简单、占地面积少等特点。经多年应用与实践，这一废水处理方法的建设及运行费用仅为常规方法的 60%左右，因而在技术上和经济上均具有较强的竞争力。

9.6.3　污水的生物脱氮技术

1. 生物脱氮法

(1)多级污泥系统

多级污泥系统是传统的生物脱氮流程，如图 9.1 所示。

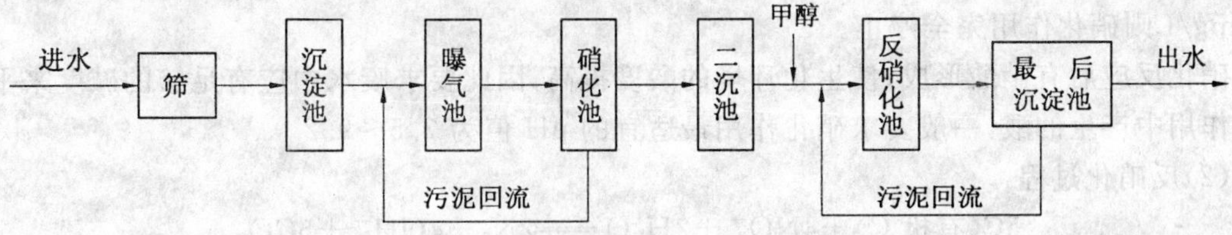

图 9.1　传统生物脱氮工艺流程图

该流程有相当好的 BOD_5（5 d 生化需氧量）去除效果和脱氮效果。缺点是：流程偏长，构筑物较多，基建费用高，需外加碳源，运行费用较高，出水中残留一定量的甲醇。

(2)单级污泥系统

单级污泥系统包括前置反硝化系统、后置反硝化系统及交替工作系统。前置反硝化的生物脱氮流程，通常称为A/O流程，如图9.2所示。

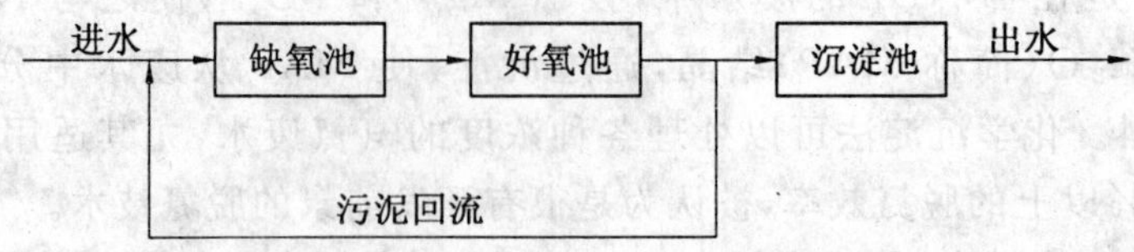

图9.2 A/O工艺流程图

与传统的生物脱氮工艺流程相比，A/O工艺具有流程简单，构筑物少，基建费用低，不需外加碳源，出水水质高等优点。后置式反硝化系统，因为混合液缺乏有机物，一般还需人工投加碳源，但脱氮的效果高于前置式，理论上可达到接近100%的脱氮效果。交替工作的生物脱氮流程，主要由两个串联池子组成，通过改换进水和出水的方向，两个池子交替在缺氧和好氧的条件下运行。它本质上仍是A/O系统，但利用交替工作的方式，避免了混合液的回流，脱氮效果优于一般的A/O流程。

(3)生物膜系统

将上述A/O系统中的缺氧池和好氧池改为固定生物膜反应器，即形成生物膜脱氮系统。此系统中应有混合液回流，但不需污泥回流，在缺氧的好氧反应器中，保存了适合于反硝化和好氧氧化及硝化反应的两个污泥系统。

2.硝化—反硝化法

有机废水中的氨氮在好氧菌作用下，氧化生成亚硝酸酸盐和硝酸盐，这一过程称为硝化；硝酸盐和亚硝酸盐又被厌氧菌或兼氧菌还原为气态氮，这一过程称为反硝化。有机废水中的氨氮通过上述两个过程被去除。

(1)硝化过程

$$NH_4^+ + \frac{3}{2}O_2 \longrightarrow NO_2^- + 2H^+ + H_2O$$

$$NO_2^- + \frac{1}{2}O_2 \longrightarrow NO_3^-$$

$$NH_4^+ + 2O_2 \longrightarrow NO_3^- + 2H^+ + H_2O$$

硝化过程中要耗用大量的氧。一般认为溶解氧应控制在1.5～2.0 mg/L以上，低于0.5 mg/L则硝化作用完全停止。

硝化反应后有硝酸形成，使生化环境的酸度提高，因此要求废水中应有足够的碱度来平衡硝化作用中产生的酸，一般要求硝化作用最适宜的pH值为7.5～9.2。

(2)反硝化过程

$$5C(有机C) + 4NO_3^- + 2H_2O = 2N_2 + 4OH^- + 5CO_2$$

反硝化过程中，部分有机物不需要外界供氧而直接利用NO_2^-、NO_3^-的氧作为氧源进行氧化降解。从反应式可以看出，去除4份N需提供5份C，将5份有机碳折算成BOD值应为(5×32)，因此理论的C/N应为2.86。当废水中的C/N大于2.86时才能充分满足反硝化对碳源的要求。废水中C/N愈小，氮的去除率也愈低，在运行中一般控制C/N在3.0以上。

9.7 除磷技术

不少工厂在生产过程中会产生含氮、磷的废水。如焦化厂炼焦废水、化肥厂、石化厂、腈纶厂、纺织印染厂、制药厂等废水中均含有大量氮。食品加工、发酵、鱼品加工、化肥工业、洗涤剂、金属抛光等工厂的废水中含有大量的磷。

工业废水经生化处理后,虽然有一部分氮、磷被同化合成、构成微生物细胞,剩余的大部分氮、磷随出水排出河道,这是城市附近河道中氮、磷的主要来源。

有机磷主要见于有机磷杀虫剂工业及溶剂工业,不少的有机磷化合物,特别是一类有机磷酸酯毒性较大,对环境带来危害。

富营养化是水体衰老的一种现象。它可发生在任何水域。天然富营养化是十分缓慢的自然形成过程,但是,随着工农业生产迅速发展和居住城市化,含有较高浓度氮、磷营养物质的生活污水、工业废水和农田地表径流汇入水域,并在水体中积累,刺激水体中藻类大量繁殖,在表层水中形成了巨大的生物量,导致淡水水体中“水华”和海水中“赤潮”的发生。这就是“人为富营养化”,是一种普遍的水污染。

9.7.1 污水的化学除磷技术

废水中某些磷酸酯盐可以通过化学法加以回收,如农药生产废水中含有的$(RO)_2P(S)ONa$及对硝基酚钠,可以加入 $C_2H_5SCH_2CH_2Cl$,与废水中上述两种成分反应生成$(RO)_2P(S)OCH_2CH_2SC_2H_5$及 $P-NO_2C_6H_4OCH_2CH_2SC_2H_5$,作为有利用价值的物质加以回收。

马拉硫磷的生产废水可先进行化学水解(常压或加压),使其中绝大部分的磷酸衍生物水解成正磷酸和硫化氢予以回收。经处理后废水可继续用作工艺洗涤水循环使用。

含磷酸、硫代磷酸、二硫代磷酸及三硫代磷酸的衍生物可在 pH 值 3~4,压力 4.0~5.0 MPa,200~250 ℃的条件下,进行湿式氧化而分解。

有机磷杀虫剂的生产废水可用硫酸钠调节 pH 值至 9~9.5,在钴盐存在下,于 160~190 ℃加压曝气 2~4 h 处理。某废水含有 COD 250 g/L,杀虫剂 1~3 g/L,硫代磷酸及其酯不大于 10 g/L。用碳酸钠调节 pH 值为 9~9.5,加入 0.05%钴盐,再在 160~190 ℃加压曝气 2 h,COD 可降至 15~25 g/L,并检查不出杀虫剂及硫代磷酸及其酯的存在。

废水中的杀虫剂如磷酰胺、马拉硫磷、甲基对硫磷、敌百虫及敌敌畏可用氯、臭氧及活性炭处理。

用氯处理含磷废水时,氯的用量超过 20 倍摩尔比时,控制 pH 值=10,磷酰胺可完全转化成磷酸二乙酯及甲胺。马拉硫磷降解成磷酸二甲酯、丁二酸或硫代丁二酸酯。马拉傲克松的降解条件基本相同,甲基对硫酸当用氯量达 1∶1 的摩尔比时,就可以脱除臭味,但废水中的杀虫剂还得不到降解。

采用臭氧处理时,15 倍的臭氧可使磷酰胺完全降解成无毒物质。臭氧可快速分解马拉硫磷,每毫克甲基对硫磷用 4 mg 臭氧时就不会产生臭味,而每毫克敌百虫只需要臭氧 0.2 mg。

为强化有机磷农药(如马拉硫磷等)的去除,还可用 O_3/UV 系统进行氧化。磷酸三丁酯可在(12.7~15.9)×10^4 A/m 的磁场下用臭氧氧化分解。

乐果可用高锰酸钾氧化脱色去毒。乐果和甲基对硫磷用双氧水与紫外辐照处理 40～60 min,可使有机磷全部变成无毒物质。

9.7.2　污水的生物除磷技术

许多有机磷化合物可以用生物处理。例如,马拉硫磷、磷酸二丁酯及磷酸二(2－乙基己)酯、S－苄基－O,O－二异丙基硫代磷酸酯及 S－对氯苄基－N,N－二乙基硫代氨基甲酸酯、^{14}C－三对甲酚磷酸酯、硫代磷酸二甲酯的胺盐、^{14}C－三(2,3－二溴丙基)磷酸酯对硫磷等均可用活性污泥法处理。

O,O－二甲基二硫代磷酸酯是马拉硫磷、乐果及稻丰散登杀虫剂的中间体,可用于活性污泥间歇驯化,降解时以 pH 值为 6.5～7.0 为宜。经 O,O－二甲基二硫代磷酸酯驯化的活性污泥还可降解硫代磷酸二甲酯、磷酸二甲酯、二硫代磷酸二乙酯及磷酸二乙酯。

一硫代磷酸酯与二硫代磷酸酯系列农药废水中有机磷及二价硫的浓度每升高达数百毫克,在生化降解过程中必须加入碱性物质(如碳酸钠)进行中和,才能维持高效的正常运转。因为在 pH 值低的情况下,异养菌难于增殖。COD 的去除率可达 82.7%,有机磷的去除率为 85.1%。

含有机磷废水用活性污泥处理时,如用经$(CH_3O_2)P(O)O^-$驯化过的活性污泥,可以用来处理含有 140 mg/L$(C_2H_5O)P(S)S^-$及 180 mg/L 磷酸盐的废水。处理后的废水只含有 1 mg/L的磷酸盐。

活性污泥法处理对硫磷时,所选择的菌种可以将对硫磷作为碳源,驯化后的菌种可使乳化的对硫磷进行降解,其速率大于碱性水解。如果氧供应足够的话,将以碳为限制条件,对硫磷的降解量可达到 500 mg/L。

二硫代磷酸二甲酯是有毒难降解的有机磷化合物,并具有恶臭。从活性污泥中分离出来的 Thiobacillus thioparus 及 Pseudomonas 可以使其分解。

如将活性污泥先培养在玉米浆中,再在含有二甲基二硫代磷酸的培养基中培养,可以分离到能分解二甲基膦酸的细菌,并使其转化成无机的磷酸盐。

Hyphomicrobium Cultures(NRRLB 12569－73)可用以去除废水中的甲基化合物,如亚磷酸二甲酯或三甲酯。

废水中的磷酸三丁酯可加入乙二醇作为氧化剂以提高其生化处理效率。

有机磷杀虫剂应先加石灰水解处理生成不溶性的磷酸钙,再用二段活性污泥法处理。

除活性污泥法外,有机磷化合物还可用藻类来处理。例如,一些有机磷杀虫剂可用绿藻有效地去除。但需要注意的是用藻类处理有机磷化合物时,有时会形成极毒及稳定的中间产物。如通过藻类对硫磷的处理时,可以得到更毒的中间产物。某些有机磷废水在 20 ℃用 Chlorella valgaris 处理 2～30 d,可有 90%～98%的去除率。

在酶法处理中,磷酸三芳酯的生产废水含有的酚、甲酚、二甲酚及磷酸三芳酯,可用辣根过氧化物酶处理,并能取得较好的效果。

含磷工业废水经各种方法预处理后,产生的低浓度含磷废水常用生化法进一步处理,以便确保达标排放,这就是被称为“生物除磷系统”的工艺。

所有的生物除磷系统都有如下共同的特点。

①进水端都存在着厌氧区。由于污泥交替进入厌氧区及好氧区,使过量积累聚磷盐的积

磷细菌能超过其他污泥微生物而优势性生长，结果污泥的含磷量大大超过一般的好氧法的处理系统。

②在厌氧区中排除硝酸盐的重要性。目前对生物除磷工艺所作的改进及运行管理中所采取的措施均力求减少硝化作用，并通过污泥回流和混合液回流(内回流)控制进入厌氧区的硝酸盐含量。防止厌氧区内反硝化作用对积磷细菌厌氧放磷产生竞争性的抑制。

③厌氧区内有机基质，尤其是可溶可快速降解有机物存在的重要性。积磷细菌在厌氧放磷过程中释放的能量，除了供它在厌氧压抑条件下生存所需外，还可主动吸收环境中的溶解性可快速生物降解基质，并以 PHB 形式贮藏起来。在随后的好氧区，积磷细菌即可分解 PHB 时所释放的能量来过量吸磷。所以，所有的生物除磷系统的厌氧区均设在流程的进水端，以确保厌氧区中有足够的有机基质可供积磷细菌利用。此外，对废水的水质(SS、BOD/TP、TKK/COD)也有一定的要求。

现有的生物除磷工艺都是在上述指导思想下创新发展的。污泥厌氧放磷和好氧吸磷，并最终通过排放富磷的剩余污泥而达到除磷，各步骤都在处理的主要工艺流程中进行。另一类除磷工艺则是在原有的好氧处理工业基础上，仅将一部分回流污泥导入增设的厌氧池中，使污泥厌氧放磷，然后将放出的磷用化学法去除。

A/O 工艺采用废水和污泥顺次厌氧和好氧交替循环流动的方法。在进水端，进水和回流污泥混合进入一个推流式的厌氧接触区。为了防止氧气扩散入厌氧混合液中，可在厌氧区上方加盖。厌氧区内设有混合器，缓慢搅拌使污泥保持悬浮。有时厌氧区还被分隔成 3～4 个室。厌氧区后面是曝气的好氧区，最后进入沉淀池使泥水分离。

9.8　同步脱氮除磷技术

9.8.1　A^2/O 工艺及其改良工艺

1. A^2/O 工艺

为了达到同时去磷除氮，可在 A/O 工艺的基础上增设一个缺氧区，并使好氧区中的混合液流至前置缺氧区，使之反硝化脱氮，这样构成了既除磷又除氮的厌氧/缺氧/好氧系统，简称 A^2/O 工艺。

废水首先进入厌氧区，兼性厌氧的发酵细菌将废水中的可生物降解大分子有机物转化为 VFA 这一类小分子发酵产物。积磷细菌可将菌体内积贮的聚磷盐分解，所释放的能量可供专性好氧的积磷细菌在厌氧的不利环境下维持生存，另一部分能量还可供积磷细菌主动吸收环境中的 VFA 一类小分子有机物，并以 PHB 形式在菌体内贮存起来。随后废水进入缺氧区，反硝化细菌利用好氧区中经混合液回流而带来的硝酸盐，以及废水中可生物降解有机物进行反硝化，达到同时去碳与脱氮的目的。接着废水进入曝气的好氧区，积磷细菌除吸收、利用废水中剩余的可降解有机物外，主要是分解体内贮积的 PHB，放出的能量供本身生长繁殖，此外还可以主动吸收周围环境中的溶磷，并以聚磷盐的形式在体内贮积起来。这时排出的废水中溶磷已相当低。好氧区中有机物经厌氧区、缺氧区分别被积磷细菌和反硝化细菌利用后，浓度也相当低，这有利于自养的硝化细菌生长繁殖，并将 NH_4^+ 经硝化作用转化为 NO_3^-。非积磷的好氧性异养菌虽然也能存在，但它在厌氧区中受到严重的压抑、在好氧区又得不到充足的营养，因此在与其他生理类群的微生物竞争中处于劣势。排放的剩余污泥中，由于含有大量能过量积贮聚磷盐的积磷细菌，污泥磷质量分数可达干重的 6%以上，因此在实际运行中，A^2/O 工艺也与 A/O 一样，要求水力停留时间短，泥龄短，才能获得较高的除磷效果，缺氧区停留时间大致在 0.5～1.0 h 左右。

2. A^2/O 改良工艺

(1)UCT 及其改良工艺

UCT 工艺是南非开普敦大学开发的一种类似 A^2/O 工艺的一种脱氮除磷工艺，其与 A^2/O工艺的不同之处在于沉淀池污泥是回流到缺氧池而不是回流到厌氧池，这样可以防止由于硝酸盐氮进入厌氧池、破坏厌氧池的厌氧状态而影响系统的除磷效率，并增加了从缺氧池到厌氧池的混合液回流。由于缺氧池向厌氧池回流的混合液中含有较多的溶解性 BOD，而硝酸盐很少，为厌氧段内所进行的发酵等提供了最优条件。为了使进入厌氧池的硝态氮量尽可能少，保证污泥具有良好的沉淀性能，Capetown 大学又开发了改进型 UCT 工艺，缺氧反应池被分为两部分，第一缺氧反应池接纳回流污泥，然后由该反应池将污泥回流至厌氧反应池。硝化混合液回流到第二缺氧反应池，大部分反硝化反应在此区进行。改良型 UCT 工艺基本解决了 UCT 工艺所存在的问题，最大限度地消除了向厌氧段回流液中的硝酸盐量对摄磷产生的不利影响，优化了除磷效果，但该工艺由于增加了缺氧段向厌氧段的回流，其运行费用较高。

(2)VIP 工艺

VIP 工艺与 UCT 工艺十分类似，两者的差异在于池型构造和运行参数方面。

VIP 工艺由多个完全混合型反应格组成，流程采用分区方式，每区由 2～4 格组成，泥龄 4～10 d，污泥回流与混合液回流通常混合在一起，来自缺氧区的缺氧混合液回流与进水相混合，工艺流程的典型水力停留时间为 6～7 h。

与 UCT 工艺相比，VIP 工艺采用高负荷运行，混合液中活性微生物所占的比例较高，因而污泥龄短，运行速率高，除磷效果好，相应反应池的总容积也较小。

9.8.2 氧化沟工艺

氧化沟(Oxidation Dictch)脱氮(硝化和反硝化)功能是可以在氧化沟内完成的，比如有缺氧带的 Carrousel 氧化沟工艺就可在单一池内实现部分反硝化作用，也可以把缺氧池独立设置(可以用较小池容)来达到脱氮的功能，例如 Carrousel denitIR 工艺；对于要求除磷的则可增加厌氧池来满足，比如 Carrousel AC 工艺；对于同时脱氮除磷的则相应增加缺氧池和厌氧池即可，比如 Carrousel denitIR A^2C 工艺。总而言之，氧化沟可以根据需要组合成 A/O 和 A^2/O 或其他脱氮除磷工艺。另外，氧化沟的特有技术经济优势和脱氮除磷的客观需求使彼此以不同的方式相结合成为必然，从而产生了一系列脱氮除磷技术与氧化沟技术相结合的污水处理工艺流程。

如一种新型的集曝气净化和固液分离于一体的氧化沟工艺，不单独建二沉池和污泥回流泵站，污泥自动回流。还通过合建缺氧区和厌氧区以强化脱氮除磷功能。这种一体化氧化沟在单一反应池中按照不同的处理功能将反应池分为：厌氧区、缺氧区、好氧区和固液分离器等功能区，其空间顺序仍然为 A^2/O 方式，但在好氧区中，由于曝气设备常位于氧化沟直段上的一侧，使好氧区中存在明显的缺氧段，因此，实际好氧区中是好氧/缺氧交替环境，且缺氧区比例较一般氧化沟大。可以看出，这种形式的一体化氧化沟在空间总体上更接近于 Bardenpho

工艺，在工艺布置上更接近于改良型 UCT 工艺。

另外，这种一体化氧化沟的内回流方式借鉴了 Carrousel 2000 和 Carrousel 3000 工艺，从好氧区至缺氧区的回流利用了水力作用，省去了大回流比的硝化液机械回流设备，且固液分离器在实现固液分离作用的同时实现了污泥向好氧段的无泵自动回流，再次省掉了一套机械回流装置。与一般 A^2/O 不同，由于这种一体化氧化沟的固液分离区设置在与曝气设备相对的另一侧直段上，污泥实际上是回流至好氧区中的缺氧段。因此，从回流来看，这种一体化氧化沟的回流系统更类似于 UCT 和 VIP 工艺，若考虑回流污泥和回流硝化液之间的关系，确切地讲，一体化氧化沟更接近于 VIP 工艺。这种回流系统提高了工艺的脱氮除磷效果。

9.8.3　SBR 工艺

序批式活性污泥法（Sequencing Batch Reactor，简称 SBR 工艺）是一种将初沉、反应和二次沉淀各工序放在同一反应器中进行，提供一种时间顺序上的废水处理。整个处理过程分为进水、反应、沉降、出水、闲置 5 个时期。

SBR 工艺具有以下特点：工艺简单，不设二次沉淀池，无污泥回流；投资省、占地少，运行费用比传统活性污泥法低，处理效率高；耐有机负荷和有毒物负荷冲击能力强，运行方式灵活，由于是静止沉淀，出水水质好并能有效防止污泥膨胀；缺氧、好氧过程交替发生，泥龄短且活性高，可同时脱氮除磷。

SBR 工艺可根据所处理污水的性质及水量大小的不同而选择不同的运行方式。其生物脱氮运行程序如下：

①进水期。水连续进入处理池内，直至最高运行液位。在此期间，以高浓度的有机碳为电子供体，反硝化细菌将上一周期剩余的 NO_3^-—N 还原为 N_2。

②曝气期。该阶段除完成 BOD 的降解外，还要进行硝化。此段混合液的 DO 值应控制在 2.0 mg/L 之上，一般在 2～3 mg/L 之间，曝气时间一般也应大于 4 h。在该期内不进水也不排水。

③停曝搅拌期。在该阶段内停止曝气，保持搅拌混合，反硝化细菌进行消化脱氮。由于经曝气阶段之后有机物已被耗尽，反硝化细菌只能进行内源反硝化，既利用细胞内贮存的有机物作为电子供体进行反硝化。在进水期活性污泥也会吸附污水中有机物以多聚体形式储存起来。氮反应达到部分硝化后，停止向混合液内供氧，则储存的碳源释放，反硝化细菌可以利用这部分碳源进行 SBR 系统所特有的储存碳源反硝化。

④沉淀期。在该期内不进水、不排水、不曝气，反应池处于静沉状态，进行高质量泥水分离。

⑤排水期。在该期内将分离出的上清液排出。

⑥排泥期。排除上清液后，分离出的沉淀活性污泥的部分污泥在该期内作为剩余污泥被排放。排水、排泥阶段可同时进行。

通过改变运行程序，也可实现脱氮除磷，其程序如下：

①进水搅拌阶段。在此阶段内，聚磷菌进行厌氧放磷，DO 应控制在 0.2 mg/L 以下。

②曝气阶段。在该段内完成有机物的好氧分解外，还进行着氨氮的硝化和聚磷菌的好氧吸磷，DO 应控制在 2.0～2.5 mg/L 以上，故该阶段曝气时间一般应大于 4 h。但不宜过长，否则会导致磷的释放。

③停曝搅拌阶段。停止曝气,只进行混合搅拌。在该阶段内将进行反硝化脱氮,由于该段中 NO_3^- —N 浓度较高,一般不会导致磷的释放。该阶段历时应在 2 h 以上,时间越长,可使脱氮效率越高,并能降低进水搅拌阶段混合液中 NO_3^- —N 的浓度,避免对释放磷的干扰。但该阶段如时间过长,则会造成磷的二次释放。

④沉淀排泥阶段。该阶段内既进行泥水分离、又排放剩余污泥并将分离的上清液排出。此阶段能使 NO_x^- —N 进一步去除,沉淀和排水宜在 2 h 左右。

9.8.4 短程硝化反硝化工艺

长期以来,无论是在废水生物脱氮理论上还是在工程实践中,都一直认为要实现废水生物脱氮就必须使 NH_4^+ —N 经历典型的完全硝化反硝化过程(即传统硝化反硝化过程)才能被去除。在该过程中,NO_3^- —N 的生成不仅延长了脱氮反应历程,而且亦造成能源和外加碳源的浪费。因此,能否和如何有效地缩短控制脱氮历程成为近年来国内外学者的研究重点和热点,具有重要的应用价值。

从氮的微生物转化过程来看,氨氮被氧化或硝酸盐氮是由两类独立的细菌(氨氧化菌和亚硝酸盐氧化菌)催化完成的两个不同反应,应该可以分开。这两类细菌的特征也有明显的差异。对于反硝化菌,无论是 NO_2^- —N 还是 NO_3^- —N 均可以作为最终受氢体,因而整个生物脱氮过程可以通过 NH_4^+ —N→NO_2^- —N→N_2 的途径完成,人们把经此途径进行脱氮的技术定义为短程硝化反硝化(也称亚硝酸型硝化反硝化、亚硝化反硝化、半硝化反硝化、简捷硝化反硝化)生物脱氮技术。

短程硝化反硝化脱氮技术本质是将硝化过程控制在 HNO_2 阶段而终止,随后进行反硝化。氨氧化菌世代周期比硝化菌世代周期短,泥龄也短,将硝化反应控制在亚硝化阶段易提高微生物浓度和硝化反应速度,缩短硝化反应时间,从而可以减少硝化反应器容积,节省基建投资,另一方面,从氨氧化菌的生物氧化反应可以看到,控制在亚硝化阶段可节省将 NO_2^- —N 氧化为 NO_3^- —N 的氧量。此外,从反硝化的角度来看,从 NO_3^- —N 还原到 N_2 比从 NO_2^- —N 还原到 N_2 需要的氢供体多。因此,短程硝化反硝化生物脱氮的技术具有以下特点:

①在 NH_4^+ —N→NO_2^- —N→NO_3^- —N 一连串的硝化反应中,限制因子是亚硝化单胞菌属增长速度,而且为了维持亚硝酸型硝化方式所需要的 pH 值范围大致是 7.8～8.8。在这一 pH 值范围内,亚硝化单胞菌属的增长速度比为维持完全硝化方式所必需的 pH 值 6.8～7.8 范围内的增长速度大,为完成硝化作用所需要的极限污泥负荷范围也大。

②对流入硝化反应器的 NH_4^+ —N 进行生物氧化时,把 NH_4^+ —N 氧化到 NO_2^- —N 为止,较氧化成 NO_3^- —N 为止更能节省能源。

③短程硝化反硝化脱氮方式中,在脱氮反应初期便存在着来自 NO_2^- —N 阻碍作用的一段停滞期。尽管包括这个停滞期在内,NO_2^- —N 的还原速度仍然较 NO_3^- —N 的还原速度快。

④在短程硝化反硝化脱氮方式中,作为脱氮菌所必需的氢供体(即有机碳源)的需要量较传统生物脱氮可减少 50% 左右。

要实现短程反硝化脱氮,就必须设法使废水中的氨氮和有机氮尽可能只转化为亚硝酸氮,避免硝酸根的生成,在控制手段上需注意以下方面:

①亚硝酸型硝化的可行性。从生化反应来看,硝化作用是指 NH_4^+ —N 被氧化成 NO_2^- —N,然后再进一步氧化成 NO_3^- —N 的过程。可以通过控制硝化菌和亚硝化菌的相对活

性，或通过调整曝气量，避免 NO_2^- －N 进一步转化为 NO_3^- －N，使反应尽可能停留在亚硝化阶段。

②硝化杆菌活性可控性。废水中游离氨(FA)对硝化菌和亚硝化菌的毒性差别很大。0.6 mg/L的游离氨就可使硝酸菌受到严重的抑制；但亚硝酸菌对 FA 的承受能力就大得多，40 mg/L 以下的 FA 对其活性影响不大。因此可以借此来控制硝化类型。

③控制氧供给量的可行性。在硝化进程中，通过在线监测体系中 COD、DO 及 NH_4^+ －N 的浓度，可以实现对氧浓度的控制。

第 10 章　城市水资源的合理开发与利用

10.1　水资源开发利用状况

水是地球上最宝贵的一种自然资源，是所有生物结构组成和生命活动的主要物质基础，生命起源于古代的海水之中，一切生物皆离不开水。从全球范围讲，水是连接所有生态系统的纽带，自然生态系统既能控制水的流动又能不断促使水的净化和循环。因此，水在自然环境中，对于生物和人类的生存来说具有决定性的意义。水是人类社会可持续发展的限制因素。

据统计，全球城市生活用水量 1900 年为 $200\times10^8\ m^3$，1950 年为 $600\times10^8\ m^3$，到 1975 年就发展 $1\ 500\times10^8\ m^3$，2000 年则高达 $4\ 400\times10^8\ m^3$，100 年内增加了 21 倍。照这样的速度发展下去，到 2050 年，城市用水就相当于目前的全球用水量，全球 55%以上人口将面临水危机。目前，我国 668 个建制市中缺水市达 400 多个，其中严重缺水的城市有 110 个，年缺水量达 60 多亿 m^3，影响工业产值达 2 000 多亿元。1949 年，我国城市人口 5 800 万人，城市用水量 $6.3\times10^8\ m^3$，1980 年，城市人口 22 000 万人，城市用水量 $64\times10^8\ m^3$，到 2000 年，城市人口达到 30 600 万人，城市用水量已经达到 $168\times10^8\ m^3$，仅半个世纪就增加了 25 倍多，比世界平均速度快 1 倍。城市化是现代化进程中的重要一步，在我国城市化快速发展的时期，随着城市规模的不断扩大和城市化进程不断加快，城市缺水问题日益严重，并加大了地下水开采量，导致规划区地下水超采，引发了地面沉降，地下水降落漏斗不断扩大等一系列的环境地质问题。可见，水资源紧缺是城市发展所面临的一个十分突出问题，已经给人民生产、生活带来了严重影响，而且在城市化进程中，城市水文循环和水环境物质代谢的失衡严重影响着城市水环境的量和质，使城市水资源环境问题日益突出，而且这种发展影响将会更加严重。

10.1.1　全球水资源

地球上的水量是极其丰富的，其总储水量约为 13.86 亿 km^3，大部分水储存在低洼的海洋中，占 96.54%，而且其中 97.47%(分布于海洋、地下水和湖泊水中)为咸水，淡水仅占总水量的 2.53%，且主要分布在冰川与永久积雪(占 68.70%)之中和地下(占 30.36%)。由于绝大部分的淡水以冰雪的形式存在于南北极，可供人类利用的淡水不到地球上水量的 1% 。由此可见，尽管地球上的水是取之不尽的，但适合饮用的淡水资源则是十分有限的。

近年来，由于世界人口增长和社会经济发展，人类的用水量也在激增，加上浪费和水资源污染的与日俱增，从而使人类面临着更加紧迫的水量型和水质型的水资源不足的问题。

水资源管理已经成为全球性的重大问题，因为世界各国都不同程度地遭受了或将要面临各种各样的水问题：水短缺、水污染、用水效率低下等。《北京青年报》有预言说，下一场世界危机很可能是为了争夺淡水而引发的，这绝不是危言耸听。2003 年地球日的主题是“生命之水，未来之水”。设在美国华盛顿的“地球日工作网”最新公布了世界水现状的 10 个事实：

①淡水是地球上最宝贵的资源之一，但分布极不均匀。地球上所有的水中，只有 2.5%是淡水。

②全球 40%的人口得不到安全的饮用水。

③全球 80%的疾病与劣质饮用水有关。

④全球 1/3 的家庭必须到家庭之外去打水。现在，东非的人们从家到打水的地方平均要走 21 min。

⑤地球上的可饮用水正在面临枯竭。到 2025 年，最贫困的国家有半数将面临严重的水资源短缺。

⑥农业污染、工业污染和矿业废物导致全球范围内的储水层(含水土层)遭到累积污染。

⑦全球 80%的森林遭到破坏，导致世界水资源储备总量急剧下降。

⑧水资源管理不善，已经导致环境退化、自然资源不可恢复性的损害，这使得边远地区民生更加艰难。

⑨水资源浪费，尤其是农业和高耗水企业的水资源浪费，已经造成了全球水资源的危机。使用一次马桶所冲掉的水，是一个发展中国家的人一整天的饮用水、做饭用水、洗涤用水和清洁卫生用水的总和。浪费加剧了水资源危机。

⑩全球变暖带来的海平面升高和季节模式变更，正在加剧着水资源危机。

1992 年初，就有 156 个国家的代表参加联合国“世界水资源与环境大会”，向全世界发出警告，“水资源短缺已成为当今世界面临的最严峻挑战之一”。

10.1.2　我国水资源

1. 我国水资源特点

(1)水资源总量大，但人均水平较低

我国是淡水资源匮乏国。水资源总量 28 000 亿 m^3，居世界第六位，但人均占有量仅列世界第 88 位。1985 年，对全国 324 个城市的调查表明，缺水城市有 183 个，全国总缺水量每天 2 000 万 t，影响工业产值 2 000 亿元。水已经成为制约国民经济发展和人民生活水平提高的重要因素。

我国人普遍认为以色列缺水，但是若按人均计算，以色列的人均水资源量为 408 m^3，而在我们国家，山东省人均占有水资源量为 381 m^3，河北省为 363 m^3，北京市为 329 m^3，宁夏回族自治区为 187 m^3，天津市仅为 153 m^3。

图 10.1 及图 10.2 分别列举出我国各省、自治区和直辖市水资源总量及人均占有量的排列顺序。

在 31 个省、自治区和直辖市中有一半以上人均占有水量低于全国平均量。国际上认为水资源紧张限值为：人均年水资源量低于 1 000 m^3，目前我国辽宁、山西、江苏、河南、山东、河北、北京、上海、天津等省、市都已达到此限值。这些地区地处沿海或中原，社会经济发达、城市化程度高，具有进一步发展的巨大潜力，而水资源短缺却成为这些地区可持续发展的制约因素。

据我国建设部统计，目前我国淡水资源匮乏的城市共有 124 个。

(2)水资源空间分布不均衡

我国水资源分布不均匀，我国南方地区水资源比较丰富，是余水地区。北方，尤其黄海、淮海流域，水资源十分贫乏。受季节气候的影响，东部地区虽然降水相对丰富，但降水和径流年内分配不均、年际变化大,而且水资源开发利用程度已较高。所以,节约用水、提高水的利用率在东部经济较发达地区显得尤为重要。

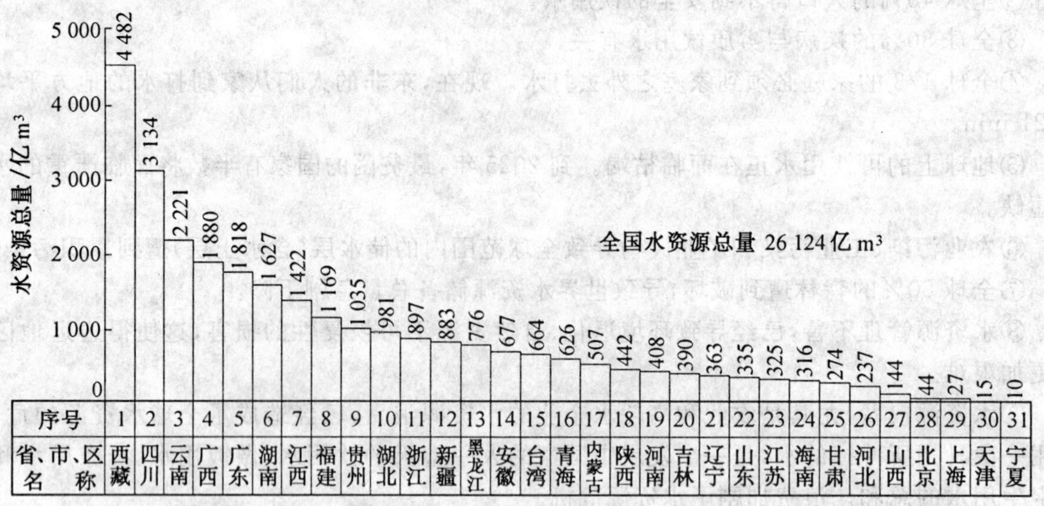

图 10.1 我国及各地的水资源总量

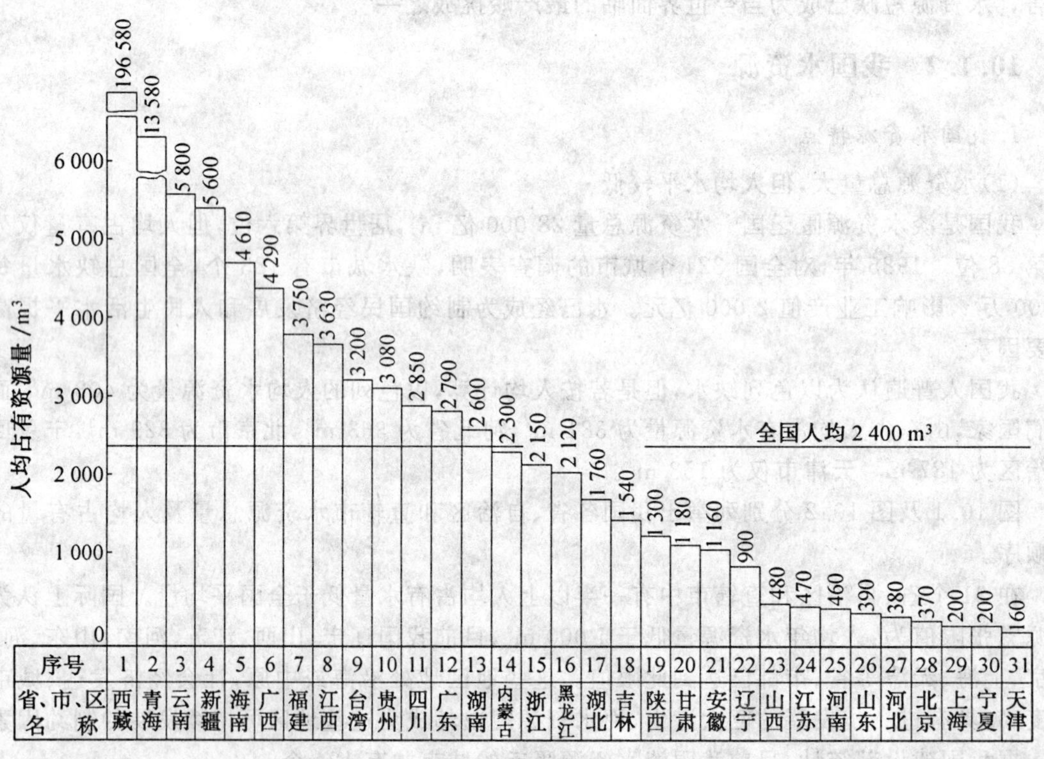

图 10.2 我国及各地人均占有水资源量

除了大中型河流及其沿河灌区外,我国广大北方地区的地表水已基本枯竭或遭到污染,就连我们的母亲河——黄河在 1997 年也出现了 226 d 的断流。如果不是靠中央政府的计划调节，黄河恐怕已经沦为内陆河流；黑河流域中游甘肃段的农业开发，导致流域下游内蒙古自治区阿拉善其的水越来越少，沿河地区变成了北方沙尘暴的重要来源之一。

在广大农村地区，始于 20 世纪 70 年代、在 80 年代达到高峰的打井热潮已经显现出了巨大的负面效应，就是地下水位持续下降。在我们所谓的平原地区，地下水埋深浅则 10 余米，深则 50 多米，机井的深度因此而轻易地突破 100 m，这导致农民打一眼最普通的灌溉井的费用接近 1 万元。在山东广饶县，浇一亩地的电费一年就要 100 元左右(7 毛钱一度电)；如果能让地下水位上升，升至埋深 10 m，那么占全面积不到一半的南部 30 余万亩井灌区地，单是电费就可以节省 2 000 万元。

在城市、乡村与生态 3 个方面，水资源的承载力已经不足以保证正常的用水需求，生态环境是第一受害者：地下水下降，草场与灌木林退化、死亡，河流干涸，海水入侵等。由此，我们提出了停止开荒、退出部分耕地的对策，但是发展的步伐与惯性使得退耕的要求离真正的生态恢复相差太远……

(3)水土资源组合不相适应

东北、西北、黄淮河流域径流量只占全国总量的 17%，长江以南江河径流量占全国的 83%。此外，对水资源的开发利用各地也很不平衡，南方多水地区水的利用程度较低，北方少水地区地表水、浅层地下水开发利用程度较高。

由于水资源利用与水量分布的不均衡，水资源的不合理开发及浪费，导致我国的水资源环境问题日益严重。表 10.1 是我国南北方水土资源对比情况。

表 10.1　我国南北方水土资源对比情况

流　域	水资源总量		耕地面积	
	$\times 10^8\,m^3$	%	亿亩	%
南方流域(4 片)	21 737	79.89	5.70	37.8
北方流域(6 片)	5 473	20.11	9.36	62.2
全国	27 210	100	15.06	100

10.2　污水再生回用

水已经成为短缺资源，世界各国不同程度地存在着水资源短缺带来的问题，因而如何更有效地分配有限水资源的问题就凸显出来。因而，水的价值就得到进一步的体现，水的商品特性也进一步突出。

全球性水污染已对人类生存和社会发展构成越来越严重的威胁，防止水环境的恶化，保护水资源，走可持续发展的道路已成为人类共同追求的目标。所以，污水再生回用是经济发展和水资源保护不可或缺的组成部分。

城市缺水十分严重，城市污水白白流失，既浪费了资源，又污染了环境。和城市供水几乎相等的城市污水中，只有 0.1%的污染物质，比海水中 3.5%少得多，其中绝大部分是可以再利用的清水。水在自然界是唯一不可代替的，也是唯一可重复利用的资源。城市污水就近可得，易于收集，再生处理比海水淡化成本低廉，处理技术也比较成熟，基建投资比远距离引水经济得多。当今世界各国解决缺水问题时,城市污水作为可靠的第二水源,在未被充分利用之前,禁止随意排放至自然水体中去。

城市缺水是个严重的问题,为确保城市可持续发展的长期用水需求,必须采取各种有效措施来解决城市用水问题。

为了解决城市水问题,企业根据环保要求也建立了污水处理设施,污水处理再生回用有充分的水源保证。生产的这些再生污水,除极少部分用于工厂的冷却和园林绿化外,大部分都排放掉了,无形中造成了水资源的浪费。实现污水再生回用是缓解我国城市用水供需矛盾的重要途径。因此,实现污水再生应抓紧以下几个方面工作:一是要将城市污水再生回用纳入城市水资源管理总体规划中,使再生污水回用率逐年提高,以减缓城市供水量的增加;二是要对污水处理厂的周边企业,政府应强制使用再生污水,减轻城市供水压力;三是要实现污水再生回用的商品化、产业化和社会化,本着谁投资谁受益的原则,鼓励多元化投资建设污水回用设施,并允许向社会出售;四是政府对污水设施的建设及再生水出售应给予相应的优惠政策,以形成良性循环。资料显示,经推算,污水处理厂达到三级处理水的基建投资为 1 500～2 000 元/m^3,水处理成本为 0.8 元/m^3 左右。而大连市市引碧工程基建投资为 4 500 元/m^3,制水成本为 1.5 元/m^3左右。其次,污水再生回用可节省排污费,同时由于回用所取的水费可使污水处理设施运行管理达到保本微利的水平。再次,污水再生回用是一个不受季节影响,水量和水质相对稳定的供水水源,利用好这个水源不但可减少引水工程投资,同时可节约治理环境污染所需的资金。

城市污水回用可以缓解水资源危机,由于它具有水资源稳定可靠、处理成本较低等优点,已经越来越受到世界各国人们的重视。城市污水经处理后可广泛应用与工业、农业、城市杂用水、景观用水、补充水源等多个领域,为提高污水回用质量,拓展水回用范围,城市污水回用深度处理技术成为一项重要的研究课题。

10.2.1 污水回用概述

1.水污染现状及危害

水作为社会有用的资源必须符合 3 个条件,即必须有合适的水质、足够的可利用的水量,以及能在合适的时间满足某种特殊用途。

我国水污染现状是“局部有所改善,整体仍在恶化”。目前,我国大江大河干流水质尚好,但临近大城市河段及城市附近的小河支流均已程度不同地受到了污染,严重的已成了臭水沟。随着城市的发展和工业中心的转移,污染已经由城市转向农村、由地表水受污染转向地下水受污染。目前,我国的湖泊大多呈富营养化,面积也不断萎缩,近海水域亦因受污染,而赤潮频发。人类使用过的生活废水、工业废水等污染水体排入受纳水体,造成水体污染。随着工农业生产和人口的增长,造成了所谓的“环境危机”。水资源的不足,加上地表水、浅层地下水的污染又减少了可供利用水资源的数量,形成了所谓的污染性缺水,造成了“水荒”。

水污染对人体健康及工农业生产的持续发展带来了极大的危害。水体受到污染后,对环境的生态系统会造成很大的危害,严重时会使水体生态平衡破坏,物质循环中止,水生动物会中毒死亡,甚至危机人类生命,并使经济严重受损。

(1)需氧污染物

生活污水和某些工业废水中所含的蛋白质、脂肪和木质素等有机化合物可在微生物作用下最终分解为简单的无机物质，这些有机物在分解过程中要消耗大量的 O_2。这些污染物进入水体后会耗去水中大量的溶解氧，甚至会使水生动物大批死亡；污染严重时，还会使溶解氧降至零，造成水体内厌氧细菌活跃，有机物分解产生 NH_3-N、H_2S 等，导致水体发黑发臭，迫使物质循环中止，水体自净作用功能几近丧失。

(2)植物营养物

植物营养物是指过多的营养物质进入天然水体，将使水质恶化，影响渔业的发展和危害人体健康。水体中植物营养物质，将会导致水生藻类及蓝细菌大量繁殖。过度的繁殖会造成水中溶解氧急剧减少，因而造成鱼类大量死亡。某些藻类和蓝细菌的蛋白类毒素，可富集在水产生物体内，并通过食物链使人中毒。大量的藻类遗体可使湖、河变浅，最终成为沼泽地。而且水体富营养化会使加氯量成倍的增加，生成卤代烃之类的有害物质；化合态的氮对人体及生物有毒害作用，如亚硝酸胺等有致癌、致畸作用，引水水中 NO_3^--N 含量高可引起高铁红蛋白症等。

(3)有毒物质

污染水体中含有多种对人体及生物有毒的物质，轻则引起种种慢性疾病和急性疾病，重则危及生命。例如，汞、镉、铅、砷等重金属毒性较大；还有锌、铜、钴、锡等重金属也有一定的毒性，这些重金属在水体中不能被微生物降解，可通过沉淀作用、吸附作用沉积于水体底泥中造成长期的危害。有些通过食物链的生物放大、迁移和富集等作用，危及人体健康。如日本的“骨痛病”因镉积累过多而使骨中钙被镉取代所致；氟可引起软骨病；长期饮用含铬水，可致人口角糜烂、腹泻和消化道机能紊乱等。还有一些工业排放的有机物，如氰、联苯胺、硝基苯、多环芳烃和酚等。当人体摄入少量酚时，可引起呕吐、腹泻、头疼头昏、精神不安等慢性中毒症状，量多时，会引起急性中毒死亡。

(4)油类

石油进入水体后会沿水面扩散，使鱼、鱼卵、海鸟等死亡。这些油在水体中被微生物氧化分解后会耗去大量溶解氧，海洋油污染还会破坏风景优美的海滨环境。

(5)酸碱及无机盐类

矿山排水中的酸性废水和碱法造纸、人造纤维、纺织等工业的废水中的碱，它们可腐蚀管道，增加水的硬度，若用以灌溉会引起土壤的盐碱化。由于人为的因素，城市水环境系统比天然水环境情况显得更为复杂。城市水环境系统由自然系统和人工循环利用系统所组成。在自然循环系统中，水体通过蒸发、降水和地面径流与大气联系起来，另外，城市水体与地下水通过土壤渗透和地下水补给运动联系起来。城市水资源利用的人工循环系统由城市给水系统、排水和处理系统组成，在这一系统的运行过程中，除了有部分水量消耗外，主要发生的是水质变化过程。因此，城市污水处理系统在水循环中起着决定性作用，对下游的再利用水资源的再利用有着重大影响。当污水再经过处理，达到一定水质要求后，实现了污水资源的回用，这是解决城市水资源不足的重要途径。

2. 污水资源化及回用

现代污水处理设施及其终端处理厂应该增强再生功能，使处理后排放的污水能作为第二水资源被开发利用，这样不仅能缓和城市水资源的短缺，而且是社会、经济、环境 3 种效益达到高度统一的有效途径。

城市污水量随着用水量的增长而增加，由于许多国家对水污染的控制已经引起了重视，同时在法律上制定了一系列排放标准。因此,城市污水水质相对稳定,它不受气候等自然条件的影响,又不需要长距离引水,只要处理得当,是城市可利用的第二水资源。城市污水资源化是将污水进行净化处理后,进行直接或间接的回用,使之成为城市水资源的一个组成部分,这样既可消除水环境污染,又可促进生态的良性循环。另外,污水资源立足当地,较少受到其他客观因素的牵制,比较容易实施,而且还有利于过量开采地下水而引起的地面沉降得到及时的控制。在严重缺水地区,地表水一般已无潜力可挖,不得不进行跨流域引水,但是跨流域引水基建投资高,长距离多级抽水,运行费用也高,而且还要受到各种自然条件的影响,实施比较困难。地下水的过量开采,会引起地面沉降和水质下降等环境水文地质问题。因此,必须严格地控制地下水的开采量。沿海城市可以利用海水资源,但海水淡化的成本太高,利用海水替代淡水直接用于工业冷却是可行的,然而,这种方法,只有滨海地区可以采用,有很大的局限性。所以,实现污水资源化是解决水危机的一条途径。

目前城市用水变得越来越紧张,其主要原因是浪费引起的,各单位在用水技术上非常落后,这和城市单位用水管理的混乱状况是密切相关的。

污水回用可作为一种合法的替代水源,在美国正在得到越来越广泛的利用,成为城市水资源的重要组成部分。2000 年,加利福尼亚州的污水回用量为 8.64 亿 m^3,污水回用率 10%(回用水量与污水总量之比),回用水量占平水年份全州城镇年用水总量的 7%左右。加州埃尔温市(Irvine,人口 26 万人),约 20%的用水需求是通过回用水满足的。美国城镇污水回用的用途十分广泛,包括非饮用用途的直接利用和饮用用途的间接利用。从回用水的使用构成上看,农作物灌溉、回灌地下水、景观与生态环境用水以及工业用水等几项是最主要的用途。加州的统计数据显示,全部回用水总量中,约 32%用于农业灌溉、27%用于回灌地下水、17%用于绿化灌溉、7%用于工业生产、3%用于补充地表径流、营造湿地和休闲娱乐水面等景观生态用水、1%用于屏蔽海水人侵、其余 13%用于城镇公共建筑和居民家庭的多种非饮用用途,包括冲厕、洗车、街道清洗、建筑物的卫生保洁、非食品和非饮食用具的洗涤等。回用工程的回用量越大,其吨水投资越小,吨水成本越低,经济效益越显著。例如,太原北郊污水净化厂通过对污水二级处理的工艺改造,将污水成功地回用于太原钢铁公司的循环冷却水。太原北郊净化厂改造后的 A^2/O 工艺进出水指标见表 10.2。该工程于 1992 年竣工投产,经 5 年运行实践证明,对太钢生产无任何影响。

表 10.2 太原北郊污水净化厂进出水指标

分析项目	BOD_5	COD	SS	TP	NH_4-N
原污水 /(mg·L^{-1})	90.1 (46.0~168.2)	198.2 (114.6~471.5)	89.4 (40.3~235.1)	1.04 (0.38~2.91)	25.7 (8.62~43.51)
处理出水 /(mg·L^{-1})	9.0 (4.0~15.8)	24.1 (7.0~49.0)	5.7 (1.0~14.4)	0.23 (0.01~0.94)	1.78 (<0.01~4.96)
去除率/%	90.0 (90.4~91.3)	87.8 (89.6~3.3)	93.6 (93.9~97.5)	78.6 (67.7~98.2)	96.1 (85.1~99.9)

污水回用应得到政府部门的优先考虑。在城市规划中,应结合本市地区的实际情况,优先考虑污水回用设施的建设,而不是急于寻找新的水源地,并马上进行远距离输水工程。应加大政府部门的协调力度,统一安排水资源的使用,争取回用水的用户。在宣传方面,向用水单位作好科学普及工作,提供充足的论据,带他们参观已有的污水回用工程,使他们对使用回用水

产生信心，发挥污水回用工程的最大效益来实现输水渠道防渗化、管道化，大田喷灌、滴灌化，灌溉科学化、自动化，灌溉水的利用等。

污水回用工程的经济效益是明显的，通过水价的确定、水费的征收，不仅满足回用水工程的运行费用，亦可保证二级污水处理的运行费用，减轻了地方财政的压力，保证污水处理设施的正常的运行，发挥其环保功能。

总之，污水回用工程的建设，开创了城市供水的第二个可靠的水源。它具有显著的经济效益、社会效益和环境效益，是解决城市供水紧张局面的有力武器。随着各城市污水回用工程投入运行，城市环境将得到进一步的改善，城市建设和人民生活水平必将会得到进一步的提高。

3.我国城市居民的用水状况

一方面，我国城市生活用水仅占全国用水量的2%～3%，略低于印度，约为全世界平均值的1/4～1/3，远低于经济发达国家的12%～18%。但另一方面，我国的城市生活用水增长迅速，50年来增长约23倍，年均递增长率近7%。与此同时，同发达国家相比，总体上我国城市生活用水水平仍偏低，这与目前的经济发展与人民生活水平有关。但是，一些城市水的供需矛盾突出，城市生活用水紧张的状况难以解除。城市公共建筑特别是集体宿舍、办公楼等用水浪费比较严重。

在水污染、水浪费以及水短缺3个问题的认识上，居民的认识程度也有较大差异。受教育程度高，对水问题的认识程度也相对较高。

这些水问题应该引起有关部门的注意，并通过加大对水短缺现状的宣传和采用有效的市场水价管理引起人们对水短缺问题的关注。

人口密度大、水资源总量不足，经济发展相对落后的地区，如果没有人工对水资源空间分布和时间分配的干预，不论是现在，还是未来，都将受到水资源紧缺的严重威胁，甚至可能出现水危机。

快速城市化是未来中国社会和经济发展的重要特征。由于城市是人口和经济活动的集聚区，对水资源要求量六而且集中，不仅水资源短缺地区的城市不得不面对水资源问题，水资源相对丰富地区的城市也同样会受到水资源不足的困扰。这些缺水城市分布范围遍及全国，但相对集中于水资源紧缺指数高的地区。解决城镇缺水问题要从当地水资源实际情况出发，与社会经济发展的长远目标相联系，根据水资源的压力类型和水资源紧缺程度，采取各种措施大力开展节约用水，以缓解城镇水资源紧缺态势，逐渐实现城市化发展与区域水资源供求的协调，实现城镇水资源的可持续利用。

城市用水按用水主体的不同可以大致分为单位用水和城市居民用水，其中，用水单位还可以细分为工业生产单位、行政事业单位、商业服务业单位等。就工业生产单位来说，目前的主要问题是生产用水量过大，水的重复利用率不高，用水成本较低，经济效益低等。行政事业单位用水存在的主要问题是用水浪费比较难于管理，问题在于被服务对象的用水行为难以控制。表10.3和表10.4列出了我国城市居民生活用水定额(平均日)和综合生活用水定额(平均日)。

表 10.3 居民生活用水定额(平均日)

L/(cap · d)

城市规划 分区	特大城市	大城市	中、小城市
一	140～210	120～190	100～170
二	110～160	90～140	70～120
三	110～150	90～130	70～110

注:cap 表示“人”的计量单位。

表 10.4 综合生活用水定额(平均日)

L/(cap · d)

城市规划 分区	特大城市	大城市	中、小城市
一	210～340	190～310	170～280
二	150～240	130～210	110～180
三	140～230	120～200	100～170

注:①特大城市指:市区和近郊区非农业人口 100 万及以上的城市;大城市指:市区和近郊区非农业人口 50 万及以上,不满 100 万的城市;中、小城市指:市区和近郊区非农业人口不满 50 万的城市。

②一区包括:贵州、四川、湖北、湖南、江西、浙江、福建、广东、广西、海南、上海、云南、江苏、安徽、重庆;二区包括:黑龙江、吉林、辽宁、北京、天津、河北、山西、河南、山东、宁夏、陕西、内蒙古河套以东和甘肃黄河以东的地区;三区包括:新疆、青海、西藏、内蒙古河套以西和甘肃黄河以西的地区。

③国家级经济开发区和特区城市,根据用水实际情况,用水定额可酌情增加。

10.2.2 污水回用目标及回用水质标准

1.污水回用目标

(1)污水回用的途径

污水回用是指污水经处理达到回用水水质要求后,回用于工业、农业、城市杂用、景观娱乐、补充地表水和地下水等。城市污水回用途径广泛,表 10.5 是《城市污水再生利用分类》(GB/T 18919—2002)中提出的城市污水再生利用类别。其中,工业、农业和城市杂用是城市污水回用的主要对象。

表 10.5 城市污水再生利用类别

序号	分类	范围	示例
1	农、林、牧、渔业用水	农田灌溉	种籽与育种、粮食与饲料作物、经济作物
		造林育苗	种籽、苗木、苗圃、观赏植物
		畜牧养殖	畜牧、家畜、家禽
		水产养殖	淡水养殖

续表 10.5

序号	分类	范围	示例
2	城市杂用水	城市绿化	公共绿地、住宅小区绿化
		冲厕	厕所便器冲洗
		道路清扫	城市道路的冲洗及喷洒
		车辆冲洗	各种车辆冲洗
		建筑施工	施工场地清扫、浇洒、灰尘抑制、施工中的混凝土构建和建筑物冲洗
		消防	消火栓、消火水跑
3	工业用水	冷却用水	直流式、循环式
		洗涤用水	冲渣、冲灰、消烟除尘
		工艺用水	溶料、水浴、漂洗、水利开采、水利输送、选矿、搅拌、油田回注
		产品用水	浆料、化工制剂、涂料
		锅炉用水	中压、低压锅炉
4	环境用水	娱乐性景观环境用水	娱乐性景观河道、景观湖泊及水景
		观赏性景观环境用水	观赏性景观河道、景观湖泊及水景
		湿地环境用水	恢复自然湿地、营造人工湿地
5	补充地下水	补充地表水	河流、湖泊
		补充地下水	水源补给、防止海水入侵、防止地面沉降

(2)污水回用水质的基本要求

为达到污水回用安全可靠，城市污水回用水水质应满足以下基本要求：

①回用水的水质符合回用对象的水质控制指标；

②回用系统运行可靠，水质水量稳定；

③对人体健康、环境质量、生态保护不产生不良影响；

④在保健卫生方面不出现危害人体健康的问题；

⑤回用于生产目的时，对产品质量无不良影响；

⑥对使用的管道、设备等不产生腐蚀、堵塞、结垢等问题；

⑦使用时没有嗅觉和视觉上的不快感；

⑧处理成本低、经济核算合理；

⑨建立合理的水价体制，运用经济杠杆节约用水；

⑩加强节水宣传教育，提高市民节水意识和节水管理参与意识。

(3)污水回用的资源化

污水回用资源化是解决我国水资源短缺的必由之路。我国是世界上的贫水国之一，而且城市缺水呈现继续扩大趋势。事实上，很多地区不是没有水，而是无可用之水。据调查，80%

以上的污水未经处理直接排入水域,90%以上的城市水域污染严重。全国因污染而不能饮用的地表水占全部监测水体的40%、流经城市河段中的78%不适合作为饮用水源、50%地下水受到污染、64%的人正在使用不合格的水源。

为了解决严峻的水环境污染问题,在未来的城市化建设过程中,要统筹解决这些问题,加大污水资源化的力度是一种必然选择。这一项措施,效益好、潜力大、一举数得。对水资源利用政策以及污水治理与资源化等方面必须有本质的改变与升华:第一,改变对水资源的认识观念,不能仅仅认定现存的地面水、地下水为水资源,还应该扩大到可利用的水资源;第二,通过集成污水处理技术,使污水达到资源化的程度;第三,在水资源利用政策上要充分体现污水再利用的调配水资源原则,不应该只强调取用新鲜水源与远距离调水,只有合理的利用污水资源,才能使城市周围的水体保持洁净,才能使受污染水体的水质逐渐得以恢复;第四,城市污水资源化具有开源节流、减轻水体污染、改善生态环境、解决城市缺水的多功能作用。所以,污水资源化不仅仅针对我国北方或缺水地区,就是南方水资源较丰富的地区,也应将污水资源化纳入城市供水规划。否则,将有可能出现"人为缺水城市"。发展污水回用,推进污水资源化,是实现有限水资源合理利用,增强省会水资源自给能力和安全保障的必然选择。

2.回用水质标准

城市污水经过深度处理后,水质能够达到回用的标准,可以作为水资源加以利用,利用途径应以不直接与人体接触为准,其中主要回用于城市公共事业如作为冷却水、市区景观河道用水、厕所洁具冲洗、城市绿化、洗车、清扫等生活杂用水、农田灌溉水、景观娱乐用水、废水养鱼、回注地下、锅炉补给水等。回用水水质标准是确保回用安全可靠和回用工艺选用的基本依据。为了解决日趋严重的水资源短缺问题,实现污水再生回用,改善当前水资源短缺局面。引导污水回用健康发展,确保回用水的安全使用,我国制定了一系列回用水水质标准。包括《污水排入城市下水道水质标准》(CJ 18—86)、《再生水用作冷却水的建议水质标准》、《再生水用作市区景观河道用水的建议水质标准》、《生活杂用水水质标准》(CJ 25.1—89)、《农田灌溉水质标准》(GB 5084—92)、《景观娱乐用水水质标准》(GB 12941—91)、《国家渔业水质标准》(GB 11607—89)、《大庆油田注水水质指标》(Q/DQ—1995)、《底压锅炉水标准》(GB 1157—86)。

①污水排入城市下水道水质标准。污水种类繁多,水质要求各不相同,污水排入城市下水道水质标准见表10.6。

表10.6 《污水排入城市下水道水质标准》(CJ 18—86)

单位:mg/L(除水温、pH值及易沉固体)

序号	项目名称	最高允许浓度	序号	项目名称	最高允许浓度
1	pH值	6~9	16	氟化物	15
2	悬浮物	400	17	汞及其无机化合物	0.05
3	易沉固体	10 mL/L 15 min	18	镉及其无机化合物	0.1
4	油脂	100	19	铅及其无机化合物	1
5	矿物油类	20	20	铜及其无机化合物	1
6	苯系物	2.5	21	锌及其无机化合物	5

续表 10.6

序号	项目名称	最高允许浓度	序号	项目名称	最高允许浓度
7	氰化物	0.5	22	镍及其无机化合物	2
8	硫化物	1	23	锰及其无机化合物	2
9	挥发性酚	1	24	铁及其无机化合物	10
10	温度	55 ℃	25	锑及其无机化合物	1
11	生化需氧量(Sd,20 ℃)	100(300)	26	六价铬无机化合物	0.5
12	化学耗氧量（重铬酸钾法）	150(500)	27	三价铬无机化合物	3
13	溶解性固体	2 000	28	硼及其无机化合物	1
14	有机磷	0.5	29	硒及其无机化合物	2
15	苯胺	3	30	砷及其无机化合物	0.5

注:括号内数字适用于有城市污水处理厂的下水道系统。

②回用水用作工业冷却水时,《城市污水回用设计规范》(CECS61:94)给出的水质标准见表 10.7。

表 10.7　再生水用作冷却水的建议水质标准

项　目	直流冷却水	循环冷却补充水
pH 值	6.0～9.0	6.5～9.0
SS/(mg · L^{-1})	30	5
浊度 / 度		
BOD_5/(mg · L^{-1})	30	10
COD_{cr}/(mg · L^{-1})		75
铁/(mg · L^{-1})		0.3
锰/(mg · L^{-1})		0.2
氯化物/(mg · L^{-1})	300	300
总硬度(以 $CaCO_3$ 计)/(mg · L^{-1})	850	450
总碱度(以 $CaCO_3$ 计)/(mg · L^{-1})	500	350
总固体/(mg · L^{-1})	1 000	1 000
游离余氯/(mg · L^{-1})		0.1～0.2
异氧菌总数/(个 · mL^{-1})		5×10^5

③回用水用于工业工艺用水时,回用水产品直接接触产品作冲洗用水或原料用水,因各行业生产工艺不同,很难制订统一的水质标准,可参照以清水为水源的行业水质标准,或通过实验,经技术经济综合比较,确定特定工艺用水标准。当回用水回用于多种用途时,其水质标准应按最高要求确定。对于向工业区多用户区域供水的城市再生水厂,可按用水量最大的工业

冷却水水质标准考虑。个别水质要求更高的用户，可自行补充处理，直至达到该用户的回用水质标准为止。

④回用水用作市区景观河道用水时，《城市污水回用设计规范》给出的水质标准见表10.8。

表 10.8　再生水用作市区景观河道用水的建议水质标准

项　目	标准值	项　目	标准值
pH值	6.5～9.0	总磷/$(mg \cdot L^{-1})$	夏季＜2,非夏季不控制
SS/$(mg \cdot L^{-1})$	30	铁/$(mg \cdot L^{-1})$	0.4
臭	无不快感	氯化物/$(mg \cdot L^{-1})$	350
BOD_5/$(mg \cdot L^{-1})$	20	总固体/$(mg \cdot L^{-1})$	1500
COD_{cr}/$(mg \cdot L^{-1})$	75	总大肠杆菌数/$(个 \cdot L^{-1})$	10000
氨氮(以N计)/$(mg \cdot L^{-1})$	夏季＜10,非夏季＜20		

⑤回用水用于厕所洁具冲洗、城市绿化、洗车、清扫等生活杂用时，应符合现行的《生活杂用水水质标准》(CJ 25.1—89)的规定，见表10.9。在流行地区或社会文化、环境条件特殊地区，应参照本建议作修正。

表 10.9　生活杂用水水质标准(CJ 25.1—89)

项　目	厕所便器冲洗,城市绿化	洗车,扫除
浊度/度	10	5
溶解性固体/$(mg \cdot L^{-1})$	1 200	1 000
悬浮性固体/$(mg \cdot L^{-1})$	10	5
色度/度	30	30
臭	无不快感觉	无不快感觉
pH值	6.5～9.0	6.5～9.0
BOD_5/$(mg \cdot L^{-1})$	10	10
COD_{cr}/$(mg \cdot L^{-1})$	50	50
氨氮(以N计)/$(mg \cdot L^{-1})$	20	10
总硬度(以$CaCO_3$计)/$(mg \cdot L^{-1})$	450	450
氯化物/$(mg \cdot L^{-1})$	350	300
阴离子合成洗涤剂/$(mg \cdot L^{-1})$	1.0	0.5
铁/$(mg \cdot L^{-1})$	0.4	0.4
锰/$(mg \cdot L^{-1})$	0.1	0.1
游离余氯/$(mg \cdot L^{-1})$	管网末端水不小于0.2	
总大肠菌群/$(个 \cdot L^{-1})$	3	3

⑥《农田灌溉水质标准》(GB 5084—92)列出了回用水用于灌溉时某些组分的限制，见表10.10。

表 10.10　农田灌溉水质标准(GB 5084—92)

单位:mg/L(特别注明和 pH 值除外)

序号	项　目		作物分类		
			水作	旱作	蔬菜
1	BOD_5	≤	80	150	80
2	COD_{cr}	≤	200	300	150
3	悬浮物	≤	150	200	100
4	阴离子表面活性剂(LAS)	≤	5.0	8.0	5.0
5	凯氏氮	≤	12	30	30
6	总磷(以 P 计)	≤	5.0	10	10
7	水温 /℃	≤	35		
8	pH 值	≤	5.5 ～8.5		
9	全盐量	≤	1 000(非盐碱土地区);2 000(盐碱土地区);有条件的地区可以适当放宽		
10	氯化物	≤	250		
11	硫化物	≤	1.0		
12	总汞	≤	0.001		
13	总镉	≤	0.005		
14	总砷	≤	0.05	0.1	—0.05
15	铬(六价)	≤	0.1		
16	总铅	≤	0.1		
17	总铜	≤	1.0		
18	总锌	≤	2.0		
19	总硒	≤	0.02		
20	氟化物	≤	2.0(高氟区);3.0(一般区)		
21	氰化物	≤	0.5		
22	石油类	≤	5.0	10	1.0
23	挥发酚	≤	1.0		
24	苯	≤	2.5		
25	三氯乙醛	≤	1.0	0.5	0.5
26	丙烯醛	≤	0.5		
27	硼	≤	1.0(对硼敏感作物,如:马铃薯、黄瓜 、韭菜、洋葱、柑橘等); 2.0(对硼耐受性较强的作物,如:小麦、玉米、青椒、小白菜、葱等); 3.0(对硼耐受性强的作物,如:水稻、萝卜、油菜、甘蓝等)		
28	类大肠杆菌数/(个 · L^{-1})	≤	10 000		
29	蛔虫卵数 /(个 · L^{-1})	≤	2		

注:在以下地区,全盐量水质标准可以适当放宽。

①具有一定的水利灌排工程设施,能保证一定的排水和地下水径流条件的地区;

②有一定淡水资源能满足冲洗土体中盐分的地区。

⑦我国制定的《景观娱乐用水水质标准》(GB 12941—91)。景观环境回用指经处理的城市污水回用于观赏环境用水、娱乐性景观环境用水、湿地环境用水等,其水质主要控制指标,见表10.11。

表 10.11　景观娱乐用水水质标准

序号	项　目	分　类		
		A类	B类	C类
1	色	颜色无异常变化		颜色不超过25色度单位
2	臭	不得含有任何异臭		无明显异臭
3	漂浮物	不得含有漂浮的浮膜、油斑和聚集的其他物质		
4	透明度/m　≥	1.2		0.5
5	水温/℃	不高于近10年当月平均水温2℃		不高于近10年当月平均水温4℃
6	pH值	6.5~8.5		
7	溶解氧(DO)/($mg \cdot L^{-1}$)　≥	5	4	3
8	高锰酸盐指数/($mg \cdot L^{-1}$)　≤	6	6	10
9	BOD_5/($mg \cdot L^{-1}$)　≤	4	4	8
10	氨氮/($mg \cdot L^{-1}$)　≤	0.5	0.5	0.5
11	非离子氨/($mg \cdot L^{-1}$)　≤	0.02	0.02	0.2
12	亚硝酸盐氮/($mg \cdot L^{-1}$)　≤	0.15	0.15	1.0
13	总铁/($mg \cdot L^{-1}$)　≤	0.3	0.5	1.0
14	总铜/($mg \cdot L^{-1}$)　≤	0.01(浴场0.1)	0.01(海水0.1)	0.1
15	总锌/($mg \cdot L^{-1}$)　≤	0.1(浴场1.0)	0.1(海水1.0)	1.0
16	总镍/($mg \cdot L^{-1}$)　≤	0.05	0.05	0.1
17	总磷(以P计)/($mg \cdot L^{-1}$)　≤	0.02	0.02	0.05
18	挥发酚/($mg \cdot L^{-1}$)　≤	0.005	0.01	0.1
19	阴离子表面活性剂/($mg \cdot L^{-1}$)　≤	0.2	0.2	0.3
20	总大肠杆菌指数/(个$\cdot L^{-1}$)　≤	10 000		
21	类大肠杆菌/(个$\cdot L^{-1}$)　≤	2 000		

注:①氨氮和非离子氨在水中存在化学平衡关系,在水温高于20℃、pH>8时,必须用非离子氨作为控制水质的指标。

②浴场水温各地区根据当地的具体情况自行规定。

⑧当用作废水养鱼时,应遵照《国家渔业水质标准》(GB 11607—89),见表10.12。

表 10.12　国家渔业水质标准

单位:mg/L(特别注明和 pH 值除外)

项目序号	项　　目	标准值	项目序号	项　　目	标准值
1	色、臭、味	不得使鱼、虾、贝、藻类带有异色、异臭、异味	17	氟化物(以 F^- 计)	≤1
2	漂浮物质	水面不得出现明显油膜或浮沫	18	非离子氨	≤0.02
3	悬浮物质	人为增加的量不得超过 10,而且悬浮物质沉积于底部后,不得对鱼、虾、贝类产生有害的影响	19	凯氏氮	≤0.05
4	pH 值	淡水 6.5～8.5,海水 7.0～8.5	20	挥发酚	≤0.005
5	溶解氧	连续 24 h 中,16 h 以上必须大于 5,其余任何时候不得低于 3,对于鲑科鱼类栖息水域冰封期其余任何时候不得低于 4	21	黄磷	≤0.001
6	生化需氧量(5 d,20 ℃)	不超过 5,冰封期不超过 3	22	石油类	≤0.05
7	总大肠菌群	不超过 5 000 个/L(贝类养殖水质不超过 500 个/L)	23	丙烯腈	≤0.5
8	汞	≤0.000 5	24	丙烯醛	≤0.02
9	镉	≤0.005	25	六六六(丙体)	≤0.002
10	铅	≤0.05	26	滴滴涕	≤0.001
11	铬	≤0.1	27	马拉硫磷	≤0.005
12	铜	≤0.01	28	五氯酚钠	≤0.01
13	锌	≤0.1	29	乐果	≤0.1
14	镍	≤0.05	30	甲胺磷	≤1
15	砷	≤0.05	31	甲基对硫磷	≤0.000 5
16	氰化物	≤0.005	32	呋喃丹	≤0.01

注:①各项标准数值系指单项测定最高允许值。

②标准值单项超标,即表明不能保证鱼、虾、贝正常生长繁殖,并产生危害、危害程度应参考背景值、渔业环境的调查数据及有关渔业水质基准资料进行综合评价。

⑨当回用水回注地下,作为油田注水时,可参照大庆油田天管理局企业标准《油田注水水质指标及分析检测方法》(Q/DQ－1995),见表 10.13。用作其他用途的地下回注,应慎重考虑,要防止污染地下水。

表 10.13　大庆油田注水水质指标(Q/DQ－1995)

序号	项　　目	注入层渗透率/ m^2		
		>0.8	0.1～0.6	<0.1
1	含油量/(mg·L^{-1})	≤20	≤10	≤5
2	总含铁量/(mg·L^{-1})	≤0.5	≤0.5	≤0.5
3	悬浮固体质量浓度/(mg·L^{-1})	≤5	≤3	≤1
4	悬浮固体颗粒直径/m	≤5	≤3	≤2
	体积百分比 p/%	≥70	≥80	≥80
5	溶解氧质量浓度/(mg·L^{-1})	≤0.5	≤0.5	≤0.5
6	硫化物质量浓度(指二价硫)/(mg·L^{-1})	≤20	含油污水≤20 其他水≤10	≤10
7	游离二氧化碳质量浓度/(mg·L^{-1})	≤10	≤10	≤10
8	腐生菌(TGB)质量浓度/(个·mL^{-1})	清水≤10^5	≤10^3	≤10^2
9	硫酸盐还原菌(SBR)质量浓度/(个·mL^{-1})	清水≤10^4	≤10^2	≤10^2
10	腐蚀率/(mm·a^{-1})	≤0.076	≤0.076	≤0.076
11	膜率系数 MF	清水≥10 含油污水≥10	≥15	≥20

⑩当回用水用作锅炉补给水时,可参考我国现行的《底压锅炉水标准》(GB 1157—86),见表 10.14～10.16。

表 10.14　蒸汽锅炉锅外化学处理水质

项　目		给　　水			锅　　水		
额定蒸汽压力/MPa		≤1.0	>1.0 ≤1.6	>1.6 ≤2.5	≤1.0	>1.0 ≤1.6	>1.6 ≤2.5
悬浮物/(mg·L^{-1})		≤5	≤5	≤5			
总硬度/(mmol·L^{-1})		≤0.03	≤0.03	≤0.03			
总碱度/(mmol·L^{-1})	无过热器				6～26	6～24	6～16
	有过热器					≤14	≤12
pH 值(25 ℃)		≥7	≥7	≥7	10～12	10～12	10～12
溶解氧/(mg·L^{-1})		≤0.1	≤0.1	≤0.05			
溶解固形物/(mg·L^{-1})	无过热器				<4 000	<3 500	<3 000
	有过热器					<3 000	<2 500
SO_3^{2-}/(mg·L^{-1})						10～30	10～30
PO_4^{3-}/(mg·L^{-1})						10～30	10～30
相对碱度(游离 NaOH/溶解固形物)						<0.2	<0.2
含油量/(mg·L^{-1})		≤2	≤2	≤2			

表 10.15　热水锅炉水质标准

项　　目	锅内加药处理		锅外化学处理	
	给　水	锅　水	给　水	锅　水
悬浮物/(mg·L^{-1})	≤20		≤5	
总硬度/(mmol·L^{-1})	≤4		≤0.6	
pH 值(25 ℃)	≥7	10～12	≥7	10～12
溶解氧/(mg·L^{-1})			≤0.1	≤0.1
含油量/(mg·L^{-1})	≤2		≤2	

表 10.16　蒸汽锅炉锅内加药处理水标准

项　　目	给　水	锅　水
悬浮物/(mg·L^{-1})	≤20	
总硬度/(mmol·L^{-1})	≤4	
总碱度/(mmol·L^{-1})		8～26
pH 值(25 ℃)	≥7	10～12
溶解固形物/(mg·L^{-1})		<5 000

10.2.3　污水回用处理系统

为了解决严重的水污染问题，应该建立健全污水处理系统，达到污水循环再利用的效果。城市污水回用系统以城市污水、工业洁净排水为水源，经污水处理厂及深度处理工艺处理后，回用于工业用水、农业用水、城市杂用水、环境用水和补充水源水等。

污水回用系统根据各自的特点，一般而言，在建筑或小区中的水系统可就地回收、处理和利用、管路短、投资小、容易实现，但水量平衡调节要求高、规模效益较低。从水资源利用的综合效益分析，城市污水回用系统在运行管理、污泥处理和经济效益上有较大的优势。但要求铺设回用水输送管道，对整体规划的要求较高。

1. 污水回用系统的分类

污水回用系统按污水处理量可分为：家庭污水再生回用系统、建筑物中的污水再生回用系统、集中式污水再生回用系统。

(1)家庭污水再生回用系统

据了解国外已有以家庭为单位的超小型污水处理再生回用设施，但由于价格昂贵，至今尚未普及。国内一些专家也设计出此类型的处理系统，例如，大连久远节水设备制造公司已经研制出“久远牌家庭循环用水设备”，将家庭生活的洗浴、洗衣等生活废水集中收集，经处理后再循环使用，节水效果非常明显。该设备取得了国家专利，通过了有关部门的鉴定，具备了批量生产的条件。但该设备仅适用于没有水处理设施的居民住宅小区。

(2)建筑物中的污水再生回用系统

资料显示，中水回用系统中，大连市 1994 年颁布了《大连市中水设施建设管理办法》，明确规定在城市规划区内新建下列工程，应该规定配套建设中水设施。

①建筑面积超过 2 万 m^2 宾(旅)馆、饭店、商场、公寓、综合性服务楼及高层商品住宅等建筑；

②建筑面积超过 3 万 m^2 的机关、科研单位、企业、大专院校和综合性文化、体育建筑；

③规划人口 1 万人以上的住宅小区、集中建筑区；

④优质杂排水日排放量超过 250 m^2 的独立工业、企业及成片开发的工业小区。

根据规定大连市开始推广应用中水处理技术，从中水技术推广应用的经验来看，中水处理系统只有在较大规模的建筑物上使用才经济可行。这种处理系统需要自来水、中水、杂排水、污水 4 条管道系统，比污水再生回用系统增加一套优质排水管道收集系统。

(3)集中式污水再生回用系统

每个城市建立多个污水处理厂，其目的是将处理后的污水达到环保标准后排放。增加水工程总投资，做进一步处理，达到中水水质排放的标准。处理每立方米水工程总投资(包括设备)只需增加 500 元左右，处理成本每立方米只需 0.2 元的处理费用，就可以再重复利用。回用水用于小区冲厕、绿化、景观等各个方面，只需自来水、中水、污水三条管道系统。用于工厂不但可节约大量的水资源，而且还可以降低生产成本。

2. 城市污水回用系统的组成

城市污水回用系统一般由污水收集、回用水处理及深度处理、回用水输配、用户用水管理等部分组成。

(1)污水收集

污水收集主要依靠城市排水管道系统实现，包括生活污水排水管道、工业废水排水管道和雨水排水管道。对于收集工业洁净水为水源的回用系统，可以利用城市排水管道，或另行建设收集管道。

(2)回用水处理及深度处理

污水深度处理再利用系统一般以污水二级处理系统的出水作为原水，通过混凝沉淀、过滤、生物脱氮除磷等深度处理工艺，进一步去除污水残存的污染物质，也称为三级处理系统。

城市污水回用深度处理基本技术有：混凝沉淀、化学除磷、过滤、消毒等。对回用水水质有更高要求时，可采用活性炭吸附、脱氮、离子交换、微滤、超滤、纳滤、反渗透、臭氧氧化等深度处理技术。根据去除污染物的对象不同，二级处理出水可采用的相应深度处理方法见表 10.17。

表 10.17 二级处理出水深度处理方法

污染物		处理方法
有机物	悬浮物	过滤(上向流、下向流、重力式、压力式、移动床和多层滤料)，混凝沉淀(石灰、铝盐、高分子)，微滤，气浮
	溶解性	活性炭吸附(粒状炭、粉状炭、上向流、下向流、流化床、移动床、压力式、重力式吸附塔)，臭氧氧化，混凝沉淀，生物处理
无机盐	溶解性	反渗透，纳滤，电渗析，离子交换
营养盐	磷	生物除磷，混凝沉淀
	氮	生物硝化及脱氮，氨吹脱，离子交换，折点加氯

城市污水处理系统的具体流程如图10.3所示。确定污水处理流程的主要依据是所要达到的处理程度，在处理技术的选择上要尽可能合理、先进、保证处理出水不会造成二次污染，同时应选用高效、节能的处理设备，以节约建设投资和运行管理费用。

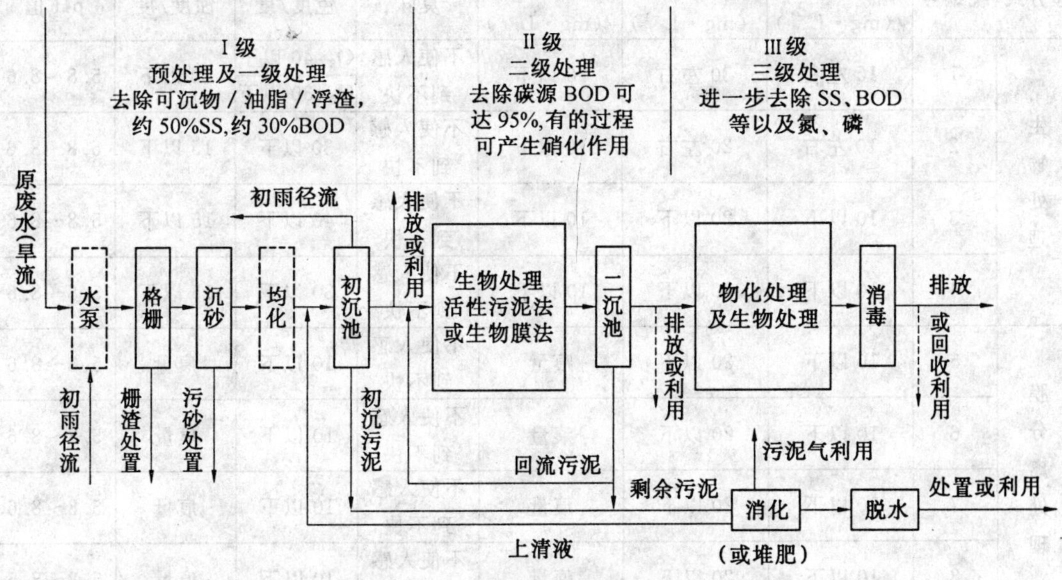

图10.3　城市污水处理系统

注：①泵有时不需要，亦可能移至沉沙后，或与均化结合。②在小型污水处理厂中，可酌情使用均化。③初雨径流一般只处理到初沉为止。④在有条件的地方，可结合采用稳定塘及土地处理。

随着城市与工业生产的不断发展，供水需求与供水实际能力之间的矛盾会逐渐扩大，在我国缺水城市，大力推广城市污水深度处理和再生回用技术，将对我国节约水资源，解决供水矛盾，缓解供水压力起到很好的作用。预计污水深度处理和再生回用技术将有较快的发展。

污水深度处理及回用技术主要包括加药混凝、过滤、消毒、活性炭吸附和臭氧氧化、生物除磷脱氮等。污水深度处理和回用的最终目的是进一步去除污水中的BOD、COD、SS等污染物，达到污水净化和回用所要求的标准。

污水深度处理和回用组合工艺主要有二级强化处理出水→加药→混凝→沉淀→过滤→消毒→回用，以及二级强化处理出水→加药→混凝→沉淀→过滤→活性炭吸附→消毒→回用等。

污水回用深度处理技术（混凝、沉淀、过滤等）是各个系统的中间环节，起着承前启后的作用，中心处理技术为二类，一类是一般的二级处理，即生物处理技术（活性污泥法或生物膜法），另一类则是膜分离技术（超滤、纳滤、反渗透、电渗析等）。深度处理技术设置的目的是使处理水达到对回用水规定的各项指标。其中采用滤池去除悬浮物；通过混凝沉淀去除悬浮物和大分子有机物；溶解性有机物则由生物处理技术、臭氧氧化和活性炭吸附还能够去除色度、臭味；杀灭细菌则用臭氧和投氯进行，投氯还可以防止在管壁上结垢。

各处理系统一般都具有对原污水的一定水质、水量变动的适应性以及易于维护管理的特征。推进污水深度处理，普及再生水回用是人类与自然兼容协调，创造良好水环境，促进循环型社会发展进程的一项重要举措。表10.18所列举的则是各处理系统，对各项指标所能达到的处理效果。

表 10.18　城市污水回用处理系统的处理效果

中心处理方式	处理系统编号	处理水质						
		BOD /$(mg \cdot L^{-1})$	COD /$(mg \cdot L^{-1})$	SS /$(mg \cdot L^{-1})$	臭味	色度/度	浊度/度	pH 值
生物处理	1	15 左右	30 左右	10 以下	不使人感到不快	O_2:40 以下 O_3:30 以下	20 以下	5.8～8.6
	2	10 左右	20 左右	10 以下	不使人感到不快	30 以下	15 以下	5.8～8.6
	3	10 以下	20 以下	10 以下	不使人感到不快	40 以下	15 以下	5.8～8.6
	4	10 以下	20 以下	10 以下	不使人感到不快	30 以下	15 以下	5.8～8.6
膜分离处理	5	10 以下	20 以下	痕量	不使人感到不快	10 以下	痕量	5.8～8.6
	6	10 以下	20 以下	痕量	不使人感到不快	10 以下	痕量	5.8～8.6
	7	10 以下	20 以下	痕量	不使人感到不快	10 以下	痕量	5.8～8.6
	8	10 以下	20 以下	痕量	不使人感到不快	10 以下	痕量	5.8～8.5

(3)回用水输配

回用水的输配系统应建立成独立系统，输配水管道宜采用非金属管道，当使用金属管道时，应进行防腐蚀处理。当水压不足时，用户可自行建设增压泵站。回用水输配管网可参照城市给水管网的要求开展规划设计工作，除了确保回用水在卫生方面的安全外，回用水的供水可能产生供水中断、管道腐蚀以及与自来水误接误用等关系到供水安全性的问题。

(4)用户用水管理

回用水用户的用水管理十分重要，应根据用水设施的要求确定用户的管理要求和标准。如当回用水用于工业冷却时，用户管理包括水质稳定处理、菌藻控制和进一步改善水质的其他特殊处理，并建立合理的运行工艺条件，减轻使回用水可能带来的负面影响。当用于城市杂用水和景观环境用水时，则应进行水质水量监测、补充消毒、用水设施维护等工作。污水回用工程应对应回用水用户提出明确的用水管理要求，确保系统安全运行。

3. 城市污水回用处理工艺方法的选择

城市污水回用处理工艺方法的选择，要从以下几个方面分析比较确定：

①处理水量的规模；

②进水和出水水质；

③水量、水质的变化情况；

④占地面积大小；

⑤维护管理的难易程度；

⑥经济性方面，包括建设费、运行费；

⑦对环境的影响；

⑧工程实际应用情况；

⑨处理性能情况，包括处理效果、处理的稳定性、抗冲击负荷性能、产泥量及污泥的稳定化程度等。

4. 城市污水再生处理回用的目的与意义

解决了水资源短缺和水危机问题，因为污水再生处理回用使得城市自来水消耗量大量减少，极大地缓解了水资源的不足，是规模较大、效益较高的节约用水措施。

城市污水的回用，实现了污水的资源化，减少了水域污水的排放量，实现了环境效益、经济效益和社会效益的三赢模式，使水在自然界中形成了良性循环，对保障城市经济持续发展具有重要的战略意义。

以污水为原水的再生处理厂的制水成本低于或甚至远远低于以自然水为原水的自来水厂，尤以远距离引水更为突出。这不仅减少了水资源的浪费，而且降低了远距离引水的能耗和建设费用等。

按照南水北调工程“先节水后调水，先治污后通水，先环保后用水”的指示精神，城市污水再生处理回用作为缺水城市的第二水源，从根本上解决城市缺水具有深远的意义。

5. 城市污水回用存在的问题及展望

城市污水回用既可缓解水资源的紧缺状况，又有利于区域水污染综合整治，达到节约新鲜水资源和兼得环境效益的目的。但为什么不能很快地在缺水地区推广应用呢？分析原因如下：

①缺乏必要的法规以保证城市污水的再利用；

②在管理体制上，给水及排水分别管理，不能统筹地对污水进行处理并提供用户使用；

③目前的低水价政策对污水回用水不利，对这一问题，近年来一些严重缺水城市已适当地提高了水价，为污水回用提供了有利的条件；

④尚未建立合理的使用再生水的优惠政策，以及在政策上如何对用户保证稳定的供水和事故时的备用水源(自来水)的供给；

⑤对国内技术成熟、应用效果好的示范工程的经验宣传的不够，信息不通；

⑥人们对回用水存在心理上的障碍，对回用水的水质能否满足使用要求抱有怀疑态度，总认为不如自来水好，不敢轻易使用。

总之，虽然城市污水回用尚存在一些问题，但近几年来，在有关部门的领导下，作了大量的工作和技术上的准备，国家投入了不少研究费用，一些地方政府根据需要进行了示范工程的投资，到目前已取得了一些可喜的成果和实际应用的经验。截至 2008 年 10 月，全国设立城市、县及部分重点建制镇共建成污水处理厂 1 459 座，日处理能力 8 553 万 t(36 个大城市共建成 288 座，日处理能力为 3 497 万 t)，分别比“十五”末期增加 60.5%和 42.6%，全国设立的城市污水处理率已由 2005 年的 52%增加到 2007 年的 63%；在建城镇污水处理项目 1 033 个，设计日处理能力约 3 595 万 t。2008 年 1 至 10 月，全国已投入运行的城镇污水处理厂累计处理污水达 190 亿 t，运行负荷率达到 76%，同比分别增长了 21%和约 3 个百分点。这为缓解城市水资源紧缺作出了重要的贡献，因此，城市污水回用具有广阔的发展前景。

在国际金融危机的背景下，我国采取继续扩大内需，促进经济增长政策，把环境保护放在突出的战略位置。2008 年四季度新增的千亿元中央投资中，投向节能减排和生态建设的资金达 120 亿元。用于重点流域的水污染防治工程投资及用于城镇污水和垃圾处理设施、污水管网建设提速的资金高达 60 亿元，前者投资为 10 亿元，后者为 50 亿元。可以说，污水处理行业迎来空前的发展机遇。

虽然国家和各级政府对环境保护重视程度在不断提高，我国污水处理行业正在快速增长，污水处理总量逐年增加，城镇污水处理率不断提高，但目前我国污水处理行业仍处于发展的初级阶段。

一方面，我国目前的污水处理能力尚跟不上用水规模的迅速扩张，管网、污泥处理等配套设施建设严重滞后。另一方面，我国的污水处理率与发达国家相比，还存在着明显的差距，且处理设施的负荷率低。

因此，我国应完善污水处理的政策法规，建立监管体制，创建合理的污水处理收费体系，扶植国内环保产业发展，推进污水处理行业的产业化和市场化。污水处理行业是一个朝阳产业，发展前景十分广阔，由此我国污水处理行业将会迎来高速发展期。

第 11 章　污泥的处理

11.1　污泥的分类、性质与输送

污泥是污水处理后的副产品，是一种由有机残片、细菌菌体、无机颗粒、胶体等组成的，极其复杂性的非均质体。污泥量通常占污水量的 0.3%～0.5%（体积）或者约为污水处理量的 1%～2%（质量）；如果属于深度处理，污泥量会增加近一倍。

由于其成分复杂，既含有大量的有机质，又含有有害的重金属、病原微生物等，处理和处置费用高、堆放风险大。因而，如何安全、经济、合理地处置和利用污泥一直是当今世界各国十分关注的研究课题。

污泥处理与处置的目的主要有 4 个：

(1)稳定化

未经处理的污泥在堆放时极易自发地进行不希望的厌氧生物反应，产生异味并导致污泥脱水性质恶化。通过处理使污泥中的有机物停止降解，使容易腐化发臭的有机物得到稳定处理，从而避免二次污染。稳定化处理的目的就是：通过处理，使污泥避免发生不希望的生物反应或者使生物反应朝着人们希望的方向进行；改善污泥的脱水性质、减少污泥量；为能够用于农业、林业和城市绿化或者在垃圾填埋场最终处置创造条件。

(2)无害化

污泥无害化处理往往包括在稳定处理中，其目的是去除、分解或者“固定”污泥中的有毒、有害物质（重金属、有机有害物质）及杀灭寄生虫卵和病原微生物，使处理后的污泥在污泥最终处置中不会对环境造成危害。

污泥稳定化和无害化的方法主要有生物稳定法和化学稳定法两种，见表 11.1。

表 11.1　污泥稳定化和无害化的主要方法

处理方法		目　的	说　明
生物稳定	厌氧消化	稳定、减量	在无氧和一定温度下，通过厌氧微生物的作用，使污泥中的有机物转化为沼气等产物
	好氧消化	稳定、减量	在好氧条件下，使污泥中的微生物进行自身氧化，去除生物机体的可降解部分
化学稳定	加氯稳定	稳定、灭菌	用高剂量的氯气与污泥接触以对其进行化学氧化，杀死微生物
	石灰稳定	稳定、灭菌	投加消石灰使污泥的 pH 值达到 11.5 并保持一段时间，利用强碱性和石灰放出的大量热来杀灭传染病菌、防腐和钝化重金属

(3)减量化

减少污泥最终处置的体积，降低污泥处理及最终处置费用，使污水处理厂能够正常运行，确保污水处理效果。

污泥减量化划分为质量的减量和体积的减量，前者包括稳定和焚烧，污泥稳定化和焚烧是同一过程；后者主要是指通过浓缩、脱水、干化使污泥含水率降低(体积的减量化)的过程。

(4)资源化和最终处置

污泥处理处置就是解决处理后污泥的最终出路。在处理污泥的同时实现化害为利、循环利用、保护环境的目的，使有用物质能够得到综合利用，变害为利。

按污泥的最终处置途径划分为填埋、工业利用、土地利用、海洋抛弃等。随着环境问题的突出，人们已认识到污泥处理、处置的优先顺序是减容、利用、废弃，且经污泥减量化、稳定化、无害化处理后作为资源回用已经成为主流。

为实现上述目的，有不同的污泥处理和处置方法，而且这些方法也是互相结合在一起的。在实际中究竟采用何种方法，需要根据污泥的性质、成分、技术水平、当地条件和最终处置的方式来决定，污泥处理处置工艺选择如图 11.1 所示。

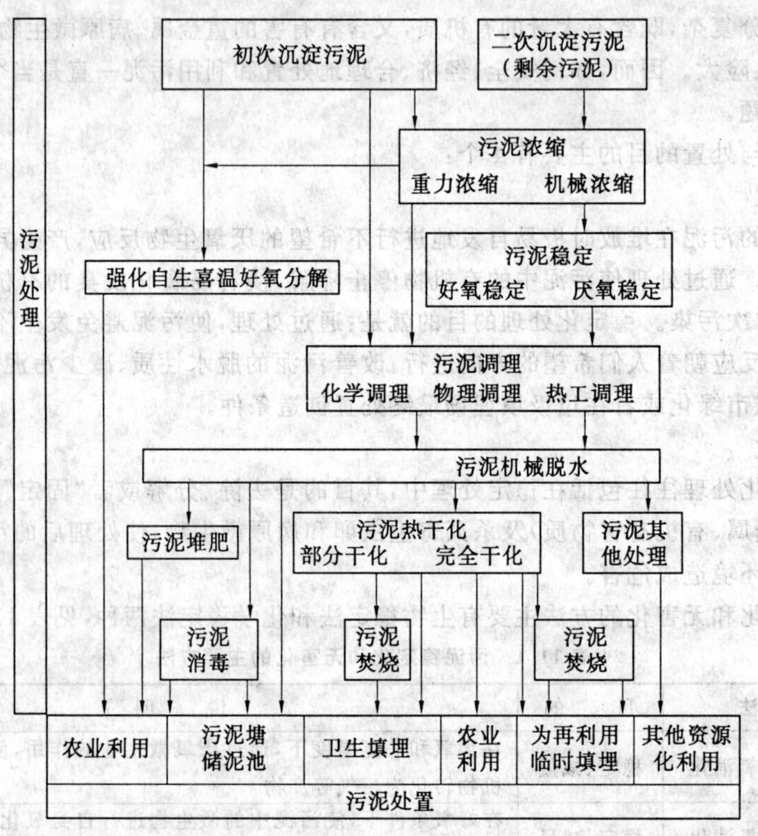

图 11.1 污泥处理处置工艺选择

11.1.1 污泥的分类

1. 按来源不同分类

(1)生污泥

生污泥也称为新鲜污泥，主要包括：

①初次沉淀污泥。来自初次沉淀池；

②剩余活性污泥。来自活性污泥法后的二次沉淀池；

③腐殖污泥。来自生物膜法后的二次沉淀池。

(2)熟污泥

熟污泥也称为消化污泥，指生污泥经厌氧消化或好氧消化处理后的剩余污泥。

(3)化学污泥

用化学沉淀法处理污水后产生的沉淀物称为化学污泥或化学沉渣。例如，用混凝沉淀法去除污水中的磷；投加硫化物去除污水中的重金属离子；投加石灰中和酸性污水以及酸、碱污水中和处理产生的沉渣均称为化学污泥或化学沉渣。

2. 按污泥的成分和性质不同分类

(1)亲水性污泥

亲水性污泥也称为污泥，其特性是以有机物为主要成分(有机物质量分数约为 60%～80%)，易腐化发臭，颗粒较细(粒径约为 0.02～0.2 mm)，比重较小(约为 1.02～1.006)，含水率高且不易脱水，容易管道输送，但脱水性能差，属于胶状结构的亲水性物质。初次沉淀池与二次沉淀池的沉淀物均属这类污泥。

(2)疏水性污泥

疏水性污泥也称为沉渣，其主要性质是以无机物为主要成分，颗粒较粗，比重较大(密度约为 2 g/cm^3 左右)，含水率较低，一般呈疏水性，容易脱水，但流动性差，不易用管道输送。沉砂池与某些工业废水处理沉淀池的沉淀物均属沉渣。

11.1.2　污泥的性质

1. 污泥的含水量与含水率

污泥中所含水分的多少称含水量。污泥含水量用含水率来表示，即污泥中所含水分的质量与污泥总质量之比的百分数。污泥的含水率一般都很大，故污泥比重非常接近水的比重，约为 1，所以在污泥的浓缩过程中，其体积、质量及干固体含量之间的关系可用下式近似换算为

$$\frac{V_1}{V_2}=\frac{W_1}{W_2}=\frac{100-P_2}{100-P_1}=\frac{C_2}{C_1} \qquad (11.1)$$

式中　P_1,V_1,W_1,C_1——污泥含水率为 P_1 时的污泥体积、质量与固体物浓度；

P_2,V_2,W_2,C_2——污泥含水率为 P_2 时的污泥体积、质量与固体物浓度。

需要注意的是，式(11.1)仅适用于含水率大于65% 的污泥。因含水率低于65% 以后，污泥内出现很多气泡，且由于固体颗粒的弹性，污泥将不再收缩，即体积与质量不再符合式(11.1)的关系。图11.2为污泥含水率与污泥体积的关系曲线。

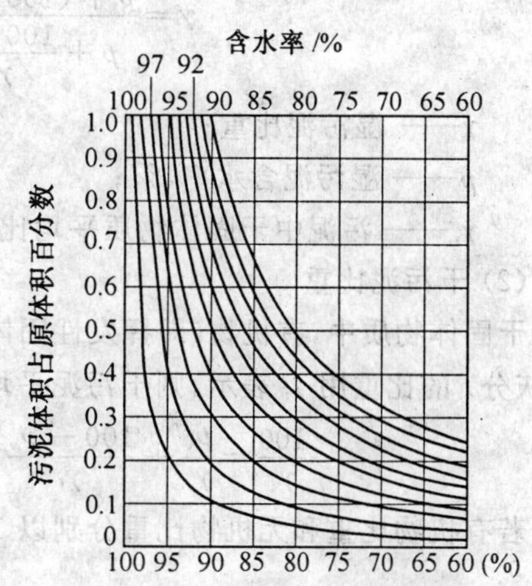

图 11.2　污泥含水率与污泥体积的关系曲线

2. 挥发性固体和灰分

挥发性固体也称灼烧减重，它近似地等于有机物含量；灰分也称灼烧残渣，表示无机物含量。

3. 可消化程度

可消化程度表示污泥中可被消化降解的有机物数量,也称为污泥消化的技术界限。污泥中的有机物,一部分是可被消化降解的(或称可被气化无机化);另一部分是不易或不能被消化降解的,如纤维素、脂肪类、乙烯类、橡胶制品等。

(1) 可消化程度

可消化程度用污泥中挥发性固体被消化分解的百分数来计算,即

$$R_d = \left(1 - \frac{P_{v_2} P_{s_1}}{P_{v_1} P_{s_2}}\right) \times 100 \tag{11.2}$$

式中　R_d—— 可消化程度,%;

P_{s_1},P_{s_2}—— 分别表示生污泥及消化污泥的无机物含量,%;

P_{v_1},P_{v_2}—— 分别表示生污泥及消化污泥的有机物含量,%。

(2) 消化污泥量

消化污泥量可用下式计算

$$V_d = \frac{(100 - p_1)V_1}{100 - p_d}\left[\left(1 - \frac{pV_1}{100}\right) + \frac{p_{v_1}}{100}\left(1 - \frac{R_d}{100}\right)\right] \tag{11.3}$$

式中　V_d—— 消化污泥量,m^3/d;

p_d—— 消化污泥含水率,%;

V_1—— 生污泥量,m^3/d;

p_1—— 生污泥含水率,%;

p_d,V_1,p_1,V_d 均取周平均值。

4. 湿污泥比重与干污泥比重

(1) 湿污泥比重

湿污泥质量等于污泥所含水分质量与干固体质量之和。湿污泥比重等于湿污泥质量与同体积的水的质量之比。湿污泥比重可用下式计算

$$\gamma = \frac{p + (100 - p)}{p + \dfrac{100 - p}{\gamma_s}} = \frac{100\gamma_s}{p\gamma_s + (100 - p)} \tag{11.4}$$

式中　γ—— 湿污泥比重;

p—— 湿污泥含水率,%;

γ_s—— 污泥中干固体物质平均比重,即干污泥比重。

(2) 干污泥比重

干固体物质中,有机物(即挥发性固体)所占质量分数及其比重分别用 p_v、γ_v 表示,无机物(即灰分)的比重用 γ_f 表示,则干污泥平均比重 γ_s 可用下式计算

$$\frac{100}{\gamma_s} = \frac{p_v}{\gamma_v} + \frac{100 - p_v}{\gamma_f} \quad 或 \quad \gamma_s = \frac{100\gamma_f\gamma_v}{100\gamma_v + p_v(\gamma_f - \gamma_v)} \tag{11.5}$$

若有机物比重和无机物比重分别以 1 和 2.5 计,则式(11.5)可简化为

$$\gamma_s = \frac{250}{100 + 1.5p_v} \tag{11.6}$$

代入式(11.4),则湿污泥比重为

$$\gamma=\frac{25\,000}{250p+(100-p)(100+1.5p_v)} \tag{11.7}$$

5. *污泥肥分*

污泥中含有很多植物的营养素(氮、磷、钾)、有机物及腐殖质等。氮能促进植物茎叶的生长,其中 $NO_3^- - N$ 可被植物直接利用,$NH_4^+ - H$ 要在土壤中分解和氧化后才能被利用。磷能激发植物根部的繁殖,加速成熟和增加植物对病虫害的抵抗能力。钾能促进植物的生长活力,是构成叶绿素的重要成分。此外,污泥中还含有植物生长所需的其他微量元素。污泥中的有机物、腐殖质可改善土壤结构,提高保水能力和抗蚀性,是良好的土壤改良剂。

表 11.2 和表 11.3 分别列举了国内外城市污水处理厂污泥的有机物质量分数和污泥中植物养分的质量分数。

表 11.2 污泥中有机物的质量分数(%)

项 目	初沉污泥		剩余污泥	
	我国[①]	美国	我国[①]	美国
总固体	3.2 ~ 7.8	2.0 ~ 8.0	1.4 ~ 2.0	0.83 ~ 1.2
挥发性固体	49.9 ~ 51.6	60 ~ 80	67.7 ~ 74.0	59 ~ 88
脂肪	10	7 ~ 35	6.4	5 ~ 12
蛋白质	13.8	20 ~ 30	38.2	32 ~ 41
碳水化合物	26.1	8 ~ 15	23.2	—

注:① 上海和天津两个污水处理厂的数据。

表 11.3 污泥中植物养分的质量分数(%)

成 分	N	P(以 P_2O_3 计)	K(以 K_2O 计)
天津(混合污泥)	2.2 ~ 5.0	0.6 ~ 1.8	0.3 ~ 0.5
上海(混合污泥)	3 ~ 6	1 ~ 3	0.1 ~ 0.3
美国(初沉污泥)	1.5 ~ 4	0.8 ~ 2.8	0 ~ 1
美国(剩余污泥)	2.4 ~ 5.0	2.8 ~ 11.0	0.5 ~ 0.7

11.1.3 污泥量的计算

1. *初次沉淀污泥量*

根据污水中悬浮物浓度、污水流量、去除率及污泥含水率,用下式计算初次沉淀的污泥量

$$V=\frac{100C_0\eta Q}{10^3(100-p)\rho} \tag{11.8}$$

式中 V—— 初次沉淀污泥量,m^3/d;

Q—— 污水流量,m^3/d;

η—— 去除率,%;

C_0—— 进水悬浮物质量浓度,mg/L;

p—— 污泥含水率,%;

ρ—— 沉淀污泥密度,以 1 000 kg/m³ 计。

2.二次沉淀池污泥量

二次沉淀池的污泥量也可近似地按式(11.8)计算,η 以 80% 计。曝气池剩余活性污泥量还可用本书第 5 章式(5.54)计算。

3.消化污泥量

消化污泥量根据可消化程度用式(11.3)计算。

11.1.4 污泥的输送

1.运输方法

可以用下列方法对污泥进行长距离运送:①管道;②卡车;③舶船;④将上述 3 种方式进行各种组合。为了尽可能地避免液体污泥滥流、发臭或病原菌散播,在输送液体污泥时应使用密闭容器,例如液槽车、罐车、加盖的或液体舱的舶船等。稳定的脱水污泥可以在敞开的容器内运送。

运输方法的选择和运输费用取决于以下因素:①运输的污泥性质、含水率和数量;②运输距离;③起点或目的地是否靠近公共交通系统;④对运输方法要求的灵活程度;⑤最后处理设施的预计使用年限。

(1)管道运输

污泥管道输送是污水处理厂内或长距离输送的常用方法。在符合下列 5 个条件时,应选用管道对污泥进行长距离输送:

①固定目的地输送;

②污泥的含水率较高、流动性能较好;

③污泥所含油脂成分较少,以免黏附于管壁缩小管径、增加阻力;

④污泥的腐蚀性低,不会对管材造成腐蚀或磨损;

⑤污泥的流量较大(不小于 30 m³/h)。

管道输送有重力输送与压力输送两种。采用重力输送时,距离不宜太长,管坡常用0.01～0.02,管径不宜小于 200 mm,中途应设置清通口。压力管道输送时,则需要进行详细的水力计算,具体的计算方式将在后面详述。

与其他污泥输送方法比较,管道输送具有卫生条件好,没有气味与污泥外溢,操作方便并利于实现自动化控制,运行管理费用低等优点。主要缺点是:一次性投资费用高,输送的地点固定,较不灵活。

(2)卡车运输

用卡车运输污泥是最灵活,也是使用最广泛的方法。不管是液体污泥,还是脱水污泥都可以用卡车运往不同的目的地。实践证明,对于中小型污水处理厂,如污泥必须用卫生填埋的方法处置或将污泥季节性地运往若干不同地点,采用卡车运送脱水泥饼是最经济的方法。其基本建设投资较少,操作简单。如果只有少量的污泥,一辆卡车可以供两个或两个以上的处理厂共用。

卡车输送虽然运费较高,但方便灵活,可将污泥直接运到污泥再利用的场地地面上,可不必在场地上另设分配系统。

(3)舶船运输

有多种不同大小和类型的舶船可用于运输污泥。含水率较高、流动性能较好的污泥可以采用污泥泵装船或卸船,或从污泥管道直接装船并用污泥泵卸船。脱水泥饼可采用抓斗或皮带输送机装船和卸船。舶船既可以是拖航的,也可以是自动推进的。

一般只有在处理废水流量超过 4.38 m^3/s 的大型污水处理厂用舶船运泥才是经济的。中小型污水处理厂的污泥可以用卡车或管道送往舶船集中转运站,将若干个处理厂的污泥装在一条舶船上。

2. 污泥输送设备

输送污泥用的污泥泵,在构造上必须满足不易被堵塞与磨损,不易受腐蚀等基本条件。用于污泥提升的设备主要有离心泵、旋转螺栓泵、隔膜泵及螺旋泵等,如图 11.3 所示。

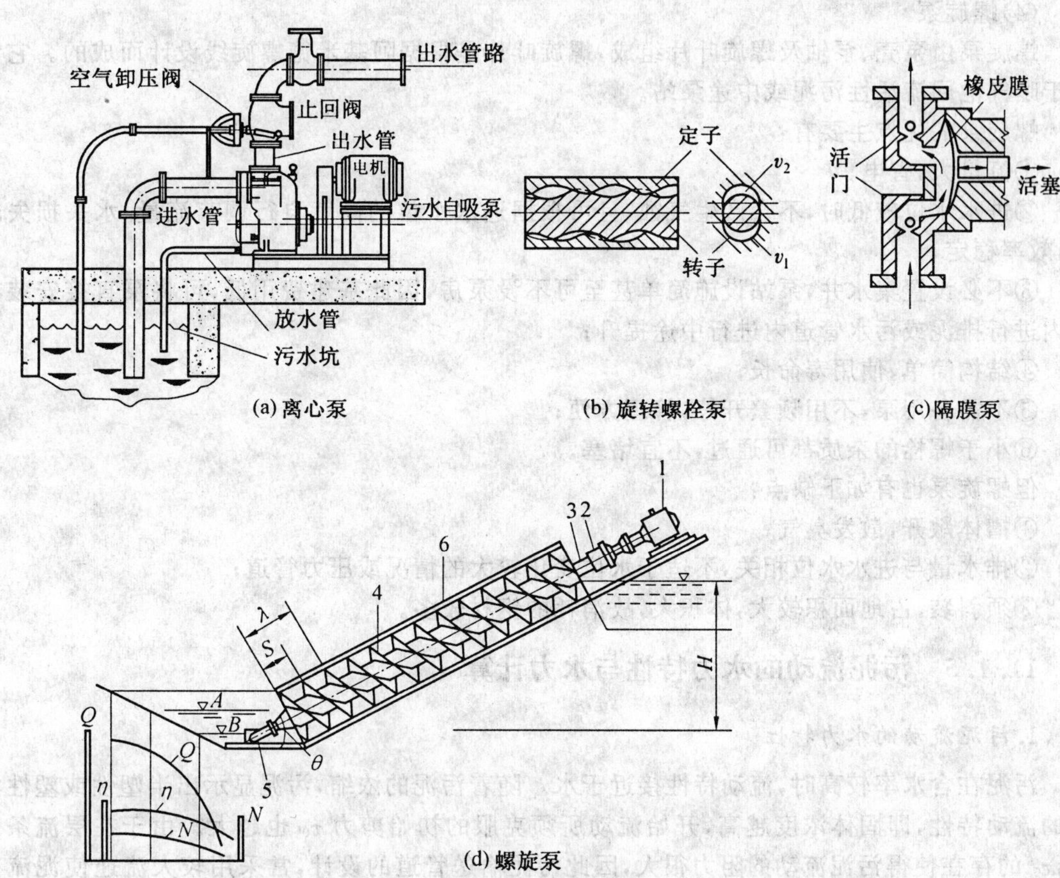

图 11.3　污泥泵

1—电动机;2—变速装置;3—泵轴;4—叶片;5—轴承座;6—泵壳;
A—最佳进水位;B—最低进水位;H—扬程;θ—倾角;S—螺距;
Q—流量;η—水泵效率;N—泵轴功率;S—螺旋出口端螺距;λ—螺旋导程

(1)离心泵

国产用于抽送污泥的离心泵有 PW 型与 PWL 型两种,可用于输送初沉池污泥、消化污泥和剩余污泥。离心泵的优点是:可提供较高的工作压力;缺点是:污泥含沙量较高或含有纤维状物质(如毛发等)时,水泵叶轮容易磨损和堵塞。

(2)旋转螺栓泵

旋转螺栓泵的工作原理是:螺栓状的转子与定子的螺纹互相吻合,在转子转动时,可形成空腔(吸泥)或吻合(压送),达到抽吸与输送污泥的目的。

旋转螺栓泵主要应用于输送浓度、黏度较大的污泥。抽升高度为 8.5 m 以内,启动前可不必灌水,转子转速为 100 r/m 时,输泥量可达 1～44 L/s,工作压力可达 0.3 MPa。在运转时要严格防止空转,以免烧坏定子。

(3)隔膜泵

隔膜泵没有叶轮,而是利用活塞推、吸隔膜使两个活门所产生的真空,进行污泥抽吸与压送。因此,隔膜泵的优点是:不存在叶轮的磨损与堵塞;但隔膜泵产生不稳定的脉动流量,仅适用于污泥量较小的污水处理厂。

(4)螺旋泵

螺旋泵由泵壳、泵轴及螺旋叶片组成,螺旋叶片是根据阿基米德螺旋线设计而成的。它常用于曝气池回流活性污泥或中途泵站。

螺旋泵的优点主要有:

①流量大,省电;

②进水水位较低时,不会产生气蚀,且可根据进水水位的高度自行调节流量,水头损失较小,效率稳定;

③不必设置集水井,泵站设施简单甚至可不设泵房,因此基建费用低,可将泵直接安装在池内进行排泥或污水管道内进行中途提升;

④结构简单,使用寿命长;

⑤不需备用泵,不用频繁开停,管理方便;

⑥小于螺栓的杂质都可通过,不宜堵塞。

但螺旋泵也有如下缺点:

①槽体敞开,散发臭气;

②排水量与进水水位相关,不适于水位变化较大的情况或压力管道;

③须斜装,占地面积较大,体积大,故消耗的钢材较多。

11.1.5 污泥流动的水力特性与水力计算

1. 污泥流动的水力特性

污泥在含水率较高时,流动特性接近于水。随着污泥的浓缩,污泥显示出半塑性或塑性流体的流动特性,即固体浓度越高,开始流动所须克服的初始剪力 τ_0 也越大。由于在层流条件下,τ_0 的存在使得污泥流动的阻力很大,因此污泥输送管道的设计,常采用较大流速使泥流处于紊流状态。污泥流动的下临界速度约为 1.1 m/s,上临界速度约为 1.4 m/s。污泥压力管道的最小设计流速一般在 1.0 ～ 2.0 m/s 之间。

2. 压力输泥管道的水头损失

(1) 沿程水头损失

压力输泥管道的沿程水头损失采用哈森－威廉姆斯(Hazen-Williams) 公式,即

$$h_f = 6.82\left(\frac{L}{D^{1.17}}\right)\left(\frac{v}{C_H}\right)^{1.85} \tag{11.9}$$

式中　h_f—— 输泥管沿程水头损失，m；

L—— 输泥管长度，m；

D—— 输泥管管径，m；

v—— 污泥流速，m/s；

C_H—— 哈森－威廉姆斯(Hazen-Williams)系数，其值决定于污泥浓度，见表 11.4。

表 11.4　污泥浓度与 C_H 值

污泥浓度 /%	C_H 值	污泥浓度 /%	C_H 值
0.0	100	6.0	45
2.0	81	8.5	32
4.0	61	10.1	25

使用一段时间后的长距离输泥管道，污泥黏附于管壁或沉积于污泥管底，使得水头损失增大。因此，用哈森－威廉姆斯紊流公式计算出的水头损失值，应乘以一个水头损失系数 K。K 值与污泥类型及污泥浓度有关，如图 11.4 所示。

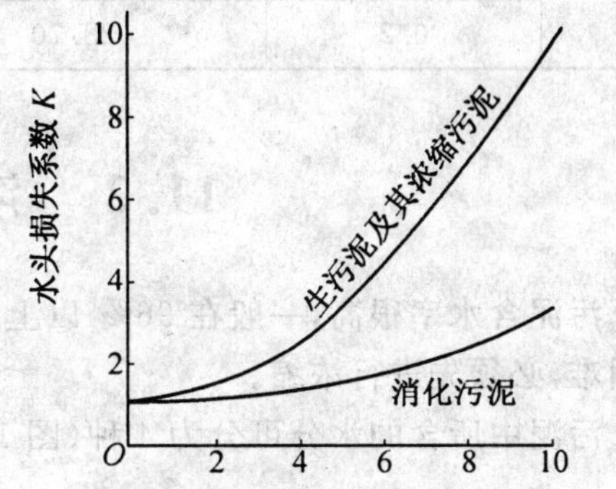

图 11.4　污泥类型及污泥浓度与 K 值关系图

由图 11.4 可知，污泥浓度在 1% ～ 6% 之间时，消化污泥的 K 值变化不大，约为 1.0 ～ 1.5；而生污泥及其浓缩污泥的 K 值提高较大，约为 1.0 ～4.0 之间。根据乘以 K 值后的水头损失值选泵，运行更为可靠。

(2) 局部水头损失

对于长距离输泥管道，局部水头损失所占比重很小，可忽略不计。但污水处理厂内部的输泥管道，局部水头损失必须计算。局部水头损失的计算公式如下。

$$h_i = \xi \frac{v^2}{2g} \tag{11.10}$$

式中　h_i—— 局部阻力水头损失，m；

ξ—— 局部阻力系数，见表 11.5；

v—— 管内污泥流速，m/s；

g—— 重力加速度，9.81 m/s^2。

表 11.5　污泥管道输送局部阻力系数 ξ 值

配件名称	ξ 值	污泥含水率 /%	
		98	96
承扦接头	0.4	0.27	0.43
三通	0.8	0.60	0.73
90° 弯头	$1.46\left(\frac{r}{R}=0.9\right)$	$0.85\left(\frac{r}{R}=0.7\right)$	$1.14\left(\frac{r}{R}=0.8\right)$
四通	—	2.50	—

续表 11.5

配件名称		ξ值	污泥含水率/%	
			98	96
闸门 $h/d=$	0.9	0.03		0.04
	0.8	0.05		0.12
	0.7	0.20		0.32
	0.6	0.70		0.90
	0.5	2.03		2.57
	0.4	5.27		6.30
	0.3	11.42		13.00
	0.2	28.70		29.70

11.2 浓缩理论和浓缩池

污泥含水率很高,一般在 96% 以上,因此污泥的体积很大。为避免对污泥的后续处理造成困难,必须先进行浓缩。

污泥中所含的水分可分为 4 种(图 11.5):

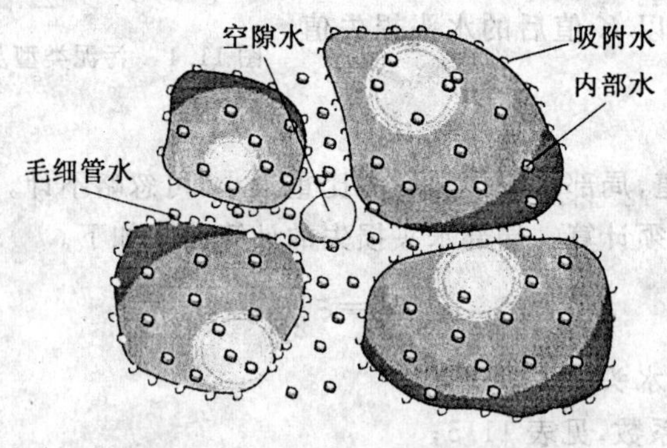

图 11.5 污泥中所含的水分

① 颗粒间的空隙水。它是指污泥颗粒之间可自由移动的重力水,约占污泥水分的 70%。由于空隙水和污泥颗粒不是直接结合,故采用浓缩法即可分离。

② 毛细管水。它指存在于在污泥颗粒间形成的毛细管中的水分,约占污泥水分的 20%。脱除这些水分需要用较大的机械力,可采用高速离心机或压滤机分离。

③ 吸附水。这类水分吸附在污泥颗粒表面,能随污泥颗粒同时移动,需要采取机械方法排除。

④ 内部水。它指污泥中的微生物细胞内的水分。这类水分用一般的机械方法很难排除,必须用生物化学法或加热方法才能脱除,例如采用低温冷冻法破坏微生物细胞膜等。吸附水与内部水共占污泥水分的 10%。

不同脱水方法的脱水效果见表 11.6。

表 11.6　不同脱水方法及脱水效果

脱水方法		脱水装置	脱水后含水率 /%	脱水后状态
浓缩法		重力浓缩、气浮浓缩、离心浓缩	95 ～ 97	近似糊状
自然干化法		自然干化场、晒砂场	70 ～ 80	泥饼状
机械脱水	真空吸滤法	真空转鼓，真空转盘等	60 ～ 80	泥饼状
	压滤法	板框压滤机	45 ～ 80	泥饼状
	滚压带法	滚压带式压滤机	78 ～ 86	泥饼状
	离心法	离心机	80 ～ 85	泥饼状
干燥法		各种干燥设备	10 ～ 40	粉状、粒状、灰状
焚烧法		各种焚烧设备	0 ～ 10	

11.2.1　污泥的重力浓缩

1. 重力浓缩池的原理

重力浓缩构筑物称重力浓缩池。根据运行方式不同，可分为连续式重力浓缩池、间歇式重力浓缩池两种。前者主要用于大、中型污水处理厂，后者主要用于小型污水处理厂或工业企业的污水处理厂。

重力浓缩属于分层沉降，其基本过程如图 11.6(a) 所示。取污泥（质量浓度大于 500 ～ 1 000 mg/L）1 L，装入有刻度的沉降筒内，搅拌均匀后让其静置沉降。最初的液面高度为 H_0（一般为 34 cm），浓度为 C_0。沉降开始不久，污泥内即出现分层现象。最上面为清水层；其下为浓度均匀的匀降层；再下面为浓度渐变的过渡层；最下面是浓度又趋均匀的压缩层。四层之间有 3 个界面。随着时间的转移，界面 Ⅰ（混液面）以等速 v_{I} 下沉；界面 Ⅱ 和界面 Ⅲ 分别以变速 v_{II} 和 v_{III} 上升。到某一时刻，界面 Ⅰ 和 Ⅱ 首先重合，匀降层消失，混液面由匀速下降转入变速下降，并且速度逐渐减慢。此后不久，界面 Ⅱ 又与混液面重合，此时的混液面叫临界面，其上为清水区，下面是浓度为 C_2 和高度为 H_2 的压缩层。一般认为，临界面的出现，标志着浓缩过程的开始，之前属于澄清过程。如果以沉降时间为横坐标，混液面高度为纵坐标，可绘出混液面的沉降曲线，如图 11.6(b) 所示。曲线分 3 段，上面为均匀沉降段，中间为减速沉降段，下面为最终压缩沉降段。曲线上任一点的斜率即为浑液面在该高度处的下降速度。一般

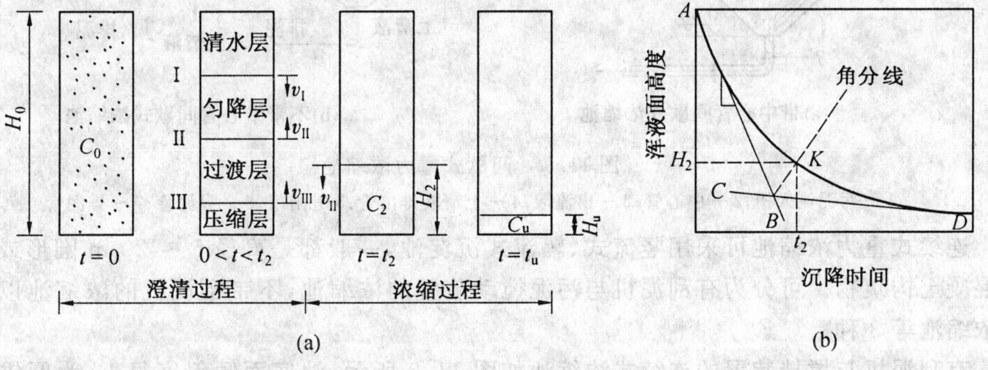

图 11.6　分层沉降过程和沉降曲线

认为，临界面出现时的下降速度 v_2 可近似等于匀降速度 v_{I} 和最终压缩沉降速度 v_{III} 的平均值。由此可求出临界面在曲线上的位置 K。引上下两线段上的切线 AB 和 CD，其夹角等分线与曲线的交点即为 K 点。

连续式重力浓缩池的基本工作状况如图 11.7 所示。污泥由中心筒进入，浓缩污泥(底流)由池底排出，澄清水由溢流堰溢出。浓缩池高程可大致分为 3 个区域：顶部为澄清区，中部为进泥区，底部为压缩区。进泥区的污泥固体浓度与进泥浓度 C_0 大致相同，压缩区的浓度则随深度增大，到排泥口达到要求的浓度 C_u；澄清区与进泥区之间有一污泥面(即浑液面)，其高度由排泥量 Q_u 调节，可调节压缩污泥的压缩程度。

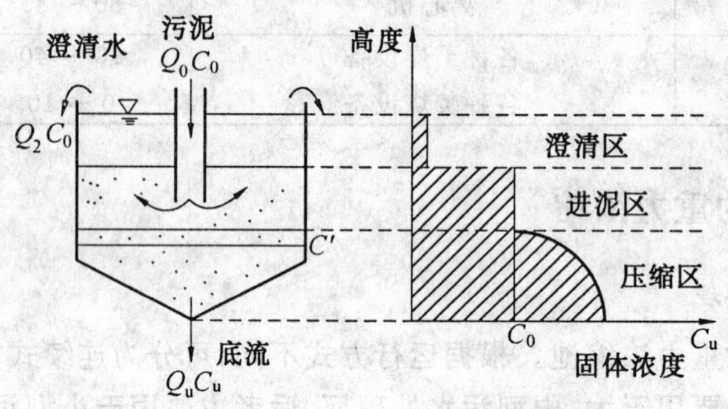

图 11.7 连续式重力浓缩池

2. 重力浓缩池的结构与特点

间歇式重力浓缩池是间歇进泥，除此，在投入污泥前必须先排除浓缩池已澄清的上清液，腾出池容放在浓缩池不同高度上，应设多个上清液排出管，间歇式操作管理麻烦，且单位处理污泥所需的池体积比连续式的大。图 11.8 所示为间歇式重力浓缩池示意图。

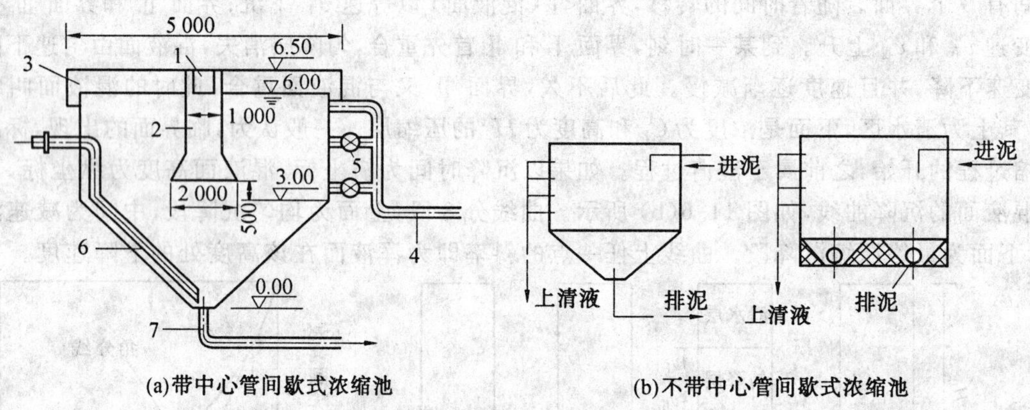

图 11.8 间歇式重力浓缩池

1—污泥流入槽；2—中心管；3—出流堰；4—上清液排出管；5—闸门；6—吸泥管；7—排泥管

连续式重力浓缩池可采用竖流式、辐流式沉淀池，一般都是直径 5 ～ 20 m 圆形或矩形钢筋混凝土构筑物。可分为有刮泥机与污泥搅动装置的浓缩池，不带刮泥机的浓缩池以及有多层浓缩池等 3 种。

有刮泥机与搅拌装置的连续式浓缩池如图 11.9 所示，池底面倾斜度很小，为圆锥形沉淀池，池底坡度为 1% ～ 10%。进泥口设在池中心，周围有溢流堰。为提高浓缩效果和浓缩时间，可在刮泥机上安装搅拌装置，刮泥机与搅拌装置的旋转速度应很慢，防止使污泥受到搅动，其旋转速度一般为 0.02 ～ 0.20 m/s。搅拌作用可使浓缩时间缩短 4 ～ 5 h。

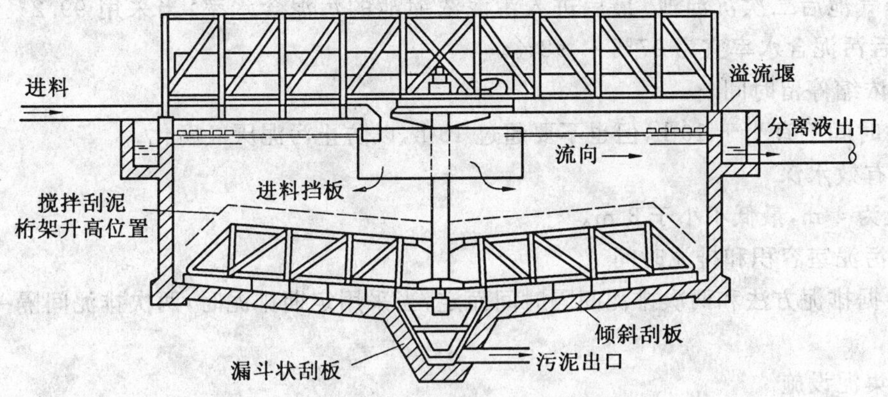

图 11.9 有刮泥机与搅拌装置的连续式浓缩池

图 11.10 所示为多层辐射式浓缩池，适用于土地紧缺的地区。

图 11.11 是多斗连续式浓缩池。采用重力排泥，污泥斗锥角大于 55°，故在污泥斗部分，污泥受到三向压缩，有利于压密。污泥由管 1 进入池内，由排泥管从斗底排除，2 为可升降的上清液排除管，可根据上清液的位置随意升降。

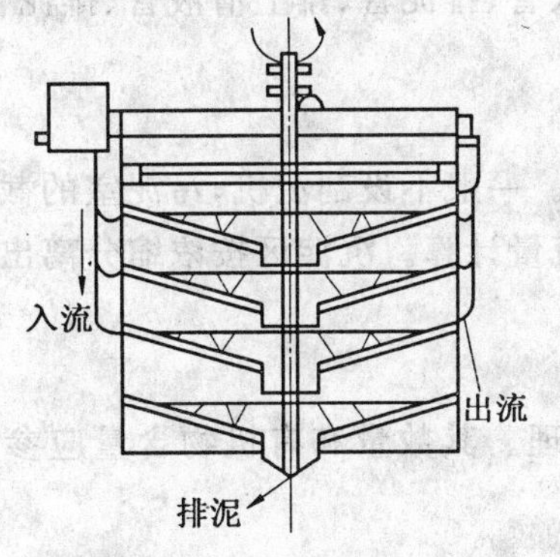

图 11.10 多层辐射式浓缩池

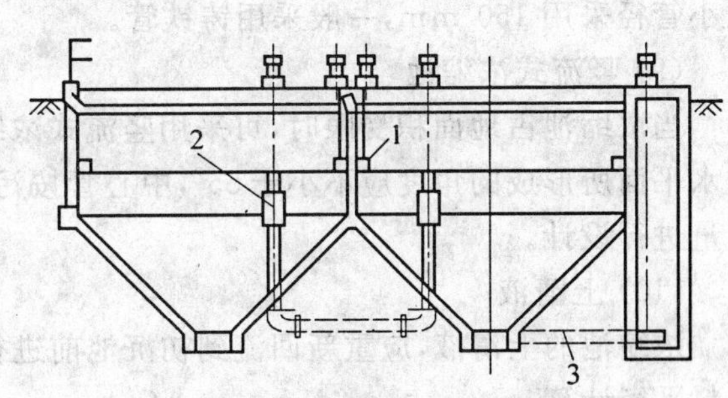

图 11.11 多斗连续式浓缩池

1 — 进口；2 — 可升降的上清液排出管；3 — 排泥管

通常，重力浓缩池进泥可用离心泵，排泥则需要用活塞式隔膜泵、柱塞泵等压力较高的泥浆泵。

重力浓缩法操作简便易修、管理及动力费用低，但占地面积较大。

3. 重力浓缩池的设计参数

(1) 进泥含水率

当为初沉污泥时，其含水率一般为 95% ～ 97%；当为剩余活性污泥时，其含水率一般为 99.2% ～ 99.6%；当为混合污泥时，其含水率一般为 98% ～ 99.5%。

(2) 污泥固体负荷

当为初沉污泥时，污泥固体负荷宜采用 80 ～ 120 kg/(m² · d)；当为剩余活性污泥时，污泥固体负荷宜采用 30 ～ 60 kg/(m² · d)；当为混合污泥时，污泥固体负荷宜采用 25 ～

80 kg/(m² · d)。

(3) 浓缩后污泥含水率

由曝气池后二次沉淀池，最后进入污泥浓缩池的污泥含水率，当采用 99.2% ~ 99.6% 时，浓缩后污泥含水率宜为 97% ~ 98%。

(4) 浓缩停留时间

浓缩时间不宜小于 10 h，但也不要超过 18 h，以防止污泥厌氧腐化。

(5) 有效水深

一般为 4 m，最低不小于 3 m。

(6) 污泥室容积和排泥时间

应根据排泥方法和两次排泥间隔时间而定，当采用定期排泥时，两次排泥间隔一般可采用 8 h。

(7) 集泥设施

辐流式污泥浓缩池的集泥装置，当采用吸泥机时，池底坡度可采用 0.3%；当采用刮泥机时，不宜小于 1%；不设刮泥设备时，池底一般设有污泥斗，其污泥斗与水平面的倾角应不小于 55°。刮泥机的回转速度为 0.75 ~ 4 r/h，吸泥机的回转速度为 1 r/h，其外缘线速度一般宜为 1 ~2 m/min。同时，在刮泥机上可安设栅条，以便提高浓缩效果，在水面设除浮渣装置。

(8) 构造

浓缩池采用水密性钢筋混凝土建造。设污泥投入管、排泥管、排上清液管、排泥管等管道，最小管径采用 150 mm，一般采用铸铁管。

(9) 竖流式浓缩池

当浓缩池占地面积受限时，可采用竖流式浓缩池。一般不设刮泥机，污泥室的截锥体斜壁与水平面所形成的角度应不小于55°，中心管按污泥流量计算。沉淀区按浓缩分离出来的污水流量进行设计。

(10) 上清液

浓缩池的上清液，应重新回流到初沉池前进行处理。其数量和有机物含量应参与全厂的物料平衡计算。

(11) 二次污染

污泥浓缩池一般均散发臭气，必要时应考虑防臭或脱臭措施。臭气控制可以从以下 3 个方面着手，即：

① 封闭。是指用盖子或其他设备封住臭气发生源或用引风机将臭气送入曝气池内吸收氧化；

② 吸收。是指用化学药剂来氧化或净化臭气；

③ 掩蔽。是指采用掩蔽剂使臭气暂时不向外扩散。

4. 重力浓缩池的设计公式

(1) 浓缩池总面积

$$A = \frac{QC}{M} \tag{11.11}$$

式中 A—— 浓缩池总面积，m²；

Q—— 污泥量，m³/d；

C—— 污泥固体浓度,g/L;

M—— 浓缩池污泥固体通量,是指单位时间内,通过浓缩池任一断面的干固体量,$kg/(m^2 \cdot d)$。

(2) 单池面积

$$A_1 = \frac{A}{n} \tag{11.12}$$

式中　A_1—— 单池面积,m^2;

n—— 浓缩池数量,个。

(3) 浓缩池直径

$$D = \sqrt{\frac{4A_1}{\pi}} \tag{11.13}$$

式中　D—— 浓缩池直径,m。

(4) 浓缩池有效高度

$$h_2 = \frac{TQ}{24A} \tag{11.14}$$

式中　h_2—— 浓缩池有效高度,m;

T—— 设计浓缩时间,h。

(5) 浓缩池总高度

$$H = h_1 + h_2 + \frac{D}{2} \cdot i \tag{11.15}$$

式中　H—— 浓缩池总高,m;

h_1—— 超高,m;

i—— 池底坡降。

(6) 浓缩后污泥体积

$$V_2 = \frac{Q(1-p_1)}{1-p_2} \tag{11.16}$$

式中　V_2—— 浓缩后污泥体积,m^3;

p_1—— 浓缩前污泥含水率;

p_2—— 浓缩后污泥含水率。

11.2.2　污泥的气浮浓缩

1. 气浮浓缩池的原理

在一定的温度下,空气在液体中的溶解度与空气受到的压力成正比,即服从亨利定律。当压力恢复到常压后,所溶空气即变成微细气泡从液体中释放出去。大量微细气泡附着在污泥颗粒的周围,可使颗粒比重减少而被强制上浮,达到浓缩的目的。气浮原理详见本书第 9 章。

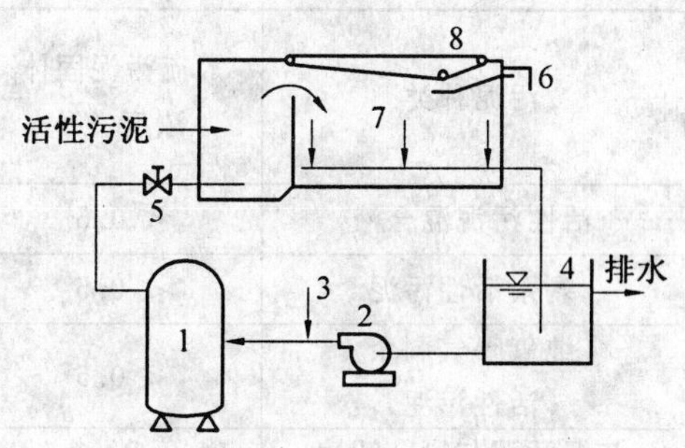

图 11.12　出水部分回流加压容器气浮浓缩流程

1—溶气罐;2—加压泵;3—压缩空气;4—出流;5—减压阀;6.浮渣排除;7—气浮浓缩池;8—刮渣机

污泥气浮浓缩主要是采用溶气气浮法。按气浮原理,澄清水从浓缩池底部排除。图 11.12 所示是加压气浮浓缩工艺流程:澄清水从气浮池底流出，一部分排出，一部分通过加压和引入空气（用水射器或空压机），在溶气罐中充分混合，经减压阀进入混合池突然释放，与流入的新污泥混合，污泥的絮凝体由于吸附了大量的微气泡，使絮凝体的浮力加大，一起随气泡上浮，上浮后的污泥絮凝体被设备刮除。

气浮浓缩要求的污泥停留时间较短，在同等条件下，池容积比重力浓缩池小。由于在浓缩的同时向污泥中溶入了空气，满足了污泥的好氧条件，故可避免污泥的腐化变臭和脱氮上浮。气浮浓缩池的缺点在于：管理较复杂，运行费用较高，约为重力浓缩池的 3 ～ 4 倍。

气浮浓缩适用于粒子易于上浮的疏水性污泥，或悬浊液颗粒比重接近于 1、难沉降且易于凝聚的场合。例如，好氧消化污泥、接触稳定污泥、不经初次沉淀的延时曝气污泥和一些工业的废油脂及废油等适于气浮浓缩。而初沉池污泥、腐殖污泥与厌氧消化污泥等，由于比重较大，沉降性能较好，因此重力浓缩比气浮浓缩更为经济。

2. 气浮浓缩池的结构

气浮浓缩池的形状有矩形和圆形两种，如图 11.13 所示。

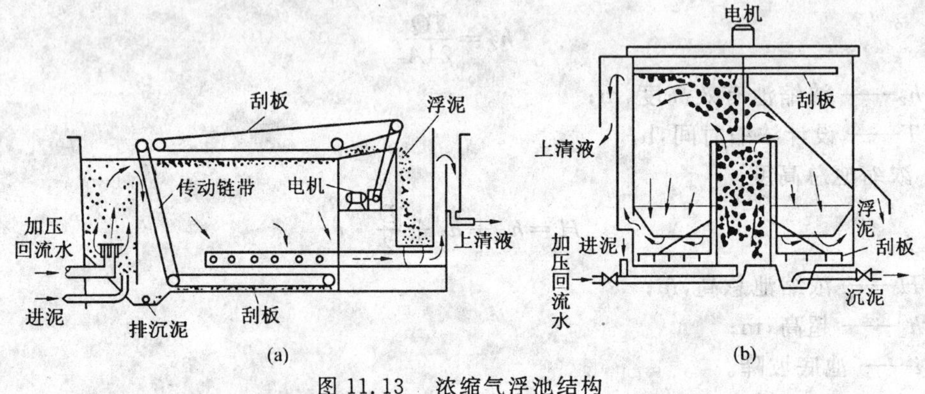

图 11.13　浓缩气浮池结构

3. 气浮浓缩池的设计参数

(1) 系统的进泥量

当为活性污泥时，其进泥质量浓度不应超过 5 g/L，即含水率为 99.5%（包括气浮池的回流）。

(2) 气浮浓缩池表面水力负荷

气浮浓缩池的表面水力负荷可参考表 11.7 选用。

表 11.7　气浮浓缩池水力负荷、固体负荷表

污泥种类	入流污泥固体浓度 /%	表面水力负荷 /($m^3 \cdot m^{-2} \cdot d^{-1}$)		表面固体负荷 /($kg \cdot m^{-2} \cdot d^{-1}$)	气浮污泥固体浓度 /%
		有回流	无回流		
活性污泥混合液	＜0.5	1.0 ～ 3.6	0.5 ～ 1.8	1.04 ～ 3.12	3 ～ 6
剩余活性污泥	＜0.5			2.08 ～ 4.17	
纯氧曝气剩余活性污泥	＜0.5			2.50 ～ 6.25	
初沉污泥与剩余活性污泥的混合污泥	1 ～ 3			4.17 ～ 8.34	
初沉污泥	2 ～ 4			＜10.8	

(3) 回流比

回流比等于加压溶气水的流量与入流污泥流量之比，一般为 1.0 ～ 3.0。

(4) 刮渣刮泥设备

① 污泥颗粒上浮形成水面浮渣层的厚度，一般控制在 0.15 ～ 0.3 m，可利用出水设置的堰板进行调节，澄清液的悬浮物浓度不超过 0.1%，可回流到污水处理厂的入流泵房；

② 刮渣机的刮板移动速度，一般采用 0.5 m/min，应有调节的可能，使其速度有减少或增加 1 倍的幅度。刮出的浮渣，即气浮后的污泥，由于含有空气，其起始比重一般为 0.7，需贮存几小时后才恢复正常。若立即抽送，应选用合适的泵型；

③ 下沉污泥颗粒的泥量，一般可按进泥量的 1/3 计算，池底刮泥机的设计数据参见沉淀池刮泥机的有关参数。

(5) 加压溶气装置

① 加压溶气的气固比，也称溶气比，是指气浮时有效空气总质量与入流污泥中固体物总质量之比，一般采用 0.03 ～ 0.04；

② 溶气罐的容积，一般按加压水停留 1 ～ 3 min 计算，其绝对压力一般采用 0.2 ～ 0.4 MPa，罐体高与直径之比，常用 2 ～ 4；

③ 加压泵的出水管压力，不应低于溶气罐的压力，一般采用 0.2 ～ 0.4 MPa；

④ 回流加压水的空气饱和度一般取 50% ～ 80%。

4. 气浮浓缩池的计算公式

(1) 回流比

$$R=\frac{\frac{A_a}{S}C_0}{S_a(fP-1)} \tag{11.17}$$

式中　R—— 回流比；

$\frac{A_a}{S}$—— 气固比，mg/h；

C_0—— 入流污泥固体质量浓度，mg/L；

S_a—— 在 0.1 MPa(1 个大气压) 下，空气在水中的饱和溶解度(mg/L)，其值等于 0.1 MPa 下，空气在水中的溶解度(以容积计，单位为 L/L) 与空气密度(mg/L) 的乘积。0.1 MPa 下空气在不同温度时的溶解度及密度列于表11.8；

f—— 回流加压水的空气饱和度，%；

P—— 溶气罐的压力，用于式(11.17) 时须将单位由 MPa 转化为 kg/cm^2。

无回流时，不必计算 R。

表 11.8　空气溶解度及密度表

气温 /℃	溶解度 /($L \cdot L^{-1}$)	空气密度 /($mg \cdot L^{-1}$)	气温 /℃	溶解度 /($L \cdot L^{-1}$)	空气密度 /($mg \cdot L^{-1}$)
0	0.029 2	1 252	30	0.015 7	1 127
10	0.022 8	1 206	40	0.014 2	1 092
20	0.018 7	1 164			

(2) 气浮池表面积

① 无回流时

$$A=\frac{Q_0}{g} \tag{11.18}$$

② 有回流时

$$A=\frac{Q_0(R+1)}{q} \tag{11.19}$$

式中　A—— 气浮浓缩池表面积，m^2；

q—— 气浮浓缩池的表面水力负荷，参见表 11.7，m^3/d 或 m^3/h；

Q_0—— 入流污泥量，m^3/d 或 m^3/h。

表面积A求出后，需用固体负荷校核看能否满足。如不能满足，则应采用固体负荷求得的面积。

(3) 气浮池有效水深

$$h_2=\frac{Q_0(1+R)\cdot T}{A} \tag{11.20}$$

式中　h_2—— 气浮池有效水深，m；

T—— 气浮停留时间，与气浮污泥浓度有关，可参见图 11.14，h。

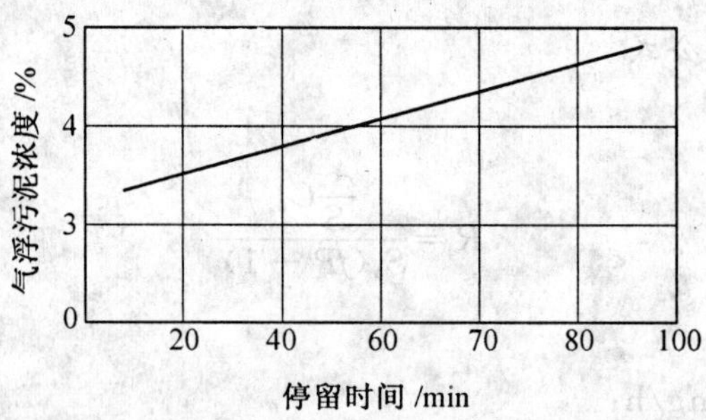

图 11.14　停留时间与气浮污泥浓度的关系

(4) 气浮池的总高度

$$H=h_1+h_2+h_3 \tag{11.21}$$

式中　H—— 气浮池的总高度，m；

h_1—— 超高，m；

h_3—— 安装刮泥机的高度，m。

(5) 溶气罐容积

$$V=\frac{RQ_0\cdot t}{60} \tag{11.22}$$

式中　t—— 加压水停留时间，min。

(6) 溶气罐高度

$$H'=\frac{4V}{\pi D^2} \tag{11.23}$$

式中　H'—— 溶气罐高度，m；

D—— 溶气罐直径，m。

11.2.3　污泥的离心浓缩

1. 离心浓缩的原理

离心浓缩是利用污泥中固、液比重不同，在旋转时具有不同的离心力这一原理而进行分离和浓缩的。在离心力作用下，可使污泥颗粒与水分离达到较低的含水率。

2. 离心浓缩机

目前用于污泥浓缩的离心分离设备有倒锥式、螺旋式和筐式 3 种。倒锥形转盘式离心机是连续运转的。构件包括许多层叠的锥形转盘，每个转盘相当于一个独立的生产能力较低的离心机，污泥浆在转盘间进行离心分离，澄清液朝着中心轴向上流动，并从顶部排出；而固体集中于离心机转筒的底部边缘并经过排放口排出。

螺旋卸料离心机也是连续运转的。这种离心机由一个长的转筒和一个同心的螺旋轴构成，通常转筒是水平安装的，而且一端是逐渐缩小的。污泥被连续引入装置，固体向周围离心浓缩。旋转速率略微不同的螺旋轴将积聚的污泥移向渐缩端，固体在此缩消更加浓缩，脱水和离心分离液分别从前后端排出。

3. 离心浓缩的特点

(1)工作效率高，占地面积小，卫生条件好

离心浓缩机呈全封闭式，可连续工作。一般用于浓缩剩余活性污泥等絮状亲水污泥。污泥在机内停留时间只有 3 min 左右，出泥含固率可达 4%以上。

(2)需添加化学助凝剂

在用离心法浓缩剩余活性污泥时，为了取得好的浓缩效果，得到较高的出泥含固率(>4%)和固体回收率(>90%)，一般需要添加聚合硫酸铁、聚丙烯酰胺等助凝剂。而使用气浮法浓缩剩余活性污泥时，不需要任何化学助凝剂即可达到出泥含固率大于 4%、澄清液的 SS≤100 mg/L 的效果。

(3)运行费用高

离心法的另一个缺点是电耗很大，在达到相同的浓缩效果时，其电耗约为气浮法的 10 倍。

11.3　污泥的化学稳定与消化

二级处理和多数一级处理的污泥都含有大量有机物，投放到自然界，仍将受微生物的作用，继续对环境造成危害，所以需采取措施降低其有机物含量或使其暂时不产生分解，通常称之为污泥稳定。

污泥稳定的方法有生物法和化学法。生物稳定就是在人工条件下加速微生物对有机物的分解，使之变成稳定的无机物或不易被生物降解的有机物的过程；化学稳定就是采用化学药剂杀死微生物，使有机物在短期内不致腐败的过程。

11.3.1　污泥的化学稳定

1. 污泥消毒

在污水处理的过程中，大量病原菌、病虫卵及病毒都转移至污泥中。在污泥处理时，可能

直接或间接接触人体造成感染，故需对污泥进行经常性或季节性的消毒。

各种传染病菌、病虫卵与病毒对温度都较敏感，绝大多数都能在约 60 ℃、60 min 内死亡。但由于受到污泥的包裹，致温度与时间要略高于上述数值。因此，在污泥处理工艺中，很多具有消毒功能，如高温消化病虫卵的杀灭率达 95%～100%，伤寒与痢疾杆菌杀灭率为 100%，大肠菌群指数可达 900 以上。消化前的污泥加温、机械脱水前的热处理、污泥干燥与焚烧、湿式氧化、堆肥等杀灭率均可达 100%。

2. 巴氏消毒法

巴氏消毒法有两种方式：直接加温消毒法和间接加温消毒法。

(1)直接加温消毒法

以蒸汽直接通入污泥，使泥温达到 70 ℃，持续 30～60 min。所需蒸汽量根据污泥温度计算确定。本法的优点是：热效率高，但污泥的含水量将增加，污泥体积将增加 7%～20%。

(2)间接加温消毒法

用热交换器，使泥温达到 70 ℃，此法的优点是：污泥的体积不会增加，但如果污泥硬度较高，热交换器容易产生结垢。

巴氏消毒法操作比较简单，效果好，但成本较高，热源可用污泥气，消毒后的污泥余热可回收用于预热待消毒的污泥以降低耗热量。本法常与耕作制度相配合，季节性地使用。如在作物播种期、生长期需用污泥作为肥料时采用，而在作物收获后及冬灌季节，以污泥作为底肥时不必采用。

3. 石灰稳定

石灰稳定可分为两大类技术：①向液态污泥中投加石灰，然后施于农田；②向脱水污泥滤饼中加石灰。向未处理的污泥中加入的石灰量足以使 pH 值达到≥12。高的 pH 值创造了微生物难以存活的环境。因此，只要污泥的 pH 值保持足够高的水平，污泥就不会腐败、产生臭味或有碍卫生。随后的放热反应使污泥温度上升至约 65 ℃。这一温度，加上高的 pH 值使病原体数目大大减少。如果绝热条件好、且污泥和石灰混合均匀，温度将升得更高。投加生石灰后，由于其水合作用，可使行泥的含水率明显降低。

虽然污泥的病原菌数目和臭味可以大为减少，用石灰稳定的污泥其化学性质是不稳定的，即使采用很高的石灰投量也难以长期保持高的 pH 值。化学和生物的共同作用会使 pH 值下降，因为石灰稳定法不能破坏细菌生长所需要的有机物，所以污泥必须在 pH 值明显下降以前予以处理。

4. 氯稳定

氯稳定过程是用高剂量的氯气将污泥进行化学氧化。通常将氯气直接加入贮存在密封反应器内的污泥中并经历一段时间，随后进行污泥脱水，经过氯化处理后的污泥在干化床上的脱水性能好，并且有长期稳定性。但需要注意的是，氯与污泥中的 H^+ 产生 HCl，使 pH 值急剧降低并可能产生氯胺。HCl 会溶解污泥中的重金属使污泥水的重金属含量增加。因此，加氯消毒法的采用应非常慎重。

11.3.2 污泥的好氧消化

污泥好氧消化实质上是活性污泥法的继续，其工作原理是污泥中的微生物有机体的内源代谢过程。通过曝气充入氧气，活性污泥中的微生物有机体自身氧化分解，转化为二氧化碳、水、氨气等，使污泥得到稳定。

与现在普遍采用的污泥厌氧消化相比，好氧消化具有下列优点：

①对悬浮固体的去除率与厌氧法大致相等；

②上清液中的 BOD 质量浓度较低（10 mg/L 以下）；

③处理后的产物无臭，类似腐殖质，肥效较高；

④运行安全，管理方便；

⑤处理效率高，需要的处理设施体积小，投资较少。

由于污泥好氧消化工艺具有上述优点，因此在中小型污水处理厂颇受青睐。美国、日本、加拿大等发达国家都有不少中小型污水处理厂采用好氧消化处理污泥。

好氧消化的主要缺点有：

①运行能耗多，运行费用高；

②不能回收沼气；因好氧消化不加热，所以污泥有机物分解程度随温度波动大；

③消化后的污泥进行重力浓缩时，上清液 SS 浓度高。

1. 好氧消化的机理

好氧消化处于内源呼吸阶段，细胞质反应方程如下

$$\underset{113}{C_5H_7NO_2}+\underset{224}{7O_2}\longrightarrow 5CO_2+3H_2O+H^++NO_3^-$$

可见，氧化 1 kg 细胞质需氧 224/113 kg≈1 kg。

在好氧消化中，氨氮被氧化为 NO_3^-，pH 值将降低，故需要有足够的碱度来调节，以便使好氧消化池内的 pH 值维持在 7 左右。池内溶解氧不得低于 2 mg/L，并应使污泥保持悬浮状态，因此必须要有充足的搅拌强度，污泥的含水率在 95%左右，以便于搅拌。

2. 好氧消化池的结构和运行

污泥好氧消化池的构造及设备与传统活性污泥法相似，但污泥停留时间很长，其常用的工艺流程主要有连续进泥和间歇进泥两种，如图 11.15 所示。

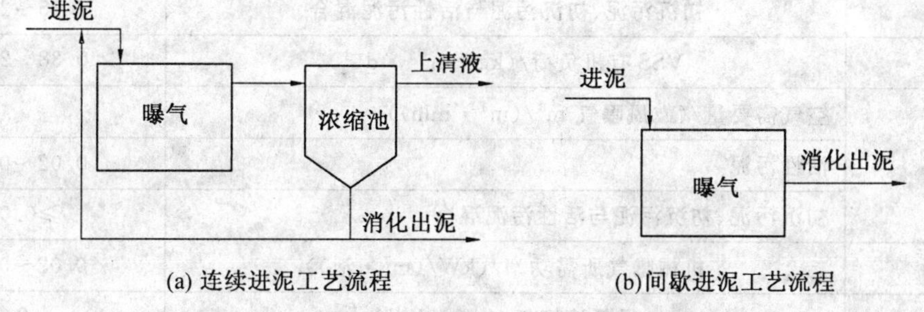

图 11.15　好氧消化工艺流程图

污泥量较多的污水处理厂的好氧消化池可采用连续进泥的方式，运行方式与活性污泥法相似。规模较小污水处理厂的好氧消化池，可采用间歇进泥，定期地进泥和排泥，通常每天 1 次。

好氧消化池的构造与完全混合式活性污泥法曝气池相似，如图 11.16 所示。主要构造包括好氧消化室，进行污泥消化；泥液分离室，使污泥沉淀回流并把上清液排除；消化污泥排除

管;曝气系统,由压缩空气管、中心导流筒组成,提供氧气并起搅拌作用。

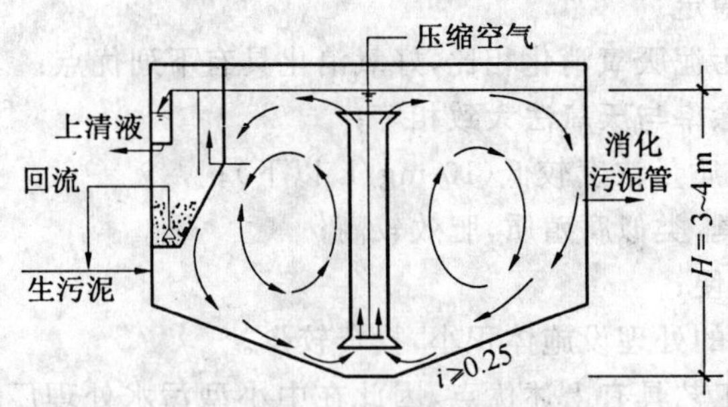

图 11.16 好氧消化池工艺图

污泥好氧消化的主要目的就是稳定污泥中可生物降解的有机物。污泥稳定的定量评价指标有:

①污泥最大吸氧速率小于 0.1~0.2 kg O_2/(kg VSS · d),则表明污泥经过好氧消化过程已基本得到稳定;

②维持溶解氧质量浓度为 2.0 mg/L ,不加料,连续曝气 120 h,如果悬浮固体质量损失不超过 10%,则表示污泥稳定;

③使用醋酸铅试纸检查试样的发臭情况,若 6 周内显示无色,则表示污泥已稳定;

④测定用乙醚萃取的油脂的含量,若此值低于 65 mg/(gMLSS),则表示污泥已稳定。

3. 好氧消化池的设计参数

好氧消化池的设计参数,参考表 11.9。

表 11.9 好氧消化池设计参数

序号	设计参数	数 值
1	污泥停留时间/d	
	活性污泥	10~15
	初沉污泥、初沉污泥与活性污泥混合	15~20
2	VSS 有机负荷/$(kg \cdot m^{-3} \cdot d^{-1})$	0.38~2.24
3	空气需要量/(鼓风曝气 $m^3/(m^3 \cdot min)$)	
	活性污泥	0.02~0.04
	初沉污泥、初沉污泥与活性污泥混合	≥0.06
4	机械曝气所需功率/(kW/(m^3 · 池))	0.02~0.04
5	最低溶解氧/$(mg \cdot L^{-1})$	2
6	温度/℃	>15
7	挥发性固体(VSS)去除率/%	50 左右
8	池底坡	≥0.25
9	水深	3~4

4. 好氧消化池的计算公式

(1)好氧消化池容积

① 根据微生物停留时间计算消化池容积

$$V = Q_0 \theta_c = Q_0 \frac{X_0 - X_e}{K_d X_e} \tag{11.24}$$

式中 V—— 好氧消化池容积，m^3；

Q_0—— 进入好氧消化池的生污泥量，m^3/d；

θ_c—— 微生物在消化池内的停留时间，d；

K_d—— 微生物内源呼吸速率常数，d^{-1}，和温度 T 有关，可用下式进行计算，$K_d = (K_d)_{20℃} \times (1.023)^{T-20℃}$；

X_0—— 污泥中原有生物可降解挥发性固体质量浓度，g · VSS/L；

X_e—— 好氧消化后污泥中生物可降解的挥发性固体质量浓度，kg · VSS/m^3。

② 根据有机负荷计算消化池容积

$$V = \frac{Q_0 X_0}{S} \tag{11.25}$$

式中 S—— 进入好氧消化池的污泥有机负荷，kg · VSS/(m^3 · d)。

(2) 好氧消化池尺寸

$$D = \sqrt{\frac{V \times 4}{H \times \pi}} \tag{11.26}$$

式中 D—— 好氧消化池直径，m；

H—— 好氧消化池水深，m。

(3) 好氧消化池所需空气量

$$q = q_0 V \tag{11.27}$$

式中 q—— 好氧消化池所需空气量，m^3/min；

q_0——1 m^3 好氧消化池的空气需要量，m^3/(min · m^3)。

11.3.3 污泥的厌氧消化

污泥厌氧消化不仅现在是，而且未来仍将是应用最为广泛的污泥稳定化工艺。厌氧消化较其他稳定化工艺获得广泛应用的原因是它具有如下优点：

①产生能量(甲烷)，有时超过废水处理过程所需能量；

②使最终需要处置的污泥体积减小 30%～50%；

③消化完全时，可以消除恶臭；

④杀死病原微生物，特别是高温消化时；

⑤消化污泥容易脱水，含有有机肥效成分，适用于改良土壤。

但是，当处理厂规模较小，污泥数量少，综合利用价值不大时，也可考虑采用污泥好氧消化。在具体工程实践中，污泥处理采用哪一种工艺较好(厌氧消化还是好氧消化)，应视具体情况而定，如污泥的数量、有无利用价值、运转管理水平的要求、运行管理与能耗、处理场地大小等。

11.3.3.1 厌氧消化的原理

厌氧消化是在无氧或缺氧条件下，利用厌氧微生物对有机物的代谢转化作用达到污泥处理的目的，并获取沼气过程的统称，又称污泥的厌氧生物处理或甲烷发酵。参与厌氧消化过程的微生物主要分为两大类群，即包括发酵细菌群、产氢产乙酸细菌群及同型产乙酸细菌群在内的非产甲烷细菌和产甲烷菌。污泥中的有机物，如碳水化合物(糖类)、脂肪、蛋白质等，在水解酸化细菌、产氢产乙酸菌、同型产乙酸菌和产甲烷菌等微生物类群的依次作用下，先后经历了水解阶段、产酸发酵阶段、产氢产乙酸阶段和产甲烷阶段等分解代谢过程，最终被分解为 CH_4、CO_2和 H_2O，图 11.17 为复杂有机物在厌氧系统中的降解过程示意图。

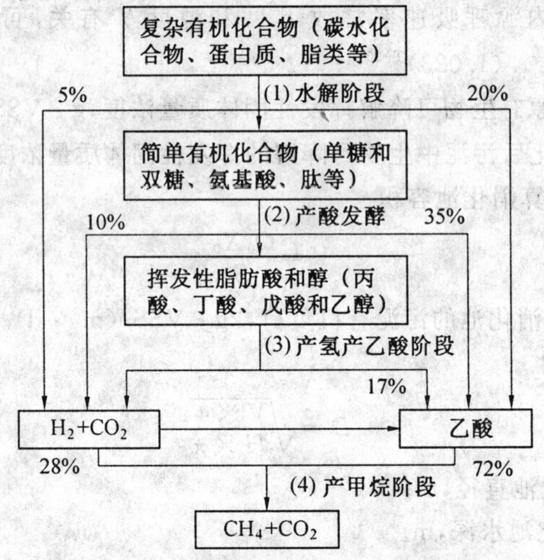

图 11.17　有机物厌氧代谢过程示意图

1. 水解酸化作用

水解酸化作用是厌氧代谢过程的第一步。复杂的难溶于水的大分子有机物(如多糖类、脂肪、蛋白质等)在细菌胞外酶的作用下，水解为能够溶于水，并且可以透过细胞膜被细菌所利用的小分子有机物。参与此过程的细菌是一个相当复杂而又庞大的细菌群，它们可将各类复杂有机物在发酵前首先进行水解，主要包括纤维素分解菌、半纤维素分解菌、淀粉分解菌、脂肪分解菌和蛋白质分解菌等。水解之后的小分子有机物，如多糖类、脂肪、氨基酸或短肽等，在发酵细菌的作用下转化为 H_2、CO_2、乙醇、乙酸、丙酸、丁酸等。由于有大量有机挥发酸产生，常被称为产酸发酵作用。

2. 产氢产乙酸作用

产氢产乙酸作用是指产氢产乙酸细菌(Hydrogen-Producing Acetogens，HPA)将产酸发酵第一阶段产生的丙酸、丁酸、戊酸、乳酸等挥发酸(Volatile Fatty Acids，VFAs)和醇类进一步转化为乙酸，同时释放分子氢的过程。一般认为，HPA 是产甲烷菌(Methanogenic Bacteria，MB)的伴生菌，严格厌氧或兼性厌氧，目前只有少数菌株被分离纯化。已知的有将乙醇转化为乙酸和氢的 S′菌株、氧化丁酸为乙酸和氢的沃尔夫互营单胞菌(Syntrophlomonas wolfei)和氧化丙酸为乙酸的沃林互营杆菌(Syntrophobacter wolinii)。产氢产乙酸过程的一些反应及其标准吉布斯自由能见表 11.10。

表 11.10　产氢产乙酸细菌对几种有机酸和醇代谢的标准吉布斯自由能变化

底物	反应式	$\Delta G_0$①/($kJ \cdot mol^{-1}$)
乙醇	$CH_3CH_2OH+H_2O \longrightarrow CH_3COOH+2H_2$	+19.2
丙酸	$CH_3CH_2COOH+H_2O \longrightarrow 2CH_3COOH+3H_2+CO_2$	+17.6
丁酸	$CH_3CH_2CH_2COOH+2H_2O \longrightarrow 2CH_3CH_2OH+2H_2$	+48.1
戊酸	$CH_3CH_2CH_2CH_2COOH+2H_2O \longrightarrow CH_3CH_2COOH+CH_3COOH+2H_2$	+69.81
乳酸	$CH_3CHOHCOOH+2H_2O \longrightarrow CH_3COOH+CH_3CH_2COOH+CO_2+2H_2$	−4.2

注:①反应的标准吉布斯自由能(pH 值为 7.0,25 ℃,1.013×10^5 Pa 条件下)。

由表 11.10 可看出,在标准条件下,乙醇、丁酸和丙酸的产氢产乙酸过程不能自发进行,因为在这些反应中 ΔG_0 为正值,但氢分压降低有利于产物产生。在厌氧消化系统中,降低氢分压的工作是依靠产甲烷细菌对氢的利用完成的,绝大多数产甲烷菌都能利用 H_2 和 CO_2 合成 CH_4。HPA 往往与产甲烷细菌伴生,通过氢的转移和消耗,HPA 生存的微环境可以维持很低的氢分压,从而可以保证表 11.10 所示的各种产氢产乙酸反应的进行。当然,产甲烷菌对乙酸的利用和转化也对产氢产乙酸过程起到了非常重要的促进作用。可见,在厌氧生物处理系统中,产甲烷菌对产氢产乙酸细菌的生化反应起着重要的调控作用。除了产甲烷细菌外,硫酸盐还原菌和反硝化细菌等也能消耗氢。

HPA 是厌氧消化过程不可缺少的微生物菌群,在营养生态位上起到承上启下的作用。HPA 的生长和代谢受氢分压的影响显著,任何导致系统内氢分压升高的因素均有可能通过对 HPA 的影响而削弱整个系统的处理效能和运行稳定性,因此应予以充分重视。

3. 同型产乙酸作用

在厌氧条件下,同型产乙酸菌既可利用有机基质产生乙酸,又可利用 H_2 和 CO_2 产生乙酸,这加大了乙酸作为形成甲烷的直接前体的意义。CO_2 还原为乙酸是通过乙酰－CoA 途径实现的,在标准状况下,同型产乙酸过程可自发进行。但事实上,此代谢过程只有当氢分压较高时,细菌为维持生态环境处于适宜条件才会发生。一般来说,当生态系统中存在足够的氢利用细菌(如产甲烷菌)或可将氢气及时排出反应系统时,同型产乙酸过程不会发生。常见的同型产乙酸菌多为中温菌,如伍德乙酸杆菌(Acetobacteriam woodill)、威林格乙酸杆菌(Acetobacterium wieringae)、乙酸梭菌(Clostridium aceticum)等。

4. 产甲烷作用

产甲烷阶段是由严格专性厌氧的产甲烷细菌将乙酸、甲酸、甲醇、甲胺和 CO_2/H_2 等转化为 CH_4、CO_2 和 H_2O 的过程。产甲烷细菌是一类古细菌,截至 20 世纪 90 年代初,人们已经发现产甲烷细菌的 65 个种,他们分属于 3 个目,7 个科,19 个属。

根据产甲烷细菌对底物利用的类型,可将其分为 3 类:氧化氢产甲烷细菌(Hydrogen-Oxidizing Methanogens,HOM),氧化氢利用乙酸产甲烷细菌(Hydrogen-Oxidizing Acetate-utilizing Methanogens,HOAM)和非氧化氢利用乙酸产甲烷细菌(Non-Hydrogen-Oxidizing Acetate-utilizing Methanogens, NHOAM)。尽管这一分类并不严格，但在厌氧反应系统中，以上种群常分别出现在不同的生境中，构成优势种群，对理论研究和实际工程运行具有重要的指导意义。

简而言之，MB 的产甲烷途径有两个：

第一个途径是由酸和醇的甲基（$—CH_3$）形成甲烷，即

$$CH_3COOH \longrightarrow CH_4 + CO_2$$

$$4CH_3OH \longrightarrow 3CH_4 + CO_2 + 2H_2O$$

这一反应过程是由 Stadtman 和 Barker 及 Pine 和 Vishnise 分别于 1951 年和 1957 年用 C_{14}示踪原子试验证明的。

第二个途径是利用 H_2还原 CO_2形成甲烷，即

$$CO_2 + 4H_2 \longrightarrow CH_4 + 2H_2O$$

产甲烷阶段最后产生的 CH_4、CO_2 与 NH_3 等的反应方程式为

$$C_nH_aO_bN_d + \left[n - \frac{a}{4} - \frac{b}{2} + \frac{3}{4}d\right]H_2O \longrightarrow$$

$$\left[\frac{n}{2} + \frac{a}{8} - \frac{b}{4} - \frac{3}{8}d\right]CH_4 + dNH_3 + \left[\frac{n}{2} - \frac{a}{8} + \frac{b}{4} + \frac{3}{8}d\right]CO_2 + \text{能量}$$

当 $d=0$ 时，为不含氮有机物的厌氧消化反应通式，即伯兹伟尔（Buswell）和莫拉（Mueller）通式，即

$$C_nH_aO_b + \left[n - \frac{a}{4} - \frac{b}{2}\right]H_2O \longrightarrow \left[\frac{n}{2} + \frac{a}{8} - \frac{b}{4}\right]CH_4 + \left[\frac{n}{2} - \frac{a}{8} + \frac{b}{4}\right]CO_2 + \text{能量}$$

根据上述通式可计算出有机物厌氧消化产生的 CO_2和 CH_4体积。今以分解 1 kg 丙酸为例：

$$CH_3CH_2COOH + 0.5H_2O \longrightarrow 1.25CO_2 + 1.75CH_4$$

CO_2 产量为 $$1 : 22.4 \times 1.25 = \frac{1\,000}{74} : x$$

$$x = 378\ \text{L}$$

CH_4 产量为 $$1 : 22.4 \times 1.75 = \frac{1\,000}{74} : y$$

$$y = 529\ \text{L}$$

式中 22.4——在标准状态下，1 g 分子有机物的产气体积公升数。

11.3.3.2 厌氧消化的影响因素

1. 污泥成分对消化作用的影响

(1)有机物的成分与产气量

城市污水处理厂的污泥主要由碳水化合物、脂肪和蛋白质等 3 类有机物组成，不同的污泥产生的沼气量及其中的甲烷含量大不相同。气体发生量受污泥的组成影响较大，欧美一般用污泥中脂肪含量的多少作为气体发生量的指标。表 11.11 所示为与气体发生量及组成的关系。由表 11.11 可知，气体发生量的脂肪＞碳水化合物＞蛋白质的顺序由大到小。一般脂肪增多，气体发生量增加，气体的发热量也提高。

表 11.11　分解 1 kg 有机物的沼气量及其 CH_4 含量

有机物分类	沼气发生量及其组成			甲烷发生量
	体积/L	CH_4/%	CO_2/%	
碳水化合物	790	50	50	395
脂　肪	1 250	68	32	850
蛋白质	704	71	29	500

(2)有机物含量与分解率

在污泥厌氧消化过程中常用有机物的分解率作为消化过程的性能和气体发生量的指标。图 11.18 表示在中温消化过程中污泥的有机物含量和有机物分解率的关系。在消化温度、有机物负荷都正常的情况下，有机物分解率受污泥中有机物含量的影响，所以，要增加消化时的气体发生量，重要的是使用有机物含量高的污泥。

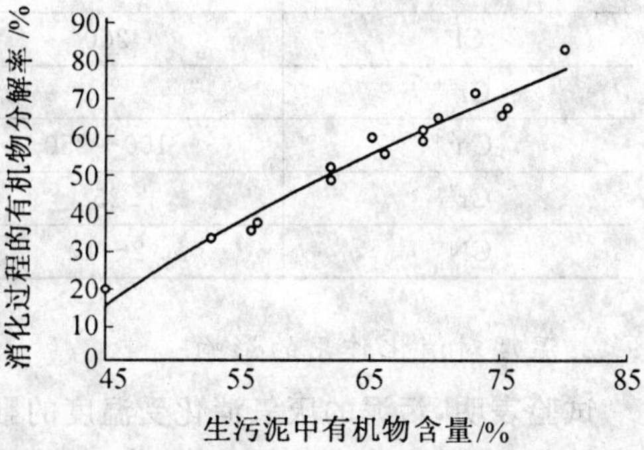

图 11.18　生污泥中有机物含量与分解率的关系

(3)碳氮比(C/N)

厌氧消化池中，细菌生长所需营养由污泥提供。合成细胞所需的碳(C)源担负着双重任务，其一是作为反应过程的能源，其二是合成新细胞。麦卡蒂(McCarty)等人提出污泥细胞质(原生质)的分子式是 $C_5H_7NO_3$，即合成细胞的 C/N 约为 5∶1。因此，要求 C/N 达到(10～20)∶1 为宜。如 C/N 太高，细胞的氮量不足，消化液的缓冲能力低，pH 值容易降低；C/N 太低，氮量过多，pH 值可能上升，铵盐容易积累，会抑制消化进程。根据勃别尔(Popel)的研究，各种污泥的 C/N 见表 11.12。

表 11.12　各种污泥底物含量及 C/N

底物名称	污泥种类		
	初次沉淀污泥	活性污泥	混合污泥
碳水化合物/%	32.0	16.5	26.3
脂肪、脂肪酸/%	35.0	17.5	28.5
蛋白质/%	39.0	66.0	45.2
C/N	(9.40～10.35)∶1	(4.60～5.04)∶1	(6.80～7.50)∶1

可见，从 C/N 看，初次沉淀池污泥比较合适，混合污泥次之，而活性污泥不大适宜单独进行厌氧消化处理。

(4)污泥种类

污水处理厂所产生的污泥，有初沉污泥和剩余污泥。

初沉污泥作为基质来讲，与生物处理的剩余污泥有很大的区别。初沉污泥浓度通常高达 4%～7%，浓缩性好，C/N 比在 10 左右，是一种营养成分丰富，容易被厌氧菌消化的基质，气体发生量也很大。

剩余污泥是以好氧细菌菌体为主，作为厌氧菌营养物的 C/N 比在 5 左右，所以有机物分解率低,分解速度慢,气体发生量特别少。

(5)有毒物质

凡对厌氧处理过程起抑制或毒害作用的物质,都可称为有毒物质。一些研究表明,无机酸的浓度不应使消化液的 pH 值降到 9.8 以下;氨氮质量浓度不宜高于 1 500 mg/L。其他化学物质的抑制质量浓度见表 11.13。一般来说,多数毒物对甲烷细菌的毒性比对其他细菌的毒性要大。

表 11.13　一些化学物质的抑制浓度

物　质	抑制浓度/(mg·L^{-1})	物　质	抑制浓度/(mg·L^{-1})
S^{2-}	10	Al	50
Cl^{-}	200	TNT	60
Cr^{6+}	3	$Na_2S_2O_3$	200
Cu^{2+}	100～250	去垢剂(阳离子型)	100
Cr^{3+}	25	去垢剂(阴离子型)	500
CN^{-}	2～10	$HCOH^{-}$	<100

2.温度对消化作用的影响

试验表明,污泥的厌氧消化受温度的影响很大,一般有两个最优温度区段:在 33～35 ℃叫中温消化,在 50～55 ℃叫高温消化。温度不同,占优势的细菌种属不同,反应速率和产气率都不同。高温消化的反应速率快,产气率高,杀灭病原微生物的效果好,但由于能耗较大,难以推广应用。在这两个最优温度区以外,污泥消化的速率显著降低,如图 11.19 所示。另外,有的研究还表明,对某些污泥,高温消化的最优温度不在 50～55 ℃,而在 45 ℃左右。

3.pH 值对消化作用的影响

污泥中所含的降解性有机物在厌氧消化过程中,经过酸性发酵和碱性发酵,产生 CH_4 和 CO_2,并转化为新细胞成为消化污泥。酸性发酵和碱性发酵最合适的 pH 值各自不同,图 11.20表示 pH 值与甲烷气发生量的关系。由图 11.20 可见,厌氧细菌,特别是甲烷菌,对 pH 值非常敏感。酸性发酵最合适的 pH 值为 5.8,而甲烷发酵最合适的 pH 值为 7.8。产酸菌在低 pH 值范围,增殖比较活跃,自身分泌物的影响比较小。而甲烷菌只在弱碱性环境中生长,最合适的 pH 值范围在 7.3～8.0。产酸菌和甲烷菌共存时,pH 值在 7～7.6 最合适。

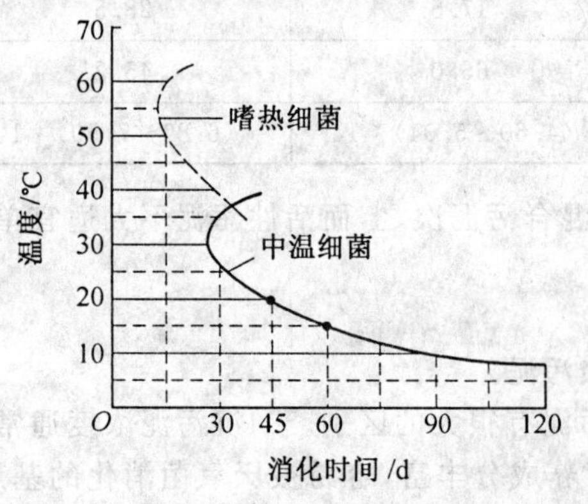

图 11.19　消化池内污泥消化时间与池内温度的关系

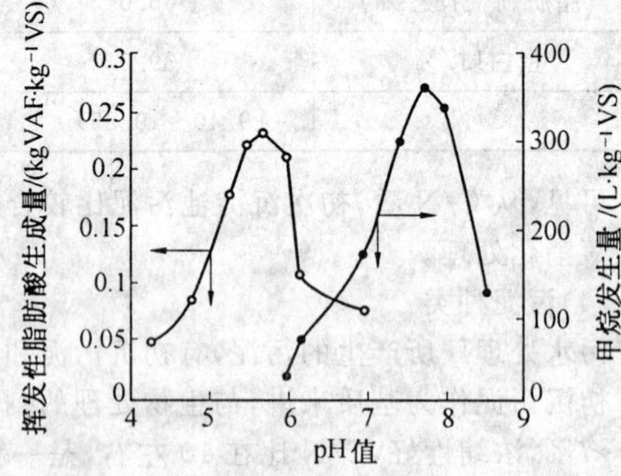

图 11.20　pH 值对酸性消化和碱性消化的影响

消化过程中连续产酸，因此有使 pH 值降低的趋势。然而，甲烷化过程产生的碱度（主要是二氧化碳和氨形成的碱度）通过与 H^+ 结合，缓冲 pH 值的变化。消化池负荷过高、产酸量增加导致消化池中 pH 值的降低，抑制甲烷的形成。由于酸产生的连续性，进一步抑制了甲烷的形成和碱度的形成，这可能导致反应器运行失败。合理设计搅拌、加热和进料系统，对于减少这种形式的干扰是很重要的。设计时还应当考虑提供外加化学物质（如石灰、碳酸氢钠或碳酸钠）来中和不正常消化中过量的酸。

4. 污泥接种

消化池启动时，把含有大量微生物的成熟污泥加入其中与生污泥充分混合，称为污泥接种。接种污泥应尽可能含有较多消化过程所需的兼性厌氧菌和专性厌氧菌，而且有害代谢产物较少。活性低的、老的消化污泥，比活性高的新污泥更能促进消化作用。好的接种污泥大多存在于最终消化池的底部。消化池中消化污泥的数量越多，有机物的分解过程就越活跃，单位质量有机物的产气量便越多。

污泥的间歇消化过程中，产气量曲线与微生物的理想生长繁殖曲线相似，呈 S 形曲线，如图 11.21 所示。在消化作用刚开始的几天，产气量随消化时间的增加而缓慢增加，这说明污泥的消化处于迟缓期。但如果先把活性高的消化污泥与生污泥充分混合再进行接种，在投入的过程中就立即发生了消化作用，如图 11.21 中虚线所示，从而使诱导期消失，消化时间缩短。由此可见，污泥接种可以促进消化，接种污泥的数量一般为生污泥量的 1～3 倍时最为经济。

5. 生物固体停留时间（污泥龄）与负荷

消化池的容积负荷和水力停留时间（即消化时间）t 的关系如图 11.22 所示。厌氧消化效果的好坏与污泥龄有直接关系，泥龄的表达式与定义是

$$\theta_c = \frac{M_r}{\varphi_e} \tag{11.28}$$

式中　θ_c—— 污泥龄（SRT），d；

M_r—— 消化池内的总生物量，kg；

φ_e—— 消化池每日排出的生物量，$\varphi_e = \frac{M_e}{t}$，$M_e$ 为排出消化池的总生物量（包括上清液带出的），kg，t 为排泥时间，d。

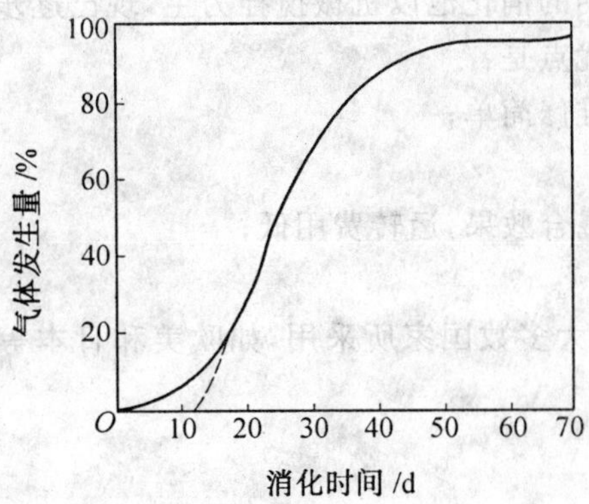

图 11.21　接种污泥对消化的影响

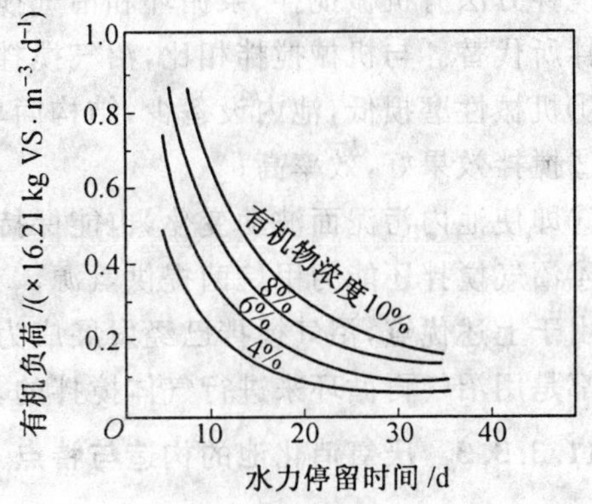

图 11.22　容积负荷和水力停留时间关系

有机物降解程度是污泥龄的函数，而不是进水有机物的函数。消化池的容积设计应按有机负荷污泥龄或消化时间设计。所以只要提高进泥的有机物浓度，就可以更充分地利用消化池的容积。由于甲烷菌的增殖较慢，对环境条件的变化十分敏感，因此，要获得稳定的处理效果就需要保持较长的污泥龄。

消化池的有效容积为

$$V=\frac{S_v}{S} \tag{11.29}$$

式中 S_v—— 新鲜污泥中挥发性有机物质量，kg/d；

S—— 挥发性有机物负荷，中温消化用 0.6 ～ 1.5 kg/(m^3 · d)，高温消化用 2.0 ～ 2.8 kg(m^3 · d)；

V—— 消化池的有效容积，m^3。

消化池的投配率是每日投加新鲜污泥体积占消化池有效容积的百分数。

投配率是消化池设计的重要参数，投配率过高，导致消化池内脂肪酸积累，pH 值下降，污泥消化不完全，产气率降低；投配率过低，污泥消化较完全，产气率较高，消化池容积大，基建费用增高。根据我国污水处理厂的运行经验，城市污水处理厂污泥中温消化的投配率以 5% ～ 8% 为宜，相应的消化时间为$\frac{1}{5\%}$～$\frac{1}{8\%}$，即 12.5 ～ 20 d 为宜。

6. 搅拌

厌氧消化的搅拌不仅能使投入的生污泥与熟污泥均匀接触，加速热传导，把生化反应产生的甲烷和硫化氢等阻碍厌氧菌活性的气体赶出来，也起到粉碎污泥块和消化池液面上的浮渣层的作用。充分均匀的搅拌是污泥消化池稳定运行的关键因素之一。表 11.14 所示为搅拌对产气量的影响。由表 11.14 可见，搅拌比不搅拌，产气量约增加 30%

表 11.14 搅拌对产气量的影响

投配率/%		2	3	4	5	6	7	8	9	10	11
产气量 /(m^3 · m^{-3})	搅拌	29.74	20.34	17.42	14.81	13.95	12.06	10.65	9.93	8.48	7.86
	不搅拌	18.60	13.85	11.60	10.20	9.16	8.70	8.15	7.75	7.30	7.01

搅拌方法有机械搅拌、泵循环和沼气搅拌。早期的消化池以机械搅拌为主，现已逐步被沼气搅拌所代替。与机械搅拌相比，沼气搅拌的主要优点是：

①机械性磨损低，池内设备少，结构简单，施工维修简单；

②搅拌效果好，效率高；

③即使池内污泥面波动变化，也能保持稳定的混合效果，运转费用低；

④沼气搅拌还能为甲烷菌提供氢源。

由于上述优点，沼气搅拌已经发展成为主流，为大多数国家所采用，如欧美和日本等发达国家都是用沼气再循环来进行气体搅拌的。

11.3.3.3 厌氧消化池的构造与特点

1. 厌氧消化池的种类与特点

常见的厌氧消化池有传统消化池、高速消化池和厌氧接触池，如图 11.23 所示。

高速消化池和传统消化池的主要区别在于前者进行搅拌,由此产生了两种完全不同的运行工况;而厌氧接触则是在消化池内搅拌的同时增加了污泥回流。传统消化池的缺点是:由于污泥的分层使微生物和营养物得不到充分接触,因而负荷小、产气量低,此外,消化池内形成的浮渣层不但使有效池容减小,而且造成操作困难。高速消化池内的污泥则处于完全混合状态,克服了传统消化池的缺点,从而使处理负荷和产气率均大大增加。厌氧接触则由于消化污泥的回流在消化池内可维持更高的污泥浓度,因此效率更高。传统消化池、高速消化池和厌氧接触池三者的特点比较见表 11.15。

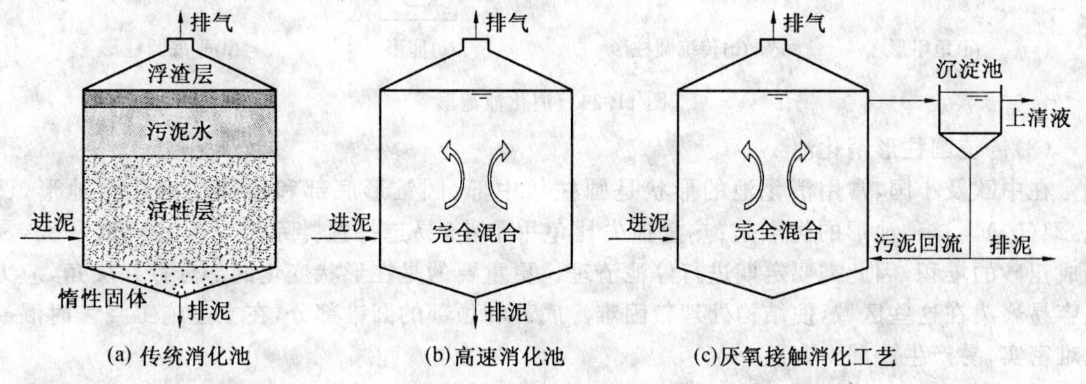

图 11.23　厌氧消化池

表 11.15　几种厌氧消化工艺比较

项　目	传统消化法	高速消化法	厌氧接触法
加热情况	加热或不加热	加热	加热
停留时间/d	>40	10～15	0.5～1
VSS 负荷/($kg \cdot m^{-3} \cdot d^{-1}$)	0.48～0.80	1.60～3.20	1.60～3.20
加料、排料方式	间断	间断或连续	连续
搅拌	不要求	要求	要求
均衡配料	不要求	不要求	要求
脱气	不要求	不要求	要求
泥回流利用	不要求	不要求	要求

2. 池形

好的消化池池形应具有结构条件好、防止沉淀、没有死角、混合良好、易去除浮渣及泡沫等优点。消化池常用的基本形状有龟甲形、传统圆柱形、卵形、平底圆柱形等 4 种。消化池池形如图 11.24 所示。

(1)龟甲形消化池

龟甲形消化池(图 11.24(a))在英、美等国家采用的较多,此种池形的优点是:土建造价低、结构设计简单。但要求搅拌系统具有较好的防止和消除沉积物的效果,因此相配套的设备投资和运行费用较高。

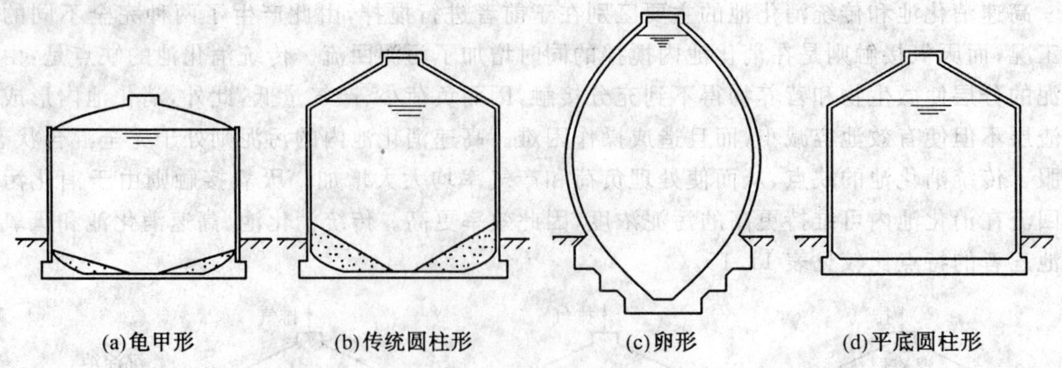

(a)龟甲形　(b)传统圆柱形　(c)卵形　(d)平底圆柱形

图 11.24　消化池池形

(2)传统圆柱形消化池

在中欧及小国，常用消化池的形状是圆柱状中部、圆锥形底部和顶部的消化池池形(图 11.24(b))。这种池形的优点是：热量损失比龟甲形小，易选择搅拌系统。但底部面积大，易造成粗砂的堆积，因此需要定期进行停池清理。更重要的是在形状变化的部分存在尖角，应力很容易聚集在这些区域，使结构处理较困难。底部和顶部的圆锥部分，在土建施工浇铸时混凝土难密实，易产生渗漏。

(3)卵形消化池

卵形消化池(图 11.24(c))最显著的特点是：运行效率高，经济实用。其优点：可以总结为以下几点：

①其池形能促进混合搅拌的均匀，单位面积内可获得较多的微生物，用较小的能量即可达到良好的混合效果；

②卵形消化池的形状有效地消除了粗砂和浮渣的堆积。池内一般不产生死角，可保证生产的稳定性和连续性；

③卵形消化池表面积小，耗热量较低，很容易保持系统温度；

④生化效果好，分解率高；

⑤上部面积少，不易产生浮渣，即使形成也易去除；

⑥卵形消化池的壳体形状使池体结构受力分布均匀，结构设计具有很大优势，可以做到消化池单池池容的大型化；

⑦池形美观。

卵形消化他的缺点是：土建施工费用比传统消化池高。然而卵形消化池运行上的优点直接提高了处理过程的效率，因此节约了运行成本。如果需要设置两个以上的卵形消化池，运行费用比较下来则更具有优势。节省下的运行费用，很容易弥补造价的差额，用户从高效的运行中受益更多。对大体积消化池采用卵形池更能体现其优点。

(4)平底圆柱形消化池

平底圆柱形池(图 11.24(d))是一种土建成本较低的池形。圆柱部分的高度与直径比>1。它要求池形与装备和功能之间要有很好的相互协调。当前可配套使用的搅拌设备较少，大都采用可在池内多点安装的悬挂喷入式沼气搅拌技术。

3. 厌氧消化池的构造

厌氧消化池的基本形式如图 11.25 所示。

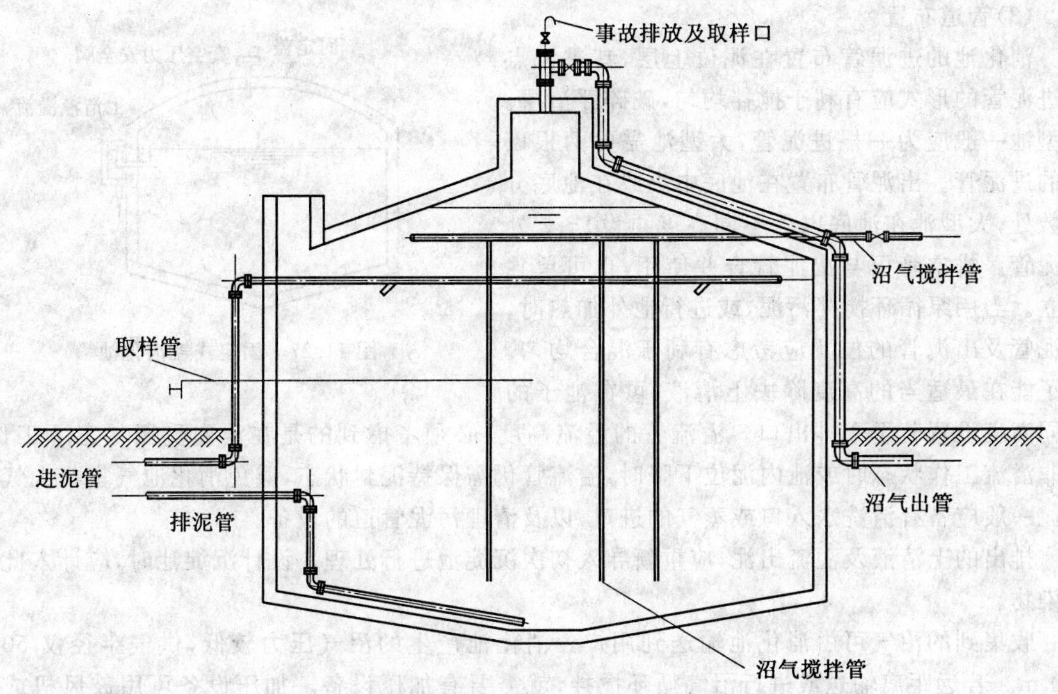

图 11.25　消化池的基本形式

(1)消化池的数目

考虑到检修等因素，消化池的数量不应少于 2 座。消化池的有效容积按照每天加入污泥量及污泥投配率进行计算。

(2)池顶

消化池的密封顶盖有两种形式：

①浮动式顶盖(图 11.26)：可以随着污泥体积和气体体积的变化而上下浮动，为了防止空气进入消化池，池顶也可采用浮动式储气罐使用；

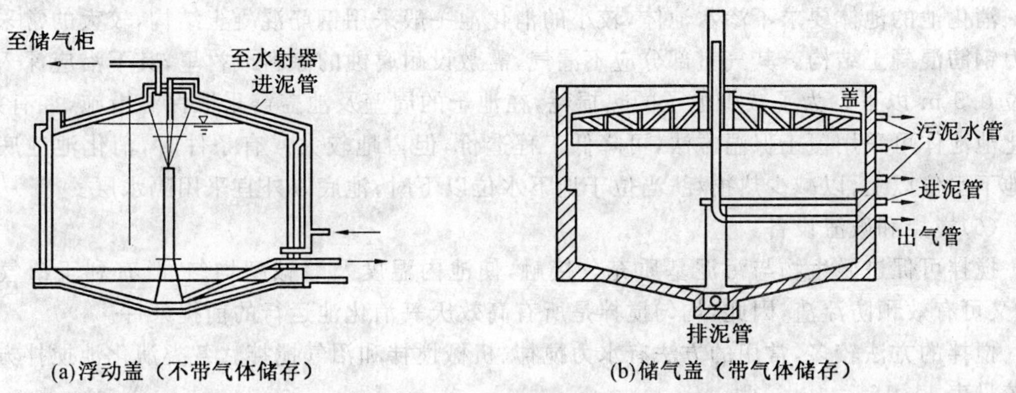

图 11.26　浮动式盖消化池

②固定式顶盖(图 11.27)：带有池外压力储气罐，当排除污泥或上清液时，可以把气体压回消化池，否则，污泥或上清液排除时形成的真空可能损坏消化池。为防止固定盖因超高度不够而受内压，池顶下沿还装有溢流管。

(3)管道布置

消化池的进泥管布置在泥位上层，其进泥点及进泥管的形式应有利于搅拌均匀，破碎浮渣层。小型池一般应为一根进泥管，大型池需要两根以上的进泥管。出泥管布置在池底中央或在池底分散数处，大型池在池底以上不同高度再设1～2 处出泥管。排空管可与出泥管合并使用，也可单独设立。当用泵循环搅拌污泥，或进行池外加热时，进泥管及出泥管的位置应考虑有利于混合均匀。为了能在最适当的高度除去上清液，可在池子的不同高度设置若干个排出口。溢流管的溢流高度，必须考虑到的是在池内受压状态下工作。在非溢流工作状态时或池内泥位下降时，溢流管仍需保持泥封状态，避免消化池气室与大气连通。一般应备有清洗水入口或蒸气的进口，以及清理污泥管道的设备。

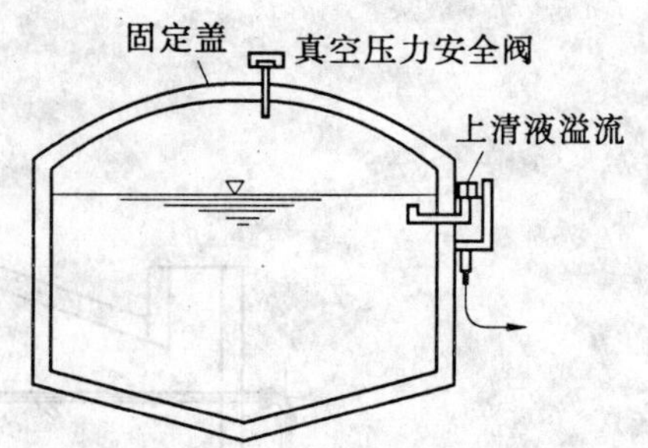

图 11.27　固定式盖消化池

排出的上清液及溢流出泥，应重新导入初次沉淀池进行处理。设计沉淀池时，应计入此项污染物。

收集到的沼气可由消化池输送到用户。消化池产生的沼气压力较低，供气半径仅 50～100 m。若远距离输送或进行沼气循环搅拌，就需要有加压设备。加压设备可用鼓风机或空压机。以低压或高压两种方式供气。

(4)消化池的清扫

为了维持消化池的设计容积，设计中应包括定期清扫砂子的设备，应能随时将沉砂以上的污泥抽送到另一座消化池或其他贮存设备中，同时，借助高压水冲洗池底的砂子，用泵抽空进行处理。冲洗水的压力应大于 6.76×10^5 Pa。

消化池池顶中心、侧墙和池底的交接处均应设置工作孔，必要时也可利用以上两处工作孔清除积砂。井盖宜用铸铁制成，并用耐腐蚀的螺栓固定。

(5)消化池池体

消化池的池体要求不渗水池体，较小的消化池一般采用钢筋混凝土结构，较大的常采用预应力钢筋混凝土结构。其气室部分应不漏气，需敷设耐腐蚀的涂料或衬里，其下沿应深入最低泥位 0.5 m 以下。为了减少池子的热损耗，在池子的周壁及池盖需采取保温措施，如有条件，消化池池体可采用覆土保温方法，可降低工程造价，但占地较大。有条件时，消化池池底应位于地下水位以上，以减少热损耗；当位于地下水位以下时，池底以外宜采用隔水层。

(6)搅拌和破渣设备

搅拌可促进微生物与污泥基质充分接触，使池内温度及酸碱度均匀，既有利于沼气的释放，又可有效预防浮渣，因此，均匀搅拌是所有高效厌氧消化池运行的前提条件。

搅拌的方法较多，常用的方法有水力搅拌、机械搅拌和沼气搅拌。各类消化池搅拌方法的比较见表 11.16。

水力搅拌是将污泥抽出，从池顶泵入水力提升器内，形成内外循环；机械搅拌采用螺旋桨，根据池子大小不同，可设若干个，每个螺旋桨下面设一个导流筒，抽出的污泥从筒顶向四周喷出，形成环流。螺旋桨搅拌效率高、耗电少，但转轴穿越池顶处密封困难；沼气搅拌是用压缩机将污泥消化产生的沼气压入池内竖管(一个或几个)的中部或底部，污泥随气泡上升时将污泥带起，在池内形成垂直方向的循环，也可在消化池底部设置气体扩散装置进行搅拌。沼气搅拌范围大、能力强、效果好、消化速率高，但设备繁多，成本昂贵。

表 11.16　常用搅拌方式的比较

搅拌方式	优　点	缺　点	适用范围
沼气循环	①无搅拌装置，能省电，搅拌效果好； ②促进厌氧分解，缩短消化周期	需特制压缩机以保证绝不吸入空气	各种消化池
污泥泵循环	①设备简单、能耗省，搅拌效果好； ②运行可靠	需专门设计射流器	小型消化池
机械搅拌	①效率高，能耗少； ②设备不易附着浮渣及纤维	机械传动部分易磨损，轴承气密性难解决	各种消化池

在消化过程中，部分细小的气泡附着于污泥上，浮于表面易形成浮渣，池内温度较高，浮于表面的污泥易失水，更加速了浮渣形成，如不及时除破渣，容易形成坚硬的渣盖，严重威胁消化池的正常运行和安全。破渣可在池内液面装设破渣机，或用污泥水压力喷射来破渣。

11.3.3.4　厌氧消化池的设计参数

1. 消化池形式

消化池的池形多采用圆柱形，池顶盖多采用固定式顶盖。大型消化池可采用蛋形，容积可做到 10 000 m^3 以上。贮气罐的容积一般按平均日产气量的 25%～40%，即 6～10 h 的平均产气量计算。

2. 分级消化

两级消化总池容比单级消化小，上清液含固量少，总热耗量较少。一级消化池中加热、搅拌、集气；二级池中集气、排放上清液、不再加热。

3. 温度和时间

消化温度 33～35 ℃，消化时间一般为 25～30 d。两级消化停留时间比值可采用 2∶1 或 3∶2，一般采用 2∶1。

4. 污泥浓度和消化分解率

污泥含固量采用 3%～4%，最大为 10%～12%。消化分解率 40%～50%。两级消化后污泥含水率约为 92%。

5. 消化池尺寸

消化池直径一般为 6～35 m。总高与直径之比取 0.8～1.0，内径与圆柱高之比取 2∶1，池底、池盖倾角一般取 15°～20°，池顶集气罩直径取 2～5 m，高 1～3 m。池内泥位必须保证一级消化池污泥能自流入二级消化池，池底宜高于地下水位。

6. 消化池构造

消化池采用抗腐蚀良好的钢筋混凝土结构。设进泥管、出泥管、上清液排出管（可在不同高程处设几个，最小直径 75 mm）、溢流管（最小直径 200 mm）、循环搅拌管、沼气出气管（管径按日平均产气量计算，管内流速按 7～15 m/s 计，当消化池采用沼气循环搅拌时，则计算管径时应加入搅拌循环所需沼气量）、排空管（可与出泥管合并）、取样管（至少池中和池边各设取样管 1 根，伸入最低泥位下 0.5 m，最小管径 100 mm）、测压管、测温管等，消化池池顶中心工作孔最小直径为 1.5 m，侧墙和池底的交接处设置直径 0.6～1.0 m 的工作孔。

7. 消化池的搅拌

(1)污泥泵循环

水射器顶端浸没在污泥面以下 0.2～0.3 m，泵压应大于 0.2 MPa，生污泥量与水射器吸入的污泥量之比为 1∶3～1∶5。消化池池径大于 10 m 时，可设 2 个或 2 个以上水射器。

(2)沼气搅拌

搅拌气量按每 1 000 m^3 池容 5～7 m^3/min 计，气流速度按 7～15 m/s 计。立管末端在同一平面上，距池底 1～2 m，或在池壁与池底连接面上。

无论何种搅拌设备都应在 2.5 h 内至少将全池污泥搅拌 1 次。

11.3.3.5 厌氧消化池的计算公式

1. 池容积

$$V=Q\cdot t \quad 或 \quad V=\frac{V'}{P} \tag{11.30}$$

式中 V—— 消化池的有效容积，m^3；

Q—— 投配到一级成二级消化池的生污泥量，m^3/d；

t—— 污泥在一级成二级消化池的停留时间，d；

V'—— 每日投配到消化池的生污泥量，m^3/d；

P—— 投配率，%。

2. 单池容积

$$V_0=\frac{V}{N} \tag{11.31}$$

式中 V_0—— 单池容积，m^3；

N—— 消化池个数，个。

3. 池顶圆截锥部分高度

$$h_1=\left(\frac{D}{2}-\frac{d}{2}\right)\tan\alpha \tag{11.32}$$

式中 h_1—— 池顶圆截锥部分高度，m；

D—— 消化池直径，m；

d—— 集气罩的直径，m；

α—— 消化池池顶倾角，(°)。

4. 池底圆截锥部分高度

$$h_3=\left(\frac{D}{2}-\frac{d'}{2}\right)\tan\alpha' \tag{11.33}$$

式中 h_3—— 池底圆截锥部分高度，m；

d'—— 池底直径，m；

α'—— 消化池池底倾角,(°)。

5. 池顶圆截锥部分体积

$$V_1 = \frac{1}{3}\pi h_1\left[\left(\frac{D}{2}\right)^2 + \left(\frac{D}{2}\right)\left(\frac{d}{2}\right) + \left(\frac{d}{2}\right)^2\right] \tag{11.34}$$

式中　V_1—— 池顶圆截锥部分体积,m^3。

6. 池底圆截锥部分体积

$$V_3 = \frac{1}{3}\pi h_1\left[\left(\frac{D'}{2}\right)^2 + \left(\frac{D'}{2}\right)\left(\frac{d'}{2}\right) + \left(\frac{d'}{2}\right)^2\right]$$

式中　V_3—— 池底圆截锥墙部分体积,m^3。

7. 池圆柱部分体积

$$V_2 = V_0 - V_3 \tag{11.35}$$

式中　V_2—— 池圆柱部分体积,m^3。

8. 池圆柱部分高度

$$h_2 = \frac{4V_2}{\pi D^2} \tag{11.36}$$

式中　h_2—— 池圆柱部分高度,m。

9. 消化池总高度

$$H = h_1 + h_2 + h_3 + h_4 \tag{11.37}$$

式中　H—— 消化池总高度,m;

h_4—— 集气罩安全保护高度,一般取 1.5 ~ 2 m。

10. 为把生污泥全部连续加热到需要温度,每小时耗热量

$$Q_1 = \frac{V'}{24}(T_D - T_s) \times 4\ 186.8 \tag{11.38}$$

式中　Q_1—— 生污泥的温度升高到消化温度的耗热量,kJ/h;

T_D—— 消化温度,℃;

T_s—— 生污泥原温度,℃。

11. 池体耗热量

$$Q_2 = \sum FK(T_D - T_A) \times 1.2 \tag{11.39}$$

式中　Q_2—— 池内向外界散发的热量,即池体耗热量,kJ/h;

F—— 池盖、池壁及池底散热面积,m^2;

T_A—— 池外介质(空气或土壤),当池外介质为大气时,计算全年平均耗热量,须按全年平均气温计算;

K—— 池盖、池壁、池底的传热系数,kJ/(m^2 · h · ℃),K 可按下式计算

$$K = \frac{1}{\frac{1}{\alpha_1} + \sum \frac{\delta}{\lambda} + \frac{1}{\alpha_2}} \tag{11.40}$$

式中　α_1—— 消化池内壁热转移系数,污泥传到钢筋混凝土池壁为 1 256 kJ/(m^2 · h · ℃),沼

气传到钢筋混凝土池壁为 31.4 kJ/(m² · h · ℃)；

α_2—— 消化池外壁热转移系数，即池壁至介质的热转移系数，如介质为大气则为 12.6 ～33.5 kJ/(m² · h · ℃)，如为土壤则取 2.1 ～ 6.3 kJ/(m² · h · ℃)；

δ—— 池体各部结构层、保温层厚度，m；

λ—— 池体各部结构层、保温层导热系数，混凝土或钢筋混凝土壁的 λ 值为 5.54 kJ/(m² · h · ℃)。

12. 管道、热交换器等热耗量

$$Q_3 = \sum KF(T_m - T_A) \times 1.2 \tag{11.41}$$

式中 Q_3—— 管道、热交换器的散热量，kJ/h；

K—— 管道、热交换器的传热系数，kJ/(m² · h · ℃)；

F—— 管道、热交换器的表面积，m²；

T_m—— 锅炉出口和入口的热水温度平均值，或锅炉出口和池子入口蒸汽温度的平均值，℃。

13. 间接加温系统最大耗热量

$$Q_{max} = Q_{1max} + Q_{2max} + Q_{3max} \tag{11.42}$$

式中 Q_{max}—— 消化池间接加温系统最大耗热量，kJ/h。

14. 锅炉的加热面积

$$F = (1.1 \sim 1.2)\frac{Q_{max}}{E} \tag{11.43}$$

式中 F—— 锅炉的加热面积，m²；

E—— 锅炉加热面的发热强度，kJ/(m² · h)，根据锅炉样本采用；

1.1 ～ 1.2—— 热水供应系统的热损失系数。

15. 热交换管总长度

$$L = \frac{Q_{max}}{\pi DK \Delta T_m} \times 1.2 \tag{11.44}$$

式中 L—— 套管总长度，m；

D—— 内管的外径，m，一般采用防锈钢管，流速采用 1.5 ～ 2.0 m/s，外管采用铸铁管，流速采用 1 ～ 1.5 m/s；

K—— 传热系数，约 2 512.1 kJ /(m² · h · ℃)，K 可用式(11.45) 计算；

ΔT_m—— 平均温差的对数，℃，ΔT_m 可用式(11.46) 进行计算。

$$K = \frac{1}{\frac{1}{\alpha} + \frac{1}{\alpha_2} + \frac{\delta_1}{\lambda_1} + \frac{\delta_2}{\lambda_2}} \tag{11.45}$$

式中 α_1—— 加热体至管壁的热转移系数，可选用 12 141.7 kJ/(m² · h · ℃)；

α_2—— 管壁至被加热体的热转移系数，可选用 19 678 kJ/(m² · h · ℃)；

δ_1—— 管壁厚度，m；

δ_2—— 水垢厚度，m；

λ_1—— 管子的导热系数，kJ/(m · h · ℃)，钢管为 163 ～ 209 kJ/(m · h · ℃)，一般用平

均值；

λ_2—— 水垢导热系数，kJ/(m·h·℃)，一般选用 8.4 ～ 12.6 kJ/(m·h·℃)。当新热交换器时$\frac{\delta_2}{\lambda_2}$可不计，而采用计算结果乘 0.6。

$$\Delta T_m = \frac{\Delta T_1 - \Delta T_2}{\ln \dfrac{\Delta T_1}{\Delta T_2}} \tag{11.46}$$

式中　ΔT_1—— 热交换器入口处的污泥温度(T_s)和出口的热水温度(T'_w)之差，℃，T'_s可用式(11.47)进行计算；

ΔT_2—— 热交换器出口污泥温度(T'_s)和入口热水温度(T_w，采用 60 ～ 90℃)之差，℃，T'_w可用式(11.48)进行计算。

$$T'_s = T_s + \frac{Q_{max}}{Q_s \times 4\ 186.8} \tag{11.47}$$

$$T'_w = T_w - \frac{Q_{max}}{Q_w \times 4\ 186.8} \tag{11.48}$$

式中　Q_s—— 污泥循环量，m^3/h；

Q_w—— 热水循环量，m^3/h。

16. 沼气管道的沿程气压损失

$$h_f = \frac{Q^2 \gamma L}{d^3 K} \tag{11.49}$$

式中　h_f—— 沼气管道的沿程气压损失，Pa；

L—— 沼气管道长度，m；

d—— 沼气管道直径，mm；

γ—— 沼气管道内的气体密度，一般取 0.85 ～ 1.26 N/m^3；

Q—— 沼气管道内的气体流量，m^3/h；

K—— 沼气管道的摩擦系数，与管材及管径的大小有关。

17. 沼气管道的局部气压损失

$$h_i = \xi \gamma \frac{v^2}{2g} \tag{11.50}$$

式中　h_i—— 沼气管道的局部气压损失，Pa；

ξ—— 沼气管道的局部阻力系数；

v—— 沼气流速，m/s。

18. 所需沼气加压设备的功率

$$N = \frac{Q \cdot (h_f + h_i)\gamma}{102 \cdot \eta \cdot 3600} \tag{11.51}$$

式中　N—— 所需沼气加压设备的电动机功率，kJ/h；

η—— 加压设备的效率，通常取 0.75 ～ 0.80。

11.3.3.6　消化池的运行与管理

1. 甲烷细菌的培养与驯化

对于污泥厌氧发酵中甲烷细菌的培养与驯化，如已有消化池在运行，则甲烷细菌可以直接进行接种，接种量最好为消化池有效容积的95%以上；如无上述条件，培养的方法可分逐步培养法和一次培养法两种。

(1)逐步培养法

将每日排放的初次沉淀污泥或浓缩后的剩余活性污泥投入消化池。然后通入蒸汽，升温速度控制在每小时1 ℃。当升高到消化温度时，可减少蒸汽量，维持温度不下降。然后逐日加入新鲜滤污泥，直至达到设计液面时，停止加泥，通入少量蒸汽维持消化温度。污泥中的有机物经水解，液化到气化阶段约需30～40 d，待污泥成熟后，方可投配新鲜污泥。

(2)一次培养法

将池塘污泥投入消化池内，投加量约占消化池有效容积的1/10。以后逐日将新鲜污泥加入消化池直到设计液面。然后通入蒸汽，控制升温速度为每小时1 ℃，最后达到消化温度。如污泥呈酸性，可人工加碱(如石灰水)调整pH值，使之为6.5～7.5，稳定3～5 d，污泥可提前成熟，再投配新鲜污泥。此法对小型消化池或试验池较为适合，而对于大型池组每小时升温1 ℃，则需热量较大，锅炉供应不上。

对于工业废水污泥消化，甲烷细菌种最好引自同种污泥。若无同种污泥，必须经一定的驯化后方可使用。

高温消化的甲烷细菌，不能由中温消化的熟污泥直接接种，但可驯化。驯化时的升温速度需保持每小时1 ℃，最后达到约53 ℃。用人工加碱的方法控制pH值为6.5～7.5。原因在于：当温度超过38 ℃后，中温甲烷菌受到抑制，并大量死亡，污泥极易变酸。如继续保持每小时1 ℃的温升，仅需12 h左右即可达到53 ℃，使污泥中的高温甲烷细菌芽孢发育，没有死亡的中温菌株也可发育。如果升温速度太慢，则升温到53 ℃所需时间太长，使得有机酸过度积累，高温甲烷细菌芽孢不易发育，即使温度达到53 ℃，也难以进行正常的高温消化。

2. 消化池正常运行的化验指标

正常运行的化验指标有：

①产气率正常，沼气成分(CO_2与CH_4所占百分比)正常；

②投配污泥含水率94%～96%，有机物质量分数60%～70%，有机物分解程度45%～55%；

③脂肪酸以醋酸计为2 000 mg/L左右，总碱度以重碳酸盐计大于2 000 mg/L，氨氮500～1 000 mg/L。

3. 消化池正常运行的控制参数

①新鲜污泥投配率、消化温度需严格控制。

②搅拌。污泥气循环搅拌可全日工作。采用水力提升器搅拌时，每日搅拌量应为消化池容积的两倍，间歇进行，如搅拌半小时，间歇1.5～2 h。

③排泥。有上清液排除装置时，应先排上清液再排泥。否则应采用中、低位管混合排泥或搅拌均匀后排泥，以保持消化池内污泥质量浓度不低于30 g/L，否则消化很难进行。

④沼气气压。消化池正常工作所产生的沼气气压在1 177～1 961 Pa之间，最高可达3 432～4 904 Pa，过高或过低都说明池组工作不正常运行或输气管网中有故障。

4. 消化池发生异常现象时的管理

(1)产气量下降

产气量下降的原因与解决办法主要有：

①投加的污泥浓度过低，甲烷菌的底物不足。解决办法是：设法提高投配污泥浓度。

②消化污泥排量过大，使消化池内甲烷菌减少，破坏甲烷菌与营养的平衡。解决办法是：减少排泥量。

③消化池温度降低，可能是由于投配的污泥过多或加热设备发生故障。解决办法是：减少投配量与排泥量，检查加温设备，保持消化温度。

④消化池的容积减少。由于池内浮渣与沉砂量增多，使消化池容积减小。解决办法是：检查池内搅拌效果及沉砂池的沉砂效果，并及时排除浮渣与沉砂。

⑤有机酸积累，碱度不足。解决办法是：减少投配量，继续加热，观察池内碱度的变化，如不能改善，则应投加碱度，如石灰、$CaCO_3$等。

(2)上清液水质恶化

上清液水质恶化表现在 BOD_5 和 SS 浓度增加，原因可能是排泥量不够，固体负荷过大，消化程度不够，搅拌过度等。解决办法是分析上述可能的原因，分别加以解决。

(3)沼气的气泡异常

沼气的气泡异常有 3 种表现形式：

①连续喷出(像啤酒开盖后出现的气泡)。这是消化状态严重恶化的征兆。原因可能是排泥量过大，池内污泥量不足，或有机物负荷过高，或搅拌不充分。解决办法是：减少或停止排泥，加强搅拌，减少污泥投配。

②大量气泡剧烈喷出，但产气量正常。池内由于浮渣层过厚，沼气在层下集聚，一旦沼气穿过浮渣层，就有大量沼气喷出。解决办法是：破碎浮渣层充分搅拌。

③不起泡。解决办法是：可暂时减少或中止投配污泥。

11.4　沼气利用

污泥沼气除了用于消化池搅拌外，更是一种经济的能源，它可用作热水锅炉、内燃机及焚烧炉的燃料。在美国和其他地区，沼气经改善品质，售给当地公用系统。为了确定沼气回收利用在经济上的可行性，通常要计算各工厂的能量需求，并评价产生的沼气总量的能量价值。这通常包括热平衡、气体回收和利用设备的主要能耗。

11.4.1　搅拌

通常沼气首先用于搅拌初级消化池中的污泥。循环搅拌是一种非消耗利用，不会影响总气体的产量。气体搅拌系统包括一个正位移压缩机及压力控制系统，后者控制气体压力，防止压缩机过压或消化池内抽真空。

11.4.2　加热

用沼气加热与用天然气或商业气体加热相似。沼气可为本厂锅炉或换热器提供燃料加热污泥或取暖，而更普遍的用途是部分或全部作为内燃机燃料，驱动发电机或工厂其他设备。

未净化沼气中的硫化氢有潜在的腐蚀性，即二氧化硫和三氧化硫(硫化氢燃烧产物)在废气中凝结成酸，引起腐蚀。有两种方法解决这个问题：一是在燃烧之前从气体中除去硫化氢，二是把使用未净化气体的温度保持在 100 ℃以上，防止产生冷凝液。锅炉要尽量避免频繁开关，因为每次关闭时都会发生冷凝。

11.4.3　污泥干燥和焚化

沼气也可用作燃料加热干燥机械脱水的污泥及作为污泥、浮渣或沙砾焚化的补充燃料。通常，污泥在焚烧前脱水至能量平衡点，大致足以维持燃烧，当需要外加能量时（或者连续或者在启动期），可以使用沼气。

11.4.4　沼气用于发电

沼气发电的技术关键是选用高效的沼气发电机组，锅炉废气以及发电机组冷却水的热量回收，沼气脱硫技术等3项。

1. 沼气发电机组

沼气发电机组包括沼气发动机与发电机。沼气发动机有两种：

(1)火花点火式燃气发动机

由燃气发动机的活塞把沼气与空气吸入汽缸经压缩后用电火花点火燃烧，再带动发电机。发动机的耗热量为10 884～12 141 kJ/(kW·h)，每m^3沼气约可发电1～1.5 kW。

(2)压缩点火式双燃料发动机

发动机的活塞把沼气和空气吸入汽缸经压缩后用柴油引火，引火用的柴油量约占发动机总燃料量的8%～10%。如沼气量不足，也可全部用柴油，故称“双燃料”。发动机的耗热量为9 629～10 884 kJ/(kW·h)，每m^3沼气约可发电2.1 kW。

2. 热量回收

沼气锅炉的废气温度高达380～450 ℃，沼气发电机组的冷却水温约50～60 ℃，含热量很高，用于消化池加温，可提高沼气的燃烧热效率，节约能源，故热量回收是沼气发电成败的关键。

(1)沼气发电热量平衡

若沼气燃烧的总热量为100%计，则：约34%可转化为发动机的机械能，其中约32%带动发电机转换为电能，机械损失约2%；另外66%的热量含于发电机组的冷却水与燃烧废气中，如用冷却水与废气加温生污泥，则约可回收其中所含热量的51%，热损失约15%。所以综合热效率可达32%+51%=83%，热量损失约2%+15%=17%，此为最理想的热效率。但目前能达到的综合热效率约为75%，热量损失约为25%。

(2)热量回收工艺

图11.28是利用沼气锅炉的废气与发动机冷却水所含的热量加温生污泥的工艺流程。首先用沼气锅炉的废气，在废热锅炉1（即废气热交换器）中加热发动机的冷却水，使冷却水的温度再提高8～10 ℃，然后在热交换器2中加温已被预热的生污泥。废气的温度可从380～450 ℃降低至180～200 ℃排放。

11.4.5　沼气中硫化氢的去除

沼气中H_2S质量浓度的范围为150～3 000 cm^3/m^3或更高，这取决于污泥组成。沼气中的H_2S是由消化池中的厌氧微生物还原硫酸盐形成的，对沼气进行净化，除去H_2S对减少锅炉和其他设备的腐蚀是必须的。H_2S也是一种有毒空气污染物，并具有恶臭，燃烧含高浓度H_2S的沼气，会导致空气污染。因此，必须去除H_2S，使燃烧后的烟气达到空气质量标准。

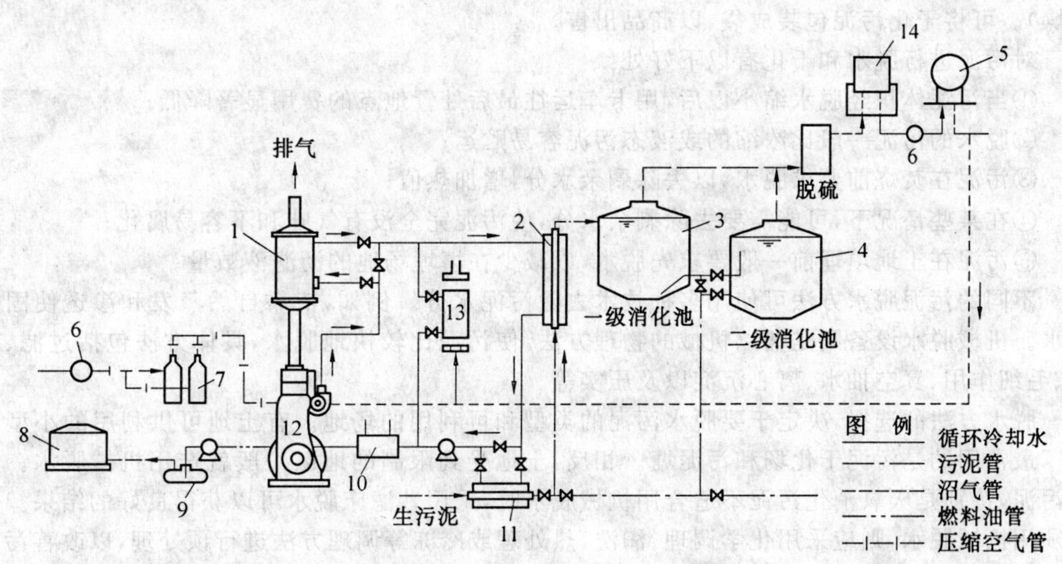

图 11.28　沼气发电热量回收流程

1—废热锅炉；2—热交换器；3、4—一级、二级消化池；5—高压储气罐；6—空压机；7—启动氧气瓶；8—贮油池；9—燃油桶；10—润滑油冷却器；11—生污泥加热器；12—沼气发动机；13—沼气锅炉；14—低压储气罐

洗涤法是除去沼气中 H_2S 的常用方法之一。除了去除 H_2S 外，有些洗涤技术还能减少沼气中 CO_2 含量，产生高质量的沼气。洗涤沼气的设备称为洗涤塔，它分为干式和湿式两种。

(1)干式脱硫

在常用的干式洗涤塔中一般装填有饱和 Fe_2O_3 的木片，俗称“海绵铁”。常温常压下进行沼气脱硫及海绵铁再生。化学反应如下：

①脱硫过程：

$$Fe_2O_3 \cdot H_2O + 3H_2S \longrightarrow Fe_2S_3 \cdot H_2O + 3H_2O$$

②海绵铁再生：

$$2Fe_2S \cdot 3H_2O + 3O_2 \longrightarrow 2Fe_2O_3 \cdot H_2O + 6S$$

不过在对海绵铁进行再生时，Fe 的氧化速度不能太快，否则可能会引起自燃。海绵铁法主要用于需要处理的气体量相对较小的场合。

(2)湿式脱硫

在湿式洗涤塔中一般用碱性液体来吸收 H_2S，吸收液中可以加入化学氧化剂来减小吸收剂的处置问题，并延长使用寿命。最常用的氧化剂是次氯酸钠，其次是高锰酸钾。沼气通过喷嘴或扩散板(后者需要定期清洗)进入洗涤塔的底部，与吸收剂逆流接触，然后从塔顶排出。离开洗涤塔的沼气，湿度很高，需要冷凝除去水分。对低压沼气来说，湿式洗涤塔所造成的压头损失很大，因此，常常需要在沼气进入洗涤塔之前，对它进行压缩。

11.5　污泥脱水

将污泥的含水率降低到 80%～85%以下的操作叫做脱水。脱水后的污泥具有固体特性，成泥块状，能装车运输，便于最终处置利用。

将脱水污泥的含水率进一步降低到 50%～65%以下(最低达 10%)的操作叫做干化(或称

干燥)。可将干化污泥包装成袋,以商品出售。

对污泥进行脱水和干化有以下好处:

①当污泥体积经脱水缩小以后,用卡车运往最后处置地点的费用显著降低;

②脱水的污泥一般比浓缩的或液态污泥容易贮运;

③污泥在焚烧前要求脱水,以去除剩余水分,增加热值;

④在某些情况下,可能需要去除剩余水分,使污泥完全没有气味和不容易腐化;

⑤污泥在土地填埋前一般要求先脱水,以减少在填埋场地的沥滤液数量。

不同的污泥脱水方法可使用多种技术去除污泥水分。例如,依靠自然蒸发和渗透使固体脱水。机械脱水设备则是辅以机械的物理方法,使污泥比较快地脱水,具体方法包括过滤、挤压、毛细作用、真空抽水、离心沉淀以及压实等。

脱水方法的选择,决定于要脱水污泥的类型和可利用的场地。有土地可供利用的小型处理厂最常用的是污泥干化场和污泥塘。相反,土地受到限制的地区一般就选用机械脱水。某些污泥,特别是厌氧消化污泥不适合用机械脱水时,采用砂滤床脱水可以获得良好的结果。如必须用机械脱水,则应采用化学调理、淘洗、热处理或冷冻等调理方法进行预处理,以改善污泥的脱水性能。各种脱水方法的比较见表 11.17。

表 11.17 各种脱水方法的比较

方法		优点	缺点	适用范围
机械脱水	板框压滤机 ①间歇脱水 ②液压过滤	①滤饼含固率高 ②固体回收率高 ③药品消耗少,滤液清澈	①间歇操作 ②过滤能力较低 ③基建设备投资大	①其他脱水设备不适用的场合 ②需要减少运输、干燥或焚烧费用,降低填用地的场合
机械脱水	带式过滤机 ①连续脱水 ②机械挤压	①机器制造容易,附属设备少,投资、能耗较低 ②连续操作,管理简便,脱水能力大	①聚合物价格贵,运行费用高 ②脱水效率不及板框压滤机	①特别适合于无机性污泥的脱水 ②有机黏性污泥脱水不宜采用
	离心机 ①连续脱水 ②离心力作用	①基建投资少,占地少,设备结构紧凑 ②不投加或少加化学药剂,处理能力大且效果好,总处理费用较低 ③自动化程度高,操作简便、卫生	①国内目前多采用进口离心机,价格昂贵 ②电力消耗大,污泥中含有砂砾,易磨损设备 ③有一定噪声	不适于密度差很小或液相密度大于固相的污泥脱水
自然干化	污泥干化床 ①间歇运行 ②自然蒸发和渗滤	①基建费用低,设备投资少 ②操作简便,运行费用低,劳动强度大	①占地面积大、卫生条件差 ②受污泥性质和气候影响大	①用于渗滤性能好的污泥脱水 ②气候比较干燥的地区,多雨地区应设厂房 ③用地不紧张的地区 ④环境卫生条件允许的地区

11.5.1　污泥的自然干化

污泥的自然干化是一种简便经济的脱水方法，曾经广泛采用的，有污泥干化场和污泥塘两种类型。它们都是利用自然力量而将污泥脱水的，适用于气候比较干燥、用地不紧张以及环境卫生条件允许的地区。目前，污泥塘的使用较少。

1. 干化场的分类

干化场也叫干化床或晒泥场，是一种自然脱水设施。

(1)按滤层的构造分类

按滤层的构造，干化场可分为自然滤层干化场(无人工排水滤层干化场)与人工滤层干化场两种。

①自然滤层干化场适用于自然土质渗透性能好，地下水位很低，沥滤液不会污染地下水的地区。例如，我国西北、西南等地区，可考虑这种形式的干化场。

②人工滤层干化场的底板是人工不透水层，上铺滤水层，渗透下去的沥滤液用埋设在人工不透水层上的排水管截留，送到污水处理厂重复处理。

(2)按有无顶盖分类

按有无顶盖，干化场可分为敞开式干化场与覆盖式干化场两种，而覆盖式干化场又可分固定盖式干化场和活动盖式干化场。活动盖式干化场设有支承顶盖的柱子，顶盖一般用弓形覆有塑料薄膜制成，下雨时把顶盖盖上，晴天时揭开。有的顶盖还设有轨道，可从干化场的一个分块移动到另一个分块。覆盖式干化场一般用于雨量较多的地区。

2. 干化场的构造

人工滤层干化场的构造，如图 11.29 所示，它由不透水底层、排水系统、滤水层、输泥管、隔墙及围堤等部分组成。

(1)滤水层

滤水层由上层厚度为 200～300 mm 的细矿渣或砂层(铺设厚度 200～300 mm)和下层厚度为 200～300 mm 的粗矿渣或砾石层(厚 200～300 mm)组成，滤水容易。

(2)排水系统

排水管道系统用 100～150 mm 陶土管或盲沟铺成，管子接头不密封，以便排水。管道之间中心距 4～8 m，纵坡 0.002～0.003，排水管起点覆土深(至砂层顶面)为 0.6 m。

(3)不透水底层

不透水底板由 200～400 mm 厚的黏土层或 150～300 mm 厚三七灰土夯实而成。也可用 100～150 mm 厚的素混凝土铺成。底板有 0.01～0.02 的坡度坡向排水管。

(4)隔墙及围堤

干化场的四周用高为 0.5～1.0 m、顶宽为 0.5～1.0 m 的围堤或围墙、场内用隔墙(或为隔板)将整块干化场分隔成若干分块。每块干化场的宽度与铲泥饼的机械与方法有关，一般为 6～10 m。

围堤上设有与进泥管相连的输泥槽，进泥管采用铸铁管，坡向干化场，管内污泥流速大于 0.75 m/s。输泥槽底坡度取 0.01～0.03，槽上隔一定距离设放泥口，均匀放入原污泥。为排出围堤间的浓缩上清液，可在堤上设多层排水(管)阀。

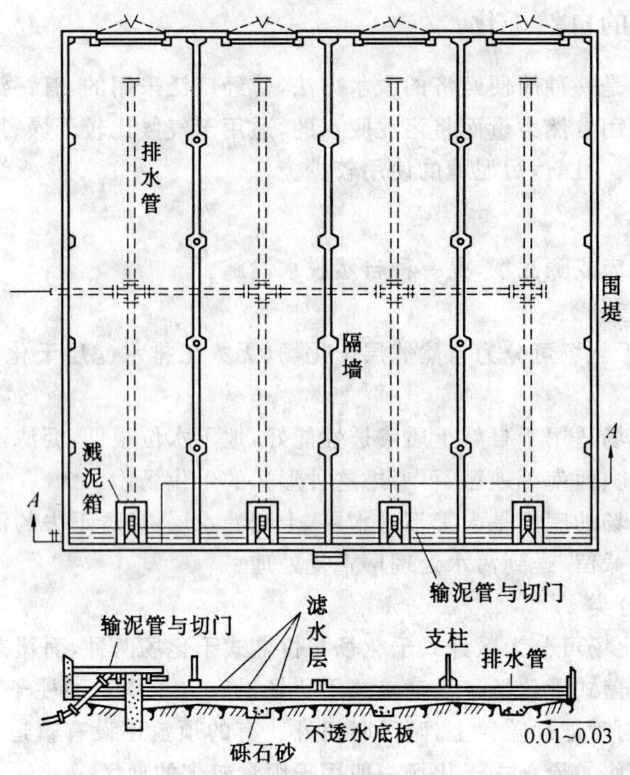

图 11.29 人工滤层干化场

每次排入干化场的污泥占用一分块，使污泥均匀地平铺于干化场上。顺序轮流使用各分块。这样铲除泥饼方便，干化场利用率也比较高，全部面积能有效合理地使用。

(5)泥饼的铲除与运输

泥饼的铲除与运输的方式，应根据泥饼量的多少与进一步处理的方法来选择。小型污水处理厂可采用人工铲除泥饼，板车外运。但人工铲运的劳动强度比较大，费用也较高。因此，大型污水处理厂多采用污泥提升机来铲除泥饼，由运输机上的皮带运到场外。

3.干化场的脱水特点及影响因素

干化场的脱水作用包括：上部蒸发、底部渗透、中部放泄。渗透过程约在污泥排入干化场最初的2～3 d内完成，可使污泥含水率降低至85%左右。此后水分不能再被渗透，只能依靠蒸发脱水。根据自然条件和渗水层特征，干化期由数周至数月，干化污泥的含水率可降至65%～75%。研究表明，降雨量的57%左右要被污泥所吸收，因此在干化场的蒸发量中必须考虑所吸收的降雨量，但有盖式干化场可不考虑。

影响干化场脱水的因素主要有：

(1)气候条件

指当地的降雨量、蒸发量、相对湿度、风速和年冰冻期。

(2)污泥性质

消化污泥在消化池中承受着高于大气压的压力，污泥中含有很多沼气泡，一旦排到干化场后，压力降低，气体迅速释出，可把污泥颗粒挟带到污泥层的表面，使水的渗透阻力减小，提高了渗透脱水性能;而初次沉淀污泥或经浓缩后的活性污泥,水分不易从稠密的污泥层中渗透过去,往往会形成沉淀,分离出上清液,故这类污泥主要依靠蒸发脱水,可在围堤或围墙的一定高度上开设撇水窗,撇除上清液,加速脱水过程。

11.5.2　污泥机械脱水前的预处理

污泥机械脱水前的预处理,也称为调质或调理,是指通过多种方法改变污泥的理化性质,减小污泥与水的亲和力;通过调整固体粒子群性质及其排列状态,使凝聚力增强,颗粒变大。污泥调理的目的在于改善污泥脱水性能,提高机械脱水效果与机械脱水设备的生产能力。

一般认为污泥的比阻值在(0.1～0.4)$\times 10^9 S^2/g$之间时,进行机械脱水较为经济。但初次沉淀污泥、活性污泥、腐殖污泥、消化污泥均由亲水性带负电荷的胶体颗粒组成,挥发性固体含量高、比阻值大($>5\times 10^9 S^2/g$),脱水困难。故机械脱水前,必须调理。调理的方法主要有化学调理法和物理调理法等。

1.化学调理法

构成污泥的固体颗粒一般都很细小,而且常带负电荷,形成一种稳定的胶体悬浮液,使污泥中的固体与水分离,即浓缩和脱水都比较困难。为了解决这个问题,需要破坏污泥胶体的稳定性。化学调质法就是利用混凝剂、助凝剂和固体颗粒中所带的电荷,减小固体颗粒与水分子的亲和力,增大颗粒之间的凝聚力,增大粒径。

污泥化学调理常用的混凝剂有无机混凝剂及其高分子聚合电解质、有机高分子聚合电解质和微生物混凝剂等 3 类。无机混凝剂主要是铝盐与铁盐及其高分子聚合物;有机调理剂有聚丙烯酰胺等;微生物混凝剂是指将微生物细胞、微生物细胞提取物或微生物细胞的代谢产物用作混凝剂。

混凝剂在水中的组分对胶体粒子主要起 3 种作用:一是静电中和;二是吸附架桥;三是卷扫凝聚。一般来说这 3 种作用究竟以哪种为主,取决于混凝剂的种类和浓度、胶体粒子的含量及胶体溶液的 pH 值。不过这 3 种作用往往交叉协同,使胶体粒子脱稳凝聚。

污泥化学法调质与混凝过程一样,是上述几种作用综合作用的结果,只是不同混凝剂起不同的作用。无机混凝剂是以电中和及卷扫作用为主,因为铝盐、铁盐的水解产物的分子量均不高,因而类似有机高分子混凝剂的吸附架桥作用似乎不存在。非离子和阴离子有机高分子混凝剂以架桥作用为主,凝聚能力与分子量大小及分子构型有关。一般分子量越大,分子支化与交链越少,则架桥作用越强。而阳离子有机混凝剂中低分子混凝剂以静电中和为主,高分子混凝剂同时兼有中和及吸附架桥作用。因此,阳离子有机混凝剂最佳投加量一般与其正电荷多少有关,而絮体大小和强度与其分子量有关。

无机调理剂价廉易得,但渣量大,pH 值的影响大;而有机调配剂则与之相反。混凝剂调质效果的好坏,不仅取决于所使用混凝剂的物化特性,而且与所处理对象、水质条件有关。应经过科学试验,才能正确选择混凝剂的种类、使用条件和方法。综合应用 2～3 种絮凝剂,混合投配或依次投配,能起到提高效能的作用。

2.物理调质法

物理调质法有污泥淘洗法、热处理法和冷冻熔解处理法等。

(1)污泥淘洗法

污泥淘洗也叫水力调理,就是先利用处理过的废水与污泥混合,然后再澄清分离,以此冲洗和稀释原污泥中的高碱度,带走细小固体。消化污泥中的碱度很高,投加三氯化铁,与之反应,需要消耗大量药剂,因此必须通过淘洗来降低碱度。细小固体是化学药剂的主要消耗者,且易堵塞滤饼,经过淘洗将其冲走,也能降低药耗,提高过滤性能。

淘洗可以采用单级、多级串联或逆流洗涤等多种形式。通过吹入空气或机械搅拌,使污泥处于悬浮状态,与水充分接触。在注意使污泥与水均匀混合的同时,还必须注意保护污泥絮体,搅拌不能过于剧烈,污泥与水接触次数不宜过多。二级逆流淘洗装置如图 11.30 所示。

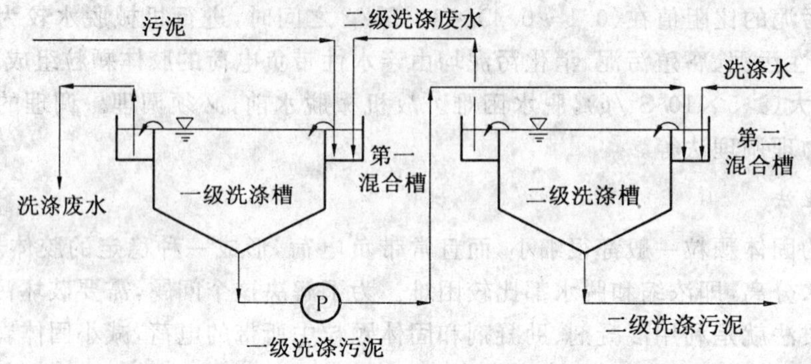

图 11.30　污泥的二级逆流淘洗装置

淘洗液中的 BOD 和 COD 含量都很高,需回流到污水处理设备进行处理。同时污泥中一部分氮被洗涤水带走,降低污泥的肥效,因此消化污泥作土壤改良剂或肥料时,不宜采用淘洗法。淘洗法对浓缩生污泥不太有效,大多直接加药调质。

(2)热处理法

污泥经热处理可使有机物分解,破坏胶体颗粒稳定性,污泥内部水与吸附水被释放,比阻大幅降低,脱水性能大大改善,寄生虫卵、致病菌与病毒等可被杀灭。因此污泥热处理兼有污泥稳定、消毒和除臭等功能。热处理后污泥可进行重力浓缩或机械脱水,进一步降低污泥含水率。

热处理法效果的好坏,很大程度上取决于污泥的性质、温度和处理时间等条件。热处理法适用于初沉污泥、消化污泥、活性污泥、腐殖污泥及它们的混合污泥。

因热处理法主要利用有机物溶化来改善污泥的浓缩脱水性能,所以对脱水困难的有机污泥来说是有效的。有机物含量低,热调质效果相对差。但是污泥中有机物质量分数超过70%,热调质的效果也不好。对有机物质量分数在 50%～70%的污泥,热处理法的效果最好。热处理法的主要缺点是:能耗较多,运行费较高,分离液的 BOD、COD 较高(分别为 4 000～5 000 mg/L、2 000～3 000 mg/L),设备易受腐蚀。

热处理法可分为高温加压热处理法与低温加压热处理法两种。

(1)高温加压热处理法

将污泥在 180～200 ℃,压力为 1.0～1.5 MPa 条件下,加热 1～2 h,使污泥改性,污泥的脱水性能明显改善。处理后的污泥,经浓缩即可使含水率降低到 80%～90%,比阻降低到 1.0×10^{8} S^{2}/g 以下。再经机械脱水,污泥含水率可降低到 45%～55%。

高温热处理法的主要缺点是:

①污泥中大部分蛋白质等有机物被溶化，分离液 BOD、COD 浓度高，增加废水处理系统的负荷；

②分离液色度大，脱色较困难；

③散发臭气，尾气处理复杂。

(2)低温加压热处理法

由于高温加压法能耗较多，反应温度在 180 ℃以上，热交换器与反应釜容易结垢，影响热处理效率；此外，高温加压处理后，分离液总溶解性物质甚至比原污泥高约 2 倍，使分离液处理困难。故可采用低温加压法：在温度低于 150 ℃(可在 60～80 ℃时运行)，压力为 1.0～1.5 MPa的条件下，反应时间 1～2 h。低温加压法可缓解结垢现象，提高传热效率，节约能耗，有机物的溶化量减少，分离液 BOD 浓度比高温法约低 40%～50%，色度和臭气度也大大降低。

3.冷冻熔解法

污泥冷冻处理的原理可用图 11.31 说明。如图 11.31(a)所示是冷冻过程的宏观现象，1 是胶体颗粒开始冷冻的情况，随着冷冻层的发展，颗粒被向上压缩浓集，水分被挤向冷冻界面(图中 2、3)。

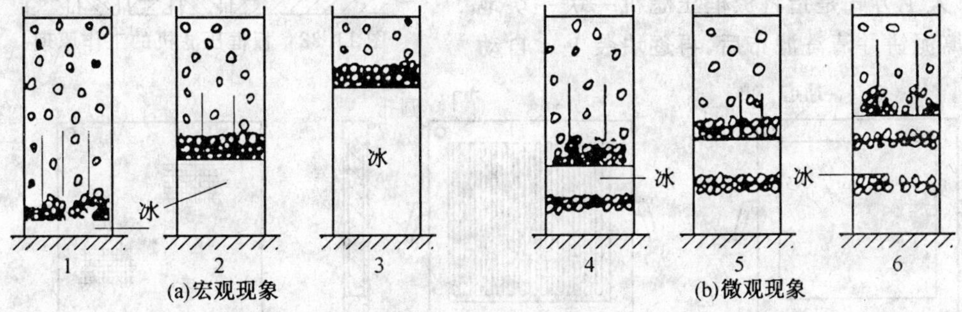

图 11.31　污泥的冷冻处理原理

1—冷冻开始；2—冷冻过程；3—冷冻完成；4—固体夹层；5—冷冻过程；6—冷冻面的飞跃

S图 11.31(b)为冷冻过程的微观现象，由于冷冻层的迅速形成，有部分颗粒妨碍水分的流动，因而在新的冷冻界面重新开始冷冻，使浓集后的颗粒夹在冷冻层之间(图中 4、5、6)。浓集污泥颗粒中的水分被挤出。冷冻—融解使污泥颗粒的结构被彻底破坏，脱水性能大大提高，颗粒沉降与过滤速度可提高几十倍。可直接进行机械脱水。冷冻—融解是不可逆的，即使再用机械或水泵搅拌也不会重新成为胶体。

11.5.3　压滤脱水

压滤脱水采用板框压滤机，板框压滤机是最先应用于化工脱水的机械。虽然板框压滤机一般为间歇操作、基建设备投资较大、过滤能力也较低，但由于其滤饼的含固率高、滤液清澈、固体物质回收率高、调理药品消耗量少等优点，对需要运输、进一步干燥或焚烧以及卫生填埋的污泥，可以降低运输费用、减少燃料消耗、降低填埋场用地。所以，在一些国家被广泛使用。

板框压滤机基本构造，如图 11.32 所示。板与框相间排列而成，在滤板的两侧覆有滤布，用压紧装置把板与框压紧，即在板与框之间构成压滤室，在板与框的上端中间相同部位开有小孔，压紧后成为一条通道，如图 11.33 所示。加压到 0.2～0.4 MPa(2～4 kg/cm^2)的污泥，由该通道进入压滤室，滤板的表面刻有沟槽，下端钻有供滤液排出的孔道，滤液在压力下，通过滤布、沿沟槽与孔道排出滤机，使污泥脱水。

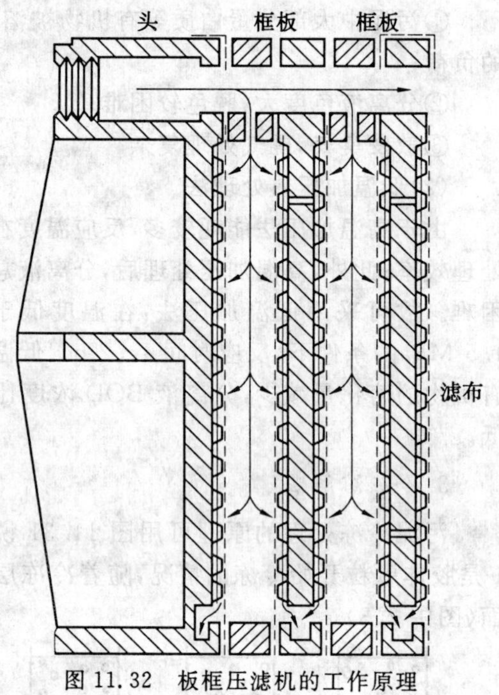

图 11.32 板框压滤机的工作原理

压滤机设置台数不应少于 2 台。用压滤机为城市污水处理的污泥脱水时，过滤能力一般为 2～10 kg 干污泥/(m^2 · h)；对于消化污泥，投加三氯化铁的质量分数为 4%～7%，氧化钙为 11%～22%，过滤能力一般为 24 kg 干污泥/(m^2 · h)，过滤周期一般为 1.5～4 h。

污泥压入压滤机一般有两种方式：一种是用高压污泥泵直接压入，每台过滤机应单独配备一台污泥泵，常用的高压污泥泵有离心式污泥泵或柱塞式污泥泵；另一种是用压缩空气，通过污泥罐将污泥压入过滤机。

污泥压滤后，剥离泥饼可采用人工方式或自动方式。人工方式是指将板框压滤机一块一块地卸下，剥离泥饼并清洗滤布后，再逐块装上。自动

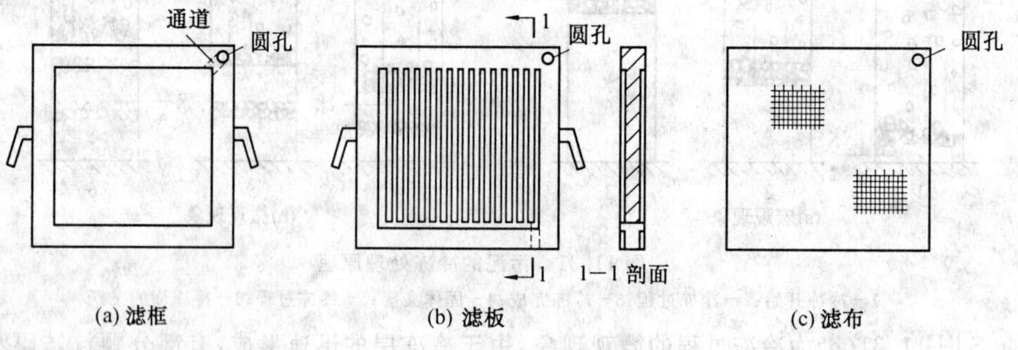

图 11.33 滤板、滤框和滤布

方式是使用自动板框压滤机，用压缩空气来剥离泥饼，所需的空气量按每立方米滤室容积需气 m^3/(m^3 · min)计算，压力为 0.1～0.3 MPa。

当用传送带运送污泥时，应考虑卸落时的冲力，并应附有破碎泥饼的钢丝格栅，以防泥饼塑化。

11.5.4 滚压脱水

用于污泥滚压脱水的设备是带式压滤机。其主要特点是：把压力施加在滤布上，用滤布的压力和张力使污泥脱水，而不需要真空或加压设备，动力消耗少，可以连续生产。

带式压滤机基本构造如图 11.34 所示，主要由滚压轴及滤布带组成。污泥流入滚压轴之间连续转动的上下两块带状滤布上后，滤布的张力和滚压轴的压力及剪切力依次作用于夹在两块滤布之间的污泥上而进行加压脱水。污泥实际上经过重力脱水、压榨脱水和剪切脱水 3 个过程。脱水泥饼由刮泥板剥离，剥离了泥饼的滤布用水清洗，防止滤布孔堵塞，影响过滤速度。

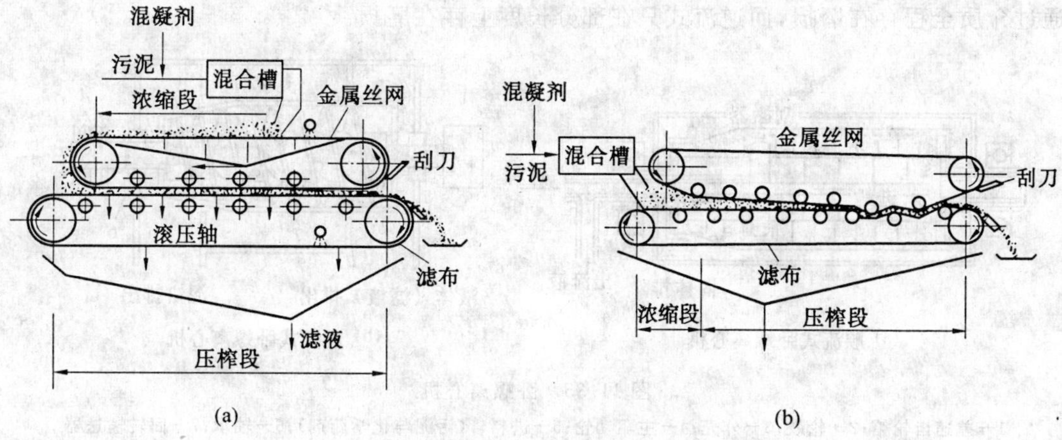

图 11.34 带式压滤机

滚压的方式有两种：一种是滚压轴上下相对，压榨的时间几乎是瞬时，但压力大，如图 11.34(a)所示；另一种是滚压轴上下错开，如图 11.34(b)所示，依靠滚压轴施于滤布的张力压榨污泥，压榨的压力受张力限制，压力较小，压榨时间较长，但在滚压的过程中对污泥有一种剪切力的作用，可促进泥饼的脱水。

带式压滤机的运行仅仅决定于滤布的速度和能力，即使运行中负荷发生变化也能稳定脱水，结构简单，低速运转，易保养。无噪声和振动，易实现密闭操作。带式压滤机适用于活性污泥和有机亲水性污泥的脱水，目前在污泥脱水中被广泛应用。

11.5.5 离心脱水

利用离心力代替重力或压力作为推动力进行污泥脱水的操作称为离心脱水，用于离心脱水的设备称为离心脱水机，简称离心机。

按离心加速度 a 与重力加速度 g 之比，可将离心机分为两类：

①$a/g<1\,500$ 的称为低速或低重力离心机，固体回收率达 90%以上，能耗低，操作管理简便；

②$a/g>1\,500$ 的称为高速或高重力离心机，固体回收率达 98%以上，但能耗高、维护管理要求高。

一般污泥脱水大都选用低速离心机。同一台离心机既可用于污泥浓缩，也可用于污泥脱水。处于浓缩工作状况的离心机，只需增加聚合物的用量并降低转速，即可进入脱水工作状况，反之亦然。

图 11.35 所示为卧螺离心机。污泥由空心转轴送入转筒后，先在螺旋输送器内预加速，然后经螺旋和筒体上的进料孔进入分离区，在离心加速度作用下，污泥颗粒被甩贴在转鼓内壁上形成环状固体层，并被螺旋输送器推向转鼓锥端，由出渣口排出；水则在泥层内侧，由转鼓大端端盖的溢流孔排出。

卧螺离心机按进泥方向分为顺流式和逆流式两种机型，其中顺流式离心机应用较多。顺流式(图 11.35(a))进泥方向与固体输送方向一致，即进泥口和排泥口分别在转筒两端；逆流式进泥方向与固体输送方向相反，即进泥口和排泥口在同一转筒的一端。逆流式由于污泥在中途转向，对转筒内产生水力搅动，因而泥饼含固量稍低于顺流式，但顺沉式离心机转筒和螺旋通过介质全程存在磨损，而逆流式只在部分长度上存在磨损。

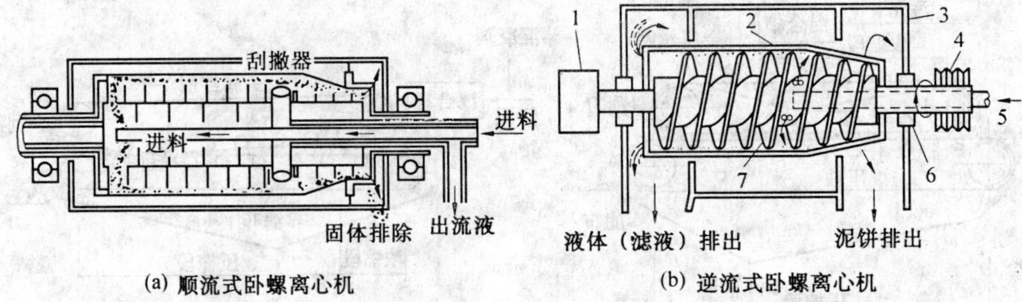

图 11.35　卧螺离心机

1—差速齿轮箱；2—轮鼓；3—外壳；4—主驱动轮；5—进料管（污泥与化学药剂）；6—轴承；7—回转输送器

经离心机脱水后，污泥的特性见表 11.18。

离心机的优点是：设备小、效率高、分离能力强、操作条件好（密封、无气味）；缺点是：制造工艺要求高、设备易磨损、对污泥的预处理要求高，而且必须使用高分子聚合电解质作为调理剂。

表 11.18　离心脱水典型效果

污泥种类		泥饼含水率/%	固体回收率/%	
			未化学调节	经化学调节
生污泥	初沉污泥	65～75	75～90	>90
	初沉污泥与腐殖污泥混合	75～80	60～80	>90
	初沉污泥与活性污泥混合	80～88	55～65	>90
	腐殖污泥	80～90	60～80	>90
	活性污泥	85～95	60～80	>90
消化污泥	纯氧曝气活性污泥	80～90	60～80	>90
	初沉污泥	65～75	75～90	>90
	初沉污泥与腐殖污泥混合	75～82	60～75	>90
	初沉污泥与活性污泥混合	80～85	50～65	>90

11.6　污泥的干燥与焚烧

污泥经过自然干化或机械脱水后尚有约 45%～85%的含水率，体积与重量仍有很大关系。可采用干燥或焚烧的方法进一步脱水干化。干燥的脱水对象是毛细管水、吸附水和颗粒内部水。经干燥后，含水率约可降低至 10%左右。焚烧可使污泥成为灰尘。处理的对象是吸附水、颗粒内部水及有机物，使含水率降至 0。从而使污泥体积与重量最大限度地减小，卫生条件也大为提高。

11.6.1　污泥干燥器的分类与干燥流程

根据干燥器形状可分为回转圆筒式、急骤干燥器以及带式干燥器等 3 种。

1. 回转圆筒式干燥器

回转圆筒式干燥器的典型干燥流程，如图 11.36 所示。脱水污泥经粉碎机 1 与回流的干燥污泥混合预热后进入回转圆筒干燥器 2。干燥后的污泥经卸料室 3，废气经旋风分离器 4，细粉回流预热，气体经除臭燃烧器 5 除臭后排入大气，干燥污泥经分配器 6，一部分回流，一部分贮存池 7，灰池 8 可外运利用。

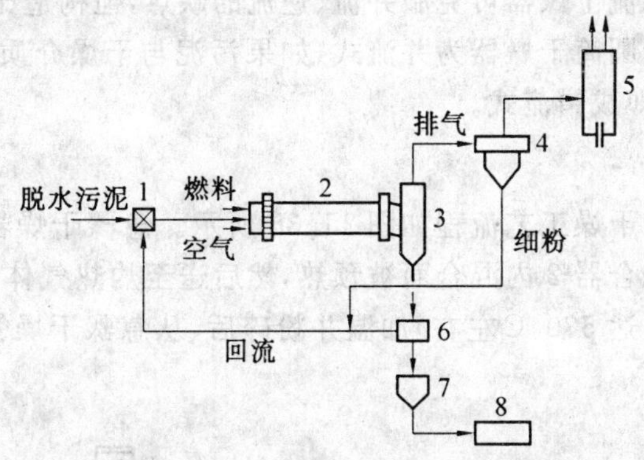

图 11.36　回转圆筒干燥器干燥流程

根据干燥介质与污泥中流动方向，回转圆筒干燥器又可分为并流干燥器、逆流干燥器、错流干燥器 3 种。其中，最常用的是并流与错流两种。

(1)并流干燥器

干燥介质与污泥在干燥器中的流动方向相同称并流干燥器，如图 11.37(a)所示。含水率高、温度低的污泥与含湿量低、温度高的干燥介质在同一端进入干燥器，两者之间的温差大、干燥推动力也大。流至干燥器的另一端时，干燥介质的温度降低、含湿量增加；污泥被干燥后温度升高。并流干燥器的沿程推动力不断降低，被介质带走的热能少、热损失较少。

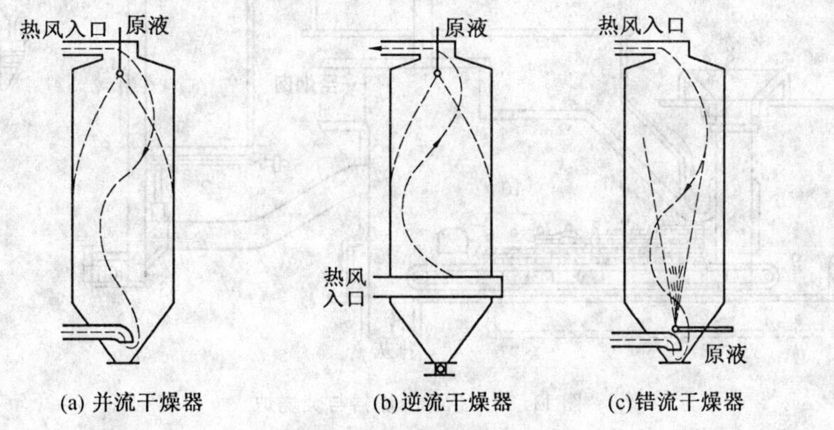

(a) 并流干燥器　(b)逆流干燥器　(c)错流干燥器

图 11.37　回转圆筒干燥器的形式

(2)逆流干燥器

干燥介质与污泥在干燥器中的流动方向相反,称逆流干燥器,如图 11.37(b)所示。沿程干燥推动力较均匀,干燥速度也较均匀,干燥程度高。缺点是:由于含水率高、温度低的污泥与含湿量高且温度已降低的干燥介质接触,介质所含湿量有可能冷凝而反使污泥含水率提高。此外干燥介质排出时温较高、热损失较大。

(3)错流干燥器

错流干燥器的干燥筒进口端较大、出口端较小,筒内壁固定有炒板,如图 11.37(c)所示。污泥与干燥介质在同一端进入后,由于筒体在旋转时,炒板把污泥炒起再掉下与干燥介质流向垂直相交故称“错流”。错流干燥器可克服并流、逆流的缺点,但构造比较复杂。

图 11.36 所示的回转圆筒干燥器为并流式,如果污泥与干燥介质逆向流动则可成为逆流式,如果筒体内壁装炒板即成错流式。

2. 急骤干燥器

急骤干燥器的构造与干燥工艺流程如图 11.38 所示。急骤干燥器属于升流式手操装置,污泥与干燥后的污泥在混合器 2 内混合而被预热,然后送至灼热气体导管及笼式磨机 3,用焚烧炉 10 的灼热气体(气温达 530 ℃左右)加温并粉碎后,从急骤干燥管 4 的底部喷流而上,上

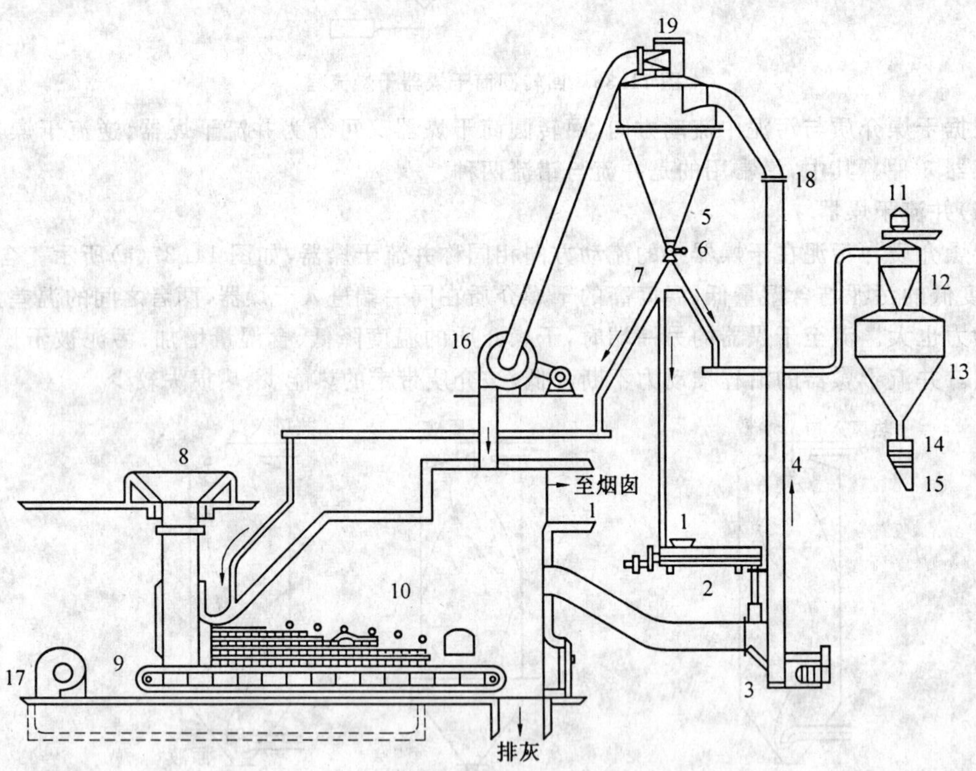

图 11.38　急骤干燥器与焚烧炉

1—进泥斗;2—混合器;3—灼热气体导管及笼式磨机;4—急骤干燥管;5—旋风分离器;6—气闸;7—干泥分配器;8—加泥仓;9—链条炉篦加泥机;10—焚烧炉;11—通风机;12—旋风分离器;13—贮仓;14—滑动闸门;15—装袋秤盘;16—蒸气鼓风机;17—风机;18—伸缩接头;19—安全阀

升流速达 20～29m/s，进行急骤干燥，可将污泥的含水率从 80%～90%干燥至 15%～20%。干燥后的污泥经旋风分离器 5 分离，含有水蒸气的灼热气体用蒸气风机 16 鼓至焚烧炉 10 脱臭，干燥污泥由分配器 7 分成 3 份：一份送至焚烧炉 10 焚烧，使含水率降至 0，一份至混合器 2 预热湿污泥，另一份至旋风分离器 12，干燥污泥落入贮仓 13 经滑动闸门 14，装料秤盘 15 装料外运，气体由通风机 11 排出。这是一种急骤干燥器焚烧炉联用的装置，优点是：热能可充分回收、排气可被焚烧脱臭、占地紧凑、热效率高、干燥强度大。

3. 带式干燥器

带式干燥器由成型器以及带式干燥器两部分组成，如图 11.39 所示。

在箱形装置内有成型器 3，由两个相对转动的空心圆筒组成，圆筒上有相互吻合的一列宽 5～10 mm，深几毫米的沟槽，圆筒内部通蒸汽，污泥由皮带输送器 4 输入经圆筒压制成条状并预热后，刮落至网状传送带 9 上，采用热风通气干燥的方法干燥至要求的含水率。热风由蒸气或炉 1 燃烧重油、煤气产生，经送风机 2 送入箱内，温度保持在 160～180 ℃之间。被蒸发的水蒸气及废气一起排出，其一部分作为循环加热用，另一部分经水洗脱臭后从烟囱 8 排出。

干燥温度保持在 160～180 ℃之间的原因是：控制污泥保持表面蒸发，即恒速干燥阶段，不会产生热分解的臭味，肥分不会降低。故带式干燥器可作为污泥制造肥料的设备。

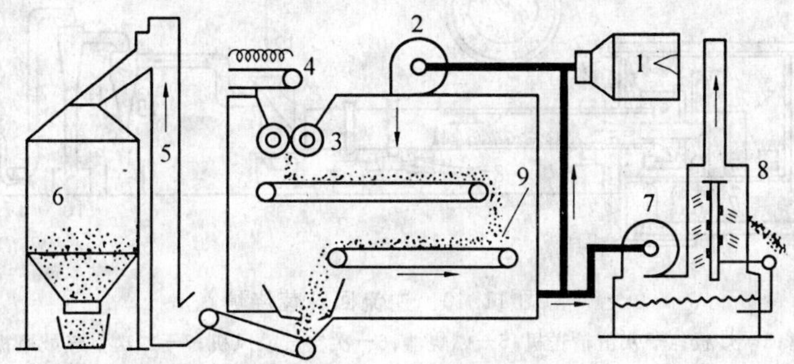

图 11.39　带式干燥器

1—干泥；2—送风机；3—成型器；4—皮带输送器；5—斗式输送机；6. 料仓；7—抽风机；8—烟囱；9—网状传送带

11.6.2　污泥焚烧

焚烧是符合减容化、无害化、稳定化等污泥处理的有效方法。污泥焚烧法有污泥经脱水后焚烧的完全焚烧法及污泥不过滤、不脱水、直接焚烧的湿式氧化法(即不完全焚烧)。前者有回转焚烧炉、立式多段炉及流化床焚烧炉等方式。后者多用于不易脱水的有机污泥和因处理设施用地紧张的场合。用焚烧或湿式氧化使有机固体全部或部分氧化为最终产品，主要为二氧化碳和水。

用焚烧方法处理的污泥一般在焚烧以前不必使污泥稳定。实际上，使污泥稳定可能是有害的，因为稳定使污泥挥发性物质含量减少，这就必然增加燃料的需要量。因此，一般使污泥脱水到自燃，即不需要辅助燃料来维持燃烧过程。污泥可单独进行焚烧，也可与城市固体废物合在一起进行。

污泥焚烧意味着所有存在的有机物质完全燃烧。组成污泥挥发性物质的各种碳水化合物、脂肪和蛋白质中的主要元素碳、氢、氧、氮被氧化成二氧化碳、水及氮气。

湿式燃烧也称不完全焚烧或湿式氧化，是经浓缩后的污泥(含水率约96%)，在液态下加温加压，并压入压缩空气，使有机物被氧化去除，从而改变污泥结构与成分，脱水性能大大提高。湿式燃烧约有80%～90%的有机物被氧化，故又称为不完全焚烧。

因为在1个大气压下，水的沸点是100 ℃，要氧化有机物是不可能的，因此，湿式燃烧必须在高温高压下进行，所用的氧化剂为空气中的氧气或纯氧、富氧。

11.6.2.1　完全焚烧设备

完全焚烧设备主要有回转焚烧炉、立式多段炉及流化床焚烧炉。

1. 回转焚烧炉

回转焚烧炉又称转窑，其构造与回转式圆筒干燥器基本相同，不同是炉体的长度较大，直径与长度之比约为1∶(10～16)。回转焚烧炉也可分为并流、错流与逆流回转焚烧炉3种炉型，在污泥焚烧中，常采用逆流回转炉，如图11.40所示。回转炉的前端约1/3炉长长度为干燥带；后端约2/3炉长长度为燃烧带。

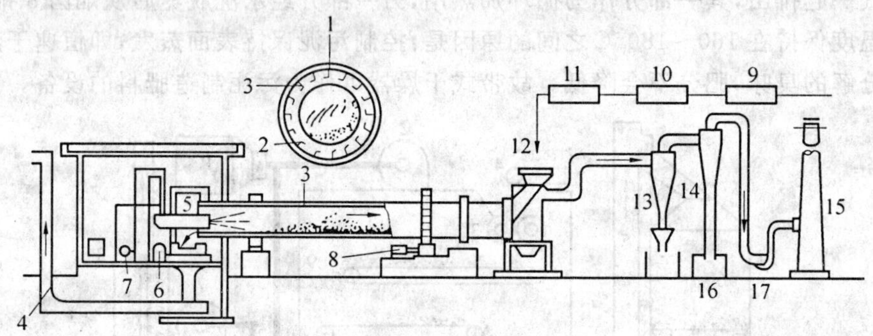

图11.40　逆流回转焚烧炉

1—炉壳；2—炉膛；3—炒板；4—灰渣输送机；5—燃烧器；6—次空气鼓风机；7—二次空气鼓风机；8—传动装置；9—沉淀池；10—浓缩池；11—压滤机；12—泥饼；13——次旋流分离器；14—二次旋流分离器；15—烟囱；16—焚烧灰仓；17—引风机

回转炉投入运行之前，需先用燃料油(气)燃烧预热炉膛，然后投入脱水后的污泥饼。污泥从炉体高端进入，随着炉体转动，污泥从高端缓慢向低端排出，而燃料油(气)从低端喷入，所以低端始终具有最高温度，而高端温度较低。

回转炉的优点是：对污泥数量及性状变化适应性强；炉子结构简单，炉内具有耐火材料，驱动装置在炉外；温度容易控制，可以进行稳定焚烧；污泥与燃气逆流移动，能够充分利用燃烧废气的显热。

2. 立式多段焚烧炉

立式多段焚炉从19世纪开始为化学工业的熔烧炉，目前为最广泛应用的污泥焚烧炉(约占污泥焚烧炉的73%)，其具有装置不太复杂，耐用和可适应污泥性质，数量变动冲击等优点，其构造如图11.41所示。

将泥饼加至多段炉的顶层，慢慢地越到中心。泥饼从中心跌入第二层，在第二层将泥饼耙到边缘。从边缘再跌到第三层，然后又被耙到中心，依此类推。最热的温度是在中层，污泥在中层燃烧。预热的空气被引入最低层，当空气上升通过中层时，被进一步加热，热空气上升到顶层后，对污泥进行干化，且自身变冷。这些空气从中心立控的顶部出来后，再回到焚烧炉的

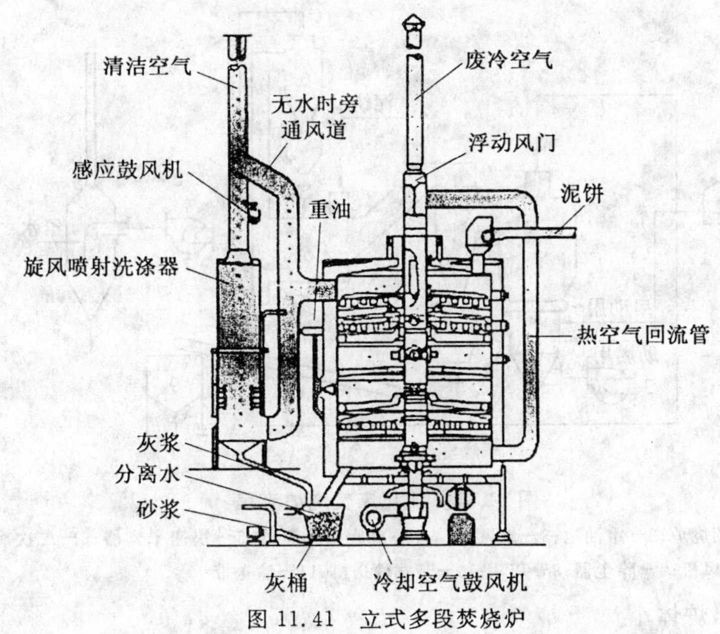

图 11.41 立式多段焚烧炉

最低层。

因为炉子的最大蒸发能力有限，加入的污泥固体含量必须超过 15%。当加入的污泥固体含量在 15%～30%时，常常需要补充燃烧。加入的污泥固体含量超过 50%时，产生的温度可能超过标准炉子的耐火材料和金属的耐热极限值。湿泥饼的平均负荷约为 40 kg/(m^2·h)。除了脱水以外，需要的辅助过程还包括灰的贮运系统，以及为了消除空气污染而设置的某种湿式洗涤器。

3. 流化床焚烧炉

流化床的特点是用硅砂作为载热体，被预热的空气从炉底部喷射而上，使硅砂层形成悬浮状态，干燥破碎的污泥从炉顶加入与灼热硅砂激烈混合焚烧，焚烧灰与气体一起从炉顶部经旋风分离器进行气固分离，热气体用于预热空气，热焚烧灰用于预热干燥污泥，以便回收热量。

流化床工艺流程如图 11.42 所示。该图是带式干燥器与流化床焚烧炉联合使用的流化床焚烧炉流程。污饼加入带式干燥器 5，将泥饼含水率干燥至约 40%，干燥器的热源是流化床焚烧炉排出的烟道气(气温约 800 ℃)，以便回收利用余热，然后经二次旋流分离器 6 分离，泥灰落回干燥器 5，废气经抽风机 7、除尘器 8 后排入大气，排气温度约 150 ℃。干燥后的污泥由输送带 11 直接送入流化床焚烧炉 1 迅速与硅砂流化床激烈混合，泥温可上升到 700 ℃，焚烧灰随喷射而上的灼热气体一起由一次旋流分离器 4 分离，焚烧灰落入带式输送机 10 送至灰斗 9，灼热气体进入 5 作为热源。重油池 2 沿炉壁切向喷入炉内，在流化床上部焚烧污泥，焚烧温度达 850 ℃。干燥器焚烧温度不能再高，否则硅砂会被熔化结块。硫化床层的流化空气用鼓风机 3 鼓入。

流动床焚烧方式的特点如下：

①床内硅砂与污泥激烈运动，固一气间的热与物质的传递速度大，热效率高节省能源；

②炉内均为完全混合状态，供给炉内的被燃烧物质可在瞬间均匀分散(颗粒较粗者除外)，炉内温度保持均匀，可避免局部过热；

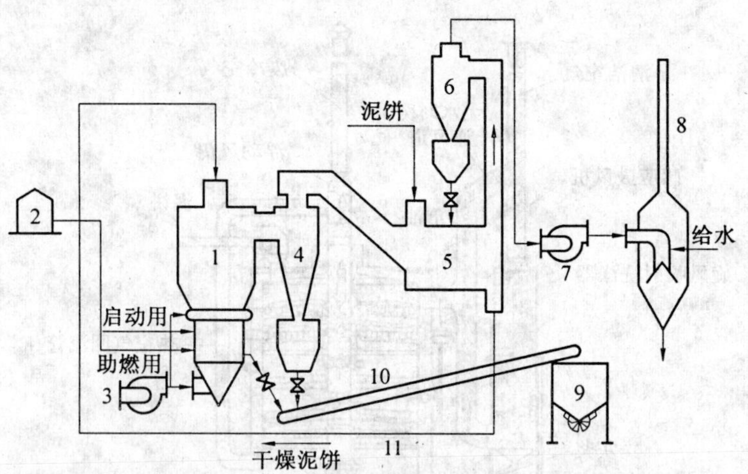

图 11.42 流化床焚烧炉流程

1—流化床焚烧炉；2—重油池；3—鼓风机；4—一次旋流分离器；5—快速干燥器；6—二次旋流分离器；7—抽风机；8—除尘器；9—灰斗；10—带式输送机；11—输送带

③焚烧时间短，炉体小；

④由于炉子的热容量大，停止运行后，每小时降温不到 5 ℃，因此在 2 d 内重新运行，可不必预热载热体，故可连续或间歇运行；

⑤操作可用自动仪表控制并实现自动化，容易控制炉内温度；

⑥即使焚烧含大量挥发性物质的废弃物(油性污泥等)，也无爆炸的危险；

⑦炉型构造简单，接触高温的金属部件少，故障少。

流化床焚烧炉的缺点是：

①操作较复杂，运行效果不及其他焚烧炉稳定；

②动力消耗较大；

③焚烧废气可能含有致癌物质二噁英，故需配备去除二噁英的装置，价格较高。

11.6.2.2 湿式燃烧

1. 湿式燃烧的流程

湿式燃烧典型工艺流程如图 11.43 所示。

(1)浓缩

污泥经浓缩池 1 浓缩至含水率为 96%左右，用破碎机 2 破碎至 9 mm 以下，以免堵塞热交换器。

(2)污泥与空气加压混合

污泥泵 4 将污泥送至储泥池 3，再用污泥泵、高压泵 6 加压至 9.5 MPa。氧化污泥的空气用空压机 7 加压至 9.5 MPa，使两者混合后，压入 1# 套管式热交换器 8(分 A、B 两座)，蒸汽加热器 9 及 2# 热交换器 10 的内管中。为了防止热交换器内壁结垢，可从苛性钠池 25，用苛性钠泵 24 加入苛性钠溶液，以降低原污泥硬度，加入量为每升污泥 1.0～2.0 g。

(3)热交换

在热交换器 8 内，与氧化分离液(来自气液分离器 15)进行逆向交换，使泥气混合液升温至 130 ℃左右(系统开始运行时，可用锅炉 28 送蒸汽)，然后进入热交换器 10，使温度升至 200～210 ℃，进入反应塔 11(分 1#、2# 两座)反应。

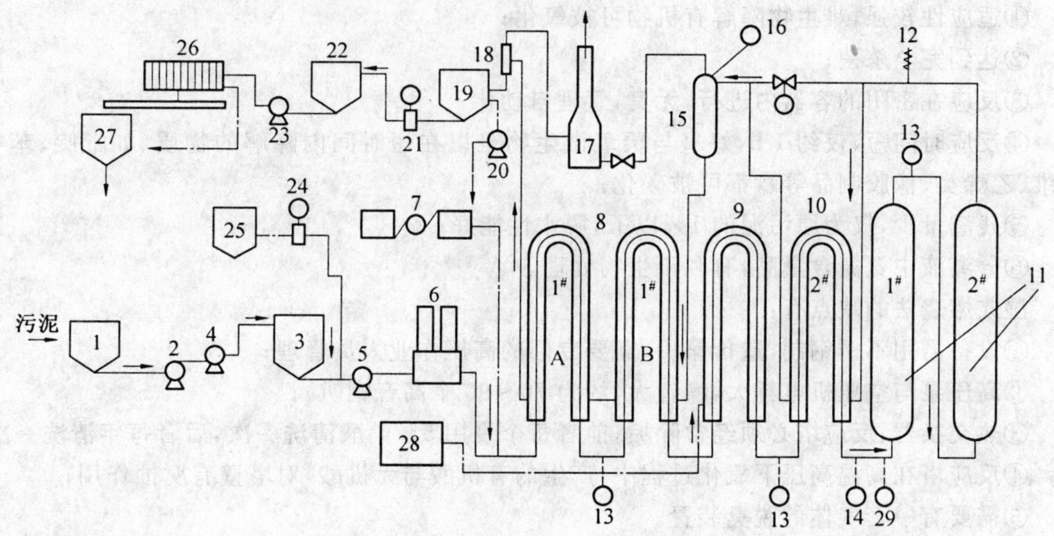

图 11.43　湿式燃烧工艺流程

1—浓缩池；2—破碎机；3—储泥池；4—浓缩污泥泵；5—污泥；6—高压泵；7—空压机；8—1# 热交换器；9—蒸汽加热器；10—2# 热交换器；11—1#、2# 反应塔；12—安全阀；13—温度警报计；14—温度调节计；15—气液分离器；16—压力调节警报器；17—压力调节阀及铂接触燃烧炉；18—旋流分离器；19—固液分离池；20—回流泵；21—灰渣泵；22—灰渣池；23—泥泵；24—苛性钠泵；25—苛性钠池；26—压滤机；27—泥饼斗；28—启动用锅炉；29—温度指示计

(4)反应

1# 反应塔的进口温度为 200～210 ℃，塔内压力为 8.5 MPa，污泥中的有机物与还原性无机物被氧化，释放出氧化反应热，使反应温度继续上升，至 2# 反应塔的出口温度可达 235～250 ℃。总反应时间约 1 h。

(5)气液分离与固液分离

从 2# 反应塔流出的氧化混合液进入热交换器 10(2#)的夹层，再到气液分离器 15，依靠旋流及比重差将气体与固、液分离。气体经水清洗后，用压力调节阀及铂接触燃烧炉 17 燃烧(温度达 450 ℃)脱臭排入大气。固、液体通过热交换器 8 的夹层，进行热交换，使温度降低至40～45 ℃，经减压阀降低压力至大气压后流入旋流分离器 18，气体也至压力调节阀及铂接触燃烧炉 17 脱臭。混合液进入固液分离池 19，沉渣用灰渣泵 21 抽送到灰渣池 22，再用泥泵 23 压入压滤机 26 脱水，泥饼经泥饼斗 27 外运，上清液用回流泵 20 送至初次沉淀池。

2. 湿式燃烧的应用

湿式燃烧主要应用于以下方面：

①污泥与粪便处理；

②高浓度工业废水——造纸、鞣革与制革，丙烯腈，焦化废水，食品与含硫废水；

③含危险物，有毒物，爆炸物污水；

④回收有用物质，如混凝剂，碱回收；

⑤再生活性炭等。

3. 湿式燃烧法的主要特点

湿式燃烧法的主要优点有：

①适应性较强,难生物降解有机物可被氧化;

②达到完全杀菌;

③反应在密闭的容器内进行,无臭,管理自动化;

④反应时间短,仅约 1 h,好氧与厌氧微生物难以在短时间内降解的物质(如吡啶、苯类、纤维、乙烯类、橡胶制品等),都可被碳化;

⑤残渣量少,仅为原污泥的 1%以下,脱水性能好;

⑥分离液中氨氮含量高,有利于生物处理。

湿式燃烧法的缺点有:

①设备需用不锈钢制,造价昂贵,需要专门的高压作业人员管理;

②高压泵与空压机电耗大,噪音大(约为 70～90 个高音喇叭);

③热交换器、反应塔必须经常除垢,前者每个月用 5%硝酸清洗一次,后者每年清洗一次;

④反应塔在高温高压下氧化过程中,产生的有机酸与无机酸,对塔壁有腐蚀作用;

⑤需要有一套气体的脱臭装置。

11.7 污泥的综合利用与处置

11.7.1 农业应用

污泥在农田上循环利用,可能是最古老的和最经济的污泥处置法。近年来,污泥在农业上的利用越来越受到重视,化肥价格的增加使污泥的利用在财政上对农民更加有吸引力。污泥中的营养物质、腐殖质、石灰和水分都是有利于农业生产的因素,其中的氮素更是如此。污泥中的营养物质参见表 11.2、11.3。

污泥作为肥料施用时必须符合以下条件:

①满足卫生学要求,即不得含有病菌、寄生虫卵与病毒,故在施用前应对污泥做消毒处理或季节性施用,在传染病流行时停止施用;

②因重金属离子,如 Cd、Hg、Pb、Zn 与 Mn 等最易被植物摄取并在根、茎、叶与果实内积累,故污泥所含重金属离子浓度必须符合我国农林部制定的《农用污泥标准》(GB 4284—84);

③总氮含量不能太高,氮是作物的主要肥分,但浓度太高会使作物的枝叶疯长而倒伏减产。

在符合卫生学要求与重金属的允许限量范围内,污泥可以作为肥料及土壤的改良剂灌溉农田,并可利用土壤的自净能力进一步稳定污泥。

作为肥料的污泥(包括消化污泥、活性污泥、热处理污泥及湿式燃烧污泥等),一般应经脱水处理。试验表明,用消化污泥作为肥料,土壤的持水能力、非毛细管孔隙率和离子交换能力均可提高 3%～23%,有机质增加 35%～40%,总氮含量增加 70%,团粒增加 25%～60%。

与单纯使用化学肥料比较,污泥中所含氮、磷、钾肥分虽不及化肥多,但有机质含量高,肥效的持续时间长,可以起到改善土壤结构的作用。而单纯使用化学肥料,肥分持续时间短,土壤中的有机质将会不断降低而日渐贫瘠。

使用污泥灌溉农田的额定负荷量,决定于污泥的种类与性质、气候条件、地形、农作物的种类和土壤对污泥的同化能力等。

污泥作为肥料的使用方法有 3 种,即污泥直接施用、干燥污泥施用及制成复合肥料应用。

①污泥直接施用，仅适用于消化污泥，初次沉淀污泥与活性污泥不能直接施用。消化污泥中氨的含量较高，应注意其对种子发芽的抑制作用，在播种前几天施肥。

②使用干燥污泥时，施肥方便，卫生条件较好，但成本较高。如污泥在干燥脱水过程中投加过混凝剂，如石灰石等，则要注意所用混凝剂对硝化作用的影响。有机混凝剂一般不会妨害植物的生长。相反，由于加添了聚丙烯酰胺、聚丙烯酸等，可提高植物吸收氮的能力，有助于生长繁殖。

③利用污泥生产有机－无机型复合肥，即含有大量有机质和氮、磷、钾三元素，又有作物所必需的中、微量元素，同时污泥中迟效养分含量也很高，因此，肥料在缓效和复合化上完全符合化肥发展的趋势。如果能在专用化方面进行研究、生产出有机－无机型复合专业肥，就更加适合于我国肥料生产和发展的主要方向，其开发前景就更加广阔。

11.7.2　建材应用

污泥中除了有机物外往往还含有 20%～30% 的无机物，主要是硅、铁、铝和钙等。因此，即使将污泥焚烧去除了有机物，无机物仍以焚烧灰的形式存在，需要做填埋处置。如何充分利用污泥中的有机物和无机物，污泥的建材利用是一种经济有效的资源化方法。

1. 污泥制造轻质陶粒

污泥制造轻质陶粒的方法按原料不同可以分为两种：一是用生污泥或厌氧发酵污泥的焚烧灰造粒后烧结，这种利用焚烧灰制轻质陶粒需要单独建设焚烧炉，污泥中的有机成分没有得到有效利用；二是近年开发的直接从脱水污泥制陶粒的新技术，该工艺流程如图 11.44 所示。

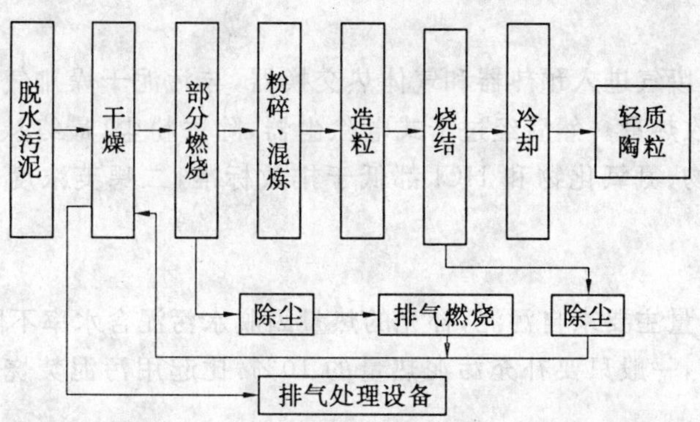

图 11.44　直接从脱水污泥制陶粒工艺流程

轻质陶粒的组成见表 11.19。酸性和碱性条件下的浸出试验结果证明，轻质陶粒符合作为建材的要求。

表 11.19　轻质陶粒的组成(%)

试样号	SiO_2	Al_2O_3	Fe_2O_3	CuO	SO_2	C	燃烧减量
1	41.9	15.7	10.6	8.8	0.18	0.79	1.08
2	43.5	14.3	10.4	10.8	0.17	0.31	0.55

轻质陶粒一般可作路基材料、混凝土骨料或花卉覆盖材料使用，但由于成本和商品流通上的问题，还没有得到广泛应用。近年来，日本将其作为污水处理厂快速滤池的滤料，代替目前

常用的硅砂、无烟煤，取得了良好的效果。轻质陶粒作快速滤池填料时，空隙率大，不易堵塞，反冲次数少。其相对密度大，反冲洗时流失量少，滤料补充量和更换次数也比用普通滤料少。

2. 污泥直接制熔融材料技术

污泥熔融制得的熔融材料也可以作路基、路面，混凝土骨料及地下管道的衬垫材料。但是以往的技术均以污泥焚烧灰作原料，投资大，污泥自身的热值得不到充分利用，成本高，阻碍了进一步推广应用。近年来开发了直接用污泥制备熔融材料的技术，大大降低了投资和运行成本，提高了产品附加值。

污泥熔融系统如图 11.45 所示，系统由 3 种单元设备组成，即干燥设备、熔融设备和排气处理设备。

(1)干燥

含水率 75%的脱水污泥用管道输送器送到脱水污泥料斗，用压力泵定量供给污泥搅拌机，同时加入 6%的污泥焚烧灰和旋风分离器收集的少量干燥污泥，调整物料的含水率到 20%～25%。充分混合后的物料投入气流干燥器中。干燥排气经过除尘、减湿后与熔融炉排气进行二次热交换，再送到热风炉补充热量，重新进入干燥器，循环利用。干燥排气的一部分送到熔融炉，在高温下脱臭处理后排放。

(2)熔融

干燥污泥从熔融炉一次燃烧室的上部，用空气沿炉壁以切线方向收入，干燥污泥沿炉壁不断旋转，瞬时燃烧、熔融。熔融液按旋风分离的原理，覆盖在炉壁周围，沿壁面落下，进入水破碎槽中，被水急冷，变成砂状的熔融材料。

(3)排气处理

从熔融炉排出的废气进入预热器和气体热交换器，与污泥干燥排气和污泥燃烧用空气进行热交换，以充分回收热量。然后经过干式电除尘器，除去粉尘，最终从烟囱中排放。排出的废气中粉尘、硫氧化物、氮氧化物和 HCl 都低于排放标准，二噁英浓度仅是允许排放浓度的 1/10。

(4)热量平衡

整个系统所需热量主要来自污泥，补充的热量因脱水污泥含水率不同而异，可以通过热风炉燃烧重油加以调节，一般只要补充污泥热量的 10%，比起用污泥焚烧灰制熔融材能耗大大节省。

3. 污泥生产水泥

水泥生产中利用的废物主要是高炉水渣、粉煤灰，副产品石膏、炉渣烟尘、旧橡胶轮胎等。近年来，日本利用城市垃圾(污泥)焚烧灰和下水道污泥为原料生产的“生态水泥”已经获得成功。

利用污泥作生产水泥原料有 3 种方式：一是直接用脱水污泥；二是干燥污泥；三是污泥焚烧灰。不管哪种方式，关键是污泥中所含无机成分的组成必须符合生产水泥的要求。实验表明，一般情况下污泥中灰分的成分与黏土成分接近，污泥可替代黏土作原料。根据生料配料计算结果，理论上可替代 30%的黏土原料。

利用污泥作原料生产水泥时，主要解决污泥的贮存、生料的调配及恶臭的防治，确保生产出符合国家标准的水泥熟料。为防止污泥堆放过程中产生恶臭，可首先在污泥中掺入生石灰，

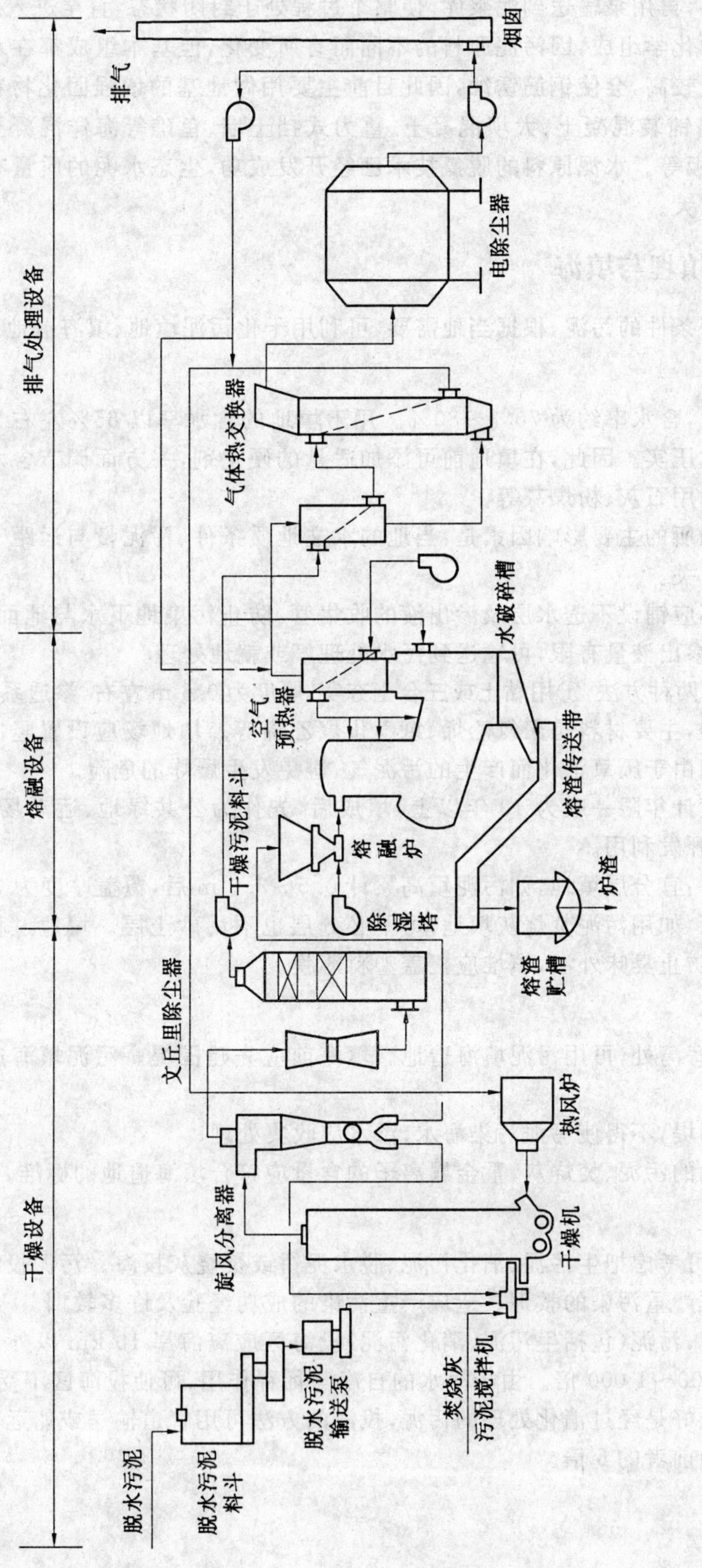

图 11.45　污泥熔融系统

然后采用水调料，再用泵输送到泥浆库，使整个过程处于封闭状态，直至进入水泥窑。

生态水泥的化学组成，因污泥原料的不同而有所变化，但基本组成都在水泥允许范围内。生态水泥含氯盐较高，会使钢筋锈蚀，因此目前主要用做地基的增强固化材料、素混凝土。此外也应用于道路铺装混凝土、大坝混凝土、重力式挡土墙、鱼礁等海洋混凝土制品、水泥刨花板、水泥竹纤维板等。水泥原料的脱氯技术已经开发成功，生态水泥的质量有望提高，其应用范围必将不断扩大。

11.7.3 填埋与填海

不符合利用条件的污泥，根据当地需要，可利用干化污泥填地、填海造地。

1. 填地

污泥干化后，含水率约为70%～80%。用于填地的含水率以65%左右为宜，可保证填埋体的稳定与有效压实。因此，在填地前可添加适量的硬化剂，一方面调节含水率，一方面可加速固化。硬化剂用石灰、粉煤灰等。

选择填地场所的主要影响因素是：当地的水文地质条件、污泥量与运距、周边环境以及填地的开发利用有关。

填地场底部应铺设不透水层及渗出液的收集管，防止污染地下水与地面水。由于污泥的含水率不高，故渗出液量有限，可输送到污水处理厂或就地处理。

不透水层有两种方法：①用黏土或三合土夯实，厚度为0.6 m左右，渗透系数$K \leqslant 10^{-7}$ cm/s；②化学合成衬垫，主要材料是聚氯乙烯、氯磺化聚乙烯等。填地场应设置竖向排气导管，收集与排除污泥可能由于厌氧消化而产生的污泥气，避免发生爆炸的危险。

填地场的设计年限一般为10年以上，填成后，先作为公共绿地、运动场地等。污泥稳定后，再可进一步开发利用。

填地的程序：宜分层填地，如污泥填高累计0.5～3.0 m后，覆盖厚度为0.5 m的砂土层，压实，再填污泥。如用污泥焚烧灰填地，可不必分层也不用砂土层。填地过程，为了防止蚊蝇栖息与繁殖，并防止臭味外溢，填堆应覆盖塑料薄膜。

2. 填海造地

浅水海滩、海湾处，可用污泥填海造地。填海前应先建围堤。污泥填海造地时，应严格遵守如下要求：

①必须建围堤，不得使污泥污染海水，渗水应收集处理；

②填海造地的污泥、焚烧灰，重金属离子的含量应符合填海造地的标准。

3. 投海

沿海地区，可考虑把生污泥、消化污泥、脱水泥饼或焚烧灰投海。污泥投海，在国外有成功的经验也有造成严重污染的教训。造成严重污染的成功经验及许多教训。

英国的经验，污泥(包括生污泥、消化污泥)投海区应离海岸10 km以外，深25 m，潮流水量为污泥量的500～1 000倍。由于海水的自净与稀释作用，可使投海区不受污染。

投海污泥最好是经过消化处理的污泥，投海的方法可用管道输送或船运。前者比较经济，后者的费用约为前者的6倍。

第 12 章　城市污水处理厂的设计

12.1　概　述

12.1.1　污水处理厂设计的基本内容

污水处理厂的设计包括以下基本内容：

①根据城市的总体规划与设计方案选择处理厂厂址；

②处理工艺流程设计说明；

③处理构筑物形式选型说明；

④处理构筑物或设施的设计计算；

⑤主要辅助构(建)筑物设计计算；

⑥主要设备设计计算选择；

⑦污水处理厂总体布置(平面或竖向)及厂区道路、绿化和管线综合布置；

⑧处理构(建)筑物、主要辅助构(建)筑物、非标设备设计图绘制；

⑨编制主要设备材料表。

12.1.2　污水处理厂设计的基本原则

污水处理厂的设计应符合以下基本原则：

①必须确保污水的处理效果，使处理后污水满足排放水体或污水回用对象的要求；

②要符合建设费用和运行费用较低的要求；

③应力求在技术经济合理的原则下，采用先进的工艺、机械和自控技术；

④污水处理厂设计应注意近远期的结合，不宜分期建设的部分，如配水井、泵房及加药间等，其土建部分应一次建成；

⑤污水处理厂设计应考虑安全运行条件，如设置分流设施、超越管线、甲烷气的安全贮存设施等；

⑥采用的设计参数必须可靠，设计中要遵守现行设计规范的规定。

12.1.3　污水处理厂设计的基本步骤

污水处理厂设计一般分为 3 个基本步骤：设计前期工作、扩大初步设计和施工图设计。

1. 设计前期工作

设计的前期工作主要是进行可行性研究，以可行性研究报告的文件形式表达。可行性研究报告是对与本项工程有关的各个方面进行深入调查研究结果进行综合论证的重要文件，为本项目的建设提供科学依据，也是控制投资决策的重要依据。

可行性研究报告的主要内容包括：

(1)总论

项目编制的依据、自然环境条件(地理、气象、水文地质)、城市社会经济概况或企业生产经营概况；城市或企业的排水系统现状、污染源构成、污水排放量现状、污水水质现状、项目的建设原则与建设范围、污水处理厂建设规模、污水处理要求目标(设计进、出水水质)。

(2)工程方案

污水处理厂厂址选择及用地；污水处理工艺方案比较(比较方案工艺技术与总体设计、工艺构筑物及设备分析、技术经济比较)，处理水的出路(回用水深度处理工艺选择)；工程近、远期结合问题；节能、安全生产与环境保护，推荐方案设计(污水污泥及回用水处理工艺系统平面及高程设计、主要工艺设备及电气自控、土建工程、公用工程及辅助设施)；生产组织及劳动定员。

(3)工程投资估算及资金筹措

工程投资估算原则与依据；工程投资估算表；资金筹措与使用计划。

(4)工程进度安排

工程进度安排包括工程准备期、工程施工期、工程验收期，其中，安排工程施工期时应至少预留1个月的不可见预期。

(5)经济评价

总论(工程范围及处理能力、总投资、资金来源及使用计划)；年经营成本估算；财务评价。

(6)研究结论、存在问题及建议

在技术、经济、效益等方面论证的基础上，提出污水处理工程项目的总体评价和推荐方案意见，并说明有待进一步解决的主要问题。

2.扩大初步设计

可行性研究报告经有关部门批准后，可进行扩大初步设计。扩大初步设计主要包括如下5个部分：

①设计说明书；

②工程量；

③材料与设备量；

④工程概算书；

⑤图纸；

设计说明书应包括下列内容。

(1)设计依据

①可行性研究报告的批准文件；

②建设单位的设计委托书；

③其他有关文件；

④建设单位提供的设计资料清单。

(2)城市概况与自然条件

①城市现状与总体规划；

②自然条件方面的资料，包括气象、水文及工程地质资料等；

③有关地形资料，包括污水处理厂及排放口附近等资料；

④现有污水排放情况及环境问题。

(3)处理要求

处理要求指污水排放应达到的国家标准或环境保护部门的要求。

(4)工程设计

①厂址选择说明；

②污水的水质水量；

③工艺流程的选择与布置；

④主要处理设备说明；

⑤处理厂内辅助建筑物及道路的设计说明；

⑥处理后污水和污泥的出路；

⑦污水处理厂的总体布置；

⑧对污水处理厂自控与仪表监测方面的说明；

⑨对污水处理厂分期建设的说明；

⑩存在的问题及解决途径。

3. 施工图设计

施工图设计是以扩大初步设计的图纸和说明书为依据，并在扩大初步设计被批准后进行的。施工图的设计任务是将污水处理厂各处理构筑物的平面位置和高程，精确地表示在图纸上；将各处理构筑物的各个节点的构造、尺寸都用图纸表示出来，每张图纸都应按一定的比例，用标准图例精确绘制，使施工人员能够按照图纸准确施工。施工图设计文件以图纸为主，还包括说明书和主要设备材料表。

12.2　城市污水处理厂厂址的选择

城市污水处理厂选址时应考虑以下几方面问题：

①厂址的选择应结合城市总体规划，考虑远期发展的可能性，留有充分的扩建余地。

②应与选定的污水处理工艺相适应，如污水处理厂的占地面积与所采用的工艺有关。选定氧化沟、稳定塘或土地处理系统为处理工艺时，必须有适当可利用的土地面积。

③厂址必须位于给水水源下游，并应设在城镇和工厂夏季主风向的下风向。厂址应与规划居住区或公共建筑群保持一定的卫生防护距离，一般不小于 300 m。

④厂址应设在工程地质条件较好、地下水位较低的地区。在有抗震要求的地区还应考虑地震、地质条件。

⑤厂址应尽量靠近供电电源，以利安全运行和降低输电线路费用。对大型和不允许间断供水的工程需要连接两路电源。

⑥当处理后的污水或污泥用于农业、工业或市政时，厂址应考虑与用户靠近，或方便运输。当处理水排放时，应与受纳水体靠近。

⑦厂址不宜设在雨季易受水淹的低洼处。靠近水体的污水处理厂，要考虑不受洪水威胁。

⑧要充分利用地形，应选择有适当坡度的地区，以满足污水处理构筑物高程布置的需要，减少土方工程量。若有可能，宜采用污水不经水泵提升而自流进入处理构筑物的方案，以节省动力费用，降低处理成本。

12.3 污水处理工艺流程的选择

污水处理工艺流程的选择应考虑以下因素：

①污水的处理程度。污水的处理程度应根据《污水综合排放标准》和当地环保部门要求的污水排放水质标准确定。

②工程造价、运行费用以及占地面积。

③当地的自然条件与工程条件，地形、气候等自然条件以及原料与电力供应等具体问题。

④原污水的水量与污水量日变化程度。

⑤工程施工的难易程度和运行管理需要的技术条件。

污水处理工艺流程的选定是一项复杂的系统工程，需要进行多方案比较，才可能选定技术先进、经济合理、安全可靠的污水处理工艺流程。

城市污水处理工艺的典型流程，详见第 5 章、第 6 章和第 9 章。污水分级处理去除的主要污染物质和主要处理方法见表 12.1。

表 12.1 污水分级处理去除的主要污染物和主要处理方法

处理级别	去除的主要污染物	主要方法
一级处理	悬浮固体或胶态固体	格栅、沉砂、沉淀
二级处理	胶态有机物、溶解性可降解的有机物	生物处理
三级处理	不可降解有机物	活性炭吸附
	溶解性无机物	离子交换、电渗析、超滤、反渗透、臭氧、化学法

12.4 污水处理厂的平面布置与高程布置

12.4.1 污水处理厂的平面布置

污水处理厂的平面布置包括：处理构筑物、办公楼、化验室及其他辅助建筑物，以及各种管道、道路、绿化等的布置。根据污水处理厂的规模大小，采用 1∶500～1∶1 000 比例尺的地形图绘制总平面图，如图 12.1 所示。管道布置可单独绘制。

污水处理厂平面布置的一般原则如下：

①总图布置应考虑远近期结合，有条件时，可按远期规划水量布置，将处理构筑物分为若干系列，分期建设。

②在布置总图时，应考虑安排充分的绿化地带，为污水处理厂的工作人员提供一个优美舒适的环境。

③处理构筑物应尽可能地按流程顺序布置，以避免管线迂回，同时应充分利用地形，以减少土方量。远期设施的安排应在原始设计中仔细考虑，除了满足远期处理能力的需要而增加的处理池以外，还应为改进出水水质的设施预留场地。

④处理构筑物的布置应紧凑，节约用地并便于管理。大型污水处理厂则以采用矩形池为宜，各处理单元可毗邻布置连成一片，节约用地。可以沟渠代替联络管线，最大可能减少沿程

和局部水头损失。

⑤构筑物之间的距离应考虑敷设管渠的位置，运转管理的需要和施工的要求，一般采用 5～10 m。

⑥污泥处理构筑物应尽可能布置成单独的区域，以保安全，并方便管理。污泥消化池应距初次沉淀池较近，以缩短污泥管线，但消化池与其他构筑物之间的距离不应小于 20 m。贮气罐与其他构筑物的间距则应根据容量大小按有关规定办理。

⑦变电站的位置宜设在耗电量大的构筑物附近，高压线应避免在厂内架空敷设。

⑧污水处理厂内管线种类很多，应考虑综合布置，以免发生矛盾。如有条件，污水厂内的压力管线和电缆可合并敷设在一条管廊或管道沟内，以利于维护和检修。污水和污泥管道应尽可能考虑重力自流。自流管道应绘制纵断面图。

⑨污水处理厂内应设超越管，以便在发生事故时，使污水能超越一部分或全部构筑物，进入下一级构筑物或事故溢流。

⑩经常有人工作的建筑物如办公室、化验室等用房应布置在夏季主导风向的上风一方，在北方地区，并应考虑朝阳。

⑪污水处理厂的占地面积，随处理方法和构筑物选型的不同，而有很大的差异。在方案阶段，污水处理厂占地面积可按表 12.2 估算。

表 12.2　污水处理厂占地面积

处理水量/($m^3 \cdot d^{-1}$)	一级处理/($10^4 m^2$)	二级处理/($10^4 m^2$)	
		生物滤池	活性污泥法
5 000	0.5～0.7	2～3	1～1.25
10 000	0.8～1.2	4～6	1.5～2.0
15 000	1.0～1.5	6～9	1.85～2.5
20 000	1.2～1.8	8～12	2.2～3.0
30 000	1.6～2.5	12～18	3.0～4.5
40 000	2.0～3.2	16～24	4.0～6.0
50 000	2.5～3.8	20～30	5.0～7.5
70 000	3.75～5.0	30～45	7.5～10.0
100 000	5.0～6.5	40～60	10.0～12.5

12.4.2　污水处理厂的高程布置

污水处理厂高程布置的内容主要包括：各处理构(建)物的标高(如池顶、池底，水面等)；管线埋深或标高；阀门井、检查井井底标高，管道交叉处的管线标高；各种主要设备机组的标高；道路、地坪的标高和构筑物的覆土标高。流程水面标高设计应综合原污水管渠标高、厂区地面标高、地形、排水水体各特征水位等来确定，如图 12.2 所示。

1. 高程布置的基本原则

污水处理厂的高程布置一般应遵守如下基本原则：

①处理水在常年绝大多数时间里能自流排放水体。需要注意的是排放水位不一定选取水体多年最高水位。因为具有一定频率的最高水位出现的时段很短，不过几小时或几天时间，按最高水位设计处理流程之水面标高，势必造成常年的水头浪费，在我国现在的情况下，应极力

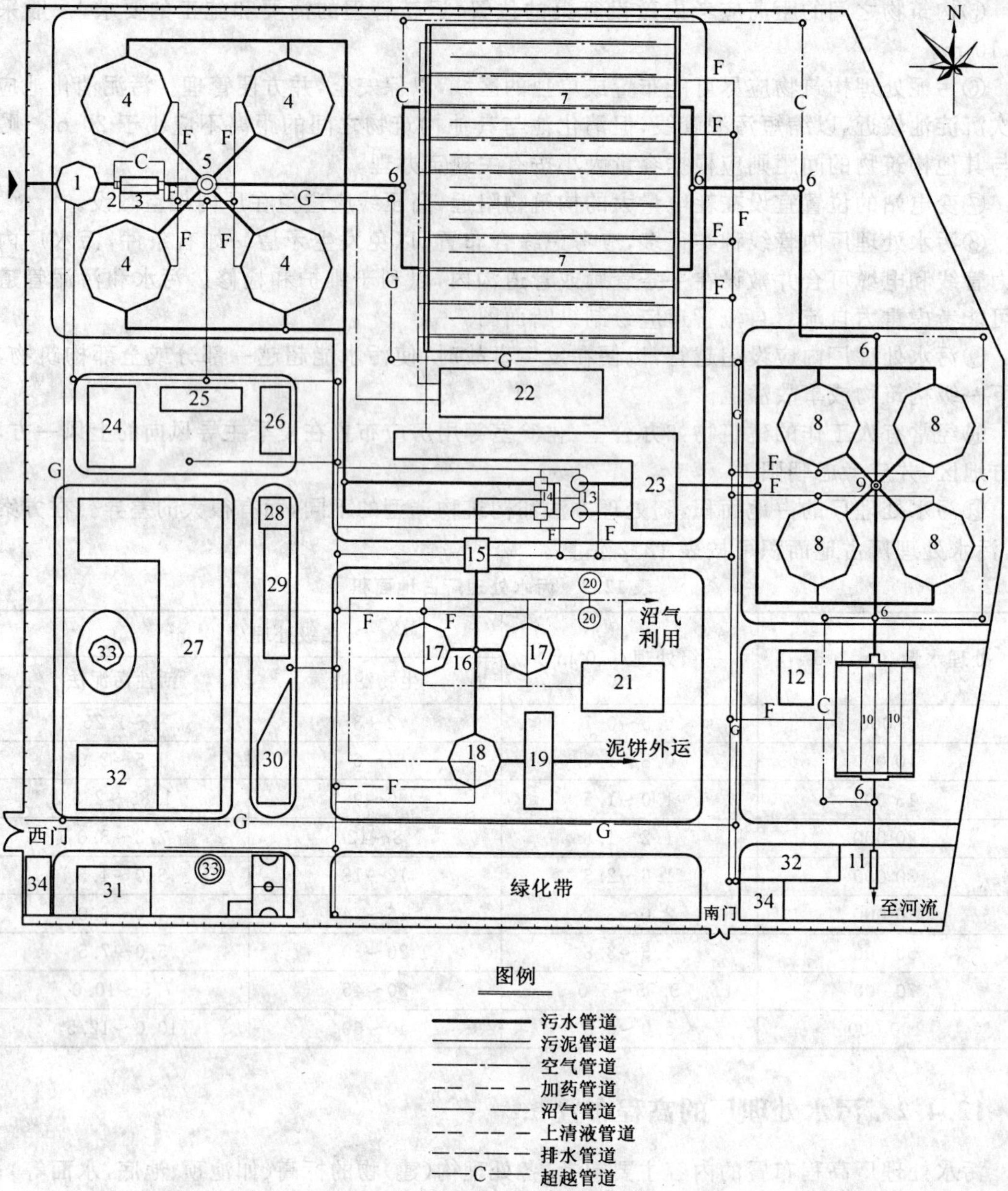

图 12.1 某污水处理厂总平面布置

1—提升泵房；2—格栅；3—曝气沉砂池；4—初次沉淀池；5—集配水井；6—阀门井；7—A/O 反应池；8—二次沉淀池；9—集配水井；10—消毒接触池；11—巴氏计量槽；12—加氯间；13—污泥浓缩池；14—贮泥池；15—中心控制室；16—污泥分配井；17—一级消化池；18—二级消化池；19—污泥脱水间；20—沼气贮气柜；21—沼气泵站；22—鼓风机房；23—污泥回流泵房；24—车库；25—变电所；26—机修间；27—办公楼；28—锅炉房；29—浴池；30—仓库；31—食堂；32—停车场；33—喷泉花坛；34—门卫

避免。应将多年中经常出现的较高水位作为水体的排放水位，而当水体水位高于设计排放水位时，进行短时间的提升排放，往往是经济的。

②为了保证污水在各构筑物之间能顺利自流，必须精确计算各构筑物之间的水头损失。此外还应考虑污水处理厂扩建时预留的贮备水头。

③进行水力计算时，应选择距离最长，损失最大的流程，并按最大设计流量计算。当有两个以上并联运行的构筑物时，应考虑某一构筑物发生故障时，其余构筑物应负担全部流量的情况。计算时还应考虑管内淤积、阻力增大的可能。因此，必须留有充分的余地，以防止水头不够而发生涌水现象，影响构筑物的正常运行。

④污处理水厂的场地竖向布置，应考虑土方平衡，并考虑有利于排水。

⑤高程的布置要考虑某些处理构筑物(如沉淀池、调节池、沉砂池等)的排空，但构筑物的挖土深度又不宜过大，以免土建投资过大和增加施工的困难。

⑥高程布置时应注意污水流程和污泥流程的配合，尽量减少需抽升的污泥量。确定污泥浓缩池、消化池等构筑物的高程时，应注意它们的污泥能自动排入污水井或其他构筑物的可能性。

⑦进行构筑物高程布置时，应与厂区的地形、地质条件相联系。当地形有自然坡度时，有利于高程布置；当地形平坦时，既要避免二沉池埋入地下过深，又应避免沉砂池在地面上架得很高，这样会导致构筑物造价的增加，尤其是地质条件较差、地下水位较高时。

2.水头损失的确定

在处理流程中，相邻构筑物的相对高差，取决于这两个构筑物之间的水面高差，这个水面高差的数值就是流程中的水头损失，它主要由3部分组成，即构筑物本身的水头损失、连接管(渠)的水头损失及计量设备的水头损失等。进行高程布置时，应首先计算这些水头损失，而且计算所得的数值应考虑一些安全因素，以便留有余地。

(1)处理构筑物中的水头损失

构筑物的水头损失与构筑物种类、形式和构造有关。初步设计时，可按表12.3所列数据估算。污水流经处理构筑物的水头损失，主要产生在进口、出口和跌水处理的位置，而流经构筑物本身的水头损失则较小。

表12.3　处理构筑物的水头损失

<table>
<tr><th colspan="2">构筑物名称</th><th>水头损失/cm</th><th colspan="2">构筑物名称</th><th>水头损失/cm</th></tr>
<tr><td colspan="2">格栅</td><td>10～25</td><td rowspan="2">生物滤池(工作高度2 m时)</td><td>装有旋转式布水器</td><td>270～280</td></tr>
<tr><td colspan="2">沉砂池</td><td>10～25</td><td>装有固定喷洒布水器</td><td>450～475</td></tr>
<tr><td rowspan="3">沉淀池</td><td>平流</td><td>20～40</td><td colspan="2">混合池或接触池</td><td>10～30</td></tr>
<tr><td>辐流</td><td>40～50</td><td colspan="2">污泥干化场</td><td>200～350</td></tr>
<tr><td>竖流</td><td>50～60</td><td colspan="2">配水井</td><td>10～20</td></tr>
<tr><td colspan="2">双层沉淀池</td><td>10～20</td><td colspan="2">混合池(槽)</td><td>40～60</td></tr>
<tr><td rowspan="2">曝气池</td><td>污水潜流入池</td><td>25～50</td><td colspan="2">反应池</td><td>40～50</td></tr>
<tr><td>污水跌水入池</td><td>50～150</td><td colspan="2"></td><td></td></tr>
</table>

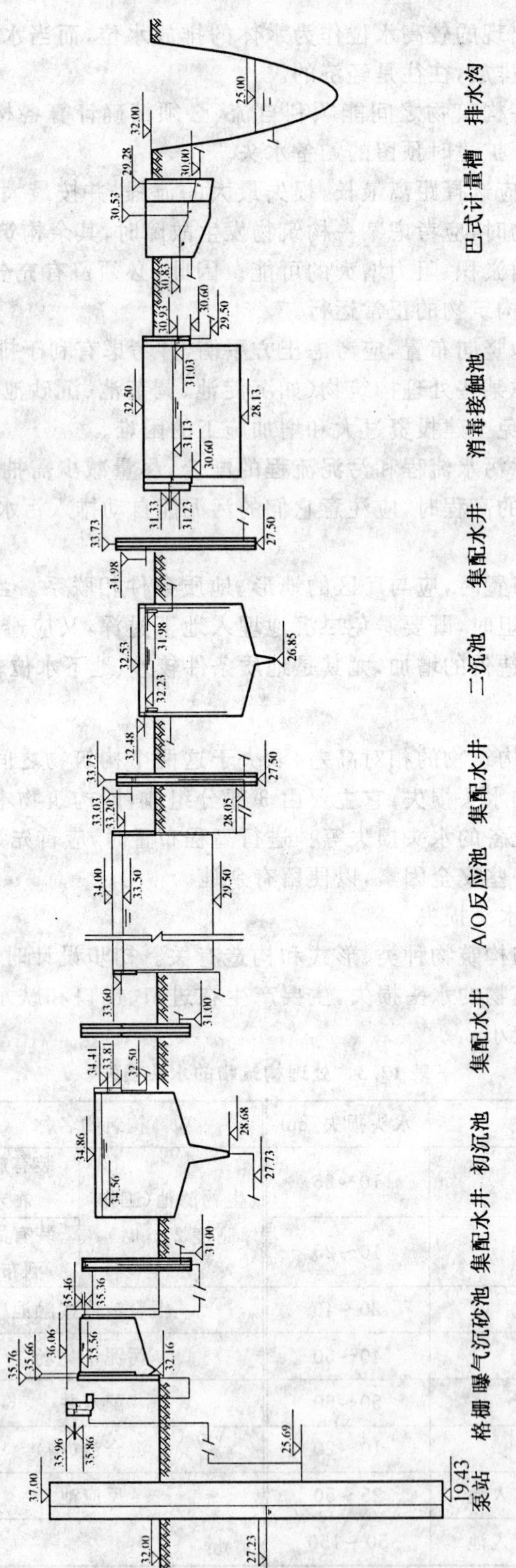

图 12.2 某污水处理厂高程布置

(2)构筑物连接管(渠)水头损失

构筑物连接管(渠)水头损失 h(m)包括沿程与局部水头损失,可按下式计算确定

$$h=h_1+h_2=\sum iL+\sum \zeta \frac{v^2}{2g} \tag{12.1}$$

式中　h_1——沿程水头损失,m;

h_2——局部水头损失,m;

i——单位管长的水头损失,根据流量、流速与管径查阅《给水排水设计手册》获得;

L——连接管段长度,m;

ζ——局部阻力系数,查设计手册;

g——重力加速度,m/s^2;

v——连接管中流速,m/s。

连接管中流速一般为 0.6~1.2 m/s,进入沉淀池时流速可以低些;进入曝气池或反应池时,流速可以高些。流速太低,会使管径过大,相应管件及附属构筑物规格亦增大;流速太高时,则要求管(渠)坡度较大,会增加填、挖土方量等。

确定管径时,必要时应适当考虑留有水量发展的余地。

(3)计量设施的水头损失

计量槽、薄壁计量堰、流量计的水头损失可通过有关计算公式、图表或设备说明书确定。一般污水处理厂进、出水管上计量仪表中水头损失可按 0.2 m 计算,流量指示器中的水头损失可按 0.1~0.2 m 计算。

12.5　污水处理厂的公用设施与辅助建筑物

12.5.1　污水处理厂的公用设施

污水处理厂的公用设施包括道路、给水管网、雨水管、污水管、热力管、沼气管、电力及电讯电缆、照明设备、围墙、绿化等。

1.道路

厂内道路通常围绕处理池组成环状,此道路可用单行线,宽度以 3.5 m 为宜。厂内主干路应建成上下行的,一般为 6~9 m。

2.供水

厂内供水一般由城市自来水干管接支管供应。管网布置应考虑各种处理构筑物的冲洗,并应考虑设置若干个消火栓。在大型污水处理厂内,用水量甚大,为了节约用水,可考虑设中水道,将部分二级处理出水加以深度处理,用于处理构筑物的洗涤、厕所冲洗以及绿化、消防用水。

3.雨水排除

设计污水处理厂时应考虑雨水排除,以免发生积水事故,影响生产。在小型厂内,可在竖向设计时使雨水自然排除,不需修建雨水管。在大型厂内,则应设雨水管排除雨水。

4. 污水排除

厂内各种辅助建筑物如办公楼、化验室、宿舍等均有污水排出，必须设置污水管。污水管最后接入泵站前的城市污水干管中。厂内污水管也是各种构筑物放空或洗涤时的排水管。

5. 通讯

对于小型污水处理厂，一般只考虑安装少量的外线电话；大、中型污水处理厂，一般可考虑安装30～200门的电话交换机。

6. 供电

污水处理厂电力负荷性质应根据厂规模及重要性确定，根据负荷性质及当地供电电源条件来确定为一路或两路电源供电。对于大、中型污水处理厂，如电源有条件时，应争取采用双电源供电。供电电源的电压等级，应根据处理厂用电总容量及当地配电电网的情况，由供电部门确定。对于大型污水处理厂，厂内配电系统电压等级及是否设车间级分变、配电所，应根据厂的规模大小及厂平面布置，进行经济技术比较后确定。

7. 仪表及自动控制

污水处理厂仪表及自动控制设计，要掌握适当的设计标准，在有工程实效的前提下，考虑采用先进技术。测量仪表及自动控制设备的数量、造型及控制方式的确定，要满足提高运行管理水平、提高处理水质、节约药剂及能耗、改善劳动条件、减少运行管理人员等要求。小型污水处理厂一般只设少量仪表，就地控制；大中型污水处理厂，一般设集中控制室，可集中显示记录，控制可集中也可分散。控制次数很少的，一般在就地手动控制；控制次数较多的，可采用集中控制或自动控制。控制室位置的确定，要考虑到接近工艺设施，满足卫生、安静及采光、通风等条件。

8. 绿化

为了改善污水处理厂的环境和形象，应尽可能在建筑物和构筑物之间或空地上进行绿化。办公、化验、食堂、宿舍等经常有人工作和生活的地区，与处理构筑物之间应有一定宽度的绿化隔离。

9. 围墙

为了防止闲杂人等进入污水处理厂，应设置围墙。围墙最好用露空的，使外面的人可看到厂内园林景观。

12.5.2 污水处理厂的辅助建筑物

污水处理厂的辅助建筑物有办公室、化验室、检修间、锅炉房、变电站、值班室、警卫室等房屋，其规模和取舍随污水处理厂的规模和需要而定。可按城乡建设部颁布的“污水处理厂附属建筑及设备设计标准”执行。

1. 办公室及化验室

办公室是行政管理的中心，也是全厂的集中控制中心。办公室(楼)应位于厂区进口处，以利来访和邮递人员。办公室的布置应考虑管理方便，其外形应较其他设施美观大方。化验室是检验污水处理工艺成果的地方，两者都是污水处理厂必不可少的建筑物。在中、小型污水处理厂中，办公和化验室可设在同一建筑物内，而在大型污水处理厂内，化验项目较为齐全，仪器设备也较多，为了避免干扰，最好单设。

2. 检修间

污水处理厂的机械设备甚多，经常需要检修，在大型污水处理厂内，必须设机修和电修车间。中、小型污水处理厂的检修工作可由大型污水处理厂的车间或管理单位的检修中心承担，不另设车间。

3. 锅炉房

污水处理厂的锅炉房主要为污泥消化池加热服务，但也为各辅助房屋供热服务。设计锅炉房时，应考虑设备堆煤、堆渣场地和运输问题。

4. 变电站

变电站应设在耗电多的构筑物附近，在中、小型厂内，宜设在鼓风机房或进水泵站附近。但在大型污水处理厂内，各构筑物相距甚远，为了节省电缆，可设置若干个变电站，其数量视需要而定。

5. 进出口

污水处理厂的正门一般设在办公楼附近。污泥及物料运输最好另辟侧门，以便就近进出厂区，以免影响环境卫生，并防止噪音干扰。

12.6　污水处理厂的验收、试运行、水质监测与自动控制

12.6.1　污水处理构筑物的验收

对竣工后的污水处理构筑物，应由运行管理单位组织有关人员认真而全面地进行验收。

工程项目的竣工验收程序主要有自检自验（施工单位完成）、提交正式验收申请和验收报告与资料（施工单位完成）、现场预验收（由施工、建设单位、设计及质检部门完成）、正式验收（由以上单位完成）。

工程项目竣工验收内容分为工程资料验收和工程内容验收两个部分。前者包括工程综合资料、工程技术资料和竣工图。后者包括土建工程验收、设备与管道安装工程验收。

土建工程验收时，应查对竣工构筑物是否和施工图纸相符合，核对其尺寸，检查其管道、孔洞位置，注意其施工质量。对水池等构筑物进行满水试验，对消化池进行闭气试验。还应有地下管线和其他隐蔽工程的竣工图和验收合格证明。对安装工程的验收，除一般的管道及设备安装质量检查外，对受压容器（如压缩空气罐、消化气罐）应作压力试验；对各种运动机械设备及所有仪表，均应检查其是否能正常运行。

12.6.2　污水处理厂的试运行

污水处理工程的试运行，不同于一般建筑给排水工程或市政给水工程的试运行，它包括复杂的生物化学反应过程的启动和调试，过程缓慢，耗费时间长，受环境条件和水质水量的影响较大。

试运行工作一般由甲方或业主、试运行承担单位（或设计单位）来共同完成，设计单位或设备供货方参与配合，最后由建设主管单位、环保主管部门进行“达标”验收。

试运行工作的依据包括工程施工设计图纸、设计的运行方案、设备的安装和使用说明书、国家的污水排放标准或地方环保部门根据水体环境容量提出的排放标准。

污水处理厂试运行工作一般要达到下述要求：

①单项处理构筑物的试运行，要求达到设计的处理效果，尤其是采用生物处理法的工程，要培养（驯化）出微生物污泥，并在达到处理效果的基础上，找出最佳运行工艺参数。

②在单项设施试运行的基础上，进行整个工程的联合运行和验收。确保污水处理能够达标排放。

③通过试运行检验土建、设备和安装工程的质量，建立相关设施的档案材料，对相关机械、设备及仪表的设计合理性，运行操作注意事项等提出建议。

④对某些通用或专用设备进行带负荷运转，并测试其能力。如水泵的提升流量与扬程、鼓风机的出风风量、压力、温度、噪声与振动等，曝气设备充气能力或氧利用率，刮（排）泥机械的运行稳定性、保护装置的效果、刮（排）泥效果等。

12.6.3 污水处理厂运行的水质监测与自动控制

污水处理厂试运行结束后，可进行污水处理厂的正常生产管理。对污水处理厂的运行，要切实做好控制、观察、记录与水分分析监测工作。

12.6.3.1 污水处理厂运行的水质监测

1.污水处理厂中运行中的主要检测项目

污水处理厂运行中的主要构筑物的主要检测项目及一般控制内容，见表 12.4。

表 12.4 污水处理厂中主要构筑物的主要检测项目及一般控制内容

构筑物名称	检测项目	一般经常应用的控制项目
格栅	水位、格栅前后水位差	格栅除渣机，皮带运输机
集水井	水位、水温、悬浮物、COD、DO、BOD、pH 值、色度	
计量槽	水位、流量	
沉砂池、曝气沉砂池	水位、流量、排砂量、压缩空气压力、流量、温度	阀门、排砂控制、空气流量控制、除砂机
初次沉淀池	流量、溶解氧（DO）、pH 值、液位、泥位	控制排泥阀门、刮泥机
曝气池出口	流量、DO、pH 值、温度、回流污泥流量、气体压力流量	
二次沉淀池出水	流量、DO、pH 值、温度、泥位、COD、BOD、色度	刮泥机、排泥阀
鼓风机房	机组的电耗、消耗功率、出风压力、流量、温度	鼓风机风量控制、转速、阀门的控制
回流泵房	回流污泥量、阀门开启度	回流泵、阀门
集泥池、污泥浓缩池	泥位、液位、污泥浓度	
消化池	进出污泥流量、温度、pH 值、泥位、液位、热量	控制消化池温度、泥位及液位、机械搅拌等
污泥泵房	机泵运转参数、运转时间	控制机泵运转时间

续表 12.4

构筑物名称	检测项目	一般经常应用的控制项目
加药间	各种药剂调配池的液位及投药量各阀门开度等	加药设备、阀门
反应池	液位、泥位、pH 值、污泥浓度	搅拌机、污泥泵、加药泵、阀门
锅炉房	蒸汽或热水的流量、温度与压力	控制供热量
脱水设备	脱水机单位时间产量、设备运转参数	脱水机、空压机、运输机、阀门等
焚烧设备	温度、空气量、产生的有害气体	燃烧系统的控制及附属设备运输机等控制
消毒设备	加氯量、自来水用量、氯瓶压力、温度	加氯、设备、阀门、中和装置等
排水管渠	流量、温度、余氯、pH 值、COD、BOD、DO 等	阀门

2. 水样的采集与保存

水质检验的测试方法，参照国家相关标准。这里仅介绍水样的采集与保存。

(1)水样的采集

水样的采集应有代表性，必须充分反映污水处理厂运行状况的客观情况，反映污水在时间和空间上的变化规律。

① 采样点的布设。污水处理厂水质采样除在污水处理厂入厂口、出厂口、主要处理设施进水出口设置常规采样点外，还可在一些特殊或局部位置设采样点。

② 采样时间和次数。污水处理厂入厂口、出厂口采样点，应每班采样 2～4 次，并将每班各次水样等量混合后测定一次，每日报送一次测试结果。主要处理设施应每周采样 2～4 次，并分别测定、报送结果。在处理设施试运行阶段亦每班采样、测试。

采样时，如遇原污水为事故性排放、高浓度排放或处理设施运行故障，与正常样品应有所区别。采样时应详细记录水样的感官性状和环境特征。

(2)样品的盛装容器

为避免水样盛装容器对样品测定成分的影响，水样瓶应按以下规定使用：测 pH 值、DO、油类、酚、氰、农药、氯等水样用玻璃瓶盛装；测重金属、硫化物、有机毒物、铬等水样用塑料瓶盛装；测 COD、BOD、酸碱度等水样可用玻璃瓶或塑料瓶盛装。

(3)水样的保存

水样采集后，应立即送检，否则会影响分析结果的准确性。为了使被测物质在运输过程中不发生损失，水样应加固定剂保存。样品保存的目的在于减缓微生物作用，减缓化合物、配合物的水解、发挥等。保存剂的选择原则是：不使被测成分损失和变质，不引进干扰物质，不使以后测试操作困难。如抑制细菌作用可采用 HGCl、加酸（H_2SO_4）、冷冻等，防止金属盐沉淀一般加酸（HNO_3）。

12.6.3.2　污水处理厂运行的自动控制

对污水处理厂的运行采用自动控制、自动记录、自动操作、调节及集中控制等技术，是提高技术管理水平的重要途径与发展方向。

污水处理厂中主要构筑物的自动控制一般内容可参照表 12.4。

根据我国污水处理工程现状，污水处理厂的自动控制宜采用下列方式：

①在投资少，工程内容又不十分多，建设单位对自控水平无特殊要求时，建议采用盘装仪表和就地安装仪表来解决工艺过程中某些单元的自动控制。如采用电动单元组合仪表组成曝气池的鼓风机自动调节系统、投氯自动调节系统和投药装置自动调节系统等。这种方式的调节系统在设计时应考虑到将来工厂规模发展的可能性。也就是说，目前设计的单元组合仪表控制系统在将来有条件时应能够改装成微机控制系统。

②对某些比较重要的污水处理厂，建设单位对自动控制系统又有某些要求，而且具备一定的投资条件。这时可采用集中监测，用微机进行数据采集和处理设备的仪表监测系统。对某些重要的生产单元可实现自动控制。

③对于大型污水处理厂，由于工艺系统较多（如污水处理、污泥系统、沼气系统），需要管理控制的内容也较多，这时可采用集中管理，分区监测和控制的集散型微机控制系统。监测主要设备的运行情况和工艺参数，对有条件的生产过程实现自动控制。

附　　录

附录 1　氧在蒸馏水中的溶解度

氧在蒸馏水中的溶解度(饱和度)

水温 T/℃	溶解氧/(mg·L^{-1})	水温 T/℃	溶解氧/(mg·L^{-1})
0	14.62	16	9.95
1	14.23	17	9.74
2	13.84	18	9.54
3	13.48	19	9.35
4	13.13	20	9.17
5	12.80	21	8.99
6	12.48	22	8.83
7	12.17	23	8.63
8	11.87	24	8.53
9	11.59	25	8.38
10	11.33	26	8.22
11	11.08	27	7.92
12	10.83	28	8.07
13	10.60	29	7.77
14	10.37	30	7.63
15	10.15		

附录 2　空气管计算图(a)

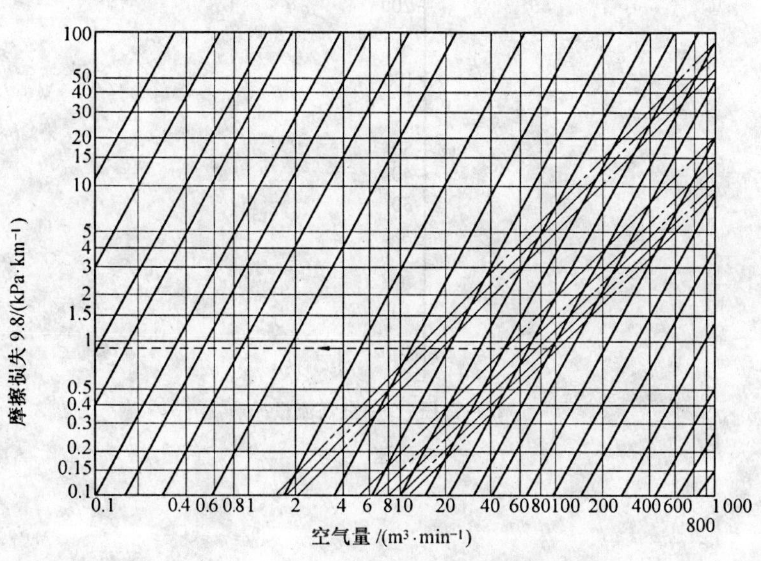

附录 3　空气管计算图(b)

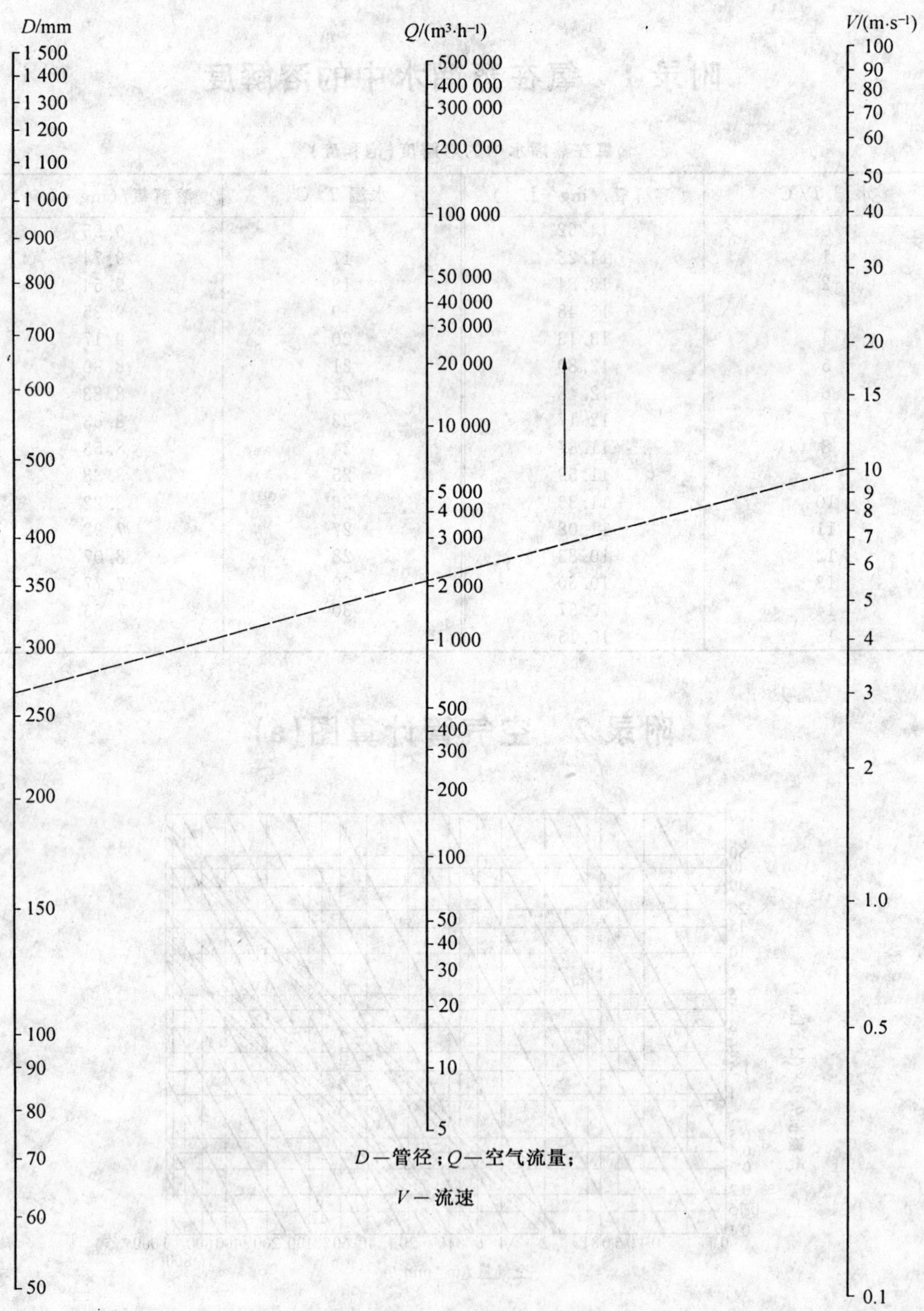

D—管径；Q—空气流量；

V—流速

参 考 文 献

[1] 张自杰. 排水工程(下)[M]. 北京:中国建筑工业出版社, 2000.

[2] 李圭白,等. 城市水工程概论[M]. 北京:中国建筑工业出版社, 2002.

[3] 蒋展鹏. 环境工程学[M]. 北京:高等教育出版社, 1992.

[4] 李圭白,张杰. 水质工程学[M]. 北京:中国建筑工业出版社, 2005.

[5] 李军,王淑莹. 水科学与工程实验技术[M]. 北京:化学工业出版社, 2002.

[6] 韩洪军,杜茂安. 水处理工程设计计算[M]. 北京:中国建筑工业出版社, 2005.

[7] 郎佩珍,袁星,丁蕴铮. 水环境化学[M]. 北京:中国环境科学出版社, 2008.

[8] 魏复盛. 水和废水监测分析方法[M]. 北京:中国环境科学出版社, 1997.

[9] 张统. 污水处理工艺及工程方案设计[M]. 北京:中国建筑工业出版社, 2000.

[10] 国家环境保护总局科技标准司. 城市污水稳定塘处理技术指南[M]. 北京:中国环境科学出版社, 1997.

[11] 赵庆良,李伟光. 特种废水处理技术[M]. 哈尔滨:哈尔滨工业大学出版社, 2004.

[12] 胡纪萃. 废水厌氧生物处理理论与技术[M]. 北京:中国建筑工业出版社, 2003.

[13] 张希衡,等. 废水厌氧生物处理工程[M]. 北京:中国环境科学出版社, 1996.

[14] 国家环境保护总局科技标准司. 污废水处理设施运行管理[M]. 北京:北京出版社, 2006.

[15] 沈耀良,王宝贞. 废水生物处理新技术理论与应用[M]. 北京:中国环境科学出版社, 2005.

[16] 唐受印,戴友芝,汪大翚,等. 废水处理工程[M]. 北京:化学工业出版社, 2004.

[17] 唐受印,等. 水处理工程师手册[M]. 北京:化学工业出版社,2000.